重要会议
ZHONG YAO HUI YI

2023年4月15日，天津市水务局学习贯彻习近平新时代中国特色社会主义思想主题教育动员部署会（局办公室供稿）

2023年5月18日，天津市节水发展座谈会（局办公室供稿）

2023年9月11日，引滦入津通水四十周年座谈会（局办公室供稿）

2023年9月13日，2023年重点水务工程建设投资计划执行调度会暨灾后恢复重建项目动员会（局办公室供稿）

水生态环境保护
SHUI SHENG TAI HUAN JING BAO HU

2023年3月10日，西河泵站调节池停水清淤工程施工人员正在清理调节池内底泥（水务集团，董瑞满摄）

2023年4月，开展春季引滦明渠水环境清整，打捞水面漂浮物（水务集团供稿）

2023年5月4日，坝前人工打捞菹草（于桥中心供稿）

2023年6月7日，东丽区河（湖）长办组织水面保洁作业单位对海河沿线网箱网障进行集中清理（东丽区水务局，刘晓亮摄）

河湖美景
HE HU MEI JING

独流减河沿岸生态修复工程（西青区水务局供稿）

天津市宝坻区西环路水系连通综合治理工程（灌排中心供稿）

天津市滨海新区中新生态城中新友好公园生态清洁小流域（灌排中心供稿）

天津市蓟州区州河生态清洁小流域（灌排中心供稿）

防汛抢险

FANG XUN QIANG XIAN

2023年5月9日，于桥中心进行防汛检查（于桥水库，苏德岳摄）

2023年6月14日，尔王庄分公司院区内防汛应急演练（水务集团，杨雪摄）

2023年7月29日，刘庄村险段抢险（宁河区水务局，张涛摄）

2023年8月1日晚，东丽区水务局巡查组对永定新河（东丽段）水位水势、河道安全等情况开展巡查检查（东丽区水务局，翟鑫彬摄）

2023年8月2日，西青区水务局职工深入东淀蓄滞洪区帮助群众转移财产（西青区水务局供稿）

2023年8月2日,水务局职工在霸州市太堡村东淀内发现水头(西青区水务局供稿)

2023年8月3日凌晨,北辰区水务局巡河组巡查北京排水河(北辰区水务局供稿)

2023年8月8日,处置管小口子闸涌险情(西青区水务局供稿)

2023年8月8—9日,机械扒除杨柳青分洪口门(西青区水务局供稿)

2023年9月14日,东丽区水务局在西青区辛口镇当城村点位支援东淀蓄滞洪区退水排涝(东丽区水务局,杜祥斌摄)

工程建设
GONG CHENG JIAN SHE

2023年4月,静海引江供水工程航拍管道安装(建设中心,孟杰摄)

2023年11月9日,中泓故道蓄水闸工程围堰完成施工(北辰区水务局,商思远摄)

东淀文安洼蓄滞洪区工程与安全建设施工现场(局办公室供稿)

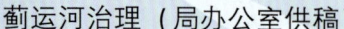

蓟运河治理(局办公室供稿)

工程管理
GONG CHENG GUAN LI

东嘴泵站2号机组大修（滨海水业，李广摄）

2023年9月，海河口泵站齿轮箱热交换器修复施工（海河中心，张赛赛摄）

2023年4月12日，东丽区东减河金钟欢坨段堤岸设施维修维护项目开工建设（东丽区水务局，李解摄）

2023年5月15日，东丽区水务局组织专业人员对西河泵站电气设备进行检测、除尘（东丽区水务局，李解摄）

2023年3月，检查隧洞洞内排水孔疏通情况（隧洞中心供稿）

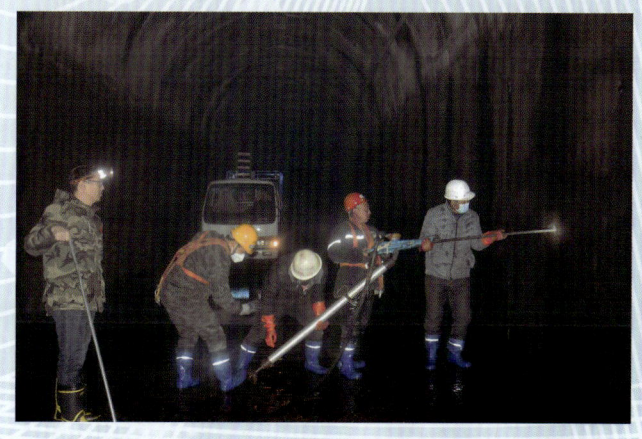

农村水利

NONG CUN SHUI LI

天津市滨海新区太平镇五星村和翟庄子村生态清洁小流域（灌排中心供稿）

2023年3月2日，市水务局对北辰农村污水处理站进行2022年度现场考核工作（北辰区水务局供稿）

2023年11月9日，七里海镇东移民村检查自动监测井项目现场抽水试验情况（宁河区水务局供稿）

2024年 天津水务年鉴

ALMANAC OF TIANJIN WATER AFFAIRS

天津市水务局 编

·北京·

图书在版编目（CIP）数据

天津水务年鉴. 2024年 / 天津市水务局编. -- 北京 : 中国水利水电出版社, 2024. 11. -- ISBN 978-7-5226-3274-2

Ⅰ. TU991.31-54

中国国家版本馆CIP数据核字第2025M08956号

策划编辑：王 丽

责任编辑：蒋 学

书　　名	**天津水务年鉴（2024年）** TIANJIN SHUIWU NIANJIAN（2024 NIAN）
作　　者	天津市水务局　编
出版发行	中国水利水电出版社 （北京市海淀区玉渊潭南路1号D座　100038） 网址：www.waterpub.com.cn E-mail：sales@mwr.gov.cn 电话：（010）68545888（营销中心）
经　　售	北京科水图书销售有限公司 电话：（010）68545874、63202643 全国各地新华书店和相关出版物销售网点
排　　版	中国水利水电出版社微机排版中心
印　　刷	北京印匠彩色印刷有限公司
规　　格	210mm×285mm　16开本　24.75印张　686千字　4插页
版　　次	2024年11月第1版　2024年11月第1次印刷
定　　价	**300.00元**

凡购买我社图书，如有缺页、倒页、脱页的，本社营销中心负责调换

版权所有·侵权必究

《天津水务年鉴》编纂委员会

主 任 委 员 李文运

副主任委员 王 峰

委　　　员（按姓氏笔画为序）

于健丽(女)	王 刚	王 雨	王 柔(女)	王 涛
王立冬	王永强	王晓东	王铭霞(女)	王瑞海
左维红(女)	冯永军	宁云龙	刘 卫	刘 伟
刘 威	刘宏领	刘战友	刘振江	刘海辰
纪俊松	李 悦	李 煦	李广智	李继明
杨宝清	肖 凯	吴亚斌	何 睦	张书伟
张林华	陈 菁(女)	范书长	孟祥和	赵 岩
胡 斌	侯 佳(女)	费守明	秦继辉	贾立忠
高 雷	韩宝星	傅建文	靳丕玉	樊建超
穆浩学	魏素清(女)			

主　　　编 韩 磊

《天津水务年鉴》编辑人员名单

特约编辑 （按姓氏笔画为序）

于 洋	于东江	于兰凤(女)	万心遥(女)	王 帅
王 岑	王 凯	王书侠(女)	王继凯	王德辉
尹伊凡(女)	石 晶(女)	史 煜	冯 霞(女)	邢 荣(女)
吕 艺	回永倩(女)	刘 彤	刘 佳(女)	刘 蕊(女)
刘学辉	李 佳(女)	李 根	李 巍(女)	李晓琳(女)
李晶宇(女)	苏庆永	杨 军(女)	杨 钊	杨 健
吴 颖(女)	吴晓莉(女)	张 欣(女)	张 媛(女)	周 震
单媛媛(女)	孟献智	赵小旭(女)	郝 敏(女)	郝雅恭(女)
胡 冉(女)	徐 璐(女)	高 媛(女)	康明熙	韩 薇(女)
程谟思(女)	靳 淼(女)	窦素芹(女)	霍文娅(女)	戴 义

编 审 韩 磊 杨艳茹(女)

摄影编辑 杨艳茹(女) 王 延

校 核 杨艳茹(女)

编 辑 说 明

一、《天津水务年鉴（2024年）》（简称《年鉴》）以马克思列宁主义、毛泽东思想、邓小平理论、"三个代表"重要思想、科学发展观、习近平新时代中国特色社会主义思想为指导，坚持实事求是，全面、客观、系统地记述天津市水务事业发展情况。《天津水务年鉴》于1997年创刊，逐年编纂，2017年公开出版发行，旨在为现实服务，为社会各界人士了解天津水务、研究天津水务提供资料，也为续修水务志积累资料。本书为第28卷。

二、《年鉴》由天津市水务局主管，编委会主办，编办室负责编纂及日常工作。

三、《年鉴》记述2023年度发生的事实，编写内容采用分类编辑法，主体内容分类目、分目、条目三个层次，除设大事记、水务统计资料、附录外，设综述、特别事件、重要文献、政策法规、水文水资源、水生态环境、城市供水、水旱灾害防御、农村水利、规划计划、工程建设管理、水利工程管理、引滦工程管理、南水北调市内配套（引江）工程管理、科技信息化、财务审计、干部人事、综合管理、党建工团、各区水务共20个类目，后附索引。《年鉴》基本框架稳定，对部分内容进行了调整。增设"特别事件"类目，增加"海河'23·7'流域性特大洪水""第三届中国节水论坛"分目；"水生态环境"类目删除【海绵城市建设】；"水旱灾害防御"类目增加【蓄滞洪区管理】【水毁工程建设】【雨洪水资源利用】等条目；"引滦工程管理"类目增加"引滦入津工程通水四十周年"分目；"综合管理"类目删除"疫情防控工作"分目。

四、《年鉴》编写采用语体文记述体，中华人民共和国法定计量单位。以记述为主，附图、表及照片穿插其中。机构名称中局属单位用简称。

五、《年鉴》文稿由各单位、各部门提供，实行文责自负，文中部分数据由于测量方法、统计口径、起止时间不同，尚存差异。同一分目下，若多个条目撰稿人一致，仅作单次署名标注。文稿由特约编辑负责组织汇总或撰写，各单位、各部门领导审核把关，编办室编校，编委会组织评审专家审定出版。

编　者

2024年11月

目 录

综 述

2023年天津水务发展综述 …………… 1

特 别 事 件

海河"23·7"流域性特大洪水 …………… 8
第三届中国节水论坛 …………… 10

重 要 文 献

重要文件 …………… 12
　市水务局关于印发《天津市水利工程建设
　　质量提升三年行动实施细则》和
　　《天津市2023年度水利工程建设
　　质量提升工作方案》的通知 …………… 12
领导讲话 …………… 20
　张志颇在2023年市水务局全面从严治党暨
　　党风廉政建设和反腐败工作视频会议上
　　的讲话 …………… 20
　李文运在全市水务系统水旱灾害防御工作
　　动员部署会议上的讲话 …………… 29
　李文运在市水务局学习贯彻习近平新时代
　　中国特色社会主义思想主题教育动员
　　部署会上的讲话 …………… 34
　李文运在2023年度水利工程建设质量安全
　　工作会议上的讲话 …………… 40

政 策 法 规

地方性法规 …………… 44
　天津市城镇排水和再生水利用管理条例 …… 44
行政规范性文件 …………… 52
　市水务局关于印发《天津市水利工程质量
　　终身责任制实施办法》的通知 …………… 52
政策研究 …………… 54
　概述 …………… 54
　组织推动 …………… 54
　政研成果 …………… 54
　水务改革 …………… 55
水法治建设 …………… 55
　概述 …………… 55
　依法行政 …………… 55
　水行政立法 …………… 55
　水法治宣传 …………… 56
　水行政执法 …………… 56
　水行政执法监督 …………… 56
　水政队伍规范化建设 …………… 57
政务服务 …………… 57
　概述 …………… 57
　政务服务改革与优化营商环境 …………… 57
　政务服务事项审批 …………… 58
　政务服务大厅窗口服务 …………… 58
　热线工作 …………… 58

权责清单 ……………………………… 59
　　诚信体系建设 ………………………… 59
　　水务政务服务行业指导 ……………… 59
　　水务行业强监管 ……………………… 59

水文水资源

水文 ………………………………………… 61
　　概述 …………………………………… 61
　　雨情、水情 …………………………… 61
　　水文测验与水文情报预报 …………… 62
　　水质监测 ……………………………… 64
　　水文站网建设 ………………………… 65
　　水文行业管理 ………………………… 66
　　水文重点工程项目建设 ……………… 67

水资源管理 ………………………………… 67
　　概述 …………………………………… 67
　　水资源量 ……………………………… 67
　　水资源配置利用 ……………………… 68
　　水资源开发利用 ……………………… 68
　　最严格水资源管理制度考核 ………… 68
　　取用水管理 …………………………… 68
　　超采综合治理 ………………………… 69
　　水资源统计与分析 …………………… 69
　　饮用水水源保护 ……………………… 69

节水型社会建设 …………………………… 69
　　概述 …………………………………… 69
　　计划用水 ……………………………… 70
　　依法节水 ……………………………… 70
　　科技节水 ……………………………… 70
　　节水系列创建 ………………………… 70
　　水务行业节水型单位建设 …………… 70
　　县域节水型社会达标建设 …………… 71
　　节水文化宣传 ………………………… 71
　　用水监控 ……………………………… 71
　　天津节水科技馆更新改造 …………… 71

水生态环境

河湖水资源保护 …………………………… 72
　　概述 …………………………………… 72
　　重点河湖生态水位（水量）保障工作 … 72
　　河湖水生态保护与修复 ……………… 72
　　河湖健康评价 ………………………… 73
　　水污染事件应急管理 ………………… 73

河湖长制管理 ……………………………… 74
　　概述 …………………………………… 74
　　河湖长制主要任务 …………………… 74
　　幸福河湖建设 ………………………… 74
　　示范创建 ……………………………… 74
　　检查考核 ……………………………… 74
　　社会监督 ……………………………… 74

污染防治攻坚战 …………………………… 74
　　概述 …………………………………… 74
　　机构职责 ……………………………… 75
　　蓝天保卫工作 ………………………… 75
　　碧水保卫工作 ………………………… 75
　　柴油货车污染治理 …………………… 75

排水管理 …………………………………… 76
　　概述 …………………………………… 76
　　排水条例 ……………………………… 76
　　排水规划 ……………………………… 76
　　排水工程建设 ………………………… 76
　　排水设施养护管理 …………………… 77
　　排水服务保障 ………………………… 78
　　污水处理 ……………………………… 79
　　污泥处置 ……………………………… 79
　　农村生活污水治理 …………………… 79

城市供水

原水供水 …………………………………… 80
　　概述 …………………………………… 80
　　城市供水量 …………………………… 80
　　区域供水 ……………………………… 80
　　生态环境补水 ………………………… 80
　　引滦调水供水 ………………………… 81
　　南水北调水供水 ……………………… 82

供水管理 …………………………………… 82

概述	82
法规标准制定	82
供水水质监管	83
供水设施监管	83
行业服务管理	84
行业节能降耗	84

水旱灾害防御

水灾防御 ... 85
  概述 ... 85
  防御组织 ... 85
  防御预案 ... 86
  防御队伍建设 ... 87
  防御物资 ... 87
  防御检查 ... 88
  汛期雨情 ... 89
  汛期水情 ... 89
  汛期调度 ... 90
  洪涝灾情 ... 91
  山洪灾害防御 ... 92
  应急处置 ... 92
  防御风暴潮 ... 95
  蓄滞洪区管理 ... 96
  蓄滞洪区运用准备 ... 96
  蓄滞洪区运用补偿 ... 96
  水毁工程建设 ... 97
  中心城区防汛排涝 ... 97
  河库闸站防汛责任落实 ... 99
  农村除涝 ... 99

旱灾防御 ... 99
  概述 ... 99
  农业旱情 ... 100
  农业抗旱 ... 100
  雨洪水资源利用 ... 100

农村水利

农村水利建设 ... 101
  概述 ... 101
  农村水利投入 ... 101
  农村水利前期工作 ... 101
  中型灌区续建配套与节水改造工程 ... 101
  小型水库维修养护项目 ... 101
  绿色生态屏障项目 ... 101

农村水利管理 ... 102
  概述 ... 102
  农田水利设施运行维护监管 ... 102
  农村水利改革 ... 102
  深化农业水价综合改革 ... 102
  大中型灌区规范化建设 ... 102
  农田灌溉水有效利用系数测算 ... 102
  农村水利安全生产 ... 102
  农村水利新闻宣传 ... 103
  农村生活污水处理站运维监管 ... 103

水土保持 ... 103
  概述 ... 103
  水土流失治理 ... 103
  水土保持监测 ... 103
  水土保持监督管理 ... 104
  水土保持宣传 ... 104

规划计划

规划设计 ... 105
  概述 ... 105
  规划设计管理工作及成果 ... 105
  主要前期工作 ... 106
  重点规划主要内容 ... 106
  重点工程项目设计审批 ... 108

计划统计 ... 109
  概述 ... 109
  计划管理工作 ... 109
  建设项目投资完成情况 ... 111
  水务统计 ... 112

工程建设管理

工程建设项目 ... 113
  概述 ... 113

天津市南水北调中线工程静海引江供水
　　工程……………………………………… 113
独流减河低水闸泵站改扩建工程………… 113
北运河木厂船闸工程……………………… 114
南水北调天津市内配套工程……………… 114
建设管理……………………………………… 114
　　概述………………………………………… 114
　　水务工程建设行业管理…………………… 114
　　项目法人制………………………………… 114
　　建设监理制………………………………… 115
　　招标投标制………………………………… 115
　　优化水利建设市场营商环境……………… 115
　　诚信体系建设……………………………… 115
　　质量与安全监督…………………………… 115
　　建设项目检查……………………………… 116
　　建设项目稽察……………………………… 116
　　验收组织管理……………………………… 116

水利工程管理

河道闸站管理………………………………… 118
　　概述………………………………………… 118
　　堤防水闸泵站管理………………………… 118
　　水库管理…………………………………… 118
　　水利设施标准化管理……………………… 118
　　工程维修维护……………………………… 119
　　涉河项目审查……………………………… 119
　　大运河文化保护…………………………… 119
　　永定河管理………………………………… 119
　　海河管理…………………………………… 122
　　北三河管理………………………………… 123
　　大清河管理………………………………… 126
　　海堤管理…………………………………… 130
北大港水库管理……………………………… 131
　　概述………………………………………… 131
　　日常管理…………………………………… 131
　　生态补水…………………………………… 131
　　日常维修养护……………………………… 131
　　水库防汛…………………………………… 132
　　安全生产…………………………………… 132
移民后期扶持与安置………………………… 133
　　概述………………………………………… 133
　　人口扶持…………………………………… 133
　　项目扶持…………………………………… 133
　　监督及绩效评估…………………………… 133
　　稽察工作…………………………………… 133

引滦工程管理

引滦入津工程通水四十周年………………… 134
　　概述………………………………………… 134
　　成效………………………………………… 134
　　纪念宣传…………………………………… 135
泵站管理……………………………………… 136
　　概述………………………………………… 136
　　潮白新河泵站管理………………………… 136
　　尔王庄泵站管理…………………………… 136
　　大张庄泵站管理…………………………… 137
　　滨海新区供水泵站管理…………………… 137
明暗渠道管理………………………………… 138
　　概述………………………………………… 138
　　隧洞管理…………………………………… 138
　　黎河管理…………………………………… 140
　　明渠管理…………………………………… 141
　　暗渠管理…………………………………… 142
引滦供水管道管理…………………………… 143
　　概述………………………………………… 143
　　供水管道管理……………………………… 143
　　输水管道维修……………………………… 144
于桥水库管理………………………………… 145
　　概述………………………………………… 145
　　蓄水供水…………………………………… 145
　　水质监测…………………………………… 145
　　日常维护…………………………………… 146
　　维修工程…………………………………… 146
　　水环境治理………………………………… 147
　　库区封闭管理……………………………… 147
　　库区管控…………………………………… 147

水库灾害防御	147
前置库运行管理	148
安全生产	148

尔王庄水库管理

概述	148
科学调度	149
蓄水供水	149
水质管理	149
原水稽查	149
水环境治理	149
日常维护	149
水库灾害防御	149
安全生产	150

南水北调市内配套（引江）工程管理

综合管理

概述	151
配套工程运行管理	151
管理制度建设	152
水源调度管理	152
调水安全管理	152
日常维修养护	152
巡视巡查监管	153
考核工作	153

供水管线管理

南干线供水管线管理	153
西干线供水管线管理	154
引江向尔王庄水库联通管线管理	154
市内原水管线管理	154
宁汉供水管线管理	155
引滦尔王庄入武清供水管线管理	155
尔王庄水库向津滨水厂输水线路	155

王庆坨水库管理

概述	157
水库运行管理	157
水质管理	157
维修养护	157
水库灾害防御	157
安全生产	157

北塘水库管理

概述	157
水库运行管理	157
水质管理	157
环境管理	158
维修养护	158
水库灾害防御	158
安全生产	158

曹庄泵站管理

概述	158
泵站运行管理	159
水质管理	159
维修养护	159
泵站防御管理	159
安全生产	159

西河泵站管理

概述	159
泵站运行管理	160
水质管理	160
提质增效	160
日常维护维修	160
专项工程	160
泵站防御管理	160
安全生产	160

永清渠泵站管理

概述	160
泵站运行管理	160
日常维护维修	160
泵站防御管理	160
安全生产	160

科技信息化

水利科学研究与科技推广

概述	162
科技管理工作	162
科研项目	162

部市级科研项目……………………… 168
　　科研项目及获奖成果………………… 168
　　水利科技成果推广…………………… 168
　　知识产权……………………………… 168
　　专利项目……………………………… 170
　　市水利学会活动……………………… 173
信息化项目建设………………………… 174
　　概述…………………………………… 174
　　防汛抗旱信息化建设………………… 174
　　水资源信息化建设…………………… 174
信息化管理……………………………… 175
　　概述…………………………………… 175
　　电子政务系统运维与管理…………… 175
　　工程管理信息系统运维与管理……… 176
　　防汛抗旱信息系统运维与管理……… 176
　　水资源信息系统运维与管理………… 176
　　供水信息系统运维与管理…………… 177
　　排水信息系统运维与管理…………… 177
　　网络安全……………………………… 178

财 务 审 计

财务……………………………………… 179
　　概述…………………………………… 179
　　落实财政资金………………………… 179
　　预决算管理…………………………… 179
　　财会监督……………………………… 179
　　资产管理……………………………… 180
　　涉水价费……………………………… 180
　　内控管理……………………………… 180
　　基建财务管理………………………… 180
　　其他财务管理………………………… 180
审计……………………………………… 180
　　概述…………………………………… 180
　　预算执行审计………………………… 181
　　经济责任审计………………………… 181
　　基本建设工程管理审计……………… 181
　　配合政府审计部门审计……………… 181

干 部 人 事

机构人员………………………………… 182
　　概述…………………………………… 182
　　机构编制……………………………… 182
　　队伍现状……………………………… 182
干部队伍建设…………………………… 184
　　概述…………………………………… 184
　　市水务局负责人……………………… 184
　　局机关处室及局属单位负责人变化情况…… 185
　　干部培养锻炼………………………… 187
　　人才管理……………………………… 188
　　干部监督管理………………………… 189
人力资源管理…………………………… 190
　　概述…………………………………… 190
　　公开招聘……………………………… 190
　　职称评聘……………………………… 190
　　人员调配……………………………… 191
　　公务员管理…………………………… 191
　　工资福利……………………………… 191
　　年度考核……………………………… 191
　　人事档案管理………………………… 192
人物……………………………………… 192
　　新任局领导…………………………… 192
　　专家学者……………………………… 193
教育培训………………………………… 198
　　概述…………………………………… 198
　　干部党性教育………………………… 198
　　职工培训和继续教育………………… 198
　　技能比武……………………………… 198

综 合 管 理

行政管理………………………………… 200
　　概述…………………………………… 200
　　公文管理……………………………… 200
　　档案管理……………………………… 200
　　督促检查……………………………… 200
　　建议提案办理………………………… 201

信访工作	201
水务信息	201
新闻宣传和舆论监督	202
政务信息公开	202
国家安全	202
绩效考评	203

安全监督 203
 概述 203
 安全生产责任制落实 203
 风险管控"六项机制"建设 203
 安全生产隐患排查 204
 安全生产宣传教育培训 204

平安天津 204
 概述 204
 扫黑除恶 204
 应急管理 204
 反恐 205
 内部安全保卫 205

后勤管理 205
 概述 205
 节能减排 205
 办公用房管理 205
 消防安全管理 205
 交通安全 206
 公务用车管理 206
 局办公楼设施改造 206
 三产遗留问题清理 206

党建工团

组织工作 207
 概述 207
 党员队伍管理 207
 基层党组织建设 207
 基层党建 208
 机关党建 208
 学习贯彻习近平新时代中国特色社会主义
  思想主题教育 208
 "双万双服促发展"工作 209

市委巡视 209
 概述 209
 选人用人 209
 意识形态 210
 机构编制 210

乡村振兴涉水工作 210
 概述 210
 东西部扶贫协作 210
 农村水利基础设施建设 211
 水务人才援派 211

思想政治工作 212
 概述 212
 政工队伍建设 212
 精神文明创建 212

全面从严治党 212
 概述 212
 政治生态 212
 意识形态 213
 政治文化 213
 作风建设 213
 警示教育 213
 纠治"四风" 214
 执纪问责 214
 政治监督 214
 纪检队伍建设 214
 巡察工作 215

保密工作 215
 概述 215
 组织推动 215
 宣传教育 215
 督促检查 215

工会工作 215
 概述 215
 组织建设 215
 职工维权 216
 素质工程 217
 文化体育 217
 帮扶解困 218

共青团工作……218	水旱灾害防御……231
概述……218	农田水利……232
思想教育……218	水土保持……232
组织建设……218	供水管理和行业监管……232
青年文体活动……219	排水系统监督与管理……233
先进典型培树宣传……219	工程建设……235
老干部工作……219	工程管理……235
概述……219	科技教育……236
离退休干部党建……219	水政监察……236
落实政治生活待遇……220	河湖长制……237
老干部活动中心……220	水务财务……238
统战工作……220	精神文明建设……238
概述……220	队伍建设……239
民主党派……221	**西青区水务局**……239
民族工作……221	概述……239

各 区 水 务

滨海新区水务局……222	水资源开发利用……240
概述……222	水资源节约与保护……240
水资源开发利用……222	水生态环境建设……241
水资源节约与保护……222	水务规划……241
水生态环境建设……222	水旱灾害防御……241
水旱灾害防御……223	农业供水与节水……243
农田水利……224	水土保持……243
水土保持……224	工程建设……244
工程建设……225	科技教育……244
供水工程建设与管理……225	水政监察……245
排水工程建设与管理……225	工程管理……245
水政监察执法……226	河湖长制……246
工程管理……227	水务经济……246
河湖长制……227	精神文明建设……246
精神文明建设……228	队伍建设……247
队伍建设……229	**津南区水务局**……247
东丽区水务局……229	概述……247
概述……229	水资源开发利用……248
水资源开发利用……230	水资源节约与保护……248
水资源节约与保护……230	水生态环境建设……249
水生态环境建设……230	水旱灾害防御……249
	农业供水与节水……251
	村镇供水……251

农田水利 …… 251	农业供水与节水 …… 269
水土保持 …… 251	村镇供水 …… 270
工程建设 …… 252	农田水利 …… 270
供水工程建设与管理 …… 252	水土保持 …… 270
排水工程建设与管理 …… 252	工程建设 …… 271
水政监察 …… 252	供水工程建设与管理 …… 273
工程管理 …… 253	排水工程建设与管理 …… 275
河湖长制 …… 253	科技教育 …… 277
精神文明建设 …… 254	水政监察 …… 277
队伍建设 …… 254	工程管理 …… 278

北辰区水务局 …… 255

概述 …… 255
水资源开发利用 …… 255
水资源节约与保护 …… 256
水生态环境建设 …… 257
水务规划 …… 257
水旱灾害防御 …… 257
农业供水与节水 …… 259
村镇供水 …… 259
农田水利 …… 259
水土保持 …… 259
工程建设 …… 260
供水工程建设与管理 …… 260
排水工程建设与管理 …… 260
科技教育 …… 260
水政监察 …… 261
工程管理 …… 261
河湖长制 …… 261
水务改革 …… 262
水务经济 …… 262
精神文明建设 …… 262
队伍建设 …… 262

武清区水务局 …… 263

概述 …… 263
水资源开发利用 …… 263
水资源节约与保护 …… 264
水生态环境建设 …… 264
水旱灾害防御 …… 265

河湖长制 …… 282
水务改革 …… 283
精神文明建设 …… 283
队伍建设 …… 285

宝坻区水务局 …… 285

概述 …… 285
水资源开发利用 …… 285
水资源节约与保护 …… 286
水生态环境建设 …… 287
水务规划 …… 287
水旱灾害防御 …… 287
农业供水与节水 …… 289
村镇供水 …… 289
农田水利 …… 289
水土保持 …… 289
工程建设 …… 289
供水工程建设与管理 …… 290
排水工程建设与管理 …… 290
科技教育 …… 291
水政监察 …… 291
工程管理 …… 292
河湖长制 …… 292
水务改革 …… 293
水务经济 …… 293
精神文明建设 …… 293
队伍建设 …… 294

宁河区水务局 …… 295

概述 …… 295

水资源开发利用	295	水务改革	312
水资源节约与保护	295	水务经济	312
水生态环境建设	296	精神文明建设	312
水务规划	296	队伍建设	312
水旱灾害防御	296	**蓟州区水务局**	314
农业供水与节水	298	概述	314
村镇供水	298	水资源开发利用	314
农田水利	298	水资源节约与保护	314
水土保持	298	水生态环境建设	314
工程建设	299	水务规划	315
供水工程设施建设与管理	299	水旱灾害防御	315
排水设施建设与管理	300	农业供水与节水	316
科技教育	300	村镇供水	316
水政监察	300	农田水利	316
工程管理	301	水土保持	316
河长制	301	工程建设	317
水务改革	302	供水工程建设与管理	317
水务经济	302	排水工程建设与管理	317
党建和精神文明建设	302	水政监察	318
队伍建设	303	工程管理	318
静海区水务局	303	河湖长制	319
概述	303	队伍建设	320
水资源开发利用	303	精神文明建设	320

大 事 记

2023年天津水务大事记	322
市领导批示	351

水 务 统 计 资 料

2023年水务综合指标（按区分）	353

水资源节约和保护	304		
水生态环境建设	305		
水务规划	305		
水旱灾害防御	306		
农业供水与节水	308		
村镇供水	308		
农田水利	308		
水土保持	308		
工程建设	309		
供水工程建设与管理	309		
排水工程建设与管理	309		
科技教育	309		
水政监察	310		
工程管理	310		
河湖长制	311		

附 录

批示	360
批复	365
通知	368

索 引

索引	375

综　述

2023年天津水务发展综述

2023年，在市委、市政府的坚强领导下，在各区、各部门的大力支持下，全市水务系统坚持以习近平新时代中国特色社会主义思想为指导，全面贯彻党的二十大和市第十二次党代会精神，深入落实习近平总书记"节水优先、空间均衡、系统治理、两手发力"治水思路和关于治水重要论述精神，紧紧围绕高质量发展"十项行动"，全面推动主题教育走深走实，防汛抗洪取得全面胜利，供水安全得到有力保障，水资源节约集约利用深入推进，河湖生态环境明显改善，全面从严治党持续向纵深推进，水务工作经受住重大考验、取得重要进展。

一、主题教育走深走实，践行"两个维护"更加具体

认真落实党中央和市委决策部署，按照"学思想、强党性、重实践、建新功"的总要求，坚持理论学习、调查研究、推动发展、检视整改一体部署、整体推进，深入开展学习贯彻习近平新时代中国特色社会主义思想主题教育，全局党员干部职工筑牢思想根基、锤炼忠诚品格、增强担当意识、树立廉洁新风，达到了以学铸魂、以学增智、以学正风、以学促干的目标。

理论武装深入扎实。落实"第一议题""第一主题""第一主课"制度，局、处两级领导班子通过理论学习中心组集中学习、"4+1"专题研讨、辅导讲座等形式组织学习研讨340余次，及时跟进学习习近平总书记重要讲话和重要指示批示精神；各级基层党组织通过"三会一课"、主题党日等形式组织学习教育3563次，开展参观红色教育基地、读书分享、知识竞赛等活动1969次，进一步坚定理想信念，锤炼政治品格。依托"战洪——我们的战役我们的城"成功应对海河"23·7"流域性特大洪水工作纪实展和引滦入津工程展览馆，大力弘扬抗洪精神和引滦精神；围绕畅谈主题教育学习感悟、基层党支部书记"微党课"、讲好"水务高质量发展故事"等内容展播优秀微视频，展示水务干部职工风采，激发干事创业热情。

"以学促干"有力有效。通过深入开展主题教育，进一步增强了全局党员干部职工坚定拥护"两个确立"、坚决做到"两个维护"的政治自觉和政治担当，持续推进京津冀协同发展、大运河文化保护和传承利用、污染防治攻坚战、乡村振兴、东西部协作与对口支援等涉水任务；对标高质量发展"十项行动"，制定印发10个落实方案，细化涉水任务165项，工程化、项目化持续推进，大力推动民心工程建设，确保党中央、国务院和市委、市政府重大决策部署在水务系统不折不扣贯彻落实。坚持边学边查边改，完成党员干部队伍和高质量发展36个问题整治以及"10+2"个专项整治项目。坚持深入一线调查研究，局、处两级开展大调研大走访671次，形成调研报告114篇，解决问题413个，转化政策措施或文件451个。推进"我为群众办实事"常态长效，落实

"向群众汇报""四个走遍"、联点访户、志愿服务等制度，实施重点民生项目31项，解决群众诉求226项，获得感谢信、锦旗102件。坚持"当下改"与"长久立"相结合，建立健全制度机制17项，把好经验好做法巩固下来。在市委主题教育巡回指导组组织的座谈评估中，市水务局获得"好"的比率、各方面代表普遍评价"好"的比率均为100%。

二、水安全保障能力明显增强，有力支撑全市高质量发展

（一）防汛抗洪取得全面胜利

防洪排涝能力有效提升。防洪排涝工程体系不断完善，滨海新区黄港一库围堤除险加固工程建成生效，基本完成密云路、咸阳路、西沽等3处积水片改造，改造体院北等老旧排水管网9.7千米。"四预"措施落实落细，九王庄、筐儿港、宁车沽等3处国家基本水文站提升改造工程开工建设，调整印发洪水预警发布管理办法，修订水情测报、河系抢险、物资保障、蓄滞洪区运用、水库运用等10类48项预案，增储560万元市级防汛物资，开展水文监测、防汛抢险、新港船闸应急泄水等防汛抢险演练52次，排查整改隐患风险84项，对险工险段采取高标准预置措施，防汛应急能力不断增强。

成功应对流域性特大洪水。面对1963年以来最大场次洪水，在党中央、国务院和市委、市政府的坚强领导下，在国家防汛抗旱总指挥部、水利部等国家部委的科学指导下，全局广大党员干部职工坚持人民至上、生命至上，坚决扛起"战洪峰、防洪灾、保安全、保稳定"政治责任，坚守一线、昼夜奋战30余天，密切追踪水情雨情工情，精准预报洪水关键信息；强化永定河泛区、东淀蓄滞洪区安全运用，有效滞洪17.64亿立方米；科学调度防洪工程，与水利部海委和北京、河北等省市协调联动，安全下泄洪水53亿立方米；紧急实施子牙河、大清河和东淀外围堤、苗头排干渠西堤应急抢险工程，确保大清河、东淀蓄滞洪区行洪滞洪安全；建立四级巡堤查险体系，24小时不间断巡堤查险，成功处置较大险情74处；同时紧急抽调力量支援河北省涿州市防汛抢险工作。通过市防汛抗旱指挥部各成员单位，西青、北辰、武清、静海等相关区，以及中部战区、天津警备区、武警部队、有关央企国企和社会各界的通力合作、鼎力支持，全面实现人员无伤亡、水库无垮坝、重要堤防未决口、重要基础设施未受冲击，最大程度保障了人民群众生命财产安全，最大限度减轻了洪涝灾害损失。

灾后恢复重建扎实推进。编制完成《以京津冀为重点的华北地区灾后恢复重建提升防灾减灾能力规划天津市水务专项规划》；抢抓国家发行"万亿国债"机遇，国家下达两批次、35.75亿元国债资金。成立灾后恢复重建指挥部，设立4个专项工作组和办公室；推动建立审批"绿色通道"，并联推进项目用地预审、生态红线论证、环境影响评价等，最大限度压缩前期手续办理时间；制定加强建设管理、提高工程质量安全8项举措，建立"日调度、周通报、月巡检"机制，严格执行施工单位全面自查、监理单位专项检查、项目法人随机抽查的"三级联查"制度，推动项目法人科学安排项目计划、合理有序推进项目建设；全面推行"开工先开廉政课"，督促严格履行基本建设程序，安全、规范、高效推进灾后重建项目建设。永定河泛区主槽清淤、独流减河低水闸改扩建、津滨雨污水合建泵站改建等6项灾后重建工程，43项水毁修复项目开工建设。昼夜强排加速东淀退水，及时抢修供水和污水处理设施，为群众回迁和工农业生产恢复创造条件；国家和市级拨付蓄滞洪区运用补偿资金5.05亿元。

（二）供水安全得到可靠保障

城乡供水能力有效提升。北大港水库扩容、尔王庄水库增容、于桥水库清淤试点工程可行性研究报告已批复，引滦原水预处理厂具备开工条件；宝坻引江供水工程具备通水条件，杨柳青水厂改扩建工程通水运行，供水保障水平进一步提高。全年引江调水10.4亿立方米、引滦调水5.7亿立方米、引江东线北延调水0.36亿立方米，从

上游省市调水 6.31 亿立方米，有力保障了全市用水需求；境内河道水库蓄水、污水处理厂再生水等约 15 亿立方米全部充分利用，为农业生产、生态环境提供了充足水源保障。印发农村供水保障提升方案，宁河区 120 个村村内管网改造加快实施，农村供水保障能力进一步提升。

水源保护力度不断加大。于桥水库 TOT 项目监管持续强化，探索实施渔民退出机制，实现水库渔业资源统一管理；打捞蓝草 19 万立方米，投放水生植物 271 万株、净水鱼苗 355 万尾、蟹螺 2400 万只，水库水质保持地表水Ⅲ类标准。强化引江中线藻类防控，开展藻类防控应急处置演练，初步建立引江水质预警信息共享机制，引江中线水质保持地表水Ⅱ类标准。

（三）水资源节约集约利用深入推进

节水型社会建设迈上新台阶。节水产业发展迈出坚实步伐，成功举办第三届中国节水论坛并同期举办节水技术与装备展，为促进节水产业发展提供了新的契机；编制完成高质量推进节水产业发展工作实施方案，顶层设计进一步完善。严格计划用水管理，国家、市、区级重点监控用水单位由 300 户增至 1288 户，用水量占全市非居民用水总量的 42%。新创建节水型企业（单位）180 个、居民小区 133 个，规模以上高耗水行业节水型企业建成率达到 98.6%。武清区、宝坻区 2 个中型灌区续建配套与节水改造工程建成生效，改善灌溉面积 65.33 平方千米。推动改造城镇老旧供水管网 135.9 千米，城镇供水管网漏损率降至 8.96%，超额完成 9.3% 的年度目标。打通主城区再生水管网断点 11 个，再生水利用率提高到 46%；南港先达海水淡化项目投入试运行，淡化海水利用量 3100 万立方米。全市万元 GDP 用水量降至 20.6 立方米左右、万元工业增加值用水量降至 8.3 立方米左右、农田灌溉水有效利用系数提高到 0.723，顺利通过全国节水型城市第四次复查。

水资源刚性约束不断强化。严格实行最严格水资源管理制度考核，2022 年度考核 4 个区达到优秀水平、全市总体良好。分解全市用水总量控制指标并下达至各区，超过或达到区域用水总量控制指标禁止新增取水许可。强化取用水监管，印发工业、农业、建筑和生活服务业用水定额 449 项，开展水资源管理和节约用水监督检查；建成取用水管理信息系统平台，非农取水项目和大中型灌区渠首取水口实现计量全覆盖，地表水 50 万立方米以上、地下水 5 万立方米以上取水项目在线监测率达到 86%。编制 2023—2025 年新一轮地下水超采综合治理实施计划，完成地下水禁限采区范围划定，关停机井 525 眼，转换深层地下水 666 万立方米，深层地下水水位同比上升 1.3 米。

（四）河湖生态环境明显改善

污染防治攻坚战持续推进。完成第二轮中央环保督察 3 项整改任务及市污染防治攻坚战 41 项年度任务。完成中心城区 9 条河道汛期入河污染溯源排查，推动改造 240 处雨污混接串接点；津沽污水处理厂三期、宝坻潮新污水处理厂实现通水，全市污水处理能力达到 421 万吨每日，城镇生活污水集中处理率达到 98% 以上。完成城市黑臭水体整治环境保护行动，建成区 26 条已治理黑臭水体全部保持国家"长制久清"标准，未新增黑臭水体。

河湖生态复苏取得新成效。永定河综合治理与生态修复武清段主体完工，北辰区泛区与永定河水系连通工程开工建设；北运河筐儿港枢纽至屈家店枢纽综合治理、木厂船闸工程开工建设；滨海新区、东丽区、津南区完成 5 项双城间绿色生态屏障区水系连通工程。河湖生态环境复苏行动方案印发实施，统筹多种水源向南北运河、四大湿地等重要河湖湿地生态补水 14.41 亿立方米，永定河、大运河再次实现全线通水，7 个重点河湖生态水位（水量）全部达标。天津市加强新时代水土保持工作实施意见印发实施，蓟州燕山山地生态综合治理加快推进，治理水土流失面积 5.68 平方千米，全市水土保持率达到 98.5%。全市地表水国控断面优良水体比例保持 58.3%，无新增劣Ⅴ类水体；12 条入海河流水质稳定达到Ⅴ类及以上标准。

河湖长制管理持续深化。召开市级总河湖长会议，"榜样河长 示范河湖"三年行动圆满收官，累计培树榜样河湖长649名，建设示范河湖1653条（段、座）；市级总河湖长签发《关于全面建设新时代幸福河湖的动员令》，印发幸福河湖建设实施方案和指南，东丽区东丽湖幸福河湖项目试点通过初步核验。建立社会监督情况季报机制，受理并解决社会监督举报问题173项。持续开展"向群众汇报"，解决群众反映问题建议4491个。成立京津冀地区首个省级河湖长学院，利用网络平台培训各级河湖长、河（湖）长办工作人员6300余人。完成水利部下达的6594项河湖卫星遥感图斑核查整治任务。清理整治河湖"四乱"问题102项。完成春季清河湖、汛期河湖水环境专项整治行动，解决非法排污等各类问题4257处，河湖生态环境持续改善。

三、管水兴水举措持续深化，水务行业发展能力不断提升

（一）建设运行安全管理全面加强

建设管理更加规范。印发进一步加强建设项目法人管理实施意见，开展项目法人履职检查项目17个、监理履职检查13次，整改问题80项，项目法人、监理单位履职能力进一步提高。完成8个重点水务项目竣工验收。印发加强水利工程建设质量监督管理工作意见、水利工程质量终身责任制实施办法，完成水务工程建设领域质量安全检查百日行动，检查工程27项，整改问题259个；开展在建市管工程质量安全监督检查49次、飞检85批次，约谈12家单位；工程一次性验收合格率100%，在水利部质量考核中连续七年获得A级等次，陈塘泵站工程获得天津市水利工程优质奖。

运行管理更加标准。印发水利工程标准化管理评价实施细则，水闸、堤防、水库、泵站工程标准化管理评价标准，水利工程标准化管理制度体系基本形成，一级河道堤防管理达标率74%，直管闸站设施完好率94%。完成全市水库新增注册和复查变更登记。库区移民后期扶持工作有序推进。

安全管理更加扎实。印发重大事故隐患挂牌督办等5项制度，安全生产更加规范化、制度化；建立水务安全生产监管责任清单，印发贯彻落实水利安全生产风险管控"六项机制"工作方案，全链条全方位管控风险，危险源辨识率90.24%、隐患整改率97.65%。完成水务重大事故隐患排查整治2023专项行动，开展安全生产督导检查538次，整改问题隐患1221项。开展工程建设项目稽察、稽察问题整改"回头看"，进一步规范水务工程建设行为，有效避免建设领域重大问题发生。印发进一步加强水务行业突发事件应急处置工作机制建设的意见，修订26项部门预案，开展应急救援比武和硫化氢中毒、排水管道塌陷应急处置等演练，应急救援能力进一步提高。

（二）供水排水行业监管力度加大

供水行业监管有力有效。着力保障低压片区供水安全，组织水务集团"高峰多送、低峰多储"，在高日用水量同比增加13%的情况下，做到了供水水量、水质、水压稳定，保障有力。扎实做好低温雨雪冰冻灾害供水设施防寒防冻措施，及时抢修率100%，确保了供水安全。完成城市地下供水基础设施普查，共普查3870个供水单元、7244千米供水管线，普查完成率100%。开展城市及农村供水安全检查和隐患排查整治，整改隐患问题44个。印发农村供水标准化评分标准，参评的7家农村供水运管单位均达到标准化管理水平。加强水质监管，城市供水水质合格率99%以上，农村供水水质合格率达到93%以上。

排水行业监管持续加力。会同市城市管理委完成达沃斯论坛保障路线地下排水管线空洞探测，处置道路脱空2处，有效保障道路安全。严格实行城镇生活污水处理设施水量、水质"双管理"，全市99座城镇生活污水处理厂处理污水12亿吨，出水主要指标达标率97.5%以上；已验收合格农村生活污水处理站利用率92%以上。完善城镇生活污泥处置月调度机制，全年处置污泥80万吨，污泥无害化处置率97%以上。

(三) 依法行政和政务服务提质增效

依法行政进一步深化。深入践行习近平法治思想，党政主要负责同志履行推进法治建设第一责任人职责，完成局"一规划两纲要"贯彻落实情况中期评估；修订完成《天津市城镇排水和再生水利用管理条例》并经市人大常委会印发。印发政治型专业型服务型廉洁型执法队伍建设实施方案；会同市公安局印发进一步加强天津市河湖安全保护工作实施意见，联合京津冀三地七市检察机关共同推动大运河保护工作。办结天津市首例水土保持设施"未验先投"违法案件，开展河湖安全保护、汛期河道阻水障碍物清理整治等专项执法行动，市、区两级立案查处水事违法案件1347件，罚款414.67万元，办案数量保持全国前三位次。"水法润津滨"等普法活动扎实推进。

政务服务进一步优化。水务"放管服"改革持续深化，通过"互联网+监管"系统和"津管通"App开展行政检查5542次，完成水土保持审批制度承诺制改革。水务营商环境持续优化，对标世界银行营商环境成熟度最新标准，制定新一轮优化获得用水营商环境措施9个；不断优化用水报装"窗口+网上+掌上"办事渠道，全年受理线上用水申请896件、同比增长150%，项目耗时中位数由7个缩减至3个工作日。政务服务标准化规范化便利化持续推进，认领水务行政许可事项28项，推广应用取水许可证、城镇污水排入排水管网许可证等电子证照6个（类）；印发水行政许可评审专家库管理办法、涉水行政许可事项专家评审时限清单，水行政许可评审更加规范。"跨省通办"改革持续深化，颁发全国第一个水利工程安全三类人员变更的全国"跨省通办"电子证照；配合印制京津冀资质资格互认清单，推进审管协同联动。全年办结政务服务事项4761件，处理热线事项8701件，均及时解决。

(四) 水务基础工作更加坚实

水务改革稳步推进。编制完成水权改革实施方案，明晰水权改革实施路径；编制完成外调水及北运河、潮白新河、大清河等主要河流水量分配方案；组织南港工业区与安达水务有限公司完成全市首例线上水权交易。推进农业水价综合改革，完成蓟州、静海区274台套用水计量设施安装，维修灌溉设施67处，农业用水精细化管理水平进一步提高。稳妥推进3家公益一类单位按照公益二类单位进行管理，大力开展与主业相关社会服务，激发事业单位干事创业活力。规划前期加快推进。市政府批复天津市水网建设规划，编制完成农田灌溉发展规划，配合完成南水北调总体规划、东中线后续工程规划、海河流域防洪规划修编等工作。推进洪泥河生产圈供水枢纽、还乡新河和州河中小河流治理、东淀和文安洼蓄滞洪区安全建设等重点项目前期工作。水务投融资渠道有效拓宽。落实中央资金10.65亿元、为历史最高，市财政资金4.74亿元，发行地方政府专项债13.08亿元；深化政银合作，吸引金融信贷和社会资本投入34亿元、同比增长21%。全市完成水务建设投资66.46亿元、同比增长3.3%，水务建设对经济大盘的拉动作用有效发挥；化解政府债务40.89亿元，银行贷款提前全部还清。财务审计工作不断强化。修订印发局部门预算管理办法，严格预算执行；开展国有资产管理等9项专项检查，超额完成资产盘活年度任务；水务资金使用和水资源管理情况专项审计暨京津冀水资源管理政策落实协同审计、提高自然灾害防治能力政策落实情况审计30项整改任务全面完成；成立局党组内部审计工作领导小组，开展内部审计11项。智慧水务加快建设。智慧水务建设实施方案（2023—2025年）印发实施，南水北调宝坻引江供水、滨海新区海堤提标改造数字孪生工程建成生效。

四、全面从严治党纵深推进，为水务发展提供坚强政治保证

(一) 党的政治建设持续加强。始终坚持把党的政治建设摆在首位，严格落实"第一议题""第一主题""第一主课"制度，加强对贯彻落实习近平总书记重要指示批示台账19项重点任务全过程管理，确保处处对标对表、事事校正紧跟。全面

落实主体责任清单明责、督查促责、考核压责、失责问责、跟进改责工作机制，确保全面从严治党要求落实到各环节、各层级。持续强化政治意识，严明政治纪律和政治规矩，召开持续净化政治生态推进会暨警示教育大会，落实加强政治生态建设20项重点任务，精准分析研判全局政治生态，并建立台账跟踪抓好问题整改，涵养积极健康的党内政治文化，不断巩固持续向好的政治生态；把积极接受市委巡视作为检验"两个维护"的具体体现，以高度的思想自觉、积极的行动自觉全力配合巡视组开展工作，不断增强政治担当。严格落实意识形态（网络意识形态）工作责任制，制定进一步筑牢意识形态安全防线任务清单，开展意识形态安全风险隐患排查和论坛报告会讲座摸排自查，对13家单位开展专项督查，对3家单位结合巡察开展意识形态工作专项检查；开展引滦入津工程通水40周年纪念活动，持续提升意识形态（网络意识形态）工作质量和效果。深化《天津市文明行为促进条例》宣传贯彻，局机关、大清河中心被评为市级机关2021—2023年度文明单位。

（二）干部人才队伍建设扎实有效。加强领导班子和干部队伍建设，坚持把政治标准摆在首位，做深做实干部政治素质考察，注重考察干部在落实高质量发展"十项行动"、迎战海河"23·7"流域性特大洪水中的主要表现，进一步使用处级干部2人，提拔副处级干部8人，21名公务员晋升职级，27名处级干部试用期满考核合格正式任职；建立领导干部"下"的负面清单，明确"下"的15种情形，大力营造靠作风吃饭、拿实绩说话的浓厚氛围。着力培养选拔优秀年轻干部，选派3名优秀年轻干部赴新疆、重庆工作，7名年轻干部进行多岗位锻炼；针对紧缺领域和重点人才，遴选和转任5名公务员，公开招聘69名局属单位工作人员；打破干部管理权限壁垒，开展局属单位副科级管理岗位公开竞聘，选拔科级干部13人，促进全局年轻人才交流；完善管、技分离改革措施，组织局属单位开展首次实施聘期制评价，对部分不合格人员进行岗位调整。加强干部管理监督，强化"一把手"和领导班子监督，列席10个局属单位党组织会议，对班子年度考核和"一报告两评议"测评结果排名靠后的3个单位主要负责人进行约谈，督促严于律己、严负其责、严管所辖；强化年轻干部管理监督，制定进一步加强年轻干部教育管理监督15项措施，举办年轻干部培训班，对新入职公务员开展廉政谈话，教育引导年轻干部知敬畏、存戒惧、守底线；严格执行个人有关事项报告制度，对2名漏报、不及时报告干部进行"第一种形态"处理，释放从严管理信号；做好领导干部亲属招录情况报备工作，加强任职回避、干部兼职、"裸官"、配偶子女及其配偶经商办企业、公务员辞去公职后从业行为等常态化管理，实现领导干部全面监督。

（三）基层党建开创新局面。牢固树立大抓基层的鲜明导向，一体推进大抓基层向纵深发展十项措施、建设"五型"党组织和党建引领基层治理落地落实，不断强化基层党组织政治功能和组织功能。全面推进党支部标准化规范化建设，严格落实"三会一课"、民主生活会、组织生活会、民主评议党员、谈心谈话和党章学习日、主题党日、讲党课等组织生活制度，坚持重温入党誓词、过"政治生日"等政治仪式；局机关党委、机关纪委按期完成换届选举，186个基层党组织按期换届，做到应换尽换；认真做好党员发展，按照市委组织部关于优化工作流程为基层减负的要求，对党员档案进行规范，对发展党员程序进行全过程跟踪指导、严格把关，全局共发展党员36名；做好党费收缴管理使用。创新党建工作载体平台，修缮引滦入津工程展览馆，全新打造滦水园党建阵地，建设特色鲜明的支部"党建园地"并实现责任、承诺、任务"七上墙"；引滦入津工程展览馆、节水科技馆和排水四所劳模工作室入选第一批市级机关党员教育培训基地和现场教学点。深化政治机关建设和模范机关创建，常态化开展机关作风建设，推进党建与业务深度融合；深化"党建进工地"活动，全局符合条件的工程项目全部建立临时党支部；积极发挥市级机关工委"执法先锋联盟"成员单位作用，主动开展联建共建，切实把基层党组织建设成为有效实现党的领导的坚强战斗堡垒。进一步强化统战、群团和离退休干部党建工作，形成强大合力。

（四）作风建设展现新气象。不断加固中央八项规定堤坝，深化纠治"四风"，持续加大治理形式主义、官僚主义和不担当不作为问题力度，处理不担当不作为的干部24人次。巩固为基层减负成果，实行会议、文件月通报制度，并将发文情况纳入绩效考核。深入开展"强监管、优服务、转作风"专项治理，全面排查15个领域存在的隐患问题，梳理问题241个，制定整改措施359条，完善、建立常态化工作机制28项，修订、制定惠企措施6条，全局担当作为、干事创业的氛围日益浓厚，3个集体、4人荣获全国荣誉，13个集体、14人次荣获市级荣誉。特别是面对海河"23·7"流域性特大洪水，水务党员干部挺身而出、迎难而上、冲锋在前，建立2个临时党支部、10支党员突击队，积极捐款34万余元，水务党员干部的担当作为和过硬作风在大战大考大课和急难险重任务中得到有效检验。

（五）一体推进"三不腐"取得新进展。深刻汲取北京排水河防渗墙工程质量问题教训，高站位、高标准、高举措落实"三个以案"，制定26项整改措施并持续落实整改，全力构筑水务行业监管"三道防线"，切实做到汲取教训、警钟长鸣。树牢"全周期管理"理念，强化系统施治，坚持不敢腐、不能腐、不想腐一体推进。常态化开展全方位监督，加强监督贯通融合，制定监督工作清单，紧盯主题教育、高质量发展"十项行动"、审计和巡察整改、防汛抗洪，持续推进政治监督具体化精准化常态化，用活用好片区协作监督、专项监督，开展2轮对3个局属单位的巡察，着力整治损害群众利益的腐败问题和不正之风；与驻局纪检监察组同向发力，坚持失责必问、问责必严，共同办理问题线索60件、运用"四种形态"60人次，全局党组织运用"第一种形态"445人次，严的基调、严的措施、严的氛围持续巩固。开展廉政风险排查，重点排查水务工程建设领域廉政风险点96个，制定防控措施132项，从源头上遏制腐败问题发生。加强经常性纪律教育、警示教育和廉洁教育，开展警示教育月和廉洁文化"七个一"活动，清正廉洁的新风正气不断充盈。

（赵小旭）

特别事件

【海河"23·7"流域性特大洪水】 受2023年第5号台风"杜苏芮"与冷空气共同影响，7月28日至8月1日，海河流域出现强降雨过程，流域平均降雨155.3毫米，降水总量达494亿立方米，暴雨中心主要集中在大清河系、永定河系山峡区间及子牙河系上游。海河流域发生海河"23·7"流域性特大洪水，其中永定河发生1924年以来最大洪水，大清河发生1963年以来最大洪水，8条河流发生有实测资料以来的最大洪水。大清河、永定河洪水从南北两个方向进入天津市，东淀、永定河泛区相继启用，天津市境内南线大清河、子牙河、独流减河、海河和北线永定河、永定新河全力泄洪，8月19日永定河泛区全面退水，9月15日清南苗头排干以西区域全面退水，9月25日东淀蓄滞洪区全面退水，53亿立方米洪水安全下泄。

1. 各河系水情情况

（1）大清河系。7月28日至9月25日，大清河系入天津境洪量22.88亿立方米，其中南支白洋淀下泄洪量8.51亿立方米，北支新盖房进入东淀洪量14.37亿立方米，经天津下泄入海洪量26.46亿立方米（含天津市域内排涝入海水量）。大清河上游分为南北两支，南支洪水自白洋淀枣林庄枢纽进入大清河至天津市静海区台头镇，经独流减河入海。北支洪水自新盖房枢纽进入东淀蓄滞洪区（大清河以北区域）。国家防汛抗旱总指挥部8月1日2时启用东淀蓄滞洪区。8月4日12时洪水水头到达天津界静海区东淀台头，8月6日22时水头到达东淀第六埠，8月7—9日陆续扒开老龙湾、水高庄、第六埠、杨柳青4个退水口门，淀内洪水通过退水口门退入子牙河，东淀第六埠水位10日5时最高5.52米，之后逐渐下降，洪水经独流减河、子牙河下泄。大清河台头8月7日11时出现最大流量699立方米每秒，最高水位6.01米，大清河洪水经独流减河下泄。独流减河防潮闸8月10日7时出现最大流量1354立方米每秒。为减轻大清河及东淀蓄滞洪区行洪压力，天津市于8月12日协调海委提启西河闸，分泄大清河部分洪水进入海河，通过金钟河泵站和海河口泵站外排入海。随着大清河水位下降，8月22日8时关闭西河闸。8月10日凌晨，河北省文安县滩里干渠东堤漫溢溃口，东淀蓄滞洪区清南部分区域进洪。8月12日5时苗头排干西出现最高水位5.93米，8月13日23时55分河北省完成溃口封堵。8月17日，静海区开始架设临时泵强排，清南区域洪水9月15日全部排净。8月30日13时30分新盖房枢纽分洪闸关闭。8月31日至9月16日及时根据东淀内外水位变化，陆续封堵退水口门。东淀清北区域于9月7日架设临时泵全力排除尾水，9月25日东淀完成全面退水。

（2）永定河系。7月28日至8月19日，永定河系入境洪水量3.23亿立方米，全部通过永定新河防潮闸入海。7月31日0时，卢沟桥拦河闸开始提闸放水。8月1日22时10分，洪水水头到达天津市永定河河道。8月3日，永定河泛区天津市区域开始进水。8月3日19时30分，武清区邵七堤出现最高水位10.53米。8月15日永定河上游来水归入主河槽。武清区于8月11日架设临时泵排除尾水。8月19日永定河泛区洪水全部排净。

（3）子牙新河。7月28日至9月15日，献县枢纽子牙新河进洪闸下泄洪水总量10.1亿立方米，全部经子牙新河下泄入海。子牙新河入天津界闸北桥站水位自7月29日起涨，8月12日19时30分出现最高水位5.86米，较2021年最高水位（6.05米）偏低0.19米，随后降低。

2. 险情情况

此次特大洪水期间，蓟运河防潮闸上、永定新河防潮闸、北京排水河东堤头闸闸上、大清河第六埠、潮白新河宁车沽闸等5个水文站超警，累计加高加固堤防111.17千米，封堵穿堤建筑物48处，搭设围堰1处1340米，封堵缺口900米，铺设排体2095米，铺设抢险道路3160米，排查抢护险情82处，其中大清河右堤22处、子牙河左右堤15处、苗头排干33处、台头安全区5处、青龙湾减河7处。8月10日凌晨，市水务局发现大清河台头水位异常下降，经巡查核实河北省文安县滩里干渠（与大清河连通）东侧堤防发生漫溢溃口，东淀蓄滞洪区清南部分区域进洪。8月10日水利部办公厅印发《关于加强滩里干渠险情抢护工作的通知》（水明发〔2023〕81号），请河北省水利厅抓紧抢护，市水务局抓紧利用苗头排干构筑第二道防线。市委、市政府领导常驻前线指导险情处置，中部战区副司令员专程赴现场部署抗洪抢险，驻津部队、津外部队、武警官兵、消防救援专业队伍、社会应急救援力量以及安能集团等央企、国企超过1.2万人，完成4.2千米苗头排干西堤加高加固，封堵穿堤涵管，断交静霸公路，紧急封堵苗头排干静霸公路缺口，实现苗头排干全段8米高程，并持续开展堤防加固、巡堤查险、应急抢护。苗头排干第二道防线累计发现处置渗漏、管涌、滑坡等险情32处，均得到有效控制。8月13日23时55分河北省滩里干渠封闭，天津市采取应急架泵强排措施，苗头排干西洪水9月15日全部排净。

3. 特大洪水应对防御情况

（1）市委、市政府靠前指挥。市委书记陈敏尔，市委副书记、市长张工多次召开市委常委会会议、市防汛抗旱指挥部专题会议，连夜部署蓄滞洪区启用、群众转移安置、隐患排查整治等各项工作，连续深入一线实地察看河道堤坝、蓄滞洪区围埝和水情险情，科学指挥洪水调度、抗洪抢险、群众转移等工作；特别是8月10日凌晨，大清河上游河北省文安县滩里干渠发生漫溢溃口，洪水急速分泄至静海区时，带领市级有关部门和静海区奋力应战，立即实施苗头排干加高加固工程，快速打通施工运输和防洪抢险通道，迅速完成王口镇北苗头、南苗头、段堤3个村6305名群众转移安置。防汛过程中，成立前线指挥部，张工亲自挂帅，刘桂平、连茂君、李树起、衡晓帆、李文海、朱鹏、谢元、范少军、张玲等市领导分兵把守、进驻相关区域，前置指挥推动力量调配、分洪泄洪、堤防抢护等措施落实，全力防汛抗洪抢险救灾。副市长谢元连续20余天坐镇市水务局，组织水务、应急、气象和有关区召开调度会商、工作部署会议，统筹指挥水文监测预报、河系洪水调度、巡查抢险等各项工作。

（2）提早启动预警预报有序调度洪水。市水务局7月31日8时发布天津市洪水黄色预警，10时发布天津市洪水橙色预警。7月31日14时发布永定河洪水红色预警。8月6日17时发布大清河洪水红色预警，动员全市各方力量开展防汛抗洪工作。7月28日11时启动洪涝灾害防御Ⅳ级应急响应，31日15时提升至Ⅰ级。持续预泄河道、水库底水超2亿立方米，全面做好行洪运用准备。4支水文监测突击队、3架无人机追踪洪水水头，出动应急监测队728次，跟踪掌握洪水演进过程；24小时不间断发布天津市及周边主要河道重要控制断面水情，发布洪水预报50期。统筹上下游、干支流、左右岸，实施闸涵泵站群联合调度，市区两级共发布调度令588道，53亿立方米洪水安全下泄，充分发挥流域水工程整体防洪作用。

（3）全力迎战特大洪水。成立大清河前线工作组，局领导班子成员在防汛抗洪各条战线进行指挥调度；抽调水务有关领导和专家成立水情监测组、专家组、应急抢险组、防洪调度组4个专项工作组，提升防汛抗洪指挥作战能力。12名退休领导、专家主动请缨参战，持续奋战在防汛抗洪抢险一线。预先排查大清河、子牙河、永定河等堤防薄弱段，在洪水到来前完成堤防加高加固工程。检查有启用风险的东淀、永定河泛区、大黄堡、黄庄洼等4个蓄滞洪区的口门、围堤、隔堤和安全区围堤，组织静海区、西青区7880人405台机械设备，争分夺秒、昼夜奋战，紧急实施子牙河、大清河堤防和东淀外围堤加高加固等8项应急抢险工程。市水务局与公安、消防救援等部门建立四级巡堤查险体系，同市应急局、市住房城乡建设委、市国资委等相关单位及各企业集团、施工单位，与部队官兵合力抗洪抢险，守住了清南安全防线，减淹面积45平方千米，减少经济损失70亿元。统筹海河泄洪削峰与市区防汛排涝安全，中心城区排水人员连续在岗448小时，成功应对9场强降雨。市排水管理事务中心组成30人的精锐抢险突击队第一批次昼夜兼程赶赴河北涿州支援应急排水，持续作战7天128小时，连续攻克6处严重淹泡点位。防汛物资仓库累计向静海、武清、西青等8个区调拨32批48次1109.70万元物资，接收中央支援物资8批次，15次调拨中央物资。

（4）千方百计加快退水速度。蓄滞洪区退水阶段，市水务局成立农村除涝工作组进驻现场，积极协调各区水务部门及央企国企，分析积水分布演进，优化排水调度措施，累计利用固定排水泵站6座、流量18立方米每秒，架设应急排水设备322台套、流量165立方米每秒，合计排水能力183立方米每秒，大大加快了东淀积水排除速度，缩短淹泡时间。东淀蓄滞洪区9月25日全面退水，较"96·8"洪水退水时间缩短了5~6个月，为农业生产恢复创造有利条件。

（防御处）

【第三届中国节水论坛】 第三届中国节水论坛于2023年9月26—27日在天津市成功举办，论坛以"节水与高质量发展"为主题，全国人大、全国政协、农工党中央、民盟中央、国家有关部委，相关省、自治区、直辖市有关领导和部门负责同志，以及科研院所、大专院校及企业代表等出席活动。

论坛由中国农工民主党中央委员会、天津市人民政府、中国水利水电科学研究院、大禹节水集团股份有限公司共同主办，出席嘉宾1238人。中共中央政治局委员、天津市委书记陈敏尔出席开幕式并参观了节水技术与装备展示。全国人大常委会副委员长、农工党中央主席何维出席了开幕式并致辞。全国政协副主席、民盟中央常务副主席、中国科学院院士王光谦，水利部党组成员、副部长刘伟平，农业农村部党组成员夏更生出席活动并致辞。

论坛主题紧扣高质量发展理念，深入贯彻"节水优先、空间均衡、系统治理、两手发力"治水思路、科技兴国战略方针。为提升论坛的关注度，大力宣传天津市在节水领域取得的成就和先进技术经验，在做好主论坛和分论坛交流研讨的同时，还分别安排了节水技术与装备展示、参观考察典型节水企业等活动。9月26日，在梅江会展中心举办"节水技术与装备展示"，大禹节水集团、天津水务集团等节水行业龙头企业参展，集中展示了在工业、农业、生活及非常规水利用等方面的领先技术与装备；组织开展"开放日"活动，9月27日组织市水务局、有关央企国企员工观展，两天内，共有21个企业和部门2200余人观展。9月27日，350余位嘉宾实地考察天津节水科技馆、天津市新天钢联合特钢有限公司、天津市武清区大禹节水现代设施农业园、大禹节水集团华北总部、天津市东信花卉有限公司、天津市武清区巣粮务农村污水处理站6个示范点位。

按照市领导的指示要求，在论坛期间举办了天津市重大水务项目推介会、项目签约仪式，南水北调集团水网水务投资公司等41家国内知名企业、100余名代表参加。项目推介会上，市水务局、武清区、静海区、蓟州区分别作乡村振兴水网水务项目推介，南水北调集团等6家企业分别与市水务局、静海区、武清区、蓟州区签订了7个合作意向协议，涵盖乡村振兴、农村供水排水、防洪除涝、节水与生态治理等意向储备项目，估算投资额517亿元。

活动举办前，召开了第三届中国节水论坛新闻发布会，邀请56家新华社、人民日报、央视等中央级主流媒体、省部级媒体来津进行报道，其中人民日报、新华社、中央电视台等20余家央级主流媒体进行了现场报道，发布新闻105条，通过其他媒体、门户网站转载达到上千余次，点击量、浏览量近2亿次。央视"中国之声"以《聚焦"节水与高质量发展"》进行报道；央视国际频道分别以 THE WORLD TODAY、Saving Water：3rd China Water Conservation Forum underway in Tianjin 为题报道了此次论坛盛况。广泛的媒体宣传有效烘托了第三届中国节水论坛氛围，有力提升了本次论坛的影响力。

制定"一团一策"接待方案，重要嘉宾"一对一"专人对接、专班服务，同时设立酒店专班保障工作组，全面提升接待酒店服务水平，做到细致入微、宾至如归；落实"三站一场"迎送工作，确保车辆供应充足、需求响应及时、服务优质高效、行车安全有序；组织水务系统职工百余名志愿者全程参与服务保障，展现专业素养、靓丽风采和细致精致服务。市公安、消防、食品卫生等部门认真落实工作方案和应急预案，保证安保防疫各项工作清晰、衔接紧密。市特勤、公安、城市管理等部门一线指挥，压实各项保障任务。市水务局会同各相关部门提前介入、值守论坛现场保障工作，负责应急处理责任领域突发事件，论坛期间未出现安保领域突发事件。

（供水处）

重 要 文 献

重 要 文 件

市水务局关于印发《天津市水利工程建设质量提升三年行动实施细则》和《天津市 2023 年度水利工程建设质量提升工作方案》的通知

津水综〔2023〕26 号

局属有关单位、机关有关处室，各区水务局，各项目法人单位：

　　为深入贯彻落实党的二十大精神和党中央、国务院实施质量强国战略的决策部署，推动我市水利工程建设高质量发展，按照《水利部办公厅关于印发水利工程建设质量提升三年行动实施方案的通知》和《水利部办公厅关于印发 2023 年度水利工程建设质量提升工作方案的通知》要求，我局制定了《天津市水利工程建设质量提升三年行动实施细则》（以下简称《实施细则》）和《天津市 2023 年度水利工程建设质量提升工作方案》（以下简称《工作方案》），现予以印发，并就有关工作要求通知如下：

　　一、请局属有关单位、机关有关处室、各区水务局、各项目法人单位切实提高政治站位，将深入学习贯彻落实党中央、国务院印发的《质量强国建设纲要》（以下简称《纲要》）作为一项政治任务来抓，结合各自职能，将《纲要》纳入本级党组织学习计划，组织开展学习、研讨活动，结合实际制定具体推动落实措施，坚决将党中央、国务院关于加快建设质量强国的决策部署落实到水利工程建设实际工作中。请于 7 月 15 日前完成《纲要》学习研讨活动，并及时将组织学习情况报送我局。

　　二、局属有关单位、机关有关处室，要认真落实《实施细则》和《工作方案》各项工作要求。一是不断健全和完善水利工程建设质量制度和标准体系建设。强化工程建设质量管理人员培训，深入学习新颁布的《水利工程质量管理规定》，夯实质量工作基础，不断提升质量监管效能。二是加强质量提升行动的组织推动。按照《实施细则》和《工作方案》要求，认真完成职责范围内和分管领域内质量提升相关工作任务，组织推动质量提升工作取得成效。每半年督促检查质量提升工作进展情况，确保工作任务按时高质量完成。三是加强检查、督促整改。针对质量提升行动和专项排查整治工作中发现的问题，督促参建各方建立问题和整改落实台账，逐项销号，落实问题闭环管理；研究制定针对性强的长效机制，促进水利工程建设质量不断提升。

三、各区水务局要按照分级负责的原则，组织做好本区域内质量提升行动开展工作。一是要结合本区实际，制定切实可行的工作措施和年度工作计划，组织开展质量提升三年行动和年度工作。二是要对管辖范围内的水利工程项目开展普遍性问题专项排查整治，建立问题清单，督促问题整改，制定长效机制。三是要压实工作责任，明确工作部门和人员职责，确保质量提升各项任务落实到位、质量提升工作取得实效。四是要按照《实施细则》和《工作方案》要求，每年度分析总结质量提升工作开展情况，于每年7月1日前将质量提升半年工作进展情况（含本年度工作进展情况）以及附件中相关表格报送我局；于每年12月1日前将年度质量提升行动工作总结、下年度质量提升工作计划、相关表格报送我局。

四、各项目法人单位要按照《实施细则》和《工作方案》要求，一是组织各有关参建单位深入学习《水利工程质量管理规定》等制度要求，吃透精神，领会政策，组织水利建设工作开展。二是严格落实项目法人对水利工程建设质量的首要责任，以及勘察、设计、施工、监理单位对水利工程质量的主体责任，严格落实质量责任终身制。三是组织各参建单位积极参与质量提升行动，通过在建水利工程开展"党建进工地"活动、推动BIM技术应用、智慧工地建设、"四新"技术应用、优质工程评选、打造样板工地、开展"质量月"活动、质量宣传等多项举措，在工程项目建设中营造积极向上的质量工作氛围，推动我市水利工程建设质量管理水平进一步提升。四是及时全面认真开展自查，把三级联查机制真正落在实处，进一步完善项目法人管理、施工单位保证、监理单位控制、设计单位服务的质量管理体系，提升各自履职能力；结合在建工程，立即组织参建单位对照普遍性问题开展全面自查，建立问题清单、整改台账，确定整改时限和责任人，并按照市、区两级水行政主管部门要求，及时将自查情况报市、区水务局。

附件：1. 天津市水利工程建设质量提升三年行动实施细则
　　　2. 天津市2023年度水利工程建设质量提升工作方案

天津市水务局
2023年7月11日

附件1

天津市水利工程建设质量提升三年行动实施细则

为贯彻落实党的二十大精神和党中央、国务院实施质量强国战略的决策部署，推动我市水利工程建设高质量发展，进一步提升我市水利工程质量水平，根据《水利部办公厅关于印发水利工程建设质量提升三年行动实施方案的通知》（办建设〔2022〕280号）要求，结合我市实际，制定本实施细则。

一、总体要求

（一）指导思想

以习近平新时代中国特色社会主义思想为指导，全面贯彻党的二十大精神，完整、准确、全面贯彻新发展理念，深入落实"节水优先、空间均衡、系统治理、两手发力"治水思路，统筹发展和安全，以推动新阶段水利高质量发展为主题，深入实施质量强国战略，牢固树立质量第一意识，落实质量责任，强化质量监管，进一步提升我市水利工程建设质量水平，为我市全面建设社会主义现代化大都市贡献水利之为。

（二）行动目标

开展水利工程建设质量提升行动，用3年左右时间，围绕我市水利工程建设存在的突出问题，通过进一步健全水利工程质量管理制度、夯实工程质量主体责任、开展专项整治、提升政府监管效能，使水利工程建设质量管理能力显著增强，水利工程质量水平进一步提升。

二、主要工作

（一）落实参建单位水利工程质量责任

1. 进一步明确质量责任。严格落实项目法人责任制和项目法人（建设单位）对水利工程质量的首要责任。全面压实勘察、设计、施工、监理单位对水利工程质量的主体责任，以及检测、监测、材料设备供应等单位依法担负的相应责任。项目法人、勘察设计、施工、监理和其他相关单位的负责人及其工作人员，按照各自职责对工程质量依法承担相应责任。

2. 严格质量终身责任制。认真落实《水利工程责任单位责任人质量终身责任追究管理办法（试行）》《天津市水利工程质量终身责任制实施办法》相关要求，督促在建工程参建单位责任人质量终身责任承诺书签订全覆盖，工程现场质量责任公示牌、工程竣工验收责任标牌设立全覆盖。

（二）加强水利工程建设质量全过程管理

3. 提升项目法人履职能力。按照《水利工程建设项目法人管理指导意见》，规范项目法人组建，明确项目法人的职责和权限，配齐项目法人内设机构及相关管理人员，切实提升项目法人履职能力。督促项目法人建立健全质量责任体系、完善质量管理制度，组织开展施工图审查，加强对参建单位质量责任落实情况的检查，组织做好法人验收工作。重点对项目法人履职、考核评价机制不健全、管理能力不足、管理不规范等问题进行检查。

4. 加强勘察设计质量管理。督促勘察、设计单位建立健全质量保证体系，严格落实设计文件校审制度，加强设计文件过程质量控制。进一步加强对勘察设计单位相关成果及质量行为的监督检查，重点检查设计文件执行有关强制性标准、设计文件深度、设计现场服务、质量管理内控等情况。

5. 加强施工过程质量控制。督促施工单位严格按照工程质量管理和合同要求，设置现场施工管理机构，配备满足合同及工程实际管理要求的管理人员，建立健全质量保证体系。督促施工单位严格落实质量过程管理。加强工程原材料、中间产品和设备进场验收管理，严禁不合格材料、中间产品、构配件和设备在工程中使用。督促施工单位在施工过程中严格落实质量检查和验收制度。强化重要隐蔽、关键部位单元工程质量联合验收，留存过程工程影像、检测试验、地质条件等必要资料。加强施工记录、质量保证、检验评定和验收资料管理，实现工程质量全过程可追溯。

6. 加强监理单位质量控制。强化监理单位及现场监理机构人员执业资格和行为规范性管理。督促监理单位按照投标承诺和合同约定，设置现场监理机构，配备具备资格且满足合同及工程专业需要的监理人员。督促监理单位根据工程实际制定可操作性强的监理规划、监理细则和监理工作制度。督促监理人员严格按照制度要求，采取旁站、巡视、检测等方式开展监理工作，及时填写旁站、巡视记录和工作日志，确保质量过程可追溯。督促严格履行监理的质量控制职责，加强对施工单位人员投入、方案报审、原材料、中间产品和设备进场报验、重要隐蔽和关键部位验收等环节管理，认真开展施工质量复核，及时填写复核记录，未经监理工程师复核并签字认可不得在工程上使用或安装，不得进行下一单元（工序）工程的施工。

7. 加强检测过程质量控制。严格工程质量检测管理，根据工程需要及时制定检测方案，按照检测方案开展施工自检、监理平行检测、项目法人全过程检测和竣工实体检测工作。进一步规范检测人员、检测样品的抽取、跟踪检测等环节的管理，探索采用信息化手段在检测取样送样、现场试验和跟踪检测等环节中的应用，做到检测溯源管理。加强检测不合格项的管理，及时发现可能影响工程正常运行或可能形成质量隐患的质量问题。

（三）提高水利工程建设质量政府监管效能

8. 健全完善质量管理制度体系。进一步加强《天津市水利工程建设管理办法》调研起草工作。开展《天津市水利工程质量责任终身制办法》《天津市水利工程质量管理规定》等文件修订工作，进一步夯实我市水利工程建设质量管理制度体系。

9. 推进水利工程建设地方标准体系建设。组织做好我市牵头编制并发布实施的京津冀区域性地方标准《水利工程建设质量检测管理规范》的宣贯工作。组织开展《水利工程监理管理规范》等地方标准的修订工作和《水利工程质量监督管理规范》地方标准的编制工作。同时根据水利行业相关标准修订情况，研究推动适合我市的水利工程质量管理相关地方标准立项工作，初步形成我市水利工程建设质量管理标准体系。

10. 强化政府质量监督。确保全市履行基本建设程序的水利工程建设质量监督全覆盖。加大对水利工程建设质量责任主体的监督检查力度，市、区两级水行政主管部门要认真落实质量监督工作标准要求，规范开展监督工作，落实监督工作责任。同时进一步提升质量监督能力，加强对各区质量监督履职情况巡查和指导。继续利用好质量监督 App 和监督数据管理平台，提升质量监督的信息化应用水平。

11. 加强市场主体信用信息应用。深入开展水利建设市场主体行为信用评分，持续推进信用得分在水利招投标市场中的应用；积极开展市场主体不良行为定期核查，实现市场主体信用得分动态更新与运用；加大对投标主体信用信息现场查询，及时掌握市场主体有无限制进入市场的违规违法行为，杜绝"问题企业"中标，充分发挥市场在资源配置中的决定性作用，实现守信激励、失信惩戒。

12. 强化工程招投标监管。严格落实水利招标投标市、区两级监督机制，压实主体责任。持续强化水利招投标项目公告前要件审核，开评标现场监督、招标总结报告备案等事前、事中和事后全过程监管。积极推进水利招投标"双随机、一公开"抽查，加强对招投标项目全过程合法合规性的事后检查，严厉打击围标、串标等违法违规行为，持续规范市场主体行为，维护市场秩序。

13. 提升稽察工作质效。加大项目稽察工作力度，每年度抽取市管、区管在建工程开展水利项目稽察。充分发挥稽察工作"检查、反馈、整改、提高"作用，梳理总结研判稽察成果，分析问题原因，真实、准确反映工程项目建设中存在的普遍问题及典型问题，有针对性采取加强质量管理措施，为规范建设行为、加强行业监管提供指导和支撑。

14. 加强质量检测单位监管。继续落实质量检测单位乙级资质许可告知承诺制，对质量检测单位开展现场核查及"双随机、一公开"抽查。结合在建水利工程项目抽查，强化对质量检测单位检测行为的监管。严厉打击无资质超资质承揽检测业务、出具虚假检测报告等违法违规行为。对资质许可、质量检测工作中存在的违法违规问题，依法实施失信惩戒和行政处罚。推动全市水利行业质量检测单位建立检测行业自律组织，充分发挥行业自律能力，规范检测市场和检测行为。

15. 发挥质量考核引导作用。聚焦我市水利工程建设中存在的突出问题，将质量提升行动开展情况列入全市对各区质量工作考核（水利部分）体系。结合区管水利工程建设项目质量管理情况进行抽查，对各区质量工作开展情况进行评价，促进质量提升工作和水利工程建设质量管理各项任务的高质量完成。

（四）提升水利工程建设管理信息化水平

16. 研究建设水利工程质量检测管理系统。推动水利工程质量检测信息系统建设，推进全市水利工程质量检测机构和检测行为信息化管理，加强质量检测单位检测场所、检测人员、检测设备、内部控制体系、检测行为、检测数据管理。研究应用"物联网"技术，努力达成检测工作委托、检测人员、现场取样、送样、检测过程自动收集、实时上传、出具检测报告唯一标识等功能。

17. 推动技术创新成果和BIM技术应用。鼓励勘察、设计、施工、监理、检测等单位加大技术创新及研发，不断提升勘察设计质量、施工工艺、检测技术和管理水平。积极推广新技术、新材料、新设备、新工艺应用，带动设计、施工、检测等在理念、技术、管理方面创新。持续推动BIM技术在重点水利工程建设中的应用，提升工程智慧建设、智慧监管能力。打造数字孪生工程试点。

（五）营造质量为先文化氛围

18. 提升从业人员质量意识。开展"质量月"活动，采取多种形式开展质量宣传，营造良好的质量工作氛围。分年度组织全市水利工程参建单位现场管理人员、质量监督人员开展业务培训，重点加强对新颁布、新修订的质量管理制度、规范和标准的培训，进一步提升从业人员的质量意识和业务能力。

19. 发挥优质工程引领作用。开展好我市水利工程优质奖评选工作，积极推动我市水利工程参与国家优质工程奖、水利工程优质（大禹）奖等省部级以上优质工程奖项评选，发挥优质工程示范引领作用，激发水利工程建设参建单位质量提升工作的积极性。

（六）开展水利工程建设质量普遍性问题专项整治

20. 聚焦水利工程建设质量管理普遍性问题开展专项整治。一是聚焦项目法人组建不规范、技术力量薄弱、履职不到位、施工图审查不到位等问题；二是聚焦监理、施工单位人员配备和变更不满足工程需要、质量责任人不落实和履职不到位等问题；三是聚焦不严格按照设计要求或技术标准施工，执行质量检验和验收工作不规范，工程资料不规范等问题；四是聚焦质量检测单位质量检测报告出具不规范，检测报告成果不真实等问题；五是聚焦工程实体质量通病问题。结合日常工作开展以上问题专项整治。各工程项目法人要组织工程参建单位开展自查，市、区水务局按分级负责的原则，对所辖的水利工程建设项目进行督导检查，制定问题整改落实措施，逐项销号，落实闭环管理。

三、实施步骤

（一）动员部署

各区水务局、市管水利工程项目法人单位要按照本实施细则和年度工作方案要求，将工程质量管理和提升工作纳入议事日程和工作重点，结合实际，制定切实可行的工作措施和工作计划，全面动员部署组织开展三年提升行动。按年度及时分析总结质量提升工作开展情况，于每年12月1日前将年度质量提升工作开展情况报市水务局。

（二）组织实施

自2023年6月至2025年6月，各区水务局、市管水利工程项目法人单位要强化责任落实，按照实施细则明确的重点工作，分年度扎实开展质量提升行动和普遍性问题专项整治。市、区水务局有关行政主管部门要组织开展监督检查，积极推动水利工程参建各方切实落实质量主体责任。

（三）总结提升

市、区水务局对本地区提升行动开展情况进行全面总结分析，进一步查找薄弱环节，深入分析问题及原因，研究提出改进工作措施和建议，进一步健全工程质量管理长效机制。各区水务局总结报告请于2025年9月底前报市水务局。

四、工作要求

（一）加强组织领导。市、区水务局要加强组织领导，明确工作重点，加强督促指导，压实工作责任，确保质量提升行动取得实效。

（二）坚持党建引领。市、区水务局和水利工程各项目法人单位要充分发挥党建工作举旗定向和政治引领作用，积极开展"党建进工地"活动，引导广大建设者牢固树立质量第一和争先创优意识。

（三）强化监督检查。市水务局将把质量提升行动开展情况纳入对各区年度质量考核体系，并对各区质量提升行动开展情况每半年进行一次重点抽查，对质量提升工作开展不力、问题整改弄虚作假的责任单位和责任人，严肃追究责任。

（四）加强宣传引导。市、区水务局要加大对质量提升行动的宣传力度，广泛宣传先进典型、优质工程，曝光质量低劣的工程。充分发挥新闻媒体监督作用，积极引导公众参与监督，规范质量举报投诉处理工作。

附件2

天津市2023年度水利工程建设质量提升工作方案

为深入贯彻落实党的二十大精神及党中央、国务院关于实施质量强国战略的决策部署，推动我市新阶段水利工程建设高质量发展，根据水利部《关于印发2023年度水利工程建设质量提升工作方案的通知》《天津市水利工程建设质量提升三年行动实施细则》要求，制定2023年度水利工程建设质量提升工作方案如下。

一、总体要求

以习近平新时代中国特色社会主义思想为指导，立足新发展阶段，完整、准确、全面贯彻新发展理念，构建新发展格局，深入落实习近平总书记"节水优先、空间均衡、系统治理、两手发力"治水思路，统筹发展和安全，以推动新阶段水利高质量发展为主题，深入落实质量强国战略，牢固树立质量第一意识，坚持守正创新、坚持问题导向、坚持系统观念，落实质量责任，强化质量监管，完善我市水利工程建设质量管理制度和技术标准体系，推动解决水利工程建设质量管理中存在的普遍性问题，有效提升我市水利工程建设质量水平。

二、主要任务

（一）深入学习贯彻《质量强国建设纲要》

1. 市、区水务局要将中共中央、国务院印发的《质量强国建设纲要》纳入本级党组织中心组学习计划，组织开展学习、研讨，结合实际研究具体落实措施，坚决将党中央、国务院关于加快建设质量强国的决策部署落实到水利工程建设实际工作中。

2. 积极营造质量为先的文化氛围，深入开展"质量月"活动，持续提升全员质量意识，推进工程质量管理标准化，实施样板示范，建设品质工程。开展质量争先创优活动，组织年度全市水利工程优质奖评选，鼓励工程项目申报评选水利工程"大禹奖"等国家级奖项，以优质工程为引领，提升质量水平。

3. 开展质量提升行动，市、区水务局有关行政主管部门要组织在建水利工程项目法人和有关参建单位开展工程建设质量普遍性问题专项整治。鼓励在建工程开展质量改进、质量创新、劳动技能竞赛等群众性质量活动，推动质量社会共治。提升水利工程建设质量水平，确保工程一次性验收合格率100%。

（二）认真落实水利工程建设质量管理相关制度

1. 积极组织参加水利部对修订后的《水利工程质量管理规定》（水利部令第52号，2023年3月1日起施行，以下简称《规定》）的专题培训，深入学习、理解和掌握《规定》的相关要求，促进水利工程建设质量监管水平进一步提升。

2. 加强管理人员培训。组织对工程质量管理人员开展《规定》的宣贯和培训，并督促各工程项目法人、参建单位采取多种方式学习和落实《规定》的相关要求，全面落实项目法人的首要责任和勘察、设计、施工、监理单位的主体责任。开展京津冀区域性地方标准《水利工程建设质量检测管理规范》的宣贯培训工作，对200人次以上开展培训，受众覆盖全部在津注册检测单位，进一步规范水利工程建设质量检测行为。

3. 按照《规定》要求，加强工程建设全链条质量监管，严格行政执法，强化依法治理，对违反《规定》的行为及时依法进行处罚或者处理。

（三）提升水利工程建设质量监管效能

1. 进一步健全完善我市水利工程建设制度体系。继续强化质量制度体系建设，组织开展《天津市水利工程质量管理规定》《天津市水利工程质量终身责任制实施办法》等规范性文件的调研起草工作。研究制定新形势下进一步加强水利工程建设质量检测工作的有关要求，强化工程建设质量检测管理，持续完善制度体系建设。

2. 推动我市水利工程建设标准体系构建。根据地方标准立项计划，开展《水利工程监理管理规范》地方标准的调研修订工作，组织开展《水利工程质量监督管理规范》地方标准的调研起草工作。

3. 落实监管责任，强化质量监督。认真开展在建工程项目日常监督检查、专项检查和质量抽检工作，加强对参建各方质量行为和实体质量监督检查。按照水利部水利建设质量监督履职情况巡查工作要求，对各区水务局和区级质量监督机构开展质量监督履职情况巡查，进一步规范各区质量监督工作，促进质量监督履职能力提升。

4. 严格落实工程质量终身责任制。根据水利部《水利工程责任单位责任人质量终身责任追究管理办法（试行）》《天津市水利工程质量责任终身制办法》的规定，对在建工程开展质量终身责任制落实情况专项检查，对责任落实不到位的依据相关规定开展责任追究，督促质量责任落实到位。

5. 提升质量管理信息化水平。继续加强质量安全监督 App 和质量监督数据管理平台应用，强化监督工作平台相关信息的采集、分析和处理，提升监督检查效果。鼓励在建重点水利工程开展 BIM 技术的应用，强化 BIM 在工程建设质量管理工作中的作用，提升智慧建设、智慧监管能力。

6. 强化质量检测管理。针对水利工程建设质量检测工作中存在的突出问题，强化质量检测单位"双随机、一公开"执法检查，对违法违规行为依法实施信用惩戒和行政处罚。推动全市水利行业质量检测单位建立检测行业自律组织，充分发挥行业自律能力，进一步规范水利工程质量检测市场和检测行为。

（四）开展水利工程建设质量普遍性问题专项整治

聚焦近年来稽察、巡查、监督检查发现的下列普遍性（且不限于）问题，对在建水利工程开展全覆盖排查整治。

市水务局有关行政主管部门负责组织对本市在建重大水利工程开展排查整治，各区水务局有关行政主管部门组织对其负责管理的在建工程开展排查整治。各在建工程项目法人要组织参建单位对照普遍性问题开展自查。市区两级按照排查工作要求，组织在建项目开展排查整治工作（2023 年 7 月—11 月），按照水利工程建设质量普遍性问题专项整治清单建立问题整改台账，坚持边查边改、立查立改。做到问题发现、整改、销号闭环管理。市区两级要及时对年度排查整治工作开展系统总结（2023 年 11 月—12 月），分析问题原因，提出行之有效的整改措施，建立健全长效机制。

1. 项目法人

（1）未设置质量管理机构，或者质量管理机构与工程规模和技术复杂程度不相适应。

（2）主要负责人、技术负责人配备不符合要求。

（3）总人数或者工程专业技术人员数量不满足要求。

（4）不能按要求的条件组建项目法人，存在上述（1）（2）（3）所列问题，又未通过委托代建、项目管理总承包、全过程咨询等方式，引入符合要求的社会力量协助项目法人履行相应管理职责。

（5）质量管理制度不完备。

（6）施工图设计文件未经审查或者审查不合

格，擅自施工。

（7）未按照规定履行设计变更手续，设计变更未经审查同意擅自实施。

（8）未按照规定办理工程质量监督及开工备案手续。

（9）未按规定对参建单位开展合同履约管理。

2. 勘察、设计单位

（1）未按照规定在施工现场设立设计代表机构或者派驻具有相应技术能力的人员担任设计代表。

（2）初步设计审查意见落实不到位。

（3）未按照工程建设强制性标准进行勘察、设计。

3. 施工单位

（1）更换项目经理和技术负责人未经项目法人书面同意，或者更换后的人员资格低于合同约定的条件。

（2）未按批准的设计文件和技术标准施工。

（3）单元工程（工序）施工质量未经验收或者验收未通过擅自进行下一单元工程（工序）施工。

（4）隐蔽工程未经验收或者验收不通过擅自隐蔽。

（5）伪造工程检验或者验收资料。

（6）将承包的工程转包或者违法分包。

4. 监理单位

（1）更换总监理工程师和监理工程师未经项目法人书面同意，或者更换后的人员资格低于合同约定的条件。

（2）监理人员配备不满足合同约定。

（3）聘用无相应监理人员资格的人员从事监理业务。

（4）伪造监理记录和平行检验资料。

5. 质量检测单位

（1）篡改或者伪造检测数据，出具虚假和不实质量检测报告。

（2）未取得相应资质擅自承担检测业务，或者超出资质等级范围从事检测活动。

6. 原材料、中间产品和设备供应商提供的原材料、中间产品和设备不满足有关技术标准、经批准的设计文件和合同要求。

7. 工程实体质量通病

按照《水利水电工程施工质量通病防治导则》有关要求，结合工程实际对洞室开挖、地基加固、防渗、混凝土、土石方填筑、砌体及防护工程、金属结构制作及安装等施工过程中的质量通病开展排查整治。

三、工作要求

（一）加强组织领导。市、区水务局和在建水利工程项目法人单位要高度重视水利工程建设质量提升行动，做好动员部署。有关行政主管部门要加强对质量提升行动开展情况的监督指导，认真研究解决工作中遇到的重点难点问题，确保取得实效。

（二）严格落实责任。市、区水务局要结合自身实际，落实工作责任，认真组织开展质量提升行动；各在建水利工程项目法人单位要结合实际，按照质量提升行动的要求，全面落实项目法人的首要责任和勘察、设计、施工、监理单位的主体责任，组织各参建单位对照专项整治要求认真开展自查，并及时做好问题整改。市、区水务局要对质量提升行动推进不力、专项整治问题整改成果弄虚作假的相关单位和责任人，严肃追责问责；对专项整治中发现的违法违规行为，严格依法处理，对相关单位的行政处罚、行政处理决定信息，依照有关规定记入其信用记录。

（三）及时报送成果。质量提升行动工作成效已纳入水利部水利建设质量工作考核评分体系，在本年度质量工作考核中将对质量提升行动工作开展情况进行考核赋分。同时各区质量提升行动开展情况也将纳入全市对各区质量工作考核评价的内容。请各区水务局于2023年7月10日前将年度质量提升工作阶段性成果报告报送市水务局，并于2023年12月1日前报送年度质量提升工作总结报告。

附件：2023年度水利工程建设质量提升工作报告（模版）（略）

领导讲话

张志颇在2023年市水务局全面从严治党暨党风廉政建设和反腐败工作视频会议上的讲话

（2023年1月18日）

同志们：

今天我们召开2023年全面从严治党暨党风廉政建设和反腐败工作会议，这次会议的主题是：以习近平新时代中国特色社会主义思想为指导，深入学习贯彻党的二十大精神，全面落实二十届中央纪委二次全会、市委十二届二次全会、市纪委十二届二次全会部署，以党的政治建设为统领，更加深刻领悟"两个确立"的决定性意义，更加自觉增强"四个意识"、坚定"四个自信"、坚决做到"两个维护"，一刻不停推进全面从严治党，扎实开展主题教育，把严的基调、严的措施、严的氛围长期坚持下去，以系统观念深入推进党风廉政建设和反腐败斗争，以全周期管理一体推进不敢腐、不能腐、不想腐，以为大局"添秤"、向人民"交账"的决心和信心全面推进水务事业高质量发展，为开创全面建设社会主义现代化大都市新局面贡献水务力量。

刚才海鹏同志全面、准确传达了二十届中央纪委二次全会和市纪委十二届二次全会精神，对局系统2023年纪检监察工作进行了安排部署，对党风廉政建设和反腐败工作提出了要求，我完全赞同，请大家抓好贯彻落实。下面，我重点讲两点意见。

一、2022年工作简要回顾

刚刚过去的2022年，在市委的坚强领导下，在市纪委和驻局纪检监察组的监督指导下，局党组以迎接、学习、贯彻、落实党的二十大为主线，深学细悟笃行习近平新时代中国特色社会主义思想，扛稳抓牢管党治党政治责任，推动全局各级党组织和纪检组织坚决贯彻落实中央和市委全面从严治党的各项决策部署，全面落实"两个责任"，深刻领悟"两个确立"的决定性意义，以鲜明的态度引领全体党员干部坚决做到"两个维护"，以有力的措施确保中央和市委各项决策部署落实落细，以精准的监督执纪问责持之以恒正风肃纪，全局上下理想信念更加坚定、政治生态更加清朗、纪律规矩更加严明、工作作风更加扎实，各项工作取得了显著成效。一是旗帜鲜明讲政治。坚持从局、处两级领导班子抓起，带头守纪律、讲规矩，认真落实市委推进全面从严治党向纵深发展工作要求，以上率下，层层传导压力、逐级落实责任，推动全局各级党组织始终把坚定捍卫"两个确立"、坚决做到"两个维护"作为最根本的政治要求，以最高的标准、最实的举措、最大的力度加强"政治要件"督办落实，按期完成市委巡视整改任务，围绕学习贯彻落实党的二十大精神和市第十二次党代会确立的"四高"目标，组织制定了《关于深入学习宣传贯彻党的二十大精神奋力谱写新时代新征程水务事业发展新篇章的实施意见》《关于深入贯彻落实市第十二次党代会精神推动水务事业高质量发展的工作方案》，确保习近平总书记重要指示批示精神、党中央和市委市政府各项决策部署在水务系统落地落实、见于成效。二是凝心铸魂守忠诚。以"迎盛会、铸忠诚、强担当、创业绩"主题学习宣传教育实践活动工作作为重要载体，深入学习贯彻习近平新时代中国特色社会主义思想和党的二十大精神，全局上下以党支部为阵地，积极开展学习研讨、广泛进行宣传宣讲、深入落实检视整改、扎实推进六项行动，推动广大党员干部全面系统学、经常反复学、持续跟进学，在学思用贯通、知信行统一上下功夫，特别是在理论学习上不断出实招、创新招，开展"一线读书班""学、思、讲、行"等特色学习宣讲；充分发挥群团组织作用，开展劳模宣讲团、青年思政课堂等特色学习活动，在全方位的"补钙""充电"中，进一步筑牢对党、对习近平总书记的绝对忠诚，激发出担当作为的强大动力和源源不绝的奋进力量。三是强基固本见实效。加强领导班子和干部队伍建设，突出政治标准，坚持事业为上，提拔重用17名优秀年轻干部担任处级领导职务，对23名处级干部进行交流轮岗，干部人才队伍建设呈现新活力。牢固树立大抓基层的鲜明导向，以增强基层党组织政治功能和组织功能为重点，不断完善制度机制，制定大抓基层向纵深发展10项措施，建立党建工作协作片区、季度重点工作事项提醒、党建沟通交流会等一系列制度机制，党支部标准化规范化建设水平全面提升；强化日常督促检查，组成"工作小分队"直插基层闸站所党支部，对学习宣传贯彻党的二十大精神、市委决策部署和主题学习宣传教育实践活动工作等重点任务，进行"四不两直"抽查检查，确保各项工作抓在日常、管在经常；突出考核结果导向，对全面从严治党考核排名靠后单位和基层党建述职评价"一般"的党支部书记进行约谈提醒，倒逼责任落实，提升党建质效。特别是充分发挥党建与业务融合优势，在完成疫情防控、防汛排水、城乡供水、水生态环境治理、水资源集约节约利用、乡村振兴等急难险重任务中，建立临时党支部，形成坚强战斗堡垒，带领广大党员干部挺身而出、迎难而上、冲锋在前，涌现出一批先进人物和榜样典型，以实际行动彰显了"召之即来、来之能战、战则必胜"的水务铁军风采。四是正风肃纪扬正气。坚持以高标准严要求狠抓纪律作风建设，持续加固落实中央八项规定精神的堤坝，深入推进形式主义官僚主义和不担当不作为问题专项整治，特别是以机关带系统，开展机关作风建设集中整治月行动，在驰而不息纠"四风"树新风上取得积极成效。坚持"向群众汇报"，落实"四个走遍""联点访户"、入列轮值等制度要求，推动"我为群众办实事"常态化长效化，针对群众痛点难点帮助解决问题322项，基层群众的获得感、幸福感、安全感不断增强，全局作风建设呈现新气象、展现新作为。同时，全周期一体推进不敢腐、不能腐、不想腐，以严的基调强化监督执纪问责，坚决对各类违法违纪问题一查到底、绝不姑息，通过局内网"曝光台"点名道姓曝光身边案例，与驻局纪检监察组联合处置问题线索，充分运用"四种形态"处置违纪违规干部，深入贯彻落实市委、市政府关于加强新时代廉洁文化建设、清廉天津、清廉机关建设一系列要求，创新开展廉洁文化宣传教育月"七个一"活动，持续激荡清风正气，以崭新面貌奋进新时代新征程。

在总结成绩和经验的同时，我们也要清醒认识到存在的问题和不足，一是管党治党责任传导不够到位，压力传导还没有到底。二是不担当不作为以及好人主义现象仍有发生。三是全面从严治党工作推进不平衡，各单位之间落实主体责任的力度、措施和效果不一。四是对标一流创新发展的进取精神不强，缺乏力争上游的奋进精神和创新的思路举措。针对这些现象和问题，我们要保持清醒的头脑，在今年的工作中认真加以改进。

二、2023年重点工作任务

党的二十大吹响了向第二个百年奋斗目标进军的号角，发出了向党的第二个百年新的远征出发的动员令。刚才海鹏同志传达了二十届中央纪委二次全会和市纪委十二届二次全会精神。习近平总书记在二十届中央纪委二次全会上强调要一刻不停推进全面从严治党，把全面从严治党作为党的长期战略、永恒课题，始终坚持问题导向，保持战略定力，发扬彻底的自我革命精神，永远吹冲锋号，把党的伟大自我革命进行到底，为我们做好今后工作提供了根本遵循和行动指南。市委书记陈敏尔同志在市纪委十二届二次全会上强调，要自觉把思想和行动统一到二十届中央纪委二次全会精神上来，把习近平总书记重要讲话精神贯彻落实到党员、干部的内心和行动中，贯彻落实到全面从严治党的各项工作和各项建设中，贯彻落实到履行好主体责任和监督责任的全过程，在推进全面从严治党、党的伟大自我革命上更加坚定、更加清醒、更有作为，我们要深刻领会，坚决贯彻落实。

2023年是全面贯彻落实党的二十大精神的开局之年，是实施"十四五"规划承前启后的关键一年，是为全面建设社会主义现代化国家奠定基础的重要一年，也是天津全面建设社会主义现代化大都市的关键之年，各项任务繁重、要求更高、挑战更大，这就要求我们更加深入推进全面从严治党，把党的领导充分体现在水务工作全过程、各环节，坚持目标导向、问题导向、结果导向，把握方向、抓住重点、找准切入点、着力点，带领全局干部职工踔厉奋发、团结奋斗，在支撑保障全市高质量发展中展现新作为。今年我们的工作重点是要着力打造忠诚、学习、实干、服务、廉洁型党组织，忠诚型就是要持续加强党的政治建设，坚持正确政治方向，始终坚决做到"两个维护"；学习型就是要抓实党的创新理论武装，切实用习近平新时代中国特色社会主义思想武装头脑、指导实践、推动工作；实干型就是要通过打造过硬党组织和党员干部队伍建设，集中精力谋发展，推动水务事业上水平；服务型就是要持续改进工作作风，用心用情用力服务基层、群众、企业；廉洁型就是要严明纪律规矩，一体推进不敢腐、不能腐、不想腐。我们要着力抓好五个方面工作。

第一，聚焦"忠诚"狠抓政治建设，始终坚决做到"两个维护"。

（一）着力提高政治能力。要紧紧抓住党的政治建设这个"根"和"魂"，坚持正确政治方向，自觉扛起"两个维护"的重大政治责任，持续深化对"两个确立"的政治认同、思想认同、理论认同和情感认同，自觉做坚定捍卫"两个确立"、坚决做到"两个维护"的示范者和实践者。一是要把"两个维护"体现在贯彻落实习近平总书记重要指示批示精神和中央、市委重大决策部署的具体行动上，突出习近平总书记重要指示批示党内政治要件之"要"，健全完善落实习近平总书记重要指示批示任务清单，强化政治督查，建立贯彻执行、督查落实、政治监督、考核问责工作体系，做到清单化推进、闭环式管理，以成果、效果保证落实。牢记"国之大者"，始终在政治立场、政治方向、政治原则、政治道路上同以习近平同志为核心的党中央保持高度一致，把旗帜鲜明讲政治体现在水务发展全过程，坚决落实党的二十大各项战略部署，深入贯彻中央和市委、市政府提出的重点任务、重点举措、重要政策、重要要求，推动全局各级党组织和党员干部统一思想、统一意志、统一行动，步调一致向前进。二是要把"两个维护"体现在履职尽责、做好本职工作的实效上，践行"两个维护"要全方位、全身心体现在工作中，转化为心头的信念、手中的力量和脚下的行动，全局上下要始终保持"功成不必在我"的胸襟和"建功必定有我"的情怀，以时时放心不下的责任感和积极担当作为的精气神，深入落实习近平总书记对天津工作"三个着力"重要要求和一系列重要指示批示精神，特别是要将习近平总书记"节水优先、空间均衡、系统治理、两手发力"治水思路和关于治水重要讲话指示批示精神贯穿水务工作全过程、各方面，锚定市第十二次党代会提出的社会主义现代化大都市"四高"建设目标，围绕市委部署的"十项行动"，按照水务工作会部署的重点任务，推动全局党员干部在持久水安全、优质水资源、健康水生态、宜居水环境等方面完善举措、提高标准，用实实在在的笃定行动诠释检验忠诚，用经得起检验的工作成效体现责任担当。三是要把"两个维护"体现在党员干部的日常言行上。"两个维护"是衡量党员干部政治忠诚度的"试金石"，全局广大党员干部要善于辨别和抵制各种错误思想理论的侵袭，在大是大非问题上做到立场坚定、旗帜鲜明、敢于亮剑。特别是党员领导干部要发挥示范表率作用，以更高更严的标准要求约束自己，经常对标对表、及时校正偏差，做到党中央提倡的坚决响应、党中央决定的坚决照办、党中央禁止的坚决杜绝，切实把准政治方向、坚定政治立场、明确政治态度，始终做政治上的明白人、老实人。

（二）巩固持续向好的政治生态。以滚石上山的劲头和滴水穿石的毅力持续推进政治生态建设，不断浚其源、涵其林、养正气、固根本，推动实现正气充盈、政治清明。一是严肃党内政治生活，严格执行《关于新形势下党内政治生活的若干准则》，认真落实民主集中制、"三重一大"、请示报告和个人有关事项报告制度，严格落实"三会一课"、民主生活会、组织生活会、民主评议党员、主题党日等组织生活制度，开展经常性政治体检，用好批评和自我批评武器，充分发挥党内政治生活"熔炉"作用，不断提高党员干部政治素质、政治能力。二是营造良好的政治生态，持之以恒整治圈子文化、码头文化、好人主义，坚决防止和治理"七个有之"，落实年度政治生态建设重点任务，严格执行政治生态定期分析研判机制，把脉政治生态现状，推动全局政治生态建设向纵深掘进。三是培育积极健康的党内政治文化，弘扬和践行忠诚老实、公道正派、实事求是、清正廉洁等价值观，形成清清爽爽的同志关系、规规矩矩的上下级关系和亲清政商关系，深入推进水务特色精神文明建设，结合引滦入津40周年，加大对"引滦精神"的阐释、解读和宣传，让"引滦精神"在新时代绽放出强大生命力；持续做好全域创建文明城市工作，争创全国、市级文明单位，不断培育文明新风尚，以良好政治文化涵养风清气正的政治生态。

（三）压紧压实政治责任。全面从严治党是一项系统性、综合性的工作，坚持内容上全涵盖、对象上全覆盖、责任上全链条、制度上全贯通，一刻不停推进水务系统全面从严治党。要认真贯彻落实市委推进全面从严治党向纵深发展工作部署，通过完善清单明责、督查促责、考核压责、失职问责、跟进改责的工作机制，压实各级党组织全面从严治党主体责任。一是局、处两级党组织要扛牢主责保落实，充分发挥把方向、管大局、保落实的领导作用，始终把管党治党作为分内之事、应尽之责，从领导班子自身建设抓起，明责于心、担责于身，带头落实全面从严治党政治责任，带头做好管人、管事、管思想、管作风各项工作，不断提高班子凝聚力、战斗力，努力打造坚强的领导集体，为广大党员干部做好示范、当好表率。二是局、处两级领导班子成员要各负其责抓落实，党组织书记要始终把"第一责任人"责任扛在肩上、抓在手中，站稳立场、坚持原则、敢于斗争、勇于担当，从严抓、从严治、从严管，切实做到管好班子、带好队伍、抓好落实；班子成员要履行好"一岗双责"，把主体责任与业务工作同安排、同部署、同检查、同考核，领导、检查、督促分管领域全面从严治党工作，切实做到工作管到哪里，主体责任就延伸到哪里，一级带着一级干，一级向一级要成效，以责任落实推动任务落实。三是党建工作部门要协同发力促落实，各级党建工作部门要主动把自己摆进去、把职责摆进去，党建工作领导小组要发挥好"牵头抓总"作用，各相关部门要履职尽责，严格执行约谈提醒、履责报告等制度，做实党员干部教育管理、宣传引导等工作，形成各负其责又同向发力的工作格局。纪检部门要准确把握职责任务，敢于监督、善于监督，配齐配强纪检干部，提升能力素质，形成推动全面从严治党整体合力。

第二，聚焦"学习"狠抓思想建设，持续用党的创新理论凝心铸魂。

（一）抓好党的创新理论学习教育。坚持把深入学习贯彻习近平新时代中国特色社会主义思想作为理论武装的重中之重，一是严格"第一议题"制度，对习近平总书记重要讲话、重要论述、重要指示批示，以及中央和市委召开的一系列重要会议精神，坚持第一时间进行学习传达部署，反复研读、深学细悟、融会贯通，把稳思想之"舵"、筑牢信仰之"基"、补足精神之"钙"，确保全局工作沿着正确方向不断前进。二是明确"第一主题"要求，充分发挥局、处两级理论学习中心组领学促学作用，通过开展读书班、专题讲座、学习研讨等多种方式，做到先学一步、学深一层，引导广大党员干部通过集中与日常、组织与个人、线上与线下等多种学习教育模式和党支部"三会一课"、青年理论学习小组、思政课堂等多种渠道，读原著、学原文、悟原理，深刻领会其核心要义、精神实质、丰富内涵、实践要求，做到入脑入心、嵌入灵魂、执着笃行。同时，要落实好领导干部上讲台、支部书记讲党课等制度要求，进一步发挥劳模宣讲团等作用，引导党员干部立足习近平总书记"节水优先、空间均衡、系统治理、两手发力"治水思路和关于治水重要讲话指示批示精神，联系业务学、联系自身状况学，学以致用、真学真干、践行见效。三是落实"第一主课"机制，把学习习近平新时代中国特色社会主义思想作为处级干部、党支部书记、党务干部、新党员和发展对象等各级各类党员干部教育培训的主课、首课，同时，要把学习宣传贯彻落实党的二十大精神作为全局当前和今后一个时期的头等大事和首要政治任务，通过持续开展专题学习、分层次开展重点培训、组织全局性知识竞赛和党员讲微党课等形式丰富的活动，推进全局广大党员干部进一步在全面学习、全面把握、全面落实上下功夫，深刻领会和把握一系列新的重要思想、重要观点、重大判断、重大举措，不断提高政治判断力、政治领悟力、政治执行力，切实把党的二十大精神转化为推动各项工作落实落地的不竭动力。

（二）坚定理想信念宗旨。一方面扎实开展主题教育，坚持把理想信念教育作为思想建设的战略任务，把习近平新时代中国特色社会主义思想作为砥砺理想信念和初心使命的最好教材，按照中央和市委的部署要求，扎实开展主题教育，第一时间定方案拿措施，推动全局主题教育工作落细落实，切实把习近平新时代中国特色社会主义思想转化为坚定理想、锤炼党性和指导实践、推动工作的强大力量。另一方面，巩固党史学习教育成果，要把不忘初心、牢记使命作为加强党的建设的永恒课题和全体党员干部的终身课题常抓不懈，深入践行伟大建党精神，常态化长效化开展党史学习教育，把学习党史作为党员干部的必修课和常修课，依托重大节庆日、重要时间节点，用好红色资源，积极开展现场教学、心得分享等学习教育活动，进一步传承红色基因、赓续红色血脉。同时，要通过经常性组织开展党章学习日、重温入党誓词、新党员入党宣誓、党员过"政治生日"、集中颁发"光荣在党50年"纪念章等活动，引导党员干部牢记党的宗旨，筑牢世界观、人生观、价值观这个"总开关"，不断夯实理想信念的思想根基。

（三）守牢意识形态安全防线。牢牢把握意识形态工作主动权，认真落实意识形态工作责任制，严格落实意识形态风险隐患排查、分析研判、列席旁听、学习培训等工作制度，推动各个机制运行闭环有效可控，提升意识形态工作质量和效果。扎实做好市委巡视整改"后半篇文章"，巩固扩大意识形态工作专项检查反馈意见整改工作成果，进一步在健全完善机制、抓好制度落实上持续发力。巩固意识形态阵地，加强对局网站、微信微博公众号和研讨会、报告会等意识形态阵地的建设和管理，筑牢意识形态安全防线。积极主动开展正面宣传，切实加大重点选题策划和宣传报道，扩大水务工作社会影响力；加强涉水网络负面舆情的发现、引导和处置，统筹利用第三方平台、新闻媒体等多种渠道，广泛收集涉水网络舆情，提升防范化解意识形态领域风险的能力。

第三，聚焦"实干"狠抓组织建设，打造过硬党组织和干部人才队伍。

（一）推进大抓基层向纵深发展。把抓基层强基础作为固本之举，继续牢固树立大抓基层的鲜明导向，以局党组制定的推进大抓基层向纵深发展的10项措施为有力抓手，做到补短板、强弱项、固优势，不断强化政治功能和组织功能，把基层党组织建设成为有效实现党的领导的坚强战斗堡垒。一是要明确标准抓规范，加强支部标准化规范化建设，局属单位党组织在其所属的每个基层闸站所党支部因地制宜打造一个特色鲜明的党建园地，在每个党建园地中要做到"六上墙"，即党支部基本情况上墙、党支部工作职责上墙、干部职工"十不准"要求上墙、党员廉洁承诺上墙、每季度工作安排上墙、选树先进典型上墙，通过明责任、亮承诺、领任务，不断推动党内组织生活规范化制度化。二是要突出示范抓标杆，在全局范围内开展忠诚型、学习型、实干型、服务型、廉洁型的"五型"党组织建设，以坚强有力的基层党组织推动水务事业高质量发展。充分发挥溎水园的平台优势，打造一个集学习、教育、培训、展示为一体的全新党建活动阵地，通过陈列展览、互动活动等方式全景展示我局近年来党建工作的突出成效，争创天津市新时代文明实践基地。三是要评先评优树典型，注重正向激励，在积极争创市级机关"基层党建工作示范点"和"党员教育活动示范阵地"等各类荣誉的基础上，将在今年开展全局"两优一先"评选表彰工作，在"七一"前后对全局涌现出的优秀共产党员、优秀党务工作者和先进党支部予以表彰，并大力进行宣传推广，充分展示先进典型的精神风范和在工作中取得的丰硕成果，推动全局上下形成见贤思齐、担当实干、争做先锋的良好氛围。四是要做好融合促发展，积极践行党建与业务深度融合，结合水务工作的整体安排，在重大决策部署和中心业务工作中开展"党建+"行动，在应对重大突发事件、完成急难险重任务一线推行"支部建在中心工作上"，充分发挥党建引领保障业务工作作用。创新党建工作载体平台，发挥好市委市级机关工委"执法先锋联盟"成员单位职能作用，主动开展联建共建，通过双报到、志愿服务、结对帮扶等多渠道，开展教育培训、助企纾困、为民办事等工作，不断激发党建活力。同时，要做好统战、群团和离退休干部工作，发挥各自职能作用，凝聚起奋进合力。

（二）选优建强干部和人才队伍。一是要严把选人用人政治首关，始终把政治过硬摆在首位，把能否做到"两个维护"作为衡量干部的核心标准，做深做实干部政治素质考察，运用好处级干部政治素质档案，将干部考察考核、巡察、审计等情况纳入其中，实现一人一档、定期更新，为准确识别干部政治素质打下基础，做到"首关不过，余关莫论"。二是要坚持事业为上选人用人，落实好《2019—2023年全国党政领导班子建设规划纲要》的实施意见，站在水务事业长远发展的角度，拓宽选人用人视野，根据不同类型领导班子职责任务，选配专业素养好和工作能力适应岗位需求的优秀干部，推动形成搭配合理的领导班子结构。加大干部交流轮岗力度，推动干部资源在全局范围内优化配置。推动干部能上能下，做到能"戴帽"、能"摘帽"。三是要提升干部专业化能力，通过加强思想淬炼、政治历练、实践锻炼、专业训练，不断提升广大干部的政治素养、理论水平、专业能力、实践本领，特别是要围绕水务主责主业加强干部专业化能力建设，发挥局属单位劳模工作室、实战化演练基地作用，通过"师带徒"、分类专业培训、技能比武等多种方式，积极培养技能人才、水务尖兵，推动全局广大干部职工干一行爱一行、爱一行钻一行，努力成为各自领域内的行家里手，助力水务事业高质量发展。四是要加快培养选拔优秀年轻干部，着眼近期需求和长远需要，增强年轻干部储备，做到使用一批、储备一批、培养一批，扩大年轻干部队伍蓄水池。聚焦政治能力、调查研究能力、科学决策能力、改革攻坚能力、应急处突能力、群众工作能力、抓落实能力，持续强化实践锻炼，把到基层和艰苦地区锻炼成长作为年轻干部培养的重要途径，有计划地选派优秀年轻干部参与援疆、重庆万州挂职锻炼、帮扶经济薄弱村；进一步改进年轻干部多岗位锻炼工作，将自下而上推荐和组织直接"点将"方式结合，选派干部到重点项目培养锻炼，使更多优秀年轻干部在基层一线见世面、壮筋骨、长才干。五是要完善事业单位干部工作，进一步打通事业单位干部能上能下、能进能出的渠道，深化处科级干部兼任两类职务的管理，落实好高技能人才与专业技术人才职业发展贯通政策，使管理岗、专技岗和工勤岗人员流动更加畅通，激励干部大胆开展工作；持续推进事业单位专业技术人员聘期制工作，继续加强聘期评价的激励导向作用，激发职工工作积极性和主动性；抓好事业单位科级干部管理，打破干部管理权限壁垒，组织开展局属单位副科级管理岗位集中竞聘，实现科级干部跨单位交流轮岗，使事业单位科级干部队伍始终保持一池活水。

（三）强化严管厚爱激励担当作为。加强对干部全方位管理和经常性监督，特别是加强对"一把手"和领导班子的监督，不断完善管思想、管工作、管作风、管纪律的从严管理制度，在重日常、抓经常上下功夫，督促其严于律己、严负其责、严管所辖。严格落实述职述廉、个人有关事项报告、经济责任审计、任前履职和廉政谈话、谈心谈话、提醒函询等制度，动态掌握干部实际表现，抓早抓小、防微杜渐；聚焦"八小时以外"，开展新一轮处级"一把手"家访，推动家访工作向科级延伸；做好任职回避、"裸官"、配偶子女及其配偶经商办企业、公务员辞去公职后从业行为管理等常态化管理工作，严格落实领导干部亲属招录情况报备机制，实现对领导班子和领导干部全面监督，让党员干部知敬畏、存戒惧、守底线。同时，要为干部松绑减负，合理容错纠错，坚持精准考核，打击诬告陷害，落实澄清正名，深化帮扶回访教育，稳妥做好受处理处分干部的合理使用，旗帜鲜明地为担当者担当、为负责者负责、为干事者撑腰。

（四）埋头苦干争创一流水务业绩。全局各级党组织要坚持"干"字当头、"实"字托底，对标天津高质量发展、现代化建设，不等不靠、主动进位、抢抓机遇，调动各方积极性集中精力抓经济，激活各种要素资源埋头苦干谋发展。一是要提升务实作风，靠作风吃饭、拿实绩说话，聚焦今年"水安全保障能力建设提质加力、水务行业管理提档升级"重点工作任务，强化水务工作组织领导、责任传导、工作督导全链条管理，以"清单制"推进项目全流程管控，定期召开推进会加强过程调度，真过秤、真收账、真考核。各单位要增强实干精神，对局党组确定的各项工作部署任务谋实思路、做实方案、抓实工作，拿出时间表、施工图，一个目标一个目标分解，一个节点一个节点推进，一项工作一项工作落实，确保心中有数、心明眼亮、心无旁骛推动工作。二是要强化创新意识，紧跟时代步伐、顺应实践发展，在落实好市委部署的"十项行动"中找准水务定位，敢于解放思想、更新观念，打破思维定式、破除观念束缚，积极主动研究政策，对标先进拿出新思路、新举措、新招法。同时，要以工匠精神严格担当把关，确保水安全、水资源、水生态、水环境等各项工作落实到位，真正做到既为一域争光、又为全局添彩。三是要发扬担当和斗争精神，领导干部要敢于负责、敢于扛事，该做的事，要知重负重、苦干实干，顶着压力也要干；该负的责，要扛在肩上、抓在手上，冒着风险也要担。特别是面对矛盾冲突和危机困难，要敢于迎难而上、挺身而出，不断在解决淤点、堵点、难点、盲点问题上下功夫，在工作中要敢于协调、主动配合，集中力量办好自己的事，同心协力做好协同的事，以遇事不回避的勇气胆略和精神状态战胜前进道路上的各种风险挑战。

第四，聚焦"服务"狠抓作风建设，积极转变作风提效能。

（一）从严从实转作风。作风建设只有进行时，没有完成时；不仅是攻坚战，也是持久战。要锲而不舍纠治"四风"、树立新风，把中央八项规定精神作为长期有效的铁规矩、硬杠杠，对照新修订的实施细则和我市实施办法，一条一条严格对标对表，把作风建设往深里抓、往实里做。一方面要紧盯重要时间节点，通过编发廉政短信、印发文件通知、开展廉政教育等方式，及时提要求、明规矩，防范享乐主义、奢靡之风反弹回潮。另一方面要从严查处"旧病复发"和"新型变异"，紧盯反复性、顽固性问题，重拳整治违规吃喝、滥发津补贴、铺张浪费等歪风陋习，不断巡堤检修、培土加固；紧盯隐形变异问题，及时发现，坚决查处"不吃本级吃下级"、收受电子红包、快递物流"隔空送礼"等行为，睁大眼睛、拉长耳朵、露头就打，从严查处顶风违纪问题，加大追责问责力度，典型问题点名道姓通报曝光，持续释放全面从严、一严到底的强烈信号，坚决防反弹回潮、防隐形变异、防疲劳厌战。

（二）扎实推进专项治理。一是要重点整治形式主义、官僚主义，今年是三年专项行动的收官之年，我们要保持恒心韧劲，认真落实市委深入整治形式主义官僚主义和不担当不作为问题的各项部署要求，把纠治形式主义、官僚主义摆在更加突出的位置，作为作风建设的重点任务，从领导干部抓起、从机关严起，坚持问题导向，敢于刀刃向内深挖根源、找准症结、精准纠治、增强实效，坚决查处"中梗阻"、庸懒散浮拖等顽瘴痼疾。二是要健全完善机关作风建设常态化长效化机制，以真抓的实劲、敢抓的狠劲、常抓的韧劲持续加强作风建设，完善会商研判、监督检查、通报曝光工作模式，并将机关作风建设纳入局落实全面从严治党主体责任考核和绩效考核中，做到真管真严、敢管敢严、长管长严，推动作风建设向深处发力、在实处见效。三是要深化拓展基层减负工作，进一步改进文风会风，杜绝层层套转、重复发文，严格控制发文规格，有效减少发文数量，持续发扬"短实新"文风；加强会议统筹安排，充分利用视频会议形式，减轻基层负担。压缩"督检考"事项，严控总量和频次，提高督查效率和质量，让基层腾出更多时间抓落实。

（三）大兴调查研究之风。一是求真务实搞好调查研究，大力弘扬调查研究这个党的光荣传统和优良作风，局、处两级领导班子成员要聚焦情况复杂的地方、矛盾尖锐的地方、群众意见多的地方、工作基础薄弱的地方，带头弘扬一线工作法，以"四不两直"方式直插分管领域的基层一线，体察实情、解剖麻雀，全面掌握情况，特别是要坚持结果导向，不走形式、不走过场，对发现的问题要分析原因，有针对性地研究解决，切切实实将调研成果转化为有效的政策措施，不断拓宽解决问题、推动发展新路径。二是切实为民办实事解难题，机关要带头通过调研进一步完善为民服务的思路招法，把以人民为中心作为一切工作的出发点和落脚点，树牢宗旨意识，站稳群众立场，厚植为民情怀，全力办好各项水务民生事业，落实好"向群众汇报""四个走遍"、联点访户、入列轮值等制度，推进"我为群众办实事"常态化长效化，多渠道收集民情民意，大力度解决民愁民盼，持续加大为民服务力度、提升为民服务水平，多做为基层、为群众、为企业服务的好事实事，以水务为民的不变真心和改进作风的实际成效赢得基层、群众的支持和信赖。三是努力优化水务营商环境，通过加快流程再造、业务重构、规则重塑，持续推进政务服务标准化规范化便利化，提升政务服务效能，不断优化水务营商环境，为我市经济社会发展提供便利水务服务。

第五，聚焦"廉洁"狠抓纪律建设，营造良好党风政风。

（一）常态化开展全方位监督。一是要推进政治监督具体化，聚焦党的二十大决策部署落地见效、习近平总书记重要指示批示精神和中央、市委决策部署落实情况、巡视反馈和审计整改情况、一体推进"三不腐"重点任务落实情况、持续深入治理形式主义官僚主义，不担当不作为问题专项行动情况、"一把手"和领导班子监督情况等开展监督检查，在具体化、精准化、常态化上下更大功夫，强化跟进监督、精准监督、全程监督，做到主动出击、精准发力。二是要夯实基层监督体系，把日常监督做细做实，使监督常在、形成常态，充分发挥基层纪检干部"前哨"作用，将监督"触角"向基层党支部和闸站所持续延伸，重点围绕中央八项规定及其实施细则精神落实情况、落实意识形态工作责任制和党内政治生活开展情况开展监督检查，打通监督的"最后一米"。三是要加强监督贯通融合，推动党内监督和其他各类监督力量整合、程序契合、工作融合，主动接受驻局纪检监察组监督，支持配合驻局纪检监察组充分发挥监督专责作用；发挥政治巡察利剑作用，落实好巡察整改和成果运用等12项巡察工作制度，开展两轮常规巡察，强化问题整改和成果运用，提升巡察人员能力水平；持续推动审计监督、财会监督、巡察监督、群众监督等与纪律监督贯通融合、协同联动、紧密配合，凝聚各方监督力量，用好各类监督成果，形成常态长效监督合力。

（二）坚持严明纪律规矩。纪律是管党治党的"戒尺"，也是党员干部约束自身行为的标准和遵循，要把严守政治纪律政治规矩作为第一标准，一是要强化经常性纪律教育，把党章党规党纪教育作为党员干部必修课，常态化开展警示教育，突出经常性、针对性、实效性，抓实以案为鉴、以案促改、以案促治，充分发挥"以案为鉴""曝光台"作用，通过召开警示教育大会、专题学习典型案件通报和集中观看警示教育片、组织参观廉洁警示教育基地、开展警示教育月活动等形式，用好反面教材，精准开展警示教育，促进党员干部明纪遵纪守纪，把党的纪律规矩印刻在心。二是高度重视年轻干部纪律教育，把纪律教育寓于年轻干部日常教育监督管理，融入培养选拔全过程，作为新任职处级干部开展任职谈话等重要内容，向年轻干部讲清责任、讲清纪律规矩，反馈考察中发现的问题，有针对性地给干部履职、廉洁、作风等方面"打好预防针"，切实把好年轻干部履职"第一关"。三是严格执行党内法规和党的规章制度，坚持执纪必严、违纪必究，对违反党纪问题，发现一起坚决查处一起，精准运用监督执纪"四种形态"，规范用好"第一种形态"，立足于早、着眼于小，坚持惩前毖后、治病救人，做到强化监督有态度、执纪问责有力度、治病救人有温度，既让铁纪"长牙"、发威，又让干部重视、警醒、知止，使全局党员干部形成遵规守纪的高度自觉，进一步养成在受监督和约束的环境中工作生活的习惯。

（三）一体推进不敢腐、不能腐、不想腐。正确把握不敢、不能、不想的内在联系，坚持不敢腐、不能腐、不想腐有效贯通，三者同时发力、同向发力、综合发力，使严厉惩治、规范权力、教育引导紧密结合、协调联动，切实增强党员干部拒腐防变的意识和能力，不断提升治理效能，全面推进清廉天津建设。一是要重震慑，在不敢腐上持续加压，坚决做到惩治不手软，以最彻底的自我革命精神反腐败，紧盯权力集中、资金密集的重点领域，坚决清理风险隐患大的行业性、系统性腐败，坚决惩治一切损害群众利益的腐败和不正之风，持续巩固发展反腐败斗争压倒性胜利。二是要严约束，在不能腐上深化拓展，完善防治腐败滋生蔓延的体制机制，持续抓好廉政风险隐患排查，巩固廉政风险排查成果，将建立健全制度机制贯穿廉政风险排查全过程，补齐制度短板，完善防控机制，规范工作程序和业务流程，扎紧制度笼子，从源头上防范化解风险隐患。三是要强感召，在不想腐上巩固提升，深化新时代廉洁文化建设，加强廉洁文化宣传，统筹用好局内网廉洁文化宣传专栏、廉洁文化阵地、官方微博微信等各种资源，积极传播廉洁理念，引导党员干部算清政治账、经济账、名誉账、家庭账、自由账，从思想上正本清源、固本培元，涵养求真务实、团结奋斗的时代新风。深化家庭家教家风建设，开展弘扬清廉家风、家庭助廉等活动，筑牢反腐倡廉家庭防线，营造崇廉尚洁良好风尚。

同志们，习近平总书记在新年贺词中强调，只要有愚公移山的志气、滴水穿石的毅力，脚踏实地，埋头苦干，积跬步以至千里，就一定能够把宏伟目标变为美好现实。新年新气象，奋进正当时。全局各级党组织要更加紧密地团结在以习近平同志为核心的党中央周围，深入学习贯彻习近平新时代中国特色社会主义思想和党的二十大精神，更好发挥全面从严治党政治引领和政治保障作用，砥砺前行、团结拼搏、不懈奋斗，以奋发有为的工作状态和笃行不怠的坚忍执着努力创造水务新业绩，为开创全面建设社会主义现代化大都市新局面贡献水务力量。

李文运在全市水务系统水旱灾害防御工作动员部署会议上的讲话

（2023年4月1日）

同志们：

今天我们召开全市水务系统水旱灾害防御工作动员部署会议，主要任务是深入贯彻党的二十大精神，全面落实习近平总书记关于防汛抗旱救灾工作的重要指示精神，总结2022年水旱灾害防御工作，分析研判汛情旱情形势，安排部署2023年水旱灾害防御重点工作，动员水务战线干部职工树立忧患意识、坚持极限思维，迅速进入状态，扎实做好水旱灾害防御各项准备工作，确保人民群众生命财产安全。

一、2022年水旱灾害防御工作取得良好成效

2022年天津市汛期降雨呈现总量多、时间分布不均、雨日多强度大、局地性阶段性强的特点。6月1日至9月30日，全市平均降雨463.2毫米，较常年同期（417.8毫米）偏多1.1成，6—8月全市平均降雨459.9毫米，9月降雨仅3.3毫米。汛期出现54个雨日11次较大降雨，5次最大降雨量达100毫米以上。20次强对流天气，最大小时降雨117.1毫米，出现在滨海新区小王庄（8月18日），超过2021年9月4日滨海新区泰达街小时降雨103.3毫米。中心城区统计主汛期降雨547毫米，较常年主汛期同期（359.8毫米）增加5成，局部地区50毫米以上降雨8场。最大小时降雨85.5毫米，出现在河北区民权门。

受汛期强降雨影响，我市北部部分河道水库出现阶段性涨水。7月4日，于桥水库入库洪峰流量563立方米每秒，为1996年以来最大入库流量，7月7日蓟运河防潮闸上最高水位3.08米（大沽），超保证水位0.02米。7月3日、27日青龙湾减河、潮白新河上游有少量洪峰产生，潮白新河里自沽最大瞬时流量757立方米每秒。在天津市防汛形势较为严峻的情况下，水务系统干部职工超前谋划，抓实抓细防范措施，有效应对汛期强降雨，夺取了2022年防汛排水工作的胜利。

（一）突出"早"字抓统筹，打好主动战

一是动员部署早。坚决贯彻习近平总书记重要指示精神，按照水利部工作要求和市委、市政府决策部署，坚持人民至上、生命至上，3月完成局防汛抗旱组织机构调整，印发了年度工作要点、召开了水旱灾害防御工作动员部署会议、部署了汛前检查工作，为防汛准备预留充足时间。二是隐患整治早。修订印发防汛检查规范，各级工程管理单位全面开展汛前大检查，发现的问题逐一完成整改。局领导班子成员带队分8组深入4个河系16个区，进一步督导备汛工作。开展妨碍河道行洪突出问题集中排查整治，纳入河湖长制考核督办内容，73项妨碍河道行洪突出问题于主汛期前完成整治64项，提前超额完成整治计划。三是响应上岗早。汛期强化与气象、应急部门联合会商，各级各部门时刻处于备岗状态，坚持"雨声就是命令"，遇有强降雨预报迅速上岗到位，市区两级水务部门联动，积极应对多次强降雨，做到防御部署快、一线响应快、信息报送快。

（二）突出"预"字抓支撑，打好保障战

一是强化水情预报。汛前查勘主要行洪河道、分洪口门及重要测验断面，充实洪水测报突击队，实施以测补报、滚动预报，提高预报能力。二是强化预警发布。复核调整河道水库预警值，印发《天津市洪水预警发布管理办法（试行）》，发布行业内洪水预警2次，提示做好应对蓟运河高水位。三是强化方案预案。修订超标洪水防御、蓄滞洪区运用等9个预案，完善天津市极端强降雨防汛应急机制中供水保障、中心城区排水泵站、低洼易积水地区等3项应急机制。针对海河闸拆除重建影响海河排水的情况，积极协调做好海河闸上下游围堰应急拆除和船闸应急过水准备，编制海河应急排水调度方案。四是强化实战演练。开展大清河系洪水调度联合演练和中心城区防汛应急抢险推演，提高洪水调度实战能力和应急处突能力。

（三）突出"实"字抓重点，打好攻坚战

一是工程建设实。克服新冠疫情影响，汛前完成宁河区西关段险工治理，主汛期前完成大清河应急段堤防加高加固任务，7月底完成蓟运河左堤汉沽城区段堤后应急排水工程。针对蓟运河、大清河及东淀险工薄弱段，预置临时加固措施，搭设土埝23118米、铺设排体2070米、修筑背水月堤200米，各项工程汛期发挥作用。二是物资储备实。汛前560万元市级专储防汛增储物资入库，开展在库物资维修养护，确保调得出、用得上。购置无人机水文测流系统、微型ADCP水文应急测验设备及71部卫星电话，提升应急水文测报和联络指挥能力。针对防汛重点区域落实256台套应急排水设备，应急购置6辆移动泵车、10台检井泵、200台潜水泵及排水水带、防汛沙袋。三是巡查防守实。汛期持续开展河道堤防巡查，累计出动5365人次、巡查39833公里，其中徒步巡查出动2792人次、巡查3006公里，确保问题早发现、早整改，有力保障了防汛安全和工程安全。

（四）突出"快"字抓应对，打好防御战

一是响应启动快。汛期密切关注雨水工情，召开43次会商会议，市水务局启动水旱灾害防御四级响应7次，市区分部启动中心城区防汛四级响应8次、防汛三级响应1次，各区水务部门根据实际启动响应，及时上岗到位，持续做好监测预报、城区排水、巡视检查、抢险防护等工作，成功应对强降雨。二是调度措施快。7月上旬蓟运河水位偏高，安排于桥水库控泄为蓟运河错峰行洪，实施宁车沽闸、蓟运河防潮闸等5闸联合调度，蓟运河水位逐步回落。7月3日、27日，潮白新河、青龙湾减河2次小量洪峰入境，通过采取潮白新河里自沽闸预泄，宁车沽闸、蓟运河闸、永定新河防潮闸联合调度、赶潮提放等措施，洪峰安全入海。海河及中心城区、环城四区和滨海新区二级河道采取"南水南排、北水北排"措施，向永定新河、独流减河分流，减轻海河防汛和市区排水压力。三是城区排水快。遇有强降雨预报，中心城区提前采取"一低两腾空"措施，及时启动23处易积水地区、16处易积水地道"一处一预案"，12支排水抢险队和2支青年突击队昼夜在主干道路巡视排水。协调相关企业成立600余人的应急保障队，遇强降雨第一时间点对点支援，加快了积水排除速度。密切联系城管、交管等部门，采取预警封控、交通管制等措施，确保群众出行安全。四是山洪应对快。蓟州区积极落实山洪灾害防御主体责任，充分发挥山洪灾害监测预警系统和群测群防体系作用，向相关责任人发布预警提示信息1677条，转移受山洪威胁群众2657人，确保了人民群众生命安全。

二、清醒认识2023年面临的形势和问题

2023年是全面贯彻落实党的二十大精神的开局之年，是全面建设社会主义现代化国家开局起步的重要一年，全市水务系统要从为大力推进社会主义现代化大都市建设，从为"十项行动"顺利实施提供安全保障，从为全市经济社会发展营造平稳健康的环境，从为新征程开新局贡献水务之为的战略高度，深刻认识做好今年水旱灾害防御工作的极端重要性。

从全国情况来看，近年来极端天气事件呈现趋多趋频趋强趋广态势，暴雨洪涝干旱等灾害的突发性、极端性、反常性越来越明显，极端水旱灾害事件频繁出现。2021年郑州"7·20"特大暴雨，最大日降雨量接近常年的年降雨量，最大小时降雨量突破了我国大陆气象观测记录历史极值。2021年黄河中下游秋汛历时之长、洪量之大历史罕见。2021年塔克拉玛干沙漠地区罕见地发生洪水；2022年珠江流域连发8次编号洪水，其中北江发生1915年以来最大洪水。而一向水量丰沛的流域相继出现罕见旱情，2021年珠江三角洲部分地区遭遇1961年以来最严重干旱；2022年长江流域遭遇1961年有完整记录以来最严重的气象水文干旱，7—10月降雨量之少、平均气温之高、高温日数之长，均创1961年以来历史同期之最。2023年3月24日，我国降雨达到入汛条件，较多年平均入汛日偏早8天。

从海河流域及我市情况来看，2021年海河流域平均降雨量为1951年来次高值。子牙河系、大清河系遭遇1996年以来最大洪水，永定新河防潮闸、海河防潮闸、独流减河防潮闸共泄洪72亿立方米，为七十年代以来之最。于桥水库最高水位列建库61年来历史第三；10月海河流域发生秋汛，子牙新河泄洪，滨海新区闫北桥最高水位6米，较平时上涨6米，滨海新区动员全区力量经近1个月全力抢险，子牙新河洪水安全入海。2022年汛期发生区域性暴雨4次，均不在"七下八上"主汛期，津南区最大日降水140.3毫米，河北区突发短时强降雨，20分钟降雨69毫米，强降雨的极端性、突发性、不可预见性凸显。据气象部门预报，今年汛期降雨较常年偏多1~2成，防汛形势不容乐观。

从防汛队伍上看，今年是党委政府换届后的开局之年，人员变动较大，许多关键岗位同志对防汛情况还不熟悉，实战经验不足，对防汛工作重点、特点规律把握有待进一步加强，未经实战考验。

从工程建设现状来看，我们还有不少短板。比如防洪设施短板，一级行洪河道21%未达标，特别是蓟运河堤防普遍薄弱，目前还有7处险工险段。中心城区排水设施建设标准普遍偏低，普遍1年一遇，部分排水主干管网运行年代久远，存在超期服役问题，影响区域排水效率。蓄滞洪区安全建设滞后，13个蓄滞洪区仅有永定河泛区、大黄堡洼实现了达标治理，黄庄洼围堤达到了20年一遇，东淀、文安洼蓄滞洪区工程前期工作正在推进，其他蓄滞洪区尚未实施安全建设，与蓄滞洪区防洪要求有较大差距。

水务系统各部门各单位要充分认清极端天气多发频发的严峻形势，面对一级行洪河道尚未全部达标治理、城区排水设施建设标准偏低、蓄滞洪区建设滞后等困难，进一步强化风险意识、忧患意识，树牢底线思维、极限思维，时刻保持如履薄冰的谨慎、见叶知秋的敏锐，知责于身、担责于心、履责于行，充分发挥防汛主力军的作用，抓早抓实抓细各项防御措施，确保全市安全度汛。

三、全力以赴做好2023年水旱灾害防御工作

2023年全市水旱灾害防御工作目标是：坚持人民至上、生命至上，锚定"人员不伤亡、水库不垮坝、重要堤防不决口、重要基础设施不受冲击"和确保城乡供水安全目标，全力防范化解风险，筑牢水旱灾害防线，确保人民生命财产安全。

一是提高站位，压实防汛责任。防汛安全、供水安全关系经济安全、粮食安全、能源安全、生态安全。水旱灾害防御是水利部门的天职，水旱灾害防御战线各级党员领导干部要进一步提高政治站位，始终把保障人民群众生命财产安全放在第一位，坚决扛牢防汛抗旱职责，充分发挥专业优势，以"时时放心不下"的责任感，用大概率思维应对小概率事件，全力以赴做好水旱灾害防御工作。局防指调整完成局防汛抗旱指挥部组成人员，印发《市水务局水旱灾害防御工作要点》，各部门各单位、各区水务局要全面对标对表，完善防汛抗旱组织机构，明确相应承担的防汛责任，周密部署工作任务，逐级分解落实到岗位、细化到人员。要严格落实重点堤防、闸站等工程的管理、技术责任人，落实水库"三个责任人"和穿堤建筑物防汛抢险责任人，制作职责明白卡。

二是务期必成，完善工程体系。要加快防洪工程建设，完成滨海新区黄港一库围堤除险加固工程建设，实施蓟运河宁河区刘庄段险工治理；持续推动城市内涝系统化治理，全面改造6处积水片，改造老旧排水管网9.8公里；完成蓟州区5座小水库安全运行保障项目建设，安装监测设施、水雨情测报设施，维修加固水库，全面提升防汛减灾能力。

三是绷紧链条，构建防御矩阵。构建纵向到底、横向到边的水旱灾害防御矩阵，是实现"防"的关口前移、赢得防御先机的重要举措，是实现"四不"和确保城乡供水安全目标的内在要求。要强化"四预"措施、贯通"四情"防御、绷紧"四个链条"，合纵连横织密水旱灾害防御"防护网""安全网"。要遵循"降雨—产流—汇流—演进"规律，深入研究海河流域及我市河道的产流、汇流和洪水演进规律。加强"流域—干流—支流—断面"水文监测，汛前查勘测量一级行洪河道重要测洪断面，充实洪水测报突击队伍。汛期增设临时水文测站，深化京津冀三省市水文测报数据实时共享机制，加强水利工程、流域雨量、上游来水及下游泄洪信息互通、动态更新，强化行洪河道、重要断面水文监测预报，实施以测补报、滚动预报。遵循"总量—洪峰—过程—调度"链条，完善预警信息发布机制，强化会商研判，及时向防汛责任人和社会公众发布洪水预警，预警信息直达防御一线。修订监测、预报、调度等预案，有针对性地开展洪水调度演练，确保预案可执行可落地，针对预演中暴露的问题要及时对预案进行修订。防汛调度实战中，要根据雨水情实时监测和预报成果，分析研判洪水演进要素，全面掌握水位、流量等特征值，提前分析风险隐患，准确预判洪水形成、发展过程、洪水总量，选择最优调度方案措施，最大程度降低灾害风险。贯通"技术—料物—队伍—组织"链条，排查工程状况、防洪能力和存在风险，预置抢险料物、设备、队伍，强化工程巡查防守和应急处置，人防、物防、技防有机结合，坚决守住洪水防御安全底线。

四是持之以恒，开展隐患排查。各级领导要带头抓好防汛准备工作的督导检查，查责任落实、查措施落实。各级工管单位要紧盯薄弱环节和关键部位，汛前全面深入开展防汛隐患排查整治，对发现的问题实行台账管理，逐项督办整改到位，针对一时难以整改的问题，要制定"一处一预案"，落实应急队伍、物资等措施。要全面摸清防汛工程阻水障碍物底数，全力推进河道堤防防洪风险隐患排查整改，积极排查新增违法问题，建立台账依法依规整治，保障河道行洪畅通。要针对城区地铁等在建重点工程，组织加大影响排水问题的排查力度，督促落实排水切改方案、责任人员和排水措施，确保排水通畅。工管单位要开展涉河在建工程检查，督促度汛预案的制定、审批和监管。各区要全面排查蓄滞洪区内影响分洪的障碍物和严重污染源等风险隐患，确保关键时刻能正常启用、发挥作用。要开展农村二级河道清障、农村国有扬水站维护，落实农村除涝主体责任。

五是超前准备，抓好市区防汛。要全面开展中心城区排水设施养管会战，疏通掏挖排水管道及排水井，修订防汛排水预案和易积水地区、易积水地道"一处一预案"，加强排水抢险技能培训和实操演练，优化排水设备配置方案。要将极端强降雨天气应急处置实施方案纳入防汛预案，细化部门职责和岗位职责，编制预案操作手册和明白卡，细化实化应急措施。排管中心还要充分发挥市区分部办公室协调联动职能，深化与公安、城管等部门的联动机制，易积水点位的应急排水、交通管制、物理隔离措施在汛期要常态热备，水位超警及时采取封控措施。要进一步压实各级防汛责任，遇强降雨提前落实"一处一预案"措施，优化"一低两腾空、三开四到位"措施，市区两级联动，实现"大雨2小时、暴雨5小时"积水排除承诺，确保排水顺畅和市民出行安全。

六是精准发力，强化工程调度。各级工程管理单位要全面掌握工程现状、行洪能力以及于桥水库影响区域在高水位时村庄和重要设施情况，制定落实应急措施。要根据上游及我市雨情、水情，统筹外洪、内涝、海潮等多种因素，强化会商研判，精准调度水工程，综合采取"拦、分、蓄、滞、排"措施，充分发挥水工程体系的综合减灾作用。针对每一次降雨和洪水演进过程，要逐区域、逐河段分析研判防汛风险隐患，锁定洪水威胁区域，合理确定防洪工程的运用次序、运用时机和运用规模，全力确保重点区域和重要基础设施防洪安全。调令执行单位启动防洪运用，必须提前通知泄洪下游地区，确保人员生命安全。海河闸拆除重建工程尚未完工，工程导流明渠参与泄水，过流能力仅80立方米每秒，海河还要继续保持较低水位运行。要结合实际完善海河干流防汛排水应急调度方案，利用永定新河、独流减河分流海河水量，缓解中心城区防汛压力；加强海河口泵站运行维护，按照调度指令及时开车；环城四区、滨海新区要落实海河应急调度方案和抢险技术方案，确保海河安澜。

七是防大防猛，做好行滞洪准备。要强化工程险情抢护，汛前在险工险段和薄弱环节，提前抢搭设土埝、铺设排体，预置铅丝网笼、砂石料等物料，配置抢险力量，做好应对突发险情的准备，坚决做到抢早、抢小、抢住。要完善专家派出工作机制，捋顺和落实抢险队伍管理和使用机制，专业匹配、就近派遣、直达一线，提升抢险技术支撑能力。要检查落实水库调度运用方案和调度运行程序，严禁违规超汛限水位运行，蓟州山区小水库、小塘坝要空库迎汛，并扎实做好隐患排查整治工作。要开展蓄滞洪区检查，深入排查影响分洪、行洪、蓄洪的风险问题，有针对性地研究落实应对措施，修订完善蓄滞洪区运用预案，落实蓄滞洪区"三级四类"责任人，细化落实预警发布、口门扒除、转移安置等措施，重新登记核查蓄滞洪区居民财产，同时结合审计问题整改，推动蓄滞洪区内危化企业关停并转，按照"一企一预案"要求，编制落实防汛应急预案。

八是落细落实，防御山洪灾害。汛前要检查维护山洪灾害监测预警平台及站点，扎实开展山洪灾害风险隐患排查整治，建立隐患整改清单，督促落实安全措施。积极与应急部门、乡镇村对接，修订山洪灾害防御预案，提高预案有效性。要密切监视短历时强降雨过程，有效发挥山洪灾害监测预警系统作用，及时发布预警信息，畅通预警"最后一公里"，落实"叫应"机制，强化人员转移避险，达到预警阈值时坚决转移、发生险情迹象时坚决转移、险情不能准确判断时坚决转移，做到应转尽转、应转必转、应转早转、应转快转，做到方向对、跑得快。要聚焦山沟河道聚居地、溪谷景点、桥梁上下游等高风险区，提请相关政府部门做好空间管控，预置值守人员、应急装备，做好突发事件处置准备，确保山区群众生命安全。

九是担当作为，强化保障措施。防汛工作无小事，各部门要服从局防汛抗旱指挥部统一领导，按照局防指各组职责和洪涝灾害防御应急响应工作规程，认真履行防汛职责，从严、从实、从细做好各项工作，坚决杜绝推诿扯皮。要强化各级水务干部、技术人员及专家的防汛技术培训，实地踏勘、上堤认段，熟悉掌握工情险情。各级工管单位要查勘测算河道险工险段、蓄滞洪区口门，制定落实防汛抢险、口门分洪方案，落实抢险物资来源、数量、运输路线等，提升应急处置能力。物资、通信、后勤保障等各部门要按照职责，提前做好检查维保工作，确保物资完好、通信畅通、保障到位。要严格执行汛期24小时值班和领导带班制度，严肃值班纪律，按要求报送汛情、险情及防御工作信息，严禁瞒报、误报、漏报、迟报。要加大信息发布宣传力度，与防御重点工作同步发声、主动发声，引导公众自觉增强风险意识，提高自救能力。

十是两手发力，统筹防汛抗旱。根据气象预测，今年春季（3—5月）全市大部分地区降水较常年同期偏少1~2成。我们既要做好防汛准备，又要密切关注农业生产和墒情旱情。要科学谋划、加强作物时令需水分析，因时因地施策及时调整灌溉用水计划，保障农作物生长关键期用水需求。要统筹城乡供水需求，加强水资源优化配置，做好保水、调水、节水、雨洪资源利用等工作。要跟踪雨情、水情、旱情、墒情，科学调度骨干水利工程，相机拦蓄雨洪水，实施跨河道、跨区域水源联调，精准对接城乡供水、生态用水、农业灌溉需求，全力保障我市用水安全。坚持防蓄结合，汛末积极拦蓄雨洪资源，尽最大可能为农业和生态储备水源。

同志们，水旱灾害防御责任重大、任务艰巨、使命光荣。各部门各单位、各区水务部门要按照统一指挥、分级负责的原则，迅速行动起来，扎实做好水旱灾害防御工作，确保思想到位、职责到位、指挥到位、措施到位，踔厉奋发、勇毅前行，为夺取水旱灾害防御新胜利不懈奋斗。

李文运在市水务局学习贯彻习近平新时代中国特色社会主义思想主题教育动员部署会上的讲话

（2023 年 4 月 15 日）

同志们：

今天召开全局学习贯彻习近平新时代中国特色社会主义思想主题教育动员部署会，主要任务是贯彻落实习近平总书记在中央主题教育工作会议上的重要讲话精神、全市主题教育动员部署会精神，安排部署我局主题教育工作，动员全局党员干部特别是领导干部切实把思想和行动高度统一到党中央和市委决策部署上来，持续贯彻落实党的二十大精神，用党的创新理论统一思想、统一意志、统一行动，为开创全面建设社会主义现代化大都市新局面贡献水务力量。一会儿，润生组长还要代表市委，对我局主题教育工作提出明确要求。我们要认真抓好落实。

下面，我讲三点意见。

一、深刻认识开展主题教育的重要意义，切实增强学习贯彻习近平新时代中国特色社会主义思想的紧迫感、使命感和责任感

习近平总书记在中央主题教育工作会议上强调，以县处级以上领导干部为重点在全党深入开展学习贯彻习近平新时代中国特色社会主义思想主题教育，是贯彻落实党的二十大精神的重大举措，对于统一全党思想、解决党内存在的突出问题、始终保持党同人民群众血肉联系、推动党和国家事业发展，具有重要意义。全市主题教育动员部署会指出，要从统一全党思想意志行动的高度，从新时代新征程新使命需要进一步强化理论武装的高度，从激励干部担当作为、开创全面建设社会主义现代化大都市新局面的高度，从持续推进全面从严治党、净化天津政治生态的高度，深刻认识主题教育的重大政治意义、重大理论意义、重大实践意义、重大现实意义。全局党员干部特别是领导干部要深刻认识开展主题教育的重要意义，切实增强学习贯彻习近平新时代中国特色社会主义思想的紧迫感、责任感和使命感。

第一，通过深入开展主题教育，进一步筑牢信仰之基，持续推进新时代党的思想建设。习近平总书记在党的二十大报告中强调："用党的创新理论武装全党是党的思想建设的根本任务。"党的十八大以来，面对中国之问、世界之问、人民之问、时代之问，我们党勇于进行理论探索和创新，凝结出习近平新时代中国特色社会主义思想这一重大理论创新成果，进一步彰显了我们党"两个结合"的理论创新品质，是我们认识世界和改造世界的强大思想武器。党的二十大报告对坚持不懈用习近平新时代中国特色社会主义思想凝心铸魂做出重大部署，为深入推进新时代党的思想建设提供了方向指引和根本遵循。深入开展主题教育，正是推动贯彻党的二十大战略部署和这一重大政治任务的有力举措。全局党员干部特别是领导干部要在主题教育中，学深悟透习近平新时代中国特色社会主义思想的精髓要义，接受思想淬炼、精神洗礼，从思想上正本清源、固本培元，推动学习往深里走、往实里走、往心里走，提高政治站位和思想觉悟，做到筑牢信仰之基、补足精神之钙、把稳思想之舵。

第二，通过深入开展主题教育，进一步锤炼忠诚担当的政治品格，增强坚定捍卫"两个确立"的政治自觉思想自觉行动自觉。新时代新征程上把中国特色社会主义事业推向前进，最紧要的是深刻领悟"两个确立"的决定性意义，增强"四个意识"、坚定"四个自信"、做到"两个维护"。深入开展主题教育，就是要锤炼政治品格，深刻理解"两个确立"是党在新时代取得的重大政治成果，是推动党和国家事业取得历史性成就、发生历史性变革的决定性因素，是战胜一切艰难险阻、应对一切不确定性的最大确定性、最大底气、最大保证，要进一步用心用情感悟"两个确立"中蕴含的坚定信仰信念、鲜明人民立场和强烈历史担当，切实筑牢忠诚、统一思想、凝聚力量。全局党员干部特别是领导干部要在主题教育中，胸怀"国之大者"，增强党的意识，不断提高政治判断力、政治领悟力、政治执行力，始终在思想上政治上行动上同党中央保持高度一致，全面贯彻落实党的二十大精神、党中央决策部署和市委、市政府工作要求，切实忠诚担当、积极履职尽责，让愿担当、敢担当、善担当蔚然成风，以高度政治责任感为我市高质量发展注入水务动能。

第三，通过深入开展主题教育，进一步贯通坚持人民至上的科学方法，践行为民解忧为民造福的宗旨意识。党的二十大报告提出继续推进理论创新的科学方法，即"六个必须"，其中坚持人民至上位列第一。可以说，必须坚持人民至上，是习近平新时代中国特色社会主义思想的出发点和落脚点。开展主题教育，就是要深刻领悟、准确把握坚持人民至上这一重要立场观点方法，将其转化为改造自身主观世界和客观世界的强大武器，用实际行动践行全心全意为人民服务的宗旨意识，把为人民谋幸福作为根本使命，围绕新时代新征程党的中心任务，汇聚起全面建设社会主义现代化国家、全面推进中华民族伟大复兴的磅礴力量。全局党员干部特别是领导干部要在主题教育中，牢固树立以人民为中心的发展思想，着力解决人民群众最关心最直接最现实的利益问题，持续为人民群众办实事办好事，让水务事业发展成果更多更公平惠及人民群众。

第四，通过深入开展主题教育，进一步从严管党治党，持续净化政治生态，保持党的自我革命永远在路上。党的二十大报告中提出，全面从严治党永远在路上，党的自我革命永远在路上。开展主题教育，就是要推进党的自我革命，严明党的政治纪律和政治规矩，净化政治生态，时刻保持解决大党独有难题的清醒和坚定，保持党的先进性与纯洁性，使全党更加紧密地团结在以习近平同志为核心的党中央周围，为奋进新征程、建功新时代提供强有力的政治引领和保障。全局党员干部特别是领导干部要在主题教育中，突出问题导向，查找差距不足，明确前进方向，积极接受政治体检，时时打扫政治灰尘，不断增强自我净化、自我完善、自我革新、自我提高的能力，以严的态度、严的力度、严的举措深化管党治党，不断推进全面从严治党向纵深发展，营造风清气正、海晏河清的政治生态，以新时代新征程上高质量党建保障水务高质量发展。

第五，通过深入开展主题教育，进一步贯彻新发展理念，破解制约我市水务事业高质量发展的难题。今年是全面贯彻落实党的二十大精神的开局之年，也是推进"十四五"规划承前启后之年。高质量贡献水务之为，是我们全市水务系统干部职工的责任和使命。全体干部职工要从为大力推进社会主义现代化大都市建设，从为"十项行动"顺利实施提供安全保障的战略高度，贯彻新发展理念，通过深入开展主题教育，提高推动高质量发展本领、服务群众本领和防范化解风险本领，从而解决一批制约水务改革发展的难题。要重点解决在资金保障方面的问题，积极争取市级及以上财政资金，多方面筹措资金，推动重点水务工程建设，着力提升防汛排水、污水处理能力；要重点解决在城乡供水、水资源集约节约利用等方面的问题，提升应对供水突发事件处置水平；要重点解决行业监管方面存在的突出问题，着力提升水务治理能力和治理效能；要重点解决在水生态环境方面的问题，加大源头治污，努力在持久水安全、优质水资源、健康水生态、宜居水环境上迈出新步伐。

二、准确把握目标任务，全力抓好全局主题教育各项工作

这次主题教育自今年4月启动，至8月基本结束。我们要把主题教育作为重大政治任务来抓，牢牢把握"学思想、强党性、重实践、建新功"总要求，把理论学习、调查研究、推动发展、检视整改融会贯通一体推进，通过主题教育不断强化政治忠诚、提高学习质效、提升干事创业精气神、解决难点堵点问题、推动水务高质量发展，切实达到"凝心铸魂筑牢根本、锤炼品格强化忠诚、实干担当促进发展、践行宗旨为民造福、廉洁奉公树立新风"的目标。

局党组主题教育工作方案已经印发，明确了19项工作任务、牵头部门和完成时限，全局各级党组织要高度重视，认真谋划，全力抓好贯彻落实。

第一，聚焦理论学习，夯实坚定拥护"两个确立"、坚决做到"两个维护"的思想根基。

开展此次主题教育，全面、系统、深入学习习近平新时代中国特色社会主义思想是基础更是关键，全局广大党员、干部要大力弘扬马克思主义学风，坚持原原本本学、全面系统学、融会贯通学、联系实际学，在"真学、真懂、真信、真用"四个方面下功夫，不断在深学细照笃行中提高理论素养、坚定理想信念、升华觉悟境界、增强能力本领，切实做到知行合一、学以致用。

一是要原原本本，做到真学。党员领导干部要充分发挥领学促学作用，局、处两级党组织在4月15—21日举办为期一周的读书班，组织处级以上党员干部开展集中学习，读原著、学原文、悟原理、知原义，以此带动全局各党支部和广大党员干部、团员青年、离退休干部，静下心来原原本本认真研读《习近平著作选读》《习近平新时代中国特色社会主义思想专题摘编》等内容，深入学习习近平总书记"节水优先、空间均衡、系统治理、两手发力"治水思路、对天津工作提出的"三个着力"重要要求和一系列重要指示批示精神，深刻领悟习近平新时代中国特色社会主义思想的科学体系、精髓要义、实践要求，将其全面贯彻于水务各项工作始终，做到整体把握、融会贯通。

二是要深学细悟，做到真懂。坚持在"讲"中悟，局、处两级领导班子成员要结合学习体会、实际工作，讲一次专题党课，主要负责同志带头讲，其他班子成员到分管领域、部门等基层单位或所在党支部讲，党支部书记、身边先进典型为党员群众讲"微党课"，推动党的创新理论走进基层、走深走实。坚持在"训"中悟，举办全局新党员、发展对象、党务干部培训班，把习近平新时代中国特色社会主义思想作为强化理论武装的中心内容，深刻领悟习近平新时代中国特色社会主义思想的真理力量和实践伟力。坚持在"践"中悟，开展形式多样的理想信念教育实践活动，深入践行伟大建党精神，组织到爱国主义教育基地参观见学，开展为党员过集体"政治生日"、颁发"光荣在党50年"纪念章等集中性教育活动，完成引滦入津工程展览馆改造并复馆，积极开展党的二十大精神知识竞赛、"书香津渡·悦读提升助力十项行动"演讲比赛、先进典型报告会等活动，使党的创新理论入脑入心，真正做到学深悟透、学懂弄通。

三是要信念坚定，做到真信。要以"准"生活会的标准，组织党员、干部联系思想和工作实际，围绕5个专题开展深入研讨，交流运用党的创新理论解决实际问题的具体案例和体会，检视查找存在的突出问题，提出改进工作的思路和措施，通过集中研讨，推动全局广大党员干部更加深刻领悟"两个确立"的决定性意义，更加坚定地在思想上高度信赖核心、感情上衷心爱戴核心、政治上坚决维护核心、组织上自觉服从核心、行动上始终紧跟核心，更加自觉地增进对习近平新时代中国特色社会主义思想的政治认同、思想认同、情感认同，学出绝对忠诚，始终保持理想和信念的坚定，做习近平新时代中国特色社会主义思想的坚定信仰者、忠实实践者。

四是要学以致用，做到真用。学习的目的在于运用，全局广大党员、干部要善于将党的创新理论武装应用于实际工作当中，坚持边学边干、边干边学，学用结合、知行合一，在实践中学真知、悟真谛。要始终以习近平新时代中国特色社会主义思想为元、为纲，结合自身思想和工作实际，主动向习近平新时代中国特色社会主义思想中去求计、求解、求为，围绕立足新发展阶段、贯彻新发展理念、构建新发展格局，把各项工作放在全市发展大局中来审视分析，不断推动水务事业高质量发展，努力创造经得起历史检验的新业绩，真正做到用习近平新时代中国特色社会主义思想武装头脑、指导实践、推动工作。

第二，紧盯调查研究，不断提升研究新情况、解决新问题的能力。

调查研究是开展主题教育的重要内容，局党组按照中央和市委关于大兴调查研究的部署要求，已制定印发调研工作方案，全局广大党员、干部要深入基层，沉到一线接地气，掌握真实情况和民情民意，使调查研究的过程成为理论学习向实践运用转化的过程，成为转变作风、增进同群众感情的过程，成为提高履职本领、增强责任担当的过程。

一是要选题不避难。调查研究必须坚持以"问题导向"引领"调研方向"，增强问题意识，敢于正视问题、善于发现问题、推动解决问题，这个鲜明导向要从选准调研课题这个环节就开始确立起来，局属各单位党组织主要负责同志要亲自审定调研课题和工作计划，明确调研课题、方式方法、工作要求和时间表、路线图。局、处两级领导班子成员要突出调研重点，围绕贯彻落实党中央决策部署，聚焦贯彻落实习近平总书记对天津工作"三个着力"重要要求和一系列重要指示批示精神，聚焦推动高质量发展"十项行动"，聚焦推进中国式现代化战略部署在津沽大地贯彻落实的重点任务，聚焦推动经济运行整体好转的工作抓手，聚焦制约水务高质量发展难点问题的突破口和发力点，结合职责任务，局、处两级领导班子成员每人牵头1个课题开展调研，调研要直奔问题去，实行问题大梳理、难题大排查，真正对准水务领域中难点、淤点、堵点问题，戳痛处、治病灶，使调查研究成为推动拓宽解决问题、推动发展新路径的有效手段。

二是要调研不务虚。调查研究是谋事之基、成事之道，要求我们必须坚持求真务实的工作作风，通过调研真正掌握水务实情和民情民意，研究提出解决问题的新思路新招法。调研范围要广，要紧密结合调研课题，深入农村、社区、企业等服务领域和服务对象，开展大调研大走访，既要到工作局面好和先进的地方去总结经验，又要到情况复杂、矛盾尖锐、困难多、群众意见集中、工作打不开局面的地方和单位去研究问题，加强督促检查，体察实情、解剖麻雀，把问题研究透彻，把措施提准提实。调研形式要多，领导干部要弘扬一线工作法，多采取"四不两直"方式，综合运用座谈访谈、随机走访、问卷调查、统计分析等方式，摸准情况、吃透问题，问计于群众、问计于实践，广泛听取群众意见，真心帮助群众解决实际困难。调研脚步要实，要身入基层，心入一线，转换角色、走进群众，扑下身子干实事、谋实招、求实效，力戒调查研究中的形式主义、官僚主义，防止扎堆调研、作秀式、盆景式和蜻蜓点水式调研，要轻车简从、不搞层层陪同、不折腾基层、不增加基层负担。

三是要举措见实效。建立4个清单，在调研过程中反映和发现的问题，梳理建立问题清单、责任清单、任务清单和调研成果转化运用清单，逐一列出解决措施、责任单位、责任人和完成时限，做到件件有着落、事事有回音。开展交流研讨，局、处两级领导班子调研结束后，结合专题研讨，召开调研成果交流会，运用习近平新时代中国特色社会主义思想的立场观点方法，交流调研情况，集思广益研究对策措施，形成指导实践、促进工作的思路办法和政策举措，确保每个问题都有务实管用的破解之策。用好调研成果，对于调研形成的措施举措，局、处两级领导班子要以"时时放心不下"的责任感和紧迫感，持续抓好组织实施，力争推动解决一批发展所需、改革所急、基层所盼、民心所向的问题，形成一系列有效的制度机制，真正把调研成果转化为解决问题、促进发展的实际行动。

第三，锚定推动发展，以实干担当推动高质量发展取得新成效。

推动发展是检验主题教育成效的重要标准，全局上下要紧紧围绕高质量发展这个全面建设社会主义现代化国家的首要任务，紧盯市第十二次党代会确定的"四高"目标和市委、市政府"十项行动"，聚焦"中央部署、全市大局、水务系统、基层群众"四个层面，担当作为、创新竞进，以水务高质量发展新成效体现主题教育的坚实成果。

一是要从中央部署层面狠抓。党的二十大擘画了宏伟蓝图，全局上下要深入贯彻落实党的二十大精神和党中央决策部署，完整准确全面贯彻新发展理念，统筹发展和安全，坚持稳字当头、稳中求进，深入抓好局党组制定的关于深入学习宣传贯彻党的二十大精神奋力谱写新时代新征程水务事业发展新篇章实施意见落地落实，持续推进水旱灾害防御、城乡供水安全、水资源集约节约利用、水环境污染防治、水务治理管理能力等各项任务，确保方向没有偏差、行动没有温差、成效没有落差。特别是局、处两级领导班子和领导干部根据自身职责，结合理论学习和调查研究，深入查找分析在贯彻新发展理念、构建新发展格局、推动高质量发展中的问题短板及其根源，班子成员领题攻关，把水务工作融入新发展格局，以实干担当推动水务高质量发展取得新成效。

二是要从全市大局层面把握。市第十二次党代会明确提出"四高"的社会主义现代化大都市的目标，市委、市政府制定实施"十项行动"，全局广大党员干部要坚决贯彻市委、市政府决策部署，自觉把水务工作放到全市工作大局中谋划，认真落实局党组关于贯彻落实市第十二次党代会精神推动水务工作高质量发展的工作方案，对照"十项行动"抓紧配套制定实施10项专项行动方案。全局各级党组织和广大党员干部要坚持"干"字当头、"实"字托底，推动"十项行动"在水务系统深入实施、见到成效，通过主题教育进一步把准行动方向、细化行动路径、提升行动效果，形成共促高质量发展的强大合力。

三是要从水务层面着手。面对新时代新征程新要求，面对人民群众新期待，我们更要聚焦高质量发展真抓实干、攻坚克难，扎实开展好"强监管、优服务、转作风"专项治理，深刻汲取北京排水河防渗墙工程质量问题教训，全面深化以案为鉴、以案促改、以案促治，立足水务中心工作和职能职责定位，围绕15个领域存在的问题，深入开展"强监管、优服务、转作风"大讨论，坚持问题导向，全面系统梳理和解决行业监管、政务服务、工作作风等各方面各环节存在的问题，形成问题整改清单，同时，要着力构筑职能部门行业监管、水行政执法监管、审计监督"三道防线"，切实提高全过程监管水平、全方位服务水平、全行业工作作风，促进水务事业高质量发展。

四是要从基层群众层面用力。牢固树立以人民为中心的发展思想，牢记水务工作是政治工作、更是民生工作的理念，全力推进"我为群众办实事"常态化长效化，高标准完成20项民心工程涉水任务，建立2023年民生项目和群众诉求"两个清单"，实施台账管理、动态销号，确保做到"责任不能推、效率不能低、效果不能差"。健全完善群众诉求转办落实机制，认真落实"民呼我为""接诉即办"要求，通过接办、转办、督办、回访评判闭环落实机制，有效处理政务服务便民热线、"向群众汇报""四个走遍"等群众反映的突出问题，激励党员干部在服务群众、奉献社会中发挥作用，切实把惠民生、暖民心、顺民意的工作做到群众心坎上，不断提升基层群众的获得感、幸福感、安全感。

第四，扎实检视整改，确保学习成果转化为务实管用措施举措。

抓好整改落实是主题教育的落脚点。我们要发扬刀刃向内的自我革命精神，坚持边学习、边对照、边检视、边整改，通过"三个结合"深入查摆不足，抓好突出问题的整改整治，务求取得实际成效。

一是要将问题整改与专项整治相结合。坚持把问题检视整改贯穿主题教育始终，局、处两级领导班子和各级党组织从主题教育一开始就建立问题清单，将学习研讨查找的问题、调查研究发现的问题、推动发展中的问题、群众反映强烈的问题，结合巡视巡察、审计监督发现的问题，系统梳理、逐项列出、动态汇总，对查摆出的问题，一项一项制定整改措施，对短期能够解决的，马上就办；对一时难以解决、需要持续推进的，要紧盯不放，明确具体措施、整改时限、责任分工，实行销账管理，一抓到底，做到问题不解决不松劲、解决不彻底不放手。按照中央和市委统一部署，局、处两级领导班子要全面排查群众反映强烈、长期没有解决的突出问题，局党组研究确定形成专项整治方案，采取台账式管理、项目化推进的方式，举全局之力进行集中整治，动真碰硬、务求实效。对表现在基层、根子在上面的问题，对涉及多个部门和单位的问题，上下协同、一体推进解决。

二是要将党性分析与组织生活相结合。局、处两级领导班子对标对表习近平新时代中国特色社会主义思想，针对完整准确全面贯彻新发展理念、加快构建新发展格局、着力推动高质量发展等战略部署落实情况，中央和市委提出的重点任务、重点举措、重要政策、重要要求贯彻情况以及局党组决策部署，属于本部门本单位职责担当情况，深刻检视剖析，明确整改方向和措施。党员、干部从政治、思想、能力、作风、纪律等方面进行党性分析，从客观世界的问题反思主观世界的问题，从班子问题反思个人问题，从基层和群众诉求反映的问题反思自身问题。在主题教育结束前，局、处两级领导班子召开专题民主生活会，全局各党支部召开专题组织生活会。党员、干部特别是领导干部把自己摆进去、把职责摆进去、把工作摆进去，咬耳扯袖、红脸出汗，严肃开展批评与自我批评，确保开出高质量、好效果。

三是要将"当下改"与"长久立"相结合。在积极推动整改的同时，要着眼于巩固深化主题教育成果的长效机制，重点围绕学习贯彻党的创新理论、持续净化政治生态、激励干部担当作为、大兴调查研究、优化工作流程为基层减负等方面，建立健全制度机制，确保常态长效。围绕党的创新理论掌握运用、调查研究成果转化、群众急难愁盼问题解决、专项整治突出问题、党员干部群众满意度程度等方面，采取述学、问卷调查、实地查看、随机走访等方式，把过程评估与总结评估结合起来，通过局、处两级领导班子全面自评、指导组研判分析，评估主题教育效果。

三、强化组织领导，实现主题教育在全局落地生根

第一，要在责任落实上下功夫。局、处两级党组织要高度重视、精心组织，有力有序推进主题教育扎实深入开展，主要负责同志要履行"第一责任人"职责，做到亲自谋划、靠前指挥，把握进度节奏，解决关键问题，真正把主题教育组织好、落实好。班子成员落实好"一岗双责"，积极指导分管领域开展主题教育。处以上领导干部都要以身作则、率先垂范，要带头学习理论、带头讲好党课、带头调查研究、带头检视整改、带头担当实干。要将主题教育开展情况纳入领导班子和领导干部年度考核、党组织书记抓党建述职评议考核，确保责任层层压实。

第二，要在统筹融合上下功夫。为推动主题教育工作走深走实，局党组成立了由我担任组长的主题教育领导小组，局领导班子成员担任副组长；领导小组下设办公室，成立综合协调、理论学习、调查研究、推动发展、检视整改、信息宣传6个工作组，建立工作调度、问题分析研判、联

动服务、情况通报、信息报送5项机制，推动主题教育走深走实。局属各单位党组织要严格落实主体责任，立即行动起来，一周之内制定出台本单位主题教育工作安排，做到"规定动作"扎扎实实、"自选动作"特色鲜明，推动各项任务落地落实。局党组主题教育领导小组成员单位认真落实联动服务机制，做好局属单位全程指导。市委第五指导组对我局主题教育进行巡回指导，全局上下要自觉主动接受指导组监督，全力支持和配合指导组工作，不折不扣落实指导组交办的各项任务，对指导组提出的意见建议和指出的问题，要认真研究、快速落实、坚决整改，为指导组顺利开展工作提供扎实保障。

第三，要在营造氛围上下功夫。局、处两级党组织要牢牢把握开展主题教育的目标任务，运用"津水微言""天津水务""津沽河长"和内外网专栏宣传等线上线下多种形式，深入宣传党中央精神，宣传习近平总书记关于主题教育的重要讲话和重要指示批示精神，宣传主题教育的重大意义、目标任务和基本要求，宣传各级党组织好做法、好经验、好成果，及时反映进展成效，加强正面引导，在全局形成深入学习党的创新理论的舆论氛围。要强化典型引领，通过开展"两优一先"评选，教育引导广大党员、干部以受表彰的先进支部和党员为榜样，坚定理想信念、锤炼政治品格、厚植人民情怀、永葆忠诚本色。

第四，要在务求实效上下功夫。局、处两级党组织要把开展主题教育同推动中心工作结合起来，找准党建与业务的融合点、发力点，把学习成果转化为全局党员干部群众鼓足干劲、提气提神、攻坚克难的强大动力，坚决防止"两张皮"，做到两手抓、两促进。要坚持目标导向与问题导向相统一，以具体目标为牵引，以解决问题为抓手，在制定措施、推动落实的过程中自觉对标对表、及时校准偏差，确保主题教育不变形、不走样。要改进工作作风，坚决反对形式主义、官僚主义，坚决防止"低级红""高级黑"，不对读书笔记、心得体会等作硬性要求，不随意要求基层填报材料，严格控制简报数量，严格控制网络平台载体痕迹管理，坚决防止"走过场"。对开展主题教育消极对待、敷衍应付、搞形式主义的要严肃批评，对走形变样、问题严重的按照规定追究责任。

同志们，让我们更加紧密地团结在以习近平同志为核心的党中央周围，把习近平新时代中国特色社会主义思想转化为理论武装、指导实践、推动工作的强大力量，以主题教育进一步激发水务干部职工奋进新征程、建功新时代的决心和行动，不断开创水务高质量发展新局面，为天津建设社会主义现代化大都市贡献更大力量。

李文运在2023年度水利工程建设质量安全工作会议上的讲话

（2023年9月14日）

同志们：

今天我们召开2023年度水利工程建设质量安全工作会议，主要任务是学习水利部相关文件要求，全面回顾过往一年质量安全管理工作，对下一步工作进行安排部署，进一步统一思想，全力抓好工程质量安全管理，坚决防范遏制各类事故发生。

刚才洪府同志对工程建设安全生产工作提出了要求，对工程安全隐患排查行动作出了部署，请各区水务局、各部门、各单位抓好落实。金智同志通报上半年水务工程建设质量安全管理工作开展情况，部署水利工程建设质量提升专项行动；宏领同志部署水利部质量考核具体工作，讲得都很具体，对我们下一步工作都具有很好的指导意义。下面，我再强调三点意见。

一、提高站位，认清形势，准确把握水务工程建设管理新机遇

（一）水利工程建设质量安全管理要面临新形势

习近平总书记在党的二十大报告中提出，高质量发展是全面建设社会主义现代化国家的首要任务。中共中央、国务院印发的《质量强国建设纲要》，对提升建设工程品质提出了具体要求。质量安全是水利工程建设的灵魂和基础，一定要把质量和安全管理作为一项政治任务常抓不懈。质量安全问题会导致相关单位在经济等各方面蒙受损失，带来灭顶之灾。我们要切实把强化质量安全理念落实到水利工程建设的各方面全过程，着力在固底板、补短板、锻长板上下功夫，坚决落实《质量强国建设纲要》具体要求。

（二）水利工程建设质量安全管理要达到新标准

近年来，国家鼓励企业建立装配式建筑部件生产、施工、安装质量控制体系；进一步加快建筑信息模型、数字孪生等数字化技术研发和集成应用；创新开展工程建设工法研发、评审、推广；加强先进质量安全管理模式和方法高水平应用，这些都为水利工程建设质量安全提出了新的标准和新的要求。我们要清醒认识到当前的质量安全工作同国家要求仍存在一定差距，我们要认真学习，抓紧行动，加大投入，将新技术方法尽早应用于工程建设中。

（三）水利工程建设质量安全管理要承担新使命

在昨天国新办新闻发布会上，水利部明确今年水利建设投资将继续突破1万亿；在我市组织实施的十项行动中，水利工程建设在多项行动中均有所涉及；此次海河"23·7"流域性特大洪水的灾后重建工作，国家给予了大力支持。我们要清晰认识到涉水建设任务仍然艰巨，肩上的担子很难扛，面临着水利工作资金投入不多等问题。希望我们能够抓住灾后重建的时间窗口，加快水利建设，提高质量安全管理水平，建设标杆工程、高质量工程、廉洁工程。

二、肯定成绩，正视不足，客观评价近期水利工程建设质量安全工作

（一）取得的成绩

近年来，各区水务局、各部门、各参建单位在水务工程建设过程中，始终树牢质量和安全意识，持续加强质量和安全工作，取得了明显成效，水利部质量工作考核成绩连续6年保持在全国A级。

一是积极推进质量提升行动。制定了我市水利工程建设质量提升行动三年行动实施细则，明确水务工程质量终身责任制等20项提升我市水利工程建设质量的具体措施。开展了一系列质量责任制落实、标准化工地创建、质量安全大检查等专项监督检查活动，有效增强水利行业质量意识。

二是积极开展质量创优工作。积极申报、鼓励和支持工程参建单位将建设优良工程作为重要导向和价值取向，建立全员重视、全程控制的质量管理模式。近年来，海挡工程、新开河调蓄池等工程荣获国家水利工程优质（大禹）奖，独流减河橡胶坝工程等水利工程荣获天津市"海河杯"奖，中心桥引河泵站等水利工程荣获行业九河杯优质工程奖。

三是积极完善地方标准体系。质量管理地方标准体系初步形成，其中《水利工程项目划分编制管理规范》，是全国第一部相关领域的地方标准。2022年，按照京津冀协同发展的要求，牵头编制出台质量检测地方标准，是第一部京津冀三地区域性水利行业地方标准，填补了空白。

四是积极推行智慧数字监督。数字孪生技术在宝坻引江工程试点实施；积极采用质量监督移动App管理平台，初步实现水利工程项目质量信息的动态监控和分析处理，提高监督检查工作效率。

五是积极建立事故防范机制。分别在宝坻引江工程和津沽污水处理厂三期工程开展全市范围的安全生产事故演练，提升应急处置能力；扎实开展安全生产事故治理三年行动和重大隐患排查

行动，消除安全生产事故隐患。

（二）存在的问题

在肯定成绩的同时，也要清醒地认识到，我市水利工程建设质量工作还存在一些差距和问题，特别是去年市审计局在审计北京排水河清淤蓄水工程时，提出的防渗墙质量问题，给了我们当头棒喝，大家要深刻反思问题，客观认识问题，坚持问题导向，提高标准，永不满足。

一是责任落实不到位。参建各方以及质量管理机构看似层层把关、实则流于形式。建设、设计、施工、监理、质量检测等各单位从业人员还存在责任意识淡薄、工作作风不实、队伍管理不力的问题。部分监管人员没有从整体上把握质量安全监管的内涵和外延，习惯于遇事"推着走"，监管责任落实不到位。

二是制度机制不完善。根据市审计局审计意见，我市水利工程质量安全监督工作还存在"管办不分"的漏洞。同时，我市水利建设市场还不够规范，开放度还不够高；在水利工程制度建设上、地方标准体系建立上，我们也有大量的工作需要进一步完善。

三是从业人员能力不足，监管水平需提高。参建单位管理人员对制度、标准研究不深入，不能系统掌握，"知其然，不知其所以然"的现象仍然普遍。从监管上看，管理水平不均衡，监管人员对管理制度、考核办法尺度和标准不一。人才结构还不合理，梯次结构尚不规范，专家型人才匮乏。

面对这些问题，我们在今后的工作中要努力加以克制和解决。尽管我们成绩突出，但仍要清醒认识我们存在的困难和不足，加快推动当前市里的重要工作要求。

三、抢抓机遇，主动作为，扎实做好水利工程质量安全管理工作

（一）把握"心"和"新"二字，推动质量安全管理强能力

第一个"心"字是指要牢记初心使命，责任要入心，工作要走心。质量安全无小事，参建各方和监管部门都以"时时放心不下"的责任感，用大概率思维应对小概率事件，主动防范化解风险。

各参建单位要严格落实"质量终身责任制"，全面落实各方主体的工程质量责任，强化建设单位工程质量首要责任和勘察、设计、施工、监理单位主体责任；严格执行工程质量终身责任书面承诺制、永久性标牌制、质量信息档案等制度，加大落实、检查力度，强化质量责任追溯追究，决不能以质量安全换进度。

监管部门要明确质量安全监管边界和职责，着力解决"管办不分"问题。要树立"大质量、大安全"监管的理念，坚持监管内容上全涵盖、对象上全覆盖、责任上全链条、制度上全贯通，增强监管人员责任心和事业心。让监管制度真正走心、入心，强责任，提能力，切实抓好制度落实工作。

第二个"新"字是指要用新发展理念，适应新发展形势。质量安全管理必须坚持以问题为导向，增强问题意识。要加快构建水利安全生产风险管控"六项机制"，全面落实质量提升行动新要求。工程主管部门和工程参建单位都要积极推动新一代信息技术与质量安全管理技术融合，推动BIM技术、数字孪生技术在工程建设的全过程应用；推广"四新技术"、先进建造设备和智能建造方式，提升建设工程的质量和安全管理性能；加快构建质量监督和质量检测一体化平台，减少人为因素，保证质量检测管理的真实客观性。

同时，还要在管理创新上下功夫，加强先进质量管理模式和方法高水平应用，创建安全生产标准化，打造品质工程标杆；完善PPP、EPC等新兴管理模式的监管制度，监管创新与管理创新一体推进。

（二）把握"长"和"常"二字，推动质量安全管理见实效

第一个"长"字是指工程质量安全管理要长期坚持，久久为功。质量安全方面存在的问题不是一天形成的，也不可能毕其功于一役，质量安

全管理只有进行时，没有结束时。这就要求我们各参建单位和监管部门主要负责同志多一些"功成不必在我"的胸襟，多做打基础、利长远的工作，少考虑眼前的利益和得失；也要有"功成必定有我"的付出精神，切实守土有责、守土负责、守土尽责。

第二个"常"字是要把质量安全工作抓在经常，形成常态。洪府同志提出的落实施工单位全面自查、监理单位专项检查、项目法人随机抽查的"三级联查制度"，我觉得具有很强的操作性，符合我市实际，要在全市水利工程建设项目全面推行。

质量安全监管上要以抽查作为主要监管模式，要做到"主动进位不越位"。监督工作不替代参建单位的主体责任，但要努力实现监管的常态化、规范化、法治化，防止监管的随意性。突出分类监管和差别化监管，将质量管理薄弱项目、质量行为不规范和社会信用差的责任主体作为重点监管对象，提高监管针对性和有效性，切实让监管"长牙""带电"，强化行政处罚和诚信体系刚性约束，公平、公正、公开地处理问题，形成震慑效应。

在这里我还要着重指出各项目法人、各区水务局在质量考核迎检中，要吃透考核的标准和要求，按照规定把工作做在日常，充分准备，绝不能临时抱佛脚，希望大家认真准备，保持原来好的势头。

（三）把握"亲"和"清"二字，推动质量安全管理优环境

第一个"亲"字是要把握正确的政商关系，为企业营造公平竞争的营商环境。监管部门要在监管的同时更好积极作为，靠前服务。要通过推介项目、适当扩大标段等方式筑巢引凤，规范引导企业采取PPP、EPC、全过程咨询等方式参与水利工程建设，吸引外地具备实力企业进入我市水利建设市场公平竞争，提升全市水利建设整体质量安全管理水平，进而打造水利精品工程。

要继续开展文明工地评选和标准化工地现场观摩，树立质量样板，开展技术比武，让各参建单位学有标杆，赶有榜样。充分借助水利部"大禹奖"、天津市"海河杯"、市水利优质工程奖等活动，积极引导企业从价格竞争向质量竞争、品牌竞争转变。

第二个"清"字是监管部门要加强党的建设，营造风清气正氛围。要强化党建引领，深入开展好主题教育实践活动，全面落实党建进工地行动，聚焦质量管理的难点痛点问题，推动工程高标准建设。

我们要认真梳理质量安全监管中的廉政风险点，将正风肃纪反腐与巡视整改、深化改革、推动发展贯通起来，要把"严"的基调贯穿于水务工程建设管理的全链条、各环节。工程监管部门要时刻保持清醒头脑，结合水务工程建设实际开展廉洁警示教育，引导党员干部职工筑牢拒腐防变的思想防线，构建水务建设领域风清气正的良好局面。

同志们，水利工程质量安全管理事关人民群众生命财产安全。我们要在市委、市政府的正确领导下，凝心聚力，创新发展，真抓实干，努力开创水利工程建设新局面，为天津现代化大都市建设贡献水务之为。

（局办公室）

政策法规

地方性法规

天津市城镇排水和再生水利用管理条例

(2023年9月22日天津市第十八届人民代表大会常务委员会第五次会议通过)

第一章　总　则

第一条　为了加强对城镇排水和再生水利用的管理，促进城镇污水处理和再生水利用，提高水资源利用率，改善水环境质量，防治城镇内涝灾害，保障公民生命、财产安全和公共安全，根据《中华人民共和国水法》《城镇排水与污水处理条例》等法律、行政法规，结合本市实际，制定本条例。

第二条　本市行政区域内城镇排水和再生水利用的规划、管理、运营，城镇排水设施、污水处理设施和再生水利用设施的建设、维护与保护，以及城镇内涝防治，适用本条例。

本条例所称城镇排水，是指对城镇污水和雨水的接纳、输送、排放，以及城镇污水的处理。

本条例所称再生水，是指城镇污水经处理净化后，达到国家和本市规定相关水质标准，满足相应使用功能的非饮用水。

第三条　城镇排水和再生水利用工作应当坚持党的领导，坚持节水优先、空间均衡、系统治理、两手发力的治水思路，坚持以水定城、以水定地、以水定人、以水定产，遵循尊重自然、统筹规划、配套建设、保障安全、综合利用的原则。

第四条　市和区人民政府应当加强对本行政区域城镇排水和再生水利用工作的组织领导，将城镇排水和再生水利用工作纳入国民经济和社会发展规划，保障城镇排水设施、污水处理设施和再生水利用设施建设、维护运营、管理的资金投入。

第五条　市水行政主管部门是本市城镇排水和再生水利用主管部门（以下简称市城镇排水主管部门），负责全市城镇排水的监督管理工作，指导协调各区城镇排水管理工作，并负责市属排水设施、污水处理设施的管理工作。

和平区、河东区、河西区、南开区、河北区、红桥区（以下简称市内六区）人民政府指定的部门、其他区水行政主管部门是区城镇排水和再生水利用主管部门（以下简称区城镇排水主管部门），负责本行政区域内城镇排水的监督管理工作并负责本行政区域内市属排水设施、污水处理设施以外的城镇排水设施、污水处理设施的管理工作。

市和区城镇排水主管部门按照职责分工负责再生水利用的监督管理工作。

发展改革、财政、规划资源、生态环境、住房城乡建设、城市管理等部门按照各自职责做好城镇排水和再生水利用管理工作。

第六条 本市鼓励采取多种形式吸引社会资金参与投资、建设和运营城镇排水设施、污水处理设施和再生水利用设施。

市和区人民政府应当鼓励、支持城镇排水和再生水利用科学技术研究，推广应用先进适用的技术、工艺、设备和材料，促进源头减排、污水的再生利用和污泥、雨水的资源化利用，提高城镇排水和再生水利用能力。

第二章 规划与建设

第七条 市城镇排水主管部门应当会同有关部门，根据本市经济社会发展情况以及地理、气候特征，编制本市城镇排水规划、再生水利用规划，报市人民政府批准后组织实施。本市城镇排水规划应当包括城镇内涝防治的内容。

市内六区以外的其他区城镇排水主管部门应当根据本市城镇排水规划、再生水利用规划，编制本行政区域的城镇排水规划、再生水利用规划，经本级人民政府批准后组织实施，并报市城镇排水主管部门备案。

编制城镇排水规划、再生水利用规划应当依据国民经济和社会发展规划、国土空间总体规划、水污染防治规划和防洪规划，并与城镇开发建设、道路、绿地、水系、海绵城市等专项规划相衔接。

第八条 城镇排水规划应当包括以下内容：

（一）规划范围；

（二）规划目标与标准；

（三）排水量与排水模式；

（四）污水处理与再生利用；

（五）污泥处理处置要求；

（六）内涝防治措施；

（七）设施建设与保障措施，包括城镇排水设施、污水处理设施和通沟污泥、排水河淤泥处理处置设施的规模、布局、建设时序、建设用地以及保障措施等；

（八）其他需要纳入规划的内容。

第九条 再生水利用规划应当明确再生水利用的目标与标准，利用方式与范围，再生水利用设施的规模、布局、建设时序和建设用地以及保障措施等内容。

第十条 城镇排水规划、再生水利用规划一经批准公布，应当严格执行；因经济社会发展确需修改的，应当按照原审批程序报送审批。

国土空间总体规划和城镇排水规划、再生水利用规划确定的泵站、养护班点、污水处理厂、再生水利用设施、污泥处理处置设施、雨水调蓄设施等城镇排水设施、污水处理设施和再生水利用设施建设用地，不得擅自改变用途。

城镇排水规划确定的排水河、坑塘的排水和安全度汛功能，任何单位和个人不得改变。

第十一条 市和区人民政府应当按照先规划后建设的原则，依据城镇排水规划、再生水利用规划，统筹安排管网、泵站、污水处理厂以及污泥处理处置、再生水利用、雨水调蓄和排放等设施建设和改造，保障建设的系统性、完整性。

新建、改建、扩建建设项目，建设单位应当按照城镇排水规划，同时建设城镇排水设施。

第十二条 市和区人民政府应当按照城镇排涝要求，结合城镇用地性质和条件，加强雨水管网、泵站以及雨水调蓄、超标雨水径流排放等设施建设和改造。

新建、改建、扩建市政基础设施工程应当配套建设雨水收集利用设施，增加绿地、砂石地面、可渗透路面和自然地面对雨水的滞渗能力，利用建筑物、停车场、广场、道路等建设雨水收集利用设施，削减雨水径流，提高城镇内涝防治能力。

新建地区建设与旧城区改建，应当按照城镇排水规划确定的雨水径流控制要求建设相关设施。

第十三条 设置于道路上的窨井，其承载力和稳定性等应当符合国家有关规定的要求；窨井应当随道路一并建设、改造。

排水管网窨井盖应当满足结构强度要求，具备防坠落和防盗窃功能。

第十四条 城镇排水规划范围内的城镇排水

设施、污水处理设施建设项目以及需要与城镇排水设施、污水处理设施相连接的新建、改建、扩建建设工程，规划资源部门在依法核发建设用地规划许可证时，应当征求城镇排水主管部门的意见。城镇排水主管部门应当就排水设计方案是否符合城镇排水规划和相关标准提出意见。

建设单位应当按照排水设计方案建设连接管网等设施；未建设连接管网等设施的，不得投入使用。城镇排水主管部门或者其委托的专门机构应当加强指导和监督。

第十五条　新建、改建、扩建城镇排水管道与城镇公共排水设施连接前，建设单位应当与城镇排水设施维护运营单位协商办理连接事宜。

第十六条　城镇排水设施、污水处理设施建设工程竣工后，建设单位应当依法组织竣工验收。鼓励建设单位进行管网内窥检测。竣工验收合格的，方可交付使用。

城镇排水主管部门应当加强对竣工验收的城镇排水管网的监督检查，可以委托具有相应技术力量的专业机构对竣工验收的城镇排水管网进行抽检。

第十七条　城镇排水设施、污水处理设施建设工程竣工验收合格之日起十五日内，建设单位应当将竣工验收报告以及相关资料向城镇排水主管部门备案。

城镇公共排水设施、污水处理设施和再生水利用设施的建设单位应当按照市人民政府的规定办理设施移交，尚未移交的由建设单位负责管理。

第三章　排水管理

第十八条　市和区人民政府应当推进城镇排水管理的信息化建设，根据降雨规律和暴雨内涝风险情况，结合气象、水文资料，建立智慧排水信息系统，加强雨水排放管理，提高城镇内涝防治水平。

第十九条　市和区人民政府应当组织有关部门、单位采取相应的预防治理措施，建立城镇内涝防治预警、会商、联动机制，实现信息共享，发挥河道行洪能力和水库、洼淀、湖泊调蓄洪水的功能，加强对城镇排水设施的管理和河道防护、整治，因地制宜地采取定期清淤疏浚、降雨前降低雨水管道水位等措施，确保雨水排放畅通，共同做好城镇内涝防治工作。

第二十条　新建地区建设应当同步规划、设计、建设雨水排放管网与污水排放管网，实行雨水、污水分流。在雨水、污水分流的区域，雨水管道和污水管道不得相互混接。

尚未实现雨水、污水分流的区域，市和区人民政府应当按照城镇排水规划要求，实施雨水、污水分流改造，或者采取截流、调蓄和治理等措施。

在有条件的区域，应当逐步推进初期雨水收集与处理，合理确定截流倍数，通过设置初期雨水贮存池、建设截流干管等方式，加强对初期雨水的排放调控和污染防治。

第二十一条　从事工业、建筑、餐饮、医疗等活动的企业事业单位、个体工商户（以下称排水户）向城镇排水设施排放污水的，应当向城镇排水主管部门申请领取污水排入排水管网许可证（以下称排水许可证）。

集中管理的建筑或者单位内有多个排水户的，可以由产权单位或者其委托的物业服务人统一申请领取排水许可证，并由领证单位对排水户的排水行为负责。

城镇排水主管部门应当按照国家有关标准，重点对影响城镇排水设施、污水处理设施安全运行的事项进行审查。

排水户应当按照排水许可证的要求排放污水。工程建设疏干排水应当优先利用和补给水体。

第二十二条　排水户申请领取排水许可证应当具备下列条件：

（一）污水排放口的设置符合城镇排水规划的要求；

（二）排放污水的水质符合国家或者本市规定的有关排放标准；

（三）按照国家有关规定建设相应的预处理设施；

（四）按照国家有关规定在排放口设置便于采

样和水量计量的专用检测井和计量设备；列入重点排污单位名录的排水户已安装主要水污染物排放自动监测设备；

（五）法律、法规规定的其他条件。

符合前款规定条件的，由城镇排水主管部门核发排水许可证。

第二十三条　排水许可证的有效期为五年。

因施工作业需要向城镇排水设施排水的，排水许可证的有效期，由城镇排水主管部门根据排水状况确定，但不得超过施工期限。

第二十四条　排水许可证有效期满需要继续排放污水的，排水户应当在有效期届满三十日前，向城镇排水主管部门提出申请。城镇排水主管部门应当在有效期届满前作出是否准予延续的决定。准予延续的，有效期延续五年。

第二十五条　在排水许可证的有效期内，排水口数量和位置、排水量、主要污染物项目或者浓度等排水许可内容变更的，排水户应当按照规定，重新申请领取排水许可证。

排水户名称、法定代表人等其他事项变更的，排水户应当在变更之日起三十日内向城镇排水主管部门申请办理变更。

第二十六条　城镇排水主管部门应当加强对排水户排放污水情况的监督检查。

城镇排水主管部门可以组织或者委托排水监测机构等技术服务单位为排水许可监督检查工作提供技术服务。受委托的具有计量认证资质的排水监测机构应当对排水户排放污水的水质、水量进行监测，建立排水监测档案。

第二十七条　城镇排水主管部门应当按照国家有关规定建立城镇排涝风险评估制度和灾害后评估制度，在汛前对城镇排水设施进行全面检查，对发现的问题，责成有关单位限期处理，并加强城镇广场、立交桥下、地下构筑物、低洼区等易涝点的治理，强化排涝措施。

城镇排水设施维护运营单位应当建立城镇排水防涝巡查检查制度，按照防汛要求，对城镇排水设施进行全面检查、维护、清疏，对管网、闸井等残存的杂物、通沟污泥等及时进行清理，在广场、立交桥下、地下构筑物、低洼区等易涝点，设置必要的强制排水设施和装备，确保设施安全运行。

在汛期，有管辖权的人民政府防汛指挥机构应当加强对易涝点的巡查，发现险情，立即采取排险措施。有关单位和个人应当服从防汛指挥机构的统一调度指挥或者监督。

因意外情况造成污水排放量超过城镇公共排水设施排水能力时，城镇排水主管部门应当立即采取措施，加强调度，有关单位和个人应当服从城镇排水主管部门的统一调度指挥。

第四章　污水处理

第二十八条　相关区人民政府和城镇排水主管部门应当通过政府购买服务等方式，依法选择符合要求的城镇污水处理设施维护运营单位、污泥处理处置单位，签订维护运营合同，明确双方权利义务。

第二十九条　城镇污水处理设施维护运营单位应当依照法律、法规和有关规定以及维护运营合同进行维护运营，定期向社会公开有关维护运营信息，并接受相关部门和社会公众的监督。

第三十条　城镇污水处理设施维护运营单位应当保证出水水质符合国家和本市规定的排放标准，不得排放不达标污水。

城镇污水处理设施维护运营单位应当按照国家有关规定检测进出水水质，向城镇排水主管部门、生态环境部门报送污水处理水质和水量、主要污染物削减量等信息，并按照有关规定和维护运营合同，向城镇排水主管部门报送生产运营成本等信息。

城镇污水处理设施维护运营单位应当按照国家有关规定向价格主管部门提交相关成本信息。

城镇排水主管部门核定城镇污水处理运营成本，应当考虑主要污染物削减情况。

第三十一条　城镇污水处理设施维护运营单位不得擅自停运城镇污水处理设施，因检修等原因需要停运或者部分停运城镇污水处理设施的，应当在九十个工作日前向城镇排水主管部门、生态环境部门报告。

城镇污水处理设施维护运营单位在出现进水水质和水量发生重大变化可能导致出水水质超标，或者发生影响城镇污水处理设施安全运行的突发情况时，应当立即采取应急处理措施，并向城镇排水主管部门、生态环境部门报告。

城镇排水主管部门或者生态环境部门接到报告后，应当及时核查处理。

第三十二条　城镇污水处理设施维护运营单位或者污泥处理处置单位应当安全处理处置污泥，保证处理处置后的污泥符合国家有关标准，对产生的污泥和处理处置后的污泥流向、用途、用量等进行跟踪、记录，并向城镇排水主管部门、生态环境部门报告。禁止擅自倾倒、堆放、丢弃、遗撒城镇污水处理设施产生的污泥和处理处置后的污泥。

城镇污水处理设施维护运营单位或者污泥处理处置单位对污泥进行处理处置应当符合稳定化、减量化、无害化的要求，采用新技术、新工艺，提高污泥的再利用和资源化水平。

第三十三条　本市鼓励将处置后符合国家、行业和地方标准的污泥产品，作为土壤改良剂等，用于国土绿化、园林建设、废弃矿场以及非农用的盐碱地和沙化地。含有毒有害水污染物的工业废水和生活污水混合处理的污水处理厂产生的污泥，不能采用土地利用方式。

第三十四条　排水单位和个人应当按照国家和本市有关规定缴纳污水处理费。污水处理费征收具体管理办法由市财政部门、价格主管部门、城镇排水主管部门制定，向社会公布后实施。

污水处理费应当纳入地方财政预算管理，专项用于城镇污水处理设施的建设、运行和污泥处理处置，不得挪作他用。污水处理费的收费标准不应低于城镇污水处理设施正常运营的成本。因特殊原因，收取的污水处理费不足以支付城镇污水处理设施正常运营的成本的，市、区人民政府给予补贴。

污水处理费的收取、使用情况应当向社会公开。

第三十五条　生态环境部门应当依法对城镇污水处理设施的出水水质和水量进行监督检查；城镇排水主管部门应当对城镇污水处理设施运营情况进行监督和考核，并将监督考核情况向社会公布。

第三十六条　城镇排水主管部门应当根据城镇污水处理设施维护运营单位履行维护运营合同的情况以及生态环境部门对城镇污水处理设施出水水质和水量的监督检查结果，核定城镇污水处理设施运营服务费。

城镇排水主管部门应当及时、足额拨付城镇污水处理设施运营服务费。

第三十七条　本市加强农村生活污水处理。农村生活污水处理的具体管理办法由市人民政府另行制定，向社会公布后实施。

第五章　再生水利用

第三十八条　本市鼓励城镇污水处理再生利用，将再生水纳入全市水资源统一配置体系，实行地表水、地下水、外调水、再生水、海水淡化水等统一配置、统一调度。

第三十九条　具备再生水供水条件且水质符合用水标准，有下列情形之一的，应当优先使用再生水：

（一）城市绿化、道路清扫、车辆冲洗、建筑施工等城市杂用水；

（二）热电、冶金、化工等高耗水工业企业的冷却用水、洗涤用水、锅炉用水、工艺用水、产品用水等工业生产用水；

（三）观赏性景观环境用水、河道生态用水、湿地用水等环境用水；

（四）按照国家和本市规定应当优先使用再生水的其他情形。

再生水不得用于饮用、游泳、洗浴、生活洗涤、食品生产等不适宜的情形。

城镇排水主管部门应当加强对使用再生水的监督指导。

第四十条 再生水经营企业应当保证再生水的水质、水压符合国家和本市的相关标准以及合同约定。

第四十一条 再生水用户负责管理结算水表以内的管道等再生水用水设施；再生水经营企业负责管理结算水表及其以外的再生水供水设施。

第四十二条 再生水利用设施应当设有明显标识，禁止擅自将再生水管道与生活饮用水管道连接。

第四十三条 再生水价格按照国家和本市有关规定执行。

第四十四条 各级人民政府、有关部门应当健全再生水利用设施建设和再生水利用的激励措施，加强再生水利用知识宣传普及，提高全社会科学使用再生水和节约用水意识，形成珍惜、保护水资源的良好社会氛围。

第六章　设施维护与保护

第四十五条 城镇排水设施按照下列规定确定维护运营单位：

（一）城镇公共排水设施由城镇排水主管部门依法确定的城镇排水设施维护运营单位管理；

（二）城镇自用排水设施及其连接公共排水设施的接驳管，由产权人或者设施管理单位负责管理；

（三）产权人无法确定的排水设施由属地政府纳入统一管理。

第四十六条 禁止从事下列危及城镇排水设施、污水处理设施、再生水利用设施安全的活动：

（一）损毁、盗窃、穿凿、堵塞设施；

（二）向设施排放、倾倒剧毒、易燃易爆、腐蚀性废液和废渣；

（三）擅自启动闸门、移动井盖；

（四）向设施倾倒垃圾、渣土、施工泥浆等废弃物；

（五）建设占压设施的建筑物、构筑物或者其他设施；

（六）擅自向城镇排水设施加压排放污水；

（七）法律、法规、规章规定的危及城镇排水设施、污水处理设施、再生水利用设施安全的其他活动。

第四十七条 城镇排水主管部门应当会同有关部门，按照国家有关规定划定城镇排水设施、污水处理设施保护范围，报市人民政府批准，并向社会公布。

再生水管道保护范围为管道边缘外侧各二米以内。

第四十八条 在城镇排水设施、污水处理设施保护范围内，从事爆破、钻探、打桩、顶进、挖掘、取土、注浆等可能影响设施安全的活动的，有关单位应当与设施维护运营单位等共同制定设施保护方案，并采取相应的安全防护措施。设施保护方案应当包括对排水设施安全的影响程度、安全风险等级等的工程影响预评估，安全保护措施，监测措施等。城镇排水设施维护运营单位应当指派专业人员进行现场指导。

在再生水管道保护范围内，从事爆破、钻探、打桩、顶进、挖掘、取土、注浆等可能影响再生水管道安全活动的，有关单位应当与再生水经营企业等共同制定设施保护方案，并采取相应的安全防护措施。

第四十九条 新建、改建、扩建建设工程，不得影响城镇排水设施、污水处理设施和再生水利用设施安全。

建设工程开工前，建设单位应当查明工程建设范围内地下城镇排水设施、污水处理设施和再生水利用设施的相关情况。城镇排水主管部门以及其他相关部门和单位应当及时提供相关资料。

建设工程施工范围内有排水管网等城镇排水设施、污水处理设施和再生水利用设施的，建设单位应当与施工单位、设施维护运营单位共同制定设施保护方案，并采取相应的安全保护措施。

因工程建设需要拆除、改动城镇排水设施、污水处理设施的，建设单位应当制定拆除、改动方案，报城镇排水主管部门审核，并承担重建、改建和采取临时措施的费用。

因工程建设确需改动、拆除或者迁移再生水利用设施的，建设单位应当征得再生水设施产权单位同意，所需费用由建设单位支付。

第五十条　从事城镇道路改造、轨道交通建设等，建设单位和设施维护运营单位应当共同做好工程施工范围内城镇排水设施、污水处理设施、再生水利用设施的保护、维护工作。

第五十一条　城镇排水主管部门按照城镇排水规划认定新建城镇公共排水设施已代替原有城镇公共排水设施排放功能的，由城镇排水主管部门组织拆除原有城镇公共排水设施。无法拆除的，应当采取封填、灌浆等安全处置措施。

纳入土地整理地块内的城镇排水设施经城镇排水主管部门按照城镇排水规划认定应当废弃的，在土地整理中安全处置。

排水河口门经城镇排水主管部门按照城镇排水规划认定需要废弃的，由城镇排水主管部门组织拆除，并按照排水河堤岸现状予以恢复。

第五十二条　城镇排水设施、污水处理设施和再生水利用设施维护运营单位应当建立健全设施维护运营管理制度、安全生产管理制度，按照国家和本市养护维修技术标准进行养护维修，加强对窨井盖等城镇排水设施、污水处理设施和再生水利用设施的日常巡查、养护和维修，保障设施完好和安全运行。

设施维护运营单位在发现污水外溢、管道堵塞、设施损坏情况或者接到报告后，应当立即采取疏通、维修或者其他措施，尽快恢复设施正常运行，并及时清洁地面。

用于城镇排水设施、污水处理设施和再生水利用设施养护维修的专用车辆和机具，应当设置明显标志。在养护维修作业时，公安交通管理部门应当在行驶路线和时间上提供便利，保证通行。

第五十三条　从事管网维护、应急排水、井下及有限空间作业的，设施维护运营单位应当安排专门人员进行现场安全管理，在现场设置明显的警示标志，采取有效措施避免人员坠落、车辆陷落，并及时复原窨井盖，确保操作规程的遵守和安全措施的落实。相关特种作业人员，应当按照国家有关规定取得相应的资格证书。

第五十四条　市和区人民政府应当根据实际情况，依法组织编制城镇排水、污水处理、再生水利用应急预案，统筹安排应对突发事件以及城镇排涝所必需的物资。

城镇排水设施、污水处理设施和再生水利用设施维护运营单位应当制定本单位的应急预案，配备必要的抢险装备、器材，并定期组织演练。

第五十五条　城镇排水、污水处理、再生水利用安全事故或者突发事件发生后，城镇排水设施、污水处理设施、再生水利用设施维护运营单位应当立即启动本单位应急预案，采取防护措施、组织抢修，并及时向城镇排水主管部门和有关部门报告。

城镇排水主管部门和有关部门在接到报告后，应当立即采取应急处置措施，并向同级人民政府报告。市和相关区人民政府应当根据突发事件的可控性、严重程度和影响范围，启动相应级别的应急预案。

应急管理、公安、城市管理、交通运输、住房城乡建设、电力、通讯等有关部门和单位应当按照应急预案进行抢险救援和应急保障。

第七章　法　律　责　任

第五十六条　市和区人民政府、城镇排水主管部门和其他有关部门在排水和再生水利用管理工作中滥用职权、玩忽职守、徇私舞弊或者有其他违法行为的，由有权机关责令改正，对直接负责的主管人员和其他直接责任人员依法给予处理；构成犯罪的，依法追究刑事责任。

第五十七条　违反本条例规定，在雨水、污水分流区域，建设单位、施工单位将雨水管网、污水管网相互混接的，由城镇排水主管部门责令改正，处五万元以上十万元以下罚款；造成损失的，依法承担赔偿责任。

第五十八条　违反本条例规定，排水户未取得排水许可证向城镇排水设施排放污水的，由城镇排水主管部门责令停止违法行为，限期采取治理措施，补办排水许可证，可以处五十万元以下罚款；造成损失的，依法承担赔偿责任；构成犯罪的，依法追究刑事责任。

违反本条例规定,排水户不按照排水许可证的要求排放污水的,由城镇排水主管部门责令停止违法行为,限期改正,可以处五万元以下罚款;造成严重后果的,吊销排水许可证,并处五万元以上五十万元以下罚款,可以向社会通报;造成损失的,依法承担赔偿责任;构成犯罪的,依法追究刑事责任。

第五十九条 违反本条例规定,城镇排水设施维护运营单位未按照防汛要求对城镇排水设施进行全面检查、维护、清疏,影响汛期排水畅通的,由城镇排水主管部门责令改正,给予警告;逾期不改正或者造成严重后果的,处十万元以上二十万元以下罚款;造成损失的,依法承担赔偿责任。

第六十条 违反本条例规定,城镇污水处理设施维护运营单位未按照国家有关规定检测进出水水质的,或者未报送污水处理水质和水量、主要污染物削减量等信息和生产运营成本等信息的,由城镇排水主管部门责令改正,可以处五万元以下罚款;造成损失的,依法承担赔偿责任。

第六十一条 违反本条例规定,城镇污水处理设施维护运营单位擅自停运城镇污水处理设施,未按照规定事先报告或者采取应急处理措施的,由城镇排水主管部门责令改正,给予警告;逾期不改正或者造成严重后果的,处十万元以上五十万元以下罚款;造成损失的,依法承担赔偿责任。

第六十二条 违反本条例规定,城镇污水处理设施维护运营单位或者污泥处理处置单位对产生的污泥和处理处置后的污泥流向、用途、用量等未进行跟踪、记录,或者处理处置后的污泥不符合国家有关标准的,由城镇排水主管部门责令改正,给予警告;造成严重后果的,处十万元以上二十万元以下罚款;拒不改正的,城镇排水主管部门可以指定有治理能力的单位代为治理,所需费用由违法者承担;造成损失的,依法承担赔偿责任。

违反本条例规定,擅自倾倒、堆放、丢弃、遗撒城镇污水处理设施产生的污泥和处理处置后的污泥的,由城镇排水主管部门责令改正,处二十万元以上二百万元以下罚款,对直接负责的主管人员和其他直接责任人员处二万元以上十万元以下罚款;造成严重后果的,处二百万元以上五百万元以下罚款,对直接负责的主管人员和其他直接责任人员处五万元以上五十万元以下罚款;拒不改正的,城镇排水主管部门可以指定有治理能力的单位代为治理,所需费用由违法者承担;造成损失的,依法承担赔偿责任。

第六十三条 违反本条例规定,排水单位或者个人不缴纳污水处理费的,由城镇排水主管部门责令限期缴纳,逾期拒不缴纳的,处应缴纳污水处理费数额一倍以上三倍以下罚款。

第六十四条 违反本条例规定,再生水的水质、水压不符合标准的,由城镇排水主管部门责令改正,可以处二万元以上十万元以下罚款;造成损失的,依法承担赔偿责任。

第六十五条 违反本条例规定,擅自将再生水管道与自来水管道连接的,由城镇排水主管部门责令改正,处一万元以上五万元以下罚款;造成损失的,依法承担赔偿责任。

第六十六条 违反本条例规定,从事危及城镇排水设施、污水处理设施、再生水利用设施安全活动的,由城镇排水主管部门责令停止违法行为,限期恢复原状或者采取其他补救措施,给予警告;逾期不采取补救措施或者造成严重后果的,对单位处十万元以上三十万元以下罚款,对个人处二万元以上十万元以下罚款;造成损失的,依法承担赔偿责任;构成犯罪的,依法追究刑事责任。

第六十七条 违反本条例规定,有关单位未与施工单位、设施维护运营单位等共同制定设施保护方案,并采取相应的安全防护措施的,由城镇排水主管部门责令改正,处二万元以上五万元以下罚款;造成严重后果的,处五万元以上十万元以下罚款;造成损失的,依法承担赔偿责任;构成犯罪的,依法追究刑事责任。

第六十八条 违反本条例规定,擅自拆除、改动城镇排水设施、污水处理设施的,由城镇排水主管部门责令改正,恢复原状或者采取其他补救措施，处五万元以上十万元以下罚款；造成严重后果的，处十万元以上三十万元以下罚款；造成损失的，依法承担赔偿责任；构成犯罪的，依法追究刑事责任。

第六十九条　违反本条例规定，城镇排水设施、污水处理设施、再生水利用设施维护运营单位有下列情形之一的，由城镇排水主管部门责令改正，给予警告；逾期不改正或者造成严重后果的，处十万元以上五十万元以下罚款；造成损失的，依法承担赔偿责任；构成犯罪的，依法追究刑事责任：

（一）未按照国家有关规定履行日常巡查、养护和维修责任，保障设施安全运行的；

（二）未及时采取防护措施、组织事故抢修的；

（三）因巡查、维护不到位，导致窨井盖丢失、损毁，造成人员伤亡和财产损失的。

第七十条　违反本条例规定的行为，法律、行政法规已有行政处罚规定的，从其规定。

第八章　附　　则

第七十一条　本条例所称城镇排水设施，是指城镇排水管网、泵站、排水河、排水口门、排水井、调蓄池以及其他相关设施。城镇排水设施分为公共排水设施和自用排水设施。城镇公共排水设施，是指服务于公众，承担转输上游排水的城镇排水设施。城镇自用排水设施，是指仅供本区域或者个人专用，不承担转输上游排水功能的相对独立的排水设施。

本条例所称城镇污水处理设施是指城镇污水收集管网、污水泵站、污水处理厂、污泥处理处置设施以及相关附属设施等。

本条例所称再生水利用设施，是指输水配水工程设施、再生水厂和其他附属设施。

第七十二条　本条例自2024年4月1日起施行。2003年9月10日天津市第十四届人民代表大会常务委员会第五次会议通过、2005年7月19日天津市第十四届人民代表大会常务委员会第二十一次会议第一次修正、2012年5月9日天津市第十五届人民代表大会常务委员会第三十二次会议第二次修正的《天津市城市排水和再生水利用管理条例》同时废止。

行政规范性文件

市水务局关于印发《天津市水利工程质量终身责任制实施办法》的通知

津水规范〔2023〕1号

各有关单位：

为加强天津市水利工程质量管理，强化质量终身责任，提高质量责任意识，保证水利工程建设质量，根据《水利工程质量管理规定》《水利工程责任单位责任人质量终身责任追究管理办法（试行）》等有关规定，我局制定了《天津市水利工程质量终身责任制实施办法》，业经局长办公会审议通过，现印发给你们，请结合实际，认真贯彻落实。

天津市水务局
2023年10月16日

天津市水利工程质量终身责任制实施办法

第一条 为加强本市水利工程质量管理，强化质量终身责任，提高质量责任意识，保证水利工程建设质量，根据《水利工程质量管理规定》和《水利工程责任单位责任人质量终身责任追究管理办法（试行）》等有关规定，结合我市实际，制定本办法。

第二条 水利工程实行工程质量终身责任制。在本市行政区域内从事水利工程建设（包括新建、扩建、改建、除险加固等）有关活动的项目法人或者建设单位、勘察、设计、施工、监理、检测、监测等单位人员，依照法律法规规章和有关规定，在工程合理使用年限内对工程质量承担相应责任。

第三条 项目法人或者建设单位（以下统称项目法人）对水利工程质量承担首要责任。勘察、设计、施工、监理单位对水利工程质量承担主体责任，分别对工程的勘察质量、设计质量、施工质量和监理质量负责。检测、监测单位等单位依据有关规定和合同，分别对工程质量承担相应责任。

第四条 水利工程建设实行代建、项目管理总承包等管理模式的，代建、项目管理总承包等单位按照合同约定承担相应质量责任，不替代项目法人的质量责任。

第五条 水利工程的勘察、设计、施工、设备采购的一项或者多项实行总承包的，总承包单位对其承包的工程或者采购的设备质量负责。

总承包单位依法将工程分包给其他单位的，分包单位按照分包合同的约定对其分包工程的质量向总承包单位负责，总承包单位与分包单位对分包工程的质量承担连带责任。分包单位应当接受总承包单位的质量管理。

第六条 本办法所称责任人，是指从事水利工程建设有关活动的项目法人、勘察、设计、施工、监理、检测、监测等单位的法定代表人、项目负责人和直接责任人等。

项目负责人为从事水利工程建设有关活动的项目法人项目负责人、勘察单位项目负责人、设计单位项目负责人、施工单位项目经理、监理单位总监理工程师、检测单位项目负责人、监测单位项目负责人等。直接责任人为项目负责人以外的，按各自职责承担质量责任的人员。

第七条 项目法人法定代表人对水利工程质量负总责，勘察、设计、施工、监理、检测、监测等单位法定代表人按各自职责对所承建项目的水利工程质量负领导责任。

第八条 项目法人项目负责人对水利工程质量承担全面责任，不得违法发包、肢解发包，不得以任何理由要求勘察、设计、施工、监理等单位违反法律、法规、规章和工程建设强制性标准，降低工程质量，其违法违规或不当行为造成工程质量事故或质量问题的，应当承担责任。

勘察、设计单位项目负责人应当保证勘察、设计文件符合法律、法规、规章和工程建设强制性标准的要求，对因勘察、设计导致的工程质量事故或质量问题应当承担责任。

施工单位项目经理应当按照经核查并签发的施工图、施工技术要求等设计文件和施工技术标准进行施工，不得转包、违法分包，不得使用不合格的建筑材料、建筑构配件和设备等，对因施工导致的工程质量事故或质量问题承担责任。

监理单位总监理工程师应当按照法律、法规、规章、有关技术标准、设计文件和监理合同进行监理，及时制止各种违法违规施工行为，对施工质量承担监理责任。

检测、监测单位项目负责人应当按照有关法律、法规、规章、技术标准和合同开展水利工程质量检测、监测工作。

第九条 直接责任人按各自职责对所参加水利工程建设项目的质量负相应责任，对签字的文件、报告、图纸、证书、证明等资料负责。

第十条　水利工程开工后，项目法人应当在工程施工现场明显部位设立质量责任公示牌，公示项目法人、勘察、设计、施工、监理等参建单位的名称、项目负责人姓名以及质量举报电话，接受社会监督。

第十一条　水利工程竣工验收后，项目法人应当在工程明显部位设置永久性标志，载明项目法人、勘察、设计、施工、监理等参建单位名称、项目负责人姓名。

第十二条　项目法人应当建立项目负责人质量终身责任信息档案，主要包括下列内容：

（一）项目负责人证明材料，包括任命文件、授权书等；

（二）项目负责人的工程质量终身责任承诺书、身份证复印件、执业资格证书复印件、变更材料等。

工程档案中有关直接责任人签字确认的文件材料，作为直接责任人质量终身责任的依据。

第十三条　市和区水行政主管部门负责对本行政区域内从事水利工程建设有关活动的项目法人、勘察、设计、施工、监理、检测、监测等单位责任人质量终身责任管理工作进行指导和监督管理。

第十四条　符合下列情形之一的，市和区水行政主管部门应当按照职责分工依法追究相关责任人的质量终身责任：

（一）发生工程质量事故；

（二）发生投诉、举报、群体性事件、媒体负面报道等情形，并造成恶劣社会影响的严重工程质量问题；

（三）由于勘察、设计或施工质量原因造成尚在合理使用年限内的水利工程不能正常使用或在洪水防御、抗震等设计标准范围内不能正常发挥作用；

（四）存在其他因质量原因需追究责任的违法违规行为。

第十五条　责任人因调动工作、退休等原因离开单位后，被发现在原单位工作期间违反国家法律法规、工程建设标准及有关规定，造成发生本办法第十四条所列情形之一的，或者单位已合并、分立或被撤销、注销、吊销营业执照或者宣告破产的，责任人被发现在该单位工作期间违反国家法律法规、工程建设标准及有关规定，造成发生本办法第十四条所列情形之一的，仍应当依法追究相应责任。

第十六条　本办法自2023年10月17日起施行，至2033年10月16日废止。

（法制处）

政 策 研 究

【概述】　2023年，天津市水务政策研究工作坚持以习近平新时代中国特色社会主义思想为指导，积极践行"节水优先、空间均衡、系统治理、两手发力"的治水思路，围绕水务改革发展中的热点、难点问题，聚焦水资源、水环境、水安全，紧密结合天津水务工作实际，深入开展政策研究，推动水务重点领域改革攻坚，水务事业高质量发展迈出新步伐，为建设社会主义现代化大都市提供了坚实的水安全保障。

【组织推动】　制定印发了《市水务系统2023年调研课题》，确定了提高水资源利用效率，支撑保障全市经济社会高质量、蓄滞洪区建设管理和调整、排水与再生水管理等方面重点调研课题，以及水治理保证水安全、财会监督工作、法治人才建设等方面一般调研课题，每个课题均明确了负责人、责任单位和完成时限。强化了督促检查，对有关单位政策研究工作开展情况进行了调研，并提出指导性意见。

【政研成果】　制定了《关于在全局大兴调查研究的实施方案》和大调研大走访工作计划。对标中央调查研究工作方案要求的12个方面重点调研内容和市委提出的4个聚焦的要求，重点围绕供水安全保障能力、防汛安全保障能力、水生态环境安全保障能力和强化水务行业管理4个方面，组织处级以上领导干部研究确定调研课题114个。在市水务局内网设立了"调查研究"栏目，刊发相关文章14篇。对全局16家局属单位进行了走访调研，督促其按时高质完成调研课题。编辑了《学习贯彻习近平新时代中国特色社会主义思想主题教育调研报告选编》。组织局属各单位结合学习"浦江经验""千万工程"经验案例，开展解剖式调研，确定正、反典型案例32个。积极推动研究成果转化运用，不断完善调查研究"四个清单"，切实提升调研成果转化实效。

【水务改革】 根据市委深化改革的有关部署和市水务局党组深化水务改革的有关要求，拟定了2023年深化水务改革要点和任务分解表，经局长办公会议原则通过。组织各项改革任务牵头单位分别制定了改革工作方案，并经局党组会审议。印发《2023年深化水务改革工作要点》《2023年深化水务改革任务分解表》，分别确定市级、局级改革任务5项和4项，明确了责任领导、责任单位和参加部门，确保各项改革任务圆满完成。

（法制处）

水法治建设

【概述】 2023年，市水务局深入贯彻习近平法治思想和习近平总书记关于治水重要论述精神，围绕市委、市政府的决策部署，扎实推进水法治建设各项工作，水务立法取得突出成果，水行政执法质效显著提升，水法治宣传教育丰富多彩，依法行政工作水平再上新台阶，以高质量水法治建设保障新阶段水务高质量发展。

【依法行政】 市水务局主要负责同志认真履行推进法治建设第一责任人职责，把法治政府建设摆在全局工作的重要位置，统筹部署依法治市、法治政府建设各项任务，着力解决法治工作重点、难点问题；严格落实"四个亲自"要求，亲自研究依法治市等法治建设重点任务，亲自部署"八五"普法规划实施中期评估工作，亲自协调沟通《天津市城镇排水和再生水利用管理条例》修订工作，亲自督办法治建设"一规划两纲要"中期评估工作；2023年主持召开市水务局党组会、市水务局推进依法治市工作领导小组会议5次，传达学习《天津市法治宣传教育条例》，审议依法治市年度工作要点和年度法治政府建设情况报告等重点法治工作；并按要求开展了"述法"工作。市水务局推进依法治市工作领导小组及办公室按照《市水务局推进依法治市工作领导小组工作规则》，持续加强对法治政府建设的协调督促推动。对市水务局2023年推进法治政府建设工作情况进行全面总结，在局外网公开，并将报告报市委、市政府、水利部。同时，将处级党政主要负责人履行第一责任人职责情况纳入年终述职内容。

深入学习习近平法治思想，将习近平法治思想纳入市水务局党组党员教育培训和处级干部教育培训内容，多形式、及时做好宣传学习贯彻。组织192名国家工作人员参加"天津干部在线"平台习近平法治思想专题学习考试。在市水务局办公内网设立专栏，学习宣传贯彻习近平法治思想。坚持和完善理论学习中心组集体学法机制，局、处两级党组织理论学习中心组把习近平法治思想列入学习重点和专题学习计划，2023年，市水务局党组理论学习中心组学法7次。严格执行法治政府建设年度报告制度和公示制度。局主要负责人讲授法治专题课。把法治素养和依法履职情况纳入考核评价干部的重要内容，进一步督促其加强法治建设工作领导。严格落实领导干部应知应会法律法规清单制度。对水务执法人员开展精准培训，有效提升执法办案水平。

加强市水务局公职律师、局兼职政府法律顾问建设，持续做好局公职律师、局兼职政府法律顾问日常管理工作。2023年履职54次，在制度审核、合同审定、行政风险提示等方面充分发挥了参谋助手作用，为市水务局依法科学决策提供支撑。

【水行政立法】 高质高效做好水行政立法工作。

积极践行党的二十大精神和习近平生态文明思想，完成《天津市城镇排水和再生水利用管理条例》修订工作，于2023年9月22日经市第十八届人大常委会第五次会议审议通过。该条例围绕强化城镇排水和再生水利用监管实效，聚焦城镇排水和再生水利用领域重点难点问题，巩固提升天津市现有管理工作成果，为助力市委"十项行动"落地见效，推动水务高质量发展提供了坚实法治保障。不断优化顶层设计，积极协调上级立法部门，争取立法资源，做好立项准备，做好市人大常委会立法规划（2023—2027年）水务立法项目立项申报研究，完成市人民政府立法规划（2023—2027年）水务规章立法项目和市人大常委会、市人民政府2024年度立法计划建议项目申报工作。其中，《天津市永定河保护条例》等2项列为市人大常委会立法规划第一类审议项目，《天津市河湖长制管理条例》《天津市蓄滞洪区管理条例》等3项列为第二类安排审议项目，《天津市水利工程建设管理办法》列为市人民政府立法规划第二类审议项目。认真做好水务立法清理，完成了与《关于修改和废止部分行政法规的决定》（国务院令第764号）不符的、涉及行政复议的以及内外资不合理差别待遇的3项水务立法专项清理工作，提出修改意见，并做好向市司法局汇报及相关研究工作。严格行政规范性文件合法性审核，对《天津市水利工程建设质量终身责任制实施办法》等17件行政规范性文件、报市政府文件等进行审核，出具书面意见，完成已出台行政规范性文件向市政府备案工作。持续提高行政规范性文件审核质效，组织做好水务行政规范性文件修订衔接，加强起草部门对行政规范性文件后评估和起草论证工作，开展2024年水务行政规范性文件制定需求征询，梳理有效期届满拟修订及拟新制定的行政规范性文件。加强立法协调，对29部水利部、市人大常委会立法部门、市司法局等上级立法部门法规规章草案征求意见提出修改意见。

（法制处）

【水法治宣传】 2023年3月22—28日，开展第三十一届"世界水日"和第三十六届"中国水周"主题宣传活动。活动期间，天津市水务综合行政执法总队通过张贴宣传画、悬挂布标、发放宣传单等方式，向公众发放《中华人民共和国宪法》《中华人民共和国民法典》《中华人民共和国水法》《中华人民共和国水土保持法》《天津市节约用水条例》《天津市河道管理条例》等法律单行本及各类宣传单、宣传品2000余份。在公众号"津水微言""津水卫士"发布"世界水日""中国水周""法律六进"活动情况，阅读点击量达1400余次，让"强化依法治水，携手共护母亲河"宣传主题深入人心。"民法典宣传月"期间，开展《中华人民共和国民法典》（以下简称《民法典》）进单位活动，组织干部职工通过中国庭审公开网观看网上民事案件庭审直播，进一步加强以案释法工作，增强了水行政执法人员对《民法典》的理解，使其更加直观地感受到《民法典》在调整民事法律关系方面的积极作用。

【水行政执法】 2023年度累计查处水事违法行为1347件，罚款414.67万元。天津市水务综合行政执法总队组织开展了河湖安全保护、于桥水库库区饮用水水源地保护、河道阻水障碍物清理整治、违法排水、重点在建工程、重点用水行业等六项专项执法行动。对供水、节水、排水、水利工程建设、河道管理等多领域进行执法全覆盖。同时与天津市各区水务部门开展多层次联合专项执法行动，上下联动、形成合力，共同维护天津市正常水事秩序，让水行政执法成为依法行政的重要手段和有效保障。

（水政监察中心）

【水行政执法监督】 高质量完成案件评查工作，对水务系统339件行政处罚普通程序案件开展了网上自查自评工作，第一时间将发现的问题反馈执法机构，推动案件录入质量不断提高。积极利用行政执法监督平台开展线上监督，开展行政处罚案件在行政执法监督平台公示情况、录入时效情况的检查工作，督促局执法机构认真落实行政执法"三项制度"，及时对市水务局作出的行政执法决定进行公开。开展常态化监督，执行"季提醒+年通报"模式，推动年度工作圆满完成。配合市司法局完成安全生产领域行政执法监督专项行动，组织水务系统对安全生产领域处罚案件进行重点评查。完成市司法局关于对行政执法监督机构履职情况开展监督检查的有关工作，按时将相关佐证报送市司法局。组织局执法机构对涉及安全生产领域行政执法职权进行梳理。完成局行政处罚职权在市行政执法监督平台上的调整、关联法规相关工作。指导局执法机构完成安全生产领域行政执法整改工作。完成2022年度行政执法"示范优案""典型差案"宣传学习工作。

（法制处）

【水政队伍规范化建设】 2023年7月26至27日，天津市水务综合行政执法总队举办"建设四型执法队伍 提升执法业务水平"培训班，天津市水务系统百余名执法人员参加。培训针对《生态环境损害赔偿制度政策及典型案例解读》《行政诉讼及案例分析》《水利工程基本建设程序讲解及案例分析》《河道类典型案例评析》《植树类案件浅析》、水行政执法程序、新行政处罚法行政诉讼程序等内容进行现场讲解，并开展京津冀大赛模拟现场展演，有效提升了执法人员的实际办案水平。

为适应新形势下水行政执法工作和执法队伍建设的实际需要，2023年9月26—27日，天津市水务综合行政执法总队组织百余名行政执法人员开展军训。执法人员被分成四个方队，分别从"立正、停止间转法、齐步、跑步的行进与立定"等项目进行受训。训练过程中，全体人员严守纪律、服从指挥，不怕苦、不怕累，高标准、高质量完成了所有规定训练科目，展示了执法人员良好的精神面貌、纪律观念、文明形象，增强了执法队伍的凝聚力、战斗力、执行力。

（水政监察中心）

政 务 服 务

【概述】 积极落实市委市政府部署，按照局党组安排，从企业、群众需求出发，不断提高政务服务效率，提升政务服务水平，着力优化水务营商环境。

【政务服务改革与优化营商环境】 组织完成市级权力委托下放滨海新区及开发区情况评估和续签工作。滨海新区及开发区积极履行委托权力，严格办理委托事项，建立健全工作机制，注重业务人员队伍建设，有效承接委托下放事项。市水务局加强对滨海新区及开发区委托下放行政职权的监督和指导，加强政策辅导和业务培训，有效提高了滨海新区和开发区的业务承接能力和质量。市水务局与滨海新区及5个开发区续签了委托书，委托时限是5年，实现了"滨海事、滨海办"，为滨海新区高质量发展提供了坚实保障。

动态更新政务服务事项目录及办事指南。根据《天津市行政许可事项清单（2023年版）》，结合法律法规调整变化，确定水务行政许可事项26项，其中国家统一设定事项24项，地方条例设定事项2项。根据《天津市行政许可事项清单（2023年版）》，结合法律法规调整变化，确定市水务局作为市级行业主管部门的非许可类政务服务事项7个。根据最新政务服务事项实施要求，在天津网上办事大厅上动态更新政务服务事项操作规程。

推进政务服务标准化规范化便利化。按照工作部署要求，推动高频政务服务事项，实现"四办""四免""跨省通办""免申即享"等改革政策。根据《天津市推进"高效办成一件事"进一步提升行政效能工作方案》，合力推动实施"水电气网联合报装'一件事'""企业上市合法合规信息核查'一件事'"。按照《京津冀资质资格互认清单（第一批）》，围绕"水利工程质量检测单位资质等级证书""水利造价工程师注册证书""水利水电工程施工企业安管人员安全生产考核证书",采取直接生效方式,开展资质资格互认场景化应用。推动水务政务服务事项实现简单业务全程网办、一般业务自助能办、复杂业务窗口协办、多地业务跨域通办。

推进"证照分离"改革。按照国务院、水利部、天津市改革要求,深入落实涉企经营许可事项改革措施。在各类开发区、工业园区、新区和其他有条件的区域,推行水资源论证区域评估,对已实施水资源论证区域评估范围内的建设项目推行取水许可告知承诺制(特殊情况除外);按水利部统一部署,推广取水许可电子许可证,实现申请、审批全程网上办理;修订《天津市建设项目取用水论证管理规定》,简化优化建设项目水资源论证管理要求,实行报告表、报告书分类管理,对取水量较小、用水工艺简单且取退水影响小的项目推行报告表管理;简化技术审查环节,报告书技术审查时限由30个工作日压减至20个工作日(不含报告书修改时间)。对报告表不再组织技术审查,由水务部门或审批部门直接出具审核意见。优化河道采砂许可审批服务,按照《天津市河道采砂规划》,严格执行采砂许可管理。按照《水利部办公厅关于进一步推进水利工程质量检测单位乙级资质认定改革工作的意见》要求,对申请人自愿承诺符合许可条件并按要求提交材料的,签订告知承诺书后当场作出审批决定,切实为申请人提供了便利。

持续优化水务营商环境建设。推动贯彻执行《优化营商环境条例》和《天津市优化营商环境条例》有关规定,落实《天津市2023年优化营商环境责任清单》《天津市新一轮优化营商环境措施》要求,从市场主体保护、市场环境、政务环境、监管执法、法治保障、人文环境等方面推动营商环境建设,将改革红利惠及社会,促进社会发展。认真落实2023年度营商环境建设情况常态化监测工作,围绕"获得用水""办理建筑许可""政务服务""招标投标""蓝天碧水净土森林覆盖指数"等五个指标工作要求,扎实推动相关任务落实,在常态化监测中做到多争取奖励分,坚决杜绝扣分。组织做好营商环境评估评价工作。高度重视,积极配合,主动与第三方机构联系,协助收集相关资料和案例,按时完成评估评价工作。

扎实落实优化营商环境重点工作。遵循"获得用水"营商环境指标评价标准,围绕行业监管、公共服务、办事效率等三个维度,持续推动"获得用水"营商环境改革,创新改革举措,加强信息化建设,提升用水服务质量,提高办事便利度,完善报装投诉监管,不断改善供水管理服务水平,促使企业群众用水获得感不断提升。在全国工商联组织的2023年度万家民营企业评营商环境中,天津市二级指标"用水保障及成本"成绩处于全国领先位置。积极开展优化营商环境宣传工作,通过局门户网站、微信公众号等媒介,及时公开市水务局优化营商环境政策文件并进行政策解读,有效帮助经营主体查询浏览优化营商环境政策内容。举办优化营商环境专题讲座,深入解读《优化营商环境条例》和《天津市优化营商环境条例》等相关规定,提升水务系统干部职工优化营商环境意识。开展"天津市营商环境大讲堂"录制工作。为经营主体解读营商环境政策措施,营造良好的营商环境建设氛围。

【政务服务事项审批】 加强审批流程监督,加快政务服务事项办理,全年全市办结水务政务服务事项4761件,按时办结率、服务满意率均为100%。

【政务服务大厅窗口服务】 加强派驻政务服务大厅人员管理,派遣业务能力强、综合素质高的审批人员入驻市政务服务办,落实"以人民为中心"的发展思想,不断加强审批人员业务能力建设,强化作风管理教育,切实提升水务政务服务能力。

【热线工作】 全年处理热线事项8855件,其中水利部12314监督举报平台派件6件、市便民服务专线分拨件7808件、政民零距离网上分派件149件、市数字化城市管理平台派件863件、局电子投诉邮箱29件。按照"件件有着落,事事有回音"的原则,对分到水务局的热线事项逐件核查,做到不遗漏、不拖延;对非水务局职责范围的反映事项及时退转,对职责范围内的反映事项及时接件,第一时间联系反映人。在热线办理工作中,各承办单位积极承接工单事项,认真解决并及时反馈。严格按照市便民专线服务中心要求做好知识库信息报送工作。

做好热线数据的共享应用。每周向供水处、水资源中心提供退转供水水资源热线事项,供其监督监管等管理参考。每月编发热线情况通报,并附办结事项汇总表、事项分类表,供水务局局领导、各单位、各部门决策和管理参考。

组织做好热线办理培训工作,规范热线事项办理流程。节假日前配合办公室开展水务局机关值班值守培训,对节假日期间收到的12345热线急件事项处理流程进行讲解及系统操作演示。应市便民专线服务中心邀请,向12345热线工作人员就汛期排水管理、河道管理等方面开展业务培训,加强与12345热线的沟通交流,使其进一步了解水务局职责范围、管理事项。

市水务局在市便民服务专线月度考核成绩中均名列前茅,在年度市级绩效考核中热线部分为满分。

【权责清单】 保持权责清单动态更新。根据《天津市政府工作部门权责清单动态管理办法》(津党编发〔2020〕6号)以及相关法律法规废改情况,落实动态管理机制。坚持权责清单更新月报制度,依法依规不断调整优化、完善修改,确保权责清单科学有效、与时俱进。开展权责清单梳理确认工作,经水务局权责清单领导小组成员审定,截至2023年12月31日,市水务局共有职责15项,行政职权261项,其中行政许可26项,行政处罚172项,行政强制16项,行政征收5项,行政给付1项,行政检查19项,行政确认4项,行政奖励2项,其他类别14项,行政裁决2项。严格执行公示公开制度,对已经确认的行政职权和责任,在市政府和水务局门户网站上及时公开了行政权力清单、责任清单及运行流程图等,接受社会公众和监督机构的监督。

【诚信体系建设】 推进诚信建设,营造良好水务诚信环境。贯彻落实中共中央办公厅、国务院办公厅印发的《关于推进社会信用体系建设高质量发展促进形成新发展格局的意见》和《天津市社会信用条例》,做好市级部门信用状况监测评价。一是强化信用信息归集、共享和应用。抓实"双公示"、信用目录等工作,全面归集水务领域行政许可、行政处罚信息等公共信用信息。二是大力推进行业信用分级分类监管。充分发挥水利建设市场信用监管作用,落实供水企业信用评价机制,提升监管精准性和有效性,着力推进水务领域"双随机、一公开"监管。三是积极开展诚信文化宣传活动。多措并举开展诚信文化宣传教育,推进依法守信践诺、廉洁守诺,大力营造诚实守信、崇德向善的良好水务氛围。

【水务政务服务行业指导】 加强对各区涉水政务服务指导工作,提高服务满意度。依托"水务政务服务工作交流群"(微信群),召开培训会、座谈会,开展现场调研等线上和线下结合的培训指导形式,及时沟通协调各区在审批服务工作中存在的困难和问题。定期举办审批服务工作培训会,提升水务政务服务能力和质量。

【水务行业强监管】 强化行业监管,充分发挥水务监管职能。深入落实《国务院关于加强和规范事中事后监管的指导意见》和天津市的实施意见,按照《天津市水务局行业监管工作管理办法》推动监管工作落实。一是持续落实行政许可事项审管衔接机制。加强审管信息交流互动,审批信息推送依托局OA办公系统,审批部门在作出行政许可决定后,及时将行政许可决定信息推送监管部门,定期更新行政许可事项审管衔接工作台账,定期双向反馈审管信息，进一步加强审管衔接。二是抓实"双随机、一公开"工作。梳理修订《随机抽查事项清单》和《特殊行业、重点领域清单》，规范监管行为，合理确定监管比例和频次，制定年度"双随机、一公开"年度抽查计划，依托全市"双随机、一公开"监管工作平台，按计划开展随机抽查工作，推动"双随机、一公开"抽查常态化，减少对企业正常经营的干扰。三是做好"互联网+监管"系统使用，有效利用天津"互联网+监管"系统和"津管通"App，归集行政检查行为数据，确保"互联网+监管"数据报送的及时率和事项覆盖率。

（政服处）

水文水资源

水 文

【概述】 2023年，市水务局认真贯彻落实党的二十大精神，积极践行习近平总书记"节水优先、空间均衡、系统治理、两手发力"治水思路，以加强党建为统领，紧紧围绕水资源、水环境、水安全提升行业管理水平，全面推进各项工作扎实开展。推进水文现代化发展，扎实开展天津市水文基础设施建设"十四五"规划、"23·7"特大洪水水毁水文监测设施恢复项目和天津市雨水情监测预报"三道防线"建设项目，为恢复提升洪水预测预报能力提供坚实基础。强化各项汛前准备，扎实做好防汛工作，汛期共编发洪水预报及水情日报50期，水情简报33期，出入境水量统计表31期，流域、引滦、引江三类水情表各106期，水情月报4期，水情综述1期，每小时滚动编制《重要控制断面水情信息汇总表》732期和《大清河（东淀）水势变化专题信息》644期，为防汛调度决策提供支撑。加强水质监测，推进污染防治攻坚战和华北地区河湖生态环境复苏行动，对天津市饮用水源地、国家重点站以及华北地区地下水超采补水等水质断面进行采样监测和分析评价，共发布水质简报以及水质成果报告94期。编制印发《2023年天津市地下水超采综合治理实施计划》，通过节控调管四项措施，关停机井525眼，全年压减深层地下水开采量0.06亿立方米，深层承压水水位较2022年回升1.30米，有效减缓了地面沉降。

（水资源中心）

【雨情、水情】

1. 雨情

海河"23·7"流域性特大洪水期间，天津市普降大到暴雨，部分站点达特大暴雨，降雨量大、持续时间长，但各站降水总量、降水强度均未突破历史极值。2023年，全市年平均降水量为607.5毫米，比多年平均值（567.1毫米）偏多7.1%，比2022年（584.7毫米）增加3.9%，属平水年。降水量空间分布不均，实测最大点年降水量为淋河淋河桥站的822.3毫米；实测最小点年降水量为南运河大丰堆站的457.0毫米。降水量年内分配不均，汛期降水占全年降水量的82.4%。

2. 水情

（1）引滦调水。

2023年引滦调水3次，共历时103天，按大黑汀水库（入津渠）断面资料统计，共调引滦河水3.703亿立方米。

（2）大型水库来蓄水。

于桥水库。2023年于桥水库年入库径流量为2.168亿立方米（不含引滦输水），较2022年的2.860亿立方米少0.692亿立方米。2023年于桥水库供水主要供给天津城市用水和盘山电厂用水。其中供给天津市城市用水水量6.071亿立方米，供给盘山电厂年供水量0.1588亿立方米。2023年于桥水库（坝上）最高水位为20.82米，相应蓄水量3.752亿立方米，出现在1月1日；最低水位为19.11米，相应蓄水量2.364亿立方米，出现在7月24日；年平均水位为19.11米；年度水库蓄水变量为-0.3600亿立方米。

北大港水库。2023年北大港水库（坝上）最高水位3.65米，相应蓄水量0.0788亿立方米，出现在1月1日；最低水位为库干，出现在4月6日；年度水库蓄水变量为-0.0788亿立方米。

（3）入海水量。

2023年天津市各主要河道的入海水量为65.97亿立方米，较2022年的55.39亿立方米多10.58亿立方米。

（单莹）

【水文测验与水文情报预报】

1. 水文测验

2023年度，天津市29个的国家基本水文站中共有36处测验断面过水，累计过水天数为3805天。

海河"23·7"流域性特大洪水期间，受降水和上游行洪影响，天津市北三河水系、永定河水系、大清河水系、子牙河水系均出现洪水过程。同时，在潮白新河、永定河、大清河、东淀蓄滞洪区、子牙新河等处设专用（临时）监测断面14处，开展防汛水文应急测报工作。

（1）按水系对国家基本水文站各断面过水情况统计。

1）滦河水系。

引滦隧洞（进口）站：全年过水103天，年径流量3.703亿立方米。

2）潮白河水系。

潮白新河黄白桥（闸上）站：全年过水227天，年径流量9.895亿立方米。8月2日8时出现最高水位4.32米（黄海冻结），8月2日8时出现最大流量1070立方米每秒。7月25日至8月31日下泄水量5.567亿立方米。

潮白新河宁车沽（闸上）站：全年过水63天，年径流量10.17亿立方米。8月2日16时20分出现最高水位3.01米（黄海冻结），8月2日22时45分出现最大下泄流量1490立方米每秒。7月25日至8月31日下泄水量5.704亿立方米。

3）蓟运河水系。

蓟运河九王庄（蓟）（闸下）站：全年过水359天，年径流量4.648亿立方米。

蓟运河新防潮闸（闸上）站：全年过水58天，年径流量5.872亿立方米。8月2日4时35分出现最高水位2.05米（黄海冻结），8月4日12时出现最大流量938立方米每秒。7月25日至8月31日下泄水量2.762亿立方米。

沟河罗庄子站：全年过水56天，年径流量0.3325亿立方米。

州河于桥水库（泄洪洞）站：全年过水168天，年径流量1.358亿立方米。

州河于桥水库（电站）站：全年过水187天，年径流量4.713亿立方米。

淋河淋河桥站：全年过水58天，年径流量0.4827亿立方米。最大洪峰流量110立方米每秒，出现在8月2日。7月25日至8月31日下泄水量0.3685亿立方米。

黎河前毛庄站：全年过水365天，年径流量3.992亿立方米。

4）永定新河水系。

新开河耳闸（闸下）站：全年过水219天，年径流量-1.779亿立方米。最大洪峰流量20.6立方米每秒，出现在8月15日。

新开河耳闸（船闸）站：全年过水219天，年径流量-1.089亿立方米。最大洪峰流量13.8立方米每秒，出现在8月15日。

金钟河金钟河闸（抽水站）站：全年过水26天，年径流量0.7141亿立方米。

金钟河金钟河闸（闸上）站：全年过水1天，年径流量0.0150亿立方米。最大洪峰流量139立方米每秒，出现在7月21日。

永定新河屈家店（永新）（闸上）站：全年过水281天，年径流量5.787亿立方米。最大洪峰流量253立方米每秒，出现在8月10日。7月25日至8月31日下泄水量4.036亿立方米。

永定新河永定新河闸（闸上）站：全年过水88天，年径流量29.39亿立方米。"23·7"暴雨洪水期间，永定新河承接永定河、北京排水河、潮白新河、蓟运河来水，永定新河防潮闸赶潮提放，8月3日16时出现最高水位2.34米（黄海冻结），8月2日7时55分出现最大实测流量2930立方米每秒，三日最大洪量为4.74亿立方米，出现在8月1—3日。7月30日至8月31日，累计入海水量15.13亿立方米，最大流量8月2日2870立方米每秒。

北京排污河东堤头（闸上）站：全年过水188天，年径流量4.746亿立方米。最高水位3.40米，出现在8月2日；最大洪峰流量325立方米每秒，出现在8月3日。7月25日至8月31日下泄水量2.237亿立方米。

分洪道筐儿港（分）（闸下）站：全年过水126天，年径流量0.6258亿立方米。最大洪峰流量56.6立方米每秒，出现在8月2日。7月25日至8月31日下泄水量0.1365亿立方米。

筐儿港减河筐儿港（筐）（节制闸）站：全年过水27天，年径流量0.4237亿立方米。

筐儿港减河筐儿港（筐）（倒虹吸）站：全年过水84天，年径流量0.9070亿立方米。最大洪峰流量106立方米每秒，出现在7月28日。7月25日至8月31日下泄水量0.4930亿立方米。

5）北运河水系。

北运河筐儿港（北）（节制闸）站全年过水33天，年径流量0.1115亿立方米。

北运河屈家店（北）（引滦涵洞）站全年过水52天，年径流量0.1023亿立方米。

北运河筐儿港（北）（老六孔）站全年过水9天，年径流量0.0273亿立方米。

龙凤新河筐儿港（龙新）（节制闸）站全年过水9天，年径流量0.3910亿立方米。最大洪峰流量124立方米每秒，出现在8月1日。7月25日至8月31日下泄水量0.3860亿立方米。

6）海河干流水系。

海河二道闸（闸上）站全年过水35天，年径流量2.470亿立方米。7月25日至8月31日下泄水量1.871亿立方米。

海河海河闸（闸上）站全年过水158天，年径流量0.5754亿立方米。

海河海河闸（抽水站）站全年过水60天，年径流量3.303亿立方米。

"23·7"暴雨洪水期间，海河闸站累计入海水量0.8103亿立方米，最大实测流量8月20日165立方米每秒。

7）大清河水系。

独流减河工农兵闸（闸上）站全年过水159天，年径流量32.70亿立方米。"23·7"暴雨洪水期间，8月8日20时25分出现最高水位4.77米（大沽冻结），8月13日3时出现最大流量1590立方米每秒。7月25日至9月30日累计入海水量26.50亿立方米。

8）南运河水系。

南运河九宣闸（南）（闸下）站全年过水110天，年径流量0.0502亿立方米。

马厂减河九宣闸（减）（闸下）站全年过水106天，年径流量0.3751亿立方米。

洪泥河万家码头（洪闸上）站全年过水23天，年径流量0.1169亿立方米。

马厂减河马圈闸（减）（闸下）站全年过水43天，年径流量0.2015亿立方米。

马圈引河马圈闸（引）（闸下）站全年过水4天，年径流量0.0146亿立方米。

子牙河八堡（子）（大庆桥二）站全年过水14天，年径流量0.3373亿立方米。最大洪峰流量45.1立方米每秒，出现在8月11日。

（2）泥沙概述。

潮白新河宁车沽站年输沙量2.41万吨；蓟运河九王庄站年输沙量0.102万吨；蓟运河新防潮闸站年输沙量1.24万吨；沟河罗庄子站年输沙量0.055万吨；永定新河屈家店（永新）（闸上）站年输沙量14.4万吨；筐儿港减河筐儿港（筐）站年输沙量0.452万吨；龙凤新河筐儿港（龙新）（节制闸）站年输沙量0.326万吨；南运河九宣闸

站年输沙量0.132万吨；其他各站均为0。

2. 水文情报预报

密切监视雨情水情，接收处理京津冀鲁豫和海委的雨情、水情、工情、汛情信息，分析研判雨情水情趋势，全天候、全方位、全时段提供水情简报、水情月报、汛期综述、重要站点水情信息汇总表、海河流域水情表、引滦水情表、南水北调中线水情表等水情服务产品。针对海河"23·7"流域性特大洪水过程，积极开展精准"靶向"服务，滚动编制洪水预报、洪水快报、防汛简报、水情日报、大清河（东淀）水势变化专题信息、出入境水量统计表等水情服务产品，并提出应对建议，提高信息服务的针对性、时效性。补充完善水情信息发布平台功能，开辟水情分析模块，以图文并茂、简明扼要的特性满足移动办公需求。

精细开展水文预报，全力支撑洪水防御。坚持"预"字当先、关口前移、防线外推，紧盯北运河、潮白河、永定河、大清河、子牙河一波接一波的"洪水猛兽"，融合模型预报、经验预报、联合会商等手段，加密、滚动、精细开展洪水预报，为洪涝灾害防御工作提供强有力支撑。充分利用无人机监测的"天空"视角，分析预判永定河泛区、东淀蓄滞洪区水头演进过程。借助流域水文协作发展机制，进一步加强与海委、北京市、河北省水文部门洪水预报预警成果共享和联合会商研判，支持了精准预报。对洪水预报方案进行再修订、再完善，进一步增强方案的实用性。积极探索降水中长期预报技术方法，开展天津市降水趋势分析预测。

完善洪水预警信号，及时发布洪水预警。对《天津市洪水预警发布管理办法》中的《洪水预警信号》进行了修订，更加契合天津市洪水防御工作实际。面向防汛专业部门发布洪水预警及更新、解除信息10条，为洪水调度决策、蓄滞洪区群众转移安置工作抢出提前量。面向社会公众发布洪水预警及更新、解除信息8条，将社会公众洪水预警服务向"最后一公里"进一步延伸，取得了良好的社会反响。

夯实汛前准备工作，做好汛后洪水分析。汛前，开展子牙河系水情查勘，收集流域下垫面第一手资料；插补延长雨水情长系列资料，完成水文基础信息的校核、更新工作；结合天津市水旱灾害防御及水资源调配等需求，调整天津本市及提请外省市报汛任务书内容；对水情各系统及数据库开展汛前运维检测、数据测试，确保正常运行。汛后，开展数据整理和实地调查，深入总结暴雨洪水特性，并与历史洪水进行分析比较，编制《天津市海河"23·7"暴雨洪水调查报告》。

（冯峰　陆畅　乔荣）

【水质监测】 2023年度主要完成的水质监测工作包括：对引滦沿线、引江沿线、海河干流、地表水河流、水库（国家重点水质站、一般水质站）等进行水质监测；对于桥水库、尔王庄水库、王庆坨水库及北塘水库等饮用水源地进行水质、水生态监测；对中心城区一、二级河道进行水质、水生态监测；对独流减河、大运河、永定河、大清河等重要引调水工程进行应急监测。

1. 参数确定与评价标准

评价依据为《地表水环境质量标准》（GB 3838—2002）、《地表水资源质量评价技术规程》（SL 395—2007），参考《地表水环境质量评价办法（试行）》（环办〔2011〕22号）。检测参数为有代表性且能反映水质基本情况的无机、生物、重金属等指标。

2. 地表水水质监测

（1）引滦、引江沿线。

引滦沿线上游设置5个监测断面，全年共监测20点次，出具水质简报4期，检测报告4期，果河桥断面平均水质符合Ⅱ类标准；引滦沿线下游暗渠出口和引滦明渠每月监测1次，全年共监测36点次，出具水质简报12期，检测报告12期；引江沿线南水北调天津干渠每月监测1次，全年共监测12点次，出具水质简报12期，检测报告12期，曹庄泵站断面全年平均水质符合Ⅱ类标准。

（2）海河干流。

海河干流三岔口至海河闸共设置6个监测断面，每月监测1次，全年共监测72点次，出具水质简报12期，检测报告12期。三岔口断面年均值水质符合Ⅲ类标准，二道闸断面年均值水质符合Ⅳ类标准，海河闸断面年均值水质劣于Ⅴ类标准。

（3）地表水河流、水库（国家重点水质站）。

天津市地表水国家重点水质站共计50个，包含1个国家重要水源地、2个湿地、6个水库、24条河道，每月监测1次，全年监测约600点次，出具水质简报12期，评价成果通报12期；水质符合Ⅰ～Ⅲ类标准的监测断面比例为72%，劣于Ⅴ类标准的监测断面比例为8%。

（4）地表水河流、水库（一般水质站）。

天津市河道一般水质站共计54个，包含29条河道，每月监测1次，全年共监测600余点次，出具检测报告12期，向各部门报送结果24次。

（5）饮用水源地。

于桥水库、尔王庄水库、北塘水库和王庆坨水库每月监测1次，共监测96点次，出具水质简报12期，检测报告12期，水质评价报告12期。于桥水库年均值水质符合Ⅲ类标准，尔王庄水库、北塘水库和王庆坨水库年均值水质符合Ⅱ类标准。

3. 水生态监测

（1）水库藻类监测。

对杨庄水库、于桥水库、尔王庄水库、北塘水库和王庆坨水库5个水库每月开展1次藻类监测，全年共监测60点次，出具水质简报12期，检查报告12期。

营养状态统计，于桥水库6月至10月为轻度富营养，其他月为中营养状态；尔王庄水库全年均保持中营养状态；北塘水库11月为轻度富营养，其他月为中营养状态；王庆坨水库全年均保持中营养状态；杨庄水库8月为轻度富营养，其他月为中营养。

藻类常见/优势种群统计，于桥水库1月、6月至11月为蓝藻，其他月多为硅藻、绿藻；尔王庄水库2月至5月、8月、12月为硅藻，其他月多为蓝藻、绿藻；北塘水库4月、5月、9月为硅藻、绿藻，其他月多为蓝藻；王庆坨水库1月至3月、9月多为蓝藻，12月为隐藻，其他月为硅藻；杨庄水库8月为隐藻，其他月多为硅藻、绿藻。

藻细胞密度统计，于桥水库全年藻细胞密度介于98万个每升至56500万个每升之间，最大值出现在9月；尔王庄水库全年藻细胞密度介于84万个每升至1130万个每升之间，最大值出现在9月；北塘水库全年藻细胞密度介于91万个每升至2220万个每升之间，最大值出现在11月；王庆坨水库全年藻细胞密度介于104万个每升至647万个每升之间，最大值出现在10月；杨庄水库全年藻细胞密度介于30万个每升至683万个每升之间，最大值出现在9月。

（2）中心城区一、二级河道藻类监测。

选取中心城区5条一、二级河道，设置10个监测断面，5月至10月开展藻类监测，每周1次，共计210点次，共出具水质简报21期，分析评价报告21期。市区内各断面营养状态在中营养到中度富营养，多为轻度富营养；各断面常见/优势种群多为蓝藻；藻细胞密度最大值出现在5月13日外环河东丽段新中村桥断面，达到17935万个每升。

4. 应急监测

全年开展引调水工程应急监测约150点次，出具检测报告42期。其中永定河调水监测10次，独流减河生态补水监测7次，大运河调水监测11次，南水北调东线北延补水监测12次，大清河沿线汛期加测5次。

（杜蓝桥　李秋月）

【水文站网建设】 2023年，依托天津市取水监测计量体系建设项目，新建台头站、邵七堤站，改建北大港水库站，5月完成项目完工验收。此项目采用国内首创的多垂线远程控制自动流量监测系统，实现了大清河台头、永定河邵七堤共2处入境河流断面的水量自动化监测；采用超声波时差法在线测流系统，升级改造了北大港水库站调节闸测流断面相关断面水量监测设施；搭建完成取用水管理政务服务平台，有效提高了天津市的水资源管理水平。在抗击海河"23·7"流域性特大洪水期间，台头和邵七堤站充分发挥自动化实时监测的优势，为大清河和永定河的防洪减灾提供了大量及时、准确的水文监测数据和视频影像支撑，有效提高了相关河道的防洪和水资源管理的水平，相关技术得到了水利部水文司和水利部海河水利委员会水文局的认可。

（王勇）

【水文行业管理】

1. 水文业务

根据上级防汛指挥部门要求，修订了《天津市水文测报预案》《防汛预警水文测报应急响应规程》《天津市防汛分洪口门水文测报技术手册》《天津市基本水文站超标洪水测报预案》《天津市基本水文站测洪及报汛方案》等，为应对可能出现的超标洪水在应急监测和预报预警方面做好充分的前期准备工作。

通过技术培训、业务指导、经验交流等形式，加强与引滦沿线各管理中心及海河管理中心的业务联系，提高全市国家基本水文站的测报能力。

完成2022年天津市水文资料复审工作，并参加海河流域水文资料的汇编工作，编制了《2022年度泥沙公报》（天津市部分）。日常水文监测数据做到即时整编、日清月结，分两个阶段进行2023年水文资料整编复审工作，于2024年1月20日前完成，按时保质地参加水文资料流域会审和全国终审。

完成天津市所涉全国省界断面水文水资源监测信息系统的测站监测数据的整编和上报。持续开展省界和重要控制断面、华北地区河湖补水和生态流量保障的水文监测，组建应急监测队做好永定河全线通水和京杭大运河全线通水水文监测工作，整编、上报天津市所涉30处地表水测站的监测数据，支撑最严格水资源管理和生态流量保障，助力重点河湖复苏。

2. 安全度汛

组织学习和贯彻落实国家防汛抗旱总指挥部、水利部水文司和市防汛抗旱指挥部应对极端强降雨防汛应急工作部署会有关要求，组织召开防汛动员会，提出要牢固树立"风险意识和底线思维"有关要求，统筹"四水"治理、落实"四预"措施、贯通"四情"防御、盯紧"四个链条"，全面做好2023年水文测报，安排和部署2023年中心防汛各项工作；成立了天津市水文水资源管理中心防汛领导小组、天津市水文水资源管理中心防汛水文测报技术组、天津市水文水资源管理中心防汛水文应急监测队，建立健全防汛测报组织体系，从组织上做好安全度汛的保障。

为提高预案的实用性和可操作性，对《天津市水文测报预案》进行了修订完善。结合2022年汛期的实际情况，重点对其中的《天津市基本水文站超标洪水测报预案》《天津市防汛分洪口门水文测报技术手册》和《天津市出入境河道水文应急测验方案》进行了修订，丰富了各站或口门的基本情况，增加测验设施卫星影像分布图，完善测洪方案、人员组成、路线等内容，为应对可能出现的超大洪水应急监测预报预警做好充分的前期准备。组织天津市水文水资源管理中心所属各分中心及测站，开展防汛水文测报准备工作，主要包括测验设施建设、维修及改造，设施设备及观测场地的管理、保养及维护工作等，确保汛期正常运行。开展分层次、分阶段的防汛准备检查，督导做好防汛物资清点、储备，防汛设备的维护、保养及软硬件更新等，督导落实安全生产各项制度，确保备汛措施到位，落实应急措施，坚持"汛期不过、检查不止"，确保安全度汛。

各防汛有关部门各司其职，坚守岗位，24小时严密监测雨水情及天气变化，随时根据河道水势变化完成各项测验任务。"23·7"暴雨洪水期间，测验部门通过临时架设雷达水位自动监测站弥补部分河段的监测空白，与国家基本水文站、专用水文站构建起严密的水文数据监测网络，同时组建五支水文应急监测队分赴永定河、大清河、子牙河开展水文应急测报，共报送水情查勘信息106条，拍摄影像视频资料300余份，监测洪水流量数据1000余条，监测行洪河道水位数据1万余条，为洪水预测预报和防汛调度提供了及时可靠的信息。

测验和水情部门通过微信、电话、网络及时向相关部门和上级领导通报水雨情、水文测验、测报设施及其他工作情况，密切关注水情网络、数据库及各业务系统的运行状况，保持与运行维护部门的沟通，一旦出现问题力争在最短时间内恢复系统正常运行，保证水情信息畅通，确保实时水情信息的传输和信息共享，提升了水文服务品质。

3. 水文业务培训

参加海委组织的流域防汛演练，模拟开展汛期上游河道出现洪峰，派出应急监测队利用无人船等先进监测设备开展应急监测，推进"以测补报"。结合水文资料复审工作的年度安排，在2023年11月开展的2023年水文资料复审工作期间，组织技术骨干进行水文监测技术培训，讲解水文测验有关规范和先进的监测技术，打牢基本理论基础，熟练应用整编软件，开拓思路，进一步提高水文职工的业务能力。

（冯峰）

【水文重点工程项目建设】 水文监测设施设备在应对海河"23·7"流域性特大洪水中发挥了巨大作用，为防汛调度决策提供了重要支持。但在行洪过程中，位于潮白新河上的黄白桥闸上水位自记平台倾斜变形，数据传输中断；位于北运河上的老米店水文自动监测站流量监测设备支架滑轨被冲毁，监测站无法正常运行；位于大清河上的老龙湾水位站被洪水淹泡发生损毁，直接影响水文监测及行洪安全。为确保有关水文监测设施尽快修复，提升随时应对水旱灾害的防御能力，天津市水务局以《市水务局关于水资源中心2023年水毁修复项目的批复》（津水防御〔2023〕36号）批复了水毁修复项目，项目经费共185.8万元，其中黄白桥闸上水位自记平台修复107.6万元、老米店水文自动监测站修复63.5万元、老龙湾水位站修复14.7万元。

开展天津市水文基础设施建设"十四五"规划项目建设，新建马家口大江大河水文站1处，提档升级改建国家基本水文测站10处，迁建天津市水环境监测中心1处，改建天津市水文应急机动测验队1处，建设天津市水文业务系统1项，该项目预计2025年建设完成。通过该项目建设，提升了国家基本水文站自动测报能力和水文信息服务水平，填补了永定河水文监测空白区域，更好地为京津冀协同发展等国家重点战略区域率先实现水文现代化建设提供支撑，满足了流域水旱灾害防御、水资源管理、水生态保护对水文信息的需求。

（肖磊　陈连惠）

水资源管理

【概述】 2023年，天津市全面贯彻落实党的二十大和二十届二中全会精神，深入落实习近平总书记"节水优先、空间均衡、系统治理、两手发力"治水思路和关于治水的重要论述精神，按照"精打细算用好水资源，从严从细管好水资源"要求，以强化水资源的刚性约束作用为主线，严格取用水监督管理，强化地下水保护治理，加强水资源管理能力建设，各项工作取得积极进展和成效。

（水资源处）

【水资源量】 2023年，全市平均年降水量607.5毫米，折合降水总量72.41亿立方米，比多年平均值（567.1毫米）偏多7.1%，比2022年（584.7毫米）增加3.9%，属平水年。全市地表水资源量12.1626亿立方米，比多年平均值（10.1703亿立方米）偏多19.6%，比2022年（11.0242亿立方米）增加10.3%；地下水资源量6.9842亿立方米，比多年平均值（5.7756亿立方米）偏多20.9%，比2022年（6.7863亿立方米）增加2.9%；地下水与地表水不重复量5.6752亿立方米，水资源总量 17.8388 亿立方米，比多年平均值（14.7932 亿立方米）偏多 20.6%，比 2022 年（16.6463 亿立方米）增加 7.2%。全市入境水量 78.5880 亿立方米，其中，引滦调水量 3.7030 亿立方米，南水北调中线引江调水量 10.3440 亿立方米，南水北调东线一期工程北延应急供水工程调水 0.3600 亿立方米，上游河道入境水量 64.1810 亿立方米；出境水量 0.2553 亿立方米；入海水量 77.0777 亿立方米。全市大、中型水库年末蓄水总量 6.5356 亿立方米，比年初蓄水总量减少 0.1172 亿立方米。全市浅层地下水蓄水量减少 0.3001 立方米。

（王胜燕）

【水资源配置利用】 制定印发全市 2023 年度供水计划，统筹外调水、地表水、地下水、再生水、淡化海水等水源可利用量，合理配置各区生活、生产、生态用水。制定印发《独流减河水量分配实施方案》，明确沿线各区分配水量，规范农业及生态取水。印发《市水务局关于加强水资源配置工程水资源刚性约束论证和审查的通知》，加强水资源配置工程水资源刚性约束论证和审查。

（水资源处　水资源中心）

【水资源开发利用】 全市总供水量 32.7193 亿立方米，其中，地表水源供水 23.2090 亿立方米（含当地地表水和入境水 10.1002 亿立方米、引滦水 3.4578 亿立方米、引江水 10.3440 亿立方米）；地下水源供水 2.6119 亿立方米（含浅层水 2.1724 亿立方米，深层水 0.4395 亿立方米）；再生水回用量 5.8927 亿立方米（含深处理的再生水 1.0595 亿立方米），海水淡化量 0.3127 亿立方米。

全市总用水量 32.7193 亿立方米，其中，生活用水 7.5566 亿立方米（包含居民生活用水 5.2225 亿立方米，建筑业用水 0.2225 亿立方米，服务业用水 2.1116 亿立方米）；工业用水 4.5978 亿立方米；农业用水 9.4022 亿立方米（包含耕地灌溉用水量 8.4147 亿立方米，林地灌溉 0.0022 亿立方米，园地灌溉 0.0445 亿立方米，鱼塘补水 0.8123 亿立方米，畜禽用水 0.1285 亿立方米）；人工生态环境补水 11.1627 亿立方米，其中，城镇环境 0.3515 亿立方米，河湖补水 10.8112 亿立方米。

全市人均综合用水量 240 立方米，人均生活用水量 152 升每日，人均城乡居民用水量 105 升每日，万元国内生产总值（当年价）用水量 19.5 立方米，万元工业增加值（当年价）用水量 8.6 立方米，耕地实际灌溉亩均用水量 230 立方米，农田灌溉水有效利用系数 0.723。

【最严格水资源管理制度考核】 按照水利部统一部署，组织完成 2022 年度最严格水资源管理制度国家考核自查工作，天津市考核等级为良好。针对水利部反馈问题，组织编制整改方案上报市政府，并推动落实各项整改任务；按照市委市政府监督检查计划，完成 2022 年度最严格水资源管理制度市级考核，考核结果经市政府审定后向各区公布，并采取"一区一单"形式列出存在问题，督促各区整改。

（水资源处）

【取用水管理】 印发《市水务局关于强化取水口监测计量的通知》，明确取水口监测计量要求，提出监测计量任务。组织完成 2022 年度用水统计调查年终数据核算成果，在此基础上编制完成《2022 年天津市水资源公报》。组织完成 2023 年度用水统计调查名录库更新完善，完成每季度数据填报任务。根据蓟运河、独流减河水量分配方案，制定了蓟运河、独流减河 2023 年度沿线各区取水计划，按月统计执行情况，计划有效执行组织开展 2023 年度水资源和节约用水管理监督检查，检查范围覆盖 16 个区，随机抽取取用水户，采取线上与线下结合的方式，重点检查取用水管理和节约用水管理，检查结果纳入 2023 年度最严格水资源管理制度考核。组织天津市水利科学研究院开展用水权改革项目研究，提出天津市用水权改革的实施路径；完成国家水权交易平台在市水务局门户网站的部署工作，交易用户可开展线上全流程交易。以外调水为突破口，积极探索水权交易，2023年，指导南港工业区与安达水务有限公司通过水权交易，获得1200万立方米外调水原水用水权，交易金额720万。双方通过全国水权交易平台完成了水权交易申请、审核、签约、结算等全流程业务，成为全市首例线上水权交易案例。

（水资源处　水资源中心）

【超采综合治理】　2023年，全年压减深层地下水开采量0.06亿立方米，关停机井525眼，深层地下水开采量进一步压减至0.44亿立方米，超额完成年度实施计划目标。依据《华北地区地下水超采综合治理行动方案》和《天津市地下水超采综合治理实施计划》，印发2023年天津市地下水超采综合治理计划，分解治理任务，细化治理措施。编制《天津市地下水超采综合治理实施计划（2023—2025年）》，到2025年，深层地下水开采量控制在0.40亿立方米以内，地下水水位企稳回升。实施地下水水位、水量双控制度，重新划定地下水禁采区和限采区范围，推动地下水超采综合治理。完善地下水机井登记造册更新管理，对全市在用地下水机井信息进行更新，实施动态管理。按照《天津市地下水压采考核认定办法》要求，对相关区2023年地下水超采综合治理水源转换及关停机井情况进行现场复核认定，做到应关必关，实现精细化管理。与2022年同期相比，浅层地下水水位保持稳定，深层承压水水位回升明显，回升1.30米。各区深层承压水水位普遍回升，其中津南区、中心城区、北辰区、西青区回升幅度超过1.50米。根据水利部办公厅全国地下水超采区水位变化情况通报，天津市超采区2023年四个季度深层地下水水位较2022年同期分别上升1.76米、1.51米、1.29米和1.19米。

（李华）

【水资源统计与分析】　2023年根据用水统计调查管理制度要求，统计调查对象每季度季后15日前，通过网上用水统计调查直报管理系统上报水量，水行政主管部门每季度后30日前完成审核。按照《水利部水资源管理司关于做好全国取用水管理平台数据汇聚和共享应用的通知》（资管管函〔2023〕54号）要求，完善用水统计调查基本单位名录信息，对纳入取水许可管理范畴的一套表调查单位和用于水量推算的抽样调查样本单位，全部纳入名录库，完成1199个证照转名录库，完成率100%，高质量完成了名录库建设任务。完成用水统计方法指导及培训、各区调研及台账的督查检查、数据汇总复核分析等工作，用水总量数据及核算报告已全部按期上报水利部。

（水资源处　水资源中心）

【饮用水水源保护】　印发《关于做好我市重点湖库水华防控工作的通知》，就2024年饮用水水源藻类防控工作作出总体部署，加强南水北调中线水源应急响应能力；强化对于桥水库TOT项目各项工作的监管、指导、考核，做好于桥水库菹草打捞、库区封闭管理和卫生保洁工作，加大围网及封闭设施的维护管理力度。落实草藻防控措施，2023年打捞菹草18.97万立方米，投放水生植物271万株，净化水质。2023年于桥水库年均水质达到地表水Ⅲ类标准。

（水资源处）

节水型社会建设

【概述】　为深入贯彻落实习近平总书记提出的"节水优先、空间均衡、系统治理、两手发力"治水思路，准确把握中央节水工作重要决策部署，市水务局（市建设节水型社会领导小组办公室）制定印发了《天津市2023年水资源节约集约利用工作要点》并推动落实；编制完成高质量推进节水产业发展工作实施方案，顶层设计进一步完善。全市万元GDP用水量降至19.5立方米、万元工业增加值用水量降至8.6立方米，顺利通过全国节水型城市第四次复查。

（供水处）

【计划用水】 严格落实《中华人民共和国水法》，编制《天津市2023年城镇用水计划》，为全市下达用水计划指标6.609亿立方米，其中自来水5.9232亿立方米，地下水0.1147亿立方米，地表水0.5711亿立方米。全年办理新增用水计划指标26件，变更用水计划指标142件，建设项目基建临时用水计划指标25件。按照市政服办的要求，做好相关指标许可事项审批工作，确保办结率、及时率和满意率均达100%。

(孙静)

【依法节水】 依据《天津市节约用水条例》和《天津市超计划累进加价管理办法》，结合实际情况，对市管非生活用水户开展预警和超计划用水累进加价管理工作。根据2023年核定下达的用水计划指标，按照供水企业查表周期对市管非生活用水户的用水情况进行季度预警，提醒用水单位排查自来水跑冒滴漏等问题，避免超计划用水情况的发生，全年累计共完成预警460户次。对2022年度超计划用水的非生活用水户下达《超计划用水通知书》及《超计划用水累进加价缴款书》，逐户分析超计划用水原因并提出分类处置意见，全年累计收取4户加价水费共计37310元。

为持续加强用水器具市场监管，根据市水务局、市市场监管委联合下发的《关于开展辖区内建材商家（市场）销售生活用水器具检查的通知》要求，对全市16区用水器具销售门店进行专项检查，共检查大型卖场60余个，商户600余家，节水器具5343个。同时采取"四不两直"的方式，对滨海新区和东丽区检查点位进行现场督查。通过检查，各区未发现销售淘汰类用水器具，节水型器具合格率达到100%，各区通过对年度检查情况及时交流研讨，总结经验不足，提升检查工作水平。

(刘大国 李春潮)

【科技节水】 组织召开2023年节水先进技术推介会，邀请卫生系统、教育系统重点用水单位积极参加。同时邀请资深节水专家就"推广节水新技术 建设节水型社会"开展专题讲座，先进技术持有企业分别对智慧水务、合同节水等方面作出详细介绍，另设有企业交流展台，供参会人员自由交流与咨询，搭建起节水企业和用水单位之间的平台，建立了良好的沟通关系。此次会议的召开，展示了当前节水市场的先进理念、措施、设备和技术，提高了用水单位对节水新技术和新产品的认知，为用水单位解决节水用水问题开拓了新思路。

(唐颖)

【节水系列创建】 2023年发布《市水务局关于进一步规范节水型居民生活小区创建工作的通知》（津水综〔2023〕7号），进一步规范和推进节水型居民生活小区创建工作。天津市水务局与市机关事务管理局联合印发《关于开展2023年度天津市公共机构市级节水型单位创建和复核工作的通知》（津水资〔2023〕20号），推动公共机构创建和复核工作。按照《市水务局 市工业和信息化局关于进一步规范节水型企业、单位创建工作的通知》要求，积极开展节水型企业（单位）创建工作。按照《天津市深化节水型社会建设水资源集约节约利用水平实施方案》，与市教委联合召开2023年节水型高校建设工作推动会，进一步推动高校节水工作。2023年全市共创建节水型企业（单位）180家，其中节水型企业62家，节水型单位87家，公共机构节水型单位19家，节水型高校12家；创建节水型居民小区133家。2023年，天津市节水型企业覆盖率43.42%，节水型单位覆盖率43.67%，节水型居民小区覆盖率37.03%，节水型高校覆盖率达71%，前3项指标符合节水型城市考核标准。

(张贵春 李晶煜)

【水务行业节水型单位建设】 2022年天津市已全部完成水务行业节水型单位创建工作。在此基础上，2023年对天津市水务行业节水型单位建设成果进行汇总分析，总结工作亮点和经验，梳理创建过程中遇到的难点和卡点，提炼工作方法，为做好后续复核和创建工作奠定基础。

（王晓琦）

【县域节水型社会达标建设】 2023年，依据《水利部办公厅关于开展县域节水型社会达标建设工作的通知》（办农水〔2024〕55号）中"每五年对已完成的县域节水型社会达标建设区开展复核评估工作"要求，指导各区持续巩固节水型社会建设成果，按照实事求是、公平公正、科学准确的原则，做好自评自查工作。

（陈印曦）

【节水文化宣传】 加大宣传力度，推动全社会节约用水。紧紧围绕国家、市委市政府关于水资源集约节约利用要求，深度策划并做好"世界水日""中国水周"及"城市节水宣传周"宣传工作。联合市水务执法总队于3月22日在节水科技馆举办2023年"世界水日""中国水周"普法宣传活动启动仪式，市水务系统、公安、检察院各单位、学校师生约160人参加。

创新宣传举措，在保留电视、短信、公众号等媒体宣传形式的基础上，增加公交、地铁、LED大屏宣传形式，扩大节水宣传覆盖面。

充分发挥节水宣传教育引领作用，全面推动节水进校园，在全市学前幼儿园及中小学开展"节水大使"评选工作，并由建设节水型社会领导小组办公室统一颁发荣誉证书。联合康师傅饮品有限公司举办水教育校园行主题宣传活动，向学校师生普及节水知识，倡导节水生活方式。

根据国家《水效标识管理办法》相关规定，开展对水效标识的宣传工作，利用多媒体宣传形式，与市气象局合作联动，在天津卫视频道《天气预报》栏目中进行贴片广告宣传，引导市民在消费时选择贴有水效标识的节水产品。

按照《水利部办公厅关于印发2023年水利系统节约用水工作要点的通知》（办节约〔2023〕52号）要求，组织全市16各区开展"区委书记谈节水"，在全国节约用水办公室官网刊登各区区委书记署名文章。

2023年，全国节水办网站共刊登天津市节水信息60篇，进一步督促和鼓励天津市节水工作再上新水平。

（杨静）

【用水监控】 按照水利部有关文件要求，结合《天津市节约用水条例》规定，对企业单位迁址、兼并、破产、水量变大等不同情况进行核实整理，印发执行《市水务局关于修订市区两级重点监控用水单位名录的通知》，同步将入新名录的企业单位信息上报水利部重点监控用水单位用水信息管理系统。制定重点监控用水单位名录修订原则，对水量分级、涉密要求和生产业态等情况进行了详细分析，细化纳入名录单位的类型，提出了适合日常管理的新要求，确保天津市重点监控用水单位名录建设工作的科学性和先进性。

通过召开会议、电话沟通及现场部署等多种方式协助推动各有关区水务局、水务集团组织协调辖区内（供水范围内）供水企业加快推进重点监控用水单位安装实时监测水表，并及时与市级监控平台进行数据对接，做好水量在线监测管理工作。

（邵润阳　王树青）

【天津节水科技馆更新改造】 完成天津节水科技馆更新布展工程竣工财务决算、项目档案移交等相关收尾工作，天津节水科技馆更新布展工程全部验收完毕。2023年，充分发挥节水科技馆阵地建设作用，继续向社会各界公众免费开放，在做好日常接待的同时，深入社区、学校开展"流动节水馆"，联合天津电视台录制"天视小记者"和天津新闻等开展特色研学活动，并作为分会场配合做好中国第三届节水论坛参观活动。利用天津节水科技馆微信订阅号"节水课堂"推送节水科普、节水常识等文章。天津节水科技馆对提高社会公众节水意识，推动水资源集约节约利用、节水型社会建设起到了宣传阵地的重要作用。

（孙静）

水生态环境

河湖水资源保护

【概述】 持续实施中心城区一、二级河道保洁及水生态修复，加强市管河道取排水口备案管理，落实河湖水环境调度会商机制，持续河湖水生态环境质量，全市地表水国控断面优良水体比例60%、同比提高1.7个百分点，全部消除劣Ⅴ类水体；12条入海河流水质稳定达到Ⅴ类及以上标准。

【重点河湖生态水位（水量）保障工作】 对纳入国家重点河湖名录的七里海（东、西）、洪泥河、龙凤河故道（104国道至北运河段）、海河流、潮白新河、南运河等7条重点河湖，严格落实生态水位（水量）目标保障方案，不断优化生态补水调度，加强日常巡查监测，全年考核期保障率均为100%。完成海河干流二道闸、永定新河防潮闸已建水利水电工程生态流量核定与保障先行先试工作。按照水利部有关部署，编制完成母亲河复苏"一河一策"方案，并全面启动天津市母亲河复苏相关工作。

（河湖处）

【河湖水生态保护与修复】 组织开展河湖保水护水工作。针对大运河全线贯通、永定河生态补水、河湖生态环境复苏夏季补水等专项行动，组织对50个重点水质站、54个一般水质站、173个建成区水体点位开展水质监督性监测。加强市管河道取排水口备案统计管理，全年备案取、排水口数量共413个，统计取、排水量分别为6.3亿立方米、25.5亿立方米，各河系中心督促排水单位排水前及时检测水质，严控非汛期超标排水。定期与市生态环境局开展地表水水质会商，共享国考、市考、水功能区水质和水资源调度、入海河流水位等监测数据，分析水质变化趋势和不达标原因，共同研究汛期污染强度下降工作。全年全市36个国考断面优良水体比例达到60.0%，同比提高1.7个百分点，无劣Ⅴ类水体断面且全部达到Ⅳ类及以上标准。

组织开展中心城区海河、卫津河等一、二级河道水环境日常维护，控制蓝藻生长、改善河道水质，为智能大会、达沃斯、国庆节等重要时段提供了良好市容环境保障。全年集中清理打捞垃圾2.9万立方米、打捞水草3.7万立方米、布设生态浮床2.18万平方米、安装运行曝气喷泉90台、投加各类生物制剂8.2吨，曝气船、水下膜生物反应器、一体化处理设备、海绵城市人工湿地等水生态设施按计划正常运行维护。中心城区一、二级河道全年水质达到Ⅳ类及以上标准，水生态环境稳定向好。

组织开展中心城区津河、卫津河等15条二级河道日常保洁、水生态设施维护，进一步维护良好的水环境面貌。

严格执行中心城区二级河道保洁管理相关制度标准，通过加强组织管理、统一工作方案、严格考核制度等措施组织做好河面河坡垃圾清理，水草打捞等日常性保洁，强化保洁质量，保持水面整洁，避免污杂物、腐烂水草污染河道水质。结合季节特点组织开展河道水生态环境维护专项工作，于冰冻开化时期组织开展集中打捞河道垃圾、杂物，防止垃圾杂物污染河道；于4—5月水草集中生长期组织打捞水生植物，防止因植物腐烂引起水质污染；于高温盛夏季节，喷洒生物药剂开展藻类治理，进一步改善和保护河道水生态环境，巩固水生态保护与修复效果。全年共出动保洁人员46002人次，打捞船只23031船次，打捞河道垃圾量约15239立方米，打捞河道水草量约5938立方米。

加强水生态设施维护，提高水环境质量。实施"生物生态法"，对15条河道分为3类进行水生态环境综合治理。针对津河、月牙河、南运河等9条河道实施曝气增氧、曝气喷泉、生态浮床的治理方式；针对护仓河、陈台子河等4条河道情况，实施曝气喷泉、生态浮床、微纳米曝气设备、EHBR生物膜技术治理方式；针对长泰河、复兴河采用宾格网生态护坡、沿河岸湿地建设等治理方式，在河道内构建生态系统，增强水体自我修复能力，不断提高水环境治理水平，确保水环境质量。全年铺设浮床、浮岛22090平方米，放置水生植物22090平方米，布设运行曝气喷泉148套，维修宾格网生态护坡1854平方米、修护生态树池93套，更换EHBR生物膜共3462支，生态设施运行完好率达到100%，并配合喷洒生物抑藻药剂用以净化水质、美化河道，提升了中心城区二级河道的水生态环境和景观效果。

科学制定水生植物打捞方案，兼顾水生植物生长规律和河道环境美观，采取日常与集中相结合的方式打捞水草、槐叶萍、菱角等水生植物。同时通过新闻媒体、宣传活动、公众号等方式普及水生态知识，回应社会关切。严防蓝藻暴发，密切关注藻类生长情况，适时通过喷洒生物制剂、布设曝气设备、出动曝气船只等方式，缓解蓝藻聚集。保障冬季河道水环境，10月下旬集中力量开展海河、北运河、子牙河岸坡芦苇收割工作，消除冬季干枯芦苇，确保初春河道开化水面环境整洁。2023年打捞清理各类水生植物及芦苇3.6万立方米。

（河湖处 排管中心 海河中心）

【河湖健康评价】 为推进落实河湖长制"一河一策"和幸福河湖建设，组织开展天津市境内南运河（九宣闸至三岔口）的健康评估工作，将南运河分为10个代表河段以及静海区、西青区、红桥区3个行政区域河段，从水文水资源、物理结构、水质水环境、生物和服务功能完整性5个方面，对水资源开发利用率、生态水位满足程度、公众满意度、防洪等14项指标进行调查、监测和分析，南运河整体评价结果为健康。按照《水利部办公厅关于开展河湖健康评价建立河湖健康档案工作的通知》《水利部河湖管理司关于进一步明确河湖健康评价有关事项的通知》要求，启动全市河湖健康评价工作，明确天津市105条河流和1个湖泊纳入评价范围，组织各区完成区级工作方案。

【水污染事件应急管理】 持续强化水污染事件应急管理。落实生态环境部、水利部《关于建立跨省流域上下游突发水污染事件联防联控的指导意见》和《北京市、天津市、河北省跨省流域上下游突发水污染事件联防联控框架协议》，建立组织协调、联合预防、信息共享、联合监测、应急联动的三地水污染突发环境事件联防联控机制，做好相关信息通报、闸坝调度工作。充分发挥引滦沿线跨省市河流"跨界河湖长"作用，针对引滦沿线，蓟州区与河北省相关地区黎河、淋河、沙河"跨界河湖长"持续强化上游入库水质联防联控，于桥水库水质年均保持Ⅲ类水标准。严格落实水利部《重大突发水污染事件水利报告办法》和《水利部应对重大突发水污染事件工作规定》要求，加强突发水污染事件应急管理，全年未发生突发水污染事件。

（河湖处）

河湖长制管理

【概述】 市河（湖）长办坚持以习近平新时代中国特色社会主义思想为指导，深入贯彻党的二十大和二十届二中全会精神，积极践行习近平生态文明思想和"节水优先、空间均衡、系统治理、两手发力"治水思路，落实习近平总书记视察天津重要讲话精神，围绕天津市高质量发展"十项行动"，加大河湖保护治理力度，推进幸福河湖建设，稳步推进各项重点工作任务，不断提高河湖管理能力和水平，持续改善河湖水生态环境。

【河湖长制主要任务】 天津市河（湖）长办印发《2023年河湖长制主要任务》，制定了2023年度天津市全面推行河湖长制主要任务，聚焦水资源保护、水资源开发利用、水域岸线空间管控、防洪除涝安全建设、水污染防治、水环境治理、水生态修复、执法监管等八大主要任务，进一步细化明确38项年度目标，由市级部门各司其职、各负其责，合力推动各区落实全年任务目标。

【幸福河湖建设】 市级总河湖长签发《关于全面建设新时代幸福河湖的动员令》，市河（湖）长办印发《天津市幸福河湖建设实施方案》《天津市幸福河湖建设指南》《幸福河湖建设规划编制大纲》，指导各区编制幸福河湖建设规划，为天津市幸福河湖建设奠定基础。

【示范创建】 天津市河（湖）长办持续推动各区开展"榜样河长 示范河湖"三年行动，2023年培树榜样河湖长223名，示范河湖663条（段、座），圆满完成"榜样河长 示范河湖"创建三年行动。三年累计培树榜样河湖长649名，建设示范河湖1653条（段、座），并通过市水务局官网向社会公布名单，主动接受群众监督。

【检查考核】 完成2022年河湖长制年度考核及市级绩效考评工作，督促各区河湖长履职尽责。开展2023年度河湖长制月度考核及暗查暗访，印发考核通报7期，聚焦清河湖专项行动、"榜样河长 示范河湖"行动、黑臭水体长效管护等重点工作，对1247条（段、个）河湖坑塘沟渠开展暗查暗访和"回头看"复查，推动河湖管护问题整改526处。

【社会监督】 2023年共接到社会监督举报问题线索91件，办结率100%，满意度100%。共聘请160名市级河湖长制社会义务监督员，全年提交问题线索82个，全部处置完成，完成率为100%，有效解决了一批河湖水污染问题，提高了水环境质量。完成2023年第一至第四季度河湖管护情况民意调查，调查结果显示全市整体满意度不断上升，反映出群众对天津市河湖长制工作的总体满意度不断提高。

（河长制中心）

污染防治攻坚战

【概述】 2023年，为认真贯彻落实习近平总书记关于深入打好污染防治攻坚战的重要指示精神要求及市委、市政府深入打好污染防治攻坚战的决策部署，市水务局持续发挥污染防治攻坚指挥部办公室（简称"攻坚办"）的作用，全力推动中央环保督察整改、深入打好污染防治攻坚战等各项任务的实施。一是提高政治站位。坚持以习近平生态文明思想为指导，深入贯彻落实习近平总书记对天津工作"三个着力"重要要求，牢牢把握高质量发展这个首要任务，贯彻新发展理念，聚焦实施"十项行动"，切实把污染防治摆在突出重要位置，高标准打好污染防治攻坚战。二是全力组织推动。市水务局主要负责同志和分管负责同志坚持靠前指挥，重要工作亲自部署、亲自推动。建立污染防治工作台账和责任清单，逐一落实各项工作任务目标，明确牵头部门、责任部门以及完成时限，强化责任落实。2023年共召开4

次调度例会，14次专题推动例会，及时掌握进度，部署阶段性工作任务，推动各项任务有力有序开展。三是强化督导工作。按照"工作项目化、项目目标化、目标节点化、节点责任化"的工作要求，局攻坚办编制印发《关于对攻坚任务实行项目化管理模式的通知》，从目标要求、主要内容、保障措施三个方面明确了攻坚任务的指导方向和管理模式。对进度滞后项目采取提醒函、提示函、督办单、约谈责任人、现场检查、驻场办公等方式，按照节点推进项目建设。针对重点滞后任务，成立"帮扶指导组"，安排技术骨干常驻施工现场，增加调度频次，推动任务有序完成。

1. 中央环保督察整改任务完成情况

按照《天津市贯彻落实第二轮中央生态环境保护督察报告反馈问题整改方案》要求，市水务局牵头整改的任务共4项，分别为第十八项、第十九项、第二十二项和第二十九项，其中第二十九项整改任务已于2021年完成销号，为确保其余三项整改任务在2023年底前"交账"，局攻坚办建立整改台账和责任清单，逐项落实责任单位和完成时限，加大指导推动力度，并对整改措施落实情况进行现场核查，2023年年底各项整改任务圆满完成并达到整改目标。

2. 污染防治攻坚战任务完成情况

按照《天津市深入打好污染防治攻坚战2023年工作计划》要求，2023年度市水务局共41项重点任务（蓝天保卫战6项任务，碧水保卫战22项任务，净土保卫战13项任务），已全部完成。

【机构职责】 局攻坚办主要工作职责：全面贯彻落实市污染防治攻坚战指挥部工作部署，组织局各职能单位推动落实各项污染防治攻坚战作战计划，统筹协调中央和市级环保督察工作，推动各职能单位落实反馈意见的整改工作。负责与市污染防治攻坚指挥部办公室等部门的联络工作。

（攻坚处）

【蓝天保卫工作】 强化水务工程大气污染综合治理，严格落实施工扬尘管控"六个百分之百"各项措施，强化市管水务工程施工现场扬尘管控措施常态化检查，一是全年组织市管项目法人开展日常检查400余次，督导检查23次。二是组织全市各区开展水务工程扬尘污染防治专项整治行动，市、区共检查189项次，出动人员420余人次。三是在启动重污染天气应急响应期间，对在建水务工程组织检查185项次，出动人员380余人次。

（质安中心）

【碧水保卫工作】 按照《天津市深入打好污染防治攻坚战2023年工作计划》要求，局攻坚办将相关任务进行了局内责任分工，编制了《2023年度市水务局污染防治攻坚战任务分解清单》并下发。2023年度涉及市水务局污染防治攻坚战任务41项，其中碧水保卫战任务共22项，已全部完成。一是水源地保护持续强化。印发实施《天津市蓟州区于桥水库渔业统一管理工作方案》，探索实施渔民退出机制，成立渔民合作社，实现于桥水库渔业资源统一经营管理，统一开展捕捞和增殖放流等活动。二是城镇污染治理全面加强。推动多处雨污混接点改造，实施津南区排水场站及管网提升改造工程、实施小站镇雨污分流提升改造工程、实施咸水沽镇雨污分流提升改造工程以及实施葛沽镇雨污分流提升改造工程；截污治污持续推进，津沽污水厂三期工程、宝坻潮新污水处理厂新建工程实现通水，全市污水处理能力达到421万吨每日。三是河湖生态补水作用突出。截至2023年12月底，统筹利用雨洪水、再生水、外调水以及本地水向全市河湖湿地生态补水14.41亿立方米，其中累计向大运河补水7.52亿立方米，保障河湖湿地生态用水需求。

（攻坚办）

【柴油货车污染治理】 强化水务工程机动车和非道路移动机械使用管理，坚持源头治理和防控相结合，强化机械准入管理，不符合排放标准或无环保信息标签和机械登记信息编码的机动车和非道路移动机械禁止入场，实行动态管理作业。配合生态环境部门做好非道路移动机械污染排放防治监督管理，与市生态环境局联合开展机动车和非道路移动机械污染防治专项检查2次。采取"四不两直"方式对机动车和非道路移动机械使用情况开展督导检查，全年开展检查20次。

（质安中心）

排水管理

【概述】 组织了汛前春季会战，完善了市区分部组织机构，开展了应急保障演练，修订了20+14处"一处一预案"，制定了中心城区防汛应急响应"叫应"机制，市区防汛保障能力进一步提升。2023年中心城区共形成有效降雨45次，累计平均降雨量688.09毫米。较常年降雨量增加2成，比常年主汛期增加6成。成功应对"杜苏芮"台风，在海河"23·7"流域性特大洪水期间严防死守，中心城区汛期未发生内涝，实现了"大雨雨后2小时，暴雨雨后5小时"退水的承诺。面对60年来最大洪水考验，中心积极响应，科学调度，先后抽调防汛抢险骨干力量，配备专业设备，组成抢险队伍奔赴河北涿州、天津市武清、静海、西青等蓄滞洪区支援排水救灾工作。

（排水处）

【排水条例】 2023年认真协助局排水处做好《天津市城市排水和再生水利用管理条例》（以下简称《条例》）的修订工作。《条例》已由天津市第十八届人民代表大会常务委员会第五次会议于2023年9月22日通过，自2024年4月1日起施行。

（排水处 排管中心）

【排水规划】 《天津市排水专项规划（2020—2035年）》（以下简称《排水规划》）于2021年获市政府批复，规划期限为2020—2035年，规划范围为全市域城镇，重点为津城核心区475平方千米；外围区域为指导性规划，提出建设标准、主要布局等上位规划原则。《排水规划》深入贯彻落实习近平总书记关于增强城市防洪排涝能力，建设海绵城市、韧性城市的重要指示要求，坚持人民城市为人民，以完善高标准的城市排水防涝减灾工程体系为重点，提高城市载体功能；坚持系统观念，从源头到末端解决排水问题，体现城乡一体化治水理念；坚持问题导向，找准症结原因，精准施策，工程措施与非工程措施结合，提高城市防灾减灾能力和安全保障水平；坚持对标对表先进，适度超前，高标准设计，全面构建城乡统筹、布局合理、生态友好的城乡排水格局。

通过对天津市中心城区汛期强降雨中出现的积水点和积水地道的情况分析，共梳理出易积水点20处、易积水地道14处。结合排水设施现状及存在问题，按照先急后缓、突出重点、尽力而为、量力而行的原则，梳理工作任务、细化责任分工、明确工作措施和时间安排，编制了《2023—2025年中心城区易积水点和易积水地道三年改造计划》，计划利用三年时间实施新建扩建雨水泵站、建设完善雨水管网等工程，切实提高雨水排放能力。

（排水处）

【排水工程建设】

1. 民心工程

中心城区体院北道等四条道路排水管网改建工程作为2023年民心工程，自4月28日正式开工至11月8日顺利完工。工程对体院北道、西园道、环湖中路、中环线等四条道路共计9751米管道进行改建修复，消除了因管道腐蚀严重造成道路塌陷的安全隐患，提升了老旧管道的过流能力，有效改善了区域排水条件。

排管中心作为项目法人，采取多项措施确保工程顺利完工。一是发挥党建引领，筑牢建设保障。坚持强化党建引领，深刻认识民心工程建设的重要政治责任将党建工作与项目建设同步推进。结合工程实际、党员需求，开展特色主题教育活动，提高临时党支部的凝聚力、向心力、战斗力，扎实推进项目党建与项目管理工作深度融合融通，切实提升项目建设和管理水平。二是上下联动，合力攻坚。成立以中心主任带队、各科室参建的民心工程指挥部，多次组织召开工程推动会议，全面协调组织推进工程进度，及时解决建设过程中的各类问题和矛盾，为民心工程保驾护航，确保工程目标按期实现。三是全面压实责任，提升管理效能。工程建设过程中着力抓好参建各方的责任落实，全面压实现场质量和安全保证体系。树牢底线思维，严格执行工程建设的技术标准、行业规范、制度要求等，全力打造精品工程、优质工程，以高质量项目建设推动水务高质量发展。

2. 灾后重建项目建设

2023年10月底，按照局灾后恢复重建工作任务要求，排管中心承担42项市级国债项目建设任务，总投资92.06亿元。其中，中心城区防汛排涝设施改建工程一期津滨雨污水合建泵站改建工程、山岭子泵站改建及沙柳路等21座泵站设备更新工程等两项工程于2023年12月9日开工，中心城区防汛排涝补短板工程积水片改造二期工程（桥园里地区）、危陋生产管理用房除险加固工程等两项工程完成施工招标，中心城区防汛排涝设施改建工程一期工程陈台子泵站改建工程完成监理招标，天津市渤海水环境综合治理中心城区市管排水管网混接改造工程（二期）完成初设批复，中心城区防汛排涝设施改建工程老旧管网改建二期工程、中心城区防汛排涝补短板工程积水地道改造一期、中心城区广开四马路等7片合流制地区市管排水设施雨污分流改造工程扩建增产道泵站出水管道工程、中心城区防汛排涝补短板工程大直沽雨水泵站工程、红星桥泵站扩建工程等五项工程完成可研批复。

【排水设施养护管理】 2023年，管理排水管道3811千米（其中，雨水管道2115千米、污水管道1447千米、合流管道249千米）。检查井91407座，雨水井73192座。排水泵站271座（其中，雨水泵站131座、污水泵站68座、合流泵站12座、地道泵站55座、换水泵站5座）。负责养护管理津河、卫津河等中心城区15条126千米二级排水河道。

全面提升巡视管理精细化水平，不断强化管理手段，加强对巡视管理工作的监督指导。每季度开展设施监督检查，督促各排水所做好日常巡视记录、台账管理，定期召开管理例会并开展巡视工作专题安全教育，协调解决难点问题，消除安全隐患；摸清家底，完成2022年度排水管道设施新增、废弃统计及台账更新，不断夯实管理基础工作。组织开展2023年排管中心巡视管理政策技能专业培训，通过此次培训活动，推动巡视管理工作规范化、制度化，持续抓好落实，提升稽查人员整体专业水平，完成132名持证人员年度考核。

加大对12345便民热线、政民零距离、水务舆情及城管平台等渠道反映的排水问题处置力度，发挥服务群众纽带作用，及时转办群众反映事项，妥善解决市民急愁难盼的排水问题，以"限时办结、按时回复、及时反馈"的原则，保证办件质量和效率，切实提升群众满意度。全年共接到12345热线4500个，处理工单638件；办理水务舆情事项督办单24件；办理信访事项10件；上线《政风坐标》录播节目6次，充分发挥服务群众纽带作用，有效解决群众合理诉求。同时，将群众诉求作为改进工作的重要参考，将市民关注的热点问题纳入工作重点，举一反三，对于污水外溢、雨后积水、井盖异响等问题综合分析研判，加强监管力度，建立热线与舆情处置联动机制，切实转变工作作风，提高服务水平。针对已办结的工单增加回访工作，对事项的办理结果及市民的满意度进行调查，不断提升服务水平。

认真做好设施接收工作，确保新接收设施运行良好。汛前，全面完成了2022—2023年第一批历史遗留项目缺陷整改工作，包括25个管道项目共58千米管道的疏通整改任务和4座泵站318台套设备的维修任务。为规范设施移交行为，提高工作效率，组织成立排管中心设施接收专项工作组。2023年共完成10项排水项目的设施接收工作，包括5座泵站、5项管道项目，共计12.8千米管道设施。主动上门服务企业，协助环投公司做好香怡道等7项排水项目竣工资料档案整理工作，有力推动环投公司设施移交工作。

为贯彻落实《住房和城乡建设部关于加强城市地下市政基础设施建设的指导意见》要求，进一步加强地下排水管网设施的建设和管理，确保排水设施安全运行，结合住房城乡建设部《城市市政基础设施普查和综合管理信息平台建设工作指导手册》，积极开展中心城区市属排水管网普查工作。其间，与市普查办、局排监处及时沟通、对接，协调解决普查中各项难点问题，扎实推进普查工作，完成了全部2446.95千米管道的一期普查任务。

为守护住人民群众"脚底下的安全"，持续组织开展城市道路窨井盖病害专项排查整治工作，对存在的破损、缺失、凸起、沉陷、松动、移位、跳响等安全隐患问题进行全面摸底排查，并组织各排水所对排查时发现的问题井盖进行全面整治，消除井盖安全隐患，确保城市道路管线井功能稳定可靠，为市民创造安全舒适的出行环境。2023年开展了三轮窨井盖病害专项排查整治行动，四轮隐患井问题治理，共治理问题井912座。

2023年市财政和水务局批复下达排管中心设施养管项目投资8249.9万元。主要包括：市区排水设施日常运行维护项目投资4065.9万元；泵站运行耗电费项目投资4184万元。同时，市财政和水务局计划下达中心2023年市区防汛应急抢险项目投资4408万元以及2023年老旧管道翻建及排水泵站设施改造项目2565.07万元、2023年中心城区易积水点改造工程1293.97万元。

全年共完成管道疏通养护577千米，检查井掏挖88465座，雨水井掏挖70466座，泵站集水池清挖93座。共计完成市区防汛应急抢险项目255项，其中，塌管应急抢险51项、河道设施应急抢险11项、泵站机电设备抢修193项。

【排水服务保障】 优化政务服务，解决企业涉水难题，不断提升服务效率和服务体验，配合局相关部门办理城镇污水排入排水管网许可、设施迁改方案审查、排水接入服务等行政许可及政务服务工作。全年配合办理城镇污水排入排水管网许可364项，聚焦中小微企业和个体工商户，主动做好政策讲解，规范排水行为，推广电子证照应用，减轻了市场主体的负担，提高排水许可审批效率；办理改动迁移排水管道设施许可38件，办理排水接入服务事项66件，服务重大项目建设方面持续加力，主动走访，实地踏勘，为企业解决工程建设中遇到的排水难题，协助建设单位细化切改方案、保护方案、调水方案及应急预案，协调解决地块排水出路问题，保证项目顺利实施和排水设施运行安全；加快实现工程建设项目审批制度改革，在土地出让前，依托"一张蓝图、多规合一"平台完成117个建设项目规划、政策指导，提出技术设计要点，优化排水项目前期服务。

创新行业监管手段，提高监管精细化程度。严格执行市水务局事中事后监管工作实施细则，将审批事项纳入事中事后监管档案，从严从实监管，对发现的问题核查确认，依法依规进行指导，督促责任单位及时落实整改措施，及时上报问题线索；创新监管模式，突出抓好关键环节，动态更新"互联网+""双随机、一公开"等平台信息，提高监管精细化程度。

精心组织积极部署，做好重大活动及重要节假日排水服务保障。重大节假日期间，落实排水设施运行工作安排，组织各排水所制定专项应急抢险方案，配备应急抢险队伍，保障城市排水设施正常运行，确保市民出行安全。

在重大活动保障方面，圆满完成2023年夏季达沃斯论坛、天开科技园开园、全国职业技能大赛、第13届旅游博览会等活动保障任务。为确保夏季达沃斯论坛暨第十四届新领军者年会顺利举行，按照达沃斯筹备组及市水务局整体工作要求，围绕梅江会展中心、"三站一场""迎宾线路""接待酒店"周边市属排水设施排水安全和河道保洁，制订2023年第十四届新领军者年会排水保障方案；

针对重点区域累计掏挖检井1737座，掏挖管道5965米，出动保洁人员388人次，保洁船194艘，打捞水草及漂浮物1047立方米，治理隐患井13座，累计出动巡视人员582人次，巡视车辆194车次。全面梳理达沃斯会议重点迎宾路线上排水设施隐患问题，紧急开展排水管网上方道路进行空洞应急勘测工作，共排查38千米的排水管网，发现2处隐患空洞，均有效解决。

（排管中心）

【污水处理】 截至2023年年底，全市共有99座城镇污水处理厂，日处理能力达421.23万吨每日，全年处理污水12.71亿立方米，比上年度减少0.12亿立方米，2023年城市生活污水集中处理率保持在97%以上。

加快污水处理设施建设，积极推动津沽污水处理厂三期、张贵庄污水处理厂二期扩建工程。截至2023年年底，津沽污水处理厂三期、张贵庄污水处理厂二期实现通水。

强化污水处理厂行业监管。开展各区污水处理行业管理部门集中检查，指导加强污水处理行业管理工作，委托第三方开展污水处理厂日常巡视检查，强化污水处理厂运行维护管理水平，出水水质主要指标达标率持续保持在97%以上。

【污泥处置】 截至2023年底，21座污泥处理处置厂接收处置99座污水处理厂的污泥。天津市已运行污水处理厂99座，平均日产生污泥约2300吨，污泥处置能力可满足需求，全年处置污泥约84万吨，无害化处置率持续保持97%以上。处置工艺主要为焚烧、好氧发酵、厌氧消化，污泥产品出路主要为建材和园林绿化。

【农村生活污水治理】 市水务局负责对天津市已建成并验收合格后的农村生活污水处理站和建制镇污水处理站的运行维护进行监督管理。2023年，已纳管农村生活污水处理站1812座，总处理规模12.87万吨每日，涉及滨海新区、西青区、武清区、宝坻区、静海区、宁河区、蓟州区、北辰区、津南区等9个区。全年农村生活污水处理总水量3148万吨，日均处理污水8.6万吨，通过对已纳管站的运行维护情况开展月报调度、监管检查和依效付费评价等工作，设施利用率达到99%，综合运行负荷率达到67%。

（排水处）

城市供水

原水供水

【概述】 2023年全市供用水总量32.72亿立方米，其中引滦水3.46亿立方米、引江水10.35亿立方米、当地和入境地表水10.10亿立方米、地下水2.61亿立方米、再生水5.89亿立方米、淡化海水0.31亿立方米；其中生活用水7.56亿立方米、工业用水4.60亿立方米、农业用水9.40亿立方米、生态用水11.16亿立方米。

（水资源处）

【城市供水量】 2023年全市供水行业完成总供水10.67亿立方米，较上年10.21亿立方米，增长4.5%。其中主城区供水5.22亿立方米，占总水量的48.92%；滨海新区供水3.31亿立方米，占总水量的31.03%；新五区供水2.14亿立方米，占总水量的20.05%。

2023年海水淡化生产能力30.6万立方米每日。全年实际生产海水淡化水3127.17万立方米；其中供玖龙纸业368.66万立方米，进入城市供水企业供居民生活使用122.52万立方米。

（杨瀚辰）

【区域供水】 滨海水业集团主要业务范围覆盖天津滨海新区及永定新河以北区域，承担着滨海新区全部原水和部分区域自来水的供水任务。2023年供水总计3.36亿立方米（包括引江水、引滦水和地下水），原水业务共管理着11条总长720多千米的输水管线，原水管线设计供水能力140万立方米每日，自来水制水能力67.93万立方米每日。在保证安全供应引滦原水、引江原水和自来水的同时，积极开发推广粗质水、岳龙高品质饮用水，介入淡化海水、污水处理等业务，不断满足区域用水需求。

滨海水业集团通过安达供水、南港水务和港西输配水中心，向大港街部分区域、古林街部分区域、中塘工业区、天津开发区南部新兴产业区、天津石化工业区、天津石化生活区、大港经济开发区、大港石化产业园区、南港工业区、中塘镇、太平镇、小王庄镇及海滨街等区域供水，并积极推动农村供水业务。通过龙达水务公司向滨海新区北部区域和中新生态城区域供应自来水，参与北疆电厂的淡化海水业务，以及开发推广粗质水产品，为汉沽及周边区域的社会经济发展提供多种水源。通过泰达水务公司向中新生态城、天津龙达水务有限公司及滨海环保发展有限公司等区域供应岳龙高品质饮用水。通过宜达水务公司向北辰区大张庄镇、西堤头镇和双街镇部分区域供水。通过雍泉水务公司向逸仙园工业区及武清城区运河以西部分区域供水。

（滨海水业）

【生态环境补水】 2023年统筹利用多种水源，累计向全市河湖湿地补水14.41亿立方米（含津沽、咸阳路污水处理厂向独流减河补水1.77亿立方米，不含其他再生水 7.91 亿立方米），其中向中心城区海河等河道补水 4.66 亿立方米，向州河、蓟运河补水 1.45 亿立方米，向潮白新河补水 0.40 亿立方米，向武清段北运河补水 3.26 亿立方米，向七里海湿地补水 0.23 亿立方米，向大黄堡湿地补水 0.82 亿立方米，向团泊洼湿地补水 0.32 亿立方米。南水北调东线北延应急供水向马厂减河补水 0.15 亿立方米，向南运河补水 0.21 亿立方米。永定河全线通水累计向天津市补水 1.14 亿立方米。

永定河生态补水。永定河生态补水范围为桑干河东榆林水库至朱官屯、洋河友谊水库至朱官屯，永定河朱官屯至三家店，三家店至屈家店，永定新河屈家店至防潮闸，共计 865 千米。涉及天津境内段为冀津交界邵七堤至防潮闸段，全长 100 千米。以官厅水库作为下游集中生态补水的主要水源，北京市南水北调中线水作为补充水源，经永定河至永定新河。2月24日水利部春季永定河全线通水工作正式启动。3月19日18时春季补水水头进入天津市武清区邵七堤，3月22日12时屈家店枢纽提闸放水，永定河 865 千米河道再次迎来全线流动。天津市邵七堤全年累计过水 1.14 亿立方米，屈家店累计过水 5.22 亿立方米，永定河全线有水 365 天，全线流动 228 天。这是自1996年断流以来，首次实现全年全线有水。

大运河补水。按照京杭大运河 2023 年全线贯通补水方案，统筹利用上游来水、引江引滦外调水、再生水等多种水源，分别为天津北运河武清北辰段、中心城区南北运河段、静海区南运河段实施生态补水，确保河道处于有水状态。全年向大运河调水 7.52 亿立方米，其中向武清、北辰段北运河调水 3.26 亿立方米，中心城区段南北运河利用引江引滦补水 1.94 亿立方米，静海段南运河补水 1.96 亿立方米，利用南水北调东线一期工程北延应急供水工程补水 0.36 亿立方米。

按照《水利部关于印发京杭大运河 2023 年全线贯通补水方案的通知》，4月4日10时，位于天津静海区的九宣闸枢纽南运河节制闸、新开河耳闸开启，此前北运河和天津本地水汇合，与南运河水在天津三岔河口交汇，京杭大运河继 2022 年全线水流贯通（百年来首次）后，再次实现全线贯通。

东线北延。4月1日至6月1日，南水北调东线北延应急调水累计向静海段南运河调水 0.36 亿立方米。3月上旬东线北延应急调水正式启动，4月1日20时15分，东线北延水头进入天津市九宣闸，天津市境内调水工作正式启动。水头先期进入马厂减河，4月4日10时提启南运河节制闸，将水调入南运河，京杭大运河如期实现全线贯通。6月1日调水正式结束，历时62天，天津市九宣闸累计收水3635万立方米，完成计划109%，水量主要进入马厂减河、南运河及其连通的二级河道，水体稳定在国家地表水Ⅲ类标准。

海河补水。2023年2月20日中心城区海河等河道生态补水开始，2月22日海河中心城区二级河道开始补水循环，适时提闸泄水、升坝保水，与各相关部门密切沟通配合，适时调度外环河沿河泵站、联通闸等，实施水体置换，改善水体水质。4月2日于桥水库开始向下游放水，利用引滦水源，经尔王庄明渠复线工程，通过永金引河、金钟河向海河补水工作正式启动，12月13日引滦明渠复线工程向海河补水结束。2023年累计向海河补水 3.47 亿立方米，其中引江水源 0.56 亿立方米，引滦水源 2.91 亿立方米。

（水调中心　海河中心）

【引滦调水供水】　2023年度，潘家口水库来水量偏少，7月1日潘家口水库蓄水 13.86 亿立方米，较上年同期（18.03 亿立方米）偏少 23.13%。2023 年潘家口水库入库水量 3.71 亿立方米，比常年同期（13.06 亿立方米）偏少 71.59%，比上年同期（9.01 亿立方米）偏少 58.82%，其中汛期（6—9月）入库水量 1.64 亿立方米，比常年同期（8.58 亿立方米）偏少 80.88%，比上年同期（4.25 亿立方米）偏少 61.41%。于桥水库全年自产水 2.41 亿立方米，比上年同期（3.24 亿立方米）偏少 25.62%。

为保证天津城市用水安全，根据潘家口、大黑汀水库水质状况，结合城市供水及水环境用水需求，天津市年内3次实施引滦调水，全年累计调水3.70亿立方米（大黑汀分水闸计量）。其中，第一次引滦调水为2023年4月21日至7月10日，调水量2.95亿立方米；第二次引滦调水为9月6日至9月15日，调水量0.23亿立方米；第三次引滦调水时间为10月31日至11月11日，调水量0.52亿立方米。

2023年于桥水库累计向城市供水6.230亿立方米。其中，向暗渠供水4.662亿立方米，向州河供水1.409亿立方米，向盘山国华电厂0.059亿立方米，向盘山大唐电厂0.100亿立方米。

（水调中心）

【南水北调水供水】 2023年9月，按照《水利部办公厅关于做好南水北调中线一期工程2023—2024年度水量调度计划编制和2022—2023年度水量调度总结工作的通知》（办南调〔2023〕224号），编制完成南水北调中线一期工程2023—2024年度天津市调水计划，计划申请年度引江调水量11.04亿立方米。水利部批复引江计划10.43亿立方米。由于灾后恢复重建项目施工影响，天津市申请指标调减至9.91亿立方米并获批。

2022—2023年度，水利部批复天津市南水北调中线调水指标9.76亿立方米，天津市实际调引江水10.40亿立方米，为水利部批复年度计划的106.6%，超额完成年度调水计划。其中，子牙河北分水口门6.81亿立方米，曹庄分水口门2.91亿立方米，子牙河退水闸0.48亿立方米，王庆坨入库水量0.20亿立方米。

为保障城市供水安全，天津市2023年继续利用引江向尔王庄水库供水联通工程供给尔王庄受水区引江水，城市供水全部为引江水源，至2023年12月28日受引江冬季供水流量限制，将尔王庄受水区域供水水源切换为引滦水源，实施引江、引滦双水源联合调度。

为根除西河泵站前池淤积物，天津市于2023年2月15日至3月31日对西河泵站前池进行清淤。清淤期间，凌庄水厂改由新建南干线至凌庄水厂管线供水，芥园水厂和新开河水厂改由永清渠泵站输水至宜兴埠水厂实施供水。

南水北调中线工程宝坻引江供水工程已建设完成，具备通水条件，设计流量3.13立方米每秒。根据城市供水规划，杨柳青水厂已建成，设计规模10万立方米每天，供水水源为南水北调中线引江水源。

（孙甲岚　冯潇慧）

供　水　管　理

【概述】 2023年全行业共有供水单位22家，其中，具产水能力供水单位19家，淡化海水供水单位3家。2023年全市总用水9.17亿立方米，其中居民家庭用水3.99亿立方米，非居民用水5.18亿立方米。全市供水管网长度2.31万千米。全市用水人口1166.04万人，供水普及率100%，人均日生活用水量128.21升。城镇供水管网漏损率为8.96%。

（肖翊）

【法规标准制定】 根据《市住房城乡建设委关于开展2023年度天津市工程建设地方标准复审工作的通知》要求，对《天津市城镇供水服务标准》（DB/T 29-98—2010）和《天津市管道直饮水工程技术标准》（DB 29-104—2010）开展标准复审，经评估两项标准均已无法满足当下技术及管理需要，下一步将按步骤对上述标准进行修订。

制定《城镇供水管网漏损控制技术导则》，市市场监管委评审通过，已立项并按工作计划依序进行。此项地方标准的制定将填补天津市城镇供水管网漏损控制技术空白，进一步规范行业各单位漏损控制行为及控制行业监管。

启动《天津市二次供水管理规定》修订工作。对标对表国家发展改革委、住房城乡建设部令第46号《城镇供水价格管理办法》（2021年10月1日）等文件要求，提高规范性文件适用度。修订

《天津市二次供水工程技术规程》（DB 29－69—2016）和《天津市叠压供水技术规程》（DB 29－173—2014），对二次供水设施建设的基本要求和共性要求突出了安全、绿色、智慧的理念，同时增加了对管道附件等产品的选材、选型要求和泵房防淹报警装置要求，对二供设施、新建改造提供技术依据。编制《二次供水运行维护管理规范》（DB12/T 1281—2023），进一步提升二次供水设施管理单位服务水平，以满足社会发展与用户对二次供水日益增长的需求。

2023年12月，天津市地方标准《村镇供水管理技术导则》（DB12/T 1282—2023）正式发布，进一步规范天津市村镇供水及运行管理水平，填补了天津市村镇供水标准的空白，对保障村镇供水安全具有重要意义。

（杨慧珊　唐宗）

【供水水质监管】　每月组织具有资质的水质监测单位对供水单位出厂水9项、出厂水42项指标和管网水7项指标进行检测，每年对106项指标进行检测。每月将供水单位出厂水、管网水（龙头水）水质信息情况在局门户网站公示。继续开展行业水质抽检。全年抽检城市供水水样315个，抽查合格率为99.4%，针对发现的水质超标问题及时分析原因并抓好整改。

2023年全市共办理清洗消毒证明近7000件次，开展水质抽检651次，其中天津市水文水资源管理中心共抽检二次供水水样145个，全部合格。住房城乡建设部对天津市二次供水水质抽检合格率达100%，二次供水水质安全得到有效保障。全年新增清洗消毒单位29个，更换清洗消毒备案证84个，对清洗消毒单位进行事中事后监督检查13次，办理竣工验收报告备案232个，有效提高了行业监管水平，规范了市场秩序。

全年抽检村镇供水水样275个，水质抽检合格率高于95%。针对发现的水质超标问题及时分析原因，要求区水务局加大与区卫生部门的对接力度，合理选取有代表性的检测点位，确保农村饮用水监测工作的顺利进行。

（范雪歌　杨慧珊　张艺缤）

【供水设施监管】

1. 城市供水

起草印发《市水务局关于加强2023年全国"两会"期间安全供水工作的通知》和《市水务局关于做好2023年元旦春节期间安全供水工作的通知》，针对供水行业安全生产薄弱环节，加强重点部位隐患排查整治和日常巡视巡查，对查出的隐患及时拿出有效解决办法和措施，督促整改措施落实到位。

聚焦水厂设施运行、水质安全、供水服务等方面制定供水行业安全检查方案，督促各单位做好自检自查。特别是在冬季极寒天气时期、汛期、供热期、水源切换时期、重要活动召开期间等，加密检查频次，加大检查范围，针对发现的安全隐患及时督促整改。

按照市城管委、市公用局进一步加强供水窨井盖安全管理的工作要求，印发《水资源中心关于开展城市道路管线井隐患排查治理工作的通知》，就相关工作进行部署，明确时间节点，细化责任分工，提出报送要求。同时加大对供水窨井盖排查整治力度，开展现场抽查，针对发现的问题及时督促整改，确保隐患销号清零。

印发《关于提供消火栓相关材料的通知》，对全市2022年新建、维修的消火栓数量以及全市市政消火栓总数进行摸底排查。对天津市市政消火栓设施管理运行情况进行现场抽查，主要查看消火栓设施是否坏损锈蚀、零件是否齐备以及安全运行情况。对检查中发现的消火栓跑冒滴漏等情况，及时通知供水单位进行整改，保障设施稳定运行。

2. 二次供水

全市开展安全检查1650处，天津市水文水资源管理中心现场抽检111处，发现问题1处，已现场整改完成。圆满完成达沃斯论坛、旅博会、夏季防御海河"23·7"流域性特大洪水、冬季极端低温雨雪冰冻灾害天气等重大活动及极端天气期间的保供任务。推动居民住宅二次供水设施移交工作，2023年共26个小区二次供水设施移交供水企业统一接收管理，15个小区进行二次供水设施改造，解决了2.17万户居民用水困难问题。

3. 农村供水

开展村镇供水设施系列检查，内容包括各区农村供水设施、"三个责任"和"三项制度"落实落地情况，水质检测中心运行状况，辖区内各配水厂、泵站运行管理情况，城市供水管网延伸、通水、水量水压、水费收缴执行情况，供水水质情况，村内供水管网抢修情况，村镇供水厂安全运行、供水服务情况等，做到及时发现、立即处理，并委托第三方对117个配水厂泵站进行全覆盖检查，全年不定期现场检查出动213人次，累计检查88个村、117个配水厂和加压泵站。通过梳理总结检查中发现的具体问题，建立工作台账，督促立整立改，一时不能整改到位的，明确整改时限，并适时开展"回头看"，确保各项供水保障措施落地见效。2023年天津市相继遭遇海河"23·7"流域性特大洪水和低温雨雪冰冻灾害，农村供水安全面临严峻挑战，天津市水文水资源管理中心第一时间向各区下发通知，对设施排查、应急供水、恢复供水等提出具体要求，成立工作服务组多次深入相关区水务局、农村供水运管单位进行现场服务指导，切实消除了农村供水系统性、区域性、链条性安全隐患，确保极端天气下天津市农村供水设施运行正常。

（肖翃　杨慧珊　李征）

【行业服务管理】　全年驻水资源中心窗口依法办理由于工程施工、设备维修等原因确需停止供水的许可共345件。舆情快速响应，2023年全行业受理群众诉求117万余件，热线接通率100%，办结及时率100%，办结满意率99.9%。

全市供水管理部门共处理热线、政民零距离等二次供水工单213件，及时办结率及群众满意率均达到100%。对供水企业开展信用评价，科学运用评价结果，促进供水企业健康发展。开展最严格水资源管理制度考核，对16个区人民政府的二次供水管理工作进行打分，并赴滨海新区现场指导落实。深入各区开展现场指导，针对在舆情处理、移交改造工作中出现的实际困难，解读政策信息，提供政策支持。

全年受理水利部12314热线、水务热线平台等渠道反馈的农村供水舆情13起，做到即接即办、快速处置，及时协调、推动相关区水务局有效解决群众反映的焦点、难点问题，同时加强对往期舆情的督查回访，确保问题得到彻底解决，做到群众满意率100%。

（杨慧佳　杨慧珊　马晓庆）

【行业节能降耗】　持续推动天津市城市老旧供水管网改造。为做好对改造工作的监督指导，印发《水资源中心关于做好2023年老旧供水管网改造工作信息报送的通知》，组织相关单位抓实抓好城市老旧供水管网改造各项工作的贯彻落实，定期汇总改造进展情况，确保改造工作保质保量完成。

降低城市公共供水管网漏损率。2023年天津市城镇供水管网漏损率为8.96%。印发《市水务局关于2023年进一步加强天津市城镇供水管网漏损控制工作的通知》，提出实施管网更新改造、管网分区计量、压力调控、信息化智能化建设、细化水量构成、新课题研发等漏损控制精细化管理举措。每季度整理汇总行业各单位漏损率修正情况，结果通报各区水务局。《天津市城镇供水管网漏损控制技术导则》已经市市场监管委审核通过，导则的印发将为天津市今后的管网漏损控制管理工作提供技术支持，进一步提升天津市供水行业节能降耗水平。

（杨瀚辰）

水旱灾害防御

水灾防御

【概述】 2023年，天津市水务局深入贯彻落实习近平总书记关于防汛救灾的重要指示精神，落实李强总理要求和张国清副总理来津指导防汛抗洪救灾的工作部署，在水利部、海河防总的指导支持下，按照市委、市政府和市防指指挥部署，坚持以人民为中心，以"时时放心不下"的责任感和"一失万无"的警醒，抓实抓细防汛责任，强化预报、预警、预演、预案"四预"措施，贯通雨情、水情、险情、灾情"四情"防御，尽最大努力减小洪涝灾害的影响及其带来的损失，全力确保人民群众生命财产安全。

汛前，市水务局调整水旱灾害防御组织体系，完善水库预测预报、调度运用、超标洪水防御等预案，组建水旱灾害防御队伍，组织各区水务局、局属工管单位开展防汛检查，全面落实水旱灾害防御准备工作。汛期，受台风"杜苏芮"影响，7月28日至8月2日，海河流域出现强降雨过程，流域平均降雨155.3毫米，过程降水总量494亿立方米，为海河流域"63·8"洪水以来最大。永定河发生特大洪水，为1924年以来最大；大清河发生特大洪水，为1963年以来最大；子牙河发生大洪水，经水利部综合判定命名为海河"23·7"流域性特大洪水。天津市水务局按照市委、市政府的指挥部署，主要负责同志昼夜坚守、前线指挥、综合协调，局领导班子成员一线推动、实地督导，有力推动防汛抗洪措施落实。全局上下连续一个多月坚守一线、昼夜奋战，滚动研判洪水演进趋势，扎实开展水情监测预报，系统实施洪水调度，前置部署抢险技术指导力量，立体化打响抗洪攻坚战，夺取了防汛抗洪的全面胜利。

【防御组织】 汛前调整完善天津市水务局防汛抗旱指挥部办公室及11个工作组、9个专家组，组织天津市水务系统逐级落实行洪河道、重点闸站、水库"管理、技术"责任人和蓄滞洪区"三级四类"责任人，确保责任不缺位、工作无死角。以不低于20%的比例抽查蓄滞洪区责任人，确保责任人熟悉职责，指导各区发放明白卡，开展基层培训演练等。组织召开天津市水务系统防汛动员部署会、局防指专题工作会等会议，制定印发水旱灾害防御工作要点，确定35项重点任务清单，明确任务要求和完成时限。

1. 局防汛抗旱指挥部

指　挥：李文运　局党组书记、局长
副指挥：杨玉刚　局党组成员、副局长
　　　　王　峰　局党组成员、一级巡视员
　　　　王洪府　局党组成员、副局长
　　　　唐先奇　二级巡视员
　　　　梁宝双　二级巡视员（主持日常工作）
　　　　杨建图　二级巡视员
成　员：隋　涛　刘　爽　刘　伟　何　睦
　　　　纪俊松　侯　佳　王立义　王洪玮
　　　　赵天佑　张书伟

2. 局防汛抗旱指挥部办公室

局防汛抗旱指挥部办公室设在水旱灾害防御处。

主　　任：刘伟

副 主 任：王立义　赵天佑　刘战友

3. 局防汛抗旱指挥部工作组

局防汛抗旱指挥部下设11个工作组：

（1）水情组。

组　　长：傅建文

成　　员：（按姓氏笔画为序，下同）

王　勇　王雲子　刘文邦　闫凤东　李　智
张　艳　张　强　秦继辉　鲁　刚

（2）调度组。

组　　长：刘战友

成　　员：王铭霞　刘重阳　李　磊　沈家华
赵英虎　费守明　秦继辉　谢　帆

（3）城镇排水组。

组　　长：赵天佑

成　　员：王　雨　王　涛　田　勇　刘　威
刘文亮　刘玉鑫　李占伟　赵国钰
胡　军　顾世刚　梁　晶　谢　帆

（4）抢险组。

组　　长：王立义

成　　员：元绍江　吕彦东　刘　磊　刘文亮
刘承建　刘重阳　刘振宇　许光禄
赵立志　费守明　董立新

（5）农村除涝组。

组　　长：冯永军

成　　员：王　悦　元绍江　冯思军　刘　鹏
苏　芳　李　智　李军禄　吴贺楠
张　东　周海健　侯轶群　笪志祥
韩　磊

（6）防潮组。

组　　长：吴亚斌

成　　员：丰淑云　刘宏领　陈海峰　费守明
魏小东

（7）物资组。

组　　长：李　磊

成　　员：贡　欣　李　瑞　李占伟　张祺帆
梁　晶

（8）通信组。

组　　长：贾　翔

成　　员：兰瑞田　任四海　吴　昊　陈薇薇

（9）宣传组。

组　　长：何　睦

成　　员：马　嘉　王　延　文　静　尹雅清
代晓娟　孙志东　苏　芳　张垚宾
单　雯　赵小旭　翟宝辉

（10）保障组。

组　　长：车玉华

成　　员：马元洪　乔冠文　贾　翔　扈秋生

（11）财务组。

组　　长：侯　佳

成　　员：贡　欣　周　震　客立业

（水调中心）

【防御预案】　坚持底线思维、关口前移，修订水情测报、河系抢险、物资保障、水库运用等10类48个预案，修订设计天津市中小洪水调度方案，梳理完善洪水防御"作战图"。修订《天津市洪水预警发布管理办法》，及时有效发布洪水预警。修订完善《各河系防洪抢险技术保障方案》，推演洪水发生时防汛抢险应急处置措施，为应对特大洪水提供了强有力的技术支撑。结合2022年中心城区降雨积水情况，重新梳理分析，编制20处易积水地区和14个易积水地道"一处一预案"，落实应急排水措施。完成蓄滞洪区运用预案修订和居民财产登记核查，以天津市防办名义向各区人民政府印发做好蓄滞洪区管理工作的通知，落实政府属地责任。对重点蓄滞洪区进行实地调研，建立蓄滞洪区三级四类责任人名单统计表、蓄滞洪区居民财产登记表、蓄滞洪区群众转移安置计划表、蓄滞洪区水位-面积-容积表等蓄滞洪区建设管理台账。

（张垚宾　张媛）

【防御队伍建设】 2023年，市水务局落实天津市防汛排水抢险队、排水机电设备抢修队、中建六局水利防汛抢险队、市水利工程公司防汛抢险队、水务集团抢险队、创业环保集团抢险队、葛洲坝集团抢险队等7支市级防汛抢险队，组建9个水旱灾害防御专家组。

5月9日，水利部海委组织开展2023年漳卫河洪水防御联合演练，市水务局防御处、水调中心观摩。市水文水资源管理中心参加水文应急监测联合演练部分。

5月29日，市水务局组织开展2023年天津市水务系统防汛管理和抢险技术培训。局领导梁宝双出席，局建管处、防御处、水调中心、水资源中心、于桥中心、永定河中心、海河中心、大清河中心、北三河中心、灌排中心、建设中心负责同志及水旱灾害防御业务骨干，各区水务局负责同志及水旱灾害防御业务骨干参加。培训邀请了市应急局、市水务局防汛抗旱及应急管理专家，围绕防汛组织管理工作、防汛抢险技术和应急处置办法进行授课，实操演练了防汛抢险物资及机具使用，提升了参训人员的防汛管理知识水平和防汛抢险实践操作能力。

5月30日，市水务局（市防指市区分部）举办2023年中心城区防汛应急抢险演练，市水务局、市应急局、市住房城乡建设委、市城市管理委、市交警总队、国网电力、市气象局、市排管中心、市内六区防办参加。此次演练针对气象预警及响应、预警和信息发布、河道漫堤抢险及水上救援、危陋房屋巡查及人员转移安置、易积水小区排水抢险、易积水地道及下沉路应急抢险、移动抢险设备现场实操、地下空间受困群众救援、供电排故抢险作业等9个科目进行了实战演练，进一步提高了中心城区防汛抢险实战能力和应急救援能力。

（防御处）

【防御物资】 天津市水务局提前谋划，多措并举，全力做好2023年市级专储防汛物资保障。一是完成市级专储防汛物资增储。提早制定增储计划，合理安排采购事项，新增防汛物资全部验收入库，增强防汛物资应急抢险保障能力。二是开展防汛物资盘点养护。完成三大类46个主要品种防汛物资盘点，确保账卡物相符；完成1956台套设备类防汛物资维护保养试机，确保调得出、用得上。三是核算更新全市防汛物资定额。坚持问题导向、需求导向，制定防汛物资储备建议清单，健全防汛物资保障体系。制定《天津市防汛抗旱物资分级分类储备管理办法》，规范河道堤防抢险物资储备品种、数量和预置位置，坚持实物储备与协议储备相结合，最大限度节约财政资金。四是健全物资紧急调拨运输机制。修订天津市专项储备防汛物资保障预案，与物流企业签订防汛物资应急运输保障协议，落实运输装卸设备人员，逐库制定物资调运方案。积极调研险工险段、易积水片区、地道实际情况，有针对性地梳理急需物资品种，提高物资紧急调拨工作效率。五是提升防汛物资操作技能。组织物资技术骨干开展防汛抢险物资实战演练和《防汛物资管理手册》培训，熟练掌握防汛物资管理和使用方法，提升物资管理人员技能。

1. 防汛物资增储

2023年新增排水泵车4辆、水带6740米、配电箱20台、电缆4000米，总价值559.81万元。

2. 防汛物资日常管护

（1）仓库安全管理。

汛前完成了电动地牛、叉车、单梁吊及天车等特种设备保养年检；变压器、避雷设施、消防灭火器、监控设施、烟感报警及变频泵等固定设施定期维修保养及检测，特种设备持证上岗。汛前、汛后及重大节日前组织开展安全检查，未发现重大安全隐患。

（2）防汛物资维护保养。

汛前对库存发电机类的物资进行胎压监测、线路检查、电瓶保养、机械清洁及试运行。对橡皮船进行充气、检测气密性、放气、撒滑石粉保养。按时对操舟机进行试运行和外观检查。对防汛工作灯逐只进行充电维护，并做照射亮度实验。

在库房投放防虫药防鼠药，对编织袋、土工布、麻袋、救生衣等物资进行检查。汛后更换操舟机齿轮油、清洗油路、测试缸压、清洁外观、启动运行、试车。对发电机、照明车进行了油箱、油路清洗，轮胎补气，更换蓄电池、防冻液、机油、三滤，试车运行。

（3）防汛物资盘点。

2023年汛前、汛后进行全面盘点，按照账账核盘、实物全盘、实物抽盘、总结报告4个阶段进行，保障账卡物相符。

2023年汛前盘点。2023年新增储物资559.81万元，2022年12月5日新增连体雨裤及配套雨衣139517元。2022年12月26日依据水调中心党总支会议纪要第四十一期，将71部卫星电话从固定资产转入防汛物资账目，价值422450元。物资总额7188.509083万元，比2022年汛后（6572.502383万元）增加了616.0067万元。

2023年汛后盘点。物资总额6338.020497万元，比2023年汛前物资（7188.509083万元）减少850.488586万元，减少原因是防汛抗洪抢险及城市排涝所调出销账。

（4）防汛物资调拨。

2023年共调拨防汛物资39批71次，总价值2410.4万元，其中销账出库850.5万元，临时出库1559.9万元。

（李瑞　谭文军　张婷婷　李晓曼）

【防御检查】3月7日，市水务局印发《市水务局防指关于开展2023年防汛检查工作的通知》（津水汛发〔2023〕1号），安排各区水务局、各河系中心、水调中心、排管中心、灌排中心、水资源中心、于桥中心、综合服务中心、水务集团针对防汛责任落实、水利工程运行、蓄滞洪区管理、山洪灾害防御、预案修订完善、应急措施落实、防汛系统运行等方面认真开展检查，针对发现的薄弱环节和风险隐患，逐个落实责任、限期整改，力争汛前完成。对汛前确实难以整改完成的，落实应急度汛措施或应急预案，确保防汛排水安全。

5月4日，海河防总秘书长、海委副主任韩瑞光率海河防总检查组赴大清河下游及海河防潮闸除险加固工程现场检查防汛备汛工作，局领导梁宝双，市水务局水调中心、大清河中心主要负责同志，静海区水务局分管负责同志参加检查。

5月8日，市水务局防办印发《局防办关于2023年局领导带队检查防汛工作的通知》（津水汛办发〔2023〕3号），提请李文运、苏海鹏、王洪府、王峰、杨建图、唐先奇、梁宝双等局领导分组带队对全市16个区、4个河系的防汛组织机构、预案修订、工程体系、物资队伍、通信保障等防汛重点部位和关键环节进行督导检查。

6月8日，天津警备区副司令员王建军率警备区机关和任务部队现地勘察耳闸、屈家店枢纽、永定新河分洪口门、蓟运河刘庄险工段、永定新河防潮闸。武警天津总队、市应急局、海河下游管理局负责同志，局领导唐先奇一同勘察，防御处、水调中心、永定河中心、海河中心、北三河中心主要负责同志参加。

7月29日，国家防总副总指挥、水利部部长李国英赴北京市、河北省、天津市检查北运河流域洪水防御准备工作。李国英现场检查了天津市境内北运河分洪道青龙湾减河、狼儿窝分洪闸、大黄堡洼蓄滞洪区。

7月30日，市政府党组成员李树起带领工作组，实地检查指导西青区、静海区应对台风防范工作落实情况；副市长李文海带队检查北辰区、武清区防汛准备情况；副市长谢元、副秘书长王智毅赴中心城区、东丽区现场查看海河河道水位，与水利部海委协商沟通洪水调度方案，组织相关区调度蓄滞洪区运用准备相关工作；副秘书长王栩冬带队赴八里台现场检查防汛工作；副秘书长于鹏洲带队赴滨海新区督促滨海新区防潮避险和宁河区蓟运河险工险段加固工作。

7月31日，张工到静海区东淀蓄滞洪区，登上大堤，检查洪区建设管理、堤防加固、洪区调度等情况。

8月1日，陈敏尔、张工到武清区再次检查调度防洪防汛工作。

8月2日，陈敏尔到静海区调研检查防洪防汛工作。市领导刘桂平、王力军、李树起，市有关部门、静海区负责同志参加。

8月2日，李文海带队沿途查看青龙湾减河水情，现场检查狼尔窝分洪闸。副市长范少军带领专家组现场检查蓟州区部分地质灾害隐患点和沟河行洪、杨庄水库防洪情况。副市长朱鹏带队检查指导蓟运河堤防和险工险段防汛抢险工作。王栩冬重点督导津南区碧桂园现场排水情况。

8月4日，张工赴现场实地检查独流减河防洪排涝工作。市政府秘书长孟庆松及市水务局主要负责同志参加。

8月5日，中共中央政治局委员、国务院副总理张国清代表党中央、国务院，来到大清河清北分洪口门、清南大堤加固工程现场、独流减河进洪闸指导防汛抗洪救灾工作。

8月7日，陈敏尔到静海区检查防汛抗洪救灾工作。

8月7日，张工赴西青静海调度大清河防汛抗洪工作。

8月8日，陈敏尔、张工分别与中部战区、武警部队一行到静海区大清河右堤检查会商天津市防汛抗洪救灾工作。

8月8日，陈敏尔到滨海新区检查防汛抗洪救灾工作。

8月8日至11日，张工在静海区检查调度防汛抗洪抢险工作。

8月9日，陈敏尔来到武清区，检查防汛抗洪救灾工作。

8月10日，陈敏尔到西青区检查防汛抗洪救灾工作。

8月12日，陈敏尔、张工在静海区检查防汛抗洪救灾工作；中部战区副司令员李志忠参加；中部战区、天津警备区、武警天津市总队领导白忠斌、叶大斌、王建军、李宝东，市领导王力军、李树起、衡晓帆、范少军、张玲，市政府秘书长，市有关部门、静海区负责同志等参加。

8月16日，李树起、范少军赴静海区巡查苗头排干西堤，随后到辛口镇第六埠分洪口门、水高庄进行调研，并在西青区东淀蓄滞洪区启用临时指挥部召开工作会议。

8月16日，谢元到海河沿线继续加强督查检查，抓好海河行洪安全管理工作。

（防御处）

【汛期雨情】 受第5号台风"杜苏芮"影响，7月28日至8月1日，海河全流域出现强降雨过程，大清河、子牙河、永定河下游、北三河中游等部分地区降雨量350~600毫米，局地700~800毫米，最大降雨量达1014.5毫米，累计面雨量155.3毫米，降水总量初步估算达494亿立方米，全流域形成洪水总量102.33亿立方米，为海河流域1963年以来的最强降雨。其中，永定河发生1924年以来最大洪水，大清河发生1963年以来最大洪水。

2023年6月1日至9月15日，天津市平均降雨505毫米，较常年同期（459.6毫米）偏多10%，较去年同期（454毫米）偏多11%。台风"杜苏芮"7月29日7时开始自南向北影响天津市，8月2日6时基本结束，降雨持续时间长达95小时。据气象部门统计，天津市7月29日7时至8月2日18时，大部分地区出现暴雨到大暴雨，全市平均降雨140.5毫米，最大降雨量286.9毫米，出现在武清区曹子里，为2012年以来第4位（2016年7月19—20日358.6毫米、2012年7月25—26日344.9毫米、2012年7月21—22日297.5毫米）。最大小时降雨量75.4毫米，出现在北辰区青光。累计降雨量最大降雨点314.9毫米，出现在张家窝站。中心城区累计平均降雨量132.4毫米，最大降雨量174.8毫米，出现在南开区景湖里。

（水资源中心）

【汛期水情】 2023年汛期发生流域性特大洪水，命名为海河"23·7"流域性特大洪水。海河流域22条河流发生超警以上洪水，永定新河、北京排水河、潮白新河、蓟运河、大清河涉及天津市，8条河流发生有实测资料以来的最大洪水，子牙河系、永定河系、大清河系先后发生编号洪水，河南省、河北省、天津市的8个蓄滞洪区相继启用，天津市境内永定河泛区、东淀蓄滞洪区启用。其中，大清河系发生1963年以来最大洪水过程，永定河发生1924年来最大洪水。

7月28日至9月30日，大清河、永定河、北三河和子牙新河等主要行洪河道入境洪水约46亿立方米，经天津市下泄入海洪水约53亿立方米。

（张强）

【汛期调度】 2023年海河流域发生流域性特大洪水，通过全面强化京津冀协同联动，科学安排、精准调度充分发挥河道泄洪能力，合理调配雨洪水资源，确保大清河系、永定河系洪水安全入海。

1. 大清河系

7月28日至9月30日，大清河系入境洪量23.36亿立方米，其中南支白洋淀下泄洪量8.99亿立方米，北支新盖房进入东淀洪量14.37亿立方米，经天津下泄入海洪量27.62亿立方米（含天津市域排涝水量）。

大清河上游分为南北两支，南支洪水自白洋淀枣林庄枢纽进入大清河至天津市静海区台头镇，经独流减河入海。北支洪水自新盖房枢纽进入东淀蓄滞洪区（大清河以北区域）。为保障大清河系洪水安全入海，提前安排大清河中心等部门密切关注白洋淀泄水以及大清河系降雨情况，做好大清河主槽泄洪工作。

大清河南支。白洋淀十方院水位7月30日开始上涨，8月1日10时最大入淀流量1647立方米每秒，8月20日8时最高水位8.78米。枣林庄枢纽7月31日至8月7日流量维持在200立方米每秒左右，8月18日以后维持在100立方米每秒左右。

大清河北支。拒马河张坊站水位7月31日9时开始快速上涨，22时20分出现洪峰7330立方米每秒。新盖房枢纽分洪闸7月31日12时开始提闸泄洪，在新盖房分洪道启用后，及时提请市防指做好东淀蓄滞洪区运用准备，8月2日10时洪峰2790立方米每秒，较"96·8"洪峰1580立方米每秒偏大8成。国家防汛抗旱指挥部8月1日2时启用东淀蓄滞洪区，及时协调大港电厂拆除独流减河尾闾深槽的阻水坝坝埝，确保洪水入海通道畅通。8月4日12时洪水水头到达天津界静海区东淀台头，8月6日22时水头到达东淀第六埠。密切关注东淀蓄滞洪区与河道的水位关系，待水位接近持平时，及时扒开退水口门，8月7日至9日陆续扒开老龙湾、水高庄、第六埠、杨柳青4个退水口门，淀内洪水通过退水口门退入子牙河，东淀第六埠水位10日5时最高5.52米，之后逐渐下降，洪水经独流减河、子牙河下泄。

大清河台头8月7日11时出现最大流量699立方米每秒，最高水位6.01米，大清河洪水经独流减河下泄。独流减河进洪闸8月10日7时出现最大流量1354立方米每秒。根据防汛形势，联动会商研判防御措施，积极协调枣林庄枢纽、新盖房枢纽、献县枢纽、独流减河进洪闸、西河闸、独流减河防潮闸等重要闸站调度安排，通过减少入境水量及海河干流分泄洪水，减轻大清河系行洪压力，保障防汛安全。天津市于8月12日协调海委提启西河闸，分泄大清河部分洪水进入海河，通过金钟河泵站和海河口泵站外排入海。在海河行洪期间密切关注水质变化，充分利用雨洪水资源完成二级河道水体置换，改善水环境。随着大清河水位下降，8月22日8时关闭西河闸，西河闸累计过水1.19亿立方米。

8月10日凌晨，河北省文安县滩里干渠东堤漫溢溃口，东淀蓄滞洪区清南部分区域进洪，及时协调河北省处置滩里干渠溃口，确保清南安全。8月13日23时55分，河北省完成溃口封堵。8月12日5时，苗头排干西出现最高水位5.93米。8月17日，静海区开始架设临时泵强排，清南区域洪水于9月15日全部排净。

8月30日13时30分，新盖房枢纽分洪闸关闭。8月31日至9月16日，及时根据东淀内外水位变化，陆续封堵退水口门。东淀清北区域于9月7日架设临时泵全力排除尾水，9月25日东淀全面退水。

2. 永定河系

7月28日至8月20日，永定河系入境洪水量3.27亿立方米，全部通过永定新河防潮闸入海。

7月31日0时，卢沟桥拦河闸开始提闸放水。为保障永定河系洪水安全入海，积极协调海委屈家店枢纽提闸，提请市防指做好永定河泛区运用准备，安排武清区、北辰区、永定河中心全力做好永定河泛区运用准备工作，及时清除区域内阻水隔埝。31日13时54分卢沟桥枢纽出现组合洪峰4650立方米每秒，其中卢沟桥拦河闸下泄流量2810立方米每秒。8月1日22时10分，水头到达天津市永定河。

8月3日，永定河泛区天津市区域开始进水，19时30分，武清区邵七堤出现最高水位10.53米。行洪过程中密切关注水位变化，确保堤防行洪安全，充分做好退水工作。8月12日，屈家店枢纽永定新河进洪闸出现最大流量253立方米每秒，15日永定河上游来水归入主河槽。武清区于8月11日架设临时泵排除尾水。8月19日永定河泛区洪水全部排净。

3. 子牙新河

7月28日至9月30日，献县枢纽子牙新河进洪闸下泄洪水总量11.34亿立方米，全部经子牙新河下泄入海。

为应对子牙河系来水，安排滨海新区全面做好子牙新河行洪各项应对工作，协调河北省做好献县枢纽调度工作，减少子牙河系行洪压力。献县枢纽子牙新河进洪闸自7月30日起水势上涨，20时15分献县枢纽子牙新河出现最大泄量450立方米每秒（2021年洪峰值410立方米每秒），之后逐渐减少。子牙新河入津界闫北桥站水位自7月29日起涨，8月12日19时30分出现最高水位5.86米（2021年最高水位6.05米），随后降低。

4. 北三河系

7月28日至8月20日，北三河系入境洪水量7.69亿立方米，洪水全部经潮白新河、永定新河下泄入海。7月28日，根据洪水预报，北关分洪闸洪峰流量超过2700立方米每秒，大黄堡蓄滞洪区狼儿窝分洪闸上水位将达8.5米以上。为应对北三河系来水，安排于桥水库闭门错峰，北京排水闸、里自沽闸、宁车沽闸、蓟运河闸、永定河防潮闸联合调度，全力泄水；并安排宝坻区水务局根据来水情况，逐步加大里自沽闸泄量至敞泄，全力降低潮白新河水位，增大调蓄空间。

8月1日0时，北关枢纽洪峰流量1145立方米每秒。土门楼枢纽8月1日14时，洪峰流量784立方米每秒。大黄堡蓄滞洪区内群众于8月1日完成转移，8月6日以后，青龙湾减河上游来水减少，青龙湾减河狼儿窝分洪闸最高水位7.03米，低于分洪水位（8.10米）1.07米，安排洪水全部通过青龙湾减河安全下泄，大黄堡蓄滞洪区未启用。

（赵英虎　张丽伟）

【洪涝灾情】　受强降雨影响，天津市8个区104个镇出现洪涝灾害，受灾人口129234人，农作物受灾面积25.8186千公顷，转移人口92924人，直接经济总损失54.6071亿元，其中水利工程设施直接经济损失5.1253亿元。

损坏堤防75处，长度222.97千米，造成损失约25119.91万元。其中，一级堤防7处，长度29.48千米，损失4387.00万元；二级堤防17处，长度45.68千米，损失5158.04万元；三级及以下堤防51处，长度147.81千米，损失15574.87万元。

损坏护岸26处，损失2702.96万元；损坏水闸201座，损失7652.36万元；损坏灌溉设施187处，损失1964.2万元；损坏水文测站14个，损失341.85万元；损坏机电井700眼，损失4365.00万元；损坏机电泵站112座，损失8105.3万元。

其他损坏2处，损失1001.00万元，为橡胶坝、船坞损坏。

天津市技术抢险支撑投入3984.40万元。其中,市级防汛抢险物资1109.70万元;全市巡堤查险人数120931人次;派出工作组2332人次,其中省级616人次,县级1716人次。

（李宏强　李玉环　李永儒）

【山洪灾害防御】

1. 汛前防御准备

协调应急部门落实山洪灾害监测预警、转移安置责任和值班值守责任人,并对重点山洪沟道监测预警责任人落实情况进行督查,确保预警责任制全部落实到位。汛前修订蓟州山区镇（乡）、村31个山洪灾害防御预案,指导乡镇、重点村做好培训演练和简易监测预警设施使用。巡查养护山洪灾害监测预警平台、61处雨量站、22处水位站、10处视频监控设备及村庄大喇叭,确保监测数据传输及预警信息发布及时准确。积极开展宣传活动,悬挂主题布标,设置宣传展板,向群众讲解宣传山洪灾害防御知识,发放宣传资料5600份。对业务骨干开展防汛抗旱知识培训,建立微信群,发送明白纸,结合案例分析进行气象形势、防汛知识、应急处置方法的培训,增强业务骨干自防自救互救能力。

2. 安排部署情况

天津市水务局印发《关于做好2023年山洪灾害防御工作的通知》,部署山洪灾害监测预报、预警发布、运行维护等任务,严格履行"测防报"职责,全面压紧压实山洪灾害监测预警责任。蓟州区水务局召开山洪灾害防御工作会议8次,组织对重点山洪沟道、水库进行检查45次,督促落实山洪灾害防御责任和山区水库"三个责任人""三个重点环节"。汛期严格落实监测预警、值班值守、信息报送制度,按山洪灾害防御预案的响应条件,果断采取"关、停、限、闭"措施,有效避免人员伤亡。

3. 监测预警情况

汛期自动监测系统和预警设施设备整体运转良好,发报正常率达98%以上,水位雨量一体监测站报送数据间隔1小时,数据平均上报率95%以上,GSM预警广播设备正常运转率98%以上,为山洪灾害防御指挥决策提供有力支撑。

4. 提请转移避险情况

依托蓟州区气象预警平台和蓟州区水务局山洪灾害监测预警平台,累计向相关责任人及时发布预警提示信息8000多条,转移受山洪威胁群众2500人,关闭农家院6895户,劝返游客27000余人次。

5. 监督检查情况

天津市水务局汛前检查蓟州区山洪灾害防御准备工作、站点和平台运行情况,局领导带队到蓟州区实地检查山洪灾害防御工作,汛期派出工作组赴山区一线,督促指导检查山洪灾害防御措施落实。蓟州区派出山洪灾害防治综合检查组8组次45人次,水库检查组18组次75人次,塘坝、山洪沟检查组16组次50人次,累计排查整治隐患75个。

【应急处置】　2023汛期,受第5号台风"杜苏芮"影响,海河流域发生"23·7"流域性特大洪水。天津市水务局深入贯彻落实习近平总书记关于防汛救灾的重要指示精神,落实李强总理要求和张国清副总理来津指导防汛抗洪救灾的工作部署,深刻认识防大汛、保安全的极端重要性,在市委、市政府高效指挥调度下,坚持早研判、早部署、早准备,落实落细各项暴雨洪水防御措施。

1. 周密安排工作任务

谢元副市长连续坐镇市水务局,组织水务、应急、气象和有关区召开工作部署会议,滚动会商研判,科学指挥调度。连续与水利部海委及北京、河北两省（直辖市）,以及应急、气象等部门会商研判流域及天津市雨水情,召开水务系统和工作组工作会议,就水情监测、防洪调度、物资保障、工程巡查、应急抢险、蓄滞洪区运用、山洪防御、城区排水等重点防御工作进行部署落实。各单位各部门充分估计困难,充分预判风险,全力保障人民群众生命财产安全和社会稳定大局。

2. 建立健全组织体系

建立台风"杜苏芮"防范工作前置指挥体系,5名局领导、12名专家参加市领导带队的7个工作组包片下沉各区,深入基层一线督导检查,统筹抓好台风防御工作。为落实市防指工作部署,进一步强化水情分析研判、专业指导、工程抢险、分洪泄洪调度等重要职能,抽调水务有关领导和专家成立水情监测组、专家组、应急抢险组、防洪调度组4个专项工作组,提升防洪防汛指挥作战能力。局主要领导和2名班子成员到前线指挥部组织指挥工程抢险工作。成立局综合信息组和督察组,确保信息渠道畅通,工作推动有力。

3. 迅速进入应战状态

依据《天津市洪水预警发布管理办法》,天津市水文水资源中心7月30日22时向行业内部发布蓟运河洪水蓝色预警,8月9日17时解除。7月31日8时发布天津市洪水黄色预警,10时发布天津市洪水橙色预警,8月9日17时解除。7月31日14时发布永定河洪水红色预警,8月14日9时解除。8月6日17时发布大清河洪水红色预警。8月18日7时大清河洪水红色预警降为橙色预警。8月19日14时大清河洪水橙色预警降为黄色预警。8月21日9时,大清河洪水黄色预警降级为蓝色预警。9月6日14时解除大清河洪水蓝色预警。

7月28日11时启动市水务局洪涝灾害防御Ⅳ级应急响应,7月30日2时提升至Ⅲ级应急响应,7月30日21时提升到Ⅱ级应急响应,31日15时提升至Ⅰ级应急响应,市水务局按照Ⅰ级应急响应标准上岗到位。8月15日22时,市水务局洪涝灾害防御Ⅰ级应急响应调整为针对大清河系的Ⅰ级应急响应,其他河系解除水旱灾害防御Ⅰ级应急响应。8月18日12时,市水务局将大清河系水旱灾害防御应急Ⅰ级响应调整为Ⅱ级。8月22日16时,大清河系水旱灾害防御Ⅱ级应急响应调整为Ⅲ级。9月11日18时,解除市水务局水旱灾害防御Ⅲ级应急响应。

4. 强化水情监测会商

与水利部信息中心实时滚动会商水雨情,与海委和北京市、河北省等保持密切联系,沟通气象、雨水情和调度措施。派出4支水文监测突击队、3架无人机追踪勘查洪水水头,及时掌握洪水入境情况。密切监视台风和洪水动向,逐河系滚动作出洪水预报,持续研判洪水发展变化趋势,24小时不间断发布天津市及周边主要河道重要控制断面水情信息。联系水利部海委、市公安局指挥中心和中水北方公司,充实专家队伍和无人机等现代化监测手段,精准研判水情汛情,为各区、河段、闸口及相关部门提供信息。在子牙河建设2座自动雷达水位站,在大清河台头至第六埠段左右堤每2千米建设一组水尺,掌握水位和水面距堤顶高度,为洪水调度和应急抢险提供及时有效支撑。紧急在山区重点部位建设40处应急视频监控系统,强化山洪灾害监测预警手段。

5. 科学实施洪水调度

7月27日强降雨来临前,加大潮白新河里自沽闸预泄,联合调度运用永定新河防潮闸、蓟运河闸、北京排水河防潮闸、金钟河泵站,永定新河、蓟运河、独流减河等行洪河道、二级河道全力下泄,中心城区河道利用海河口等外排泵站开车排水,最大力度腾空河道。发挥京津冀防汛协调联动机制作用,强化与海委、北京、河北联系沟通,根据水情及时安排静海区、武清区、西青区做好蓄滞洪区运用准备,同时争取上游发挥水库拦蓄削峰分流作用,减轻天津市河道行洪压力,也为蓄滞洪区群众转移争取时间。做好东淀蓄滞洪区行洪调度,东淀水位与大清河水位持平时,先后扒开老龙湾、水高庄、第六埠、杨柳青4个口门,8月9日8时全部扒开,洪水向独流减河、子牙河退去。海河流域洪水进入退水阶段,编制大清河东淀蓄滞洪区退水方案,8月12日协调提启西河闸(子牙河),日均流量125立方米每秒,之后增加到150立方米每秒,小流量分泄大清河来水入海河,一部分经新开河、金钟河进入永定新河入海,一部分由海河口泵站排海,利用雨洪资源改善中心城区水环境,在确保海河安全前提下适度减轻大清河压力。8月22日8时关闭西河闸。

6. 紧急实施应急工程

会同静海区、西青区组织7880人405台机械设备,争分夺秒、昼夜奋战,在确保工程质量和施工安全前提下，8月6日前完成子牙河南坝台挡水坝工程、子牙河左埝搭设应急子埝工程、子牙河右堤加高加固工程、子牙河千里堤加高加固工程、大清河右埝搭设应急子埝工程、大清河左埝（台头安全区）搭设应急子埝工程、苗头排干渠西堤应急子埝工程、东淀外围堤隐患建筑物封堵工程等东淀蓄滞洪区8项应急抢险工程建设。组织宝坻区、宁河区应急开展蓟运河7处险工段加高加固，加强巡视，备足编制袋、土料等抢险物资，做好抢险准备。协助大港电厂于8月7日拆除独流减河66+615北深槽尾闾坝埝，畅通独流减河洪水下泄最后一千米。

7. 全面加强巡堤查险

组织各区落实落地重点区域分级分段包保的巡查责任人、技术责任人、抢险责任人。在大清河沿线建立技术巡查、流动巡查、定点巡查、专业巡查的四级巡堤查险体系，组建共590人的巡查队伍，通过徒步巡查、无人机巡检、地质雷达扫描、自动雷达水位监测等多种方式，开展24小时不间断巡堤查险，快速处置发现的渗水、管涌等问题，持续筑牢大清河行洪安全防线。3座市级专储防汛物资仓库累计向静海、武清、西青等8个区、静海前线指挥部和局属有关单位调拨市级专储防汛物资32批48次23个品种，总价值1109.70万元。接收中央支援防汛物资8批次10个品种，调拨中央物资15次，涉及编织袋500万条、彩条布107.6万平方米、长丝土工布26.8万平方米、救生衣1万件、手提照明灯1600台、排水泵27台套，全力保障抢险物资需求。

8. 强化蓄滞洪区运用安全

汛前组织修订蓄滞洪区运用预案，开展蓄滞洪区居民财产登记，为蓄滞洪区运用打下基础。联合市防办检查督促大黄堡、东淀蓄滞洪区运用准备，会同区水务部门对蓄滞洪区外围堤及相关河道堤防进行查险排险。7月31日组织静海区、西青区开展东淀蓄滞洪区清北区域人员转移、应急清障、围堤防守等准备工作，保证启用前人员应撤尽撤和有序行洪滞洪。8月1日2时东淀（清北）蓄滞洪区启用，8月3日12时前西青区、静海区涉及群众全部转移完毕。新盖房洪水水头于8月4日12时抵达天津，6日抵达东淀第六埠。8月9日19时东淀台头水位达到最高6.01米，东淀第六埠10日5时达最高5.52米后开始缓慢下降。8月2日6时永定河泛区启用，武清区、北辰区涉及群众8月1日6时30分前全部转移完毕。8月1日22时10分，永定河洪水水头到达天津市武清区邵七堤站，实时水位9.32米，流量66.6立方米每秒，3日23时水位上涨至最高10.53米，随后缓慢波动下降，12日7时降至10.20米后降速加快。8月2日，根据洪水水头推进速度及趋势，清理河道行洪主槽范围内的阻水障碍物和上游漂浮物，以利河道主槽泄流通畅，降低滩地淹没水深，缩短淹没历时。8月12日永定河泛区转移群众开始陆续返迁，17日完成回迁。8月20日凌晨东淀群众开始返迁，20日中午12时群众全部安全有序返回家中。同时，通过4个退水口门、固定泵站以及架设的临时泵等，加强东淀蓄滞洪区退水排水工作，9月15日完成清南苗头排干以西地区排水，9月25日，东淀蓄滞洪区清北区域全面退水。

9. 充分发挥技术支撑作用

7月26日，各河系专家分组提前与各区水务部门对接防御准备工作。7月27日，15个防汛专家工作组指导各区开展强降雨应对、工程隐患排查和工程巡查工作，7月28日开始连续在大黄堡洼、东淀、永定河泛区、黄庄洼蓄滞洪区等蓄滞洪区督导检查围堤、分区隔埝、分洪口门、安全区缺口封堵、应急加高、穿堤口门封闭等工作。编制《巡堤查险抢险工作方案》和巡堤查险明白纸，与各区共同开展行洪河道、重点闸站水库、蓄滞洪区围堤巡堤查险。退休干部职工心系防洪安危，2名退休局领导和多名退休专家发挥余热，主动请缨参战，持续奋战在防汛抗洪抢险一线，连夜编制完成《东淀蓄滞洪区应急抢险工程方案》《东淀蓄滞洪区外围堤应急抢险工程设计方案》。市水务局派出198名技术专家，赶赴静海区、武清区前线支援指导抗洪抢险工作，合力打好抗洪抢险攻坚战。

10. 积极做好中心城区排水

受台风"杜苏芮"影响，7月29日7时至31日16时，全市平均降雨108.5毫米，中心城区平均降雨97.6毫米。正值抗洪关键期，8月1日14时至20时、8月11日20时至12日6时，全市发生降雨2次。市区分部紧急启动防汛应急响应，市区二级河道持续保持低水位，海河口泵站开车排水，为市区排涝创造条件。128座雨水泵站、67座污水泵站、12座合流泵站开车，1100名排水人员上岗实施排水作业。会同市内六区排水部门，加强市区两级联动排水，联合交管、城管等部门及时做好道桥封控等应急处置工作，保障道路交通安全。8月1日降雨中心城区出现15处临时积水片、34处易积水地区、地道"一处一预案"立即启动，2日凌晨1时45分积水全部排净。

（张垚宾　张媛）

【防御风暴潮】 2023年天津市潮情总体平稳，共接收风暴潮警报5次，其中黄色警报1次，蓝色警报4次，最高潮位出现在8月5日17时25分，塘沽站潮位4.90米（海图），超过蓝色警戒潮位0.1米。除大神堂码头、蔡家堡码头、红星码头等低洼区域上水，海堤工程破损量有所增加外，未对社会面造成不良影响。除上述5次风暴潮过程之外，全年还接收风暴潮消息6次。与海洋、气象、应急等部门随时沟通联系，实时关注潮情变化，做好应急响应准备。

责任制落实。成立2023年永定河中心（海堤中心）防汛防潮组织机构，明确分工职责。内设中心防汛防潮工作领导小组，下设水情组、工情组和综合组，按区成立防汛防潮工作组。配合滨海新区落实防潮工程防潮责任制，将全线海堤划分为14个责任区域，按区域落实行政、管理和技术责任人。

预案管理。印发永定河中心（海堤中心）防潮预案，规范防潮应急响应启动和终止条件，明确应急响应期间各工作组的职责分工、工作流程、险情处置程序等。结合海堤工程运行实际情况，修订防潮抢险技术方案，抢险措施立足海堤沉降、工程结构老化、堤身护砌破损、口门及低洼易上水区域等情况，具体问题具体分析，做到"一处一预案"。

防潮检查。根据汛前海堤工况运行全线大排查情况，经分析研判和结合围海造陆工程实际，同时考虑一线海堤堤后保护对象及蓄、导能力，共梳理出六类隐患、16个问题，包括：堤身四类、12个问题，总长度11.2千米。隐患类型为堤身沉降、堤身渗漏、迎水坡护坡破损、堤顶路面破损、跨堤通道缺少工程防潮措施、附属穿堤建筑物运行不畅。重新核实涵闸和交通口门的具体使用人信息，建立长效联络机制，确保设施能及时关闭御潮。汛期开展涉堤建设项目防潮措施检查工作，落实施工现场防潮抢险物资及相关准备措施。

5月6日，局领导唐先奇到海堤中心调研海堤管理情况，听取汛前防潮各项准备工作，并从提高政治站位、确保工程安全运行、做好防潮保障预案编制工作和加强部门横向联动4个方面对下一步风暴潮防御工作提出明确要求。

7月19日，局领导唐先奇带领海堤专家组成员检查滨海新区和海堤中心防汛防潮工作，实地察看了中心桥引河泵站和减河北段海堤工程，听取了相关单位防汛防潮工作开展情况、存在问题及应对措施的情况汇报，并对下一步防汛防潮工作提出明确要求。滨海新区水务局和海堤中心负责同志参加。

7月29日下午，市政府副秘书长于鹏洲深入一线指挥海堤防潮工作，实地查看红星码头段、力高阳光海岸段海堤工程，详细了解海堤整体情况、隐患薄弱点位具体情况、防潮准备工作落实情况和台风"杜苏芮"可能对海堤的影响，并对有关工作提出具体要求。局领导唐先奇陪同检查，滨海新区政府相关部门、永定河中心、中新生态城应急局负责同志参加。

（永定河中心）

【蓄滞洪区管理】 按照《天津市蓄滞洪区管理条例》、《蓄滞洪区运用补偿暂行办法》、《蓄滞洪区运用预案编制导则》（SL 488—2010）和《天津市蓄滞洪区运用预案编制模板》，市水务局组织相关区水务局修订2023年蓄滞洪区运用预案、核查居民财产登记情况，细化落实社会经济指标、组织机构体系、转移安置措施和转移人口，排查蓄滞洪区内生产和储存有毒易爆危化企业，做实做细预案和居民财产登记修订工作，突出实用性和可操作性，为蓄滞洪区运用提供基础保障。

按照《水利部办公厅关于开展国家蓄滞洪区建设管理目标任务确定和安全运用分析评价工作的通知》的要求，在全面复核蓄滞洪区建设管理台账的基础上，锚定"分得进、蓄得住、排得出、人安全"的目标，以问题为导向，结合已有规划方案，对天津市10处国家蓄滞洪区和3处地方蓄滞洪区，逐一明确蓄滞洪区建设管理总体目标，确定2025年和2035年分项目标，提出"十四五""十五五"期间建设管理任务。从"分得进、蓄得住、排得出、人安全"四个维度，逐一开展有关指标评价，综合形成安全运用分析评价结论；以蓄滞洪区为单元，全面汇总建设管理台账、目标任务确定、安全运用评价及数字一张图等成果，逐蓄滞洪区编制建设管理"三逐一、一完善"成果手册，为蓄滞洪区建设管理和运用提供依据。

按照《水利部办公厅关于做好国家蓄滞洪区工程维修养护补助资金使用管理有关工作的通知》（办防〔2023〕283号），市水务局组织永定河中心、北三河中心开展2024年国家蓄滞洪区工程维修养护项目，包括全面日常维修养护和重点项目维修养护两部分。2024年度天津市国家蓄滞洪区工程维修养护项目安排永定河泛区、黄庄洼等5个蓄滞洪区的330千米堤防、9座进退洪闸维修养护，投资2151万元。切实提升国家蓄滞洪区运行管护水平，保障蓄滞洪区工程能够正常使用，逐步实现蓄滞洪区"分得进、蓄得住、排得出、人安全"的目标。

（李宏强 么男 李永儒）

【蓄滞洪区运用准备】 受2023年第5号台风"杜苏芮"影响，海河流域持续有大到暴雨，滦河、北三河、永定河、大清河、子牙河、漳卫南运河等河流出现洪水过程，为积极应对海河"23·7"流域性特大洪水，全力做好蓄滞洪区运用准备工作，市防指于7月28日向各相关区水务局、各河系管理中心发送明传电报《关于全力做好蓄滞洪区运用准备工作的紧急通知》（津水汛电〔2023〕2号），全面排查东淀、永定河泛区、大黄堡洼及黄庄洼等4个蓄滞洪区的运用准备工作情况及安全隐患情况，全力做好蓄滞洪区运用的各项准备组织及推动工作。

（李宏强 么男）

【蓄滞洪区运用补偿】 市政府成立市蓄滞洪区运用补偿工作领导小组，负责组织、协调、指导全市蓄滞洪区运用补偿工作。市领导小组下设办公室、政策咨询组、核查督导组及社会维稳组。办公室设在市水务局，负责蓄滞洪区运用补偿日常工作。市财政局负责市级补偿资金筹措、中央和市级补偿资金下拨以及补偿资金使用的监督管理。市应急局负责组织蓄滞洪区运用后的受灾范围界定、协助灾损核查统计工作。市农业农村委会同有关部门对农作物、专业养殖、家庭农业生产机械、役畜等损失提出补偿标准建议及佐证材料要求。市住房城乡建设委会同市应急局对居民住房损失提出补偿标准建议及佐证材料要求，指导各区对居民住房水毁后安全程度进行评估鉴定。市规划资源局会同有关部门对经济林损失提出补偿标准建议及佐证材料要求。市商务局会同有关部门对家庭主要耐用消费品提出补偿标准建议及佐证材料要求。市发展改革委、市统计局、国家统计局天津调查总队协同各行业主管部门拟定补偿标准。市委政法委会同市委宣传部、市委网信办、市公安局、市信访办负责运用补偿相关的信访维稳、舆情监测管控等工作。

武清区、静海区、北辰区、西青区人民政府是此次蓄滞洪区运用补偿工作的责任主体，负责本行政区域内蓄滞洪区运用补偿工作的具体实施和管理。各区成立区级蓄滞洪区运用补偿工作领导小组，负责组织、协调、指导和落实本行政区域蓄滞洪区运用补偿工作。

"23·7"洪水蓄滞洪区最大滞洪淹没面积达96.6平方千米，先后启用了永定河泛区、东淀2个蓄滞洪区；大黄堡洼蓄滞洪区组织了人口转移，未实施蓄滞洪，紧急转移安置人口8.55万人。天津市蓄滞洪区运用补偿涉及北辰区、西青区、武清区、静海区4个行政区，共计14个镇街、108个村、11031户。农作物损失66.06平方千米，经济林损失9.29平方千米，专业养殖损失家畜17403头、家禽93341只、水产养殖区域4.09平方千米，居民住房水毁损失8585间、总住房面积186783平方米，无法转移的家庭农业生产机械和家庭主要耐用消费损失16319台。运用补偿总金额5.05亿元，其中北辰区0.19亿元、西青区1.90亿元、武清区2.15亿元、静海区0.81亿元。补偿资金由中央支持3.54亿元，市级配套1.51亿元。

（防御处　水调中心）

【水毁工程建设】　天津市水利设施水毁修复项目总投资24326.58万元，其中中央财政18000万元，市、区两级财政6326.58万元，用于实施永定河泛区堤防修复，大清河堤防修复，武清区、西青区等辖区内水闸泵站修复等44项水毁修复工程。工程于2023年11月开工，2024年6月底全部完工。

（李宏强　李玉环　李永儒）

【中心城区防汛排涝】

1. 2023年中心城区降雨基本情况

2023年全年中心城区共形成有效降雨47次，累计降雨量714.75毫米（汛期588.5毫米），与常年平均总降雨量534毫米相比增加超过三成。进入主汛期后，极端天气事件明显增多，呈现局部短时突发性强降雨多发频发，且降雨时空分布不均，雨情预测难度大等特点。排管中心成功应对"杜苏芮"台风，在海河"23·7"流域性特大洪水期间严防死守，中心城区汛期未发生内涝，实现了"大雨雨后2小时，暴雨雨后5小时"退水的承诺。面对60年来最大洪水的考验，中心积极响应，科学调度，先后抽调防汛抢险骨干力量，配备专业设备，组成抢险队伍奔赴河北涿州，天津市武清、静海、西青等蓄滞洪区支援排水救灾工作。排管中心的防汛工作得到了市领导及社会各界的充分肯定。

2. 2023年防汛准备

建立健全防汛组织机构，成立防汛队伍共计640余人，同时还有500余名专业抢险作业人员参与防汛。强化24小时防汛值班和领导带班制度，修订中心防汛上岗制度和防汛备岗制度，落实自启动机制，增加防汛抢险反应速度。

组织开展汛前春季会战，重点针对低洼易积水地区、下沉地道、交通枢纽等防汛重点部位的排水设施，累计疏通管道529千米，掏挖检查井83636座、雨水井70466座，清挖泵站集水池88座，完成管网、泵站应急抢险项目263项，防汛设备检修211台套，有效夯实市区防汛安全基础。

强化预案管理。立足"防极值、防超常、防未有"，修订完善中心城区防汛排水方案、中心城区积水地区防汛"一处一预案"，共计梳理出20处易积水地区、14处易积水地道及下沉路。优化"一低两腾空"运行方案，做到快速响应、科学应对、高效处置。

以演练促提升。5月份完成防汛应急抢险设备操作培训和技能比武大赛，通过培训、比武、演练，进一步增强防汛抢险队伍的实战本领，提高防汛应急处置能力，筑牢安全度汛防线。

全面排查工程影响防汛各类隐患。针对查找出的54项问题，对13家建设单位下发督办函，落实建设单位防汛责任，制定有针对性的解决方案和应急措施，确保汛期设施安全。

加强防汛检查。由中心领导带队，对各所预案修订、组织机构落实、排水设施养护、河道堤防、沿河闸门等开展全面排查，及时整改并上报。

加强现场防汛监测监控设施运行维护。对400

余处各类防汛监测监控点位进行线下巡检，应急抢修90余次。同时进一步完善防汛物资储备点12处，对储备的防汛抢险车63辆、大型泵车44辆、小型泵车21辆、防汛发电机组91台、防汛移动水泵79台等防汛抢险设备维护保养，确保设备拉得出、用得上，同时为保障排水泵站及设施自保能力，相应储备了10台套检井泵和200台套潜水泵等排水设备，接收市水务局支援设备16台套，并始终处于热备状态。

3. 充分发挥市区分部办公室职能

组织市区分部成员单位对辖区内地下空间等重点地区进行检查，保障安全度汛；对在建工程排水安全度汛措施、防汛组织机构落实、防汛预案的编制、抢险队伍和物资储备等工作落实情况进行专项检查，同时于7月召开2023年市防指市区分部防汛工作推动会议，进一步压实各级责任人职责，形成事岗应对、权责清晰的责任链条。

重新组织修订《2023年天津市中心城区防汛排水方案》，压实各成员单位防汛责任，同时制定《中心城区防汛应急响应"叫应"机制》，进一步增强面对极端天气时的反应能力和应急处置能力。

4月组织开展"防汛应急排水设备操作培训"；6月开展"2023年中心城区防汛工作培训"，通过培训进行了全面认真的总结，加快"叫应"反应速度。市区分部组织各成员单位于5月30日联合蓝天救援队等部门开展"2023年中心城区防汛应急抢险演练"，切实增强应对极端强降雨防汛抗灾工作能力，为确保中心城区安全度汛奠定基础。

落实监督检查职能，对12个单位下发督办函件，确定时间表、路线图，推进问题整改，确保隐患及时消除。汛期由市防指副总指挥李文运同志带队对汛前排水设施养护、雨污分流改造、防汛物资储备、地下空间等情况进行检查；6月由市区分部指挥、副指挥带队对中心城区工程影响防汛问题所涉及的建设单位防汛应急措施落实情况进行检查，立足于防极端做好各项防汛准备工作。

4. 科学调度全力确保安全度汛

坚决落实汛期检查，本着汛期不结束、检查不停止的宗旨，在日常巡视检查的基础上，在雨前对河道、泵站、闸门进行再巡查、再排查，对在建工程、地道、下沉路、易积水地区等薄弱环节提前预置措施和力量。特别在台风"杜苏芮"影响期间，各单位加强泵站变配电间漏雨情况巡视检查，保障泵站设施正常发挥功能，同时各巡视组、机关突击队30余人次对中心城区"一处一预案"点位设备人员热备情况展开巡视检查，保障台风降雨期间中心城区防汛排沥安全。

精准执行雨中调度。接到预警后，快速落实自启动措施，切实做好"一低两腾空，三开四到位"要求。市、区两级防汛部门"一处一预案"设备时刻处于热备状态，如遇降雨立即启动，加强重点易积水片、易积水小区、低洼地区、下沉地道等防汛关键点位的值守和巡查，抢险点位的设备提前准备就绪。遇降雨中心城区雨水泵站全力开车排水，临时泵站全部启用。对排水设施薄弱和重点地区加强巡视，密切关注雨情和积水情况，发现问题立即处置，杜绝人员伤亡事故。

强化与市区分部各成员单位之间的联防值守，特别是加强降雨期间与城管、交管等部门针对地道（隧道）与下沉路的联防值守，发现严重积水及其他突发状况，立即对相关地道（隧道）或下沉路进行预警或隔离处置，充分落实10厘米预警、20厘米断交措施，杜绝人员生命财产损失事件发生。同时提高各部门之间的信息传递速度及准确性，保障信息的一致性。

积极应对极端强降雨天气。排管中心为应对降雨天气，接气象信息后，加强值班值守，一级、二级河道雨水泵站全部开启，落实"一低两腾空"措施，34处"一处一预案"设备全部到位。特别是在应对台风"杜苏芮"期间，提前腾空管道；各闸门保持开启状态，保持河道低水位为大沽液位0.8米左右，最低达到0.6米左右，预留调蓄空间。

降雨过程中密切关注雨情变化，有针对性地加强雨水泵站开车，遇极端降雨261座泵站开车、50台套应急排水设施全力排水，1100余名排水职工全部上岗到位，积水点位打井放水，加速积水排沥。

积极应对海河"23·7"流域性特大洪水。在应对海河洪水的防御过程中，海河段累计泄洪11900万立方米，中心城区二级河道需要协助海河完成泄洪削峰工作，同时保证市区防汛安全。自7月27日响应开始，中心防汛人员连续在岗448小时，迎战降雨9场，累计降雨量284.03毫米，累计排水量约1亿立方米。

在承担海河流域泄洪和防范中心城区内涝的双重任务下，抽调精英骨干力量，集结了一支由11台车辆、32人组成的抢险队，紧急驰援河北省涿州市，经过7天128个小时连续作业，完成4个积水区域抢险抽排任务，抽排总量达16万立方米，为后续供水、供电、电梯、污水处理等设施的修复运行和人民正常出行赢得了宝贵时间。同时按照市水务局要求，8月15日支援武清豆张庄镇眷兹村滞洪区，抽调防汛抢险骨干20人，调配2辆大型移动泵车、5辆保障车，历时4天，共计排除积水20万立方米。8月23日分两批支援静海东淀蓄滞洪区排除积水，累计派出抢险人员68人，各类泵车11辆，各类保障车辆35辆，通过连续奋战39天，共计排除积水750万立方米。

(排管中心)

【河库闸站防汛责任落实】 组织各区各单位认真落实水库大坝安全责任制，组织确定天津市3座大型水库大坝安全责任人并按时上报水利部公示；组织中小型水库主管单位落实大坝安全责任人54人次并进行公示；组织各区逐库落实小型水库防汛责任人30人次并全部开展了新任防汛责任人履职培训；组织各中心按照水利部和市防办的要求，确定水库安全度汛管理和技术责任人名单、一级行洪河道城市防洪堤海挡管理和技术责任人名单和直管大型水库管理和技术责任人名单，中小水库防汛"三个责任人"全部履职到位。

(张祺帆)

【农村除涝】 2023年汛期，受台风"杜苏芮"影响，京津冀区域持续出现强降雨，海河发生"23·7"流域性特大洪水。灌排中心深入学习贯彻习近平总书记重要指示精神，坚决落实市委、市政府和局党组工作部署，提高政治站位，强化责任担当，坚守岗位、奋战一线，持续深入开展隐患排查，落实区管中小型水库度汛工作，加强农村除涝工作能力建设；更新农村除涝工程现状、防汛工作通讯录等基础资料；组建农村除涝组专家组，加强业务培训；保障农村国有扬水站运行信息收集处理程序运行，做好农村国有扬水站开车运行信息数据的统计分析，为决策提供数据支撑。全力以赴抗击海河"23·7"流域性特大洪水防御工作，抽调精干力量参加永定河、子牙河巡堤查险等现场工作；对接市防指农村分部，组织武清区、静海区、西青区等编制退水排水方案，并协调全市各区、央企国企、兄弟单位增援支持排水设备，全力加快排水进度：永定河泛区启用固定泵站8座、扒口10个、架设临时泵80处，合计40.85立方米，于8月19日较计划提前6天完成排水任务；东淀蓄滞洪区启用固定泵站6座、架设应急排水设备332台（套），合计退水排水能力183立方米每秒，于9月底前全面完成排水任务，较"96·8"洪水有效缩短5~6个月。为群众灾后回迁和灾后重建、农业生产及时恢复及经济社会健康发展提供了坚实的支撑。同时，加强汇总分析，报送农村除涝、蓟州山洪、永定河泛区退水排水、东淀蓄滞洪区清南清北退水排水、分区排水情况分析等6类信息141期；编制报送市委、市政府东淀蓄滞洪区分区排水情况分析报告8期、东淀蓄滞洪区分区积水测算图9期。

(灌排中心)

旱灾防御

【概述】 2023年天津市汛前降雨偏少。1—3月全市平均降水量7.2毫米，较常年同期偏少55.4%。进入4月份降雨增多，较常年同期偏多7成，对缓解冬季农田干旱及春耕生产极为有利。6月28日普降中到大雨之前，全市6月份平均降水量仅7毫米，较常年同期偏少近9成，农田普遍出现不同程度的缺墒。7月开始天津市降雨逐渐偏多，旱情得到逐步缓解。6月1日至9月30日，全市平均降水量452毫米，较常年同期偏多近1成，补充了田间土壤墒情，有利于玉米、水稻等农作物生长。后汛期，抢抓雨洪水下泄时机，科学调度，抢蓄雨洪资源，做好汛末蓄水工作，保障了全市农业有序生产。

【农业旱情】 面对2023年春季降水量偏少实际情况，市水务局密切关注天气和潮白新河、蓟运河等水位变化，研判补水时机，保障河道生态用水需求，兼顾农业灌溉用水。

6月受持续高温少雨天气影响，全市农田出现不同程度旱情，但没有明显干旱地区。市水务局立即采取措施，多方筹措抗旱水源，尽全力为农业灌溉提供水源保障。

【农业抗旱】 2023年初，下发《市水务局关于持续做好当前蓄水储备有关工作的通知》《市水务局关于做好春季抗旱蓄水工作的通知》，对各区做好春季抗旱工作进行安排，要求广开水源，统筹抗旱工作，全力保障农业生产。密切关注雨水情、墒情、旱情分布及发展趋势，主动对接农业农村部门，深入调研摸清农业用水需求，积极争取外调水源，增加农业蓄水量，适时调整抗旱方案，指导涉农区修订完善抗旱水源调度方案，及时收集并做好抗旱信息统计上报。优化水资源配置，充分利用雨洪水、再生水、外调水，全力保障生态及农业生产用水需求，上半年累计利用多种水源18亿立方米。特别是3月下旬以来，天津市入海闸站基本保持关闭状态，境内河道水库存蓄水、污水处理厂再生水等合计约15亿立方米全部为农业利用。

抓住汛期降雨有利时机，科学调度，多蓄水、蓄好水。一是合理拦蓄于桥水库上游来水，在保障防汛安全的前提下，减少水库放水量，尽可能多地存蓄雨洪资源。汛末于桥水库蓄水量3.42亿立方米，较汛前多蓄水0.65亿立方米。二是合理分析汛后期入境水量情况，适时调整河道闸坝调度措施，适当抬高河道水位，增加北部河系、南部大清河系河道蓄水，储备农业水源。三是利用潮白新河里自沽节制闸放水7.32亿立方米，在保障防汛安全的同时，为宁河区、滨海新区等增加农业和生态水源储备。四是指导涉农区实施跨河系调水，积极协调指导武清、北辰、宁河等区，安排北京排水河反向运用，累计调水3300万立方米，指导静海区独流减河低水闸反向运用，累计调水700万立方米，补充缺水地区抗旱水源。汛末全市地表蓄水12.8亿立方米，为城市供水及农业生产提供了充足水源保障。

积极争取外调水指标，努力增加外调水量。一是加强与水利部海委等有关部门联系，积极争取引滦、引江外调水源，考虑6月持续高温少雨天气，原计划汛前结束的引滦调水持续至7月10日，调水流量30立方米每秒，于桥水库蓄水保持充足。二是充分利用中心城区循环退水，在改善生态环境同时，为环城四区提供充足农业水源，累计向海河补水3.47亿立方米。三是用好大运河全线贯通水源，天津市2023年南水北调东线北延调水量3635万立方米，为静海区南运河和马厂减河沿线乡镇提供了充足生态和农业水源。

（水调中心）

【雨洪水资源利用】 2023年汛期，天津市上游地区来水较2022年显著偏多，在确保全市防洪安全的前提下，利用上游洪沥水经天津市宣泄入海的有利时机，统筹兼顾、科学调度，抢蓄雨洪水。2023年汛期承接上游来水33.52亿立方米。汛末全市地表蓄水量12.8亿立方米，其中大型水库蓄量4.3亿立方米，中小水库、一级和二级河道、坑塘洼淀蓄水8.5亿立方米，为供水及农业生产提供有力保障。雨洪水的存蓄有效改善了城乡水生态环境，为三秋生产和今冬明春工农生产储备了水源。

（孙甲岚　冯潇慧）

农村水利

农村水利建设

【概述】 2023年,灌排中心推动中型灌区续建配套与节水改造、燕山山地生态综合治理项目(水土保持部分)、农业水价综合改革、小型水库维修养护项目等4项重点工程建设。改造灌溉面积65.33平方千米;治理水土流失面积9.68平方千米;维修养护8座小型水库。

【农村水利投入】 2023年,天津市农村水利工程项目年内计划投资16636.16万元(其中中央资金10680万元,市级资金3505.27万元,区自筹资金2450.89万元)。完成投资16255.89万元,完成局内印发年度任务目标的100%。

【农村水利前期工作】 为加快农村水利项目前期工作,灌排中心多措并举,督促有关各区加强组织领导,加大工作力度,做好项目储备和审批,为各项农村水利工程的实施奠定基础。

【中型灌区续建配套与节水改造工程】 推动实施中型灌区续建配套与节水改造工程。2023年组织实施宝坻新安镇灌区、武清南蔡村灌区2处中型灌区续建配套与节水改造工程,主要建设内容包括渠道清淤、渠道衬砌、渠系建筑物改造及用水量测管理等。至2023年年底,完成全部年度建设任务,共改造灌溉面积65.33平方千米,有效改善了骨干灌排渠系、骨干渠系建筑物等农田基础设施运行状况,促进了农田灌排体系整体效益发挥,提升了农业抗灾减灾和综合生产能力。

【小型水库维修养护项目】 推动实施蓟州区2023年小型水库维修养护项目。2023年组织实施对蓟州区郭家沟、刘庄子、赤霞峪、穿芳峪、刘吉素、新房子、官善、三八8座小型水库进行维修养护,项目总投资14万元,于2023年4月10日开工,4月25日完工。工程建设完成后,水库安全得到明显改善,保障了蓟州区8座小水库安全运行。

【绿色生态屏障项目】 推动东丽区、津南区、滨海新区开展双城间绿色生态屏障水系连通项目。2023年度共涉及6项,分别为:滨海新区滨海科技园外排泵站、中心桥北干渠治理、开发区西区东南组团雨水泵站、津南区双洋渠泵站、东丽区金钟河北部地区引水工程、林水涵养区水系连通项目。截至2023年年底,金钟河北部地区引水工程等5项工程已完工,林水涵养区水系连通项目完成年度建设任务。通过水系连通工程和水生态修复工程的建设,将一级、二级河道,湖库,湿地连通起来,实现了区内河道、湖库、湿地补换水的畅通。建立了双城中间区域调蓄、净化湿地协同体系,同时结合区域河道水渠生态修复,改善入河水体水质,区内河道、湿地水质得到极大改善。

(灌排中心)

农村水利管理

【概述】 2023年，在市委、市政府的坚强领导下，在各区、各部门的大力支持下，坚持以习近平新时代中国特色社会主义思想为指导，全面贯彻党的二十大和市第十二次党代会精神，深入落实习近平总书记"节水优先、空间均衡、系统治理、两手发力"治水思路和关于治水重要论述精神，紧紧围绕高质量发展"十项行动"，推动农村水利管理持续规范。农村水利工程继续实行"大专项+任务清单"管理模式，各区统筹使用水务改革发展资金，完成市级下达的任务指标。

【农田水利设施运行维护监管】 启动《天津市农田水利基础设施信息调查》工作。持续夯实农田水利设施信息数据，完善设施台账动态管理机制，明确运行维护工作范围，持续细化设施台账内容，做好台账信息动态更新。

完成编制工作，并征求市财政局、市农业农村委意见。《天津市农田水利设施运行维护定额（试行）》以指导检查汇总收集的设施种类、数量等现状情况为基础，结合各区农田水利设施运行维护工作中遇到的实际问题，能够切实反映天津市农田水利设施运行维护经费使用情况，为天津市农田水利设施运行维护工作良性开展提供有力依据。

【农村水利改革】 2023年，按照国家四部委《关于抓好农业水价综合改革任务落实有关事项的通知》（发改价格〔2023〕633号）的要求，继续巩固深化农业水价综合改革成果，不断完善四项机制。

落实奖补政策。累计统筹中央、区级农业水价综合改革项目资金1249.43万元，推动农业水价综合改革精准补贴和节水奖励项目，用于蓟州区、静海区灌溉工程和计量设施建设安装。

参与完成专项自查。按照《关于抓好农业水价综合改革任务落实有关事项的通知》（发改价格〔2023〕633号）的要求，参与涉农区专项自查工作，深入各区掌握工作进展及存在问题，指导各区持续巩固改革成效。

开展业务培训。邀请行业专家就农业水价综合改革政策和农田水利相关规范化管理开展培训，进一步增强了基层农村水利人员对水价改革相关政策的理解，提升了其从业能力，为巩固天津市农业水价综合改革成效提供支持。

【深化农业水价综合改革】 落实农业水价综合改革精准补贴与节水奖励政策，推动项目实施，累计统筹各级财政资金1249万元，完善蓟州区、静海区灌溉计量设施274台套，维修养护农田水利设施67处。为提高农业用水精细化管理水平，推动农业用水方式转变奠定良好基础。

【大中型灌区规范化建设】 按照水利部工作要求，结合天津市灌区管理实际，制定印发《天津市大中型灌区标准化规范化管理实施细则（试行）》（津水防御〔2023〕46号），并要求各有关区积极开展大中型灌区标准化规范化管理相关工作。

（灌排中心）

【农田灌溉水有效利用系数测算】 按照《水利部办公厅关于做好2024年农田灌溉水有效利用系数测算分析工作并按时报送2023年系数成果的通知》（农水水电函〔2023〕53号）的要求，继续开展农田灌溉水有效利用系数测算分析相关工作。选取30个样点灌区、193个典型田块，分布在蓟州等6个区，通过组织开展田间试验数据获取及分析、田间管理、样点灌区数据获取、测管购置安装、室内数据处理、项目成果验收等项内容，完成2023年天津市灌溉水利用系数测算分析任务，2023年农田灌溉水有效利用系数达到0.723。

（农水处）

【农村水利安全生产】 深入学习贯彻习近平总书

记安全生产重要指示批示精神，认真落实市水务局安全生产各项安排部署，组织开展了岁末年初安全生产工作，春节、元宵节、全国"两会"期间安全防范工作，水务安全生产隐患排查整治，重大事故隐患排查整治2023专项行动，预防硫化氢等气体中毒窒息事故专项整治，"安全生产月"活动，中秋、国庆双节期间安排生产督导检查，水务安全生产风险专项整治，贯彻落实水利安全生产风险管控"六项机制"，重点领域涉稳风险防范等工作。将安全生产工作与农村水利工程建设推动工作一同布置，配合局督导检查组长单位做好督导检查工作，督促各区水务局落实安全生产主体责任，稳步推进农村水利安全生产工作，2023年组织开展农村水利安全生产检查73次，检查点位185处，参加检查人员204人次，确保安全生产形势持续稳定向好。

【农村水利新闻宣传】 2023年，灌排中心共编辑上报《我市完成4处中型灌区续建配套与节水改造》《灌排中心多举措加强农村生活污水处理站冬春运维保障》《第三届"海河工匠杯"技能大赛——天津市水务行业职业技能竞赛（水土保持竞赛）圆满落幕》等灌溉排水和水土保持工作信息66条，市政府办公厅《昨日要情》《每日要情》《要情快报》中采用《市水务局扎实做好我市水土流失治理工作》等7条。2023年，灌排中心分别在"学习强国"、文明网、北方网、水利部网站发布农村水利和水土保持宣传信息共13条。

【农村生活污水处理站运维监管】 按照《天津市农村生活污水处理设施运行维护管理办法》，天津市水务局负责对天津市已建成并验收合格的农村生活污水处理站的运行维护进行监督管理。2023年，已纳管农村生活污水处理站1812座，总处理规模12.87万吨每日，涉及滨海新区、西青区、武清区、宝坻区、静海区、宁河区、蓟州区、北辰区、津南区等9个区。全年农村生活污水处理总水量3148万吨，日均处理污水8.6万吨，通过对已纳管站的运行维护情况开展月报调度、监管检查和依效付费评价等工作，有效促使设施利用率达到99%，综合运行负荷率达到67%。

（灌排中心）

水 土 保 持

【概述】 2023年，天津市水务局深入贯彻中共中央办公厅、国务院办公厅《关于加强新时代水土保持工作的意见》，推动出台《天津市人民政府办公厅关于加强新时代水土保持工作的实施意见》，并按照水利部、市政府关于新时代水土保持的工作要求，推进全市水土保持工作全面开展。2023年，天津市建设生态清洁小流域27条，治理水土流失面积5.30平方千米，全市水土流失面积较上年减少6.47平方千米；全年审批生产建设项目水土保持方案713个，完成生产建设项目水土保持设施自主验收报备653个；圆满完成市级水土流失动态监测和三期水土保持遥感监管工作任务，持续开展水土保持宣传教育活动。全市水土保持率达到98.50%。

【水土流失治理】 2023年，天津市新增水土流失治理面积5.30平方千米。组织实施天津市蓟州区燕山山地生态综合治理工程（2022年度水保部分），总投资2523万元，建设沟道清障工程41处、溢流堰工程7处、谷坊工程14处、拦水坝及配套工程240处、水窖及配套工程135处、鱼鳞坑工程1处。根据《天津市加快推进生态清洁小流域建设工作方案》，开展生态清洁小流域建设，在东丽区、西青区、津南区、北辰区、武清区、宝坻区、滨海新区、宁河区、静海区和蓟州区共建设27条生态清洁型小流域。

【水土保持监测】 发布了天津市2022年水土保持公报并组织开展《天津市水土保持公报（2023年）》的编制工作。按期整理汇编国家水土保持监测点水土保持监测数据。常态化开展水土流失动态监测与评价，2023年天津市水土流失面积为177.99平方千米，较2022年减少6.47平方千米，减幅3.5%，水土流失状况总体呈现面积与强度持续"双下降"的态势，全市水土保持率为98.50%，较2022年提高0.05%。

【水土保持监督管理】 严格抓好生产建设项目水土保持方案落实，加强生产建设项目全链条全过程监管。2023年审批生产建设项目水土保持方案713个，办理建设项目"用地清单制"水土保持方案技术评估87项、水土保持区域评估3项。市、区两级累计对225个在建项目开展水土保持现场监督检查，其中实施无人机航拍项目92个，出动监管人员858人次，针对发现问题，全部下达监督检查意见，建立整改台账，及时跟踪项目整改落实情况，确保各项问题整改到位。全市完成生产建设项目水土保持设施验收备案653项，按程序开展验收核查118项。加大水土保持违法违规行为查处及督促整改落实力度，2023年，累计约谈建设单位、水土保持监测监理等单位68家，通报16家，挂牌督办29项，6家违法违规企业被列入"重点关注名单"，立案查处107项。组织完成3期生产建设活动水土保持遥感监管，共解译发现疑似违法违规图斑585个，现场核查图斑641个，其中认定不合规生产建设项目97个，查处违法违规项目97个，查处率达100%；同时发现违法违规生产建设活动2个，均已下达整改通知，督促整改落实到位。

【水土保持宣传】 2023年，充分利用"世界水日""中国水周""宪法宣传周""安全教育日"等活动契机，以"贯彻落实习近平生态文明思想，加强新时代水土保持工作""强化依法治水，携手共护母亲河""保持水土，人人有责""深入贯彻水土保持法，推进水土流失综合治理"等鲜明主题，开展水土保持宣传进企业、进社区、进商场等活动。全年市、区两级水行政主管部门共组织宣传活动27场次，参加单位或部门100余个，参加人员累计约1200人次。通过专题讲座、集中培训和技能竞赛等多种方式，先后组织开展了19次培训活动，累计参加人员500余人次。

（灌排中心）

规划计划

规划设计

【概述】 深入贯彻落实习近平总书记"节水优先、空间均衡、系统治理、两手发力"治水思路和关于治水重要讲话指示批示精神，完整、准确、全面贯彻新发展理念，推动高质量发展。紧紧围绕全市中心工作，从水务高质量发展的大局出发，谋划、推动水务规划工作，全力提升水务规划的前瞻性、系统性、科学性，全年推动规划编制工作7项。

【规划设计管理工作及成果】 以顶层设计为抓手，发挥规划引领作用，完善水务规划体系，组织推动了7项重点水务规划。

印发《天津市水网建设规划》。为深入贯彻落实党中央、国务院决策部署，助力"十项行动"实施，科学谋划天津市水网顶层设计，有效承接国家水网并指导区级水网建设，按照水利部和市委市政府工作部署，组织编制完成了《天津市水网建设规划》，加强互联互通，加快构建天津市现代水网，统筹解决水资源、水灾害、水生态等问题，有力支撑国家水网建设。

印发灾后恢复重建规划。编制完成了《以京津冀为重点的华北地区灾后恢复重建提升防灾减灾能力天津市水务专项规划》，并通过局党组会议审议后印发实施，为争取中央资金奠定基础。该规划遵循"先急后缓、突出重点、尽力而为、量力而行"的原则，立足长远，用三年左右的时间，着力打造"蓄泄排统筹、旱涝潮同治"的防汛安全保障体系，切实提高防灾减灾抗灾能力，明确了灾后恢复重建实施的具体项目。

配合推动南水北调东中线后续工程规划。深入贯彻落实习近平总书记在推进南水北调后续工程高质量发展座谈会上的重要讲话精神，配合水利部等部门开展南水北调工程总体规划修编。积极与北京市南水北调工作专班办公室沟通对接，围绕南水北调东线衔接、市内配套管理等进行了深入交流讨论。积极向国家发展改革委、水利部、中国南水北调集团有限公司汇报南水北调中线分水指标、北大港水库扩容工程等工作，全力争取国家在水量配置、项目安排、建设资金等方面对天津市的支持。

配合修编海河流域防洪规划。深入贯彻落实习近平总书记关于防洪减灾工作的重要指示批示精神和党中央、国务院有关部署，统筹发展和安全，积极配合海河流域防洪规划修编工作，已形成征求意见稿，正全力配合修改完善。

全力编制《天津市滨海新区防潮规划》(2021—2035年)。推动《天津市滨海新区防潮规划》(2021—2035年)编制工作，已完成向社会广泛征求意见、网上公示并通过了专家技术审查，经多次沟通协调各有关单位意见已达成一致，并进一步完善规划报告，已按程序上报市政府待批复。

组织编制《水网先导区建设实施方案》。按照水利部工作要求，组织编制了《天津市水网先导区建设实施方案（送审稿）》。天津市水网先导区建设项目总投资307.37亿元，力争2~3年先导区建设取得明显成效，为加快构建国家水网创造可借鉴、可推广的典型经验。《天津市水网先导区建设实施方案（送审稿）》已上报水利部审核。

组织开展天津市水安全保障"十五五"规划编制。为确保按期保质完成"十五五"规划编制工作，起草了《天津市水安全保障"十五五"规划编制工作方案》，已通过局长办公会议审议并印发实施，已完成规划思路初稿。

【主要前期工作】 突出保重点、保民生、补短板，提高天津市防洪减灾能力，组织推动12项前期工作，其中供水工程3项、排水工程4项、河道治理工程5项。

供水工程。组织批复了侯台地区配套基础设施一期工程外部给水管道工程，环湖中路、体院北道给水管线工程，引滦原水预处理厂工程初步设计报告。

排水工程。组织批复了张贵庄污水处理厂二期尾水排放项目管道和节制闸工程、市管排水管网混接改造工程（二期）、中心城区防汛排涝设施改建工程（陈台子泵站）、独流减河低水闸泵站改扩建工程初步设计报告。

河道治理工程。组织批复了天津市北运河筐儿港枢纽至屈家店枢纽综合治理工程、大运河文化保护传承利用北运河木厂船闸工程、中小河流治理项目还乡新河宁河岳龙镇段治理工程、中小河流治理项目州河蓟州东赵各庄镇段治理工程、永定河泛区主槽清淤工程初步设计报告。

【重点规划主要内容】

1. 规划编制背景及编制过程

加快构建国家水网，是以习近平同志为核心的党中央作出的重大战略部署。2023年5月，中共中央、国务院印发《国家水网建设规划纲要》，擘画国家水网建设的宏伟蓝图，提出加快构建"一主、四域"国家水网主骨架，"一主"是以长江、黄河、淮河、海河四大水系为基础，以南水北调东、中、西线工程为输水大动脉的骨干水网（天津市的海河主要行洪通道、引滦入津、南水北调东线、中线干线是国家水网大动脉和骨干输排水通道），"四域"即重点区域网，主要包括东北松辽区域网、东南珠三角及北部湾区域网、西南区域网、西北内陆河区域网，要求加强国家骨干网和省级水网互联互通，做好省级水网规划建设，有序推进省市县水网协同融合。2022年5月，水利部印发《关于加快推进省级水网建设的指导意见》，明确省级水网在国家水网中处于承上启下的关键环节，要求2023年年底前完成省级水网建设规划编制工作，经省级人民政府批复后报水利部及相关流域管理机构备案，同时因地制宜开展市、县级水网建设规划编制工作。

天津市位于国家水网主网范围内，素有"九河下梢"之称，河网密布，19条一级行洪河道、109条二级河道、5座供水水库，以及引滦入津、南水北调东线、中线等外调水工程，为天津市水网奠定了良好基础。为深入贯彻落实党中央、国务院决策部署，助力"十项行动"实施，科学谋划天津市水网顶层设计，有效承接国家水网并指导区级水网建设，按照水利部和市委市政府工作部署，市水务局组织编制完成了《天津市水网建设规划》（以下简称《规划》）。

2. 《规划》的主要内容

（1）规划范围和水平年。

规划范围为全市域。现状水平年为2022年，规划水平年为2035年，远景展望至2050年。需要说明的是：该规划为今后一个时期指导天津市水网建设管理的宏观性、战略性顶层设计，根据水利部有关要求，水网是以自然河湖为基础、引调排水工程为通道、调蓄工程为结点、智慧调控为手段的综合体系，供水方面不涉及原水管网以下的自来水厂、管道等内容，排水方面不涉及二级河道以下的泵站、管道及污水处理等内容，不涉及的内容均有供水、排水等专业规划安排。

（2）规划思路和目标。

在认真总结天津市水网建设主要成就的基础上，深入分析存在的问题与面临的形势，以国家水网建设为依托，以联网、补网、强链为重点，统筹发展和安全，加强互联互通，加快构建天津市现代水网，为全面建设高质量发展、高水平改革开放、高效能治理、高品质生活的社会主义现代化大都市提供有力的水安全保障。同时，规划提出了用水总量、行洪河道堤防达标率等11项水网建设指标。到2035年，天津市现代水网体系基本建成，与国家骨干水网高效畅通，与京冀水网协同融合，水资源保障能力、水旱灾害防御能力全面增强，河湖生态治理保护水平、水网智慧化水平显著提升，全市水安全保障能力显著增强。远景展望至2050年，天津市现代水网全面建成，水安全全面保障。

（3）规划主要任务。

围绕京津冀协同发展等国家重大战略，依据国家水网总体布局以及天津市水网特点，结合海河"23·7"流域性特大洪水，重点实施供水安全、水灾害防御、河湖生态健康、数字孪生水网四方面10项重大工程，全力构建以海河为主轴，以永定河—永定新河、大清河—独流减河、南北运河、潮白新河、蓟运河、子牙新河六条河道为基础，以双城输水环线、引滦入津、南水北调东线、中线干线为输水大动脉，以于桥、北大港、尔王庄、王庆坨、北塘5座水库及屈家店枢纽、海河口泵站等工程为重要调控节点的水网总体布局，概括为"一轴六河贯通，一环三水互联，五库多枢调控"，全面完善供水安全、防汛安全、水生态安全、数字孪生水网保障体系，统筹解决水资源、水灾害、水生态等问题，有力支撑国家水网建设。

完善供水安全保障体系。围绕"一环三水五库"供水工程布局，通过"严格管理、优化配置、强化保障"三项措施，构建供水安全保障网，筑牢供水安全屏障。严格水资源管理，强化水资源刚性约束，实行用水总量和强度双控，严格取水用水管理，依法划定集中式饮用水水源保护区，实现城镇、农村集中式饮用水水源保护区划定全覆盖；优化水资源配置，建设引滦原水预处理厂，推进东线二期工程，争取中线新增指标，畅通国家水网大动脉，完善引滦中线联络线，新建中东线洪泥河联络线、尔王庄水库至北塘水库联络线，构建双城输水环线，建设中线入静海、大港等一批区域输水工程，完善区域供水网络；强化水资源保障，畅通引黄济津、东线一期工程北延应急供水工程输水线路，完善地下水、海水淡化应急备用功能，加快实施北大港、尔王庄水库扩容工程，研究推动于桥水库清淤增容工程，完善"三水共用、五库联调、多源互济、城乡统筹"的供水新格局。

完善防汛安全保障体系。围绕"一轴六河多枢"防洪工程布局，通过"提升防洪防潮能力、提升城乡排涝能力、强化水灾害风险管控"三项措施，构建防汛安全保障网，筑牢水灾害防御安全屏障。提升防洪防潮能力，实施蓟运河、潮白新河、子牙新河等行洪河道全面达标治理，畅通海河主要行洪通道，加快实施北大港水库扩容工程，推进东淀、文安洼、贾口洼等蓄滞洪区建设，确保正常分蓄洪功能，完善西部防线、东部海堤，城市防洪圈达到200年一遇标准；提升城乡排涝能力，实施外环河、津河、卫津河等排水河道整治，新改扩建低水闸、屈家店、堵口堤等重点泵站，探索双层河道、地下深层隧道建设，各区补齐排涝短板，提高涝水外排能力，增强城市韧性，中心城区排涝能力达到50～100年一遇标准，其他区域排涝能力达到20～50年一遇标准；强化水灾害风险管控，构建气象卫星和测雨雷达、雨量站、水文站组成的雨水情监测预报"三道防线"，完善河系超标准洪水防御预案、修订中小洪水调度等方案，开展山洪与地质灾害隐患排查及风险评估，提高社会主动规避洪水风险的能力完善，完善"蓄泄排统筹、旱涝潮同治"的防汛新格局。

完善水生态安全保障体系。围绕"一轴六河五库"水生态工程布局，通过"维护河湖生态安全、打造互联贯通蓝脉绿廊、突出京津冀联防联控"三项措施，构建水生态安全保障网，实现幸福河湖目标。维护河湖生态安全，严格河道取用水总量控制，科学调度存蓄雨洪水，统筹地表水、再生水、外调水等多种水源，持续向四大湿地、天津·绿屏、大运河等重点河湖生态补水，完成地下水超采、水土流失综合治理；打造互联贯通蓝脉绿廊，加大永定河、潮白新河等"六河五湖"综合治理与生态修复，打造潮白新河、北运河—南运河、永定河—永定新河、大清河—独流减河等绿色河流生态廊道，加强水系连通，新改扩建闸站，改善水动力条件，打造水体循环的良性运行系统；突出京津冀联防联控，强化河湖长制落实，划定落实河湖空间管控，明确重要河湖生态水量（水位）目标，巩固黑臭水体治理成果，推进跨省河流上下游联防联治，加强入海河流内外源污染同治，完善"河湖健康、人水和谐"的水生态新格局。

完善数字孪生水网保障体系。围绕"数字化、网络化、智能化"主线，通过"完善信息化基础设施、搭建数字孪生平台、提高调度运行应用水平"三项措施，构建数字孪生水网，提升智慧化水平。完善水网信息化基础设施，构建区域全覆盖的天空地一体化监测感知网，开展站网监测、视频监控、遥感监测等感知能力建设，完善水网通信网络体系，构建水网云平台，实现数据、服务与政务云共享；搭建水网数字孪生平台，构建水网数据底板、模型平台和知识平台，及时更新数据，实现与水利部数字孪生平台、海河流域数字孪生平台的双向互动、共享调用；提高调度运行应用水平，加快建设天津水网调度指挥系统，集成耦合多维多时空尺度数据模型，实现安全运行监视、联合调度决策、日常业务管理、应急事件处置等多项功能，为水网安全决策、精准调度、安全运行等提供支撑，完善"创新引领、智慧高效"的水治理新格局。

（规计处）

【重点工程项目设计审批】

1. 引滦原水预处理厂工程

近年来，引滦水质不够稳定，个别时段发生应急停供事件，影响区域供水安全。为提高引滦水源的安全保障能力，加快恢复引滦正常供水，实施引滦原水预处理厂工程是十分必要和急迫的。引滦原水预处理厂工程位于天津市宝坻区尔王庄水库东南侧引滦明渠上，主要用于去除原水中藻类和2-甲基异莰醇等，为后续水厂处理提供优质原水。

引滦原水预处理厂工程总设计规模150万立方米每日，满足近、远期引滦原水供水区域用水需求，其中净水处理系统设计规模150万立方米每日，污泥处理系统设计规模110吨每日（干泥量）；主要建设内容为净水处理系统、污泥处理系统、出厂管道建设，引滦明渠改造，取水口切改等工程。

2023年11月，《市水务局关于引滦原水预处理厂工程初步设计报告的批复》（津水许可〔2023〕771号）批复该工程，其中概算由市发展改革委核定为142548.39万元。

2. 独流减河低水闸泵站改扩建工程

为保障大清河系防洪安全，消除防洪安全隐患，减轻海河排涝压力，保障"天津·绿屏"南部区域生态用水，提高雨洪水资源利用率，依据《市发展改革委关于独流减河低水闸泵站改扩建工程可行性研究报告的批复》[津发改批复（农经）〔2021〕10号]，组织实施独流减河低水闸泵站改扩建工程。

项目建设内容主要包括新建泵站进出口段，泵站主副厂房和管理用房等，泵站安装立式轴流泵6台、潜水排污泵2台，配套新建全部机电和金属结构设施。泵站设计流量60立方米每秒，自流闸设计流量30立方米每秒。

2023年9月，《市水务局关于独流减河低水闸泵站改扩建工程初步设计报告的批复》（津水许可〔2023〕630号）批复该工程，其中概算由市发展改革委核定为17212.04万元。

3. 大运河文化保护传承利用北运河木厂船闸工程

为深入贯彻落实习近平总书记关于大运河文

化保护传承利用的重要批示指示精神，加快推进大运河津冀段通航工作。根据市大运河文化保护传承利用领导小组印发的《天津市北运河适宜河段旅游通航实施方案》和《市发展改革委关于大运河文化保护传承利用北运河木厂船闸工程可行性研究报告的批复》[津发改批复（农经）〔2023〕8号]的要求，实施北运河木厂船闸工程。

工程建设内容主要包括新建北运河木厂船闸，实现津冀互联互通。新建木厂船闸位于北运河木厂节制闸右岸滩地，与现有木厂节制闸平行布置，闸室设计尺寸65米×10米×2.5米，主要包括上下游连接段、上下游引航道、上下闸首、闸室等。

2023年8月，《市水务局关于大运河文化保护传承利用北运河木厂船闸工程初步设计报告的批复》（津水许可〔2023〕565号）批复该工程，其中概算由市发展改革委核定为16121.82万元。

4. 永定河泛区主槽清淤工程

为解决海河"23·7"流域性特大洪水带来的淤积、水毁问题，全面恢复永定河天津段受灾前的过流能力，排除因淤积带来的过流危险，组织实施永定河泛区主槽清淤工程。

工程主要建设内容包括永定河河道和建筑物清淤。河道清淤总长度28.50千米，其中武清段27.82千米，北辰段0.68千米。永定河泛区主槽清淤总量72.74万立方米，其中河道清淤68.74万立方米，建筑物清淤4.0万立方米。

2023年12月，《市水务局关于永定河泛区主槽清淤工程初步设计报告的批复》（津水许可〔2023〕912号）批复该工程，其中概算由市发展改革委核定为4109.42万元。

5. 中小河流治理项目还乡新河宁河岳龙镇段治理工程

还乡新河为蓟运河主要支流，是蓟运河流域重要的行洪通道。由于运行多年，宁河岳龙镇段存在堤防不达标、堤顶路况较差和穿堤建筑物老化失修等问题。为进一步完善蓟运河流域防洪体系、保障沿岸人民群众生命财产安全，根据《市发展改革委关于中小河流治理项目还乡新河宁河岳龙镇段治理工程项目建议书（代可行性研究报告）的批复》[津发改批复（农经）〔2022〕24号]，对还乡新河宁河岳龙镇段进行治理。

工程主要建设内容为对还乡新河宁河岳龙镇段按20年一遇防洪标准进行治理，设计洪水670~734立方米每秒。总治理长度11.515千米，主要治理内容包括左堤10.855千米、右堤0.66千米堤防和7座穿堤建筑物治理等。

2023年8月，《市水务局关于中小河流治理项目还乡新河宁河岳龙镇段治理工程初步设计报告的批复》（津水许可〔2023〕563号）批复该工程，其中概算由市发展改革委核定为5220.24万元。

（规计处）

计 划 统 计

【概述】 2023年，计划统计工作紧紧围绕全局中心工作，提高政治站位，在市级财力紧张的情况下，解放思想、锐意进取、开拓创新、攻坚克难，坚持多渠道筹措建设资金，妥善化解政府债务，推动重点工程建设，提高统计数据质量，强化综合协调作用和服务大局意识，推进各项工作再上新水平。2023年共下达市重点水务建设项目投资计划81.94亿元（含结转上年投资计划0.36亿元，弥补项目资金缺口、还息还贷资金等资金47.68亿元）。2023年全市共完成水务建设投资66.48亿元，其中，市重点建设项目完成投资34.07亿元（完成固定资产投资33.89亿元），区级投资计划项目完成投资32.41亿元。

【计划管理工作】 按照水利部和市委市政府的总体要求，坚持保续建、保重点、保民生原则，聚焦供水、防汛排涝、生态环境等方面急重项目，统筹项目进展与资金情况，科学编制2023年水务建设项目年度投资建议计划，并经局党组会议审议后印发执行，为做好全年水务建设指明了方向。

强化财政预算资金保障。加大"跑步进京"力度，持续到国家发展改革委、水利部、住房城乡建设部等部门汇报沟通，积极争取各渠道中央资金支持。全年共争取中央资金10.65亿元，为历史最高。落实中央水利发展资金1.75亿元，重点支持地下水超采综合治理、中型灌区节水改造、农业水价综合改革、水资源节约与保护等项目；落实水库移民扶持资金2.41亿元，保障天津市水库移民增收、环境改善和社会稳定；落实污染治理和节能减碳专项资金0.2亿元，用于新建再生水管网24.4千米；落实燃气管道等老化更新改造专项资金0.92亿元，保障供排水老旧供水管网更新改造；落实水安全保障工程专项资金0.24亿元，支持水务基础设施建设、永定河综合治理与生态修复；落实排水专项资金0.15亿元，保障中心城区防汛排涝设施改建。同时，积极协调市财政局，落实市财政专项资金0.84亿元，用于保障农村水环境及水利工程建设。

积极争取债券资金。积极协调市发展改革委、市财政局争取一般债券资金3.93亿元，全力保障中央投资项目配套资金及市级民心工程项目、市委巡视整改未竣工验收项目资金缺口、防汛排水专项维修项目；千方百计发行使用专项债券资金1.82亿元，与水务集团紧密合作，通过多类水利项目打包的方式，成功发行了专项债券，为静海引江供水工程、杨柳青水厂改扩建工程、杨柳青水厂原水管线工程等供水工程建设提供资金保障。召开地方政府专项债券培训会议，向各区及相关部门讲解专项债券相关政策，争取发行更多专项债券。

拓宽水务投融资渠道。深入贯彻落实新发展理念，坚持"节水优先、空间均衡、系统治理、两手发力"治水思路，坚持政府引导和市场主导相结合，争取张贵庄污水处理厂、津沽污水处理厂三期等工程社会资本资金22.43亿元。深化与金融机构合作，争取给予水务项目更多优惠政策。与人民银行联合印发《关于加强水利基础设施建设投融资服务工作的通知》文件，要求金融机构加强对水务基础设施投融支持。与国开行、农发行签订战略合作框架协议，与工商银行、建设银行、农业银行等金融机构保持常态化沟通联系，持续研究推送项目清单，最大限度降低水务建设项目融资成本。

提高站位，妥善化解政府债务。坚决贯彻落实党中央、国务院和市委、市政府决策部署，将化解政府债务工作作为一项重要政治任务，切实履行防范化解隐性债务风险属事责任，督促融资平台落实偿债主体责任，确保完成全年化债任务目标。全年共落实偿债资金40.89亿元，其中本金39.24亿元、利息1.65亿元。协调市财政局发行36.3亿元建制债券置换隐性债务，需偿还的银行贷款已提前全部还清。

强化保障，多举措推动投资计划执行。明确目标，落实责任。根据前期进展及资金落实情况，将全部项目划分重点建设和重点前期项目，分类督促推动。印发了《2023年重点水务建设项目责任分工表》，对各项目明确了前期审批、开工等重要时间节点及各季度投资、形象进度完成目标，为顺利开展水务建设指明了方向；建立局领导、主管部门、责任单位三级责任体系，逐级传导压力，分解落实责任。做好部署，加强会商。局主要负责同志主持召开2023年重点水务工程建设投资计划执行推动会和调度会，部署全年水务建设任务，分析研判建设过程中存在的问题和遇到的困难，提早制定可行措施，保障工程顺利实施。开展民心工程精准调度，推动工程早日建成生效。统筹投资，加强统计。按照"管行业就要管投资"的要求，加强水务行业涉水项目投资进度统计，加大项目督促推动力度。向市生态环境局、市农业农村委、城投集团等单位印发了《市水务局关于商清提供涉水项目投资情况的函》，向各区印发了《市水务局关于做好全市涉水项目投资工作的通知》，掌握全市涉水项目投资情况，统筹全市水务投资一盘棋，全口径反映水务基础设施建设对全市经济社会发展做出的贡献。通报情况，推动进度。对前期审批、计划下达、项目开工、目标完成、形象进度等全方位跟踪统计。每月通报重点水务建设项目计划执行情况，每季度通报各区投资完成情况，对各项目单位、主管部门完成情况通报排序，反映存在问题，对进展滞后项目报预警、亮红灯。结合资金落实、施工进度和实际批复等相关情况，对全年任务目标进行科学调整，并按半月分解了建设任务，倒排了建设工期，确保完成全年目标任务。

【建设项目投资完成情况】 2023年市重点水务建设项目完成投资340658万元，按工程类型划分，情况如下：

供水项目，共11项工程，完成投资49420万元。其中：天津市南水北调中线工程静海引江供水工程完成投资9013万元，杨柳青水厂原水管线工程完成投资14935万元，南干线至津滨水厂二期原水管线工程完成投资525万元，天津市南水北调中线滨海新区供水工程曹庄泵站增容工程完成投资500万元，天津市南水北调中线市内配套工程西河泵站至凌庄水厂红旗路线DN2200原水管道重建工程完成投资2000万元，杨柳青水厂改扩建工程完成投资6000万元，凌庄水厂送水泵房异地重建工程完成投资3060万元，新开河水厂提质建设土建工程完成投资2620万元，天津市"十四五"期间城市旧供水管网改造工程（自来水集团第一批）完成投资6112万元，"十四五"旧管网改造2023年二批工程完成投资4163万元，武清区农村饮水工程维修养护完成投资492万元。

排水项目，共7项工程、11个子项工程，完成投资173138万元。其中：中心城区防汛排涝设施改建工程一期工程中心城区体院北道等四条路排水管网改建工程完成投资4710万元；中心城区防汛排涝设施改建工程一期工程津滨雨污水合建泵站改建工程完成投资365万元；天津市渤海水环境综合治理中心城区市管排水管网混接改造工程（二期）正在施工招标；中心城区防汛排涝设施改建工程一期工程山岭子泵站改建及沙柳路等21座泵站设备更新工程完成投资904万元；津沽污水处理厂三期及4个积水片改造工程，共5个子项工程，完成投资99318万元，其中，津沽污水处理厂三期工程完成投资88078万元，中心城区防汛排涝补短板工程积水片改造二期工程（西沽地区）完成投资1827万元，中心城区防汛排涝补短板工程积水片改造二期工程（西南楼地区）完成投资3812万元，中心城区防汛排涝补短板工程积水片改造二期工程（密云路地区）完成投资3988万元，咸阳路雨水泵站改扩建及新增出水管道工程管道部分完成投资1613万元；张贵庄污水处理厂二期工程完成投资59363万元；天津市主城区再生水管网连通工程第一批项目完成投资8478万元。

防洪项目，共8项工程、50个子项工程，完成投资23831万元。其中：北运河筐儿港枢纽至屈家店枢纽综合治理工程完成投资5000万元；大运河文化保护传承利用北运河木厂船闸工程完成投资3000万元；小型水库维修养护项目完成投资14万元；天津市山洪灾害预警阈值及暴雨洪水成果复核修订项目完成投资97万元；蓟州区常州村山洪沟治理工程完成投资500万元；天津市水文基础设施建设"十四五"项目完成投资4896万元；独流减河低水闸泵站改扩建工程完成投资4000万元；"23·7"水毁工程修复项目，共43个子项工程，完成投资6324万元，其中，市级项目30项，完成投资6264万元，区级项目13项，完成投资60万元。

水环境项目，共4项工程、10个子项工程，完成投资67755万元。其中：天津市武清区永定河综合治理与生态修复工程项目（水务部分）完成投资32763万元；天津市北辰区泛区与永定河水系连通工程完成投资2100万元；永定河泛区主槽清淤工程完成投资4109万元；地下水压采水源转换工程，共7个子项工程，完成投资28783万元，包括2021—2022年静海区地下水压采工程（二期）完成投资393万元，滨海新区农业水源置换工程完成投资8338万元，天津市地下水超采综合治理实施方案（2023—2025年）完成投资20万元，宝坻区2022年地下水压采水源转换工程完成投资2800万元，宁河区地下水压采水源转换工程（苗庄、板桥镇等相关街镇）完成投资10678万元，津南区地下水压采项目完成投资 2182 万元，静海区地下水压采项目完成投资 4372 万元。

农村水利项目，共 3 项工程、6 个子项工程，完成投资 16241 万元。其中：中型灌区续建配套与节水改造工程，共 2 个子项工程，完成投资 11017 万元，包括宝坻区新安镇灌区续建配套与节水改造项目完成投资 5967 万元，武清区南蔡村灌区续建配套与节水改造项目完成投资 5050 万元；天津市蓟州区燕山山地生态综合治理工程完成投资 3975 万元，包括 2022 年项目完成投资 2175 万元，2023 年项目完成投资 1800 万元；农业水价综合改革项目，共 2 个子项工程，完成投资 1249 万元，包括蓟州区项目完成投资 600 万元，静海区项目完成投资 649 万元。

库区移民项目，共 2 项工程、9 个子项工程，完成投资 9578 万元。其中：2022 年结转项目，共 3 项工程，完成投资 3110 万元，包括滨海新区 2022 年度北大港水库库区及移民安置区基础设施项目二期完成投资 419 万元，西青区北大港水库库区及移民安置区 2022—2025 年基础设施项目完成投资 20 万元，蓟州区于桥和杨庄水库库区及移民安置区 2022 年度基础设施项目二期完成投资 2671 万元；2023 年新安排项目，共 6 项工程，完成投资 6468 万元，包括蓟州区于桥和杨庄水库库区及移民安置区 2023 年度基础设施项目完成投资 4531 万元，蓟州区于桥和杨庄水库库区及移民安置区 2023 年度基础设施项目二期正在施工招标，解决 2023 年度蓟州区大中型水库库区和移民安置区突出问题项目正在编制初步设计报告，滨海新区 2023 年度库区移民项目完成投资 1537 万元，滨海新区 2023 年度库区移民项目二期正在开展前期工作，宝坻区尔王庄水库库区及移民安置区 2023 年度基础设施项目完成投资 400 万元。

其他项目，共 5 项工程，完成投资 694 万元。其中：取水口取水监测计量体系建设完成投资 85 万元，节水基础管理能力提升项目完成投资 453 万元，天津市用水权制度研究完成投资 45 万元，中国洪水预报系统购置项目完成投资 18 万元，水务局办公网上级改造项目完成投资 93 万元。

【水务统计】 完成水利综合统计、建设投资统计、服务业统计、城市建设统计等统计年报任务。加强统计工作协调，完善主管部门审核、会签机制，保障数据协调一致，提高数据真实性和权威性。克服统计报表任务不断增多、报送频次不断加密、统计人员不足的困难，按时向水利部、市统计局、市发展改革委、市财政局等部门报送中央投资统计月报、全口径投资统计月报、半月报、新开工项目周报、专项债券支出进度周报、重大项目调度等各项报表 240 余期。完成统计调查项目摸底排查工作，摸清组织实施的统计调查项目情况，保障统计数据填报、审核、上报等各项程序合法合规。刊印《2022 年天津水务发展统计公报》等统计资料，发布水务统计数据，宣传水务发展成就。开展水务基础数据质量提升与分析应用项目，加强统计数据分析应用，编制完成《水务基础数据分析应用报告》，对统计数据进行对比分析，为领导科学决策提供参考依据。结合主题教育专项整治工作，召开 2023 年水务统计工作培训会，提高全市水务领导干部和统计人员依法统计能力，防范和惩治统计造假，全面提升统计数据质量，全市水务系统 90 余人参加培训。扎实开展第五次全国经济普查工作，做好普查宣传、在建项目建筑业产值统计及清查单位查遗补漏等工作。

工程建设管理

工程建设项目

【概述】 2023年，水务集团紧密围绕供水安全保障，组织推动重点工程建设项目实施，持续开展工程质量提升行动，提高在建工程建设管理水平。2023年实施的南水北调市内配套工程重点项目共4项，包括续建项目3项、新开工项目1项，计划完成形象进度投资0.79亿元，所有项目均按照计划有序实施。其中，南干线至津滨水厂二期原水管线项目于2023年5月完成全部建设任务，提前实现通水运行。

2023年，建设中心持续推动天津市南水北调中线工程静海引江供水工程建设，新开工独流减河低水闸泵站改扩建工程和北运河木厂船闸工程。

（水务集团　建设中心）

【天津市南水北调中线工程静海引江供水工程】 天津市南水北调中线工程静海引江供水工程包括新建静海引江供水泵站和输水管线工程，建成后将增加静海地区原水供应，保障静海地区供水安全。批复工程总投资79634.62万元。工程输水线路起点为静海引江供水泵站，途经武清、西青、静海三个区，管线工程终点为规划新建静海水厂，管线总长48.6千米，管道材质采用PCCP及钢管管材，新建泵站设计流量2.5立方米每秒。工程线路涉及近50个行政村，穿越项目涉及高速、公路、铁路、河流、电力、燃气、光缆等近百处。工程于2021年12月24日开工建设，截至2023年12月31日，完成27千米管道铺设，完成泵站工程进水池、主副厂房、管理用房等建筑物主体施工及水机电气等安装工程，完成工程总投资46663万元。

【独流减河低水闸泵站改扩建工程】 独流减河低水闸泵站改扩建工程位于静海区十一堡，独流减河进洪闸南侧。原泵站建成于1977年，原设计规模为44立方米每秒，共22台卧式泵机组，主要功能为拦截大清河、子牙河汛后及非汛期低水位来水，向北大港水库蓄水。泵站运行40余年，存在混凝土碳化严重，钢筋保护层不足，启闭设备陈旧、老化等问题。为保障大清河防洪安全，消除防洪安全隐患，减轻海河排涝压力，保障"天津·绿屏"南部区域生态用水，提高雨洪水资源利用率，对低水闸泵站进行改扩建。主要建设内容包括：在独流减河进洪闸南侧原址拆除扩建低水闸泵站，新建泵站、泵站主副厂房和管理用房等。泵站设计流量60立方米每秒，自流道设计流量30立方米每秒。安装立式轴流泵6台、潜水排污泵2台，配套新建全部机电和金属结构设备。批复工程总投资17212.04万元。工程于2023年12月5日开工建设，截至2023年12月31日，完成围堰搭设、原泵站拆除、基坑支护及止水施工。

【北运河木厂船闸工程】 北运河木厂节制闸（土门楼节制闸）始建于1960年，位于北运河分青龙湾减河河口下游约1.5千米、武清区庄窠村东南0.6千米处，主要功能为拦洪蓄水，未设置船闸。为实现北运河津冀段通航，新建北运河木厂船闸。新建木厂船闸位于北运河木厂节制闸右岸滩地，与现有木厂节制闸平行布置。主要建设内容包括上游和下游引航道、船闸、交通道路、跨船闸桥梁和管理设施等。批复工程总投资16121.82万元。工程于2023年12月30日正式开工建设。

（建设中心）

【南水北调天津市内配套工程】
1. 天津市南水北调中线市内配套工程管理信息系统

该工程于2020年10月21日开工建设，2022年5月31日完工，批复总投资9500万元。主要建设内容为：结合现有配套工程管理架构，建设应用系统、计算机监控与安防系统、应用支撑平台、数据存储中心、数据计算中心、通信与计算机网络系统、系统运行实体环境、信息安全体系、管理保障体系等。截至2023年12月底，已完成系统调试工作，开展技术预验收和竣工验收准备工作。

2. 西河泵站至凌庄水厂红旗路线DN2200原水管道重建工程

该工程于2021年11月25日开工建设，计划2025年12月完工，批复总投资2.73亿元。主要建设内容为：明开挖铺设钢管2027米，其中DN2200管道196米，DN1900管道1831米；在原管道内穿DN1900钢管6345米，穿越河道顶管45米，改建现状3孔方涵共540米。截至2023年12月底，累计完成管道安装2000米。

3. 南干线至津滨水厂二期原水管线

该工程于2022年11月1日开工建设，计划2023年6月完工，批复总投资5394.51万元。主要建设内容为：铺设DN2200钢管612米，其中明开挖铺设350米，顶管穿越铺设262米。2023年5月底，完成全部建设任务，提前实现通水运行。

4. 曹庄泵站增容工程

该工程于2023年8月开工建设，计划2025年4月完工，批复总投资6342.19万元。主要建设内容为：维持泵站主体结构不变，增设进水池截渗沟，对水机设备、电气设备及基础进行更新改造，供水规模由12.7立方米每秒提高至22.3立方米每秒。截至2023年12月底，完成厂区截渗沟、排水管道施工及上部混凝土道路浇筑，完成1号、8号机组连通管道安装及电磁流量计、液控止回阀安装和自流供水能力测试。

（水务集团）

建 设 管 理

【概述】 2023年，市水务局严格执行项目法人制、建设监理制、招标投标制，持续优化水利建设市场营商环境，加强诚信体系建设，加大建设项目检查力度，加快推动工程竣工验收，促进水务工程建设管理水平显著提升。

【水务工程建设行业管理】 全年完成项目法人组建、开工、项目法人验收计划等备案15项。印发了《市水务局关于进一步加强建设项目法人管理的实施意见》《市水务局关于进一步加强水利工程建设项目开工管理工作的通知》《关于进一步规范水利工程施工分包防范转包和违法分包管理工作的通知》。

【项目法人制】 全年完成项目法人组建备案9项。按照水利部2020年印发的《水利工程建设项目法人管理指导意见》开展项目法人履职检查。重点检查项目法人是否履行指导意见要求中的项目法人职责，是否按照相关规定组织设计、监理、施工单位开展项目自查，项目相关制度是否健全，各阶段备案、验收是否及时。共完成检查项目17个，对发现的问题下发整改通知，推动按期完成整改，并将检查过程形成书面资料存入该项目行业管理档案，提升项目法人的建设管理履职能力。

【建设监理制】 扎实推进"小业主、大监理"理念，规范监理工作行为，强化监理单位工作态度、工作责任。全年按项目共检查监理履职情况13次，对监理人员到位情况、施工专项方案审查等履职能力存在的问题下发整改通知13次，推动监理按期完成整改。对3家监理企业开展"双随机，一公开"抽查，并将结果对外公开，督促责任单位完成整改。

【招标投标制】 严格执行招投标全过程监管，全年累计办理市级招投标备案170项，开展市级项目开评标现场监督60次。与市公共资源交易中心建立招投标数据共享机制，更新水务评标专家基本信息，加强与相关行业对评标专家的协同管理。

【优化水利建设市场营商环境】 完成水务工程建设招标投标领域突出问题专项治理和清理历史沉淀保证金专项行动。会同市发展改革委等部门联合印发《关于印发鼓励减免政府投资项目投标保证金政策措施（试行）的通知》和《关于印发鼓励实行差异化缴纳投标保证金的政策措施（试行）的通知》。

【诚信体系建设】 完成128家水务市场主体信用行为评分，结果对外公开。印发《关于2023年水利建设市场主体信用信息在政府投资项目招投标中应用工作的通知》。开展市场主体不良信用信息采集与修复。采集上报不良信用信息7条，修复2条。配合局规计处更新公开市场主体不良信用信息；完成9个区市场监管情况检查指导。

（质安中心）

【质量与安全监督】 2023年，市水务局注重质量与安全监督的全过程控制，全市水务工程建设质量与安全处于受控状态。圆满完成水利部2022—2023年度水利建设质量工作考核，考核等级为A级，位居全国第3名。天津市在水利部水利建设质量工作考核中连续七年获得A级。

开展工程项目质量监督工作。2023年市级办理质量监督手续工程6项，各项目开工前，均按要求明确了监督人员，制定印发了监督计划和年度监督计划，对参建单位开展了监督交底，审核并确认了工程项目划分，组织对参建单位开展了质量管理体系、质量管理行为监督检查，并对工程实体质量开展监督检查和质量抽测。

健全水利工程建设质量管理制度体系。2023年，市水务局组织编制并印发了《关于印发〈天津市水利工程质量终身责任制实施办法〉的通知》（津水规范〔2023〕1号），并制定印发了《关于进一步加强水利工程建设管理工作的通知》等多项管理制度，为进一步规范建设行为和质量管理工作的有序开展提供制度保障。

扎实开展水利工程质量管理标准化工作。市水务局在2022年牵头编制京津冀区域性质量检测地方标准的基础上，2023年与市市场监管委联合组织京津冀三地水利工程建设标准化工作研讨会，推动京津冀协同发展战略在水利工程标准体系建设方面走深走实。同时，进一步完善天津市水利工程建设质量标准体系，组织完成《水利工程质量监督管理规范》《水利工程施工监理管理规范》2项地方标准的立项和编制工作，两项规范的报审稿已报市市场监管委评审。

开展质量提升行动。2023年，市水务局按照水利部质量提升工作要求，编制印发了《天津市水利工程建设质量提升三年行动实施细则》和《天津市2023年度水利工程建设质量提升工作方案》，明确了具体工作措施和2023年重点任务。市水务局组织召开全市水利工程建设质量安全工作会议，安排部署全市工程建设质量安全管理、质量工作考核和质量提升行动相关工作。市、区两级水务局和工程各参建单位按照方案部署，在全市水利工程建设领域深入开展质量提升行动。

组织质量安全管理培训。2023年6月和12

月，分别组织开展了质量安全管理和稽察业务培训班。培训班对《质量强国建设纲要》《水利工程质量管理规定》等内容进行了宣贯，并邀请水利部有关专家授课，针对质量管理和稽察工作进行培训。市、区水务局有关部门，质量监督机构，主要参建单位有关负责同志，重点工程项目管理人员共计300余人次参加了业务培训。通过培训，各有关部门和参建单位对水利工程质量监督和稽察工作新形势、新要求把握更加准确，质量监管能力和水平进一步提升。

开展质量月主题活动。2023年9月，按照全市开展"质量月"活动的工作部署，以"增强质量意识，推进高质量发展"为主题，采取"线上+线下"的形式，市、区两级水行政主管部门、工程建设市场主体和工程建设项目开展"质量月"系列活动。组织开展质量提升行动，宣传贯彻《质量强国建设纲要》《水利工程质量管理规定》，活动涉及10个行政区、30余家建设市场主体、7个市管工程建设项目，参加人数600余人。

开展区水务局质量监督履职巡查和区管工程质量抽查。按照对区级水行政主管部门质量监督履职巡查方案，分批次对滨海新区、津南、静海、北辰、武清、西青、宁河、宝坻、蓟州等9个区的9项区管在建项目进行检查。对各在建工程项目法人、设计、监理、施工单位，以及质量监督履职情况进行检查。针对检查发现的问题，对接区级水行政主管部门，提出具体的整改建议，督促责任单位开展整改工作，助推质量管理水平整体提升。

2023年，水科院检测中心按照水利部《水利工程质量检测技术规程》（SL 373—2016）和市水务局有关要求，承接了监理抽验检测、项目法人单位第三方检测、工程验收委员会竣工检测和监督抽检工作，为天津市水利工程建设质量控制提供了强有力的支撑。配合滨海新区水务局、武清区水务局及蓟州区水务局开展了2023年项目监督飞检工作；项目法人单位第三方检测及监理抽验检测项目主要包括宁河区村内供水管网更新改造工程、蓟运河宝坻八门城—宝宁交界段综合治理工程（第2标段）、象屿天津物流中心项目海堤改线工程、宝坻区尔王庄水库库区及移民安置区2023年度基础设施项目、天津市宁河区（苗庄、板桥镇等相关街镇）地下水压采水源转换工程、天津市蓟州区燕山山地生态综合治理工程（2022年度水保部分）等61个项目；竣工检测项目主要包括滨海新区沧浪渠和北排水河河口生态修复工程、滨海新区太平镇五星村和翟庄子村水美乡村工程、引滦水源保护于桥水库综合治理环库截污沟一期等。

（质安中心　水科院）

【建设项目检查】　开展年度水务建设领域根治欠薪冬季专项行动，排查在建项目38项，涉及农民工5230人，未发现欠薪行为。全年共对17个项目开展了项目法人履职检查，对13个项目开展了监理单位履职检查。

（质安中心）

【建设项目稽察】　按照水利部《关于加强地方水利稽察工作的通知》和《水利部办公厅关于印发2023年水利建设工程质量监督和项目稽察工作要点的通知》要求，安监处制定了市水务局2023年水务工程建设项目稽察计划并执行。按照《水利建设项目稽察常见问题清单》开展清单化稽察，保质保量完成3个工程项目稽察，共稽察出前期设计、建设管理、计划下达与执行、资金管理、工程质量管理和安全管理等42个问题，下达整改通知书3份，整改率达到100%。对1个工程项目开展了稽察问题整改回头看，进一步规范了全市水务工程建设管理行为，切实提高建管水平。

（安监处）

【验收组织管理】　2023年，2023年竣工验收工程清单共完成竣工验收项目6项，见下表。

序号	项目名称	验收主持单位	验收时间	质量等级
1	沟河左堤蓟州区桑梓村至打渔庄村段治理工程	天津市水务局	2023年1月	优良
2	中心城区雨污水混接改造工程主干管局部合流制改造工程（二期）	天津市水务局	2023年6月5日	合格
3	外环河河道及阻水建筑物工程	天津市水务局	2023年9月1日	优良
4	外环河公路铁路涵工程	天津市水务局	2023年9月1日	优良
5	中心城区广开四马路等七片合流制地区市管排水设施雨污分流改造工程2017年1期（常州道项目）	天津市水务局	2023年11月7日	合格
6	大清河中下游段（新开河—金钟河）治理工程	天津市水务局	2023年12月29日	优良

（质安中心）

水利工程管理

河道闸站管理

【概述】 2023年，按照水利部要求，结合天津市实际，印发了《天津市关于推进水利工程标准化管理的实施方案》，组织编制水库、水闸、堤防、泵站等水利工程管理工作手册示范文本及评价标准。按计划推进天津市水库、水闸、堤防管理和保护范围划定上图及大中型水闸安全鉴定工作。对各工管单位日常维修养护项目进行了批复，落实资金6392万元；争取资金2513.6万元，用于专项工程维修项目。按照《天津市北运河适宜河段旅游通航实施方案》，推动木厂船闸等通航水利工程开工建设。对涉河建设项目及时进行审查批复；组织对"多规合一""生态红线"等进行了回复。

【堤防水闸泵站管理】 2023年，集中资金2513.6万元进行河系工程"专项"管理，提升市属闸站设施完好率和河道堤防管理达标长度。对沟河山区段（小平安—青年桥段）挡墙基础抛石防护破坏、挡墙缺失进行修复，对北京排水河左堤41+500~41+800段獾洞进行治理；实施老龙湾节制闸维修改造、海河口泵站水泵机组维修，北运河橡胶坝修复工程。涉及河道维修堤防重点管理段26300米、重点水闸3座，进一步提高堤防稳定性，消除闸站设施设备安全隐患，提升水利设施运行保障能力。

（王墨飞）

【水库管理】 组织全面完成全市21座水库新增注册登记和复查变更工作，对水库基础信息、建设及除险加固信息、水文特征、水库特征、工程管理等294项基础信息进行全面复核，在全国各省市中率先全面完成水库新增注册登记和复查变更登记工作并电子发证，为水库安全管理、调度运用、防汛会商研判提供了基础数据支撑。组织落实水库运行管护长效机制，积极争取中央资金和一般债券保障水库维修养护和雨水情测报建设。推动完成蓟州区郭家沟水库、三八水库、新房子水库雨水情测报及安全监测设施建设，雨水情及视频监测信息数据实现在线汇总，在全国各省市中率先完成"十四五"期间雨水情测报及安全监测设施建设目标任务。

（张祺帆）

【水利设施标准化管理】 积极推进水利设施标准化建设，建立"管理责任明细化、管理行为规范化、管理过程流程化、管理结果明确化、评价激励严格化"的标准化体系，全面推动水利工程标准化管理脉络向全面向基层向末端延伸。按照天津市标准化三年既定目标，完成于桥水库等3座大中型水库，二道闸等12座大中型水闸、421千米三级以上堤防的标准化评价工作，其中，2座水库通过水利部标准化管理评价。充分发挥标准化水管单位的示范和标杆的作用，进一步规范日常运行管理工作，推动标准化、制度化落实，推动干部职工管理理念转变、人员素质提升、保障设施设备安全运行，展现出天津水利管理的新形象新风貌。

【工程维修维护】 2023年日常维修养护项目投资合计6392万元，包括：维修养护行洪河道堤防2268千米（含海堤）、引滦输水河道黎河56.95千米、隧洞12.39千米、市属闸站88座、水库2座、于桥水库前置库维护22平方千米。严格按照《堤防工程管理工作标准》《水闸工程管理工作标准》《水库工程管理工作标准》《闸容站貌管理工作标准》规定的养护标准、养护要求进行维修养护工作。闸站工程严格执行"日清扫、周擦拭、季检修"的工作要求，明确责任人、工作任务和工作标准。

（王墨飞）

【涉河项目审查】 严格按照《中华人民共和国水法》《中华人民共和国防洪法》《天津市河道管理条例》《天津市蓄滞洪区管理条例》等法律法规开展涉河项目技术审查，严格河道管理范围内建设项目、水事活动和各类水域岸线利用行为的监督管理，确保有效降低或消除项目建设对防洪的影响，强化事中、事后监管，确保批复项目按照要求实施，坚决守住防洪安全底线。

严格遵循确有必要、无法避让、确保安全的原则，依法依规开展涉河建设项目技术审查，推动水域岸线节约集约利用，按照水利部统一部署，持续推进涉河建设项目上图工作。全年完成涉河建设项目技术审查85项，积极开展审批后服务，保证了项目的顺利实施。

强化事中、事后监管，通过现场巡查、卫星遥感等多种方式，结合水利部河湖遥感平台系统，常态化开展涉河建设项目巡查检查，督促建设单位按照批准的工程建设方案、位置界线等组织施工建设。汛前组织开展在建涉河建设项目现场检查，深入检查重点部位、重点区域，对是否落实度汛预案和防汛补救措施等进行检查，进一步强化涉河建设项目防汛责任落实，为防汛安全和水利设施运行安全提供了保障。

（孙浩然）

【大运河文化保护】 实施生态补水。组织制定京杭大运河全线贯通天津境内补水实施方案，统筹外调水、再生水等各类水源，明确通水期间水源补水目标，提出调度管理、取水管理、数据监测等主要任务，做好大运河全线贯通补水期间取用水监管，加强现场巡查，全力保障贯通补水目标完成。

加强管理保护。持续加强大运河日常监管和治理保护，建立区域与水系相结合的市、区、乡镇（街道）、村四级河湖长制组织体系，实现对大运河全线的有效管理，切实做到河有人管、事有人干、责有人担。

保障防洪安全。综合考虑地形地貌、水系边界、重要控制节点和现状防洪工程等情况，编制完成包括大运河在内的天津市洪水风险区划及洪水灾害防治区划。经过多年综合治理，大运河防洪排涝体系不断完善，防洪保安能力逐步增强。

整治水体污染。围绕汛期河道污染"问题在水里、根源在岸上、关键在排口、核心在管网"的思路，制定印发汛期入河污染溯源排查整治工作方案和技术指南，以中心城区包括北运河、南运河在内的9条河道为重点，在排水管网设施普查的基础上，排查雨污合流、雨污混接、乱泼乱倒、垃圾存放及清洁点渗滤情况等各类雨水管网污染问题，推进分类整治。

推进旅游通航。根据《天津市北运河适宜河段旅游通航实施方案》，加快推进北运河适宜河段旅游通航。为打通津冀联通段关键节点，实现津冀旅游通航，组织召开大运河旅游通航工作会，积极督促大运河旅游通航实施方案成员单位落实相关工作责任。

（杨钊）

【永定河管理】

1. 河道闸站工程管理

水利工程运行管理。加强闸站及河道日常巡

查及定期检查，做好探查穿河、临河燃气管线、通讯光缆、电力电缆布设工作，深入泛区、蓄滞洪区调查水工程设施状况。建立运行管理违规行为和水利工程缺陷问题清单，精准掌握工程实况，积极落实管理及养护措施，及时发现和处置各类问题隐患。深入开展隐患排查治理，永定河中心各业务科室及直属管理所协同完成防汛隐患排查工作，周巡查不少于2次，实施动态管理，将管理行为问题和工程缺陷问题及时通过管理手段或日常维修养护及申报专项工程进行处理，不能解决的问题及时建立或完善项目库，做好隐患台账更新。完成水利公共基础设施盘点，对在账基础设施进行梳理、校对、审核，对未在账基础设施进行入账，进一步摸清工程底数。

工程日常维修养护。在日常管护上下功夫，坚持高标准维修养护，持续用力补齐工程短板弱项，水闸泵站、河道堤防、海堤各项养护工作有序开展，及时完成2023年工程维修养护工作，加大监管力度，优化管理模式，整合项目高效利用资金保证闸站设施设备运行安全。中心管辖河道堤防管理达标率保持80.39%，海堤堤防管理达标率保持73.06%，闸站设施完好率保持98%以上。完成金钟河防潮闸、永定新河防潮闸安全鉴定工作，评价结果均为"Ⅰ类工程"；完成永定新河防潮闸水平位移自动化监测提升改造，提高水闸监测智能化自动化水平；积极推动芦新河泵站增设清污机、蔡家堡码头段海堤防浪墙应急维修、宁车沽闸闸门及埋件防腐和止水更换工程等专项工程立项，确保设施设备满足频繁高效运行需求。

水利工程标准化管理。推进标准化管理全面覆盖，全力推进中心所辖水利工程标准化管理，科学评价工程运行管理水平，保障工程运行安全和效益充分发挥。深入总结水管单位达标创建工作的经验和成绩，永定河中心从机关到基层全面推进各项工作的有效开展，确保达到良好效果。全面推进"六项机制"建设，组织编制安全措施明白纸，确保中心水利工程运行和施工安全，有效防范遏制安全生产事故。11月，组织完成金钟河闸、金钟河泵站、蓟运河闸、宁车沽闸标准化管理评价工作，并通过市级验收认定为天津市二级标准化管理工程。通过标准化评价工作，永定河中心已建立"管理责任明细化、管理行为规范化、管理过程流程化、管理结果明确化、评价激励严格化"的标准化管理体系，推动水利工程标准化管理脉络全面向各部门和末端延伸。

涉河建设项目管理。提升监管能力，助力营商环境持续优化。永定河中心对8项涉河建设项目开展监管与服务，为有效承接"放管服"改革持续纵深发展，坚持从三个方面"练好内功"，既放出活力，又管住底线，多措并举提升监管效能，优化营商环境。创新提出了河道堤防"共建共管"模式，有效推动了堤顶道路的建设和管理工作。结合宁河区、东丽区双城绿色屏障建设、永定河综合治理与生态修复项目、第二殡仪馆建设项目、京滨高铁建设项目等，累计完成提标新建堤顶道路62.5千米。

工程技术人才队伍建设。充分发挥劳模和工匠人才创新工作室及实训基地的人才培养作用，组织完成永定河系防汛抢险技术培训、水工设备设施维护培训、PLC可编程控制系统培训、水利工程管理标准化培训、政府采购培训等业务培训，提升技术人员设备业务能力。全年开展各类技能培训共8期，培训学时达140学时，覆盖永定河中心全部技术骨干，累计培训200余人次。汛后组织开展闸门运行工技能比武，永定河中心17名技术人才参加，营造了勤练技能、学好本领的良好氛围。

扎实推进水毁修复项目实施。扎实推进海河流域"23·7"特大洪水水毁修复项目实施工作，积极争取修复资金，落实项目8项，争取资金2694.8万元。严格按照项目管理程序开展相关工作，加强资金使用管理，专款专用，确保2024年汛前完成水毁修复任务，为安全度汛提供保障。截至2023年年底，永定河中心水毁修复项目总体进展约90%，6个项目已基本完工。

2. 河道防汛

加强防汛组织体系建设，调整优化防汛防潮组织机构，成立永定河中心防汛防潮工作领导小组，组建防汛专家组队伍，落实局调度、抢险、永定河系和海堤组相关成员。将所辖河道堤防行政责任细分到镇级，管理、技术和巡查责任层层分解落实到岗、到人，协调各区应急局明确所辖7座市级水闸泵站的区和镇两级防汛行政责任人，协调各区水务局落实区管和乡镇管261座涵闸防汛责任。修订完善永定河系防汛预案、永定河系防汛抢险保障方案防潮保障预案以及防汛、防潮应急响应规程，明确预警响应级别划分、启动条件和具体响应措施，细化会商通报、信息报送等工作机制，提升应急处置能力。组织优化健全永定新河防潮闸、蓟运河闸等7座水闸、泵站防汛抢险预案。

多部门联合开展隐患排查，对永定河中心直属五闸两站、河道堤防、海堤进行多维度的安全隐患排查，精准掌握工程实况，积极落实工程措施。组织相关区防汛专家上堤认段、熟悉工程状况，熟悉方案预案。强降雨期间，现场对接各区防汛抢险责任人，压实防汛责任，督促落实应对措施。与有关区水务部门以及屈家店、九王庄、里自沽等有关闸、站构建协同联动机制，及时通报掌握水雨情动态和防汛调度措施。开展一级行洪河道穿堤建筑物专项检查行动，组织专班逐一现场查看261个口门的启闭机房、翼墙、墩墙、闸门槽是否完好，闸底是否过流以及有无启闭电机，接线是否完好等情况，以及闸门和丝杆情况。徒步踏勘，现场调查，基本掌握所辖4个蓄滞洪区的村庄数量及分布、居住人口数量、重要基础设施及防洪工程和安全设施等情况，督促指导各区修订完善蓄滞洪区相关方案预案，落实永定河泛区阻水隔埝拆除，抢险力量和物资、设备预置等措施。

全力做好强降雨应对工作，全年10次启动防汛应急响应，入汛以来，海河流域接连发生强降雨，中心主要负责同志坐镇指挥，深入一线研究部署应对工作，各专业组、应急小组成员，各水闸、泵站一线干部职工日夜坚守，密切关注预警预报、雨水情及调度安排等重要信息，加强与水调中心，屈家店、黄白桥等水文站点和宝坻、武清、宁河、东丽、北辰等区水务部门的联系，及时研判应对措施。面对永定河系发生特大洪水、永定河泛区启用的严峻形势，永定河中心主要负责同志挂帅统筹，班子成员分头下沉到抗洪一线，深入河北省查看水情及各分区分洪口门运用情况，对天津市境内永定河泛区围堤、隔埝、穿堤建筑物和堤路结合部等重点部位进行24小时不间断巡查值守，全线排查261处口门运行情况，永定河中心纪委深入一线既督且战，督促落实阻水隔埝拆除、堤防缺口、穿堤涵管封堵等应急措施。每日召开会商会议，适时加密会商频次，与上游和属地密切防汛联动机制，及时掌握气象、雨水工情信息和上下游调度措施，并进行分析研判，科学制定并落实巡查排险、蓄滞洪区运用、水闸泵站调度等各项措施。派出专家和技术骨干深入武清区、北辰区，对永定河泛区围堤、南北围埝、隔埝等进行深度对接，并对巡堤查险、堤防加高加固、穿堤建筑物、交通口门封堵等工作进行现场技术指导，配合做好现场处置工作。根据永定新河防潮闸、宁车沽闸和蓟运河闸特点和潮情变化及蓟运河河道险工多、乐善橡胶坝至宁车沽闸河道短等工程特点，结合上游不同河道来水情况，精准部署调度措施，成功应对每一次风险与考验，确保人民生命财产安全。全年所辖市管直属水闸、泵站累计泄水45.52亿立方米，其中永定新河防潮闸运行109次，泄水28.62亿立方米；蓟运河闸运行65次，泄水5.86亿立方米；宁车沽闸运行35次，泄水10.14亿立方米；金钟河泵站运行20次2044台时，排水6961万立方米；芦新河泵站运行26次1868台时，排水2017万立方米。

3. 河道水环境监督管理

河湖长制发挥效益。强化部门对接衔接、细化联动处置机制，与各区河长办对接反馈并处置环境类问题88项，开展联合巡河38次。开展春季清河湖专项行动,着力解决岸线种植、非法捕捞、堤防通行等人民群众重点关注的问题,与属地河长深入对接,采取联合清理,共开展针对非法捕捞的清理行动9次,协调属地河长清理种植点位36处。联合水务综合执法总队第三支队以及宁河区相关部门,对河道内阻碍行洪以及影响河道水生态的网具进行了清理,共清理地笼400余组,有效提升河道行洪能力,改善河道水环境。充分发挥区级河长的牵头作用,压实属地政府的责任意识,通过永定河中心及区级相关部门联合发力,有针对性地对重点问题提前布置。为了提升群众爱水、护水意识,3月22日与北辰区河长办开展了"水日水周"宣传活动,通过竞答及发放宣传品等方式开展主题法制宣传、开展爱河护河清理活动,使"强化依法治水 携手共护母亲河"宣传活动深入人心。4月结合各区开展了春季清河湖专项行动,与相关区开展联合调查、联合研判,区级河长现场向各街镇明确问题点位与整改措施,有效改善河道水环境。

河湖水域岸线监管取得实效。通过强化日常管理,充分发挥工程管理与水政执法、河长制管理形成合力的纽带作用,加强对重点河段的日常维护和巡查检查,从源头控制非法侵占水域岸线种植养殖、违法违规建设等行为,严格落实河湖水域岸线监管,与水政执法总队第三支队共联合巡查37次,处置违法行为20起,立案10起。开展河湖遥感图斑核查,共梳理管段内点位196个,通过明确核查整治问题范围、目标任务、实施步骤和工作要求,各个阶段工作顺利有序推进。已经按照时间节点完成了全面核查、集中整治、审核销号三个阶段的全部任务,就重点堵点问题多次参加协调会议,全部已完成省级审核,河湖面貌持续改善。

关注河道断面水质变化,做好排水监管工作。持续关注永定河中心管辖段蓟运河闸、永和大桥、塘汉公路桥等三个国考断面水质情况,该三个断面水质均满足要求;结合北运河老米店闸断面水质超标问题,与武清区水务局开展了多次沟通。为做好河道水质和降雨期排水监管工作,向各区水务局就加强河道排水管控及备案工作发函要求其做好相关工作,利用无人机、水质快检仪器等设备开展现场检查,截至2023年12月底,共收到排水备案76份,备案排水总量约10500万立方米,有效杜绝了乱排行为的发生。

河道水质持续提升。为确保引江向滨海新区、宝坻区供水水质,组织开展新引河水草及水面漂浮物打捞工作。截至2023年12月底,打捞工作已完成,共计出动1855人次,运输机械约500台班,打捞水生植物湿方3.4万余立方米,为新引河输水安全筑牢生态屏障基础。加强取排水日常监管,利用无人机、水质快检仪器等设备开展现场检查;加强重点河道沿线雨水污水管网排查整治,加强排水泵站、口门监管,降低降雨后河道污染强度。

(永定河中心)

【海河管理】 海河中心联合水科院分析海河菹草生长进程,科学管控水生植物;设立打草试验段,为打捞水草提供科学依据。制作科普视频,在天津电视台、津云向市民普及水生态维护知识。夏季密切关注蓝藻生长态势,加大巡查力度、适时喷洒药剂、运行曝气设施。建立《河道环境维护一处一预案》,提升河道环境问题处置的及时性。在节假日、夏季达沃斯论坛、世界智能大会和节水论坛等特殊时期,加强水草打捞,维护天津海河名片水环境。全年出动保洁人员4.8万余人次,船只5500余船次,清理堤岸及水面垃圾1.2万余立方米。深入沿河各区走访、调研、座谈20次,与各区联合巡河10次。通过现场对接、电话、微信联络群等方式,对接整改属地环境问题343处,联合各区开展冬季冰上活动宣传劝阻、"世界水日""中国水周"等系列宣传活动;联合市港航局、市农委、各区河(湖)长办等多部门,开展历时5天的海河干流汛期清障专项行动;联合属地对新开河左岸设置限行墩,防止私家车进入新开河滩地发生坠河危险。已完成所辖河道遥感图斑反馈的岸线问题佐证资料审核工作,具备销号条件，由所辖行政区上报市河长办及水利部信息系统进行销号。及时处置新增"四乱"问题59个，推动解决"四乱"存量问题3个。建立取排水管理台账，对87个重点口门进行日常巡查。深入沿河各区及相关单位开展取排水调研，编制《海河等河道取排水备案管理流程》，严格落实取排水备案制度，加强违规取排水行为调查处置及考核力度。加强日常养护项目管理，13项日常维修养护项目完成100%。积极推进水利工程标准化管理，搭建"三册一表一台账"（组织手册、制度手册、操作手册、岗位人员职责对应表、工作事项台账）工程标准化建设框架，推动二道闸管理所完成天津市水利工程一级标准化管理验收及水利工程标准化管理评价的初评工作。联合水政执法总队办结违法建设项目案件6件，有效制止侵害堤防安全行为发生。开展水闸、堤防、泵站和橡胶坝、涉河建设项目等汛前检查，建立隐患台账，加强汛期隐患部位巡视巡查。开展防汛抢险队培训演练，开展防汛业务知识培训；编制印发《海河防汛抢险保障方案》《海河市区段抢险技术》；开展水利设施汛前自查工作，8处隐患问题已整改完成。召开防汛工作动员部署会，印发《2023年海河中心防汛管理工作安排意见》；完善机制体制，修订《海河中心2023年防汛组织机构》《海河防汛抢险保障方案》《海河市区段抢险技术方案》《直属水闸泵站抢险预案》《天津市海河管理中心洪涝灾害防御应急响应工作规程》。实施闸泵站联动机制，提前降低河道水位，预腾承接雨沥水空间。海河二道闸累计运行48次，海河口泵站累计运行2829台时，泄水3.36亿立方米，外环河累计运行泵站938台时。完工验收4项2022年专项维修加固项目。滚动更新2024—2026年三年项目库。迎战海河"23·7"流域性特大洪水，7月28日至7月31日海河中心防洪应急响应4天内从四级升至一级，全体干部职工迅速进入"战时"状态，领导包片靠前指挥，专家和技术骨干分组检查指导，对河道重点堤防、重要设施进行不间断巡查；海河二道闸、海河口泵站联合运用，提前腾空河道。西河闸提闸泄洪后，密切关注水位变化，及时调整海河二道闸闸门启闭高度、海河口泵站运行台数，确保中心城区河道水势平稳；全体职工昼夜坚守河道沿线，出动巡查400余人次、30余船次、110余车次，劝离行洪河道沿线游泳、钓鱼、划船、跳水、亲水休闲等涉水行为人员；西河闸分洪期间，海河口泵站累计运行902台时，泄水1.07亿立方米。洪水退后，编制上报8个水毁修复项目实施方案。

（海河中心）

【北三河管理】

1. 河道工程管理

水利工程标准化建设。组织编制《天津市水利工程标准化管理评价实施细则及其评价标准》《水利工程标准化工作手册示范文本》。印发《关于进一步做好水利工程标准化管理的实施方案》，统筹谋划"十四五"期间水利工程标准化管理工作，完成11座水闸、4条堤防标准化管理评价。组织编制上述工程标准化管理手册，梳理运管问题台账并进行动态更新，推动落实整改。

日常维修养护。开展36座水闸闸门及启闭机设备管理等级评定及堤防水闸汛前、汛中、汛后检查，结合检查情况组织设施设备检修。编写直属闸《水闸启闭操作手册》，修订完成《专项和日常维修项目管理实施细则》。开展北三河中心水闸、堤防安全督查及汛前督导检查，梳理16项26个问题，建立责任清单，逐项整改落实。统筹使用日常维修养护资金整改问题50余项，主要完成三岔口闸、马营闸管理范围封闭、黄庄洼分洪闸内外沿及周边环境维修整治、乐善闸启闭机房维修及安全防护设施安装等工作，协调蓟州区交通局完成杨津庄闸交通桥等级评定。最大化、合理化利用养护资金，有针对性地安排维修养护项目，完成了部分水闸机电设备的更换、更新、保养等工作。针对2023年8月6日山东德州市5.5级地震，及时开展震后特别检查，确保工程运行安全。以劳模创新工作室为平台，组织开展工程观测技能竞赛，专技人员基本理论知识与实操能力显著提升。

工程项目管理。组织实施了洵河下营镇小平安—青年桥段挡墙修复及新建工程、北京排水河左堤41+500~41+800獾洞治理工程、洵河右堤下五庄段护坡水毁修复工程、洵河右堤陈庄段护坡水毁修复工程、洵河右堤小刘庄段护坡水毁修复工程。规范招投标管理，做到应招尽招，应采尽采。在工程施工过程中，严格工程质量管控，充分发挥监理作用，定期召开监理例会。同时落实北三河中心处领导包河系、高级技术人员包河道、部门包工地、工管科全面检查的工作机制，抓实抓细工程建设过程管理与细节管理，对施工中关键节点、重要工序加强管理、多方核验；强化文明施工管理，施工现场全部设立"七牌一图"，落实扬尘防控六个百分百，主汛期发挥工程效益。

涉河建设项目监管。根据《水利部关于加强河湖水域岸线空间管控的指导意见》和《天津市河湖岸线保护和利用规划》要求，严格落实涉河建设项目事中、事后监管，加强日常巡查和动态监督，持续健全动态跟踪、督促检查、进展报告、阶段验收等机制，完善项目管理台账。依托"互联网+监管"平台及时录入检查数据。强化在建涉河项目汛前、汛中督查，全面摸清工程底数，排查安全隐患，督促问题整改落实。主动对接建设单位，不断优化线上办事服务，网上"面对面"接待企业、群众咨询，审查前期资料、讲解工作流程、探讨技术问题、优化建设方案，编制手续办理流程及要件"明白纸"、承诺书"模版"等，压缩开工手续办理时间，提升企业办事效率，支持企业减负增效，不断增强水务服务便利度和服务效能。全年累计为40余个涉河企业办理前期手续提供指导和服务，7项涉河项目顺利开工建设，一站式服务效能不断提升。强化与属地河湖长及水行政执法部门协同联动，形成打击河湖违法行为的有效合力，营造河湖治理良好氛围。

河道巡视巡查管理。积极落实河道三级巡查制度，安排专人负责巡查系统管理，每月统计、通报巡视巡查情况，督促相关部门及时处理上报问题。强化汛期排查，采取"沿堤巡查+精准定位+徒步检查"相结合的方式，对历史出险点、薄弱堤段以及重点口门进行精准定位，制作"巡堤查险明白纸"，明确检查重点和工作要求。迎战"杜苏芮"期间，印发《关于做好应对"杜苏芮"强降雨期间巡堤查险工作的通知》《关于巡堤查险中安全防护的风险提示》，动态掌握工情变化，累计组织巡查1150人次、巡查16700余千米，徒步巡查994人次、徒步巡查970余千米。累计向市水务局编报巡堤查险信息40篇，督促指导处置堤坡塌坑8处、管涌2处，处理浮桥阻水3处以及防浪墙破损修复等问题。及时赴蓟运河滨海新区段对接属地政府及水务部门，对河堤渗水险情进行现场勘察、分析研判，指导巡堤查险、预置及处置等工作。

绿化管理工作。严格规范树木砍伐审批程序，实施多层次监管模式，强化树木砍伐前、砍伐中的监督管理以及更新中、更新后的监督和管护。建立健全堤防绿化管理工作台账，详细掌握所辖河系、堤防绿化情况。全年共组织实施病虫害防治3次，办理树木采伐手续15件，采伐树木19821株。

2. 防汛度汛

坚持实行北三河中心负责同志包河系、部门负责人包河道、技术人员包河段的防汛责任制，及时调整管理责任人、技术和防抢调度专家。健全完善防汛领导小组，设立防汛办公室、技术组、工作组。立足防汛职责，细化响应行动，修订完善《北三河中心防汛应急响应规程》，组织修订《北三河系防洪抢险技术保障方案》，针对三、四类水闸的工程隐患，完善《水闸限制运用措施和应急保障措施》，修订7处险工险段"一险工一预案"。组织7期防汛业务系列培训、1次技能竞赛、1次防汛联合演练，采取分组指导与集中培训相结合、专家讲解与实地演练相结合、情景演示与视频教学相结合、现场观摩与实际操作相结合的方式提升培训效果，增强技术人员业务水平。

完成汛期强降雨应对工作。成功应对海河23·7流域性特大洪水，成立工情组、水情组、属地指导组、蓄滞洪区检查组等多个工作组，细化分工，明确责任。强化跨省市、跨地区、跨部门联动衔接，建立协调联动机制，形成防御工作合力。与上游北京市通州以及河北省三河、廊坊、唐山等水务部门保持密切联系，共享重要站点雨水情信息，快速精准掌握汛情变化。检查组开展24小时不间断、全覆盖巡堤查险，累计行程9900余千米，徒步巡查700余千米，确保青龙湾减河、潮白新河、蓟运河安全下泄洪水总量7.0亿立方米。

3. 水资源管理

强化取排水监管。规范取排水申请流程，严格"事前申请、事中监管、事后备案"程序，组织河系所现场核实申请信息，严格取排水过程监管。全年共计899座口门申请取水，备案540次，共有921座口门申请排水，备案606次，监管成效显著提升。

开展北三河系生态用水调度监管。兼顾水闸安全运行与农业生态用水需求，完成22次市管水闸调度工作，按照调度管理规定，联系各区水闸管理部门完成水闸工程调度运行情况的备案统计工作，适时掌握水闸运行状态。组织技术骨干修订完成直管水闸控制运用计划。开展蓟运河水资源管控与运用的调研，以调查现有水资源是否满足沿河用水需求为突破口，深入研究蓟运河水资源的进一步保护与利用措施。

4. 水环境管理

组织开展遥感图斑核查工作。开展专题培训，现场核查疑似点位，共计出动车辆36次，人员100余人次，完成385项"不是问题"和135座跨河桥梁核查。

开展河长制考核工作。全年共开展11次河长制成绩考核（8月因防汛未开展考核），共计出动车辆330余次，清理超1500立方米河道周边垃圾。组织开展"送技术下乡"活动，分别到宁河区、武清区开展培训，宣讲河长制相关知识和河道管理要求，提升镇村级河长对水环境保护的意识。

开展四乱清理工作。联合各区河长办研讨所剩遗留问题并联络水政执法总队进行联合执法，共拆除厂房及围墙22000平方米，回填堤外鱼池1000余平方米；拆除配电房1处、集装箱4处、暖棚18处、养殖圈1处，共14300平方米。清理新增滩地围埝1处、新增大棚1处、清除滩地大规模堆放垃圾1处以及其他"乱占"问题60余处。

实施"四个行动"，力促普法全面升级。开展深入学习习近平法治思想行动，将习近平法治思想作为理论学习中心组重点学习内容和教育培训必训内容，中心主要领导开展专题法治课讲座，推动习近平法治思想走深走实、入脑入心。开展常态化普法行动，编发《北三河中心水法律法规常态化宣传方案》，将普法常态化工作贯彻到日常巡视工作全过程，提高沿河群众对相关法律的知晓度。开展集中普法行动，充分利用"世界水日""中国水周""民法典宣传月""网络安全宣传周"等关键时间节点，通过悬挂布标、发放宣传品、制作普法微动漫、组织网络答题等方式，做到形式多样、内容丰富、氛围浓厚。开展走进校园行动，联合杨村第八小学、杨村第六中学，通过开展赠书仪式、市劳模宣讲、答题互动等方式，进一步提高广大师生的环保意识和节水意识，积极构建以学校带动学生、学生带动家庭、家庭带动社会的治水护河模式。

5. 安全生产工作

夯实安全生产责任。北三河中心强化组织领导，坚持主要领导全面负责、分管领导协助负责、安监职责部门综合负责、业务科室专业负责、基层部门具体负责"五位一体、层层把关"的安全责任体系。全年共召开安委会会议15期，传达部署安全生产相关工作。班子成员主动深入基层开展督导检查和安全生产宣贯120余次，压紧压实各级管理责任。

深化安全生产专项整治。深入落实"4·21"全市水务系统安全生产视频会议工作要求，做好水务安全生产隐患排查工作，采取自查整治和督导检查相结合的方式，共出动检查35人次，排查点位21个，发现隐患5处，现场督促立整立改。开展北三河中心重大事故隐患排查整治2023专项行动，紧盯水务工程施工安全、水利工程运行安全、防汛安全、消防安全、燃气安全、车辆交通安全等方面深挖问题隐患，全面摸清并动态掌握北三河系安全风险隐患底数。将专项行动与巡视巡查相结合，同步开展堤防、水闸、工程项目、涉河项目、险工险段等监督检查，专项行动期间共开展专项检查11次，出动108人次，检查点位149个，查出一般隐患10个，全部立整立改，无重大风险隐患。

强化工程安全监督。开展在建水务工程安全生产隐患排查整治，紧盯地下管线、施工现场管理、消防安全等方面，坚持"隐患就是事故，事故就要处理"的理念，每周对在建工作开展检查两次，积极组织参建单位部署安全生产隐患排查工作，定期召开安全生产工作会议，对现场安全生产形势进行分析，严格落实安全生产主体责任。

防控重点领域安全风险。开展水务安全生产风险专项整治，抓住重点关键，聚焦重点领域，抓"先"、抓"早"、抓"细"、抓"实"。在各部门自查的基础上，领导小组对水务工程建设项目、水利设施进行监督检查77人次，排查点位49个，发现隐患7处（均为受台风"杜苏芮"影响降雨产生的冲坑），现场立整立改。

（北三河中心）

【大清河管理】

1. 河道工程管理

日常工作。开展日常巡查，实行"网格化、轨迹化、责任化"巡查管理，制定《防汛隐患排查徒步检查方案》，大清河中心领导带队对所辖堤防、闸站等工程设施进行深入细致地排查摸底，累计出动巡查人员3194人次，累计排查20843千米堤防，通过与设计单位对接，收集管辖河道堤防设计水位、堤防高程等基础数据，针对检查发现问题逐一制定措施并限时整改，秉承隐患排查整改闭环管理；修订《大清河中心防汛抢险技术保障方案》，为科学决策提供有力支撑；积极应对海河"23·7"流域性特大洪水，组织防汛联查和特别检查，对照检查内容和检查要点，严格落实巡堤检查工作要求，加强巡视检查力度，加密巡查频次，做好河道堤防、闸站等重点防洪工程及风险点位的防守工作，行洪期间向在建涉河工程建设、施工单位下发十余次停工撤离、清除设施设备通知，封堵多处口门及漏水点，清除阻水障碍物，全体抢险队员驻扎抗洪一线，历时两个月，做到洪水不退人不退，协调静海、西青及滨海新区等地方抗洪队伍，全力做好大清河系、子牙河系的巡堤查险、闸站运行、隐患处置、工情监测、涉河项目度汛和东淀蓄滞洪区启用等全方位技术指导工作，充分发挥出河系中心在防汛抗洪工作中的技术支撑作用。

水利工程标准化管理评价工作。组织召开大清河中心水利工程标准化管理部署会，全面落实水利部及市水务局对水利工程标准化工作的相关要求，印发《大清河中心（北大港中心）关于推进水利工程标准化管理的实施方案》，明确各部门职责分工，组建中心水利工程标准化手册编制专班，开展相关培训及手册编制工作，逐步推进标准化管理的实施。完成九宣闸、万家码头泵站等闸站的组织手册、制度手册、操作手册、岗位-人员-事项对应表和管理台账的编制工作；完成九宣闸标准化管理评价，评价结果达到水利标准化管理二级工程。大清河中心从工程状况、安全管理、运行管护、管理保障和信息化建设等方面，建立标准化管理常态化机制，工程管理水平显著提升。

涉河项目监管。2023年开展涉河项目监管20项，其中在建涉河项目14项，包括津石高速公路项目、蒙西煤制天然气外输管道项目、南港工业区石化管廊项目、天津中心城区至静海市域铁路首开段工程、大港500千伏输变电工程、神华天津220千伏升压站项目等。按照《大清河中心（北大港水库中心）涉河建设项目管理实施细则（试行）》及河道管理相关法律、法规要求，对河道范围内建设项目，落实涉河项目两级监管，即基层所每周至少检查一次，大清河中心每月抽查，根据检查情况及时上报《市水务局监管行为统计表》。配合市水务局做好相关行政审批事项咨询、技术性审查等工作，完成相关涉河项目征求意见12项。按照涉河管理规程要求，在第三方评估的基础上，签订涉河项目补偿协议。制定明白纸，对重点项目采用承诺备案制，为天津市持续优化营商环境提供支撑。

2. 防汛工作

落实防汛责任制。4月3日，组织召开2023年防汛工作动员部署会，安排部署各项防汛任务。制定印发《大清河中心（北大港中心）2023年防汛工作安排》，明确防汛组织机构及各项防汛职责；落实水库管理责任人、防汛技术责任人、巡查责任人。7月10日，组织召开贯彻落实习近平总书记关于防汛救灾工作重要指示精神和传达局防汛抗旱指挥部扩大会议精神暨大清河中心防汛工作部署会，对下一步防汛工作进行再部署；7月28日，召开了应对台风"杜苏芮"防汛部署会，成立了大清河中心调度指挥部。

修订完善防汛预案。修订《2023年北大港水库防汛抢险应急预案》《北大港水库预测预报预警方案》《北大港水库大坝安全管理应急预案》；编制《2023年北大港水库汛期调度运用计划》，并按局批复要求落实相关工作。

开展防汛检查。汛前组织开展防汛自查，对闸涵、泵站等防洪工程设施进行全面检查整改和试运行，组织由大清河中心领导带队、业务科室参加的防汛联查；汛中持续开展对水库大坝、闸涵泵站、在建工程等隐患排查整治，海河"23·7"流域性特大洪水防御期间，开展24小时全时段巡堤查险；汛后组织开展汛后检查，召开防汛总结研讨会，总结经验，梳理存在问题，制定应对措施。

开展培训演练。组建58人的北大港水库防汛抢险救援队，5月18日组织开展防汛基础知识和抢险技术培训，5月29日至5月30日开展闸站机电实操培训，7月27日开展防汛抢险模拟展示、应急电源启闭闸门使用模拟、万家码头泵站开停车三个科目的防汛演练；对水库"三个责任人"进行培训；制作印发《防汛简明手册》。

落实强降雨防范措施。落实应对极端强降雨各项举措，及时启动洪涝灾害应急响应5次，严格执行局相关部门调度指令。收集整理重点闸站的水情信息，汇总防汛巡查工作动态。

3. 水生态环境

排水口门监管。大清河中心强化排水口门巡查监管，督促滨海新区、西青区、静海区河长办严格落实排水备案管理制度，认真受理排水申请，完善口门管理台账，保障入河水质安全。截至2023年12月31日，累计排水11.48亿立方米，其中独流减河累计入河排水6.93亿立方米，子牙河累计入河排水0.49亿立方米，马厂减河累计入河排水1.83亿立方米，南运河累计入河排水2.22亿立方米，大清河累计入河排水0.0065亿立方米，子牙新河累计入河排水0.0083亿立方米。

水质改善。大清河中心随时关注排水口门各项指标变化情况，发现异常及早分析并做好溯源调查，及时消除隐患，组织津南区河长办、滨海新区河长办对十米河水质问题召开联席会议，深入推进十米河南闸断面水质的治理落实；联合市水务局河湖处、河长制中心、市生态环境局水处对京杭大运河静海段保水护水工作落实情况现场检查，加强对相关段补水沿线污染源排查管控和入河排污口监督管理，确保京杭大运河静海段水质达标；积极配合市水务局开展独流减河生态补水工作，截至2023年12月31日，独流减河全年累计补水1.44亿立方米，其中向独流减河再生水补水1.34亿立方米，海河向独流减河生态补水0.1亿立方米。

河长制工作。大清河中心加大河长制巡查考核力度，严格落实河湖长制实施意见和考核制度，做好每月河长制考核工作；督促压实河长责任，发挥"河长制"联动工作机制，与市河长制事务中心开展"共学、共研、共管、共享"活动，共同探讨交流河湖管理的经验和措施；加强对各区农村坑塘及沟渠暗查暗访、月度考核力度，加密对天津市河北省交界处的河道巡查频次，加大督促相关区河湖长办巡查整改力度，对各区问题整改情况认真复核。联合天津市水务综合行政执法五支队、区河长办，走进广场、小学及机关多形式开展"世界水日、中国水周"主题宣传，制作宣传图册利用微信公众号推广转载，发放各类宣传资料1500余份，受众群众800余人；联合镇村多部门开展河道宣传共建，利用村镇大喇叭、公示栏宣传环境保护知识，制定发放维护河湖生态环境宣传手册2000余册，宣传受众3000余人，进一步提高沿河村民的环境保护意识，营造守法遵法、爱水护水的氛围。

推动河湖管护工作。加强河道日常巡查，对重点点位加大巡查频次，做到巡查全覆盖，严防问题发生。积极与各区河长办协调对接，通过开展河道清障和妨碍河道行洪问题整治，推动清理坡岸水面垃圾约1吨，清理非法渔具、渔网170条，劝退垂钓人员及露营聚餐人员30余人，清理占道车辆20辆，拆除子牙河西河段违建、鱼池及坑塘共计6处，面积达58404平方米；清理大清河拦河网具4处，南运河阻水漂浮物500平方米，清理独流减河右堤45+900处妨碍河道行洪的约27公顷鱼池问题。开展河湖遥感图斑核查整治工作，涉及相关区问题280处，整治清理西河右堤益利来香猪场、南运河右堤10处大棚约8000平方米等河湖问题12处。清理完成大清河围墙、南运河右堤43+000河滩地内藕池等新建问题13处，水事违法行为得到有效遏制，河道生态环境得到进一步改善。

整治河道非法围垦种植。以深入实施城乡人居环境综合整治为契机，联合多部门对独流减河、马厂减河等穿村临村段河道管理范围内堤肩堤坡非法圈占、围垦种植等问题开展排查清理工作，清理垃圾围垦种植109处，清理面积90830平方米，及时清除妨碍河道行洪障碍，不断改善沿河环境。

夯实基础性工作。大清河中心制定印发了《大清河中心关于规范河道"四乱"问题巡查、报告及处置管理办法》，与各区建立协调沟通微信群，为合力处置违法违规问题、保障河湖生态安全提供指导；组织完成了所辖河道管理范围涉及的桥梁情况的现状调查填报工作；完成了2022年度"一河一档"数据更新工作；推动完成了6条河道和水库"一河（湖）一策"实施方案修编工作，并已印发；组织开展排水口门监管、水污染防治工作培训，推进河湖排水口门管理规范化建设，提升业务处置能力。

4. 日常维修养护工程

2023年大清河日常维修养护投资997.5万元，主要工程量为：完成河道堤防维修养护487.1千米，水闸维修养护10座，泵站维修养护1座，独流减河宽河槽湿地、万家码头泵站、团泊临时泵站运行维护，树木病虫害防治。通过维护，闸站工程面貌进一步改观，保障了闸站正常运行和安全运用。

5. 专项工程

2023年专项维修工程共1项，工程投资206万元。

老龙湾低水节制闸维修工程。工程由北京禹冰水利勘测规划设计有限公司设计，天津金帆监理工程公司监理，山东鸿华建筑安装有限公司施工。工程总投资206万元，完成主要工程量为：老龙湾节制闸启闭机彩钢房维修521.2平方米，闸墩防碳化处理1320平方米，C25混凝土路面维修550平方米，维修ZC-YJV22-10kV-3×50高压电缆300米、YJV/22-4×95低压电缆346.5米。已按计划完成全部工程。

6. 水毁工程

2023年水毁项目共8项，项目投资6409.82万元。

东淀退水口门修复项目。项目由黄河勘测规划设计研究院有限公司天津设计院设计，天津市泽禹工程建设监理有限公司监理，天津市水利工程集团有限公司施工。项目总投资549.26万元，完成主要工程量为：对东淀蓄滞洪区内当城十字河退水口门、当城桥南退水口门、水高庄园桥南退水口门、水高庄泵站北退水口门、水高庄退水口门、老龙湾退水口门、第六埠退水口门、杨柳青退水口门共8处口门进行复堤和原状混凝土、沥青路面修复。完成土方回填29916立方米、12%石灰土基层557立方米、20厘米厚水泥稳定碎石（5%水泥）基层540立方米、沥青混凝土面层2693平方米、20厘米厚混凝土路面210平方米。已按计划完成全部工程。

大清河右堤堤防渗水修复项目。项目由天津市水务规划勘测设计有限公司设计，江苏科兴项目管理有限公司监理，天津中海水利水电工程有限公司施工。项目总投资1651.16万元，完成主要工程量为：对大清河右堤桩号0+900~1+860、3+520~3+780、4+130~4+290、4+420~4+580、4+920~5+080、8+520~8+680、9+220~9+380、10+420~11+080、11+820~11+980、13+720~13+880、15+120~15+235段共3.115千米采用高压旋喷桩防渗墙进行防渗处理。高压旋喷桩单桩直径600毫米，桩长12米，桩距450毫米，完成高压旋喷桩87232.6米、土方填筑35493立方米、坡面修整79045.2平方米。已按计划完成全部工程。

子牙河右堤堤防修复项目。项目由天津泰来勘测设计有限公司设计，天津市泽禹工程建设监理有限公司监理，天津港湾港口建设工程有限公司施工。项目总投资353.19万元，完成主要工程量：修复子牙河右堤35+595~38+141段及39+129~41+293段堤顶路，路面形式为泥结碎石路面，长度4.71千米，宽度5米。路面基层为二八灰土，厚度200毫米，路面面层为泥结碎石，厚度300毫米。双侧路肩宽0.3米，设双向横坡，坡度2%。完成二八灰土基层（厚200毫米）4992.6立方米、泥结碎石路面层（厚300毫米）23550平方米。已按计划完成全部工程。

子牙河右堤堤防渗水修复项目。项目由黄河勘测规划设计研究院有限公司天津设计院设计，天津市泽禹工程建设监理有限公司监理，天津港湾港口建设工程有限公司施工。项目总投资181.23万元，完成主要工程量为：对子牙河右堤39+600~40+200段共计600米长堤防采用水泥搅拌桩防渗墙进行防渗处理，水泥搅拌桩直径600毫米，中心距400毫米，单桩长12米；对子牙河右堤39+600~40+200堤防迎水侧破损浆砌石护坡勾缝采用M10水泥砂浆抹平修复。完成ϕ600水泥搅拌桩17325米、浆砌石勾缝5100平方米。二八灰土基层（厚200毫米）8536.64立方米、二八灰土8536.64立方米、泥结碎石面层（厚300毫米）39112立方米。已按计划完成全部工程。

子牙河左埝堤防修复项目。项目由天津泰来勘测设计有限公司设计，江苏科兴项目管理有限公司监理，天津港湾港口建设工程有限公司施工。项目总投资624.89万元，完成主要工程量为：对子牙河左埝18+570~30+984、子牙河左埝下游段2+540~2+740、3+300~4+800段堤顶泥结碎石路面修复，长度约11.904千米，二八灰土基层厚300毫米、泥结碎石面层厚300毫米。完成二八灰土基层（厚200毫米）8536.64立方米、二八灰土8536.64立方米、泥结碎石面层（厚300毫米）39112立方米。已按计划完成全部工程。

独流减河右堤堤防修复项目。项目由黄河勘测规划设计研究院有限公司天津设计院设计，天津市泽禹工程建设监理有限公司监理，天津港湾港口建设工程有限公司施工。项目总投资490.83万元，完成主要工程量为：对独流减河右堤14+450~17+500段堤顶道路进行维修，长度为3050米，修复段堤顶路宽6米，道路结构形式自上至下依次为4厘米厚细粒式改性沥青混凝土面层、6厘米厚中粒式改性沥青混凝土面层、两层18厘米厚石灰粉煤灰碎石垫层及15厘米厚10%石灰土垫层。恢复独流减河、西河、子牙河、子牙新河巡堤路上31座限宽措施。完成15厘米厚10%石灰土18300平方米、18厘米厚石灰粉煤灰碎石36600平方米、4厘米厚细粒式改性沥青混凝土（AC-13C）18300平方米、6厘米厚中粒式改性沥青混凝土（AC-20C）18300平方米、原限宽墩调运安装31座。已按计划完成全部工程。

独流减河宽河槽湿地工程损坏设施修复项目。项目由天津市水务规划勘测设计有限公司设计，天津润泰工程监理有限公司监理，天津市大港水利工程有限公司施工。项目总投资2096.3万元，完成主要工程量为：外围埝修复。修复围埝埝顶高程为4.0米，围埝迎水坡及背水坡坡比均为1：3。修复路面长度14.545千米，路面形式为泥结碎石路面，长度14.545千米，宽度4米，路面基层为二八灰土，厚度200毫米，路面面层为泥结碎石，厚度200毫米。隔埝、布水渠修复。修复埝顶道路，长度为19.724千米，路面形式为泥结碎石路面，长度19.724千米。宽度3米，路面基层为二八灰土，厚度200毫米，路面面层为泥结碎石，厚度200毫米。隔水埝修复。修复隔水埝1.121千米，埝顶道路为泥结碎石路面，路面基层为二八灰土，厚度200毫米，路面面层为泥结碎石，厚度200毫米。闸涵修复。更换4扇平面拱形闸门，闸门尺寸为1.5米×1.5米，更换100千牛手动螺杆启闭机；更换5号穿堤涵闸，为平面拱形铸铁闸门，闸门尺寸为2.0米×2.0米，更换100千牛手动螺杆启闭机。退水闸闸门、启闭机、栏杆进行除锈、对闸涵进行防碳化处理。完成土方填筑（推20米 机械压实）155661立方米、二八灰土（厚200毫米）填筑18639.1立方米、泥结石路面（厚200毫米）119750平方米。已按计划完成全部工程。

闸站水毁修复项目。项目由黄河勘测规划设计研究院有限公司天津设计院设计，天津市泽禹工程建设监理有限公司监理，天津市水利工程集团有限公司施工。项目总投资462.96万元，完成主要工程量为：更换上改道节制闸、八堡节制闸、十号口门过船调节闸、洋闸弧形闸止水；对上改道节制闸、锅底分洪闸、十号口门过船调节闸、排咸闸翼墙混凝土表面进行防碳化处理。对上改道节制闸、锅底分洪闸、八堡节制闸、排咸闸安装超声波水位计。对马厂减河尾闸闸门进行除锈刷漆；更新栏杆、新建防浪墙、对路面进行原状恢复；新建C30现浇混凝土护坡。对老龙湾低水节制闸交通桥混凝土表面进行防碳化处理；对交通桥路面和护栏进行维修、对出场道路混凝土路面进行恢复。对独流减河南岸进水闸新建混凝土防浪墙、对堤顶沥青混凝土路面进行原状恢复。新建C30现浇混凝土护坡（厚30厘米），拆除重建启闭机房。对4台水泵进行返厂检测及解体大修。完成浆砌石护坡修复1300平方米、混凝土路面1753平方米、沥青路面695平方米、混凝土防碳化处理200平方米、马厂减河尾闸防浪墙C30混凝土109立方米、马厂减河尾闸护坡C30混凝土573立方米、独流减河南岸进水闸防浪墙C30混凝土86立方米、独流减河南岸进水闸护坡C30混凝土482立方米、启闭机房安装150平方米、超声波水位计8套、水泵大修4台。已按计划完成全部工程。

（大清河中心）

【海堤管理】

1. 日常养护项目

应急维修合理利用养护资金，提升海堤工程面貌。汛前完成海滨浴场段、减河北段共计1.1千米迎水坡修复；减河北2.91千米勾缝拆除重建；制卤厂南230米路面修复和海滨浴场400米护网修复。汛后完成海堤全线打草一次，补装公里桩7个，宣传牌3个；完成沿线钢闸门运行检查并修复破损钢闸门两个。本着汛前提升基础，汛后提升环境的原则，按照轻重缓急全年完成日常养护投资90万元，养护资料齐全，并顺利通过验收。11月按照永定河水毁项目第三包的安排，完成李家河子泵站86米迎水坡修复。

2. 系统运行维护

依托运维公司，维护信息系统安全稳定。通过综合比选的方式完成该系统运行维护的公司采购工作。全年重点开展潮位站4G卡传输修复，对腐蚀严重的两个摄像头进行维修，完成信息系统数据更新等。全年参加了两次水利部网络信息系统攻防演练，演练过程中未发现严重问题，根据市水务局提示的漏洞和易发生危险的代码，及时提示运维公司查找问题，12月通过数字海堤二级等保测评。

3. "海上环卫"专项行动

依托"海上环卫"专项行动，推动美丽港湾建设。制定了2023年海上环卫工作方案，通过综合比选的方式完成项目采购。海上环卫于3月底正式开工，汛前每天安排6~8人，汛期每天安排12人对海堤沿线垃圾进行捡拾，汛后开展对永定新河左堤段、东海路段、海滨浴场段和白水头段的集中清理，全年累计清理垃圾2800余立方米。全年共计完成投资46万元，项目资料齐全，效果良好。

4. 工程巡视检查

按照巡查计划，每周对海堤进行2次巡查，形成全线闭合。全年共完成日常巡查92次、定期巡查3次、特殊巡查2次。汛前组织开展海堤工况运行全线大排查，更新了海堤工程项目库。

5. 涉堤建设项目管理

2023年海堤工程涉堤建设项目共有1项，为跨年度继续实施项目，实施方案均经市水务局审批同意。日常持续对各项目进行现场监管，确保工程建设按市局审批要求实施。

（永定河中心）

北大港水库管理

【概述】 2023年，加强日常管理，科学安排生态补水，完成水库日常维修养护工程项目，开展好防汛度汛各项工作；落实安全生产责任，确保水库安全运行。

【日常管理】 加强日常巡查工作，持续推进"网格化、轨迹化、责任化"巡查管理，开展河道点位巡查和水闸精准巡查，做到及时发现，快速解决；结合"工程、资源、环境"三位一体管理理念，修订《进一步加强日常巡查工作实施方案》《北大港水库大坝安全应急管理预案》，进一步健全水库管理良性机制；组织防汛联查和特别检查，机关、基层部门联合对工程设施和在建涉河项目开展汛前、汛中、汛后检查，按照"汛期不过、排查不止、整改不停"的工作要求，制定《防汛隐患排查徒步检查方案》，北大港中心领导带队对所辖堤防、闸站等工程设施进行深入细致排查摸底，保证工程安全度汛；强化闸站日常管理，执行"日清扫、周擦拭、季检修"制度，开展闸站试运行，不断修订《大清河中心（北大港中心）堤防、水闸、泵站工程主要技术参数统计表》，统一水利工程技术参数。

水利工程标准化管理评价工作。组织召开大清河中心（北大港中心）水利工程标准化管理部署会，全面落实水利部及市水务局对水利工程标准化工作的相关要求，印发《大清河中心（北大港中心）关于推进水利工程标准化管理的实施方案》，明确各部门职责分工，组建中心水利工程标准化手册编制专班，开展相关培训及手册编制工作，逐步推进标准化管理的实施。完成北大港水库、马圈进水闸、洋闸五孔闸的组织手册、制度手册、操作手册、岗位-人员-事项对应表和管理台账的编制工作，中心从工程状况、安全管理、运行管护、管理保障和信息化建设等方面，建立水库及水闸标准化管理常态化机制，工程管理水平显著提升。

【生态补水】 为改善北大港水库生态环境，2023年4月5日至7月25日，通过万家码头泵站利用海河水源向北大港水库补水432.97万立方米。

【日常维修养护】 2023年，北大港中心完成日常维修工程项目11项，工程总投资148.5万元。完成主要工程量为：堤防维修养护38.37千米；马圈闸等13座闸涵日常维修，姚塘子35kV变电站及10kV输电线路维护；管理用房及附属设施日常维护以及绿化养护、围堤工程观测等。通过维护，水库工程面貌进一步改观，保障了工程设施正常运行和安全运用。

【水库防汛】 落实防汛责任制。4月3日,组织召开2023年防汛工作动员部署会,安排部署各项防汛任务。制定印发《大清河中心(北大港中心)2023年防汛工作安排》,明确防汛组织机构及各项防汛职责;落实了水库管理责任人、防汛技术责任人、巡查责任人。7月10日,组织召开贯彻落实习近平总书记关于防汛救灾工作重要指示精神和传达市水务局防汛抗旱指挥部扩大会议精神暨大清河中心防汛工作部署会,对下一步防汛工作进行再部署;7月28日,召开应对台风"杜苏芮"防汛部署会,成立大清河中心调度指挥部。

修订完善防汛预案。修订《2023年北大港水库防汛抢险应急预案》《北大港水库预测预报预警方案》《北大港水库大坝安全管理应急预案》;编制《2023年北大港水库汛期调度运用计划》,并按市水务局批复要求落实相关工作。

开展防汛检查。汛前组织开展防汛自查,对闸涵、泵站等防洪工程设施进行全面检查整改和试运行,组织由北大港中心领导带队、业务科室参加的防汛联查;汛中持续开展对水库大坝、闸涵泵站、在建工程等隐患排查整治,海河"23·7"流域性特大洪水防御期间,开展24小时全时段巡堤查险;汛后组织开展汛后检查,召开防汛总结研讨会,总结经验,梳理存在问题,制定应对措施。

开展培训演练。组建58人的北大港水库防汛抢险救援队,2023年5月18日组织开展防汛基础知识和抢险技术培训,5月29日至5月30日开展闸站机电实操培训,7月27日开展防汛抢险模拟展示、应急电源启闭闸门使用模拟、万家码头泵站开停车三个科目的防汛演练;对水库"三个责任人"进行培训;制作印发《防汛简明手册》。

落实强降雨防御措施。落实应对极端强降雨各项举措,及时启动洪涝灾害应急响应5次,严格执行市水务局相关部门调度指令。收集整理重点闸站的水情信息,汇总防汛巡查工作动态。

【安全生产】 落实安全生产责任制。督促指导全员建立并履行全员安全生产责任制,逐级签订安全生产责任书,签订率达100%,进一步明确岗位安全职责和保证措施。

开展隐患排查整治。2023年,组织开展水务重大隐患、岁末年初等排查整治专项行动,围绕重点领域建立领导督导检查组,深入在建工程施工现场以及基层闸站、出租房屋等重点部位,针对北大港水库林草防火安全、燃气安全、工程运行安全等重点领域进行检查指导,共排查整治隐患达100余项,有效杜绝事故的发生,确保北大港中心安全生产形势持续稳定。

安全生产应急管理。制定印发《北大港水库防灭火工作方案》,加大巡防力度,壮大防火巡查队伍至50余人,重要时期24小时不间断巡查,全面收割库区苇草,打通防火隔离通道,不断强化装备保障,新配备了1台高压消防泵、6台灭火枪、20套消防服装等灭火装备,在主要卡点和闸站点配备了铁锨、扫帚、手套、口罩等灭火用品用具,以便火情发生第一时间开展灭火救援,与滨海新区消防救援大港支队、湿地管委会等单位建立了联防机制,开展座谈和救火演练,形成了水库防火整体合力。采取实战演练和桌面推演的方式,针对北大港中心综合应急预案、水库大坝安全管理应急预案等9项预案进行演练评估,进一步修订完善了预案,提高了预案的时效性和可操作性。组织开展水库林草灭火、地震逃生、水闸应急启闭等演练活动,队伍整体素质和应急救援专业化水平明显提升。

推动"六项机制"建设。制定印发北大港中心"六项机制"实施方案,开展"六项机制"学习宣传系列活动,绘制排咸闸、九宣闸等7座重要水闸的安全风险空间分布图,持续推进中心15条堤防、25座水闸以及3座泵站危险源辨识和风险评价动态更新,实现安全风险科学评定,分级管控。

加强安全生产宣教培训。结合"安全生产月"和"森林防火宣传月",开展宣传教育系列活动,组织全体干部职工定期学习习总书记关于安全生产工作的重要论述，加强新入职人员和安全管理人员的培训，宣贯《安全生产法》和消防条例，结合重点领域宣讲安全知识以及应急抢救、火灾逃生等自救互救技能，通过参观安全体验馆和安全知识竞赛等活动，激发了职工学安全、保安全的积极性，营造了浓厚的宣传氛围和良好的学习氛围，全员安全素质和安全技能得到了显著提升。

（北大港中心）

移民后期扶持与安置

【概述】 2023年在各区和市有关部门的共同努力下，天津市圆满完成水库移民后期扶持工作任务，水库移民后期扶持直补资金全部发放到位，年度库区扶持项目全部实施完成。

【人口扶持】 截至2023年12月31日，天津市核定水库移民人口122947人，其中，核实到人的有115082人，核实到村的有7865人。人口分布在全市10个涉农区的153个乡镇街、1206个村内。发放直补资金6904.92万元，其中中央后扶基金6784万元，地方资金120.92万元，年内抽样核查，拨付资金已全部到位、按时核发到移民个人账户内。

【项目扶持】 2023年度批复库区扶持项目237项，总投资17280万元。主要建设内容包括：新打机井16眼；修建灌溉管道21.572千米；铺设输水管道18.4千米；修建防渗渠道0.05千米；新建泵站1座；修建冷库2700平方米；安装变压器7台；架设高压线路0.57千米；架设低压线路27.95千米；修建生产道路14.025千米；新修、翻修村内道路39.935千米；修建人行便道铺装面包砖90348平方米；修建广场2座，总面积3168平方米；新建改建排水管（沟）5.298千米；更换供水设备6套；更新供水管道99.731千米；安装水表3974户；渠道治理4.423千米；沟道治理0.428千米；喷涂粉刷墙面57159平方米；种植绿化树959株；安装电动车充电棚228座；新建或维修路灯1929盏；安装防盗门193个；水体（坑塘）治理2.61公顷；开展生产技术培训8期次。

截至2023年年底，工程进度完成80%以上。年度计划项目全部完成，项目资金全部落实，资金全部为中央库区基金。

【监督及绩效评估】 水利部专家组对天津市基金绩效评价及蓟州区、滨海新区绩效评价工作开展了资料复核。专家组对天津市及蓟州区、滨海新区的移民工作表示充分肯定，认为水库移民工作基础扎实，市区两级主管部门较重视，专人负责，专款专用；移民直补资金发放实行动态化管理，因地制宜，具有特色；项目管理参照基建项目，管理较为规范，资金管理严格，保障后扶资金落实到人，改善了移民生产生活，做到移民群体受益。在此次绩效评价中，天津市取得了良好的成绩。

【稽察工作】 稽察专家组对西青区北大港水库库区及移民安置区2022—2025年基础设施项目可行性研究（初步设计）批复的建设内容和建设情况进行了稽察。稽察组提出整改意见后，西青区认真研究整改措施，立即开展自查自纠，将整改作为重点工作来抓，逐项逐条对照整改，按时完成整改工作，确保整改落到实处。

（肖艳）

引滦工程管理

引滦入津工程通水四十周年

【概述】 引滦入津工程自1983年9月正式通水以来,已累计向天津安全供水332.8亿立方米。四十年来,在市委、市政府的正确领导下,在水利部、海委、海委引滦局的指导帮助下,在市有关部门、引滦沿线属地政府的大力支持下,市水务部门克服输水线路长,工程运行年限久,沿线污染源多等困难,较好地完成了引滦调水、配套工程建设、工程管理、水源保护等方面工作,极大地提升了天津城市供水质量,极大地缓解了水资源紧缺的局面,改善了天津的营商环境和生态环境,为全市经济社会发展、社会繁荣稳定作出了重大贡献。

【成效】

1. 供水布局完善

引滦通水以来,以城市空间布局和产业空间布局为引领,不断完善引滦供水体系,先后建成引滦入港、入开发区、入汉、入塘等8条入滨海新区原水管线,服务滨海新区发展和天津市工业产业东移战略;积极向环城四区、静海、武清、宝坻等区延伸供水管网,支持各区经济开发区和制造业产业园区建设;落实"原水一张网"统筹运营要求,与引江供水体系实现互联互通,建成"一纵一横"引滦引江输水干线为骨架,于桥、尔王庄、王庆坨、北塘、北大港等五座水库调蓄调度,辐射城乡的供水安全保障体系,为"津城""滨城"双城协同发展提供重要支撑。在此基础上,持续优化供水厂网布局,大力实施重点水厂新改扩建工程,提升城镇自来水供水品质,通过农村饮水提质增效工程,解决了全市2817个村、286.8万农村居民用水不方便和饮用高氟水的问题,全市33座水厂总供水能力达到480万吨每日,是引滦通水前的5倍,城市供水水质合格率保持在99%以上,农村供水水质合格率达到90%以上。

2. 水资源优化配置

天津是资源型缺水的特大城市,多年平均本地水资源量14.79亿立方米,人均水资源占有量仅100立方米,是全国平均水平的1/20。缺水的现状要求必须统筹用好地表水、外调水、再生水、淡化海水等多种水源。为了在满足城乡用水需求的同时实现水资源优化配置,坚持优水优用原则,高效利用引滦等外调水服务城市生活和工业生产,有效支撑城市二、三次产业发展;充分运用引滦水替代部分深层地下水开采量,助力华北地区地下水超采综合治理,天津市深层地下水开采量由20世纪80年代高峰期10.38亿立方米降至2022年的0.49亿立方米,2018—2022年,深层地下水平均水位埋深上升9.4米;加大再生水、淡化海水等非常规水源配置力度,提高水资源循环利用水平,2022年天津市供水总量33.55亿立方米,其中非常规水占比18%,较2012年提高了11个百分点,水资源结构更加合理。

3. 水源保护带动生态整体提升

2000年以来,聚焦引滦水源富营养化问题,持续推动引滦水源保护工作，累计投资57亿元，先后实施引滦水源保护、于桥水库库区周边水污染治理、于桥水库综合治理等重点工程，明确将于桥水库、引滦明渠等纳入河湖长制管理范围，通过综合治理、科学管理、生态修复，于桥水库水质显著改善，动植物多样性、库区生态环境质量得到全面提升，为天津市"三区两带中屏障"生态空间布局提供了重要支撑。积极推动引滦上游水源保护，与河北省签订三期引滦入津上下游横向生态补偿协议，累计向上游支付生态补偿约7亿元，积极协调水利部海委和引滦上游河北省承德、唐山等地，大力推动滦河源头水土流失治理、滦河重要干支流治理、潘大水库养鱼网箱清理、黎河综合治理及沿线共建共享，引滦全线水质达到地表水Ⅲ类及以上，为京津冀生态保护和协同发展作出重要贡献。

4. 建设节水型城市

始终把节水作为一项战略措施常抓不懈，坚持节水优先、量水而行，全方位贯彻以水定城、以水定地、以水定人、以水定产原则，强化水资源刚性约束，严守水资源开发利用上限，倒逼产业结构调整和转型升级，建立完善了"政府调控、公众参与、规划引领、市场引导、法律保障、科技支撑"的节水机制，通过深入推进工业节水减排、农业节水增效、城镇节水降损、非常规水源利用，走出了一条具有天津特色的节水之路。截至2023年9月11日，全市16个行政区全部完成县域节水型社会达标建设，全市万元GDP用水量20.57立方米，位居全国第二，万元工业增加值用水量8.48立方米，农田灌溉水有效利用系数0.722，位居全国第三，以水资源的可持续利用保障了经济社会高质量发展。

【纪念宣传】 聚焦市委、市政府重点工作，以"大力弘扬引滦精神，为全面建设社会主义现代化大都市凝聚力量"为主题，结合历次引滦宣传经验，与水务集团共同主办引滦入津工程通水四十周年宣传，组织开展四项重点宣传活动。

1. 举办引滦入津工程通水四十周年成就展

在引滦入津工程展览馆（位于北辰区天穆镇滦水园）举办"引滦入津工程通水四十周年成就展"，运用图文及多媒体手段，全面展现引滦入津工程建设和发展历程，以真实事件、鲜活画面、现实成就宣传党的十八大以来天津全面贯彻习近平总书记"节水优先、空间均衡、系统治理、两手发力"治水思路，推动水务事业高质量发展取得的成果，生动诠释引滦精神新内涵。

2. 召开引滦入津工程通水四十周年座谈会

9月11日，市水务局召开引滦入津工程通水四十周年座谈会，局党组书记、局长李文运出席会议并讲话，局党组成员、副局长王洪府主持会议；水利部海委、海委引滦局、市发展改革委、市财政局、市生态环境局负责同志，水务集团总经理，蓟州、宝坻、北辰区副区长分别作交流发言；中铁十八局有限公司、中建六局有限公司、中水北方勘测设计研究有限责任公司、中国市政工程华北设计研究总院有限公司、水务规划勘测设计有限公司等参建单位相关领导和参与引滦工程设计、建设的老同志代表，天津日报、市档案馆有关负责同志及原引滦管理单位、原自来水集团参与引滦工程和供水管理工作的老同志参加会议。共同回顾引滦入津工程建设、管理历程和新时代十年来引滦沿线发展变化，为大力弘扬引滦精神，推动引滦入津工程高质量发展建言献策。

3. 拍摄引滦入津工程通水四十周年专题纪录片

组织纪录片摄制组深入引滦入津工程各管理单位、沿线村镇、供水受益单位，采访工程建设亲历者、管理者和干部群众，拍摄引滦入津工程通水四十周年专题纪录片，全面展现引滦入津工程建设历程，沿线地区新发展新变化以及新时代以来天津在保障城市供水安全方面的新成就。该纪录片通过大量典型人物、典型事例生动诠释引滦精神的传承和发展，在全社会范围弘扬新时代引滦精神，为天津全面建设社会主义现代化大都市凝聚力量。

4. 开展引滦入津工程通水四十周年专题宣传报道

9月8日，在市政府新闻办新闻发布厅组织召开"城市供水助力高品质生活创造暨引滦入津工程通水四十周年"新闻通气会。会同河北省水利厅、水利部海委引滦局、承德市水务局、蓟州区水务局、水务集团等单位，于9月8—13日，组织中央驻津及天津市重点媒体记者14人组成专题采访团，深入滦河上游、引滦入津工程沿线及下游供水企业，采访报道引滦沿线新发展新变化以及为经济社会发展作出的贡献，宣传天津市供水行业在服务保障民生、改善营商环境等方面取得的成就。专题采访活动，累计在新华社、中国水利报、天津日报、天津电视台、天津电台、今晚报、津云、天津支部生活等媒体刊发引滦相关报道50余篇，通过"天津发布"等政务新媒体转发200多次，在社会各界引起广泛关注。

（佟云鑫）

泵 站 管 理

【**概述**】 2023年，引滦泵站管理以确保城市供水为中心，以安全管理为重点，加强设备的日常巡视与维修保养常态化管理。坚持执行"日清扫、周擦拭、季检修"，明确职责、落实责任，实行设备挂牌、责任区挂牌、工作人员挂牌。全年泵站自动化系统、监控系统、优化运行系统运行良好。引滦潮白河分公司、引滦尔王庄分公司、引滦市区分公司加强日常管理，对照天津市水利工程标准化管理标准开展对标管理，设施设备完好率达到99%以上，输水保证率100%。

【**潮白新河泵站管理**】 潮白新河泵站位于宝坻城区东南6千米处的潮白河北堤坡脚下，是引滦入津第一级提升泵站，始建于1982年，1983年9月建成并投入使用。它将于桥水库之后的明渠来水提升后，经明渠输送到尔王庄枢纽，再通过尔王庄枢纽提升后向天津市区、滨海新区、宁河区及武清区输送生活、生产及生态用水，并兼顾汛期分洪泄水任务。2003年度被水利部评为"国家一级水利工程"管理单位，已通过5次达标复验。

2023年，泵站输水总量4.36亿立方米，其中机扬输水量0.72亿立方米，自流输水量3.64亿立方米；安全输水保障率100%。开机输水32天，累计开机2071台时；共完成闸门启闭49次。严格按照设备巡视检查内容进行巡视、检查，做到有缺陷及时发现，及时检修，泵站设备完好率99%以上，确保全年安全输水工作万无一失。完成泵站院区水工建筑物破冰防冻措施装置拆卸、投炭站、投药站机组维修、变压器清扫等日常维修养护30余项，投入人工60工日。积极钻研机组最佳运行模式，提高机组工作效率，2023年机组运行期间，在严格执行输水调度命令的基础上，开展了机组运行试验，结合机组角度、功率、出水量及前后池水位变化情况开展性能分析，初步得出机组最大出水量及功率变化情况。

【**尔王庄泵站管理**】 尔王庄明渠泵站是引滦入津工程明渠输水提升泵站，设计流量为30立方米每秒，装有5台机组，运行方式为3台运行，1台检修，1台备用。2023年，明渠泵站全年累计安全运行6058台时，完成输水2.80亿立方米，输水保障率100%。全年完成日检查、周自查、月排查等安全检查360次，发现隐患及时整改，实现安全生产零事故。完成明渠泵站巡视检查，包括冰凌后、汛前、汛后及冰凌前专项检查共4次；完成明渠泵站清扫维护工程；完成电气预防性试验工作；组织明渠泵站日清扫365次，周擦拭52次，季检修4次；完成设备完好率评定工作，完好率达到99%以上。年内完成了明渠泵站4号机组大修工程。

尔王庄暗渠泵站是引滦入津工程提水泵站，担负着向天津市区输水和向尔王庄水库补水的重要任务。设计流量为35立方米每秒，安装有10台机组，其中3台用于扬水补库，设计流量为15立方米每秒，7台向暗渠供水，设计流量为20立方米每秒。2023年，暗渠泵站全年累计安全运行686

台时，完成输水 0.17 亿立方米，输水保障率 100%。全年完成日检查、周自查、月排查等安全检查 360 次，发现隐患及时整改，实现安全生产零事故。完成暗渠泵站巡视检查，包括冰凌后、汛前、汛后及冰凌前专项检查共 4 次；完成 6 千伏线路、暗渠泵站、变电站清扫维护工程；完成电气预防性试验工作；组织暗渠泵站日清扫 365 次，周擦拭 52 次，季检修 4 次；完成设备完好率评定工作，完好率达到 99% 以上。完成了暗渠泵站 4 号机组励磁工业控制电脑更新工程。

【大张庄泵站管理】 大张庄泵站位于北辰区大张庄东，永定新河北岸，是引滦入津工程的第三级提升泵站，主要功能为向海河下游流域进行生态补水；向天津市城区水源供水并兼顾永定新河北部地区排涝等任务。现装配有大型立式轴流泵 5 套，3 台运行，备用和检修各 1 台，装机总容量 4500 千瓦，设计流量 30 立方米每秒。2023 年，大张庄泵站开机进行引滦生态补水 3.43 亿立方米，向永定新河排弃水 0.19 亿立方米。完成了水闸维修加固工程。全年共实施日常维修维护工程 50 余项，其中大张庄泵站水闸汛前日常养护工程对部分闸门、闸门槽及水闸爬梯进行除锈刷漆，站前防洪闸闸房及破冰装置进行了维护，保证了汛期大张庄泵站水闸的安全运行。

（水务集团）

【滨海新区供水泵站管理】 2023 年，滨海新区供水泵站全年累计安全运行 77421.96 台时，安全输水 20394.23 万立方米。其中入港泵站输水 2270.52 万立方米，入杨泵站输水 4184.47 万立方米，入聚酯泵站输水 21.53 万立方米，入津滨泵站输水 3717.2 万立方米，入开发区泵站输水 4522.56 万立方米，入汉沽区泵站输水 962.06 万立方米，入塘沽区泵站输水 4715.89 万立方米，圆满完成输水任务。

为确保安全运行，完成了所有泵站运行机组的日常维护保养和机组大修，所有泵站真空系统的维修；完成了季度和平日不定期地设备清扫；与电力部门配合，完成所辖泵站、变电站高压电气设备的电气预防性试验；完成降本增效重点工作：3 月 3 日以来入汉管线错峰供水每天峰、平电阶段一台机组运行，利用平、谷电阶段两台机组运行，保障水厂供水需求；完成匹配机组节能降耗工作：入港泵站 5 号机组自 2015 年改造后无带负荷运行，针对综保定值进行调整，管路蝶阀阀板拆装修复，恢复入港泵站 5 号机组大小水泵匹配供水方式。完成东嘴泵站 1 号机组改型，高峰供水单吨水耗电量与去年同期下降 0.0249 千瓦每小时。按照 2023 年节能降耗改造计划，完成入港泵站 2 号机组变频器、入港泵站 1 号、东嘴泵站 3 号机组招采工作；完成滨海水业专家组对泵站生产专业化考核，进一步提高规范化管理水平，提高工作质量，确保安全供水。

完成了所有泵站备品配件的采购专项。根据每个项目的不同特点，安排专人负责，做到责任清、任务明、项项有人管，确保了设备完好率达到 98% 以上，安全输水保证率达到 100%。

加强泵站日常设备管理，强调重点部位、关键环节、特殊时期的巡视检查。不定期地对所辖管线进行巡视检查，切实保证安全供水；完善泵站突发事件应急处置预案，加强水泵机组开停机前模拟演示；做好汛期、冰冻期安全输水保障，保证泵站设备安全高效运行；定期组织防汛及反恐培训和演练，确保安全输水；组织职工进行安全教育、落实安全生产责任制，签订安全生产责任书；坚持每月进行两次自查自改工作，逢节假日组织安全生产小组进行安全生产大检查活动，对检查中存在的问题进行了及时的整改，做好安全隐患台账的登记和网上申报工作。

加强泵站管理，完善各项规章制度，做到奖惩分明；完成每个季度组织全体员工进行业务培训和考核，通过理论与实际相结合，有针对性地进行培训，提升了员工的技术理论水平和实际操作能力；加大人才培养力度，以年轻职工为突破口，创新培训方式，加快管理型人才队伍建设，加强技术技能型人才培养，通过不定期地组织泵站运行人员进行业务技能考试等活动，激励先进，树立榜样，带动全体职工的学习热潮，提高职工的整体素质。

滨海新区供水泵站高度重视天津市南水北调中线市内配套工程宁汉供水工程施工建设完成情况，该工程作为南水北调中线天津市内配套工程的重要组成部分，选址于尔王庄水库东南侧引滦高庄户泵站院内，采用对院内原引滦入塘泵站、引滦入汉泵站进行改造的方案，实现宁汉供水工程供水。自2020年5月6日起，完成由入塘联通阀向宁河区供水工作。

（滨海水业）

明暗渠道管理

【概述】 引滦明渠工程起自九王庄进水闸，终至大张庄泵站前池，全长64.2千米。其中：九王庄进水闸至尔王庄明渠泵站段明渠，长42.7千米，设计流量50立方米每秒；尔王庄明渠泵站至大张庄泵站段明渠，长17千米，设计流量30立方米每秒。明渠上共有桥梁58座，其中：公路桥20座，生产桥38座。引滦暗渠工程自尔王庄暗渠泵站压力箱出口至宜兴埠泵站前池进口闸，全长25.6千米，设计流量19.1立方米每秒，流速0.87米每秒。

按照《天津水务集团有限公司原水运行管理规定》，各原水分公司对明、暗渠设施设备开展巡视检查工作。加强维修维护工作，落实"日清扫、周擦拭、季检修"，确保设施设备完好率99%以上。加强饮用水水源地和永久性生态保护区的保护工作，按照市河长办《河湖水生态环境质量考核方案》要求，每月组织明渠水环境考核，并将结果报市河长办。在保持常态化水环境保洁的基础上，开展春季和秋季水环境集中清整，重点对新引河引黄入滨进口闸草藻进行打捞，确保水质安全。

（水务集团）

【隧洞管理】
1. 隧洞输水

输水计量。引滦入津工程输水计量以天津市引滦工程隧洞管理中心（以下简称"隧洞中心"）进口水文站实际计量数据为准。2023年共计输水3次，历时103天，累计输水3.6996亿立方米（以上数据为隧洞进口水文站实际计量数）。输水前，及时完成仪器设备维护保养和悬杆测验设备试车工作。在引滦输水中，隧洞中心加强与大黑汀水库管理处水文技术人员的沟通协调，充分利用超声波流量计、悬杆测流装置等现代化测流设备，开展引滦输水计量工作，同时，根据水位变化状况，增加实测次数，依据实测数据，调整水位-流量关系曲线，全年共利用悬杆测流设备实测21次，以实测数据为依据调整水位-流量关系曲线10次，输水计量准确精度显著提高。

水环境保洁。加强日常保洁工作，每月保洁人员对隧洞进出口明渠、各支洞口等工程辖区进行定期清理，全年共出动700余人次、50余车次，清理各类垃圾26立方米；强化集中保洁，5月和11月，集中7天时间开展2次全面集中清理活动，重点对隧洞进口明渠及两侧、隧洞进口站院外、进口纪念碑周边、二号支洞、六号支洞院外、九号支洞院外、九号洞纪念碑、十五号支洞、出口明渠及两侧、出口公园以及出口明渠扩散段等管理范围内的枯草、树叶、垃圾进行集中清理，先后共出动人员93人次、车辆19车次，清理垃圾总量40多立方米，实现了管理范围内保洁全覆盖。

水质监测。在大黑汀水库、分水闸、电站下池设立水质监测点，对大黑汀水库水质状况实施常态化监测，加强汛期库区蓝藻情况的监控，隧洞中心水文技术人员全年累计巡查大黑汀水库水质163次（封冻期不监测），对巡查中发现的水质问题及时与库区管理部门的沟通协调，并向市水务局有关部门报告，及时准确掌握引滦水质状况，为上级引水决策提供依据。

2. 隧洞工程运行管理

工程巡视检查。在隧洞运行状况巡查工作中，隧洞中心利用日常、定期和特殊检查相结合的方式，对隧洞工程、支洞、检查井等附属工程设施进行全面检查，2023年共开展日常检查13次，定期检查8次，特殊检查2次。山东省德州市平原县于8月6日发生5.5级地震，迁西县有震感，于8月6日进行特殊检查一次。唐山市滦州市于12月24日发生2.8级地震，震源深度11千米，于12月25进行特殊检查一次。及时对隧洞工程的安全进行检查，以确保通水任务的顺利完成；及时完成了对隧洞工程的汛前检查，确保安全上汛。经检查，隧洞工程闸门、洞体混凝土衬砌体、观测设施、支洞及视频监控系统均正常运行。

工程观测。加强隧洞工程运行变化状况的观测，工程技术人员利用停水期进洞对隧洞工程外水压力、收敛变形、裂缝进行观测，2023年共计开展外水压力观测10次、隧洞收敛变形观测8次、裂缝观测8次、温度计观测12次；并组织工程技术人员对观测数据进行了科学分析，经分析发现数据无明显变化，隧洞工程趋于稳定。这些数据为工程安全运行和病害治理提供了基础资料。

日常维修工程项目。2023年隧洞日常维护项目，投资211万元。按照《市水务局关于2023年隧洞日常维修项目实施方案的批复》的要求，2023年隧洞日常维修项目主要包括：安排隧洞工程日常维护12.3945千米，隧洞底板麻面维修666.90平方米，边墙顶拱排水孔疏通60000米，隧洞衬砌表面钙质清除450平方米，支洞洞内铁门维护64平方米；安装铝制宣传牌15块、埋设界桩中心桩45根；2号、15号支洞围墙铲墙漆刷漆330平方米；通风井墙涂刷450平方米；出口明渠、纪念碑、河道两侧破损防护网更换300平方米，进、出口明渠护栏刷漆256平方米；出口扩散段沉砂池清淤2000立方米、出口扩散段上游河道清理1750立方米；进口明渠、出口明渠、河道两侧的水环境保洁95000平方米；明渠周边绿化带管护16000平方米；树木养护3000株；树木补载60株；水闸日常维护2座；隧洞进、出口管理站1520平方米生产用房的日常维修维护，引滦隧洞渗水补偿费，出口明渠护坡维修等。项目于2023年2月25日开工，2023年12月14日完工。

信息化运行维护项目。隧洞中心2023年信息化运行维护项目，项目批复22万元，2023年拨付23年信息化运维资金17万元，完成投资17万元。隧洞中心在2023年信息化运维资金未到位的情况下，按照《关于2023年市水务局信息化运行维护项目的批复》（津党网信息化〔2023〕80号）的要求，2023年隧洞中心信息化运行维护任务包括：对隧洞中心运营、使用的超声波流量计、雨量计、水位计、计算机网络系统、系统服务器及安防监控系统等进行维护维修，保障系统正常运行。截至2023年年底，基础设施设备维护部分已按计划按时完成维护任务。上述整个运维项目于2023年7月19日开工，2024年7月19日完工。

大修工程。组织完成引滦隧洞病害综合治理工程项目（重点段）的可研申报工作。2023年12月6日报送引滦隧洞病害综合治理工程（重点段）可行性研究性报告的请示，2023年12月12日市水务局报批，2023年12月22日，完成向发展改革委进件工作，等待批复中。

3. 隧洞洞线保护

2023年，在洞线安全保护工作中，采取"分段把守、重点监控、提前介入、确保安全"的工作思路，针对隧洞沿线周边企业新建项目多的实际，隧洞中心将洞线安全保护工作作为工程管理工作重中之重，加强项目论证审核，强化项目现场监管，严格监督施工单位按照论证方案施工，确保隧洞工程安全保护措施落到实处。

加强项目设计前期论证工作。认真对每个施工方案、设计图纸和流程论证进行审核，督促建设和施工单位及时向隧洞中心提供工程建设方案、建设图纸等相关资料，组织人员全面审核评估，分析工程建设对隧洞工程安全的影响，在确保隧洞工程安全的前提下施工。

强化项目建设施工监管。组织人员对施工现场进行全程监管，准确掌握施工情况，监督施工单位严格按双方论证阶段确定的方案和制定的保护措施施工。

继续与洞线周边企业保持新型服务合作关系。在洞线安全保护工作中，隧洞中心领导班子积极主动与驻地政府、洞线周边镇村企业沟通协调，维持了"服务+合作"关系，共护共管隧洞工程。全年中心领导班子深入洞线周边镇村、企业调研10余次，有效减少了企业未经安全论证强行施工的现象。

依法查处危害工程安全行为。加强洞线安全巡视检查，坚决查处危害隧洞工程安全行为。全年洞线巡查94次、188人次，在隧洞洞线保护范围内制止违法行为3起。

强化水法规宣传。结合世界水日、中国水周，采取广播、宣传车、标语、宣传资料、座谈会等多种形式，开展水法宣传进企业、进村镇、进矿山、进家庭活动，增强洞线周边村民保护工程安全意识和自觉性。

（隧洞中心）

【黎河管理】

1. 黎河工程项目管理

日常维护项目有序开展。全年完成项目投资466万元，完成工程投资100%。其中维护黎河河道封闭设施14.2万米；集中清理堤坡杂草1.1万平方米；修剪绿植300余棵，完成中上游51万余棵紫穗槐5次浇灌，栽种紫穗槐6000余棵，清除黎河全段堤坡杂草101.4万平方米；完成各类护坡维护1000余平方米；完成3个支流口湿地维护工作，包括水生植物补栽635平方米、水生植物修剪2.78万平方米、清理杂物278立方米；剪除上游影响输水的柳树苗及榆树苗近4万棵，提升了河道的整体环境。

科学谋划项目，提升黎河输水保障水平。编写引滦黎河提升输水保障水平近期工作规划和远景目标纲要，为引滦黎河后续治理奠定了基础；针对黎河35座跨河桥梁存在的安全隐患，积极开展跨黎河桥梁检测评定工作，推动危桥治理，消除安全隐患；水利工程标准化工作持续推进，完成黎河中心所辖堤防标准化管理手册初稿的编制工作，修订完善《黎河中心堤防工程标准化管理评价标准》，提升标准化管理水平。

预算备选项目库持续完善。强化项目前期工作和项目过程管理，充实完善黎河大修、专项和日常项目库。依据年初河道踏勘中发现的黎河中上游部分跌水坝及泄洪涵洞损毁严重，丧失消能及排沥功能，影响引滦输水及行洪安全的问题，按照轻重缓急，将西铺桥下第一道跌水坝、王老庄桥上左岸泄洪涵洞、东黎河庄桥下第一道跌水坝等三项维修工程纳入2023年引滦黎河中上游专项维修工程项目，持续做好预算备选项目库完善工作。

2. 输水管理

强化输水计量和水质监测，确保输水安全。全年累计安全输水103天，输水总量3.635亿立方米。三次输水期间，严格按规范要求开展水文测验，实施24小时实时水情监测，进行流量测验17次，及时准确上报水文数据电报329份。采取常规取样化验和自动监测相结合方式，实时掌握水质变化，针对异常情况，开展溯源整治。强化汛期支流来水及黎河输水期间的水质监测工作，实时跟踪监测水质变化情况，全年共采集水样144个，监测数据720个，为分析研究河道水质变化提供了数据支撑。

加强河道管理，守牢河道安全防线。落实河道巡视检查制度，建立了河道管理站、保洁队伍、维护人员、属地河长"四位一体"黎河河道巡查机制；全年共完成日常巡视及查护水任务730车次，2321人次；以"世界水日""中国水周"宣传为契机，联合属地河长深入乡村、学校、企业开展宣传，增强沿河群众、企业保护黎河水环境的意识；充分发挥引滦沿线跨省市河流"跨界河湖长"作用，联合属地河长办、乡镇执法等部门，针对非法捕鱼、电鱼、钓鱼、岸线侵占等水事违法行为开展联合行动，发现并制止挖砂、钓鱼、电鱼等违法行为202人次。

3. 水生态环境管理

加大黎河河道保洁管理力度。紧紧围绕黎河输水河道保洁覆盖率100%的工作目标，加强对河道周边水环境及保洁服务的检查考核。以沿岸企业、村庄和人员活动密集的河段、隐蔽部位为重点，加强抽查检查，及时发现问题并督促整改。全年完成保洁巡查检查2033人次，清理河道垃圾1490余立方米，确保了保洁质量。

持续开展支流水污染防治。黎河河道上游支流较多，为避免汛期暴雨携带支流垃圾污染引滦水源，于5月对黎河18条主要支流排污情况、生产生活垃圾、沿岸工矿企业位置及污染物堆放情况、畜牧养殖情况等进行排查，编写污染源调查报告，为黎河水环境治理提供翔实的基础资料。利用遵化市与蓟州区跨界河湖长制管理平台，与沿河4个乡镇、28个村级河湖长密切联动，开展支流垃圾清理和临河垃圾堆清理工作，共同推动黎河水环境质量持续提升。

充分发挥河湖长制作用，着力解决黎河水环境管理的突出问题。依托与遵化水利局签订的《关于黎河水源保护与环境治理合作框架协议》，充分发挥遵化市与蓟州区跨界河湖长制管理平台作用，推动河长制由"有实"转向"有效"。与蓟州区河（湖）长办、遵化市河（湖）长办、水政执法队召开联席会议，共同探讨黎河支流、跨黎河桥梁安全、黎河防溺水工作及沿岸厂矿企业存在的污染隐患，研究黎河上游水环境共治共管的具体措施，建立《黎河水环境保护联防联控工作机制》，达成简化程序、高效沟通、分工明确、共同治理的共识，进一步形成区域协同、群防群控、齐抓共管的工作合力。

法治建设工作扎实推进。按照天津市水务局"八五"普法规划和黎河中心"八五"普法规划要求，完成黎河中心"八五"普法规划中期评估工作；及时制定以"强化依法治水 携手共护母亲河"为主题的宣传活动共建方案，圆满完成"世界水日""中国水周"水法宣传工作；开展以"美好生活·民法典相伴"为主题宣传活动，通过民法典进机关、进企业、进社区宣传等活动形式，在寓教于乐中感受《民法典》的魅力，提高《民法典》普法针对性和实效性。建设法治宣传阵地3个；出动宣传车辆4车次、宣传人员50余人次，发放宣传单300余份；开展《天津市法治宣传教育条例》宣传活动。

4. 安全生产

深入学习贯彻习近平总书记重要指示精神，迅速传达全市水务系统安全生产会议精神，落实安全生产"党政同责、一岗双责、齐抓共管、失职追责"要求，牢固树立"隐患就是事故、事故就要处理"的理念和"四铁""六必"要求，制定2023年安全生产工作要点，开展重大事故隐患排查整治2023专项行动，共排查隐患12处，整改12处。开展"暑期防溺水宣传"和"森林防火宣传月"等安全宣传专项行动，发放宣传资料350余份，在重点区域加固防护网1900米，增设防溺水安全警示牌106块，悬挂防溺水宣传条幅、森林防火宣传条幅46幅。开展各类安全培训5次，开展逃生演练、应急测洪演练、供水突发事件演练等各类应急演练4次，积极参加市水务局组织的2023年应急救援比武活动，并荣获三等奖。实现了全年安全生产"零"事故。

（黎河中心）

【明渠管理】 引滦潮白河分公司所辖引滦明渠34.2千米，设置两个渠道管理所。2023年，对照国家级水管单位管理考核标准，加强明渠维护，提高管理水平，根据实际情况对整段明渠进行维护、整治，实行明渠水生态环境常态化管理。2023年4月、10月先后开展春季、秋季水环境集中清理工作；全年累计开展水生态环境巡视巡查4500余次，对辖区12座水闸进行安全隐患排查和设施设备调试4次；按照明渠专业管理标准，进行高草清除4次，平整堤坡雨淋沟2次，清除集水槽内杂物4次；对辖区生态林内40余万株树木开展病虫害防治工作，采用杀铃脲1250～2500倍液等相关药剂，于6月、7月、9月开展美洲白蛾虫害喷药防治；于11月、12月对堤坡台田大量落叶进行全面粉碎掩埋清理；冬季冰期来临前，在倒虹吸进口闸、泵站前池捞草机等关键部位安装15组防冰破冰装置，做好特殊自然条件下雪冻灾害的各项防范工作，保障了冰期输水安全。2023年，引滦潮白河分公司所辖明渠渠道内水体洁净，符合输水原水标准，引滦工程保护范围内环境整洁、无污染源，符合水源地管理要求。

引滦尔王庄分公司所辖引滦明渠18.5千米，管辖范围为引青入潮倒虹吸出口至北京排污河倒虹吸出口，途经入塘节制闸、入塘泵站、入开入汉泵站、尔王庄明渠泵站、防洪闸、北京排污河倒虹吸。以尔王庄明渠泵站为分界点，上游明渠渠底宽度22米，设计流量50立方米每秒；下游渠底宽度11米，设计流量30立方米每秒。按照《天津水务集团有限公司原水工程巡视检查管理办法》，结合工作实际，制定明渠巡视检查实施方案，及时处置巡视过程中发现的问题。2023年，开展明渠辖区及一级保护区日常巡视检查1900车次，人员6000余人次，巡查中绑扎破损防护网70余片。为保证投炭设备可靠运行，提前进行全面检查，及时安装防冻设备、加装管路保温，备足备品备件，调试设备，安排人员监督检查投炭量、人员上岗、住宿、设备维修情况，同时加强对现场的安全管理，悬挂警示标识，及时处置设备突发状况。利用"中国水周""世界水日"进店铺、集市、村庄开展多形式水法宣传，并重点对卖鱼商贩进行相关法律法规宣传、警示提醒。完成所辖树木全年病虫害防治，确保防治效果。完成春季水环境集中清整工作，与宝坻公路管理部门沟通九园路明渠侧环境清理问题。以河长制评分为依托，促进地方对辖区周边环境管理。

引滦市区分公司所辖引滦明渠9.98千米，位于天津市武清区与北辰区境内，自北京排污河倒虹吸出口至大张庄泵站站前闸，兼顾向天津城区输送饮用水源及补给城区生态用水的功能。沿线现有水闸4座，生产桥5座，公路桥2座，高速桥2座，铁路桥3座。2023年，持续开展输水明渠常态化保洁工作，组织养护人员清运堤坡、渠面及护网周边杂物，对引黄进口闸积聚水草及输水暗渠红线区内遗弃杂物，组织养护人员及时清运。全年累计清运各类杂物共400余车次。同时，在完成输水明渠堤坡林草养护、设施维护日常工作的基础上，在汛期前后、冰冻前后等关键节点，进一步对设施安全隐患进行排查，结合调水工程管理标准对供水设施进行维护，包括护引黄进口闸加装刀片护网、站前闸齿墙维修加固、明渠右堤堤顶混凝土路面维修维护、李辛庄上游口门维护等项目，全年共完成10余项日常申报工作，强化工程基础质量安全保障，促进安全输水。全年累计除草面积320余万平方米、修剪树木1.7万余株、树木病虫害防治5万余株、护网焊接修补、护网接口焊接加固2000余片。为确保水工设备设施完整，保障安全输水，2023年共上报日常申请19余项，包括明渠日常养护、明渠护网加固、口门修复、铁艺防护设施、混凝土路面重建、新引河堵口堤抢险、视频监控设备维护、新引河水草打捞等。2023年，持续开展日常稽查巡检工作，完成《防洪预警期间渠道管理所巡视方案》制定并组织实施。针对预警期间、明渠钓鱼、游泳等现象，增加巡检频次及夜间巡视，加强稽查处置力度，累计稽查巡检856余次，出动巡视人员1712余人次，巡检车辆856余车次，保障原水工程及水源水环境整体安全。夯实巡视检查工作，加强对新引河加强了水环境巡查力度，防洪一级预警期间增加巡视频次，2023年，增加巡查126次，对新引河引黄进口闸及屈家店检修闸积聚水草及漂浮物进行打捞，完成引黄进口闸、屈家店闸漂浮物打捞监管工作。

（水务集团）

【暗渠管理】

引滦潮白河分公司所辖引滦暗渠2千米，2023年，坚持自暗渠6号检修闸至暗渠出口闸的巡检管理常态化，在加强对暗渠、地表建筑、覆土、三桩、宣传牌等设施日常养护、管理的同时，每天至少一次对暗渠及6号检修闸进行检查巡视，节假日和汛期加密巡检次数，对发现的隐患问题及时上报、妥善解决。对在暗渠管辖范围内挖沟、取土、堆放物料、非法施工等，严格遵照相关法规及时进行处理，确保暗渠无占压、无违章建筑，工程设施安全。

引滦尔王庄分公司所辖暗渠6479米，箱涵段位于大尔路闸至北京排污河右堤脚，渠首底板高程-3.05米，渠终点（引滦市区分公司暗渠泵站）底板高程-4.05米（黄海高程），闸体结构为2孔钢筋混凝土箱涵，每节长度20米，单孔净宽3.35米，设计流量19.1立方米每秒，设计流速0.87米每秒，平均覆土厚度1.25米，工作压力1公斤每平方厘米。按照《天津水务集团有限公司原水工程巡视检查管理办法》，结合工作实际，制定箱涵巡视检查实施方案，及时处置巡视过程中发现的问题。2023年，开展暗渠箱涵段辖区日常巡视检查1900车次，专项巡视检查4次。全年管理和保护范围内无影响工程安全运行和危害工程安全的活动，标识标牌完好、通气孔、检查井运行正常，外部混凝土结构无破损现象。

引滦市区分公司所辖暗渠全长18.2千米，其中武清段1.5千米，途经上马台镇，北辰段16.7千米，途经西堤头镇（韩盛庄、季庄子、辛侯庄）、大张庄镇（北何庄、李辛庄、大张庄）、小淀镇（小淀村、刘安庄、小贺庄）、宜兴埠镇（宜兴埠村）。暗渠起点为北排河右堤，终点为宜兴埠泵站管理所暗渠出口闸。设机排河闸、大张庄后池闸、小淀腰闸三座闸。暗渠有通气孔19对，检查井25对。暗渠管线为混凝土双管，设计流量19立方米每秒。强化日常巡检，加强对输水暗渠设施，包括通气孔、检查井、防护栏及红线区内水事秩序的管理工作。充分发挥联合监管机制效能，加强与属地相关管理部门的沟通协作，落实水源水环境安全监管责任。协调处理输水暗渠红线区内占压问题，协助实施输水暗渠红线区绿化工程。2023年度对输水暗渠巡检共计365余次，出动巡检人员730余人次，车辆365余车次。

引滦州河所辖暗渠32千米，沿线设9个进人孔、6个检修闸、1个调节池。管理人员严格落实巡视检查制度，严控违法穿跨越暗渠行为，及时清理暗渠渠顶次生长树木，保障暗渠工程运行不受人为影响。接收调度指令23次，并严格落实执行；冰冻前完成工程防冰冻设施检查维护，并适时开启；定期检查备用发电机状态并试车，保障水工建筑物运行正常。根据《水闸技术管理规程》，定期检查闸室、闸门、启闭机、电气及控制设备、钢丝绳、混凝土建筑等设施设备，排除问题隐患；对闸室卫生环境实行"日清扫、周擦拭"，确保环境整洁。汛前，做好备用电源切换调试工作，保障汛期备用电源可随时投入运行，确保安全度汛；汛后，做好防汛物资的清点及备用电源的养护工作。

（于桥中心　水务集团）

引滦供水管道管理

【概述】　2023年，天津市滨海水业集团有限公司（以下简称滨海水业）严格按照《引滦输水管道连通操作规程》《引滦输水管道突发性供水安全事故应急处置抢修预案》《引滦输水管线闸阀及连通工程操作管理规定》开展各项工作。积极开展所辖管线井室周边打草、补桩、补标志牌，巡线等工作，完成气阀保温设施拆除840个；维修井室119座，完成补桩758根，补标志牌287块。协助其他部门及单位，完成管线指认、探管工作16次，涉及管线入港、入聚酯、入津滨等管线。按照水业调度事业部调度指令，完成闸阀操作15次，涉及管线5条，涉及闸阀19个。完成漏水抢修38次。

【供水管道管理】　已完成工程项目：完成对引滦管线部分老旧气阀维修更换工程，其中包含入港管线2套，聚酯管线1套，入开管线5套，入杨管线1套，入塘管线4套（包括气阀、手闸、短节及胶垫）。完成对引滦管线闸阀维修15处，涉及入港、聚酯、津滨等管线，维修内容主要更换部分闸阀2级传动机构和轴承。

【输水管道维修】

1. 供水管理维护

2023年共与16家合作护管单位签订护管协议，按照上年制定完成的《引滦管线各护管单位工作效率评估办法》，对各护管单位进行监督管理工作，采用新方式强化护管工作效率，并评选出先进护管单位及护管先进个人。

2023年，巡管部协同合作护管单位对集团所属：入开、入塘、入汉、入杨、入港、入聚酯、入津滨及石化管线共计664.23千米管线，组织日常引滦管线巡视270余次。全年共计日常巡线760余车次，710余人次，完成管线巡视21000余千米，涉及管线受损漏水赔偿情况共12起。

组织专业队伍，每半年进行一次定期检修，完成对供水管道全面、系统地检查和维护。认真做好各供水管线气阀系统及阀门的检修保养和冬季防冻处理，分别于3月15日至4月15日和10月15日至11月15日对引滦入塘一期、引滦入塘二期、引滦入港、引滦入开发区、引滦入汉、引滦入杨、引滦入聚酯、引滦入开发区备用、引滦入津滨九条原水管线的气阀系统进行保温拆除及安装工作。对供水管道沿途钢管段阴极保护进行全面测试并记录，当阴极保护系统消耗到最低设计值时进行更换，对沿途供水管道上破损的气阀系统及阀门进行维修，安装丢失破损的井盖。并对供水管道沿线埋设的条例宣传牌、标志桩、公里桩、转角桩进行维护，并积极做好备品备件的补充购置。在日常对管线需要维护的情况，发现一处，处理一处，全年围绕维修、维护，重点开展了多项相关工作。

联合其他部门及单位，完成管线指认、探管工作16次，涉及管线入杨、入港、津滨等管线。

2. 供水管道抢修

（1）2023年1月3日，入港管线津塘路下游50米通水抢修工程；

（2）2023年1月5日，入港管线津塘路下游30米通水抢修工程；

（3）2023年1月12日，入塘1管线西中环快速永定河桥下通水抢修工程；

（4）2023年2月3日，入开2管线斜拉管桥下游2公里通水抢修工程；

（5）2023年2月7日，南港支线东风大桥漏水抢修工程；

（6）2023年2月14日，南港支线独流减河下游30米通水抢修工程；

（7）2023年2月16日，入开2管线潘庄东塘坨漏水抢修工程；

（8）2023年2月27日，入港管线津塘路下游60米通水抢修工程；

（9）2023年3月1日，南港支线独流减河大桥下游4千米漏水抢修工程；

（10）2023年3月3日，石化管线八米河河堤通水抢修工程；

（11）2023年3月4日，入塘1管线大唐庄东淀村北通水抢修工程；

（12）2023年3月8日，入塘2管线大唐庄镇尔王庄农场漏水抢修工程；

（13）2023年3月15日，入港管线赤土东星混凝土院内通水抢修工程；

（14）2023年3月17日，入开1管线塘沽森林公园流量计线缆应急抢修；

（15）2023年3月23日，入港管线双桥河建塞伟业院内通水抢修；

（16）2023年3月30日，入开1管线潘庄村通水抢修；

（17）2023年5月24日，入塘1管线秦滨高速上游50米通水抢修工程；

（18）2023年6月12日，石化管线港城大道下游绿化内漏水抢修工程；

（19）2023年5月10日，石化管线供受差异常流量测试抢修工程；

（20）2023年6月30日，入开2管线秦滨高速下游2千米漏水抢修工程；

（21）2023年7月3日，入开2管线斜拉管桥下游伸缩器漏水抢修工程；

（22）2023年7月4日，聚酯管线大港世纪大道下游漏水抢修工程；

（23）2023年7月8日，入港管线华北桥下游300米通水抢修；

（24）2023年7月10日，北大港水库JZ20号闸阀抢修；

（25）2023年7月15日，石化管线黄庄阴保站屋顶防水及变压器抢修工程；

（26）2023年7月16日，入港管线三煤气支线漏水抢修；

（27）2023年7月22日，东咀泵站4号泵出水管漏水抢修；

（28）2023年7月24日，海河二道闸管理所及北大港水库计量异常抢修工程；

（29）2023年7月25日，南港支线私接管线拆除及恢复抢修工程；

（30）2023年8月1日，引滦管线供受差异常流量测试抢修工程；

（31）2023年10月31日，大港水厂伸缩器抢修工程；

（32）2023年11月4日，入港管线太平祠堂水抢修工程；

（33）2023年11月6日，一汽大众南侧石化管线抢修工程；

（34）2023年11月8日，入杨管线供受差异常流量测试抢修工程；

（35）2023年11月21日，津滨管线赵温路永定塔陵气阀漏水抢修工程；

（36）2023年11月26日，入汉管线茶淀葡萄园转换口通水抢修；

（37）2023年12月1日，聚管线空港环东干道一伸缩器通水抢修；

（38）2023年12月2日，津滨管线汕高速边转换口漏水抢修工程。

（滨海水业）

于桥水库管理

【概述】 2023年，于桥中心坚持以习近平新时代中国特色社会主义思想为指导，积极践行"节水优先、空间均衡、系统治理、两手发力"治水思路，坚持稳字当头、稳中求进，增强底线思维、极限思维，着力提升于桥水库防洪度汛和供水保障能力，扎实推进各项管理工作落地见效。

【蓄水供水】 2023年，于桥水库总入库水量为5.87亿立方米，其中从大黑汀水库引水量3.70亿立方米（扣损后3.33亿立方米），从上关、龙门口水库引水量0.13亿立方米，自产水量2.41亿立方米。总出库水量为6.23亿立方米。其中通过暗渠向下游供水4.66亿立方米，向州河补水1.41亿立方米，国华、大唐两电厂用水量0.16亿立方米。

【水质监测】 按照水质监测计划，定期开展于桥水库及上下游断面、前置库、入库沟道常规水质监测并发布《水质情况简报》12期。草藻生长期间加密水质巡视和监测频次，及时掌握草藻生长及水质变化情况；委托第三方监测单位瑞智（天津）环境监测服务有限公司开展于桥水库臭味指标监测，加强水质监测数据分析，编写水质汇报材料13份，上报《引滦饮用水水源地水质简报》12期，为输水调度和水环境治理提供基础决策依据。

2023年累计采集水样2925份，出具监测结果数据13465个。其中常规监测采集水样1418份，出具监测数据6153个；前置库采集水样368份，出具监测数据1672个；降雨期间监测4次，采集水样39份，出具监测数据296个；4月、6月、8月、9月、10月五次引滦调水共采集水样71份，出具监测数据809个；草藻生长期间采集水样948份，出具监测数据4018个；河长制考核采集水样69份，出具数据375个；根据调度需要，开展临时监测5次，采集水样12份，出具数据142个。

【日常维护】 每日2次对溢洪道闸、大坝、暗渠等工程设施设备进行巡视检查，全年共计巡查730次；融冰期、汛前、汛后、冰冻期组织开展工程技术检查4次。每天通过大坝安全监测系统查看大坝监测数据，每季度进行数据分析比对；汛前、汛后对大坝、溢洪道闸等进行人工表面变形监测，并与自动观测数据进行比对，保障工程运行安全。

【维修工程】 2023年项目9项，总投资1707.9万元，其中维修维护项目8项，投资1633万元，专项项目1项，投资74.9万元，详见下表。

2023年维修工程项目汇总表

序号	项目名称	投资/万元	主要建设内容	工期
1	水库日常维护（于桥水库）	625	水闸维修维护、于桥水库设施维修维护、于桥水库大坝、溢洪道维护、于桥水库护岸维护、于桥水库西龙虎峪水源地维护、于桥水库输水设施破冰、于桥水库船只及停船场设备维护、于桥水库水环境设施维护等	2023年3月21日—2023年12月31日
2	于桥水库前置库维护	483	对前置库管理范围内的管理设施、21座闸、7座涵、1座橡胶坝、72千米长外围堤、60千米长隔埝等进行维修养护，对4个沟口、43个单元格内的水生植物进行收割外运、对23万株乔木、16万株灌木进行养护等	2023年3月21日—2023年12月31日
3	2023年于桥中心信息化系统运行维护项目	165	包括服务器和相关主要设备维护、网络和信息安全设备维护、网络通信维护、机房环境维护、音视频设备维护、大坝安全监测设备维护、水量计量设备维护等硬件维护内容，应用软件维护、网络安全软件维护等软件维护、网络安全等级保护测评服务、信息安全软件采购等内容	2023年1月1日—2023年12月31日
4	于桥水库蓝藻处置及治理	125	2023年为防控蓝藻，有效缓解了藻类水华暴发的影响。于桥水库购置投放水葫芦等水生植物271万株，并对曝气增氧机进行维修维护	2023年4月3日—2023年11月30日
5	于桥水库水质监测项目	99	为做好天津市引滦水源水质监测工作，及时掌握引滦水源臭味指标及水质指标变化情况，提升引滦水源供水突发事件应急处置能力，开展于桥水库臭味指标监测及水质指标监测等	2023年5月13日—2024年5月12日
6	水务管理业务费	20	水情自动测报系统基础设施维护和站点管护工作	2023年6月15日—2023年9月15日
7	于桥水库消防装备购置项目	13	为保障于桥水库封闭区的消防安全，购置20套消防服装，6台大功率背负式风力灭火机，6个背负式细水雾灭火枪（钢瓶），14个对讲机、10个强光手电、6个急救箱	2023年3月11日—2023年3月31日
8	于桥水库第三次大坝安全评价	103	为保障水库大坝防洪及输水安全，对大坝进行工程质量评价、大坝运行管理评价、防洪标准复核、大坝结构安全、稳定评价、渗流安全评价、抗震安全复核、金属结构安全评价和大坝安全综合评价。于桥水库大坝鉴定为一类坝	2023年7月12日—2023年12月31日
9	于桥水库反恐技防措施提升工程	74.9	联网型红外入侵探测设备2套，球机警戒摄像头18个，一体式人脸门禁设备3套，公共广播设备22套，平台服务器1套，平台系统1套，核心交换机1台等	2023年9月22日—2023年12月11日
	合计	1707.9		

【水环境治理】

根据《天津市于桥水库TOT项目PPP项目合同》要求，由天津市渔阳水利管理有限公司（下称"渔阳水利公司"）具体负责合同约定的水草打捞处置、杂草清理、封闭管理、库区保洁等水源保护工作。于桥中心落实于桥水库TOT项目监管职责，强化联防联控，全年共计抽查考核730次，发监管提示函4次，发现问题及时通知限期整改，并复查整改效果。

1. 库区保洁

指导监管渔阳水利公司做好水源保护工作，保持库区保洁常态化、全覆盖。汛期及时打捞随上游洪水入库的垃圾杂物，减少了直接入库污染。2023年，该公司出动日常保洁人员3900名，保洁车辆1290车次，保洁船只1400余船次，清理垃圾万余立方米。

2. 河长制考核

按照天津市河道水生态环境管理领导小组办公室要求，于桥中心完成于桥水库、果河、黎河及入库30条沟道考核工作，共考核11次（8月因洪水未考核），考核成绩报送至天津市河长制事务管理中心，并将发现问题向属地政府反馈，督促其整改。

3. 蓝藻防控

于桥水库科学调控水库水位，促进水草生长，在水库浅水区域投放水生植物271万株，破坏蓝藻生长环境，2023年，于桥水库未出现大面积藻类聚集情况。

4. 菹草收割打捞

2023年5月8日至6月9日，监管指导渔阳水利公司开展菹草机械化收割打捞工作，出动机械打捞船只9艘，转运船只12艘，在坝前浅水区域，采取渔船结合人工方式进行打捞，共集中打捞菹草18.86万立方米。6月10日至10月底，人工零星打捞菹草1125立方米，累计打捞菹草18.97万立方米。

5. 增殖放流

渔阳水利公司持续开展"增殖放流、以渔净水"活动，在于桥水库投放鲢鳙鱼313.4万尾，州河鲤250万尾，中华绒蟹2075万只，中华田螺400万只，其他鱼类65万尾，同时加大巡查管控力度，密切关注水质变化，保证增殖放流及改善水环境的效果。

6. 封闭区防火打草

2023年9月下旬启动于桥水库杂草、芦苇收割清理工作，针对封闭区滩地及前置库杂草芦苇分布集中、面积广泛的特点，采用机械化作业和人工作业相结合的方式，清理杂草、芦苇库区3000公顷，带出氮磷等营养物质约800吨。

【库区封闭管理】 实施封闭设施设备智能化提升，增设智能化人脸识别口门11处，视频监控96处，修复破损封闭护栏网5400处。

【库区管控】 坚持于桥水库巡查管控常态化，开展日常巡查4706余次，出动17207人次，57船次；与市水务综合执法总队、蓟州区水务局、公安蓟州分局、区农业执法支队、渔阳水利公司等部门单位开展"严厉打击于桥水库冬季垂钓、非法捕捞、游玩行为联合执法专项行动""机动船只清理专项行动"等联合执法行动67次，切实加强于桥水库生态环境保护安全。

【水库灾害防御】 汛前调整防汛组织机构，明确水库大坝"三个责任人"，修订完善各类预案方案，维护补充防汛物资，开展防汛抢险培训演练，组织防汛隐患整改，压实防汛责任，夯实安全度汛基础。

汛期，为应对海河"23·7"流域性特大洪水，领导干部靠前指挥，干部职工昼夜奋战，连续在岗20余天，不断加强工程隐患排查、加密水文监测预报、科学开展水库防洪调度，先后动员退休防汛专家3人，抽调抢险专家和技术骨干14人，参与天津各河系抗洪抢险工作。

平均每日出动60多人机动巡查200千米、徒步巡查40千米；累计观测水位782次，实测流量

66次，发布水情信息341次，出具洪水预测报告5期；洪水期间，于桥水库闸门全闭拦蓄全部洪水，削峰率达100%，最大限度地减少了下游蓟运河防洪、泄洪压力，避免城镇、耕地的淹没和人员的转移。

2023年汛期（6月1日—9月30日）于桥水库流域有55天出现降雨过程，平均降雨总量为588.6毫米，与多年平均降雨量基本持平。汛期，于桥水库最高水位为20.44米（9月18日），最低水位为19.11米（7月24日），总入库水量2.97亿立方米，其中本流域自产水量1.64亿立方米，从大黑汀水库引水1.33亿立方米（未扣损），从上关、龙门口水库引水量0.13亿立方米。总出库水量为2.47亿立方米，通过暗渠向下游供水2.05亿立方米，向州河补水0.36亿立方米，国华、大唐两电厂工业用水量0.06亿立方米。

于桥水库流域水文情况一览表（汛期）

汛期降水量/毫米	最大日降水量/毫米	最大日入库流量/(立方米每秒)	最大出库流量/(立方米每秒)	最高水位/米	最高水位相应蓄水量/亿立方米	最低水位/米	最低水位相应蓄水量/亿立方米
588.6	74.1	135	64.2	20.44	3.44	19.11	2.36
6月1日—9月30日	8月11日	8月2日	7月3日	9月18日		7月24日	

注 以上数据为6月1日—9月30日整编数据，水位为大沽基面。

【前置库运行管理】 前置库运行期间，启闭闸门56次，橡胶坝运行调整12次，净化水量2.67亿立方米，巡视检查共出动车辆730余次，人员2920人次，观测水位910次。收割沉水植物、杂草180公顷、挺水植物222公顷，养护树木16.1万株，并对132千米堤埝道路、28座闸涵、5座交通桥、1座橡胶坝及充排水泵站进行了检修维护，有效保障前置库工程效益发挥。

【安全生产】 制定《于桥中心2023年安全生产工作要点》，明确全年安全生产工作任务。组织签订《安全生产责任书》《安全生产工作目标责任书》等共计256份，签订率达到100%。

贯彻落实市水务安全生产工作会议精神，组织召开安全生产专题会议11次，开展岁末年初安全生产排查整治、安全生产风险专项整治、重大事故隐患以及重点时期安全排查整治等专项活动6次，于桥中心安委会累计督查70次，完成隐患整改25项。开展安全生产标准化建设巩固工作，完善安全体系文件，完成安全生产标准化二级达标自评报告和延期申请递交。

推进于桥水库安全生产风险管控"六项机制"试点建设，结合于桥中心工程运行情况和管理特点，每季度进行危险源辨识和风险评价，做好水利安全生产信息系统录入。组织开展安全生产月、"11·9"消防日宣传培训及防汛抢险、防火应急、反恐防范等应急演练，全面提升应急处置能力和水平。

2023年，于桥中心管理范围内各类工程设施、设备均安全运行，未发生重大责任事故和人身伤亡事故。

（于桥中心）

尔王庄水库管理

【概述】 尔王庄水库始建于1982年，1983年正式投入使用，属中型水库，占地13.03平方千米，周长14.3千米，水面面积11.03平方千米，总库容为4530万立方米，兴利库容为3868万立方米，设计水位5.5米。坝顶高程7.04米，防浪墙顶高程8.24米，堤顶宽度7米。尔王庄水库设置了一号闸、二号闸两个闸涵。一号闸的作用是通过暗渠泵站及后池压力箱向水库蓄水和向暗渠放水，设计流量为29.19立方米每秒，二号闸的作用主要是放空水库或当上游停水，关闭明渠入塘节制闸，供下游各泵站用水，设计流量为40.2立方米每秒。

【科学调度】 2023年，完成供水水源切换1次，全年执行调令309次，确保了安全输水。

【蓄水供水】 2023年，引滦输水量为4.33亿立方米，引江输水量2.084亿立方米。其中向周边城区供水2.55亿立方米，明渠入津供水3.67亿立方米，水库补水0.17立方米，水库出库0.1亿立方米，明渠全年最高水位0.28米，最低水位-2.37米；水库全年最高水位5.31米，最低水位4.43米。全年降水量712.3毫米，全年（3月15日—11月15日）蒸发量512.8毫米。

【水质管理】 2023年，对水源监测站点采取每周五、日进行隔日9项化验，每周周三检测23项，同时对辖区内取水点（水库一号闸、水库二号闸、水库中心、明渠自流道、闫高渠出口闸）定期进行巡视51次，对周边水环境（青龙湾故道、北京排污河）定期开展污染源巡视排查12次，全年共计完成180次5206项水质检测任务。全年水库水质符合地表饮用水Ⅲ类标准，水质良好，保证了向天津市和各周边用水单位输送合格的水质。

【原水稽查】 坚持对辖区和饮用水源地保护范围巡视巡查，制定《关于预防不法分子非法进入辖区捕鱼捉金蝉方案》，在特殊时期（如水库封冻期、鱼类产卵期、金蝉脱壳），开展了对违法进入水库、明渠重点段人员的蹲堵，利用"中国水周""世界水日"进店铺、集市、村庄开展多形式水法宣传，并重点对卖鱼商贩进行相关法律法规宣传、警示提醒。在明渠右岸八道沽口门处安装电子监控设备，增强技防能力，与天津环食药总队、属地公安派出所建立协调机制，派出所配合稽查，有力震慑了水事违法人员。2023年，共出动巡查车辆1920车次、船只23艘次、人员6022人次，巡查中绑扎破损防护网76片，共教育并驱离捕鱼人员53人次、捉金蝉人员186人次，暂扣灯具3把、暂扣钓鱼渔具6把。

【水环境治理】 尔王庄水库采用常态化承包方管理方式，与维护承包方签订承诺书，责成其遵守辖区施工管理规定，做好维护人员安全教育。组织开展秋季水环境集中清整。与宝坻公路管理部门沟通九园路明渠侧环境清理问题。以河长制评分为依托，促进地方对辖区周边环境管理。加强设施设备日常维护及工程维修项目的管理，巡视发现问题及时解决上报，保证设施完好和水环境整洁。对辖区内在建工程加强监管，确保安全。完成水库防浪墙压顶、迎水坡冲坑恢复、水库码头整修、树木病虫害防治、水库拦网拆除、水库水草打捞、二号闸站点整修等工程项目21项。加强水库水草打捞管理。针对巡查发现的水库水草大范围暴长问题，安排专人负责，加强水草打捞现场管理，对捞草船运行情况及人员、车辆数量、救生衣穿着等进行不定期检查，确保打捞工作顺利完成，历时40天共打捞水草6000立方米，防止水草腐烂造成污染，保证了水库水质安全。

【日常维护】 坚持常态化维护与集中整治相结合，将杂草、树木清理修剪、落叶清理、水环境日常保洁以及巡视路、防护网、树木维护纳入常态化维护内容，明确维护标准及维护频次，落实考核管理要求，有力保障日常维护效果。同时，结合日常管理以及水利工程标准化管理要求，组织实施水库环库路破损修补、石坡及台阶维修、MCU室维修、防浪墙维修等维修项目，确保水库安全运行。

【水库灾害防御】 修订完善《引滦尔王庄分公司防汛预案》《尔王庄水库大坝安全管理应急预案》《尔王庄水库防汛抢险应急预案》《引滦尔王庄分公司供水突发事件应急预案》等应急预案，并进行专项培训。组织开展2023年度应对极端强降雨桌面推演和防汛实战综合演练。组织开展汛前春融专项检查、汛前排查、汛中巡查、汛后核查4次防汛专项检查，及时发现并消除各类隐患。密切关注天气变化，严格执行"雨前、雨中、雨后"三检制度，加强水库、明渠、机房电缆沟、过墙管、集水井以及场区低洼点的巡视巡查，共计检查40次。认真落实2023年防汛工作，储备充足防汛物资，增加日常巡视检查频次。积极与属地区防汛抗旱指挥机构建立联系机制。进一步梳理当前条件下应对极端强降雨可能存在的风险，完善了"一图、一表、一线"，逐一落实风险防控责任人和保障措施。

【安全生产】 2023年，组织开展各类安全隐患排查整治54次，发现安全隐患43项，均已按时限完成整改，整改率100%；组织开展全员安全知识培训、消防安全培训、安全警示教育培训、各级安全管理人员培训等各类安全培训6次，累计参训人数351人次；完成特种设备操作人员和特种作业人员复审工作；组织完成灭火器年度检测、建筑消防设施检测、正压式消防空气呼吸器检测、防雷设施检测，定期开展特种设备检测；认真开展安全生产月宣教活动，组织理论学习中心组专题学习习近平总书记关于安全生产重要论述2次，张贴安全标语、宣传挂图36张，发放安全生产月竞赛试卷150余份，全面营造安全生产良好氛围。

（水务集团）

南水北调市内配套（引江）工程管理

综合管理

【概述】 天津干线工程是南水北调中线一期工程的重要组成部分，进水口位于河北省徐水区西黑山村西北，线路总体走向由西向东，沿线经过河北省保定市、廊坊市，终到天津市西青区曹庄村北，线路全长约155.3千米，主要向天津市供水，同时向沿线河北省8个县市供水。根据国务院批准的《南水北调工程总体规划》，分配天津水量多年平均为10.15亿立方米（陶岔），天津收水量为8.63亿立方米（末端口门）。天津干线设置计输水规模50立方米每秒，加大输水规模60立方米每秒。

天津市配套运行工程主要包括：西干线、西河原水枢纽泵站，向中心城区供水；曹庄泵站、南干线，向滨海新区供水；尔王庄水库至津滨水厂引滦入津滨管线，向环城区域供水；北塘水库、塘沽水厂供水泵站、开发区水厂供水泵站，向滨海新区供水；引江向尔王庄水库供水联通工程永清渠管线、永清渠泵站，向北部地区供水；武清泵站、武清管线，向尔王庄向武清供水；宁汉泵站、宁汉管线向宁河、汉沽供水。

（水务集团）

【配套工程运行管理】 组织制定调水工程标准化管理实施方案，明确工作目标和时间节点，全面与国家级和市级标准化评价标准对标，从工程状况、安全管理、运行管护、管理保障和信息化建设等方面，实现全过程标准化管理。制定泵站、水闸、水库等设施设备运行管理工作标准，组织推行标准化管理常态化，为安全供水提供有力保障。完成配套工程王庆坨水库新建水库大坝注册登记工作。配套工程各运行管理单位通过完善运行管理标准化建设，夯实设备管理基础工作，减少设备维修费用和停机时间，降低设备故障率，完成设施设备维护投资3188万元，组织完成专项维修工程6项，总投资585万元。组织完成应急抢险项目2项，总投资117万元。设备完好率达99%以上，安全输水保证率达100%。

2022—2023年度（2022年11月至2023年10月），南水北调一期中线工程年初批复向天津调水指标9.76亿立方米，实际向天津调水10.40亿立方米，其中用于城市供水9.83亿立方米，用于生态环境补水0.57亿立方米。南水北调中线一期工程天津干线将引江水输送至天津后，分五路向天津供水：一是经曹庄泵站和引江南干线向津滨水厂、北塘水库、塘沽各水厂、开发区水厂供水2.11亿立方米；二是经引江西干线、西河泵站向芥园水厂、凌庄水厂、新开河水厂供水4.20亿立方米；三是经永清渠泵站向北部尔王庄区域及北运河生态供水3.13亿立方米；四是经王庆坨水库向武清京津科技谷水厂供水0.20亿立方米；五是经子牙河北分流井退水闸向海河生态补水 0.48 亿立方米。

2023 年 5 月，组织天津水务集团会同中国南水北调集团中线有限公司天津分公司联合举行了藻类防控应急演练，重点检验了上下游单位的协调联动机制是否畅通，应急响应流程是否规范，藻类防控措施是否可行。

（张祺帆）

【管理制度建设】 2023 年，水务集团结合运行管理工作实际，将《天津水务集团有限公司原水设施设备巡视检查管理办法》《天津水务集团有限公司原水设施设备日常维修维护管理办法（试行）》《天津水务集团有限公司原水工程设施设备完好率评定办法》《天津水务集团有限公司原水工程设施设备实施"日清扫、周擦拭、季检修"工作规定》《天津水务集团有限公司稽查工作管理规定》《天津水务集团有限公司引江泵站调节池清淤管理规定》等制度调整合并为《天津水务集团有限公司原水运行管理规定》。

【水源调度管理】 引江水源从王庆坨连接井进入天津市后，通过南水北调中线天津干线和南水北调市内配套工程主要经五路向天津市供水：一是由曹庄泵站、南干线供给凌庄水厂、津滨水厂、塘沽（新河、新村、新区）水厂、开发区水厂，以及向北塘水库补库；二是由西干线、西河泵站供给芥园水厂、凌庄水厂、新开河水厂；三是由西干线永清渠分水口经永清渠泵站加压，通过引江向尔王庄水库供水联通工程、新引河、引滦明渠反向供给尔王庄引滦沿线各取水泵站以及北辰宜达水厂；四是由天津干线王庆坨连接井分水口向王庆坨水库补水，并通过王庆坨水库向武清京津科技谷水厂供水；五是由天津干线子牙河北分流井退水闸向海河进行生态补水。

2023 年，引江中线调水 10.33 亿立方米，其中：经曹庄泵站、南干线向凌庄、津滨、塘沽、开发区水厂和北塘水库供水约 2.85 亿立方米；经西干线、西河泵站向芥园、凌庄、新开河水厂供水约 3.73 亿立方米；经永清渠泵站、引江向尔王庄水库供水联通工程向尔王庄区域供水约 3.07 亿立方米；经王庆坨连接井向王庆坨水库补水约 0.21 亿立方米；经子牙河北分流井退水闸向海河生态补水约 0.47 亿立方米。此外，引江东线调水 0.36 亿立方米，主要向北大港地区进行生态补水。

【调水安全管理】
2023 年，结合引滦和引江水源特点，及时组织开展水源切换，在满足城市用水安全的同时兼顾生态补水。进一步建立和完善上下游调度联络机制，及时调整各口门供水流量，充分利用水库和泵站前池调蓄作用应对城市水量需求变化，确保各用水口门原水供应平稳充足。全年保持集团所辖王庆坨水库、北塘水库、尔王庄水库高水位运行，保障水库的原水储备能力，确保在上游水源发生原水水质污染、供应中断等突发事件时，能够通过水库联调为城市应急供水。针对 2023 年元旦、春节、国庆、两会等重要时间以及西河泵站前池清淤等特殊运行工况期间和输水工程施工期间，专门制定安全供水调度保障措施，适时开展水量调度分配，确保各时期全市供水充足平稳。同时，调度人员 24 小时在岗值守，密切关注上游来水情况及沿线各用水户用水情况，提前研判，及时调整引江上游来水流量和下游供水模式，保障全市原水供给平衡，确保各项调度工作平稳有序开展。

【日常维修养护】 2023 年，引江各原水分公司根据全年设施设备维护任务，制定日常养护计划，并按计划落实全年维修养护工作。日常维修维护包括水工建筑物养护、水环境保洁、林草绿地养护、生产设备维护及非生产配套设备维护、机组大修和引江西河泵站调节池和曹庄泵站调节池清淤等方面。主要维护设施包括：王庆坨水库、北塘水库、西河泵站、曹庄泵站、永清渠泵站及管线、西干线、南干线以及部分市内原水管线。各单位合理控制维修养护资金和进度，认真开展质量管理和工程验收工作，做到维修养护记录准确、规范，各类资料齐全。引江各原水分公司全年投入资金1594余万元，完成日常维护440余项。西河泵站调节池完成停水清淤10.7万立方米，曹庄泵站调节池清淤4.5万立方米，设施设备完好率保持在99%以上，为全年供水安全运行和水质安全提供了有力保障。

【巡视巡查监管】 组织各单位按照《天津水务集团有限公司原水运行管理规定》，严格落实工程巡视检查工作。引江各分公司根据不同工程设施确定巡查范围、巡查频次，发现问题严格执行上报流程，及时处置。充分发挥南水北调巡视巡查系统作用，利用手机GPS定位系统，保障巡查及时到位，确保第一时间发现并先期处置现场问题。坚持水环境巡查与工程设施日常巡查相结合，重点对曹庄泵站调节池、西河泵站调节池、王庆坨水库和北塘水库开展巡查，发现水环境问题及时整治。在引江泵站调节池清淤期间，加大巡查力度，在人工巡视检查同时，借助视频监测和水质自动监测等各种手段，确保清淤期间水质、水环境安全。组织对王庆坨水库和北塘水库开展水源保护区巡视检查工作，每月组织开展河长制考核，并将考核结果上报市河长办。

【考核工作】 2023年，按照天津市水利工程标准化管理标准和《天津水务集团有限公司原水运行管理规定》，对南水北调天津市配套工程开展运行管理考核工作，从工程运行涉及的资料管理、运行维护管理、生产安全管理、水环境及生产环境管理、稽查管理等方面着手，采取日常检查、定期考核相结合的方式对各运管单位开展全面考核工作，实现以考促管，推动运管单位工程运行管理水平进一步提升。

（水务集团）

供水管线管理

【南干线供水管线管理】 南干线供水管线管理着滨海新区供水管线一期工程，全长约36.2千米；滨海新区供水管线二期工程，全长37.73千米。水务集团所属引江市南分公司管理着管线及附属设施的运行、巡查、维修养护以及安全防护等工作，保障南干线管线供水运行安全。

开展巡视巡查工作。加强管线巡视的现代化管理手段，充分利用巡视巡查系统实现了管线问题的及时上报。全年共出动车辆1054车次、行驶里程约76437千米，人员2772人次、徒步里程约750千米，确保巡视巡查"全覆盖，无死角"。对管线气阀井室、蝶阀井室等工程设施进行巡查管护，对管线周边施工工程进行巡检监管，宣传保护管线意识，确保全年无新的占压出现，管线全年无供水安全事故。巡视过程中发现漏水及时处理，全年共完成气阀漏水抢修8次，组织管道漏水抢修2次。

开展维修养护工作。定期对现有设施进行养护，做好南干线日常养护、维修，对重点易损部位加强巡护，确保设施完好齐全。开展了南干线管线"百日医生"活动，完成南干线一期气阀及其附属设施检查，通过"全面诊疗"，了解气阀工作现状，为气阀维修更换项目提供数据基础。对南干线一期、二期431个供水管线井盖进行全覆盖检查；加装蝶阀井室内操作平台16个；完成蝶阀保养维护48个；更换气阀4个；气阀翻新4个；更换井盖井圈4套，并对井盖进行喷涂设施编号；完成2台气体检测仪年检工作；蝶阀阀体除锈刷漆6个；井口修砌14个；对南干线倾斜的标志桩里程桩进行扶正加固；对津滨尾闸及管线设施周边进行环境清整10次；蝶阀井室排水89次。

应急闸阀操作。在保证巡视任务完成及对设施进行养护工作的基础上，严格按照调令执行操作。全年累计完成48次闸阀调试任务。

开展水法宣传工作。深入管线沿线进行水法规宣传，发放宣传手册和纪念品300余套，提高沿线村民的水环境保护意识，为安全输水提供有利外部环境。

加强安全生产管理。定期召开安全生产例会，传达上级有关安全生产部署要求,加大巡视巡查力度,加强养护力量,确保安全供水工作落地见效。定期开展行车安全、预防硫化氢中毒、天车安全操作、安全用电、有限空间作业以及规章制度等方面的安全生产培训。全年共组织开展消防、防汛等应急演练3次,进一步提高全员安全生产意识。

【西干线供水管线管理】 西干线位于天津市西部,起点为北辰区铁锅店南水北调中线一期工程天津干线分流井闸下,终点位于红桥区平津战役纪念馆西侧、子牙河南岸的规划扩建西河泵站调节池,总长8.53千米。

强化管线巡视维护的现代化管理手段,充分利用巡视巡查系统对管线问题及时上报,实现管线管理的信息化和及时性。全年共出动车辆94车次、448人次,行驶里程4414千米,保障了西干线原水管线安全。严格按照调度指令,完成闸阀操作2次。认真开展维修养护工作,对西干线出口闸等6座闸及其附属设施开展日常检修4次,启闭机试车12次,维修养护5次。

完成运行管理细则编写工作,严格落实安全生产责任制,组织签订了《安全生产责任书》,做好日常维修养护,在重大节日节点加强安全生产大检查、管线巡视巡查和维修养护力度,确保供水运行安全。加强职工安全教育,从行车安全、预防硫化氢中毒、安全用电、有限空间作业、正压式呼吸器使用安全以及规章制度等方面进行培训学习。组织开展消防、反恐、防汛、西干线漏水抢修等4次应急演练,提高了应急处置能力。

【引江向尔王庄水库联通管线管理】 引江向尔王庄水库供水联通工程供水线路主要是引江水自西干线永清渠分水口(永清渠泵站)经引江向尔王庄水库供水联通工程线路,利用新引河及引滦明渠,反向供给尔王庄引滦沿线各取水泵站及北辰宜达水厂,向北部区域供水。引江向尔王庄水库供水联通工程起点为西干线分水口,终点位于新引河进洪闸下游170米处的出口阀井,工程管线全长12千米。

加强隐患排查工作,利用巡视巡查平台,加大对原水管网的巡视巡查和设施养护力度,发现安全隐患及时抢修,确保管网运行安全。全年共出动94车次、448人次,行驶里程6641千米。对16处放气井及闸阀井进行防寒防冻工作,确保管网设施设备完好率保持在98%以上、管网抢修及时率100%、事故隐患整改率100%、安全输水保证率100%。

组织签订《安全生产责任书》,在重大节日节点加强安全生产检查力度和管线巡视巡查频次。

【市内原水管线管理】 市内原水管线由引江市区分公司、引滦市区分公司负责管理,包括7条输水管线和西河预沉池周边管线,总长59.7千米,其中引江市区分公司管辖35.5千米,引滦市区分公司管辖24.2千米。主要包括:DN2000管线起自宜兴埠泵站,终至新开河水厂,全长约3.9千米,向新开河水厂供水;DN1800管线起自宜兴埠泵站,终至新开河水厂,全长约3.8千米,向新开河水厂供水;DN2500管线起自宜兴埠泵站,终至西河泵站,全长约11.1千米,为宜兴埠泵站和西河泵站连通管线;DN2600管线起自宜兴埠泵站,终至西河泵站,全长约11.6千米,为宜兴埠泵站和西河泵站连通管线;西河泵站至凌庄水厂复线DN2200管线,起自西河泵站,终至凌庄子水厂,全长12.69千米,向凌庄水厂供水;西河泵站至凌庄水厂老DN2200管线,起自西河泵站,终至凌庄水厂,全长12.38千米,向凌庄水厂供水;西河泵站至芥园水厂DN2200管线,起自西河预沉池,终至芥园水厂,全长2千米,向芥园水厂供水;西河预沉池周边DN2200管线,包括东西超管线,全长2.23千米。

引江市区分公司利用巡视巡查平台,加大对原水管网的巡视巡查力度。全年共组织稽查巡视里程42638.01千米,累计出动397车次、2520人次;巡查过程中未发现违法占压等水事事件。管辖范围内共发现涉水工程14项，均按照《天津水务集团有限公司外部涉水建设项目管理办法》的要求履行了各项报审手续，无违规建设问题。

引滦市区分公司全年累计巡视里程11280千米，累计出动1150车次、1130人次。发现安全隐患并及时抢修4次，确保管网设施设备完好率保持在99%，抢修及时率100%，事故隐患整改率100%，安全输水保证率100%。

【宁汉供水管线管理】 宁汉供水管线全长70.63千米，起点为尔王庄水库东侧滨海水业集团入塘沽泵站、入汉沽泵站，终点分别为宁河水厂和汉沽龙达水厂，跨越宝坻、宁河和滨海新区（汉沽）三个行政区，主要为宁河区及永定新河以北的滨海新区北区宜居旅游区（汉沽）提供城市用水、实施地下水压采水源转换及实施城乡一体化供水地区的农村生活用水。2023年，加大对管线管理范围内涉外施工的巡视检查力度，管线巡视巡查共计出动车辆509车次、人员1510人次。推进供水井盖信息化、智能化，建立了"一井一册"，涵盖宁汉干线、宁河支线、汉沽支线等183个阀井，完善了包含桩号、阀门型号、经纬度坐标、维修维护记录等多项信息。严格落实每周2次人工气阀井排气工作机制，全年共完成人工排气928井次。开展水法规宣传1次；在沿线安装宣传牌18块，设置宣传点1个，悬挂横幅2幅、张贴宣传画8张、分发宣传单及宣传用品各350份。

【引滦尔王庄入武清供水管线管理】 引滦尔王庄入武清供水管线是天津市南水北调中线配套工程的一部分，全程通过管道将引滦、引江原水输送到武清区。武清供水管线采用地下管道输水方式，管线起点为武清供水泵站，终点为武清区雍北供水有限公司。管线途经宝坻区、武清区，全长35.42千米。2023年，加大对供水管线的巡视巡查和设施养护力度，全年共出动车辆443车次、人员530人次、行驶里程19867千米。发现并处置管线管理范围内涉外工程3项；完成6个蝶阀推阀试验。开展水法规宣传工作，利用"世界水日""中国水周"宣传贯彻节水护水等活动，发放宣传单200余份；在管线周边及村镇发放共同保护管线公开信，加大宣传力度，确保供水设施安全。

（水务集团）

【尔王庄水库向津滨水厂输水线路】

1. 概述

尔王庄水库至津滨水厂输水线路是天津市南水北调市内配套工程的组成部分。本工程起点为尔王庄小宋庄泵站院内，终点为津滨水厂，输水线路总长43.67千米，由两部分组成。起点至桩号32+560采用DN1400预应力混凝土管，输水规模20万立方米每日；在桩号32+560处聚酯管线输水汇入本输水线路，由该点至本工程管线终点采用管径DN1800的预应力钢桶混凝土管，输水规模25万立方米每日。

尔王庄水库至津滨水厂供水加压泵站工程作为天津市南水北调中线配套工程的重要组成部分，是由尔王庄水库附近明渠取水，经加压泵站和输水管线为津滨水厂提供原水。尔王庄水库至津滨水厂供水加压泵站（简称"津滨泵站"）作为天津市南水北调中线配套工程的供水核心，承担着通过泵站加压和输水管线向津滨水厂输水的任务。津滨泵站由取水口、集水池和主副厂房等组成，于2010年1月开工，2010年6月竣工，津滨泵站设计日供水量20万立方米。泵站装有6台机组，单机流量0.58立方米每秒，运行方式为4台运行，2台备用。水泵为KQSN400-M13-481型单级双吸式离心泵，配套4台电机为Y4006-4型500千瓦异步电动机和两台YJTF4006-4型500千瓦变频电动机，供电方式为6千伏双电源供电，由入港变电站供给。2023年尔王庄水库至津滨水厂输水线路累计供水68万立方米，设备设施运行安全稳定，无供水事故发生，安全输水保障率达到100%。

2. 泵站运行管理

明确工作目标落实工作责任。2023年根据泵站的实际情况，明确了全年主要工作内容及开展的时间，适时开展各项工作。梳理了日常管理中的各项工作要求，通过规范化的管理以及标准化的操作，进一步提高泵站的管理水平，确保泵站运行安全稳定。

设备运行检管。配备运行管理经验丰富的运行和检修人员，运行方式为4班轮岗制。实行24小时值班值守。运行人员按照巡视路线每小时对设备的运行情况巡视一次，发现问题及时上报及时处置。检修人员定期对设备进行维修养护，从而保证设备的运行完好率达到98%。在泵站内设置了各种标示牌、安全标语，并配备了各种消防设施，确保泵站运行安全。

职工技能培训。成立了业务技能培训小组，通过定期学习培训、技能交流、月考、季度考等形式，提升职工的专业技能，展现职工风采。

3. 水质保护

2023年滨海水业委托天津市滨水水质检测有限公司每月一次对尔王庄受水区的取水口水源水进行常规项目水温、pH值、溶解氧、高锰酸盐指数、五日生化需氧量、氨氮、总磷、总氮、铜、锌、氟化物、硒、砷、汞、镉、六价铬、铅、氰化物、挥发酚、阴离子表面活性剂、粪大肠菌群、硫酸盐、氯化物、硝酸盐氮、铁、锰、化学需氧量、石油、硫化物29项参数进行检测；随时与节水办、供水处、水务集团等单位了解原水的现状及切换情况，与各用水户及时沟通原水水质状况，使水厂能及时调整水处理工艺来保证出厂水水质。（尔王庄受水区2023年1月、2月、3月以滦河水为水源，4月至12月中旬都以江水为水源，12月下旬以滦河水为水源）；每天在各取水口观察原水感官指标，发现问题及时反馈到相关部门进行临时的水质检测；对各原水用户反映的水质问题及时答复并现场取水化验。

4. 维护维修

2023年，津滨泵站制定日常维修计划，按计划实施对管线设施和运行设备的日常维修和检修，确保设备运行安全。建立管线巡视维护微信群，充分利用微信群对管线问题及时进行视频上报，确保管线管理的真实性和及时性。2023年度共出动巡视车辆95余车次、人员80余人次、行驶里程2600余千米。发现并制止多次占压引滦管线行为；与施工方插旗确认管线位置2次，制止违法行为3次，确保了管线运行安全。加强了设施设备维护，全年更换修缮了1套老旧气阀、2套闸阀、井室维修15座；补充标志桩90根；补充标示牌35个；管道漏水抢修4次、调闸任务8次。确保管网气阀、闸阀完好率保持在98%以上，管网抢修及时率100%，事故隐患整改率100%，安全输水保证率达100%，保证了原水管网的安全运行。

5. 泵站防汛

制定汛前、汛中检查计划，做好汛后总结，实施汛期各项实地检查，建立防汛物资使用台账，在重点区域放置防汛物资、检查各类防汛抢险设施，确保防汛各项措施落实到位，防汛抢险各项资料齐全；修改完善了《滨海水业泵站运行中心防内涝预案》，并组织职工开展了防汛演练1次，锻炼了职工汛期的应急处置能力。

6. 安全生产管理

滨海水业泵站所深入学习习近平总书记关于安全生产重要论述和指示批示精神及视察天津重要讲话精神，进一步提高政治站位，落实安全生产主体责任，以"安全生产治本攻坚三年行动"为主线，坚持防范化解重大安全风险，坚决遏制重特大事故及有重大影响的事故发生，全面辨识在制度管理、作业现场、设备设施、人员行为等方面的潜在风险，进行滨海水业泵站所安全生产隐患大排查工作。在排查过程中发现的安全隐患问题进行立整立改，经过一系列的整改措施，所有发现的安全隐患已全部整改完毕。本次安全生产隐患排查整改工作有效消除了存在的安全隐患，提升了全员安全生产意识，滨海水业泵站所建立和完善了隐患排查治理长效机制和安全生产培训考核机制，应急处理能力得到了全方面提升，发现问题及时整改，做好安全隐患台账的登记，确保安全供水零事故。

修订完善各类应急预案10项，其中安全反恐类1项，防汛类1项，消防类1个，其他安全类7项，有效预防、有序处置可能发生的突发事件，降低其造成的损害，保障供水安全平稳。

组织开展应急演练2次，其中反恐应急演练1次，消防灭火及应急逃生演练1次；开展安全生产培训4次。通过演练使职工提高了自我保护意识，增强了遇到突发事件的应急处置能力，同时检验了安全防范工作的实效性，确保安全稳定供水。

（滨海水业）

王庆坨水库管理

【概述】 王庆坨水库是天津市南水北调中线配套工程的重要组成部分，是天津市的"在线"调节水库和事故备用水源。王庆坨水库位于天津市武清区王庆坨镇西南，东靠九里横堤，北临津同公路，南至津保高速公路，西以天津市和河北省界为限。水库坝轴线长6570米，总库容2000万立方米。主要建筑物由围坝、泵站、退水闸、引水箱涵（含津保高速穿越）等组成。

【水库运行管理】 水库巡查工作分为日常巡查、踏查、特殊巡查。日常巡查工作为每日两次，上下午各一次，对定点水库设备设施及附属设施进行巡视检查，并做好巡视记录，发现问题及时上报并解决。踏查是每月对王庆坨水库设施设备及附属设施进行地毯式踏查，确保检查无死角、无遗漏。特殊巡查为在有感地震和恶劣天气等情况时增加的巡查工作，其中由于特大暴雨完成了7次的特殊检查。全年共进行日常巡查730次；踏查巡查46次。

【水质管理】 为保证王庆坨水库水质达标，每月不定期组织人员对库区内部杂草、杂物进行打捞清理，全年共打捞杂草垃圾4.2吨。严格落实河长制责任，向市河长办反馈水环境考核结果12次，持续推进河湖"清四乱"专项活动，保障水环境安全。

【维修养护】 完成王庆坨水库安全出口警示牌、水库打捞船维修、水库围墙基础及截渗沟维修等27项日常维修养护项目和王庆坨水库库区护栏网加装刺丝滚笼专项工程，为王庆坨水库安全供水提供了良好保障。

【水库灾害防御】 按照"分级管理、分级负责"原则，成立王庆坨水库防汛小组，精心编制防汛预案，调动和储备各种防汛抢险物资，根据预案情况进行防汛演练。在汛期，强化24小时值班制度，随时掌握雨情、工情、汛情信息，科学管理，合理安排，确保了水库安全度汛。

【安全生产】 每月定期召开安全生产会议，按月组织开展安全生产培训。全年共组织水库安全检查72次，并组织开展消防、反恐、溺水、防汛等演练，做到领导带队检查与日常巡查相结合、专项检查与突击检查相结合、隐患排查与整改提高相结合。

（水务集团）

北 塘 水 库 管 理

【概述】 北塘水库管理包括库区、大坝、水闸及泵站（即1座水库、2座泵站、6座水闸）等设施的维修养护、运行和水资源保护等管理工作。

【水库运行管理】 2023年，泵站运行期间运行人员24小时坚守岗位，严格执行各项操作规程，按时巡视，认真检查设备、仪表仪器和各种指示信号等设备的运行状态，发现问题及时维护，确保运行安全。2023年入塘沽水厂供水泵站累计安全运行6992台时，全年供水量0.23亿立方米；入开发区水厂供水泵站累计安全运行8388台时，开机2051台时，自流6337小时，全年供水量0.2亿立方米；全年向滨海新区新河、新村、新区水厂以及开发区水厂供水0.43亿立方米。

【水质管理】 2023年5月4日，针对发现的北塘水库出现零星穗花狐尾藻问题，立即加密巡视频次并详细记录生长情况，随着天气转暖，穗花狐尾藻出现大面积集聚，为保障水质安全，于6月19日起每日进行打捞作业并记录水藻打捞量。截至12月31日，共计打捞水藻约553.5吨，打捞人员596人次。

【环境管理】 2023年，加大对水库的巡视力度，组织开展春、秋季环境大清整，每天对水库环境进行巡视，及时清扫堤顶道路，打捞水库垃圾、死鱼等漂浮物，组织全体党员、积极分子、青年团员及职工以小组为单位，对北塘水库10.5千米的堤顶路、堤肩、迎水坡、背水坡等易出现垃圾杂物的场所进行全面清扫捡拾，提升环境管理水平。全年水库水环境保洁共出动750车次、40船次、1160人次，清理量42.13吨，打捞量17.93吨，打草面积6.48万平方米，辖区树木浇水1次、打药1次，集中清理防护网上攀爬物2次，树木刷白约5004棵，修整水库背水坡防火通道55条。

【维修养护】 2023年，为保证所辖入塘、入开两座泵站电气设备运行安全，保障安全输水任务顺利进行，严格落实"日清扫、周擦拭、季检修"工作要求，保障了设施设备的安全高效运行，为安全输水工作打下坚实基础。

按计划开展2023年度日常维护工作，编制上报电气预防性试验、防雷检测、沉降观测、机组大修、仪器仪表检测等工程项目，做好日常框架维修养护工作，监督入塘、入开泵站机组大修工作和护栏网更换专项工程的现场监管工作等。

【水库灾害防御】 2023年，严格落实汛期应急管理各项工作，做到防汛工作早部署、早备战、早预防。一是有针对性地开展了防汛预案培训和防汛演练，模拟厂区积水强排，封堵泵站大门，提高职工应急处置能力。二是多次组织职工学习《防汛抢险预案》《大坝安全管理应急预案》等预案，巩固抢险知识、设备使用、操作技能等；落实水库"三个责任人"职责公示，提高职工防汛意识。三是开展汛前检查，对防汛库房、水库堤坝、泵站主副厂房、闸门等防汛重点部位进行检查，严密排查安全隐患问题，及时消除安全隐患。四是做好防汛物资储备管理和设施设备检查，对防汛物资进行全面梳理和排查，购置储物盒及标识牌，规范防汛物资的存放，对防汛库房进行刷漆维护，完善防汛物资使用台账，核对补充防汛物资，清理院区外侧排水沟，疏通更换院区内部排水系统。五是保证水库特殊时期运行安全，汛期和冰冻期期间，在入塘和入开两座泵站厂区装填防汛沙袋，安装潜水泵、电缆及电闸箱，储备雪铲、冰镩、大锤等物资，满足突发险情施救能力，落实24小时值班制度，认真做好汛情、雨情、冰情、险情的上传下达工作。

在海河"23·7"流域性特大洪水期间和防汛一级响应期间，增加值班值守人员，对两座泵站、水库大坝及周边大堤进行徒步巡查，加密巡视频次，在对永定河大堤进行巡查期间，发现永定河大堤8+500处水闸存在安全隐患，及时向北塘街道和永定河中心进行反馈，确保洪水顺利过境。

【安全生产】 2023年，全员签订《安全生产岗位责任书》，将安全生产责任分解到点、到人、到物。全年召开专题安全会议12次，建立健全安全生产台账8项，开展安全隐患大排查、消防及防火检查等48次，组织消防、反恐、防汛、破冰演练等应急演练6次，开展安全生产知识培训7次。

（水务集团）

曹庄泵站管理

【概述】 曹庄泵站是南水北调天津市内配套供水工程的供水核心，主要是将干线来水通过泵站加压后输送至津滨水厂和滨海新区。水务集团所属引江市南分公司管理着6台运行机组、调节池、35千伏变电站设施设备的维修养护、运行和水资源保护等管理工作。

【泵站运行管理】 2023年,泵站运行期间严格执行各项操作规程,按照《曹庄泵站运行管理手册》要求,按时巡视,认真检查设备、仪表仪器和各种指示信号等设备的运行状态,发现问题及时维护,保障了运行安全。全年泵站累计运行3.2万台时,供水量2.86亿立方米。设备设施运行安全稳定,无供水事故发生,安全输水保障率100%。

【水质管理】 开展日常水质维护。组织专人进行调节池水面漂浮物打捞,实现漂浮物清理工作常态化。全年共打捞漂浮物约38.65吨,清理水草80.85吨,打捞刚毛藻4.5吨,出动人员677人次。

定期开展水质检验。全年对曹庄泵站原水监测144次,各项指标均符合国家地表水Ⅱ类标准。

开展调节池清淤工作。全年开展淤泥测量工程4次,开展调节池清淤工作1次(分2期),清除水下淤积物4万立方米,总泥饼量为0.9万立方米。

【维修养护】 开展日常维修养护。根据《泵站管理所设施设备"日清扫、周擦拭、季检修"工作实施细则》,制定维修计划,及时开展维修工作,确保设备运行安全。全年组织开展设备日常检修维护工作97项,上报框架维修项目35项,包括机组设备清扫养护、故障设备的更换与检修、高压变频器日常维护保养、综合设备、自控设备维护保养等,确保机组正常运转,设备完好率99%以上。全年组织实施曹庄泵站建筑物的日常观测及设备的各类试验共6项,分别为:曹庄泵站仪表检测、曹庄泵站高压设备电气预防性试验、曹庄泵站建筑物防雷实验、曹庄泵站消防设备年检、曹庄泵站建筑物工程观测、曹庄泵站淤泥勘测。全年曹庄泵站2号、4号、7号机组单台累计运行台时达到8000台时,按要求组织实施了针对2号、4号、7号3台机组的解体大修工作。

【泵站防御管理】 开展汛前、汛中、汛后检查,重新梳理防汛物资,进一步细化应急职责,重新对应急抢险过程中各班组人员的责任分工进行分配,完善防汛物资使用台账,定期对防汛应急设备进行保养,在重点区域安装储备潜水泵、电缆及电闸箱等设施设备,保障防汛应急安全。加强值班值守力度,严格落实汛期24小时防汛值班制度,认真做好汛情、雨情、险情的上传下达工作,保障汛期安全。加强职工应急培训,组织开展《引江市南分公司防汛抢险预案》学习培训,签订《汛期安全责任书》,增强职工防汛意识。全年组织开展汛期检查10次、发电机养护4次、组织职工防汛工作培训及演练1次。在海河"23·7"流域性特大洪水期间,采取泵站厂房门口搭建防汛沙袋、架设厂区排水泵、彻底清理厂区雨水管道等有效措施,保障曹庄泵站设备正常运行及行洪期间城市供水稳定。

【安全生产】 组织签订2023年度《安全生产责任书》,在重要时间节点,加大巡视巡查力度,加强养护力量。每月召开安全生产例会,传达上级有关安全生产部署要求。做好安全生产培训、自查及应急演练工作。定期开展行车安全、预防硫化氢中毒、天车安全操作、安全用电、有限空间作业以及规章制度等方面的安全生产培训。全年组织开展隐患排查自查65次,发现隐患21项,均已整改完毕。开展应急演练6次,其中反恐应急演练2次,消防灭火及应急逃生演练3次,高压电气设备专项应急处置演练1次。开展各类安全生产培训10次。

(水务集团)

西河泵站管理

【概述】 西河泵站位于天津市红桥区子牙河南道与海源道之间,西河桥东侧,原西河水源厂西侧。它的主要作用就是将来自丹江口水库的长江原水输送至天津市中心城区的新开河、芥园、凌庄子三大水厂。西河泵站泵房内共设置12个泵位,其中新开河水厂5个，芥园水厂3个，凌庄水厂4个。共安装11台机组，其中3台软启机组、1台直启机组和7台变频机组。

【泵站运行管理】 为确保设备设施平稳运行，进一步强化运行人员的巡视责任意识，要求运行人员每两小时到现场巡视一次，检修人员不定期到现场进行巡视检查，做到问题发现及时、处置及时、报告及时。全年针对泵站管理工作开展培训12次、业务考核4次、技术比武1次，累计参加370人次。

【水质管理】 2023年，西河泵站水质监测累计367次，检测数据5173项。开展加氯加药应急演练，并与南水北调集团中线有限公司天津分公司天津管理处、水质监测中心建立原水水质保障联络机制，密切关注上游水质变化。

【提质增效】 采集单台机组能耗数据，对机组不同水位、频率、能耗进行综合分析，掌握单台机组的最佳工况区间，合理调配输水机组，实现节能降耗。

【日常维护维修】 结合泵站实际情况编制并严格执行维修计划。定期对机电设备进行清扫养护，进一步延长设备使用寿命。完成机电及自控设备日常维护养护100余项、西河泵站变配电设备的电气预防性试验和绝缘安全用具的预防性试验、西河泵站变频器的维修保养等工作。

【专项工程】 为确保泵站的运行安全，2023年组织实施西河泵站调节池停水清淤工程和西河泵站DLP大屏显示系统改造专项工程。

【泵站防御管理】 及时部署防汛工作，进一步修改完善防汛应急预案，并组织防汛演练2次。汛期共开展11次安全自查，及时增加物资储备，防汛措施落实到位，保障了安全度汛。

【安全生产】 按期组织泵站安全生产会议，对泵站应急预案及相关安全生产文件进行学习，为泵站安全输水工作打下坚实基础。进一步细化安全检查内容，做到检查全面、细致、无死角。对检查中发现的问题认真整改，按期复查，跟踪整治，确保整改到位。按照"安全第一，预防为主"的方针，开展反恐、消防及防汛等演练，进一步提高了职工的应急处置能力。

（水务集团）

永清渠泵站管理

【概述】 永清渠泵站位于天津市北辰区李家房子村，站址紧邻子牙河。泵站内有4台1200S-24型双吸离心泵，主要建筑物包括自流道、进水闸、前池、主泵房及主厂房、副厂房、管理用房等。主要作用是向尔王庄水库输送长江原水。

【泵站运行管理】 为确保设备设施平稳运行，进一步强化运行人员的巡视责任意识，要求运行人员每两小时到现场巡视一次，检修人员不定期到现场进行巡视检查，做到问题发现及时、处置及时、报告及时。全年针对泵站管理工作开展培训12次、业务考核4次、技术比武1次，累计参加30人次。

【日常维护维修】 结合泵站实际情况编制并严格执行维修计划。每日对永清渠泵站设备设施进行清扫、每周进行擦拭、不定期进行检修，进一步延长了设备使用寿命。完成了泵站维护养护60余项，包括机组加油、更换闸阀等。

【泵站防御管理】 及时部署防汛工作，进一步修改完善防汛应急预案，并组织防汛演练2次。汛期共开展11次安全自查，及时增加物资储备，防汛措施落实到位，保障安全度汛。

【安全生产】 按期组织泵站安全生产会议，对泵站应急预案及相关安全生产文件进行学习，为泵站安全输水工作打下坚实基础。进一步细化安全检查内容，做到检查全面、细致、无死角。对检查中发现的问题认真整改，按期复查，跟踪整治，确保整改到位。按照"安全第一，预防为主"的方针，开展反恐、消防及防汛等演练，进一步提高职工的应急处置能力。

（水务集团）

科技信息化

水利科学研究与科技推广

【概述】 2023年，市水务局科研立项15项，年内结题的科研项目共10项。推动具备条件单位自筹资金开展科研课题研究，年内立项8项，结题6项。

【科技管理工作】 2023年围绕引滦于桥水库供水安全和中心城区河道水环境治理等全局中心工作，各项目按计划完成了年度研究任务。

积极开展科技推广工作，2023年先进技术交流平台发布技术信息22期；组织先进技术推介会2次，学术交流活动3次。

组织开展2022年度天津市水利工程优质奖评选工作。经工程优质奖评选委员会评选，最终评选出青排渠北丰产河连通工程施工（第1标段）等6项工程为2022年度天津市水利工程优质奖。

承办第二届天津市高校"节水海河 学子同行"创意设计大赛，大赛自启动以来，受到天津市高校师生的广泛关注和积极参与，最终活动评选出文创产品类作品、水文化纪念品类作品一等奖各1件、二等奖各2件、三等奖各3件。

【科研项目】 2023年，市水务局新立科研项目15项，详见下表。

2023年市水务局新立科研项目

序号	项目名称	承担单位	项目概况	研究期限	科研经费/万元		
					合同拨款	累计拨款	年度拨款
1	2022年中央水库移民扶持基金绩效评价	水科院	按照市水务局《关于开展2022年度中央转移支付预算执行情况绩效自评工作的通知》和《水利部办公厅 财政部办公厅关于开展2022年度中央水库移民扶持基金绩效评价工作的通知》要求，开展天津市2022年大中型水库移民后期扶持基金绩效评价工作，根据绩效目标，进行绩效自评，编制自评报告	2023年5—12月	2	2	2

续表

序号	项目名称	承担单位	项目概况	研究期限	科研经费/万元		
					合同拨款	累计拨款	年度拨款
2	2023年天津市农田灌溉水有效利用系数测算分析	水科院	按照水利部办公厅文件关于印发《农田灌溉水有效利用系数测算分析工作考评办法》的通知（办农水〈2015〉196号），水利部从2016年开始每年对各省、自治区、直辖市系数测算分析工作进行定量综合考核，考核结果作为判断各省（区、市）系数测算分析结果是否可信的重要依据之一	2023年3月—2024年2月	61	61	61
3	水务基础数据质量提升与分析应用（2023年度）	水科院	结合水务发展各项工作和《天津市水安全保障"十四五"规划》目标任务，对水务基础数据进行分析与应用，编制年度水务基础数据分析应用报告，评估水务各项工作完成情况，预测未来水务发展趋势，为制定各项决策提供参考依据	2023年1—12月	20	20	20
4	天津市河湖健康评估——南运河	水科院	本次南运河健康评估工作将主要参照《河湖健康评估技术导则》（DB12/T 1058—2021），在收集整理资料及现场勘测的基础上，客观分析现状数据与相关历史数据，围绕河流的5个准则逐层逐级展开，最终给出南运河的健康得分与健康等级，分析评估南运河的环境生态问题及不健康表征，指出影响南运河生态健康的主要压力，提出健康保护及修复目标，给出南运河健康管理的对策建议	2023年4月—2024年3月	21	21	21
5	天津市2023年度水库移民监测评估	水科院	监督水库移民直补后期扶持资金的发放情况；监测库区和安置区基础设施建设和经济发展中的项目实施情况，对列入年度计划项目的资金使用、管理和实施效果等作出科学评价；评估后期扶持政策实施效果，对移民的收支状况、生存条件和社会满意度等进行调查和评价	2023年6月—2024年5月	23	23	23
6	天津市重点河湖生态流量（水量）保障方案编制	水科院	按照《水利部办公厅关于加快制定江河流域水资源管理工作方案的通知》（办资管函〔2019〕1206号）要求，计划2023年继续开展天津市重点河湖生态流量（水量）保障方案编制工作，明确北京排水河、青龙湾减河2条河流的生态流量（水量）目标，并按照"一河一策"编制实施方案	2023年1—12月	45	45	45

续表

序号	项目名称	承担单位	项目概况	研究期限	科研经费/万元 合同拨款	累计拨款	年度拨款
7	天津市滨海平原智慧灌区关键技术研究与示范	水科院	响应水利部要求，天津市水务局编制了《天津市智慧水务专项规划》，规划提出"提升农村水利监管能力"的要求，因此，"十四五"时期，天津市将加强智慧灌区建设，打造天津市特色的智慧灌区名片	2023年1月—2024年12月	41.67	41.67	41.67
8	2023年于桥水库水生生物监测	水科院	于桥水库是天津市的重要水源地，掌握于桥水库生物动态是保障正常供水的基本需求，也是促进水库向健康的方向转化的迫切需求，更是供水保障、经济发展的社会需求。于桥水库水质及水生物监测的内容包括藻类（浮游植物）定性定量监测，浮游动物定性监测，水草种类、生物量及分布区间监测，底栖生物监测、鱼类调查等	2023年1—12月	19	19	19
9	天津市典型河湖湿地碳化能力评估研究	水科院	项目重点研究典型河湖湿地内水生植物生物量及底泥有机碳含量的时空分布规律，建立河湖湿地碳汇能力估算模型，以此对天津市典型河湖湿地生态系统的碳汇能力进行评估。天津地处海河流域下游，湿地资源丰富，调查评估天津湿地系统的碳汇能力，对双碳目标的实现有着极为重要的意义	2023年6月—2025年5月	34.75	34.75	34.75
10	天津市用水权制度研究	水科院	按照《关于推进用水权改革的指导意见》（水资管〔2022〕333号）要求，经水务局批复，现开展"天津市用水权制度研究"课题研究工作，旨在加快推进地表水初始水权分配，编制天津市用水权管理制度实施方案，提交水权分配成果	2023年1—12月	45	45	45
11	城市降雨污染快速净化技术及监控预警平台	水科院	针对降雨冲刷排水管网沉积物导致的雨后水体黑臭问题，选取不同类型入河排口及附近检查井进行取样测试，探索入河排口雨后出水水量、水质的时空变化规律，分析管道沉积物颗粒形态、成分组成及理化性质；探索雨后沉积物冲刷对水体内黑臭特征指标变化规律的影响；通过沉淀、混凝、旋流分离等模拟试验研究沉积物组分分离特征	2023年1月—2024年10月	10	10	10

续表

序号	项目名称	承担单位	项目概况	研究期限	科研经费/万元 合同拨款	累计拨款	年度拨款
12	天津市雨水入河排口雨污混接评估与溯源技术研究	水科院	研发一种适合天津市高水位运行排口的高效、准确、低成本的原位雨污混接溯源检测技术方法。开展雨水管网水的本底氢氧硫同位素丰度的变化范围和季节性变化规律研究，通过多源水 ^{18}O、^{2}H、^{34}S 指标定量溯源雨污混接评估，分析单点和多点污水入侵对于雨水管网中氢氧硫同位素丰度变化的空间影响规律，快速定位雨污混接点的位置	2023年1月—2024年12月	19.5	19.5	19.5
13	海河上游段水生植物科学管控方案	水科院	为有效解决菹草爆发式生长带来的一系列生态环境问题，有必要对海河开展水生态系统分析诊断，摸清水生态现状、演变规律及物种间的交互影响关系，制定科学有效的水生植物管控措施，为海河水生植物科学管控提供依据，同时为丰富海河生物多样性、提升水体自净能力、促进河道生态环境复苏提供支撑和保障	2023年3月—2025年3月	49	49	49
14	天津市大中型水库移民大事记编纂	水科院	按照水利部办公厅《关于开展中国水库移民大事记和口述实录编纂工作的通知》（办移民函〔2023〕136号）的要求，开展天津市大中型水库移民大事记和口述实录编纂工作，根据水利部编纂工作要求，编纂天津市移民大事记	2023年3—12月	8	8	8
15	中心城区河道汛期污染强度下降排查整治技术保障项目	水科院	根据（津污防攻坚指〔2022〕2号）文件要求，制定入河污染溯源排查技术指南，开展水质监测、溯源排查成果复核等工作，兜清中心城区河道入河污染源底数，为市水务局深入开展汛期污染强度下降整治工作做好技术支撑和服务，指导各区和相关单位深入开展入河污染溯源排查和整治	2023年3月—2026年6月	635	100	100

2023年,单位自筹资金新立科研项目8项,详见下表。

2023年单位自筹资金新立科研项目

序号	项目名称	承担单位	项目概况	研究期限	科研经费/万元		
					合同拨款	累计拨款	年度拨款
1	城市排水水体检测方法研究及工程应用	排管中心	应用串联离子色谱–质谱(IC-MS)法对市域排水水体中消毒副产物准确定量,开发应用实验室信息管理系统(LIMS)对检测数据进行汇总、统计、分析,确定消毒副产物污染水平和分布特征,改进工艺,合理投加消毒剂剂量,既达到灭菌效果,降低运行成本,又能有效保护水环境	2023—2025年			
2	基于外部作业对天津市排水管道影响的"四预"技术研究	排管中心	基于外部作业影响,通过排水管道监测技术的应用,对排水管道安全状况进行事前分析、事中监测、事后评价的技术研究。研发排水管道安全运维智慧化管理系统,实现"四预"	2023年			
3	北部新区排水系统规划及智慧排水的研究	排管中心	该规划采用模型软件对雨水管网进行分析计算。按照排水系统分区分析和评估管网排水能力和内涝风险情况,为管网优化和内涝点治理提供支撑和依据。对接城市设计等相关规划,确定合理的排水设施规模和布局。开展北部新区智慧排水系统研究,对排水管网信息数据进行分析,建立分析指标体系,指导决策、防涝预警	2023年			
4	天津市中心城区红线内排水系统技术研究	排管中心	对用地红线内排水设施的立项、设计、施工、验收等行为管理控制手段和方法开展研究,编制《天津市中心城区红线内排水系统技术导则》	2023年			
5	应用(污水)地下水源等低位冷源对泵站进行环境降温的探析	排管中心	以循环利用泵站输送的污水作为低位冷源,利用地源热泵原理,对泵站变配电室环境进行温控。通过加装室内温度调节设备,保障电气设备始终在恒温范围内运行,实现节能降耗	2023—2025年			
6	防止排水设施异味气体逸出技术的初步研究	排管中心	对新开河调蓄池产生的臭味气体进行检测及成分分析研究。在逸出臭味气体的部位加装水体雾化设备,探索最优臭味抑制参数,最大限度实现隔离除味效果。添加PLC操作联动程序,减少人力投入	2023年			

续表

序号	项目名称	承担单位	项目概况	研究期限	科研经费/万元		
					合同拨款	累计拨款	年度拨款
7	特殊工况条件下排水管道施工回填工艺的研究	排管中心	应用流态固化土回填材料，在管道基础和沟槽回填采用一体化施工工艺，形成土管共力，在管道外部形成360度保护层，提高排水管道回填强度。在应急抢修或维修等特殊工况条件下进行排水施工作业时，用此工艺代替注浆和混凝土回填，加快固化速度，提高施工质量、安全性和稳定性	2023年			
8	中、小型河、湖漂浮物治理技术的初步探索	排管中心	对受不同时间、空间及外界因素影响的二级河道进行漂浮物情况分析。通过改进现有设备，对浮萍、水草、蓝藻、油性块状漂浮物等不同污染情况进行试验及数据对比分析，调整设备技术参数等手段，探索适用于漂浮物治理的应用技术，从而有效改善二级河道水体环境	2023年			

2023年，市水务局科研项目结题10项，详见下表。

2023年市水务局科研项目结题

序号	项目名称	项目来源	结题形式	起止年限	主持单位
1	2022年天津市农田灌溉水有效利用系数测算分析	市财政局	验收	2022年3月—2023年2月	防御处
2	中型灌区续建配套与节水改造关键集成技术推广应用	水务局	鉴定	2021年10月—2022年9月	规计处
3	双碳目标下村镇生活污水低碳处理技术及应用研究	水利部	鉴定	2011年11月—2020年12月	科技局
4	绿色低碳模式下汛期排水入河污染控制关键技术研发与应用	水利部	鉴定	2014年4月—2022年6月	科技局
5	2021—2022年度于桥水库水生生物监测	水务局	验收	2021年10月—2022年9月	规计处
6	泥沙淤积对中心城区典型雨水管道排水能力影响研究	水务局	验收	2020年6月—2022年12月	规计处
7	排水管网沉积物减量化研究	水务局	验收	2020年6月—2023年5月	规计处
8	天津市智慧水务建设需求分析研究	水务局	验收	2020年6月—2023年5月	规计处
9	天津市典型河流生态修复模式研究	水务局	验收	2021年6月—2022年11月	规计处
10	《天津市"十四五"水务科技创新实施方案》编制	水务局	验收	2021年9—11月	规计处

(规计处)

【部市级科研项目】
（1）水利部重大科技计划"天津市滨海平原智慧灌区关键技术研究与示范"：选定宝坻新安灌区为项目示范点，研究典型农作物智慧灌溉，设置完成智慧灌区指标体系中的指标、典型农作物智慧灌溉研究、渠系水量配置、平台开发等研究任务。

（2）天津市重点研发计划"天津小站稻节水技术应用研究"：深入研究天津市水稻灌溉栽培技术。重点选用了耐旱、耐盐碱的小站稻品种"天隆优619"和"天隆粳4号"，并围绕这两种水稻品种开展小站稻直播和稻麦连作等栽培技术研究。项目在天津市宁河区、西青区、宝坻区等地进行田间节水试验，试验结果表明：与传统水稻种植方式相比，该节水栽培模式能够节水20%以上，成果不仅推动了天津市小站稻种植模式的升级，还为小站稻产业的未来发展提供了有力的技术支撑。

（水科院）

【科研项目及获奖成果】 2023年，水科院新立科研项目15项，其中水利部重大科技项目1项，财政项目9项，自有资金项目5项。开展横向项目31项，结题验收项目11项。其中"绿色低碳模式下汛期排水入河污染控制关键技术研发与应用""双碳目标下村镇生活污水低碳处理技术及应用研究"2项成果鉴定达到国际领先水平。

《天津市重点河湖生态流量（水量）保障方案编制（2020.1—2021.8）》荣获2022年度天津市优秀工程咨询成果三等奖。

（规计处 水科院）

【水利科技成果推广】 2023年，承担科技推广项目1项，组织开展推介会1次；承担了天津市农业农村委农业科技成果转化与推广项目"智能现代设施农业日光温室标准化示范"，按照任务书要求完成示范工程现场验收，开始编写地方标准技术资料。

2023年2月23日，在天津新桃园酒店举办"天津市水利先进实用新技术推介会"。经过对征集技术的考察和评估，推介会重点推介了气悬浮高速离心式鼓风机在污水处理中的应用、环保型中小河道清淤设备等6项技术。

【知识产权】 2023年全年获得国家专利授权11项，其中发明专利2项、实用新型专利9项。

2023年，获国家知识产权局授权发明专利14项，实用新型专利4项，见下表。

2023年度国家授权专利项目表

专利号	专利名称	专利类别	授权日期	专利权人	发明人/设计人
ZL202111361457.1	基于光谱指数模型的水体识别系统	发明	2023年8月22日	天津市水利科学研究院	张振、阎凤东、张庆强、齐伟、王建波、袁春波
ZL201710860010.6	结合混凝旋流过滤与多维汇水湿地的一种工艺方法	发明	2023年8月1日	天津市水利科学研究院	常素云、占强、任必穷、董立新、吴涛、许伟、王松庆、张艳芬
ZL201711133186.8	一种光固化修复装置及应用该装置的地下管道修复系统	发明	2023年9月22日	天津市水利科学研究院	袁春波、张振、李广智、刘桐、齐伟、王松庆、郝志香、祁葳、王建波、王守春、陆梅、王云仓
ZL201810778179.1	一种海绵城市绿地自循环节水灌溉系统	发明	2023年12月26日	天津市水利科学研究院	张振、刘桐、赵瑞斌、李金朋、张彦、王松庆、韩凤梅、袁春波、齐伟、王建波

续表

专利号	专利名称	专利类别	授权日期	专利权人	发明人/设计人
ZL201710718921.5	一种混合液等比例配给装置的配给系统	发明	2023年7月21日	天津市水利科学研究院	史庆生、焦丽娜、田家宾、安利群、郑毅
ZL201710859448.2	一种具有反冲洗的混凝旋流过滤的净化系统及其方法	发明	2023年12月8日	天津市水利科学研究院	常素云、占强、任必穷、董立新、吴涛、许伟、王松庆、张艳芬
ZL201811125312.X	一种利用废弃陶瓷生产的透水砖及其制备方法	发明	2023年10月31日	天津市水利科学研究院	姜衍祥、袁春波、王守春、齐伟、赵瑞斌、张彦、吕燕、王成言、常素云、刘波
ZL201710860047.9	一种连续性高效净化系统及其方法	发明	2023年9月22日	天津市水利科学研究院	常素云、占强、李保国、任必穷、董立新、许伟、李岩、张艳芬
ZL201710859444.4	一种农村小流域污水净化系统	发明	2023年7月4日	天津市水利科学研究院	常素云、占强、李保国、任必穷、董立新、吴涛、许伟、王松庆、张艳芬
ZL202111293523.6	一种水网处理及循环利用系统	发明	2023年4月18日	天津市水利科学研究院	张振、张立晖、齐伟、王建波、袁春波、陆梅
ZL202210632156.6	一种水网清淤污泥处理方法	发明	2023年9月22日	天津市水利科学研究院	张振，齐伟，苏建华，陆梅，王建波，袁春波，杨洁，郝志香
ZL202111030616.X	一种新型沉水植物收割及收集系统	发明	2023年8月29日	天津市水利科学研究院	张振、杨洁、郝志香、齐伟、王建波、王云仓
ZL201710860030.3	一种旋流强化过滤的净化结构及其净化方法	发明	2023年9月19日	天津市水利科学研究院	常素云、占强、李保国、董立新、吴涛、任必穷、许伟、王松庆、张艳芬
ZL201811125302.6	一种移动式泥浆脱水固化系统	发明	2023年9月22日	天津市水利科学研究院	袁春波、齐伟、张振、李振、吴涛、王松庆、郝志香、王建波、陆梅、杨洁
ZL202320861165.2	一种远程闸门启闭控制系统	实用新型	2023年11月7日	爱易成技术（天津）有限公司，天津市武清区水利技术服务中心，天津市水利科学研究院	陈钊、史庆生、高瑞芳、高薇、田家宾、李慧、方新盛、李春明、陈淑杰
ZL202320861168.6	一种坡岸水尺支架	实用新型	2023年9月22日	爱易成技术（天津）有限公司，天津市武清区水利技术服务中心，天津市水利科学研究院	张喆、焦丽娜、田家宾、霍永旺、车木国、郭志远、李建华、李春明、陈淑杰、罗国梅

续表

专利号	专利名称	专利类别	授权日期	专利权人	发明人/设计人
ZL202320861171.8	浮动指针水尺	实用新型	2023年10月20日	爱易成技术（天津）有限公司，天津市水利科学研究院，天津市武清区水利技术服务中心	田家宾、刘春良、焦丽娜、付会丹、王文波、韩天啸、张蕊、李春明、冯立国
ZL202320872433.0	一种重力循环垃圾自动收集装置	实用新型	2023年11月7日	爱易成技术（天津）有限公司，天津市水利科学研究院，天津市武清区水利技术服务中心	石建路、史庆生、李腾达、田家宾、刘旺、冯帆、孙立君、李春明、冯立国

【专利项目】

1. 基于光谱指数模型的水体识别系统

本发明公开了基于光谱指数模型的水体识别系统，数据分析平台用于获取初始遥感影像并对其进行去噪处理生成遥感分析影像，水体模型构建策略包括根据遥感分析影像和实测参数构建水体模型，水体模型的模型参数包括水藻分布和水藻浓度参数、水体边缘轮廓线、水位；除藻策略包括第一水位阈值和第一时间阈值，除藻策略配置为当水位由标准水位线连续下降至第一水位阈值，且持续时间大于等于第一时间阈值时，生成除藻指令信息，并根据沿水体边缘轮廓线的水藻浓度参数和分布集中度确定除藻优先级顺序。本发明通过建立水体模型，能够识别水体的水藻分布变化情况和水位变化情况，对除藻情况进行及时判断，避免产生严重的水体污染。

2. 结合混凝旋流过滤与多维汇水湿地的一种工艺方法

结合混凝旋流过滤与多维汇水湿地的一种工艺方法，包括以下三个步骤：磁强化絮凝，涡流沉积分离以及人工湿地净化；分别对水体进行絮凝反应、污染物沉积分离和人工湿地过滤处理，实现对水体的净化；对磁粉进行回收利用，实现磁粉的循环利用。本技术方案将絮凝、涡流、过滤、微生物降解与人工湿地技术联合应用到初期雨水处理装置中，通过絮凝、涡流、过滤与人工湿地技术来强化雨水中污染物的分离，分离出的污染物进一步通过微生物技术降解去除，该工艺方法能大幅去除雨水中的悬浮物、油污、漂浮物等物质，同时该工艺方法极大地减少了对土地的占用。

3. 一种光固化修复装置及应用该装置的地下管道修复系统

本发明提供一种光固化修复装置及应用该装置的地下管道修复系统，该装置包括摄像头和装置架，摄像头共轴线插设于装置架的前端，装置架包括头部主体、尾部主体、脚架调节机构、脚架和UV紫外灯主体，头部主体与尾部主体的内腔均设置脚架调节机构，脚架调节机构的输出端连接脚架，UV紫外灯主体固定于头部主体的后端与尾部主体的前端之间；地下管道修复系统包括光固化修复装置、万向连接头、辅助装置架、线缆和外部控制台，光固化修复装置与辅助装置架通过线缆连接外部控制台。本发明采用该系统，能够自动进行脚架的径向长度调节，以满足不同管径的良好连续修复需求，从而提高光固化修复效率，且降低人工劳动强度。

4. 一种海绵城市绿地自循环节水灌溉系统

本发明公开了一种海绵城市绿地自循环节水灌溉系统，该系统包括植被绿地和下沉绿地，下沉绿地由上至下依次设置地表水循环灌溉层、近地表土壤层和远地表土壤层，地表水循环灌溉层向地下延伸方向依次包括透水砖层、蓄水灌溉层和砂砾碎石层，地表水循环灌溉层贯通设置有若干等高的垂直透水管，垂直透水管的中心轴均位于同一平面，每个垂直透水管均连通有多孔梅花管，多孔梅花管预埋在近地表土壤层中，下沉绿地连通有城市水处理系统管路。本发明增强了植被本体和土壤整体的蓄水能力，能够避免雨水量大的情况造成的积水问题，同时能够节约植被的浇灌水量，提高植被的自灌溉能力和涵养量。

5. 一种混合液等比例配给装置的配给系统

本发明公开了一种混合液等比例配给装置及配给系统，涉及现代农业灌溉设备技术领域，本发明能够实现灌溉水与肥料液体的同步等比例混合，进而保证施肥的精度，满足现代化农业的需求。混合液等比例配给装置由相互连通的第一液流管和第二液流管组成，第一液流管上安装有阀门，阀门包括阀芯、手轮、以及连接杆，阀芯和手轮通过连接杆固定连接，第二液流管上安装有抽水泵，调速器的信号输出端子与抽水泵的驱动端子电连接，调速器的控制端子上安装有调速齿轮，调速齿轮与手轮相啮合。

6. 一种具有反冲洗的混凝旋流过滤的净化系统及其方法

本发明提供了一种具有反冲洗的混凝旋流过滤的净化系统及其方法，包括磁强化絮凝装置和具有反冲洗的涡流沉积分离装置；磁强化絮凝装置的进水口设置在絮凝主体侧壁上，通过依次加入磁粉、无机混凝剂和有机絮凝剂，使得水中污染物能够分阶段的逐一凝聚成团，形成絮凝体；絮凝装置的出水管道以与生物滤料层的圆周体相切的方式插入生物滤料层内壁；具有反冲洗功能的涡流沉积分离装置通过生物滤料层将分离装置主体分割为反冲洗进水区和旋流过滤区。本发明能大幅去除污水中的悬浮物、油污、漂浮物等物质，同时该工艺方法极大地减少了对土地的占用。

7. 一种利用废弃陶瓷生产的透水砖及其制备方法

本发明涉及透水砖技术领域，公开了一种利用废弃陶瓷生产的透水砖，透水砖内设有固定架，固定架包括架体及固定板，固定板与架体固定连接，架体穿插于透水砖内；架体的相对两端设有钩体与挂耳，钩体与挂耳均与架体固定连接；透水砖由上至下依次设有表层、渗透层、过渡层及集水层，表层、渗透层、过渡层及集水层间黏合连接；集水层内设有集水槽，集水槽的周壁设有排水管道。该透水砖的透水透气性能较佳，同时保持较大的机械强度，使用寿命较长。

8. 一种连续性高效净化系统及其方法

本发明提供了一种连续性高效净化系统及其方法，用于净化污水，包括磁强化絮凝装置和涡流沉积分离装置；磁强化絮凝装置的进水管道设置有磁粉加入口、无机混凝剂加入口和有机絮凝剂加入口；进水管道与涡流沉积分离装置的主体沿周向相切并插入至主体内部，主体内部还设置有导流筒，水在所述外壳和所述导流筒外筒之间形成涡流；导流筒上部设置有出水口，涡流沉积分离后的水体进入导流筒内，从出水口排出；水中的污染物从涡流沉积分离装置下部的排渣口排出，经过磁分离机分离后，磁粉被回收利用。本发明能大幅去除污水中的悬浮物、油污、漂浮物等物质，同时该工艺方法极大地减少了对土地的占用。

9. 一种农村小流域污水净化系统

本发明公开了一种农村小流域污水净化系统，包括通过管道依次连接的连续偏转分离机构、具有反冲洗功能的涡流沉积分离机构和湿地处理机构；本发明的农村小流域污水净化系统，连续偏转分离很好地解决了农村小流域生活垃圾污染严重的问题，使得生活垃圾得到有效的收集处理；涡流沉积分离大大减轻了湿地的污染负荷，提高了湿地的净化效果，增加了湿地的使用时效；湿地可以充分利用农村土地广、湿地多等现有环境条件，大大减少该技术的投入；连续偏转分离与涡流沉积分离部分的占地面积小，且该工艺在后期的运行管理上非常简单，大大减少了后期的运行管理投入，在整过工艺过程中无须用到电源，大大降低了运行成本。

10. 一种水网处理及循环利用系统

本发明提供一种水网处理及循环利用系统，包括水网处理设备本体、设置在水网处理设备本体上的光电感应器、与水网处理设备本体相连接的投药组件、组装式人工浮床打捞组件、回收再利用组件。光电感应器与水网处理设备本体电连接，水网处理设备本体分别与投药组件、组装式人工浮床打捞组件、回收再利用组件电连接。光电感应器对水网上漂浮的成团的沉水植物进行感应，感应到沉水植物后再通过投药组件进行定向投药，一方面避免了大面积投药处理，节约处理成本，另一方面使投药更具有针对性，加强投药的效果。

11. 一种水网清淤污泥处理方法

本发明提供一种水网清淤污泥处理方法，通过围堰储泥池使污泥进行静置脱水，在围堰储泥池上构造出柔性的压力池，通过水泵将储水池内的水向压力池注入，利用水的重量挤压污泥，进一步减少污泥的含水量，通过撬装带式污泥压滤机对污泥进行压滤，压滤后的污泥通过移动上料梯传输至污泥运输车上方，污泥经过多次脱水后被压滤成泥饼，含水量极低，不会出现污水外溢的情况，纯污泥的运载量提升降低了运输成本。

12. 一种新型沉水植物收割及收集系统

本发明涉及沉水植物清理领域，尤其涉及一种新型沉水植物收割及收集系统，包括沉水植物收割机构和收集机构；沉水植物收割机构包括切割件与若干用来驱动切割件对沉水植物进行锯切的切割动力件，切割动力件的输出端固定安装有连接件，连接件另一端与切割件转动连接；收集机构设置在沉水植物收割机构后方；在沉水植物收割机构收割完成后，收集机构便可收集割断的沉水植物，边收割、边收集；另外，沉水植物收割机构通过驱动件带动切割端为锯齿形结构的切割件沿切割件的水平方向呈曲线形轨迹移动，面对较坚硬的沉水植物，通过锯切的方式割断，避免造成切刀损坏。

13. 一种旋流强化过滤的净化结构及其净化方法

本发明提供了一种旋流强化过滤的净化结构及其净化方法，包括外壳，生物滤料层，进水管道，涡流出水口和排泥口；生物滤料层间隔设置在外壳内，并将净化结构主体分割为两个区域，生物滤料层和外壳之间的区域为反冲洗进水区，生物滤料层内部为旋流过滤区；由于离心分离作用，水体中携带的污染物聚集沉降后由排泥口排出；当生物填料层出现堵塞问题时或者当运行一定时间后，执行反冲洗步骤，以冲走沉积于生物滤料层中的污物，提高吸附降解效率。本发明有机结合了旋流与过滤技术，能在有限的空间内更好地净化水体；同时通过反冲洗操作大大提升生物填料层的使用寿命。

14. 一种移动式泥浆脱水固化系统

本发明提供一种移动式泥浆脱水固化系统，包括可移动式承载平台、两级泥浆水分离部分、沉淀部分和污泥浓缩压滤部分，两级泥浆水分离部分、沉淀部分和污泥浓缩压滤部分依次左右相邻且连接布设于可移动式承载平台上，两级泥浆水分离部分与沉淀部分之间还连接一过渡水池；两级泥浆水分离部分包括上下相邻布设的一级粗滤震筛和二级细滤震筛，一级粗滤震筛和二级细滤震筛通过安装架倾斜设置于可移动式承载平台上；污泥浓缩压滤部分包括污泥浓缩池与污泥带式压滤机。本发明采用该系统，布设结构紧凑，且空间占用较小，能够实现对原清淤污水的良好脱水固化处理，且可有效节约能耗，保证泥浆脱水效率。

15. 一种远程闸门启闭控制系统

本实用新型公开了一种远程闸门启闭控制系统，闸门控制电机通过皮带与启闭机传动连接，从而实现闸门启闭杆升降，进而带动闸板升降，控制装置包括集成于智能控制柜内的无线远传模块、电机控制模块以及电机调控模块，远程终端通过无线远传模块向电机控制模块发送控制命令，电机控制模块控制闸门控制电机正反向转动以及启动所述电机调控模块控制闸门控制电机的步进速度。本申请的远程闸门启闭控制系统，能够实现闸门的远程控制，提高灌区管理的智慧化程度。

16. 一种坡岸水尺支架

本实用新型公开了一种坡岸水尺支架，坡岸固定架固定在坡岸上，其下端与转轴支架的中间部位相连接，其上端与U形的滑动块调节架的中间部位相连接，转轴安装于转轴支架上且与转轴支架转动连接，转轴的中间部位与水尺安装架的一端垂直连接，水尺安装架垂直安装，支架的安装不受环境影响，不用考虑河道水位情况，可直接就地安装。本申请安装步骤简便，不需要在断面护坡动土，结构稳定性高，建设周期短，能够降低成本，提高建设效率。

17. 浮动指针水尺

本实用新型公开了一种浮动指针水尺，浮动式指针型水尺可以直观准确地观读水尺，且不受污物对直立式水尺观读的影响，改变了因受水尺脏污影响现场人员进行水尺观读的现状，保证了水位校核、流量测验数据的准确性，为水文数据监测提供了保障。水尺本体纵向安装于安装座前端面上，两根纵导向件的上下两端分别与安装架的上下两端相连接，下固定板两侧分别设置一个纵向穿孔，两根纵向杆的下端与下固定板相连接，每根纵向杆上固定套接有多个浮球，两根纵向杆上端分别穿过上固定板的两侧且固定连接，上固定板上固定安装有用于指示水尺本体刻度值的指针。

18. 一种重力循环垃圾自动收集装置

本实用新型公开了一种重力循环垃圾自动收集装置，本申请在储水箱一侧设置网状垃圾收集篮，储水箱固定在输送带上，水泵能将水通过注水管不断地注入储水箱中，储水箱续满水，能够利用动力带动输送带旋转，从而把网状垃圾收集篮内的垃圾输送到岸边的垃圾堆放区内，能够实现垃圾自动收集清理。通过固定架与河岸固定连接，固定架上安装有多个导向辊，多个导向辊通过输送带传动连接，输送带外侧间隔均匀设置有多个储水箱，每个储水箱外侧均连接1个用于收集河面垃圾的网状垃圾收集篮。

【市水利学会活动】 2023年，市水利学会紧密围绕水利中心工作，开拓创新，学会全年共组织党建活动1次、学术交流活动5次、出版期刊论文集2期、评选表彰1次，在市科协2023年度市级学会综合能力评估中获得"A级学会"荣誉。

学会党建。2月7日，组织学会会员单位党员开展主题党日活动，赴天津市总工会参观"弘扬劳模精神 劳动精神 工匠精神教育展"，学会秘书长等50余人参加活动。

学术交流。5月24日，在天津新桃园酒店举办第37届科技周"智慧水务建设探索思考"技术交流研讨会。会议邀请水利部信息中心正高工张建刚、天津市水利科学研究院正高工杨慧、北京北科博研科技有限公司工程师李小雅分别以《北斗助力构建数字孪生流域时空基准》《天津市智慧水务建设的探索与思考》《智慧水土保持场景化应用》为题做专题报告。

5月31日—9月14日，举办第二届天津市高校"节水海河 学子同行"创意设计大赛，大赛自启动以来受到天津市高校师生的广泛关注和积极参与，经过专家会评审，共评选出文创产品类、水文化纪念品类共12件获奖作品。

8月30日，在天津新桃园酒店举办2023年天津市节水先进技术推介会。推介会邀请了北京国泰节水发展股份有限公司、上海熊猫机械（集团）有限公司、中国电信股份有限公司天津分公司、天津晨天自动化设备工程有限公司、石家庄水盼节能科技有限公司等5家节水企业现场演讲。

9月7日，在引滦入津工程通水40周年到来之际，在天津水晶宫饭店举办天津市引滦入津工程通水40周年学术研讨会，会议邀请了水利部海河水利委员会副总工徐和龙、天津大学建工学院教授冯平、市水利科学研究院高工杨洁分别做学术报告，三位专家围绕引滦入津工程水源地保护、工程管理、水源调度运行等方面开展学术交流。

11月22—24日，在天津世纪酒店组织开展了2023年水土保持技术管理培训。培训邀请海河流域水土保持监测中心站专家胡红等8位专家围绕《生产建设项目水土保持方案编制》《生产建设项目水土保持监测》《生产建设项目水土保持设施自主验收》《生产建设项目水土保持方案审批、技术审查要点》等内容开展培训讲座。

科技期刊。出版印刷《现代水务》期刊1期、《引滦入津工程通水四十周年论文集》1期。2023年学术年会论文经过论文查重、初审、专家审查和评选环节，评出优秀论文一等奖2篇、二等奖5篇、三等奖13篇。

评选表彰。组织开展2023年水利工程优质奖评奖工作，严格按照评奖流程共评选出青排渠北丰产河连通工程施工（第1标段）等6项工程项目荣获水利工程优质奖。

（水科院）

信息化项目建设

【概述】 推动数字孪生南水北调（中线工程宝坻引江供水工程）和数字孪生天津滨海新区海堤提标改造工程2个数字孪生先行先试项目按计划完成，接受了海委组织的项目验收。推动各相关单位按照批复要求开展2023年运维，推动办公网升级改造和洪水预报系统购置2个项目按建设程序实施；积极与市委网信办沟通，梳理申报了2024—2026年市级政务信息化项目库；组织了2024年度预算项目筛选、申报工作；组织天津市重点防洪工程数字孪生建设项目、天津市防汛应急指挥平台等6个项目，按建设程序通过了市发展改革委立项和市委网信办对可研报告的审核，其中天津市重点防洪工程数字孪生建设工程和天津市防洪调度应急指挥平台建设2个项目纳入了2023年增发国债第一批项目清单。

（规计处）

【防汛抗旱信息化建设】 根据《市发展改革委关于天津市防洪调度应急指挥平台建设项目建议书的批复》[津发改批复（农经）〔2023〕33号]、《关于天津市防洪调度应急指挥平台建设项目可行性研究报告的批复》（津党网信息化〔2023〕238号），完成2023年天津市防洪调度应急指挥平台建设项目建议书、可行性研究报告编制及批复工作，工期18个月，总投资15000万元。针对海河"23·7"流域性特大洪水暴露的问题，结合防洪调度、应急水量调度、雨洪资源利用调度等实际需要，按照"需求牵引、应用至上、数字赋能、提升能力"总要求，以数字化、网络化、智能化为主线，以数字化场景、智慧化模拟、精准化决策为路径，建设完善防洪调度数据底板、防洪调度模型库、防洪调度知识库及提升相应信息基础设施能力，建成具有"四预"功能的天津市防洪调度应急指挥平台，提升调度决策与管理的科学化、精准化能力和水平，为新阶段水利高质量发展提供有力支撑和强力驱动。

根据《市水务局关于水调中心2023年度水旱灾害防御应急保障项目（第五批）实施方案的批复》（津水防御〔2023〕32号），完成天津市山洪灾害重点山洪沟应急视频监测数据分析项目建设，工期10天，总投资185.9万元。在已有山洪灾害非工程措施基础上，进一步扩充视频监控点位，新增40个点位实时监测山洪沟情况，覆盖重点防治区、行政村、转移路线及安置地点等重点区域，强化重点风险区监控管理水平，为防洪决策、调度提供依据，保证防汛、抢险、人员疏散等工作的顺利进行，减少人员财产损失。

（赵英虎 张丽伟）

【水资源信息化建设】 建设"十四五"水文业务系统，实现防洪全过程预报、预警、预演、预案等功能，2023年度完成无人机采集照片数量共计200210张，涵盖大清河河道（台头至进洪闸段）、青龙湾减河河道（狼儿窝至黄白桥段）及11个重要水利工程；开展前期预报模型需求调研，完成流域基础GIS数据收集核对，骨干河道、拦河闸坝、水库、蓄滞洪区及分洪口门基础资料的收集、梳理和数字化工作，并依据流域水系工程情况绘制完善流域拓扑关系图；开展四预平台需求调研及功能设计，确定平台技术框架，完成门户、部门及角色、菜单配置等管理功能、报汛系统后端逻辑梳理及数据库表结构设计等开发工作。

（张振中）

信息化管理

【概述】 组织开展了2022年度水利网信发展调查；开展了数字化治理点知汛息场景数据库表梳理，并对接市公安局"津治通"平台；组织各相关单位梳理数据开放共享目录，2023年确定共享开放目录共111条，共享数据1000多万条。梳理了卫星导航设备应用情况，申报了市数字化绿色化协同转型优秀案例。加强管理，保障市水务局网络安全。

（规计处）

【电子政务系统运维与管理】 2023年综合服务中心高标准完成电子政务系统运维与管理工作，启动实施了局办公网升级改造等信息化建设项目，配合完成国家防汛抗旱指挥系统二期工程等项目竣工验收，圆满完成防汛通信保障和网络安全保障任务，为局各项业务运转提供了信息化支撑。

1. 电子政务系统运维与管理

2023年完成水务局电子公文系统、天津市防汛异地会商视频会议系统、水务局财务管理信息系统、国家防汛抗旱指挥系统二期工程（计算机网络与安全系统）和骨干链路、机房基础设施、会议楼多媒体设备、用户终端运行维护工作。其中电子公文系统注册用户2081人，系统在线最大访问量950人次，2023年发文15.2万件，公文流转121.5万次。全年保障局防汛异地会商视频会议、水利部视频会议、市应急局视频会议等810场次。

2. 信息化项目建设与管理

启动实施天津市水务办公网升级改造项目，项目批复资金310万元。通过该项目建设，实现局办公网、市政务外网、水利信息网和互联网的安全互联互通，规划并实现IPv6支持，为智慧水务建设打下坚实的网络系统基础。2023年按绩效目标完成60件网络交换设备采购安装工作。

启动实施综合服务中心信息化专项维修项目，项目批复资金156.3695万元，包括视频会议设备更新、水利信息网网络安全设备更新和会议系统运行维护。通过该项目建设，显著提高了防汛信息化保障水平。

启动并完成天津市智慧水务一张图建设研究项目，项目批复资金10万元。项目对照数字孪生流域建设地理空间要求，提出了天津水务一张图对接天津市、水利部一张图的解决方案，提出了水务一张图建设技术、功能、服务等架构，提出了水务一张图时空数据维护、更新等管理机制。

配合水利部完成国家防汛抗旱指挥系统二期工程整体工程竣工验收工作。按要求开展并完成了国家防汛抗旱指挥系统二期工程视频监控系统升级改造、安全评估、工程视频监控资源接入、竣工财务决算、竣工财务决算审计、工程移交和应用维护等工作。

3. 网络安全保障

2023年综合服务中心积极推进网络安全工作，不断健全完善组织管理体系，加固提升局骨干网网络安全综合防御体系，加强安全监测和预警处置，参加实战攻防演习，组织网络安全周技术讲座，开展《关于天津市水务局网络安全保障工作的研究》调研并落实6项任务清单整改工作，修订完善并印发综合服务中心《网络安全和信息化运行维护管理制度》（津水综服发〔2023〕22号），配合局网信办开展局属单位网络安全检查工作。完成2023年中心机房全网段网络漏洞扫描及整改工作，完成2023年电子公文系统等保测评和密码测评工作，提升了局骨干网网络安全综合防御水平。

完成全国"两会"、夏季达沃斯大会、亚运会等重点时段网络安全保障任务。参加水利部2023年网络安全攻防演练并取得第八名优异成绩，参加2023年国家级攻防演练，实现了护网与保障各信息系统支撑抗击海河"23·7"流域性特大洪水的双线胜利，参加2023年市公安局攻防演练，并完成网络安全防护任务。全年未发生重大网络安全事故，保障了全局重要信息系统、数据安全稳定运行。

4. 防汛通信保障

综合服务中心作为天津市水务局防指通信保障组牵头单位，修订2023年局《水务防汛通讯保障预案》并开展应急演练和技术培训，全面提升通信应急处置能力。汛前落实各项重点任务，包括全面压紧压实链路运营商、运维单位等各方通信保障责任，深入开展隐患排查整改。汛期解决应急通信保障难题并完成值班值守任务，包括通信保障组协调组成水情监测无人机工作小组，迎"汛"而上担起测绘任务、完成市内六区防办分会场视频链路接入。汛后从信息化系统和基础设施保障、无人机和遥感卫星等应急测绘、信息化值班值守三方面对海河"23·7"流域性特大洪水期间通信保障情况进行了复盘，围绕智慧水务建设提出了五方面建议。

（综合服务中心）

【工程管理信息系统运维与管理】 2023年7月4日，市水务局以《市水务局关于转发2023年综合服务中心信息化运行维护等项目批复及下达投资计划的通知》（津水规计〔2023〕39号）批复了于桥中心信息化运行维护项目，批复投资165万元。于桥中心按项目要求开展了各应用系统软硬件基础设施运行维护、通信光纤链路资源租赁与维护等工作，保障了系统稳定运行。

（于桥中心）

【防汛抗旱信息系统运维与管理】 根据《关于2023年市水务局信息化运行维护项目的批复（津党网信息化〔2023〕80号）》和《市水务局关于转发2023年综合服务中心信息化运行维护等项目批复及下达投资计划的通知（津水规计〔2022〕25号）》，完成2023年防汛抗旱信息系统运行维护工作，总投资358万元。通过对天津市防汛抗旱指挥系统、天津市水务局防汛调度决策支持平台、天津市山洪灾害防治非工程措施、天津市防汛文件信息传输系统、城市防洪信息系统通信系统、防汛应急通信指挥系统、防汛重点工程视频监控系统、防指二期通信系统等8个信息系统相关的主要设备、机房环境设备、监控设备、软件系统等进行全年度运行维护，保证了信息系统的稳定运行，为防汛抗旱调度决策提供了技术支持。

（水调中心）

【水资源信息系统运维与管理】 2023年水资源监控能力建设系统运行维护工作，共计核定经费385.16万元，其中系统平台运行维护28.8万元、地表水水位监测站点运行维护170.34万元、地下水监测站点维护25.2万元、水质自动监测站运行维护102.44万元和水文巡测58.38万元。

系统平台运行维护工作包括每天定时检测系统，及时处理出现的错误与异常，每周对软硬件设备进行检查，包括两台数据库服务器、两台应用服务器、交换服务器、数据采集服务器、地理信息服务器、工作流服务器以及各服务器上安装的软件。每月将全部项目的部署文件、数据库文件、工程代码文件备份到备份服务器中，全年共形成备份文件102GB。每天定时填报《天津市水资源监控能力建设信息管理平台系统维护日志》，每月完成上月《天津市水资源数据上报工作简报》与本月《维护工作内容》报告，形成简报13期、工作报告13份。

2023年地表水监测站运行维护依据《国家水资源监控能力建设项目标准——运行维护》（SZY505—2015）的运维要求，对水资源监控能力建设（一期）129处地表水站点及223个断面，水资源监控能力建设（二期）宝坻及武清灌区28个地表水站点、70个断面进行基础设施维护、遥测站点巡检维护及信息维护，开展宝坻灌区及武清灌区流量断面巡检率定、仪器设备更新维护及备品备件购置等工作。并对全部设备的运行状态进行值班操作、定期检查、不定期检查、应急维修及恢复等运维任务。运维单位对所有站点巡检2次，维修站点合计110站次，开展雷达支架钢丝绳保养25套，自记井基础加固和进水口清淤6个，更换设备箱3套，破损水尺桩修复9组，台阶更新300平方米，水尺零点校测271个，补埋水准点引测72个，雷达水位计维修6台，气泡水位计维修4台，闸位计维修8套。通过2023年的运维汛期水位的应急加密监测，保证了监测站的设备稳定正常运行，所有断面全年数据畅通率平均能够达到96%，重点监测断面数据畅通率能够达到98%以上。

地下水监测站点运行维护依据《国家水资源监控能力建设项目标准——运行维护》（SZY505—2015）的运维要求，对120套水量实时监控远传计量设施进行定期巡检、日常故障维修、专用设备购置更换等。运维单位全年巡检2次，设备更换15套，供电电池组更换50套。通过运维，保证了各监测站点的正常稳定运行。全年数据上传率保持在97%左右，其中重点大用水户数据上传率不低于97%。因地下水压采和水源转换，部分深井填埋设备拆除，在全年运维周期内裁撤站点44个。

进行水质自动监测站运行维护，完成2023年度于桥水库自动站（pH、溶解氧、浊度、电导率、水温、化学需氧量、氨氮、高锰酸盐指数、总磷、总氮、锌、镉、铅、铜、生物毒性、总铁、总锰共计17个监测参数）、尔王庄水库自动站（pH、溶解氧、浊度、电导率、水温、化学需氧量、氨氮、高锰酸盐指数、总磷、总氮、锌、镉、铅、铜、总铁、总锰共计16个监测参数）、北塘水库自动站（pH、溶解氧、浊度、电导率、水温、化学需氧量、氨氮、总磷、高锰酸盐指数、总氮、锌、镉、铅、铜共计14个监测参数）3处水质自动监测站日常运行及设备维护维修工作，确保各监测站的正常稳定运行。

水文巡测完成271个水位站的委托看护、自记水位计校核调试、水尺人工观测、冰冻期凿冰观测、出具巡测报告、水文资料整编及水文调查。

《市水务局关于2023年水文设施与仪器设备运行维护项目的批复》（津水资〔2023〕13号）核定2023年中小河流水文监测系统运行维护工作经费52.57万元。运维工作包括对36处地表水站点、55个断面的基础设施维护、仪器设备更新维护及备品备件购置，以及港团河等4个中心站和滨海新区巡测基地地源热泵维护维修等。更换设备箱3套，更换水尺30米，水位计平台修缮20个，水尺零点高程校测55个，台阶更新200平方米，浮子水位计更新维修10台，雷达水位计维修2台，水文资料整编等。所有站点巡检2次，完成了对港团河等4个中心站和滨海新区巡测基地地源热泵的维护，全年数据畅通率达到98%以上。

（张振中 肖磊）

【供水信息系统运维与管理】 2023年，天津市供水监管系统产生运行维护日志52份，日常维护记录334条。运行维护工作主要包括基础设施维护2次，基础数据巡检52次、维护107次、业务系统巡检52次，维护排除异常2次，二次开发11次、技术支持209次。

本年度系统运行稳定，平台数据持续积累，增加数据信息16943条，包括城市供水单位的出厂水水量水质周报7886条，供水月报266条，管网漏损率修正情况季报61条，二次供水设施基本信息131条、清洗消毒报告8599条等。

（张振中）

【排水信息系统运维与管理】 按照《市水务局关于转发2023年综合服务中心信息化运行维护等项目批复情况及下达投资计划的通知》（津水规计〔2023〕39号）要求，组织实施2023年排管中心信息化运行维护项目，项目批复投资308万元，第一批投资计划239.8万元。项目根据防汛调度综合系统、污水处理行业管理信息系统、水环境监测管理信息系统、排水质量安全监督管理信息化平台运维保障工作的实际需要，由各系统运营管理单位、部门组织对上述各业务系统开展日常巡检、故障抢修、安全优化、开发维护、应急保障及通信信息保障等运行工作维护，有效保障各系统全年安全、稳定运行，为业务工作的顺利开展提供技术支撑和决策依据。

同时，排管中心按照《市水务局关于实施2023年排水设施养护运维项目（第二批）的批复》（津水排监〔2023〕1号）要求，组织开展防汛监测监控设备运行维护，项目批复投资207.05万元。项目对泵站监测监控、雨量监测、积水视频监控、河道液位监测及积水深度监测等设备进行日常巡检、应急抢修，有效保障400余处防汛监测监控设备正常使用、信号稳定传输，进一步提高防汛调度系统监测数据上线率、可靠性和准确度。

强化网络安全保障，持续落实网络安全意识形态安全防护要求。加强联防联控，组织各系统运营单位及部门参加部级、市级安全攻防演练3次，强化系统监测、夯实防护措施。组织中心机关及各有关基层单位落实公共场所LED显示屏、政务邮箱及日常网络安全防范工作要求。组织开展网络安全专题知识培训，提高干部职工网络安全意识和防范能力。夯实中心网络安全应急响应机制，充分发挥联络员职能作用，及时传达落实各类预警、通报通知，2023年度排管中心无网络安全事件发生。

（排管中心）

【网络安全】 组织开展春节、全国"两会"期间的网络安全保障工作。每日向水利部网信办报告网络安全情况。发布了防范黑客攻击、VMware漏洞等网络安全预警50余次。印发了《市水务局关于做好2023年网络与信息系统安全工作的通知》。组织参加了水利部网络安全攻防演练，及时整改了网络安全漏洞。组织相关单位对视频监视系统高危风险漏洞进行了整改，排除了安全隐患，保障了汛期的应用。组织开展了网络安全宣传周"数据安全"专题讲座，在局国家安全培训会传达了市数据安全相关规定。全年市水务局计算机系统未发现感染勒索病毒，未发生网络安全事件。

（规计处）

财 务 审 计

财 务

【概述】 2023年，局财审处坚持以习近平新时代中国特色社会主义思想为指导，深入落实习近平总书记"节水优先、空间均衡、系统治理、两手发力"治水思路和关于治水重要论述精神，围绕局中心工作，努力拓宽资金渠道，强化监督管理，夯实基础工作，不断提升财务管理水平，为天津市水务事业发展提供了有力保障。

【落实财政资金】 2023年在天津市财力持续紧张的情况下，积极与市财政局沟通，加大资金盘活力度，努力争取财政支持，全局全年落实财政部门预算资金65.6亿元，其中：基本支出7.66亿元，项目支出57.94亿元，保障了局刚性支出和重点支出资金需求。此外，市财政局以暂存款方式拨入风险化解试点再融资债券资金36.3亿元，用于偿还重点水务工程政府债务本金。

【预决算管理】 聚焦主责主业，不断强化预算决算管理。修订印发《水务局部门预算管理办法》，进一步规范预算管理工作程序。印发《市水务局关于加强防汛救灾资金管理工作的通知》，规范防汛救灾资金使用。积极配合局有关部门落实中央财政水利救灾资金，并确保资金及时到位。

强化预算绩效管理，组织开展全局2022年度项目支出绩效自评和整体支出绩效自评，印发2022年部门绩效评价报告，督促相关单位落实整改责任，全局绩效管理水平逐步提升，进一步提升项目管理水平，保证项目投资效益。完成2023年度市级部门预算管理以及项目支出绩效运行监控等工作，组织全局2023年度预算、2022年度决算和政府财务报告编报汇总，顺利通过财政会审，按时完成预算决算批复和信息公开工作。组织完成预算管理一体化系统财政供养人员信息更新维护、2023年财政供养人员经费动态调整、2022年未休假补助清算等工作。印发《市水务局关于2024年部门预算编制有关工作的通知》，组织开展2024年部门预算编制工作，组织各单位将2024年预算储备项目纳入预算管理一体化系统项目库。

【财会监督】 认真贯彻党中央决策部署，按照天津市有关要求，多措并举，推动财会监督工作落地落实。成立了财会监督工作领导小组，统筹协调推动全局财会监督工作，印发《市水务局关于进一步改进和加强财会监督工作的通知》，压实各级财会监督主体责任，加大政策宣贯，营造财会监督良好环境。不断完善制度建设，印发加强防汛救灾资金、建设管理、资产处置、政府采购等规范管理性文件10余项。抓好专项行动，开展财经纪律重点问题专项整治，聚焦6类重点问题，压实财会监督主体责任，组织局属单位开展自查自纠，确保党中央决策部署落实到位。深入开展研究，围绕财会监督开展、资金资产管理、内控建设等方面，摸清基层单位实情、上下联动、精准帮扶，推动协助解决基层单位实际问题。强化日常监管，开展政府购买服务、资产管理、会计质量信息等9项自查自纠和专项检查。

【资产管理】 积极推动开展公共基础设施会计核算工作，会同市财政局联合印发《天津市供排水基础设施会计核算工作方案》，召开全市工作部署会议，指导区供排水主管部门和局属相关单位做好设施清查和会计核算工作。开展排水设施管理工作调研，规范排水设施移交管理，增加资产盘点程序，同时签订移交协议，明确双方责任，保障资产安全。积极推动资金资产盘活工作，分解资产盘活工作指标，落实主体责任，严格资产盘活月报制度，加强日常督导，盘活资金8000余万元，大部分用于水务发展，超额完成了盘活任务。严格日常监管，组织国有资产年报、企业财务会计决算、企业国有资产统计报表、国有资产月报等审核汇总上报工作；印发《关于进一步规范和加强资产处置管理工作的通知》、审核并协调市财政局处理永定河中心和大清河中心水利设施设备报废事项；批复海河中心、永定河中心等单位国有资产处置3504.36万元，其中：报废3273.21万元、无偿划转57.16万元、对外转让174万元。指导督促排管中心办理车辆、房屋等资产核实事项；对局属建设单位在建工程转固滞后问题进行督导，完善统计台账，分析原因，提出解决措施；组织局属事业单位及所属国有企业开展企业账款拖欠情况摸排工作，督促建设中心与经开区紧密沟通，充分利用中央支持政策落实清欠账款资金；组织相关单位编制2024年国有资本经营预算和2023年国有资本收益申报工作。

【涉水价费】 与市发改委共同研究优化水资源配置，理顺价格调整机制，促进水资源和节水工作有序开展。与市财政局和市水务集团研究措施，积极向国家有关部局反映，打通上下游税收政策联通，解决南水北调税收政策调整对天津市的影响。做好水资源费改税后的欠缴水资源费的清缴工作，市水务集团按照还款计划全年还款9444.88万元。配合市财政做好2021年水利工程供水收支审核，聘请中介机构对市水务集团2021年水利工程供水收支情况进行了审核，出具审核报告。

【内控管理】 组织局属单位编报2023年度内控报告，对重点单位进行抽查，对发现问题督促整改。局属各单位内控体系基本建立，各项内控制度的建立和实施对保证经济活动合法合规运行、资产安全完整、预防腐败、提高公共服务效率起到了一定的效果。各单位在制度执行中内控意识不断增强，对内控评价发现的问题结合本单位具体管理情况及时整改，对内控制度和流程修订完善。2023年共计11家单位对54个制度进行修订更新，逐步完善单位内控制度，各单位开展内部控制相关培训38次，培训次数较以前年度有所增加。

【基建财务管理】 严格竣工财务决算审核审批，完成中心城区雨污水混接改造工程主干管局部合流制改造工程（二期）竣工财务决算审计报告审核以及中心城区广开四马路等7片合流制地区市管排水设施雨污分流改造工程雨污水混接点（一期）（二期）和机场排水河治理工程（郎庄子—津围公路段）（津围公路—芦新河泵站段）等10项工程竣工财务决算批复，促进项目法人合理规范使用基建资金。

【其他财务管理】 强化队伍建设，开办"财审强基课堂"，全年开班17期，累计培训全局财审及相关业务人员千余人次，通过多种形式培训、业务交流，夯实基础工作，加强职业道德教育，有效提升财审人员业务素质。

（财审处）

审 计

【概述】 强化组织领导，成立局内部审计工作领导小组，定期研究内部审计重点工作。有序组织实施内部审计工作，全年共开展经济责任、工程、预算执行、采购专项等11项内部审计。积极推动审计整改工作，印发《天津市水务局审计整改工作实施办法（试行）》，组织完成市审计局发现问题审计整改任务，得到审计机关认可，牵头组织做好南水北调东中线一期工程竣工决算审计涉及天津市问题的整改工作，完成阶段性整改任务。加强审计监督协同贯通，配合驻局纪检监察组印发《关于建立派驻监督与审计监督贯通协同工作机制的实施办法》。

【预算执行审计】 全年共开展2项预算执行审计，即局机关、大清河中心2022年预算执行和其他财务收支情况。

【经济责任审计】 全年共开展7项局属单位领导干部任中经济责任审计，包括宁云龙任大清河中心主任期间、张林华任黎河中心主任期间、范书长任隧洞中心主任期间、王玉宝任于桥中心党委书记期间、秦继辉任于桥中心主任期间、刘威任排管中心党委书记期间、王雨任排管中心主任期间的经济责任履行情况审计。

【基本建设工程管理审计】 全年共开展3项工程审计：对南水北调中线工程静海引江供水工程（第二年延续项目）实施跟踪审计；对中心城区防汛排涝设施改建工程一期工程中心城区体院北道等4条道路排水管网改建工程（民心工程）、南水北调中线工程宝坻引江供水2项工程实施专项审计。

【配合政府审计部门审计】 配合审计署深圳特派办完成京津冀协同发展规划纲要落实情况审计，配合天津市审计局完成全市乡村振兴审计、2022年天津市财政收支审计、市住建委2022年预算执行审计和市生态局主要领导干部经济责任审计项目中涉及市水务局的延伸审计等工作。

（财审处）

干部人事

机构人员

【概述】 2023年，市水务局严格贯彻落实《中国共产党机构编制工作条例》，按照"三定"规定开展职能履行、人员编制、机构设置、领导配备等各项工作。按照机构编制管理规定，完成了局属事业单位法人年检、机构编制实名制统计和用编申请等工作。

【机构编制】 2023年，天津市水务局共有16个独立法人事业单位完成法人年度报告公示工作。天津市水务局综合服务中心、天津市海河管理中心、天津市大清河管理中心（天津市北大港水库管理中心）、天津市水文水资源管理中心、天津市河长制事务中心完成事业单位开办资金变更登记。

3月，中共天津市委机构编制委员会办公室印发《关于调整市水务综合行政执法总队编制的通知》（津党编办发〔2023〕74号），为加强基层一线执法力量，将市水务综合行政执法总队编制调整为209名。

按照市委编委《天津市机构编制请示报告暂行办法》要求，市水务局党组就机构编制党内法规贯彻执行情况、机构编制事项批复落实情况、"三定"规定执行情况、日常机构编制调整事项执行情况等内容向市委编委进行书面报告。局属16个单位处级党组织自下而上逐级进行机构编制年度报告工作，进一步加强党对机构编制工作的集中统一领导。

市水务局党组严格执行机构编制实名制管理各项规定，依托天津市机构编制管理信息系统，按时完成实名制日常数据维护、年度统计、办理用编申请及入编手续等工作。始终坚持机构编制刚性约束，贯彻编制就是法制的要求，全局在调入人员、调任交流干部、公开招聘、政策性安置时，均以机构编制为基本依据，按照专编专用、编制审批在先的要求，对涉及系统内调动、干部交流、公开招聘、政策性安置等187人次办理了用编申请手续。

【队伍现状】 2023年，天津市水务局共有职工3065人，较2022年增加41人。其中局机关107人，事业单位2958人（详见下图和下表）。

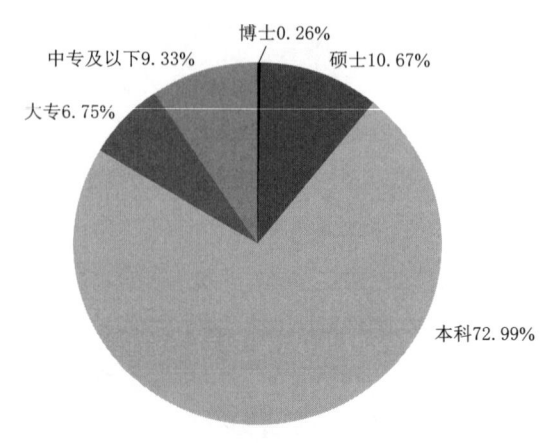

全部职工学历学位分布

天津市水务局2023年人员情况一览表

序号	单位名称	全部在职职工(含内退)总人数	其中:女性	专技合计	正高级	副高级	中级	初级	管理合计	正局级	副局级	正处级	副处级	正科级	副科级	科员级	技工合计	高级技师	技师	高级工	中级工	初级工	普通工	博士	硕士	本科	大专	中专及以下	35岁以下	36至45岁	46至54岁	55岁以上	离休总人数	退休总人数
1	天津市水务局	107	43						107	2	5	29	35	24	11	1								1	35	69	2		15	39	32	21	2	152
2	天津市水务局综合服务中心	73	41	52		17	16	19	36			1	3	7	12	13	4			4					17	48	2	6	33	25	6	9		69
3	天津市灌溉排水中心(天津市水土保持工作站)	47	24	37	1	17	14	5	18					5	7	2	2				2				18	29	2		22	13	11	1		20
4	天津市于桥水库管理中心	227	86	167	2	67	66	32	61		1	1	5	17	26	12	29			20	5		3		13	176	18	20	77	61	44	45		198
5	天津市水务工程建设事务中心	119	56	110	3	49	47	13	41		1	1	5	20	13	3								1	34	84	1		42	55	19	3		49
6	天津市水务工程运行调度中心(天津市防汛物资管理中心)	84	42	74	1	36	16	21	25				3	8	6	7		2			2				13	66	3	1	23	37	14	10	1	106
7	天津市水资源管理中心	267	122	216	3	83	79	51	80		2	2	4	21	30	23	21			12	1	8		1	54	178	26	9	88	81	60	38		209
8	天津市永定河管理中心	138	45	111	1	50	36	24	44				5	15	13	5	10			8					5	119	6		49	55	22	12		98
9	天津市海河管理中心	133	59	123	3	46	45	29	43			1	5	13	14	19	5	2			2				13	108	5	7	27	79	16	11		46
10	天津市大清河管理中心(天津市北大港管理中心)	141	52	118	2	35	36	29	44			1	5	17	17	3	11			11					4	105	22	10	51	48	38	4		144
11	天津市北三河管理中心	76	22	57	2	22	19	14	29				3	10	7	3	9			3	6				6	56	11	3	29	31	9	7		15
12	天津市引滦工程管理中心	49	19	42		17	18	7	17				2	6	5	3	1	1		1					3	41	5		17	12	6	14		26
13	天津市引滦工程黎河管理中心	66	25	53	1	18	29	5	21				3	6	10	3	2			2					7	57	2		15	30	7	14		34
14	天津市排水管理事务中心	1241	460	775	7	304	310	154	240		2	7	35	81	115	326	258			34	33	1	33	888	100	220	223	460	417	141	1	2641
15	天津市水利科学研究院	106	51	103	13	41	28	21	21			4	12	2	2		1			1			6	55	40	3		25	44	22	15	1	89
16	天津市水务综合行政执法总队	156	46	146	1	63	58	25	45				6	10	17	11							11	144		1	39	87	23	7		
17	天津市河长制事务中心	31	16	28		6	15	7	15			1	2	3	4	5	7				6		6	25	2		17	11	2	1		5
18	天津市水利经济管理办公室	4	2						4		1		1	2											4			2	2				
合计		3065	1211	2212	35	871	832	474	891	2	5	47	100	219	287	231	419			324	36	52	7	8	327	2237	207	286	794	1170	748	353	6	3901

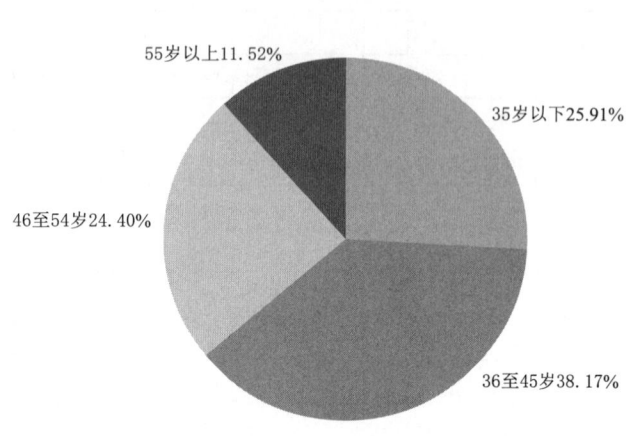

全部职工年龄情况分布

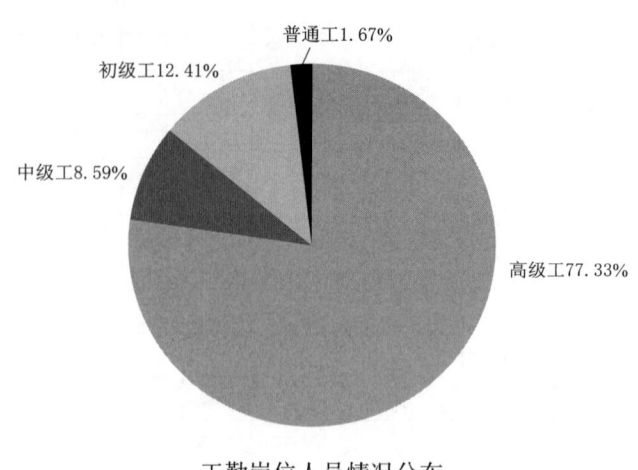

工勤岗位人员情况分布

（干部处）

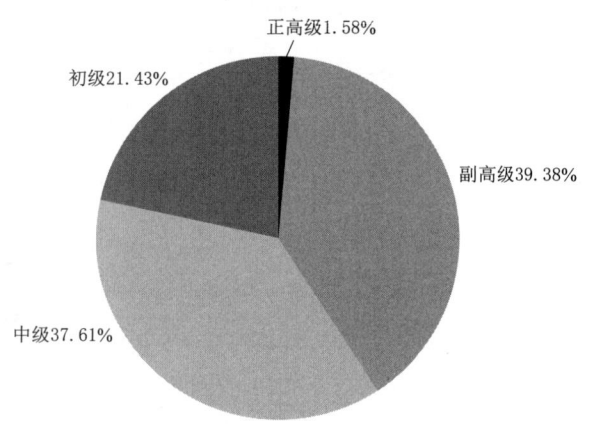

具备专业技术职称资格人员情况分布

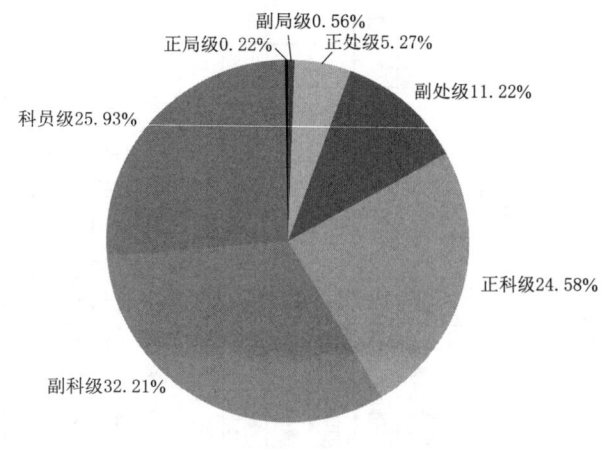

管理岗位人员情况分布

干部队伍建设

【概述】 2023年，市水务局党组坚持以习近平新时代中国特色社会主义思想为指导，全面贯彻党的二十大精神，认真践行新时代党的组织路线和好干部标准，着力锻造政治素质过硬、适应水务发展要求的高素质干部队伍，为"十项行动"落实和水务高质量发展提供坚实干部保障。

全年累计调整处级干部64人次，其中，提拔重用10人，晋升四级调研员以上职级11人，交流轮岗7人，试用期满转正27人，退休8人，交流到外系统任职1人。未发生超职数配备、"带病提拔"等违规选人用人问题。

【市水务局负责人】
天津市水务局党组成员
书　记：张志颇（2月17日免）
　　　　李文运（2月17日任）
成　员：杨玉刚
　　　　闫学军（3月3日免）
　　　　苏海鹏
　　　　王　峰
　　　　王洪府（12月25日免）
　　　　王立义（6月20日任）
　　　　赵天佑（10月16日任）

天津市纪委监委驻市水务局纪检监察组
组　长：苏海鹏
天津市水务局行政领导成员
局　长：张志颇（2月17日免）
　　　　李文运（2月17日提名2月28日任）
副局长：杨玉刚
　　　　闫学军（3月3日免）
　　　　王洪府（12月27日免）
　　　　王立义（6月20日任局党组成员；7月2日任副局长）
　　　　赵天佑（11月3日任）
一级巡视员：杨玉刚（10月23日任）
　　　　　　王峰
二级巡视员：唐先奇
　　　　　　梁宝双（6月1日免）
　　　　　　杨建图（10月16日免）

【局机关处室及局属单位负责人变化情况】

《中共天津市水务局党组关于李国良同志免职的通知》，2023年1月6日经局党组会议研究决定：

免去李国良天津市大清河管理中心（天津市北大港水库管理中心）党委副书记、党委委员职务。

市水务局党组于2023年2月10日印发《中共天津市水务局党组关于张绍庆同志退休的通知》：

张绍庆不再担任天津市水务局巡察组一级调研员职级，退休。

《中共天津市水务局党组关于何睦等同志任职的通知》，经任职试用期满考核合格，2023年2月27日经局党组会议研究决定：

何睦任天津市水务局办公室（网络安全和信息化办公室）主任；

程德强任天津市水务局规计处副处长；

车玉华任天津市水务局综合服务中心党总支书记、主任；

胡秀庐任天津市水务局综合服务中心副主任；

元绍江任天津市灌溉排水中心（天津市水土保持工作站）副主任（副站长）；

笪志祥任天津市灌溉排水中心（天津市水土保持工作站）副主任（副站长）；

彭慧任天津市水文水资源管理中心副主任；

温朝晖任天津市永定河管理中心（天津市海堤管理中心）副主任；

李国任天津市大清河管理中心（天津市北大港水库管理中心）党委委员、纪委书记；

张林华任天津市引滦工程黎河管理中心党总支书记、主任。

以上同志任职时间从2021年12月17日计算。

《中共天津市水务局党组关于田勇同志任职的通知》，经任职试用期满考核合格，2023年3月20日经局党组会议研究决定：

田勇任天津市排水管理事务中心副主任（任职时间从2021年6月6日计算）。

市水务局党组于2023年3月20日印发《中共天津市水务局党组关于张文波 董树龙同志退休的通知》：

张文波不再担任天津市水务局二级巡视员职级，退休。

董树龙不再担任天津市水务局离退休干部处一级调研员职级，退休。

市水务局党组于2023年4月29日印发《中共天津市水务局党组关于陈岩同志退休的通知》：

陈岩不再担任天津市排水管理事务中心党委副书记、党委委员职务，退休。

市水务局党组于2023年8月24日印发《中共天津市水务局党组关于聂荣智同志退休的通知》：

聂荣智不再担任天津市水务局河湖保护处二级调研员职级，退休。

《中共天津市水务局党组关于肖源鸿等同志任职的通知》，经任职试用期满考核合格，2023年8月19日经局党组会议研究决定：

肖源鸿任天津市于桥水库管理中心副主任（任职时间从2022年6月13日计算）；

程志刚任天津市水务综合行政执法总队副总队长（任职时间从2022年6月13日计算）；

苗晨任天津市水务综合行政执法总队副总队长（任职时间从2022年6月13日计算）；

吴建峰任天津市水务工程建设事务中心党委委员、纪委委员、纪委书记（任职时间从2022年7月1日计算）。

《中共天津市水务局党组关于王立义 刘宏领同志任免职的通知》，2023年8月19日经局党组会议研究决定：

免去王立义天津市水务局建设与管理处（南水北调建设管理处）处长职务；

刘宏领临时主持天津市水务局建设与管理处（南水北调建设管理处）全面工作。

市水务局党组于2023年9月28日印发《中共天津市水务局党组关于王玉宝同志退休和秦继辉同志临时主持工作的通知》：

王玉宝不再担任天津市于桥水库管理中心党委书记、党委委员职务，退休。

秦继辉临时主持天津市于桥水库管理中心全面工作。

《中共天津市水务局党组关于梁凤建等同志任免职的通知》，2023年9月15日经局党组会议研究决定：

梁凤建任天津市水务局规计处副处长（试用期一年）；

客立业任天津市水务局财审处副处长（试用期一年）；

王帅任天津市水务局干部人事处副处长（试用期一年）；

王宇任天津市水务局综合服务中心副主任（试用期一年）；

陈孝军任天津市于桥水库管理中心副主任，免去其天津市于桥水库管理中心纪委书记、纪委委员职务；

孙智任天津市于桥水库管理中心党委委员、纪委委员、纪委书记（试用期一年）；

杨卫东任天津市永定河管理中心（天津市海堤管理中心）党委委员、纪委委员、纪委书记（试用期一年）；

刘宁任天津市大清河管理中心（天津市北大港水库管理中心）党委委员、党委副书记，免去其天津市永定河管理中心（天津市海堤管理中心）纪委书记、党委委员、纪委委员职务；

刘静任天津市排水管理事务中心党委副书记，免去其天津市排水管理事务中心纪委书记、纪委委员职务；

郑建泉任天津市排水管理事务中心副主任（试用期一年）；

董少波任天津市排水管理事务中心党委委员、纪委委员、纪委书记（试用期一年）；

免去梁晶天津市排水管理事务中心副主任职务。

市水务局党组于2023年10月18日印发《中共天津市水务局党组关于许光禄同志退休的通知》：

许光禄不再担任天津市水务局安全监督处副处长职务、二级调研员职级，退休。

《中共天津市水务局党组关于张春秋 沈家华同志任职的通知》，经任职试用期满考核合格，2023年10月20日经局党组会议研究决定：

张春秋任天津市水务局机关党委办公室副主任（任职时间从2022年8月29日计算）；

沈家华任天津市大清河管理中心（天津市北大港水库管理中心）副主任（任职时间从2022年8月29日计算）。

《中共天津市水务局党组关于陈军 付国群同志免职的通知》，2023年11月4日经局党组会议研究决定：

免去陈军天津市水文水资源管理中心副主任职务；

免去付国群天津市引滦工程隧洞管理中心副主任职务。

市水务局党组于2023年11月16日印发《中共天津市水务局党组关于谢永才同志退休的通知》：

谢永才不再担任天津市水务局干部人事处二级调研员职级，退休。

《中共天津市水务局党组关于张书伟等同志任职的通知》，经任职试用期满考核合格，2023年12月6日经局党组会议研究决定：

张书伟任天津市水务局安全监督处处长（任职时间从2022年10月26日计算）；

敬玉华任天津市水务局巡察工作办公室主任（任职时间从2022年10月26日计算）；

刘海辰任天津市水务局巡察组组长（任职时间从2022年10月26日计算）；

王丽梅任天津市水务局离退休干部处处长（任职时间从2022年11月11日计算）；

刘蕊任天津市水务局办公室（网络安全和信息化办公室）副主任（任职时间从2022年11月11日计算）；

刘伟忠任天津市水务局政策法规处副处长（任职时间从2022年11月11日计算）；

苏庆永任天津市水务局水资源管理处（市节约用水办公室）副处长（任职时间从2022年11月11日计算）；

鲁刚任天津市水务局河湖保护处副处长（任职时间从2022年11月11日计算）。

《中共天津市水务局党组关于刘然 文静同志任职的通知》，经任职试用期满考核合格，2023年12月23日经局党组会议研究决定：

刘然任天津市引滦工程黎河管理中心副主任（任职时间从2022年11月25日计算）；

文静任天津市水务综合行政执法总队副总队长（任职时间从2022年11月25日计算）。

《中共天津市水务局党组关于陈天悦等同志免职的通知》，2023年12月29日经局党组会议研究决定：

免去陈天悦天津市海河管理中心副主任职务；

因挂职期满，免去李宝东天津市水务局水资源管理处（市节约用水办公室）副处长职务；

因挂职期满，免去杨磊天津市水务局水旱灾害防御处（农村水利处）副处长职务。

《中共天津市水务局党组关于赵金会等同志晋升职级的通知》，2023年12月23日经局党组会议研究决定：

赵金会晋升为天津市水务局一级调研员职级；

穆浩学晋升为天津市水务局政务服务处一级调研员职级；

王永强晋升为天津市水务局机关党委办公室一级调研员职级；

陈菁晋升为天津市水务局一级调研员职级；

王柔晋升为天津市水务局一级调研员职级；

刘瑞芳晋升为天津市水务局财审处二级调研员职级；

杨军晋升为天津市水务局水资源管理处（市节约用水办公室）二级调研员职级；

康燕玲晋升为天津市水务局建设与管理处（南水北调建设管理处）二级调研员职级；

刘学红晋升为天津市水务局巡察组二级调研员职级。

【干部培养锻炼】 2023年4月9日局党组会议研究决定，选派李健等7名同志参加局2023年多岗位锻炼工作，锻炼时间从2023年4月至2024年3月。具体安排如下：

天津市水务局政务服务处二级主任科员李健到天津市水务局综合服务中心工作；

天津市灌溉排水中心（天津市水土保持工作站）办公室主任苏芳到天津市水务局机关党委办公室工作；

天津市水务工程建设事务中心项目建设三科副科长赵是杰到天津市水务局安全监督处工作；

天津市水文水资源管理中心水情科副科长乔荣到天津市水务局水旱灾害防御处（农村水利处）工作；

天津市排水管理事务中心城市排水监测站助理工程师付磊到天津市水务局排水监督处工作；

天津市河长制事务中心考核科副科长刘璐到天津市水务局办公室（网络安全和信息化办公室）工作；

天津市水务综合行政执法总队办公室工程师闫会林到天津市水务局专项办工作。

2023年5—12月，天津市引滦工程隧洞管理中心党总支书记、主任范书长，天津市水文水资源管理中心财务科干部韩旭借调至市委巡视二组，参加十二届市委第三轮第一批、第二批巡视工作。

2023年10月23日印发《关于成立〈天津市水务局灾后恢复重建办公室〉的通知》，抽调以下同志担任办公室成员：天津市水文水资源管理中心党委委员、党委书记李悦任主任；天津市引滦工程黎河管理中心党总支书记、主任张林华任常务副主任；天津市排水管理事务中心党委委员、副主任刘文亮，天津市永定河管理中心（天津市海堤管理中心）党委委员、副主任费守明，天津市水务工程运行调度中心（天津市防汛物资管理中心）副主任尹雅清，天津市水务局规计处四级调研员吕彦东为副主任；天津市排水管理中心工程管理科干部曹巍，天津市水务工程建设事务中心项目建设三科副科长赵是杰，天津市永定河管理中心（天津市海堤管理中心）海堤管理所副所长刘金峰，天津市水务投资集团有限公司建管一部部长郑捷为成员。

2023年12月19日印发《关于成立天津市水务局智慧水务建设专班的通知》，抽调以下同志担任专班成员：天津市水务局副局长、党组成员王立义任主任；天津市水务局规计处处长纪俊松，天津市水利科学研究院党委书记、院长姜衍祥，天津市水务工程运行调度中心（天津市防汛物资管理中心）党总支书记、主任刘战友，天津市水文水资源管理中心党委副书记、主任傅建文，天津市河长制事务中心党支部书记、主任唐永杰为副主任；天津市水务局规计处四级调研员任四海，天津市水利科学研究院党委委员、副院长董立新，天津市水务局综合服务中心党总支委员、副主任贾翔，天津市河长制事务中心党支部委员、副主任齐勇，天津市水利科学研究院信息化研究所所长杨慧，天津市水务工程运行调度中心（天津市防汛物资管理中心）防汛调度科科长赵英虎，天津市水文水资源管理中心测验科科长陈晓虎，天津市水文水资源管理中心规划计划科科长颜坤，天津市水文水资源管理中心水情科科长张强为成员。

【人才管理】 2023年，局人才工作全面落实《市水务局关于加强人才工作的若干意见》，切实推进人才强局战略实施，圆满完成各项人才选拔培养工作，在全局范围内营造干事创业的浓厚氛围。

3月，市委人才工作领导小组办公室印发《关于开展新一批享受政府特殊津贴人员选拔推荐工作的通知》（津人才组办〔2023〕1号），决定面向企事业单位专业技术岗位或技能岗位上工作的在职人员，在全市开展新一批享受政府特殊津贴人员选拔推荐工作。经民主推荐、征求纪检部门意见、单位集体研究、局评优领导小组研究、局党组集体研究审议，推荐水利科学研究院李金中为市水务局专业技术人才享受政府特殊津贴拟推荐人选，天津市永定河管理中心（天津市海堤管理中心）李志华为享受政府特殊津贴高技能人才候选人。2024年1月，市人社局印发《市人社局关于公布我市2023年入选享受政府特殊津贴人员的通知》（津人社办发〔2024〕3号），李金中成功入选2023年享受政府特殊津贴人员。

4月，按照市双拥办、市委宣传部、市退役军人局和警备区政治工作局《关于开展第一届"天津市最美拥军人物"和第二届"天津市最美军嫂"学习宣传活动的通知》（津拥办函〔2023〕3号）要求，在局系统内组织开展推荐工作，按照坚持面向基层、注重群众评价，严把政治关、品行关、作风关、廉洁关，确保推荐对象政治合格、品德优良、事迹过硬，经得起实践和历史检验的推荐标准，推荐天津市水务工程建设事务中心陈念为"天津市最美军嫂"候选人，"天津市最美拥军人物"未做推荐。7月20日，市双拥办、市委宣传部、市退役军人局和警备区政治工作局联合印发《关于开展第一届"天津市最美拥军人物"和第二届"天津市最美军嫂"学习宣传活动情况的通报》（津拥办〔2023〕6号），陈念评为第二届"天津市最美军嫂"。

5月，市委宣传部、市退役军人局、警备区政治工作局、市关爱退役军人协会联合印发《关于开展第四届"天津最美退役军人"学习宣传活动和2023年度全国"最美退役军人"遴选推荐工作的通知》，决定组织开展第四届"天津最美退役军人"学习宣传活动和2023年度全国"最美退役军人"学习宣传活动遴选推荐工作。经局党组研究，推荐天津市于桥水库管理中心可心和局机关党委办公室刘海峰为第四届"天津最美退役军人"候选人，未推荐全国"最美退役军人"。未入选。

6月，水利部办公厅印发《关于开展第八届水利青年科技英才推荐工作的通知》（办国科〔2023〕171号），决定组织开展第八届水利青年科技英才选拔工作。经民主推荐、征求纪检部门意见、单位集体研究、专家评审、局评优领导小组研究、局党组集体研究审议，推荐天津市水利勘测设计院王维和天津市水利科学研究院吴树香为第八届水利青年科技英才候选人报送水利部，未入选。

9月，市退役军人局印发了《关于做好第四届"天津最美退役军人"抗洪抢险救灾特别奖推荐工作的通知》，拟在第四届"天津最美退役军人"学习宣传活动中设特别奖，对在抗洪抢险救灾中表现突出、事迹感人的退役军人进行学习宣传。对照推荐条件，经民主推荐、征求纪检部门意见、单位集体研究、局评优领导小组研究、局党组集体研究审议，天津市大清河管理中心（天津市北大港水库管理中心）任海荣、天津市排水管理事务中心郑欣木和天津市水文水资源管理中心冀冠杰3名同志作为市水务局推荐人选报送市退役军人局。11月，市委宣传部、市退役军人局、警备区政治工作局、市关爱退役军人协会印发《关于授予河东区蓝盔退役军人志愿服务中心等2个集体和马洪伟等19名个人"天津最美退役军人"称号的决定》（津退役军人局发2023〕39号），授予天津市大清河管理中心（天津市北大港水库管理中心）任海荣第四届"天津最美退役军人"特别奖。

10月，水利部印发《水利部办公厅关于组织开展2023年度水利领军人才、青年拔尖人才、人才创新团队和人才培养基地推荐选拔工作的通知》，决定组织开展新一批水利领军人才、水利青年拔尖人才、水利人才创新团队和水利人才培养基地推荐选拔工作。经民主推荐、征求纪检部门意见、单位集体研究、局评优领导小组研究、局党组集体研究审议，决定推荐天津市水利科学研究院的李金中参加水利领军人才选拔、天津市北三河管理中心安静利参加水利青年拔尖人才选拔、天津市大清河管理中心（天津市北大港水库管理中心）创新培训基地参加水利人才培养基地选拔。均未入选。

11月，中共天津市委人才工作领导小组办公室印发了《关于开展天津市第一批青年科技人才评选工作的通知》和《关于开展天津市第四批杰出人才评选工作的通知》，决定组织开展天津市第一批青年科技人才和第四批杰出人才评选工作。经民主推荐、征求纪检部门意见、单位集体研究、局评优领导小组研究、局党组集体研究审议，推荐天津市水利科学研究院的常素云参加青年科技人才第一层次选拔；天津市水利科学研究院的程强、袁杰参加第二层次选拔；天津市海河管理中心的宁阳、天津市水利科学研究院的董祯和李胜楠参加第三层次选拔。推荐天津市水利科学研究院的董立新参加杰出人才选拔。

【干部监督管理】 2023年，列席局属单位党组织会议13次，督促严格履行抓班子带队伍责任。

2023年，组织局处级共140人集中填报领导干部个人有关事项报告，重点查核17人，随机抽查21人，对3名漏报、不及时报告干部进行"第一种形态"处理，释放从严管理信号。

2023年，做好领导干部亲属招录情况报备、任职回避、干部兼职、"裸官"、配偶子女及其配偶经商办企业、公务员辞去公职后从业行为管理等常态化管理工作，实现领导干部全面监督。

7月，进驻天津市水务工程建设事务中心开展选人用人和机构编制专项检查。

11月，进驻天津市于桥水库管理中心、天津市引滦工程黎河管理中心开展选人用人和机构编制专项检查，通过检查出的问题督促局属单位进一步改进工作，推进选人用人和机构编制工作持续规范。

（干部处）

人力资源管理

【概述】 2023年，为规范公务员管理和局属事业单位人事管理，严格落实《公务员法》和《事业单位人事管理条例》等各项政策，完成了岗位聘用、教育培训、职称评审、年度考核、绩效工资、统战民族等各项工作，为建设高素质的人才队伍打下坚实基础。

【公开招聘】 2023年2月13日，根据市人社局《关于印发〈天津市事业单位公开招聘人员实施办法（试行）〉的通知》（津人社局发〔2011〕10号）文件精神，市水务局所属15家事业单位面向社会公开招聘工作人员75人，其中面向应届毕业生招聘48人，退役士兵招聘4人。经过制定并发布公告、报名及资格审核、笔试、资格复审、面试、体检、考察、确定拟聘人选、公示等环节，实际招聘69人，其中，大学本科学历44人，硕士研究生学历25人。

【职称评聘】 截至2023年年底局属事业单位共聘用专业技术人员1883人：正高级28人，其中三级7人、四级21人；副高级专业技术人员570人，其中五级74人、六级134人、七级362人；中级专业技术人员732人，其中八级122人、九级165人、十级445人；初级专业技术人员553人，其中十一级187人、十二级318人、十三级48人。局属各单位具体聘任情况详见下表。

2023年，职称申报总人数662人，其中中级367人，副高级295人。通过548人，其中中级294人，副高级254人。

通过的中级人员中：硕士人数21人，大学本科人数254人，大专及以下学历人数19人。通过的副高级人员中：硕士人数44人，大学本科人数210人。

通过的中级人员中：年龄56~60岁3人，51~55岁6人，46~50岁9人，41~45岁36人，36~40岁49人，31~35岁97人，30岁以下94人，年龄最小的25岁。通过的副高级人员中：51~55岁7人，46~50岁16人，41~45岁61人，36~40岁79人，31~35岁89人，30岁以下2人，年龄最小的30岁。

2023年局属事业单位专业技术岗位聘任情况一览表

单位名称	合计	正高级			副高级			中级			初级		
		二级	三级	四级	五级	六级	七级	八级	九级	十级	十一级	十二级	十三级
合　计	1883		7	21	74	134	362	122	165	445	187	318	48
天津市水务局综合服务中心	36				1	2	7	3		3	8	6	6
天津市灌溉排水中心（天津市水土保持工作站）	27			1	2	5	4	1	2	6	2	2	2
天津市于桥水库管理中心	162		1	1	9	16	25	14	19	33	10	23	11
天津市水务工程建设事务中心	80				6	9	11	11	15	10	12	5	1
天津市水务工程运行调度中心（天津市防汛物资管理中心）	59			1	3	6	8	3	7	10	10	9	2
天津市水文水资源管理中心	186		1	2	11	23	14	23	28	16	23	38	7

续表

单位名称	合计	正高级			副高级			中级			初级		
		二级	三级	四级	五级	六级	七级	八级	九级	十级	十一级	十二级	十三级
天津市永定河管理中心（天津市海堤管理中心）	91			1	4	8	9	9	12	13	18	9	8
天津市海河管理中心	94			1	3	11	13	10	11	15	15	13	2
天津市大清河管理中心（天津市北大港水库管理中心）	95				7	4	9	5	14	9	22	23	2
天津市北三河管理中心	45			1	2	4	5	6	5	7	6	9	
天津市引滦工程隧洞管理中心	33				3	4	3	3	2	5	5	7	1
天津市引滦工程黎河管理中心	45				2	3	7	4	7	4	9	3	6
天津市排水管理事务中心	701			5	10	21	197	17	9	277	20	140	5
天津市水利科学研究院	97	5	8	7	7	25	5	16	3	3	18		
天津市水务综合行政执法总队	114				4	10	23	8	13	28	21	6	1
天津市河长制事务中心	16					1	2		2	1	5	5	
天津市水利经济管理办公室	2											2	

【人员调配】 2023年，局系统内部调动21人次，其中，处级干部7人次，局属单位副科级管理岗位公开竞聘跨单位任职科级干部6人次，其他工作人员8人次；任命局领导调入1人，遴选公务员调入6人。全年接收转业军官1人（由局机关规计处接收），退役士兵35人［天津市灌溉排水中心（天津市水土保持工作站）安置2人，天津市于桥水库管理中心安置4人，天津市水务工程运行调度中心（天津市防汛物资管理中心）安置1人，天津市水文水资源管理中心安置4人，天津市海河管理中心安置2人，天津市大清河管理中心（天津市北大港水库管理中心）安置6人，天津市北三河管理中心安置2人，天津市排水管理事务中心安置14人］。全年减少167人，其中，退休157人，辞职5人，亡故4人，解聘1人。

【公务员管理】 2023年，共有10人晋升职级，其中5人晋升为一级主任科员，2人晋升为二级主任科员，3人晋升为三级主任科员。

2023年，开展公务员遴选工作，规计处、水资源管理处（节约用水办公室）、排水监督处分别拿出1个职位面向全市基层公务员队伍开展遴选。

2023年，局机关安监处、巡察工作办公室各接收1名市消防救援总队转任天津市的公务员。

【工资福利】 按照市人社局和市财政局的统一部署和《关于进一步完善市属其他事业单位绩效工资政策的通知》（津人社局发〔2021〕21号）文件要求，组织局属17家事业单位开展2023年绩效工资核定与报审工作。印发《天津市水务局事业单位绩效工资管理指导意见》，进一步完善局属事业单位绩效工资分配制度，发挥绩效考核的正向激励作用。

【年度考核】 2023年，局机关局管二级巡视员2人，正、副处职39人，一至四级调研员23人，一至四级主任科员33人，一级科员1人，参加年度考核98人，考核优秀等次24人，称职等次73人，1人长期病假参加考核，为不确定等次。

2023年，天津市于桥水库管理中心、天津市水务工程建设事务中心、天津市水务工程运行调度中心（天津市防汛物资管理中心）、天津市北三河管理中心4个单位领导班子年度考核为优秀等次，其余12个局属事业单位领导班子为良好等次。局属单位处级领导干部共83人参加年度考核，其中23名同志年度考核为优秀等次，58名同志为合格等次，2名同志为基本合格等次。

2023年，按照《市人社局关于做好2023年事业单位工作人员年度考核和人事综合管理有关情况统计工作的通知》（津人社办函〔2023〕464号）等文件要求，局属事业单位科级及以下干部职工共有2871人参加考核，考核优秀等次469人，合格等次2371人，基本合格等次4人，不合格等次6人，不确定等次21人，优秀等次人数占参加考核人数的16.34%。

【人事档案管理】 2023年，继续推进人事档案数字化建设项目，全局完成人事档案数字化建设工作，全面提升了干部人事档案管理信息化水平。

（干部处）

人　物

【新任局领导】

王立义　男，汉族，1974年4月生，宁夏中宁人，2003年12月加入中国共产党，1997年7月参加工作，全日制大学学历，工程硕士。1993年9月—1997年7月在武汉水利电力大学水利工程系流体机械及流体工程专业学习，1997年7—10月任天津市引滦工程尔王庄管理处干部，1997年10月—2001年12月任天津市水利局引滦工程管理处干部，2001年12月—2003年2月任天津市水利局引滦工程管理处工程技术管理科副科长，2003年2—9月任天津市水利局引滦工程管理处办公室副主任（主持工作），2003年9月—2004年7月任天津市水利局引滦工程管理处工管科副科长（主持工作），2004年7月—2006年12月任天津市水利局引滦工程管理处工管科科长，2006年12月—2008年9月任天津市水利局引滦工程管理处副处长，2008年9月—2011年5月任天津市水利局引滦工程管理处党总支委员、副处长，2011年5月—2013年4月任天津市引滦工程于桥水库管理处党委副书记、处长，2013年4月—2016年7月任天津市海河管理处党委副书记、处长，2016年7月—2019年1月任天津市水务局（市引滦工程管理局）工程管理处（水库移民管理处）处长，2019年1月—2020年5月任天津市水务局建设与管理处（南水北调建设管理处）处长，2020年5月—2021年6月任天津市水务局建设与管理处（南水北调建设管理处）处长、一级调研员，2021年6月—2022年8月任天津市水务局河湖保护处处长、一级调研员，2022年8月—2023年6月任天津市水务局建设与管理处（南水北调建设管理处）处长、一级调研员，2023年6—7月任天津市水务局党组成员，2023年7月至今任天津市水务局副局长、党组成员。

赵天佑　男，汉族，1969年2月生，天津市人，2001年9月加入中国共产党，1991年8月参加工作，全日制大学学历，工程硕士。1987年9月—1991年8月在河海大学水资源水文系陆地水文专业学习，1991年8月—1992年11月任天津市水文总站万家码头水文站干部，1992年11月—1993年3月任天津市水文总站办公室文秘，1993年3月—1995年12月任天津市水文总站水情科水文预报员，1995年12月—1997年12月任天津市水利局水源调度处水调科干部，1997年12月—1999年3月任天津市水利局水源调度处调度科副科长，1999年3月—2004年1月任天津市水利局水源调度处综合技术科副科长，2004年1月—2005年4月任天津市水利局水源调度处水调科科长，2005年4月—2011年5月任天津市水利局水源调度处副处长，2011年5月—2014年4月任天津市水文水资源勘测管理中心（市地下水资源管理办公室）党委副书记、主任，2014年4月—2015年10月任天津市水文水资源勘测管理中心（市地下水资源管理办公室）党委书记、主任，2015年10月—2017年5月任天津市水务局（天津市引滦工程管理局）人事劳动处处长，2017年5

月—2018年5月任天津市水务局（天津市引滦工程管理局）人事劳动处处长、组织处处长、中共天津市水务局委员会党校常务副校长，2018年5—7月任天津市水务局（天津市引滦工程管理局）组织处处长、中共天津市水务局委员会党校常务副校长、一级调研员，2018年7月—2019年1月任天津市水务局（天津市引滦工程管理局）组织处处长、一级调研员，2019年1月—2022年8月任天津市水务局水旱灾害防御处（农村水利处）处长、一级调研员，2022年8月—2023年10月任天津市水务局排水监督处处长、一级调研员，2023年10—11月任天津市水务局党组成员，2023年11月至今任天津市水务局副局长（试用期一年）、党组成员。

【专家学者】2023年，全局在职人员中共有45名正高级工程师，其中2023年晋升为正高级工程师的有侯亚丽、陈军、李秋香、冯东利、付国群、周志华等6人。

侯亚丽　女，1972年1月出生，1994年7月毕业于天津大学计算机应用专业，大专学历，2004年7月毕业于中国科学技术大学信息管理与信息系统专业，大学本科学历。

1994年12月—2001年10月在天津市水务局水源调度处任助理工程师，主要从事洪水防御、引滦供水、防汛系统管理等工作；2001年11月—2007年9月在天津市水务局水源调度处任工程师，主要从事防洪调度、特大干旱年引黄应急供水、引滦城市供水调度等工作；2007年10月—2014年7月在天津市水务局水源调度处任高级工程师（其中2012年6月—2014年7月任副科长），主要从事防洪调度、引黄引滦城市应急供水调度、城市抗旱减灾、雨洪资源利用等调度工作；2014年8月—2018年11月在天津市防汛抗旱管理处任高级工程师（其中2014年8月—2018年4月任副科长；2018年4—11月任科长），主要从事历年暴雨洪水及台风防御调度、南水北调引江城市供水、引江冰塞引滦水污染等突发事件应急供水调度、全市抗旱减灾等工作；2018年12月至今在天津市水务工程运行调度中心任高级工程师（其中2018年12月—2021年4月任科长），主要从事防汛抗旱、城市供水、水生态调度等工作。2023年12月被评为工程技术系列水务专业正高级工程师。

自2007年10月取得高级工程师资格以来，主要完成以下工作任务：

主持完成《天津市河流生态调度方案》，获得天津市优秀工程咨询成果三等奖；作为主要完成人，参与完成《天津市中心城区水环境改善优化调度研究》，获得天津市水务局科学技术进步三等奖；作为主要完成人，参与完成《海河干流生态环境水量调度保障措施研究》，获得水利科学技术进步奖；作为项目负责人，组织编制《天津市抗旱规划》及两个五年《天津市抗旱规划实施方案》；主持起草制定《引黄济津（九宣闸以下）输水调度方案》《引黄济津期间城市供水水质监测方案》《天津城市供水水源突发事件应急预案》《天津市水利局引滦入津输水工程调度及突发事件应急响应规程》《天津城市供水水源地（于桥水库）蓝藻暴发应急预案》《引江向尔王庄供水连通工程建设期间城市供水保障方案》《天津市城市供水引江引滦联合调度工作方案》《南水北调中线工程断水天津市供水应急预案》《城市供水突发事件应急预案》《2016—2017年度城市供水调度方案》《天津市引江应急输水调度总体方案》《天津市引江应急供水调度方案》《北运河向尔王庄引江应急供水保障方案》《引滦断水天津市供水应急调度方案》《于桥水库蓝藻暴发城市应急供水调度方案》《天津市水务局引滦入津输水调度规程》《天津城市供水水源保障方案》《于桥水库水位调控方案》《天津市中心城区及滨海新区排涝调度应急响应预案》《天津市防汛预警应急响应规程》《北四河四闸联合调度规程》《天津市一级行洪河道调度管理规定》《天津市设计中、小洪水调度方案》《天津市防汛排水联合调度方案》《天津市主要行洪河道特征水位》《潮白新河里自沽节制闸汛期调度方案》《天津市海河干流2023年防汛排水应急调度方案》

《大清河洪水防御调度方案》《海河西河闸分泄大清河洪水调度方案》《海河流域及我市洪水调度方案汇编》；作为技术责任人，完成《大清河系水利工程水位蓄量关系计算分析整理项目》；作为主要完成人，完成《天津市旱限水位（流量）确定工作技术报告》《海河干流生态环境水量调度保障措施研究》《天津市抗旱规划实施方案（2013—2017年）》《天津市"十三五"抗旱规划实施方案（2017—2020年）》《天津市防汛调度决策支持平台建设》《天津市设计、中小洪水调度方案编制说明》《独流减河行洪能力分析和工农兵闸控制水位调整研究》，在实际工作中指导防汛调度应用。

陈军　女，1968年4月出生，1989年7月毕业于天津大学建筑分校给排水工程专业，大学本科学历。

1989年7月—1993年10月在天津市自来水集团芥园水厂技术组任助理工程师，主要从事所辖项目设计、质量监管等工作；1993年10月—2002年5月在天津市自来水集团芥园水厂技术组任工程师，主要从事芥园水厂改造项目设计、施工及质量管理等工作；2002年5月—2003年7月在天津市自来水集团有限公司总工办任高级工程师，主要从事技术项目、课题审核、先进技术推广等工作；2003年7月—2010年3月在天津市供水管理处供水管理科任高级工程师，主要从事城市供水水质安全、供水服务、供水评价等行业监管等工作；2010年3月—2018年8月在天津市供水管理处二次供水管理科任副科长、科长、高级工程师，主要从事二次供水日常监管及法规规章制定、国家及地方技术标准编制、组织推动天津市远年住房老旧小区二次供水改造、全市二次供水安全保障等工作；2018年8月—2019年12月，在天津市供水管理处任党委委员、副处长、高级工程师，主要从事全市城乡供水行业监管、组织开展城乡供水水厂改造等工作；2019年12月—2023年11月在天津市水文水资源管理中心任党委委员、副主任、高级工程师，主要从事组织开展供水管网及老旧小区二次供水改造、组织推动二次供水标准化试点创建、农村饮水提质增效工程规划实施等工作；2023年11月至今在天津市水文水资源管理中心任党委委员、高级工程师，主要从事城乡供水水质、供水服务评价、标准编制、技术方案指导等工作。2023年12月被评为工程技术系列水务专业正高级工程师。

自2000年11月取得高级工程师资格以来，主要完成以下工作任务：

作为主要完成人，参与完成《宝鸡大剧院建设工程总承包（EPC）项目》，获得天津市"海河杯"优秀勘察设计一等奖；作为主要完成人，参与完成《河北联合大学新校园建设工程项目》，获得天津市优秀勘察设计二等奖；作为主要完成人，参与完成《定州市人民医院新建项目门诊医技楼项目》，获得天津市"海河杯"优秀勘察设计三等奖；作为主要完成人，参与完成《二次供水设施节能运行的研究及工程应用》课题，获得天津市水务局科学技术进步三等奖；作为主要起草人，起草完成《天津市叠压供水技术规程》，获得天津市水务局科学技术进步三等奖；作为课题总负责人，主持完成《蓟州区典型村级饮用水去除硝酸根技术及装置开发》课题；主持修订了《天津市叠压供水技术标准》《天津市二次加压与调蓄供水水工程技术标准》《天津市二次供水运行维护技术标准》；作为第一起草人，起草完成《天津市村镇供水管理技术指南》《天津市城市供水用水条例》《天津市二次供水管理规定》；作为第一主编人，主持编制《二次加压与调蓄供水工程技术标准》；作为主要起草人，起草完成《天津市城镇供水服务标准》《城镇供水与污水处理化验室技术规范》《天津市二次供水水工程技术规程》；作为主要技术负责人，组织编制《天津市饮水型氟超标地方病防治工作方案》《节水建筑评价标准》《天津市管网叠压供水设备推广可行性研究》课题；作为主要完成人，完成《天津市城市供水水安全计划的研究》。

李秋香　女，1972年3月出生，1992年7月毕业于天津市水利学校水工建筑专业，中专学历，

2005年7月毕业于北京工业大学水利水电工程专业，大学本科学历。

1992年9月—1998年1月在天津市北大港水库管理处任技术员，主要从事气象观测、水情统计、水质化验等工作；1998年1月—2002年12月在天津市北大港水库管理处任助理工程师，主要从事工程立项报建、工程项目设计概预算编制、工程施工管理及验收等工作；2003年1月—2008年12月在天津市大清河（北大港水库）管理处任工程师，主要从事水库引黄输水和防汛管理、工程项目设计概算、工程前期报建招标、管理制度编制等工作；2008年12月至今，在天津市大清河管理中心任高级工程师，主要从事工程建设管理、制度标准编制修订、工程达标创建、工程管理技术指导等工作。2023年12月被评为工程技术系列水务专业正高级工程师。

自2008年12月取得高级工程师资格以来，主要完成以下工作任务：

作为主要完成人，承担北大港水库除险加固工程的建设管理工作，获得2010年天津市优质工程九河杯奖；作为主要完成人，承担马厂减河九宣闸除险加固工程的建设管理工作，获得2016年天津市优质工程九河杯奖；独立撰写论文《北大港水库数字孪生建设方案与要点探讨》，获得天津市水利学会2023年学术年会优秀论文一等奖；作为项目负责人，主持完成《大清河左堤堤顶应急加高工程》《北大港水库数字孪生建设思路探索》课题；作为运行管理项目负责人，主持完成《独流减河治理工程》《独流减河尾闾改造工程》《洪泥河万家码头泵站工程》《南运河治理工程（津冀交界—独流减河段）》《独流减河左堤提升工程》《独流减河宽河槽改造工程》《京津冀东部绿色生态屏障独流减河倒虹吸工程》等的交接及运行管理工作；作为技术负责人，全过程承担《北大港水库除险加固工程》建设管理工作；主持制定《天津市水务局河道工程管理工作标准（2013版）》四项管理标准；作为主要完成人，参与完成《深埋隧洞TBM施工超长距离独头通风技术研究》课题，通过建立TBM施工隧洞通风计算程序和工程案例等数据库，有效提高相关工程设计产品质量；作为主要完成人，参与完成课题《水利工程隧洞大直径盾构施工关键技术专题报告》，本课题填补了国内10米以上盾构穿河隧洞施工技术上的空白。

冯东利　男，1981年9月出生，2004年7月毕业于沈阳建筑大学土木工程专业，大学本科学历，工学学士学位，2018年1月毕业于天津大学水利工程专业，工程硕士学位。

2004年7月—2005年8月在天津市引滦工程潮白河管理处见习，主要从事所辖明渠、水闸维修工程施工管理及维修养护等工作；2005年8月—2009年12月在天津市引滦工程潮白河管理处任助理工程师，主要从事所辖泵站明渠等维修、专项工程项目管理、项目规划编制工作；2009年12月—2014年10月在天津市引滦工程潮白河管理处任工程师，主要从事日常维修养护、专项维修工程管理、工程管理考核、运行管理及科技管理等工作；2014年11—12月在天津市北三河管理处任工程师，主要从事市级水管单位考核达标、工程日常维修养护、工程管理考核、河道巡视巡查、科技项目管理等工作；2014年12月—2019年12月在天津市北三河管理处任高级工程师，主要从事国家级及市级水管单位达标、防汛抢险和应急管理、工程管理规划、生态红线管理与考核、水利信息化等工作；2020年1月1日至今在天津市北三河管理中心任高级工程师，主要从事防汛抢险、工程管理考核、科技工作、安全生产、反恐管理等工作。2023年12月被评为工程技术系列水务专业正高级工程师。

自2014年12月取得高级工程师资格以来，主要完成以下工作任务：

作为主要完成人，完成《天津市行洪河道巡查技术平台研究及应用》，获得天津市职工优秀技术创新成果二等奖；作为主要完成人，完成课题《基于"空天地"的堤防工程多尺度多要素监测体系及防洪预警应用》，获得地理信息科技进步二等奖；作为主要技术负责人，完成课题《天津市行洪河道巡查关键技术及应用平台研究》，获得天津市科学技术进步三等奖；作为项目负责人及主要技术负责人，研发《天津市河道巡视巡查轨迹化管理系统》，获得天津市水务局科学技术进步一等奖；作为主要技术负责人，完成课题《基于LIDAR、INSAR技术在行洪河道堤防安全监测的技术研究》，获得天津市水务局科学技术进步二等奖；主持完成北三河系所辖36座水闸的闸门及启闭机设备管理等级评定工作；作为主要技术负责人，完成《堤坝安全隐患遥感协同监测与预警技术研究》课题；主持制定并实施《天津市水利工程标准化管理评价实施细则及其评价标准》《天津市水利工程管理考核办法》《天津市一级行洪河道堤防、小型穿堤涵闸防汛检查规范》；作为主要完成人，起草制定《建设项目生态环境影响论证报告编写技术规范》《水闸工程运行管理规程》《行洪河道堤防工程安全监测技术规程》；作为主要技术负责人，主持修订历年《行洪河道（海堤）防汛抢险责任分解表》；作为主要技术负责人，完成天津市潮白新河、青龙湾减河等8条市管行洪河道"一河一策"方案，为全市各级河长推动河湖水环境改善工作提供指南。

付国群　男，1965年5月出生，1988年6月毕业于天津市水利学校水工建筑专业，中专学历，2003年7月毕业于湖北农学院土木工程专业，大学学历。

1983年7月—1995年2月在天津市引滦工程隧洞管理处出口站任技术员，负责水位测量、水文测报计量、引滦隧洞出口闸门运行调度、出口明渠巡视、资料整编等工作；1995年2月—1996年12月在天津市引滦工程隧洞管理处工程科任副科长、技术员，负责工程项目预算编制、项目管理、隧洞内部观测、隧洞进口水文测报计量、工程资料整编等工作；1996年12月—2000年12月在天津市引滦工程隧洞管理处工程科任副科长、科长、助理工程师，负责项目管理、项目规划与设计、工程资料整编等工作；2000年12月—2005年12月在天津市引滦工程隧洞管理处工程科任科长、工程师，负责项目管理、项目规划与设计、工程管理、工程管理培训、安全生产、工程绩效考核、防汛管理、应急管理等工作；2005年12月—2015年11月在天津市引滦工程隧洞管理处任工程科科长、副处长、高级工程师，负责项目规划、工程管理、隧洞工程运行管理等工作；2015年11月—2018年7月在天津市北三河管理处任副处长、高级工程师，负责潮白河系的防汛、水资源水环境管理等工作；2018年7月—2020年7月在天津市引滦工程黎河管理处任副处长、高级工程师，负责引滦黎河57.6千米河道的防汛管理、水资源管理、水环境管理、水文测量、工程运行调度管理等工作；2020年7月—2023年11月在天津市引滦工程隧洞管理中心任副主任、高级工程师，负责工程管理、防汛管理、应急管理、安全管理等工作；2023年11月—2024年3月在天津市引滦工程隧洞管理中心工程管理科任高级工程师，负责项目管理、项目规划与设计、工程管理、隧洞进口水文测报计量、防汛管理、应急管理、安全管理等工作。2023年12月被评为工程技术系列水务专业正高级工程师。

自2005年11月取得高级工程师资格以来，主要完成以下工作任务：

作为主要完成人，完成《引滦入津隧洞工程安全监测关键技术研究》，获得南京水利科学研究院科学技术进步一等奖；作为主要完成人，完成《SK单组分聚脲研制及其在水利水电工程中的应用》，获得中国水利水电科学研究院科学技术奖一等奖；作为主要完成人，参与完成《天津市宁河区地下水压采水源转换工程》，获得"海河杯"天津市优秀勘察设计二等奖；作为主要完成人，参与完成《太湖水下地形测量及污染底泥勘查项目》，获得中国测绘学会银奖；参与完成《长汀县河流河道岸线及生态保护蓝线规划项目》，获得"海河杯"天津市优秀勘察设计二等奖；作为主要完成人，完成《引滦入津输水隧洞检测关键技术及安全分级研究》，获得天津市水务局科学技术进步二等奖；作为主要完成人，完成《隧洞顶拱喷锚段综合治理研究》，获得天津市水务局科学技术进步三等奖；作为主要完成人，完成《引滦隧洞衬砌混凝土质量无损检测方法分析及规律研究》，获得天津市水务局科学技术进步三等奖；作为课题负责人，完成《天津市引滦工程隧洞进口水文站输水特性研究》课题；作为项目负责人，完成《天津市引滦工程隧洞边墙低强混凝土无损检测》《引滦隧洞病害综合治理工程初步设计》《引滦水源保护于桥水库综合治理黎河污染底泥清除工程》《进口水位测量设施改造项目》；作为项目审定人，完成《引滦输水隧洞重点洞段安全寿命风险评估》；主持编制《隧洞中心供水突发事件应急预案》《引滦工程隧洞管理中心防汛预案》《供水突发事件应急预案》《水工隧洞安全鉴定规程》；作为主要完成人，参与编写《引水工程管理考核办法及评分标准》及《制度管理》《标准管理》《岗位管理》系列丛书。

周志华　女，1980年1月出生，2002年7月毕业于河海大学管理信息系统专业，大学本科学历，管理学学士学位，2014年1月毕业于天津大学水利工程专业，工程硕士学位。

2002年8月—2003年8月在天津市水利科学研究所见习，主要从事基础数据分析处理、数值模拟计算等工作；2003年8月—2007年3月在天津市水利科学研究所任助理工程师，主要从事数值模拟计算分析、信息系统及数据库开发等工作；2007年3—9月在天津市水利科学研究所防洪减灾研究中心任副主任、工程师，主要从事物理模型试验监测等工作；2007年9月—2015年11月在天津市水利科学研究院防洪减灾研究所任副所长、工程师，主要从事洪水水动力模型搭建、洪水调度分析系统开发、洪水影响评价分析、水库移民后扶监测评估等工作；2015年11月—2016年1月在天津市水利科学研究院防洪减灾研究所任副所长、高级工程师，主要从事水库移民后期扶持规划编制等工作；2016年1月至今在天津市水利科学研究院防洪减灾研究所任所长、高级工程师，主要从事区域洪涝水、地面沉降、输水调度、水土流失等领域科学研究、水务发展规划，及水库移民规划、监测评估、绩效评价等工作。2023年12月被评为工程技术系列水务专业正高级工程师。

自2010年11月取得高级工程师资格以来，主要完成以下工作任务：

主持完成《天津市大中型水库移民后期扶持政策实施情况监测评估报告（2011年）》，获得天津市优秀工程咨询成果奖二等奖；主持完成《天津西站交通枢纽配套市政公用工程跨越北运河、子牙河防洪影响评价报告》，获得天津市优秀工程咨询成果奖三等奖；主持完成《地面沉降对天津地区防洪效应影响及风险预判研究》，获得天津市科学技术进步三等奖；主持完成《天津市洪水风险图编制项目年度实施方案（2014）》，获得天津市优秀工程咨询成果奖三等奖；作为主要完成人，完成《天津市大中型水库库区和移民安置区基础设施和经济发展规划（2011—2015年）》，获得天津市优秀工程咨询成果奖一等奖；作为主要完成人，完成《天津市大中型水库移民后期扶持2012—2013年监测评估报告》，获得天津市优秀工程咨询成果奖二等奖；作为主要完成人，完成《引滦水量水质多级耦合优化调控关键技术研究》，获得天津市科学技术进步三等奖；作为主要完成人，完成《2020年天津市大中型水库移民后期扶持政策实施情况监测评估报告》，获得天津市优秀工程咨询成果奖三等奖；作为主要完成人，完成《天津市大中型水库移民后期扶持"十三五"规划（2016—2020年）》，获得天津市优秀工程咨询成果奖三等奖；作为主要完成人，完成《永定新河建闸后水资源调度及水土开发利用研究》，获得天津市优秀工程咨询成果奖三等奖；作为主要完成人，完成《潮白河泵站更新改造工程初步设计报告评估》，获得天津市优秀工程咨询成果奖三等奖；作为主要完成人，完成《基于GIS与遥感的水土流失监测技术应用研究》，获得天津市水务局科学技术进步奖三等奖；作为主要完成人，完成

《黄庄洼蓄滞洪区洪水风险与资源利用研究》，获得天津市水务局科学技术进步奖三等奖；主持完成《滨海新区轨道Z4线一期工程场段4标工程洪涝分析》《2009年度引黄济津应急调水后评价》《天津市洪水风险图编制项2015年度实施方案》《潮白新河右堤（冀）防洪保护区洪水风险图编制》《地面沉降对滨海地区防洪能力影响及对策研究》《东丽区水利发展十二五规划》《于桥和杨庄水库库区和移民安置区基础设施建设和经济发展补充调整规划》《蓟州区水库移民后期扶持十三五补充调整规划》《滨海新区水库移民后期扶持十三五补充调整规划》《水生态修复工程与防洪除涝双向反馈效应研究》《泥沙淤积对中心城区典型雨水管道排水能力影响研究》；作为主要完成人，参与完成《天津市蓄滞洪区洪水风险快速计算研究》《引滦水源保护工程于桥水库入库河口湿地试验研究（黎河下游地下水位影响）》《天津市大中型水库库区和移民安置区基础设施建设和经济发展规划（2011—2015年）》《天津市大中型水库移民后期扶持'十三五'规划编制》《天津市大中型水库移民后期扶持规划（2011—2015年）》。

（干部处）

教 育 培 训

【概述】 2023年，市水务局党组坚决贯彻落实习近平新时代中国特色社会主义思想和党的二十大精神，围绕《干部教育培训条例》等有关文件要求，结合自身实际积极开展干部教育培训工作。

【干部党性教育】 2023年，共选派8名局级领导干部参加市委组织部举办的17期专题培训班，选派6名局级干部参加8期干部学习大讲堂，选派20名处级及以下领导干部参加18期专题培训班，选派29名处级及以下领导干部参加市级机关工委举办的10期专题研修班，内容涵盖政治理论教育和专业化能力教育等，培训共计3664学时。

2023年，局机关累计举办各类业务培训46项，培训涵盖了习近平新时代中国特色社会主义思想、学习贯彻党的二十大精神、习近平法治思想、京津冀协同发展、乡村振兴、意识形态、国家安全、保密、信访、纪检监察、财务审计、干部人事、依法行政、防汛抢险、信息化建设、优化营商环境、安全生产、党务管理、水利行业管理等各方面内容。累计培训干部近4570人次，共计培训400学时。通过各类培训，引导广大干部职工牢记职责使命，强化责任担当，不断提升自身的履职能力和工作能力。

【职工培训和继续教育】 2023年，局属各单位党组织充分发挥教育培训引领作用，强化干部职工教育培训工作，有效提升干部职工理论素养和业务能力。按照《市委组织部市人社局关于贯彻落实〈事业单位工作人员培训规定〉有关问题的通知》文件要求，做好本单位2023年度事业单位工作人员年度培训计划的制定和总结工作。对在岗人员、转岗人员和专项工作人员进行了内容丰富、形式多样的专题培训。

2023年，全局共有2939名干部参加了本单位组织的专题培训535项，累计培训达到24769人次。通过集中培训、专题辅导、在线学习等多种形式加强政治理论和专业化能力培训，引导全局干部职工牢记职责使命，强化责任担当，不断提升自身的履职能力和工作能力，为推动天津水务高质量发展提供坚实的理论保证。

【技能比武】 按照《市人社局市总工会团市委市妇联关于印发第三届"海河工匠杯"技能大赛计划安排的通知》（津人社办发〔2022〕59号）要求，市水务局延期举办了第三届"海河工匠杯"技能大赛——天津市水务行业职业技能竞赛，设置2个竞赛工种，分别为水文勘测工和水土保持治理工，作为全国水利行业职业技能竞赛的预赛。其中水文勘测工技能竞赛由天津市水文水资源管理中心承办，于2023年1月17日成功举办；水土保持治理工技能竞赛由天津市灌溉排水中心（天津市水土保持工作站）承办，于 2 月 17 日圆满完赛。来自局属事业单位、各区水务局及本市水务行业从事水文勘测和水土保持治理一线工作的近 90 名同志参加了竞赛。经过理论考试和实际操作考试，天津市水文水资源管理中心冯超、天津市于桥水库管理中心段建龙、天津市水文水资源管理中心高元宁、张世英、常子闻、蔡奇分获水文勘测工竞赛综合成绩前六名；河北省水利水电勘测设计研究院集团有限公司乔宇、天津市勘察设计院集团有限公司梁玉凯、河北省水利水电勘测设计研究院集团有限公司杜一凡、天津市华水工程咨询有限责任公司李云鹏、天津市水务规划勘测设计有限公司姚海彬、天津市华淼给排水研究设计院有限公司谢滨帆等 6 名参赛选手脱颖而出。在"水利工程补短板、水利行业强监管"的水利发展总基调背景下，通过技能竞赛，既锻炼了水务职工队伍，又营造了勤练技能、苦练业务的良好氛围，行业的整体技能素质得到提高，一线工作人员的技术水平得到提升，职工建功立业的信心明显增强，为实现推动天津水务事业高质量发展奠定了人才基础。

（干部处）

综合管理

行政管理

【概述】 2023年，行政管理工作紧紧围绕市委、市政府决策部署和全局中心工作，在局党组的正确领导下，突出政治功能，聚焦主责主业，积极发挥参谋辅政、统筹协调、督促检查、运行保障等作用，以高质高效"三服务"工作助力新阶段水务高质量发展。

（赵小旭）

【公文管理】 严格落实精简文件、为基层减负要求，实行发文指标管理，按月通报文件制发情况，严格把关公文质量水平。全年办理文件9505余件，制发公文687件，制发市委统计口径内公文26件。与市委电子政务内网、市政府政务外网和水利部电子公文交换系统对接，做好文件收发、系统运维等工作，并对局综合办公系统进行日常维护。严格执行用印管理规定，落实用印登记制度，积极防范廉政风险，配合十二届市委巡视，圆满完成资料调阅工作，共收到工作事项记录单98项，上报文件资料3759件。

【档案管理】 做好全局档案管理工作，研究出台2023年档案工作要点，对全年档案工作进行安排部署，开展文件材料与归档范围期限表三合一工作和"十四五"档案事业发展规划中期评估工作；按照全年档案工作安排，会同主题教育办公室完成上年度主题教育文件整编，会同防御处对海河"23·7"流域性特大洪水资料开展收集工作；做好档案宣传培训工作，通过线上线下结合方式，开展国际档案日宣传活动，营造良好活动氛围，先后组织机关专兼职档案员、文书档案等专题培训，举办全市水务系统工程档案业务培训班。开展年度档案检查评价工作，抽查水科院、永定河中心、河长制中心档案工作开展情况，并进行了现场测评；加强工程档案管理，建立重大水务工程档案专项验收计划，先后下沉水资源中心、排管中心、建设中心等单位指导工程档案整编，联合市档案局完成了西河泵站工程、永定河泛区工程与安全建设二期工程、咸阳路雨水泵站改扩建及新增出水管道工程泵站部分项目、节水科技馆布展更新维修项目等档案专项验收，配合市档案局对建设中心京津冀绿色生态屏障独流减河倒虹吸工程档案收管存用情况进行了档案执法检查。

（局办公室）

【督促检查】 2023年，持续加强统筹协调，定时定量定性、扎实有序高效开展督查工作。细化分解、督办推动、如期完成落实习近平总书记重要指示批示精神，2023年度国务院政府工作报告、市委常委会工作要点、市政府工作报告、20项民心工程和局党委工作要点等210项涉水年度任务；组织对京津冀特大暴雨洪涝灾害天津市灾后恢复重建工作，中办值班室大灾之后有大疫等20余项工作进行专项督查。每项工作均明确分管领导、责任部门、责任人，制定时间表与路线图，利用信息化管理手段进行在线监控和内部考核，为督促检查减负赋能。有明确量化指标任务的，均按时圆满完成；需要长期坚持持续推动的，均取得了阶段性进展。通过督查专网、电话传真等多种形式及时反馈市领导关注、老百姓关心的民生水务进展，累计报送报告、更新进展150余次，获得上级部门好评；督办落实局主要领导同志要求批示90余项。

（任晓琳）

【建议提案办理】 2023年市水务局共办理建议提案60件，其中全国人大会办件1件，市人大建议22件，市政协提案37件；内容主要涉及城市供水、城市排水、水生态保护等方面。

局长办公会对建议提案办理工作进行专题研究部署，明确每件建议提案的分管局领导、办理处室分管领导及具体承办人员；在建议提案办理工作中，各承办单位主动听取、回应代表委员意见建议，督促落实，确保落实到位；认真落实"走访落实情况报告"制度，积极主动与代表委员沟通联络，研究办理意见；9月中旬，将落实情况向代表委员汇报；局办公室将办理工作列入局绩效考核范围，定期督办和通报。市水务局建议提案均按质、按量、按时答复，与代表委员沟通率100%，面商率87%，采纳率75%，代表委员满意率100%。

（马中辉）

【信访工作】 2023年以来，市水务局共接待处理来信来访及网上来件71项、77件次。其中，市信访办转件53项、53件次，网上留言5项、5件次，来访9项、14件次，来信2项、3件次，来电2项、2件次。全年未发生群访、极端上访事件。市水务局信访热点问题已逐渐向与群众生活密切相关的供水排水、工程建设、人事劳资等领域靠拢。市水务局严格落实信访工作责任制，全年重点做好以下工作：一是坚持政治引领，强化主体责任。局党组坚持把学习贯彻习近平新时代中国特色社会主义思想作为根本任务，持续深化学习习近平总书记关于加强和改进人民信访工作的重要思想，强化政治意识，坚定理想信念，局党组重视信访维稳工作，多次专题研究信访工作，听取信访工作汇报，研究部署信访任务，局党组持续巩固主题教育成果，把"我为群众办实事"实践活动贯穿日常信访工作，牢记"为民解难、为党分忧"的政治责任。二是深入开展"大督查大接访大调研"。坚持"人民信访为人民"，面向基层、面向群众、面向难题，弘扬"提高效率、转变作风、服务基层和群众"之风。由市水务局信访工作联席会议统一组织，组织指导全局开展"大督查大接访大调研"专项活动，结合全年信访重点，明确工作目标、工作任务，制定实施方案并印发局属各单位执行，有序进行督查、接访、调研。三是加强组织领导，全力做好信访安全保障。切实把工作重心放在源头预防、源头化解、源头治理上，印发《关于做好信访矛盾纠纷排查化解工作的通知》，督促各单位、各部门全面梳理长期缠访闹访、滋事扰序以及存在越级访、集体访隐患的重点信访人员，坚决做到底数清、情况明，逐一落实化解责任，积极做好教育疏导、帮扶救助和思想维稳工作，特殊敏感时期，启动信访信息和信访舆情"零报告"工作机制。督促局属各单位加强每日信访信息，聚集、扬言类重要敏感信息研判预警，坚持每天一报告，有事报情况，无事报平安，继续发挥往年特殊敏感时期信访稳控经验，针对规模性聚集和个人涉访极端行为，加强与市信访、公安、维稳部门和属地政府的密切配合、联动处置。对于存在闹访、集访或者进京访隐患的信访事项，立即与属地相关部门沟通联络，并及时将相关情况上报，形成信访维稳处置联动机制。

（赵吴）

【水务信息】 2023年，紧紧围绕水务中心工作，加强主动谋划，深挖重要选题，加大约稿力度，及时编报重点信息，共编发《水务情况通报》16期、《水务信息》918期，向水利部办公厅、市委办公厅、市政府办公厅报送政务信息265篇，被市委办公厅采用19篇、市政府办公厅采用15篇。海河"23·7"流域性特大洪水期间，及时汇总报送降雨准备、应对、处置等情况，编写上报《汛情信息》74期、《汛情快报》49期，为领导决策提供有力参考。《天津市防洪工程和农田水利设施建设情况、面临困难及有关建议》等重点信息被市政府办公厅《津政信息》采用，《天津市全力以赴迎战大清河洪峰》《天津扎实推进海河"23·7"流域性特大洪水群众救助和灾后恢复重建工作取得实效》《天津有力有效防范应对强降雪保障群众生产生活和城市安全运行》等重点信息被市委办公厅《天津信息》采用，突出了水务工作亮点，展现了良好水务形象，充分发挥了信息工作服务大局、服务重点工作、服务领导决策的参谋助手作用。

（赵小旭）

【新闻宣传和舆论监督】 积极开展重点选题宣传策划，聚焦学习宣传贯彻党的二十大精神、习近平新时代中国特色社会主义思想主题教育、市委市政府"十项行动"，结合水务民心工程建设、应对海河"23·7"流域性特大洪水、引滦入津工程通水四十周年、第三届中国节水论坛等重点选题，协调新闻媒体开展专题报道，累计在中央及天津市重点媒体刊发相关报道800余篇、转载300余次，组织召开引滦入津工程通水40周年、第三届中国节水论坛两场新闻发布会，协调局领导先后6次参加政务访谈节目，面向社会解读水务工作。巩固和提升政务新媒体账号影响力，深入开展政务新媒体矩阵建设，全年累计推送、转发天津市重点信息和水务重点信息900多条，图片、短视频信息占比较往年有进一步提高。组织完成局外网网站改版，对网站首页设计、栏目设置进行全面调整，进一步规范外网网站运行维护流程，提高网站运维质量。加强网上舆情监测和舆论引导，严格落实网络舆情日报和重点舆情督办单制度，统筹多种渠道对涉水网络舆情进行全网监控，全年共报送舆情日报71期，督办重点舆情事项80项，对城市供水、地面道路塌陷、河道水环境、蓄滞洪区运用补偿等方面舆情持续跟踪，及时处置各类突发舆情。

（王延）

【政务信息公开】 按照党中央、国务院关于全面推进政务公开的决策部署和市委、市政府有关政务公开的工作要求，市水务局认真执行《中华人民共和国政府信息公开条例》，坚持以"公开为原则，不公开为例外"，落实《条例》要求，扩大公开范围；突出重点领域，拓展公开深度；借助新型手段，创新公开形式，不断提升政务公开的质量和实效，促进法治政府和服务型政府建设，充分保障人民群众的知情权。依据《中华人民共和国政府信息公开条例》，2023年主动公开水务信息3310余条，其中天津市水务局网站550余条，天津政务网政府信息公开专栏360余条，微博、微信公众号2400余条。同时，安排专人及时将主动公开的纸质版文件分送市图书馆、档案馆、行政许可大厅，方便公众查询。2023年共受理政府信息公开申请66件，较2022年增加了9件，其中通过天津政务网提出申请66件，均及时办结，未收取检索、复制、邮寄等任何费用。出现行政复议1次（仁和物业对行政处罚不服），申请人自愿撤回行政复议。

（马中辉）

【国家安全】 局党组会议2次研究部署局国家安全工作，将国家安全有关文件学习列入局党组、局属单位党委理论中心组学习计划，建立局意识形态、水生态、水资源3个重点领域国家安全工作协调机制，局国安办每季度围绕一个主题，召开局国家安全人民防线建设小组成员单位工作会议。

开展常态化国家安全水务风险预警体系建设专题调研工作，局国安办与保密办、网安办、安委办协调联动，坚持定期排查与经常排查相结合，对重要时期、敏感节点、重要领域、关键部位，及时组织开展影响国家安全的风险隐患排查和督促检查，督办处置重点舆情50余项，报送《天津市水务局国家安全月报》12期。

印发《市水务局2023年国家安全月月讲宣传工作方案》，以4月15日为节点，利用前后各一周时间在全局集中开展国家安全教育日宣传活动，组织开展新《反间谍法》学习，开展2次国家安全专题培训。

配合十二届市委第三轮第二批被巡视单位开展落实党组国家安全责任制督导检查，编制自查报告、自评报告和整改方案，加强危机管控能力建设，有效提升风险预警处置能力。

（徐相）

【绩效考评】 2023年，持续用力组织做好局绩效管理考评工作，组织完成了32个部门和单位局级绩效指标申报工作，组织绩效考评领导小组成员单位修订完成了日常工作16个子项、全面从严治党考评细则，形成了包含320余项指标内容、4.2万余字的全局2023年度局绩效考核指标体系。在实施绩效管理过程中，不断加强过程在线监控和台账式管理，实时掌握一手进展情况，及时帮助解决各单位在绩效管理中遇到的难题，督促检查任务指标按计划节点完成。年终，经局党组研究决定，授予水调中心（物资中心）、大清河中心（北大港中心）、北三河中心、于桥中心、永定河中心（海堤中心）、建设中心等6个单位"市水务局2023年度绩效管理考评先进局属单位"荣誉称号，授予干部处、机关党办、排监处、水资源处（节水办）、政服处、防御处（农水处）等6个处室"市水务局2023年度绩效管理考评先进机关处室"荣誉称号，予以通报表彰。

（任晓琳）

安 全 监 督

【概述】 市水务局深入学习贯彻习近平总书记关于安全生产重要论述和重要指示批示精神，坚持安全发展理念，以落实安全生产"一岗双责"和两个主体责任为主线，持续深入开展水务安全生产专项整治。严格落实水利部、住房城乡建设部和市安委会安排部署，以预防为主、加强监管、落实责任为重点，以重大事故隐患排查整治2023专项行动为抓手，持续狠抓水务安全生产工作，全力保障水务系统安全稳定。

【安全生产责任制落实】 全面贯彻落实水务安全生产责任体系。局党组始终把安全生产放在突出位置来抓，全年召开局党组会6次，召开局安委会会议、专题会议12次，贯彻落实上级工作要求，安排部署水务安全工作；局领导认真履行各自岗位的安全职责，带队推动检查和督导分管领域安全生产工作落到实处。制定水务安全生产工作要点和监督检查计划，分解年度重点工作，对在建水务工程、工程运行、供排水行业、消防等领域开展监督检查，深入17家局属单位和10个区水务局检查推动安全生产责任落实；制定《水务安全生产监管责任清单》，从基本原则、各级水务安全生产监管责任、工作机制和要求等方面对水务安全生产监管责任进行全面部署要求，进一步健全天津市水务安全生产责任体系，全面理清和落实市、区两级水行政主管部门安全生产监管责任，全力保障水务系统安全稳定。

【风险管控"六项机制"建设】 深入推动和指导全市水务系统不断健全完善安全风险分级"六项机制"建设。制定印发《贯彻落实水利安全生产风险管控"六项机制"工作方案》，坚持风险预控、关口前移，分级管控、分类处置，源头防范、系统治理，完善管控制度，落实管控措施，压实管控责任，严格考核问责，运用"六项机制"开展风险全链条全方位管控，进一步提升水利安全生产风险管控能力。同时，依托水利部安全生产信息系统，充分运用"安全监管+信息化"模式，督促各水利生产经营单位全面开展日常性自查自纠，做好危险源辨识和隐患排查治理，制定有效管控措施，实现风险关口前移。加强动态风险分级管控，通过实地调研、线上及电话沟通等方式，摸清基层单位"六项机制"面临的问题和困难并对相关单位进行针对性指导帮扶，共同提高天津市水务系统"安全监管+信息化"水平，为水务安全监管提供决策支持。

【安全生产隐患排查】 开展以岁末年初、预防硫化氢中毒和重大事故隐患排查整治2023专项行动为重点的专项活动11次，重点开展水务重大事故隐患排查整治2023专项行动，突出行业和专业特点，聚焦水务工程施工、水利工程运行、供水、排水、消防、工程设施及在建工程安全度汛及其他等7方面重点领域，制定印发工作方案，组织全市水务单位开展全覆盖自查自改，确保不发生生产安全事故。局、处两级领导挂帅出征、以上率下，局安委办统筹协调、全力推动，各业务监管处室职责清晰、履职尽责，采取分片包保、"四不两直"等形式，多轮次开展拉网式、地毯式、全覆盖自查自纠和重点督导检查，对发现的各项问题隐患建立问题隐患及整改清单，盯紧整改、销号管理、不留死角，确保排查整治工作取得实效。

【安全生产宣传教育培训】 大力开展安全生产学习宣传教育培训活动。一是组织开展"安全生产月""森林防火宣传月""森林防火宣传周"等活动，宣传和科普安全知识，提高职工的安全意识。二是开展排水管道塌陷应急处置演练，在水务PPP项目津沽污水处理厂三期工程施工现场举办排水管道塌陷应急处置演练，包含有限空间作业预防硫化氢中毒应急演练、起重吊装事故应急处置演练两个科目，约120余人参加观摩，进一步提升突发事件应急处置能力。三是开展应急救援比武活动，紧扣"人人讲安全、个个会应急"活动主题，检验60名参赛人员专业技能和各类常用的应急救援装备器材技术性能掌握情况，通过同台竞技、互相协作的模式来提高人员参与度，强化

学习效果。四是举办安管人员考试，259人参加考试，200人通过考试；按照新修订的《水利水电工程施工企业主要负责人、项目负责人和专职安全生产管理人员安全生产考核管理办法》，有序办理许可事项345件。

（安监处）

平 安 天 津

【概述】 局党组高度重视平安天津建设工作，多次召开局党组会议和专题会议，研究部署市水务局天津建设方面相关工作，明确重点工作、细化责任分工，并将平安天津建设工作纳入局绩效考核，进一步压实各方责任，巩固水务稳定局面。

【扫黑除恶】 2023年，市水务局积极开展《反有组织犯罪法》宣传贯彻，提高干部职工发现、甄别涉黑涉恶违法犯罪问题线索的能力，增强反有组织犯罪的政治敏锐性和法制意识。同时强化社会治安突出问题排查整治，对照《社会治安重点整治对象认定标准》，对全局单位干部职工违法犯罪、黑社会性质组织犯罪等其他社会治安突出问题进行排查，持续加大整治力度。开展河湖安全保护专项执法行动，细化系统内部分工和违法行为线索上报处置流程，深化水行政执法与刑事司法衔接，多次联合市公安局治安总队、环食药总队开展日常执法巡查和违法线索现场调查，建立信息共享和案件移送机制，并联合京津冀三省市7个地方检察院共同推动大运河保护工作。

【应急管理】 2023年，市水务局完善水务行业市、局、处三级预案体系，组织修订2项局级预案，完善了局防汛抢险、中心城区排水应急处置等局级部门预案，并完成了防震减灾、防洪抢险、消防灭火疏散等39项处级单位应急预案修订工作，建立健全了统一高效、科学规范的应急预案体系。制定《关于进一步加强水务行业突发事件应急处置工作机制建设的意见》，完善了水务应急处置机

制。依托水务集团更新了市级供水事故应急处置队伍，依托排管中心、水利工程公司、中建六局完善了防汛抢险队伍，并完善了覆盖防汛、供水、排水、消防、安全生产等多领域水务基层应急救援队伍12支。同时，配合全国职业技能大赛执委会完成职业技能大赛供、排水应急保障工作，配合市应急局等开展了抗震救灾应急演练，并组织各单位开展各项应急演练、培训20余次，各类突发事件应急救援能力进一步增强。

【反恐】 2023年，市水务局全面加强水务反恐怖防范，一是加强反恐重点目标点位督导检查，组织重点目标管理单位对反恐人防物防技防开展全面自查，建立问题隐患台账，推进完善反恐防暴水平。二是加强特殊敏感时期反恐应急备勤，每日常态化保持一个作战单位备勤，并严格落实好备勤人员防护保障措施。三是围绕防范水源病媒生物传播重点工作，划定饮用水水源地保护区，提高饮用水水源地水质各项指标检测频次，加大河湖周边巡查巡视力度，阻断病媒生物传播链条，全力保障供水安全。四是强化宣传演练，结合国家安全教育面临的新形势新任务新要求，开展反恐宣传教育活动，通过发放反恐电子宣传材料、张贴国家安全海报等形式提高干部职工反间防谍、反恐防恐认识。

【内部安全保卫】 2023年，市水务局联合马场街派出所推进"国家反诈骗中心"App安装使用，积极普及防诈知识，重点宣传当前电信网络诈骗类型、手段、危害，切实提高自我防范意识和辨识能力，预防减少电信网络诈骗等犯罪行为发生。积极对接市内保总队、河西区内保总队，与属地马场街派出所签订《治安保卫重点单位确定告知书》及《企业事业单位内部治安保卫责任书》，压实内部治安保卫工作责任，维护单位内部治安秩序。

（安监处）

后 勤 管 理

【概述】 2023年，后勤管理工作认真落实局党组工作部署，聚力服务"十项行动"，着力筑牢基础，持续强化服务保障理念，在实践中积极探索新管理模式，统筹推动机关服务，全力推进全面从严治党向纵深发展，为服务机关提供有力保障，圆满完成全年各项工作任务，为服务水务高质量发展贡献力量。

【节能减排】 在节约型机关建设方面，始终将思想行动同以习近平同志为核心的党中央保持高度一致，提高政治站位，积极推动各项工作。2023年，多次组织开展节能减排宣传教育工作，倡导节约用电、用水、用餐、用纸；普及节能产品，优先选用符合国家标准的节能照明产品、环保办公用品等；组织开展垃圾分类、节约粮食行动，倡导绿色出行、无纸化办公，持续擦亮"节约型机关"金字招牌。

【办公用房管理】 开展局机关办公用房情况自查工作，对闲置、零散办公用房摸底调研，积极推动盘活利用。按照党政机关办公用房标准，对机关办公用房进行调整，对机关办公室、服务用房、技术用房、设备用房、附属房等进行面积核定，对领导干部办公用房使用面积进行丈量核定，做好调整、造册、建档工作，推进办公用房资源合理配置和节约集约使用，局机关无闲置办公用房情况。

【消防安全管理】 严格落实各级消防安全责任制，制定《天津市水务局消防安全管理制度》，修订完善消防应急预案，组织开展消防安全、安全生产培训和实地火灾应急逃生演练，进一步磨合应急响应机制、锻炼应急救援队伍。组织开展重要时期和重点时段消防安全排查整治和重大事故隐患排查整治2023专项行动，完成对局机关及老干部活动中心消防设施设备的检查、维修更换工作以及机关锅炉房安全改造工作。

【交通安全】 坚持每年与驾驶员签订交通安全保证书，重要节日前开展驾驶员交通安全教育和车辆检查，做好汛期车辆应急、调度工作，严格按照政策规定做好车辆临时租赁、定点加油，建立健全车辆管理台账，做到"一车一档案"。2023年未出现重大交通安全责任事故。

【公务用车管理】 根据《天津市党政机关公务用车管理办法》文件精神，结合《市水务局事业单位业务车辆管理办法》和《市水务局局属事业单位车辆租用管理规定》，完善公车管理制度，加强车辆购置、使用、租赁、报废等环节管理，推动公务用车管理规范化。完成了海河管理中心、大清河管理中心、综合服务中心、水文水资源管理中心购置业务用车共计7辆；海河管理中心、于桥中心、水利科学研究院、北三河管理中心租用业务用车共计8辆；大清河管理中心、综合服务中心报废业务用车共计5辆；永定河管理中心更新业务用车4辆；为保障中心城区排水设施正常运行，积极与市公车办协调，为排水管理事务中心增加86个特种专业技术用车编制，为防汛抢险工作顺利展开打下了坚实基础。强化公车运行台账管理，2023年完成公务派车524次，落实"一车一卡"制度，每辆公务用车配备专用燃油卡进行加油，杜绝"公车私用、私车公养"的现象。

【局办公楼设施改造】 做好机关院区和老干部处院区设施设备维修工作。主要包括局机关喷泉维修改造、会议楼及附属楼屋顶防水维修改造、附属楼淋浴间维修维护、局机关节水型龙头和感应器更换、局属公产房屋修缮和河西区马场街道天达里装修改造工作，完成驻局纪检组温馨谈话室建设，全年共完成各项零碎维修工程786单。

【三产遗留问题清理】

1. 天水大厦腾房案情况

经过多轮沟通协商，2023年2月底，中心与超杰公司签订了天水大厦房屋使用费合同，并按照相关的政策，对部分费用进行了减免。最终中心收到超杰公司2021年10月15日—2023年12月31日期间的房屋使用费190余万元。2023年3月底，收到市检察院第二分院出具的不支持监督申请决定书，综合服务中心的天水大厦腾房案抗诉申请被驳回。

2. 原经管站投资的小企业清理情况

通过强化与律师沟通、推动与法院及工商部门的协作等多种方式，加快开展清理工作。2023年1月初收到市二中院下发的裁定，终结天水酒店强制清算程序。1月底完成了清税工作，取得了清税证明。2月初收到工商部门出具的内资工司注销登记核准通知书，天水酒店清理工作彻底完成。

（综合服务中心）

党建工团

组织工作

【概述】 2023年，深入学习贯彻习近平新时代中国特色社会主义思想和党的二十大精神，扎实开展学习贯彻习近平新时代中国特色社会主义思想主题教育，按照中央和市委决策部署，以强化基层党组织政治功能和组织功能为重点，不断提高基层党建工作质量，把基层党组织建设成为有效实现党的领导的坚强战斗堡垒。

【党员队伍管理】 持续深化党的创新理论武装，注重理想信念教育，把党史作为长期必修课，制定印发《市水务局党组2023年党员教育培训工作方案》，落实党章学习日要求，落实"三会一课"制度，坚持和完善重温入党誓词、党员过"政治生日"等政治仪式，通过发放"政治生日"贺卡、重温入党誓词、参观红色基地和观看红色电影等形式，增强政治仪式感，"七一"前组织新党员开展入党宣誓活动，分级分类开展党组织书记培训班、党务干部培训班、发展对象培训班和新党员培训班，教育引导党员、干部坚定拥护"两个确立"、坚决做到"两个维护"，不断提高政治判断力、政治领悟力、政治执行力。与市委市级机关工委、海河传媒中心共同打造"战洪！我们的战役 我们的城——天津市成功应对海河'23·7'流域性特大洪水工作纪实展馆"，作为天津市市级机关党员干部教育基地，被确定为天津市第一批主题教育整改和第二批主题教育开展的有效载体，为市级机关提供参观72场次，另河北省委宣传部、浙江省水利厅等单位前来参观学习，充分宣传展示防汛抗洪救灾传递出的强大精神力量。认真做好党员发展工作，完成2023年发展党员计划，全年共发展党员36名，其中在防汛救灾一线发展党员1名，70名预备党员按期转正。充分发挥党内关怀的激励保障作用，向15名老同志颁发"光荣在党50年"纪念章，在"两节"期间开展走访慰问生活困难党员、老党员、老干部活动，共计慰问100人次，发放慰问金8.09万元，送上党组织的温暖和关心。

【基层党组织建设】 水务局共有基层党组织250个，其中党委9个，党总支9个，党支部232个，全局党员2340名，其中在职党员1826人，退休党员514人；其中女党员805名，少数民族95名，35岁以下党员483名；处级单位16个，其中党委设置8个，党总支设置7个，党支部设置1个。认真贯彻落实支部工作条例、党和国家机关基层组织工作条例等党内法规，不断强化基层党组织政治功能和组织功能，着力打造忠诚型、学习型、实干型、服务型、廉洁型"五型"党组织，选树8个"五型"党组织示范点；面对海河"23·7"流域性特大洪水，迅速建立2个临时党支部、10支党员突击队攻坚抗洪，号召广大党员干部职工救灾捐款34万余元，在大战大考中充分发挥党组织战斗堡垒和党员先锋模范作用；引滦入津工程展览馆、节水科技馆和排水四所劳模工作室入选第一批市级机关党员教育培训基地和现场教学点。认真落实好《中国共产党基层组织选举工作条例》，186个党组织按期完成换届选举工作。加强党费收缴、管理和使用工作，制订全年党费使用计划，管好用好党费。

【基层党建】 牢固树立大抓基层鲜明导向，一体推进大抓基层向纵深发展十项措施、建设"五型"党组织和党建引领基层治理落地落实，严格落实支部"三会一课"、组织生活会、主题党日等组织生活制度，开展"两优一先"评选表彰，召开"两优一先"表彰大会，对40名局级优秀共产党员、25名局级优秀党务工作者、20个局级先进党支部进行表彰。创新党建工作载体平台，修缮引滦入津工程展览馆，全新打造滦水园党建阵地，积极推进基层党支部建设特色鲜明的党建园地并实现责任、承诺、任务等"七上墙"，推动各级党组织全面进步、全面过硬。认真开展水务局全面从严治党考核和基层党建述职评议考核，对全面从严治党考核5个优秀单位进行通报表扬，对排名靠后单位和基层党建述职评价"一般"的党支部书记进行约谈提醒，压紧压实责任，提升党建质效。

【机关党建】 持续强化政治机关意识，深入学习习近平总书记"7·9"重要讲话精神，制定持续深化政治机关建设和模范机关创建工作任务分解表，推动机关党建走在前、作表率。持续用力加强机关党委建设，严格落实"第一议题"制度，把学习贯彻习近平总书记重要讲话、重要论述和重要指示批示精神作为机关党委会第一议题，专题学习贯彻习近平总书记重要讲话精神28次，持续跟进学习、严格对标对表；扎实有序完成机关党委换届选举工作，选举产生新一届中共天津市水务局机关委员会和机关纪律检查委员会，及时明确新一届机关党委委员分工，修订《市水务局机关党委及机关党委委员基本职责》，充分发挥机关党委"一班人"作用。突出抓好机关党支部标准化规范化建设，及时调整3名机关党支部书记，对新任机关党组织书记开展任职谈话，3个机关党支部完成支委会委员增补工作；机关党委、机关纪委共同成立指导组，全覆盖全过程列席指导机关党支部2022年度组织生活会、主题教育专题组织生活会及交流研讨，不断严肃党内政治生活。

【学习贯彻习近平新时代中国特色社会主义思想主题教育】 按照"学思想、强党性、重实践、建新功"总要求，坚持理论学习、调查研究、推动发展、检视整改一体部署、整体推进，深入开展学习贯彻习近平新时代中国特色社会主义思想主题教育，制定水务局学习贯彻习近平新时代中国特色社会主义思想主题教育工作方案和调研、宣传两个子方案，明确19项重点任务、55项具体安排，成立主题教育领导小组，下设办公室和综合协调、理论学习、调查研究、推动发展、检视整改、信息宣传6个工作组，同步设立上下联动7个联络组，形成一体推进的工作格局。主题教育领导小组办公室每月召开办公室工作例会研究推动，每月印发主题教育任务清单细化落实，每月派出工作小分队深入基层一线调研指导，切实把主题教育各项工作传导压实到"最后一公里"。落实"第一议题""第一主题""第一主课"制度，局、处两级领导班子和各级党组织共开展集中学习3903次，开展党课宣讲318次、各类形式活动1969次，刊发各类信息、简报600余篇，重点依托"战洪！——我们的战役 我们的城"成功应对海河"23·7"流域性特大洪水工作纪实展和引滦入津工程展览馆，大力弘扬抗洪精神和引滦精神。坚持边学边查边改，完成党员干部队伍和高质量发展36个问题整治以及"10+2"个专项整治项目。坚持深入一线调查研究，局、处两级开展大调研大走访671次，形成调研报告114篇，解决问题413个，转化政策措施或文件451个。推进"我为群众办实事"常态长效，落实"向群众汇报""四个走遍"、联点访户、志愿服务等制度，实施重点民生项目 31 项，解决群众诉求 226 项，获得感谢信、锦旗 102 件。坚持"当下改"与"长久立"相结合，建立健全制度机制 17 项，把好经验好做法巩固下来。在市委主题教育巡回指导组组织的座谈评估中，水务局获得"好"的比率、各方面代表普遍评价"好"的比率均为 100%。

（机关党办）

【"双万双服促发展"工作】 2023 年，按照市委、市政府的决策部署，根据市活动办印发的《2023 年"双万双服促发展"活动工作安排》及《2023 年服务企业行动方案》要求，市水务局印发了《市水务局 2023 年"双万双服促发展"活动工作安排》，明确了 2023 年的重点任务、主要措施以及服务安排。

2023 年，市水务局局党组书记、局长张志颇带队到城投集团中水公司调研服务，现场查看再生水管网连通香泽道项目施工情况，听取主城区再生水利用和管网连通工程、中心城区内涝实施方案计划安排、咸阳路污水处理厂二期工程、垃圾处理厂协同焚烧污泥及垃圾处理厂渗滤液协同处置需求等情况，与城投集团重大项目部及各相关公司进行深入交流，水务局水资源处、排监处、城投集团有关负责同志参加。局领导梁宝双同志到葛洲坝水务（天津）有限公司调研，实地检查了密云路泵站项目建设情况并听取了工程进度的汇报。2 月，市水务局党组成员、一级巡视员王峰同志到创业环保集团调研，现场考察了咸阳路污水处理厂生产经营情况，听取了企业发展情况汇报，就企业存在困难与集团负责人交换了意见。3 月，王峰同志主持召开服务重点企业专题会议，研究落实市领导批示精神，营造更好营商环境。7 月，王峰同志带队到中国石油天津销售公司调研服务，与公司总经理、党委副书记李涛等就加油站点取水等问题进行座谈，了解涉水需求，为企业答疑解惑、排忧解难。11 月，王峰同志到南开区天开高教科创园调研服务，现场了解园区涉水审批、监管和执法问题。同月，局党组成员、副局长赵天佑到创业环保集团开展调研服务，面对面了解公司在企业发展过程中遇到的困难和问题，为企业排忧解难。

协调推动静海区服务活动。2023 年，静海区在政企互通平台上共计受理了 1325 个问题，按时办理率 100%，答复满意度 99.91%，解决满意率 99.97%，在全市范围内排名前列。市级工作十一组在平台上共协调解决了企业问题 1 条，是静海区工作组协调解决企业项目资金问题。2023 年度共审批通过了静海区重难点问题 173 个，涵盖了安全生产、公共设施、行政审批、资金短缺、环境保护、公共服务、企业权益等关乎企业发展的各个方面。本着"无事不扰，有求必应"服务原则，以问题为导向，市级工作十一组不定期深入企业生产一线，开展上门服务工作。

持续做好水务服务工作。明确专人负责政企互通服务信息化平台市水务局服务组账户的登录运行，在第一时间受理、在规定时限内答复企业提出的问题。

归集整理政策措施。按照市政务服务办要求，确保了涉水政策信息在"津心办"政务平台 App "津策通"版块及时发布和及时调整。2023 年，在平台上补充更新政策信息及相应的解读文件 8 条，撤出逾期失效政策信息及相应的解读文件 3 条，现有水务政策信息 61 条，为企业和社会公众提供良好的水务政策信息服务。

（局双万双服办）

市委巡视

【概述】 2023 年 10 月 11 日至 12 月 9 日，市委巡视五组对市水务局党组开展为期两个月的常规巡视。

（单雯）

【选人用人】 根据市委巡视工作统一部署，市委组织部第五检查组于 2023 年 10 月 25 日至 11 月 14

日，结合巡视，对市水务局开展了选人用人工作专项检查。

专项检查期间，市水务局党组针对选人用人工作情况进行了专题汇报，同步高质量完成了相关材料报送工作。专项检查组在局党组成员、机关各处室副处级以上领导干部、局属各单位领导班子成员及内设机构负责同志范围内开展了问卷调查，发放83份，回收83份；查阅了局党组116次会议记录；抽查了42份干部人事档案及41份新提拔晋升干部选拔任用文书卷；延伸检查了5个局属单位；累计开展个别谈话15人次。

（干部处）

【意识形态】 2023年10月11日至12月9日，市委巡视五组意识形态专项检查组对市水务局2021年以来意识形态工作责任制落实情况进行了专项检查。市水务局按照检查组要求，认真提供各类文件资料，坚决服从检查组安排，客观真实反映情况。2021年以来，市水务局严格落实意识形态工作责任制，重点在建立责任落实机制、列席旁听机制、隐患排查机制、安全保障机制四个方面狠下功夫，全力推动意识形态各项工作落到实处。

（机关党办）

【机构编制】 2023年11月1日至7日，十二届市委第三轮第二批巡视机构编制纪律专项检查组对市水务局进行了专项检查。专项检查组要求提供机构编制纪律专项检查自查报告、学习研究、贯彻落实机构编制工作相关会议记录或纪要；贯彻落实机构改革及其他有关改革的会议记录或纪要；机构编制台账和相关机构编制审批文件、被巡视单位及所属单位实有人员花名册（截至2023年10月底）、工资统发表、社会保险缴费通知单、在职副处级以上领导干部名册及任命文件、上轮巡视以来被巡视单位（含各内设机构）年度工作要点、工作计划、工作总结、被巡视单位及所属单位内设机构公章印模复印件、被巡视单位制发的文件目录（上轮巡视至2023年10月）。其间，干部人事处积极配合专项检查，按照规定时间节点完成资料提供、天津市水务工程建设事务中心现场调研等工作，按期报送《天津市水务局机构编制执行情况自查报告》和《天津市水务局机构编制使用效益评估自评报告》。

（干部处）

乡村振兴涉水工作

【概述】 2023年，按照市委市政府和局党组的安排部署，市水务局坚持和加强党对"三农"工作的全面领导，锚定建设农业强国目标，以保障粮食安全、加快推进农业农村现代化、建设宜居宜业和美乡村为重点，为全面推进乡村振兴提供水务服务和支撑。2023年，市水务局先后印发了《市水务局关于做好2023年全面推进乡村振兴重点水务工作的实施方案》《市水务局关于〈乡村振兴全面推进行动〉落实方案》等，对承担的任务明确了责任部门和任务分工，统筹推进乡村振兴涉水重点任务稳步实施。

（农水处）

【东西部扶贫协作】

1. 加强组织领导、专题研究部署

制定并印发了《市水务局高质量推进东西部协作和支援合作2023年工作方案》，明确了具体工作目标及责任分工，有序精准推动任务落实。同时，成立了由规计处、办公室、干部处、水资源处、机关党办、灌排中心等部门组成的局东西部协作和支援合作工作领导小组，局主要负责同志任组长，分管负责同志任副组长，领导小组具体负责东西部支援协作工作落实。

2. 建立对接机制、双向交流调研

采取"请进来"与"走出去"相结合方式，积极与东西部协作和支援合作地区进行联系，已与受援地区新疆和田、西藏昌都、青海黄南、甘肃庆阳、河北承德等水利部门建立了稳定的联系渠道，局分管负责同志及有关处室负责同志、工作人员、技术骨干等多批次主动赴实地调研，持续开展"中华民族一家亲·百行百业交流行"活动，实现人员互访和技术支持多元化市场支援。2月，市水务局邀请和田地区水利局来津座谈，双方就人才、技术支持等方面进行交流。

3. 精准技术帮扶、干部人才支援

组织行业专家团队水务设计公司，多次赴甘肃庆阳开展技术帮扶务实项目合作，涉及马莲河苦咸水治理、庆城驿马工业集中区供水、王家湾水库改造等多项设计成果，得到了庆阳市水务局主要领导的高度评价，助力庆阳水务高质量发展；选派1名政治素质过硬、年富力强的副处级领导干部到重庆挂职锻炼，任万州区水利局副局长。精准选派专业技术人才，积极回应新疆和田地委要求，新选派2名业务能力突出的年轻水务专家到和田地区水利局进行柔性援疆。精心安排干部来津挂职，按照市委组织部统一部署，接收陕西西安水旱灾害防御中心、宝鸡水务局各1名年轻干部来局挂职锻炼，充分考虑挂职意向和学习需求，任命为副处实职，分配实质性工作，并全力做好食宿保障和日常关心关爱，确保挂职锻炼质效。

4. 加强民族融合、组织结对认亲

持续开展以"民族团结一家亲"为主要内容的"结对认亲"活动，在巩固现有党员干部"结对认亲"基础上，创新结对认亲形式和内容，动员合作企业天津画平川广告传媒有限公司参与民族团结"结对认亲"活动并做好结亲户跟踪帮扶工作；扎实开展"五个一"活动。组织各帮扶支部、领导与结亲户动态沟通帮扶所需，10月下旬，市水务局二级巡视员唐先奇一行5人赴和田地区于田县托格日尕孜乡，走访慰问三户民族结对认亲户，就结对认亲户当前情况和需解决问题进行交流并送上了慰问金。

5. 巩固脱贫攻坚、助力乡村振兴

制定并印发了《2023年市水务局消费帮扶专项工作方案》，2023年，局机关及局属单位工会采购帮扶产品用于发放职工福利金额113.74万元，职工个人自费购买帮扶产品金额96.7万元；10月下旬，局二级巡视员唐先奇带队赴和田地区实地考察了市水务局在托格日尕孜村2022年的援建项目，听取了援建项目运行及受益情况，并结合当地村委会提出的需求对本年度帮扶项目进行了实地调研。市水务局与于田县托格日尕孜乡及托格日尕孜村多次对接帮扶项目具体方案及资金筹措方式，最终敲定帮扶托格日尕孜村实施村容村貌改造项目，筹措资金33.75万元，一次性拨付至托格日尕孜乡府指定账户，用于村容村貌改造。

（规计处）

【农村水利基础设施建设】 按照《市水务局党组市水务局关于印发〈市水务局关于做好2023年全面推进乡村振兴重点水务工作的实施方案〉的通知》要求，完成5项农村水利基础设施建设任务：一是组织实施黄港一库除险加固工程，提升了黄港一库的蓄水能力；二是推动中型灌区续建配套与节水改造工程，完成宝坻新安镇灌区和武清南蔡村灌区2个灌区改造，改造灌溉面积65.33平方千米；三是推动蓟州区和静海区实施农业水价综合改革精准补贴与节水奖励项目，为提高农业用水精细化管理水平，推动农业用水方式转变奠定良好基础；四是推动宁河区启动实施农村村内供水管网提升改造，完成120个村改造任务，提高农村供水保障水平；五是推动滨海新区滨海科技园外排泵站、中心桥北干渠治理、开发区西区东南组团雨水泵站、东丽区金钟河北部地区引水工程、津南区双洋渠泵站等5项双城间绿色生态屏障水系连通工程，改善了区内河道、湿地水质，助力建设生态宜居现代化城市。

（灌排中心）

【水务人才援派】 按照市委组织部《关于做好我市到陕西、重庆挂职干部选派工作的通知》要求，选派天津市永定河管理中心（天津市海堤管理中心）党委委员、副主任王瑞海挂职重庆市万州区水务局副局长（2022年11月至2023年11月），助力结对地区发展和乡村振兴。

2022年11月，为落实《天津·庆阳水利合作框架协议》，接收甘肃省庆阳市水务局选派的干部张成明到天津市水务局规计处培养锻炼（2022年11月至2023年1月）。

2022年12月，为进一步落实天津市水务局2022年东西部协作和支援合作工作方案的要求，局党组选派天津市海河管理中心二道闸管理所所长何金波、天津市排水管理事务中心第七排水管理所干部朱虹两名同志柔性援疆（2022年12月至2023年12月），服务和田地区水利事业。

（干部处）

思想政治工作

【概述】 2023年，坚持以习近平新时代中国特色社会主义思想为指导，深入学习贯彻党的二十大精神，认真贯彻落实《关于新时代加强和改进思想政治工作的意见》，持续做好干部职工思想政治工作，认真落实思想政治工作定期分析报告制度，向全局干部职工开展问卷调查，全面了解干部职工理想信念、工作作风、精神状态、社会关切等方面情况，为进一步做好干部职工思想政治工作夯实了基础。认真开展政工专业职称评审推荐工作，积极参与各种评优活动，认真落实全域创建文明城市各项工作，积极开展文明单位创建活动，思想政治工作取得良好效果。

【政工队伍建设】 完成2023年高级政工职称的评审和推荐工作，其中被授予思想政治工作研究员任职资格1人，被授予高级政工师任职资格10人。完成2022年度、2023年度中、初级政工职称的评审工作，其中，2022年度评审通过政工师任职资格10人、助理政工师任职资格8人，2023年度评审通过政工师任职资格5人、助理政工师任职资格3人。参加2023年度水利思想文化建设研究成果评选活动，向第三学组推荐3篇研究成果，其中1篇被中国水利政研会评为三等奖。

【精神文明创建】 广泛弘扬和践行社会主义核心价值观，深入开展具有水务特色的精神文明创建，与市委市级机关工委联合开展"2023年学雷锋志愿服务月暨'赓续传承雷锋精神 展水务志愿风采'志愿服务活动"启动仪式，积极开展节水宣传、供水排水、河道清理、水法普及、防火巡查等形式多样的志愿服务，进一步深入弘扬雷锋精神，激发干事创业热情。扎实开展"关爱山川河流 润泽千村万户"水务特色志愿服务活动。开展团体无偿献血活动，水务局211名职工成功献血并取得献血证，累计献血47372毫升，得到市委市级机关工委高度认可。积极宣传具有重大意义和水文化特色的水利工程、"人民治水·百年功绩"治水工程，筐儿港水文站被水利部认定为第一批百年水文站。对引滦入津工程展览馆进行修复并对机关单位团体提供参观学习，天津市引滦入津工程展览馆被市文明办命名为"天津市第二批新时代文明实践基地"。积极参加2021—2023年度天津市文明单位评选工作，局机关和大清河中心（北大港中心）参评入围公示名单（参评结果尚未公布）。

（机关党办）

全面从严治党

【概述】 2023年坚持以习近平新时代中国特色社会主义思想为指导，全面贯彻落实党的二十大精神，认真落实中央和市委关于落实全面从严治党的部署要求，把党的政治建设摆在首位，坚定不移推动全面从严治党向纵深发展，坚定捍卫"两个确立"、坚决做到"两个维护"，推动水务高质量发展取得新成效，为全面建设社会主义现代化大都市、奋力谱写中国式现代化天津篇章贡献水务力量。

【政治生态】 认真落实市委持续净化政治生态有关意见，召开水务局持续净化政治生态推进会暨警示教育大会，制定持续净化政治生态20项重点任务并狠抓贯彻落实，形成贯彻落实市委持续净化政治生态有关意见情况报告。认真落实"十看十研判"要求，精准分析研判全局2023年政治生态，形成2023年度政治生态分析研判报告。建立台账跟踪抓好2022年分析研判问题整改，推动政治生态持续向好。

【意识形态】 结合2023年意识形态领域重点工作，制定《关于进一步筑牢意识形态安全防线的任务清单》，围绕5个方面11项重点任务，进一步守住守好意识形态阵地。将意识形态工作责任制落实情况作为巡察监督重点内容，对3家局属单位开展意识形态工作专项检查，围绕意识形态专项检查整改情况开展6次现场指导，督促形成6项常态化整改成果。深入开展意识形态安全风险隐患排查工作和论坛报告会讲座摸排自查工作，及时有效化解意识形态领域重大风险隐患。充分发挥水务局意识形态工作领导小组作用，组建5个工作组列席旁听局属单位分析研判会议，确保基层意识形态分析研判有质量、有效果。为进一步做好思想文化领域意识形态工作，印发《关于进一步加强思想文化领域意识形态工作的通知》，严格思想文化类活动审批管理，制定《市水务局思想文化类报告会、研讨会、论坛、讲座活动要求告知书》，明确思想文化类活动有关政治要求，确保各类活动唱响主旋律、弘扬正能量。强化专责干部思想教育，举办2023年意识形态工作人员专题培训班，持续做好意识形态工作专责人员动态备案管理。强化正面宣传引导，开展引滦入津工程通水四十周年系列宣传活动，加强涉水网络负面舆情的发现、引导和处置，不断提升防范化解风险能力。

【政治文化】 深刻汲取北京排水河防渗墙工程质量问题教训，扎实开展"三个以案"，推动警示教育入脑入心。深化新时代廉洁文化建设，将深入推进清廉水务建设融入实践活动工作，创新开展以"讲一次专题党课、建立一个教育基地、开展一次歌咏汇演、开展一次知识竞赛、开展一次读书分享活动、举办一期主题书画展、参观一次主题教育展"为主要内容的廉洁文化"七个一"活动，组织党员干部参观全面从严治党主题教育展和警示教育基地，各级党组织书记讲授廉政党课，举办"善水清廉"歌咏大会、知识竞赛、读书分享活动，打造廉政教育基地，集中展示以"廉"为主题的优秀书画作品，组织2719人次进行纪法纪规线上答题，引导党员干部知敬畏、存戒惧、守底线。提炼形成"上善若水泽润万物 至廉而威担当使命"的局机关文化（廉洁文化）表述语，推动形成廉洁修身、团结奋斗的强大精神动力。强化正面典型引领，市水务局3个集体、4人次荣获全国荣誉，13个集体、14人次荣获市级荣誉。

【作风建设】 驰而不息纠治"四风"树立新风，认真贯彻落实市水务局党组关于贯彻落实中央八项规定实施细则精神的实施办法，持续加大治理形式主义官僚主义和不担当不作为问题力度，处理不担当不作为干部24人次，紧盯节假日关键时间节点，发送廉政提醒短信，组织学习违反中央八项规定精神问题典型案例通报。充分用好纪检协作片区机制，围绕落实中央八项规定精神和查纠"四风"问题等工作情况，开展"四不两直"监督检查3轮次，推动各项要求落地落实，坚决防反弹回潮、防隐形变异、防疲劳厌战。深入开展"强监管、优服务、转作风"专项治理，全面排查15个领域存在的隐患问题，梳理问题241个，制定整改措施359条，完善、建立常态化工作机制28项，修订、制定惠企措施6条。持续深入开展机关作风建设专项行动，以"四不两直"的形式在局机关开展2次行为举止、公共秩序等抽查检查，结合纪检协作片区制，对局属单位开展1次全覆盖抽查检查，并印发情况通报，作风建设集中整治成果进一步巩固。

(机关党办)

【警示教育】 加强水务工程建设领域廉洁教育，

组织开展廉政专题讲座；组织召开北京排水河防渗墙工程质量问题警示教育大会，集中观看警示教育片《一严到底》，不断增强法纪意识。组织开展服务保障"十项行动"主题警示教育月活动，通过专题学习、参观见学、观看警示教育片、党纪法规学习测试、监督检查等形式，督促激励党员干部干事创业。加强对年轻干部的教育管理，对新入职公务员开展廉政谈话，组织机关公务员和新提任处级干部及家属代表参观全面从严治党主题教育展。发挥典型案例警示作用，组织学习天津市查处违纪违法案件警示录；利用局内网"曝光台"通报曝光身边发生的典型案例2期、发布典型案例45期。加强廉洁文化建设，组织举办"翰墨书清风 丹心绘廉洁"主题廉洁文化作品展，联合局团委举办了"善水清廉"歌咏大会。

【纠治"四风"】 加强节假日等重要节点监督提醒，督促推动局属单位各级党组织和纪检组织履行"两个责任"，学习贯彻中央八项规定及其实施细则精神、做好意识形态和安全生产等工作，向处级以上领导干部发送廉洁提醒短信1132人次。持续查纠"四风"，采取单位自查、协作片区互查、机关纪委和驻局纪检监察组联合抽查等形式开展监督检查，实现局属单位全覆盖并延伸至部分基层闸站所；开展"四不两直"监督检查3轮次，其中，机关纪委日常监督检查点位43个，发现反馈并推动问题整改54个。持续深入开展形式主义官僚主义和不作为不担当问题专项整治，认真组织开展了"蝇贪蚁腐"侵害群众利益问题专项整治。

【执纪问责】 严格执行监督执纪工作规则，受理群众信访举报7件；严格落实办案安全责任制，完成立案审查1件、案件审理2件；制发《纪律检查建议书》1份。坚持抓早抓小，推动全局各级党组织运用监督执纪"第一种形态"445人次，其中局领导班子成员55人次，局属单位党组织377人次，机关党支部13人次。组织开展廉政风险隐患排查，局机关、局属单位查找廉政风险点1219个，制定防控措施1529项，并编印了《廉政风险手册》；强化水务建设领域关键环节的廉政风险监督管理，针对北京排水河防渗墙工程质量问题，查找廉政风险点96个，制定防控措施132项。关心关爱受处分干部，组织开展年度回访教育，建立健全科级及以下党员干部廉政档案；落实干部选拔任用党风廉政意见回复制度，全年回复廉政意见111人次。

【政治监督】 紧盯主题教育开展，机关纪委先后15次列席指导局属单位和机关处室专题研讨交流和民主生活会、组织生活会，并对相关发言材料严格审核把关；对13个局属单位及基层闸站所开展了现场检查，推动主题教育学习成果转化。紧盯"十项行动"推动落实，制定实施《关于助力"十项行动"加强监督推动落实的工作方案》，加强常态化督导、具体化督查、精准化纠治问题，保障"十项行动"涉水事项高质量推进。紧盯审计和巡察整改落实，协助制定北排河防渗墙工程质量问题"三个以案"工作方案并督导推进实施；强化对被巡察单位反馈问题整改的日常监督检查，先后6次到被巡察单位督导推动整改方案制定、整改措施落实、专题民主生活会以及巡察整改评估等工作，助力巡察整改取得实效。紧盯防汛抗洪，深入静海大清河、子牙河、独流减河和海河市区段等重要行洪堤段和水闸开展监督检查，并形成督查专报，及时反馈发现问题，督促推动防汛抗洪各项部署任务落地落实。

【纪检队伍建设】 机关纪委将开展纪检监察干部队伍教育整顿工作作为推动局纪检工作高质量发展、提升纪检干部能力素质的重要举措，科学制订教育整顿工作方案和学习计划，并持续深入抓好学习教育、检视整治、巩固提升三个环节的工作。强化学习教育，认真落实"第一议题""第一主题"等制度，结合学习贯彻习近平新时代中国特色社会主义思想主题教育，及时跟进学习习近平总书记重要讲话重要指示批示精神，开展理论学习和研讨交流40次,并参加了市级机关纪工委组织的"每周一测"和驻局纪检监察组组织的业务培训和各项活动。强化检视整治,对照"六个是否",开展自我检视及谈心谈话,查摆检视存在问题,并撰写党性分析报告,填报《自查手册》,推进整改整治,24个问题27条整改措施全部整改到位。强化建章立制,持续做好巩固提升环节各项工作,特别是针对检视查摆的问题短板,进一步健全完善了内部管理制度和工作机制流程。

(机关纪委)

【巡察工作】 2023年共开展2轮常规巡察工作。第一轮巡察对象为建设中心党委,发现具体问题32个;第二轮巡察对象为于桥中心党委和黎河中心党总支,发现具体问题分别为28个和29个。

(巡察办)

保 密 工 作

【概述】 2023年,按照市委保密委和局党组部署要求,科学谋划全年保密工作,夯实基层保密工作基础,不断提升保密工作人防、物防、技防水平。

【组织推动】 认真组织落实保密、密码等有关工作,落实保密工作责任制,全年共召开局保密委员会3次,保密、密码专题会议2次,并传达学习上级文件精神,制发年度工作要点。做好密码每季度自查与核查工作,对接市委机要局,换装了新密码机,采购了紧急文电传输系统,做好专用通信电话管理工作。

【宣传教育】 认真落实"十四五"时期天津市保密宣传教育工作安排,年初将保密法律法规知识纳入局处两级中心组学习内容,纳入处级干部培训班内容。开展2023年保密宣传教育月活动,组织新入职人员、借调人员、涉密人员、密码人员、巡察干部等专题培训,培训覆盖百余人。观看《网络密战》《对党忠诚、严守秘密》等保密教育宣传片,发放保密重点宣传教育资料,如《社交媒体失泄密案例警示》《重大会议、活动保密须知》等,保密宣传教育取得良好成效。

【督促检查】 配合市国家保密局完成保密现场工作检查,对检查发现的问题,举一反三,建立整改台账,下发整改通知,按照年度自查自评安排,开展线上线下保密检查,线上检查计算机149台,线下检查局机关外网计算机45台,下发保密工作提示函4份,组织相关部门和技术力量,对水资源中心、水科院、灌排中心、水政总队、水调中心开展检查,并反馈相关部门问题,做到以查促改、以查促进,筑牢保密安全防线。

(保密办)

工 会 工 作

【概述】 2023年,局工会在局党组和上级工会的正确领导下,坚持以习近平新时代中国特色社会主义思想为指导,围绕水务工作总基调,增"三性"、去"四化",顺应新时代工会发展需要,服务水务行业发展大局。

【组织建设】 2023年,局工会系统直属单位工会16个,局机关工会1个;工会会员3069名,女性1131名;专兼职工会干部158人,其中女性88人;女工组织16个。

政治理论学习。坚决贯彻党中央、市委决策部署和局党组要求,重大事项、重要问题及时向局党组和上级工会组织请示汇报,保持工会工作正确的政治方向,全面贯彻习近平新时代中国特色社会主义思想和党的二十大精神,深入落实习近平总书记关于工人阶级和工会工作的重要论述特别是同中华全国总工会新一届领导班子成员集体谈话时的重要讲话精神,认真落实中国工会十八大和天津工会十八大部署,团结引领全局广大职工群众坚定不移听党话、矢志不渝跟党走,紧紧围绕推动水务事业高质量建功立业，大力加强自身建设，工会服务大局、服务基层、服务职工群众的能力和水平进一步提升，各项工作取得新进展、实现新突破。

工会"建家"工作。以加强规范建设、强化思想引领、落实维权制度、拓展服务载体为重点，深化"会、站、家"一体化建设。组织召开工会主席座谈会，听取意见建议；深入基层一线开展专题调研，有针对性地解决困难问题。认真组织开展职工之家、全国模范职工小家评选工作，把评选申报工作作为加强职工之家建设的重要抓手，作为学习先进、交流经验、不断改进提高工作的过程，全面带动提升了新时代职工之家建设水平。

工会财务经审工作。加强固定资产管理，制定印发《天津市水务局工会资产管理办法》，对固定资产分类、计价、增加、处置和日常管理做出详细规定，并与《天津市水务局工会财务工作制度》《天津市水务局工会贯彻执行行政事业单位内部控制规范（修订）》等制度，共同构成相对完整的财务制度管控体系。加强资金管理使用，修订完善《困难职工常态帮扶工作办法》《送温暖资金使用管理实施细则》《帮扶资金使用管理实施细则》等专项资金使用管理制度，构建起从认定、帮扶、慰问，再到脱困的全过程制度规范以及应统尽统、应建尽建、应帮尽帮的全覆盖制度体系；严格按照财务管理制度规定采购慰问品、严格审核慰问发放范围，坚持实名制发放，建立发放台账，确保了专款专用，落实到位。树牢"习惯过紧日子"思想，科学编制年度预算，合理安排经费支出，将资金主要用于支持困难职工帮扶、对特殊群体送温暖以及开展职工文体活动等工作。近几年，市水务局工会资金使用规范，在历次市总审计和外部审计中均未发现违规违纪问题。加强工会财务人员培训，在参加全市"喜迎二十大 建功新时代"天津市工会财务知识竞赛中，市水务局取得前十名的好成绩。

【职工维权】 民主管理工作。高度重视规范召开职代会工作，制定印发《水利系统企事业单位职工代表大会规定》《关于规范召开2023年度企事业单位首次职工（代表）大会的通知》《关于进一步加强职工代表大会报备工作的通知》，对各级工会开好职代会提出明确要求；局工会列席基层职代会，指导监督各单位依法履行民主程序。持续推动各级工会将职代会提案建议工作与"合理化建议月"活动相结合、日常征集与集中征集相结合、推进民主管理与日常管理和企业文化建设融合，职工群众民主权利得到切实保障。

劳动保护监督工作。积极参与安全生产相关检查、推动和落实等活动，履行好工会安全生产和劳动保护监督职责；局各级工会坚持把维护生产和职工生命健康安全作为一项重要的基础性工作来抓，严格执行隐患排查治理制度，积极运用"两书""两个一"工作方法排查化解风险隐患，实现安全生产零事故，职业病危害得到有效控制。组织开展"安康杯"竞赛，获市级优胜单位1个，优胜班组1个，先进个人1名。夏季走访12个基层站点，慰问5类对象1175人，送上慰问资金10.57万元；冬季送温暖和春节元旦慰问各级劳动模范、建档困难职工、元旦春节坚守生产一线职工等815人、12个基层站点、送上慰问资金19.5万元。开展抗洪抢险专项慰问，在去年防汛抗洪的关键时刻，局工会认真落实市总工会和局党组部署要求，第一时间制定工作方案，多方筹措专项慰问资金，详细统计一线抗洪抢险人员名单，全力组织开展抗洪救灾专项慰问工作，及时把工会温暖送到一线抗洪将士手中，其中，争取市总工会拨款22万元，中国农林水利气象工会拨款3万元，局工会匹配专项资金2.98万元；开展普遍性慰问16.18万元、针对性慰问8.8万元、精准性慰问3万元。局领导带队赴河北涿州慰问排水"抢险突击队"，及时带去全局广大干部职工的关心和问候，为他们送上防暑降温用品、应急物品等，做到了哪里有灾情，哪里就有"娘家人"的身影，在打赢抗洪抢险攻坚战中充分发挥了工会作用、展现了工会担当。

大病救助工作。持续落实职工住院慰问制度和持卡会员专享救助保障工作。全年累计慰问住院职工71人,慰问亲属去世职工105人次,为2名职工办理了大病救助资金。

女职工工作。结合"三八"国际妇女节,广泛组织开展了女职工维权月、文明家庭创建、爱心妈咪之家建设和女职工关爱系列活动。新建综合服务中心、水科院、水政总队"爱心妈咪之家",为怀孕哺乳期女职工提供便利及调节放松之所。

工会信访、劳动调解工作。做好信访接待、法律服务工作,积极构建和谐劳动关系,做好职工贴心的"娘家人"。

关爱退休职工工作。切实从关心关爱退休职工角度出发,制定了"四个一"活动,分别为"举办一次退休仪式、制作一份纪念册、赠送一份纪念品、赠送一张退休职工服务卡",营造了劳动伟大、退休光荣的良好氛围。

【素质工程】 评先创优工作。大力弘扬劳模精神、劳动精神、工匠精神,积极挖掘、培养、选树先进典型,大力宣传、展示先进人物的典型事迹,2023年,推荐参评市水务局职工荣获市级"五一"劳动奖章。

劳动技能竞赛。高标准高质量承办水利部、中国农林水利气象工会联合举办的"人水和谐 美丽京津冀"水政执法技能竞赛,局工会自觉提高政治站位、战略站位和行动自觉,坚持把承办好该项赛事作为贯彻党的二十大关于"全面推进严格规范公正文明执法"决策部署的重要举措;作为保障国家水安全、推动水务事业高质量发展的重要手段;作为贯彻落实京津冀协同发展战略、提升水务执法协同共促的具体行动来抓,精心组织,周密部署,认真组织理论知识考试和现场模拟实操决赛,取得了圆满成功,并得到中国农林水利气象工会及市总工会有关领导的高度肯定;此次竞赛充分展现了新时代京津冀地区水政执法队伍的风采,大大提升了水政执法人员的政治理论素养和执法技能。组织举办"海河工匠杯"技能大赛——天津市水务行业职业技能竞赛暨第七届全国水文勘测技能大赛天津选拔赛,进一步提升了全市水文队伍的综合素质。局各级工会还围绕各自领域重点工作,结合不同岗位、不同技能,因地制宜举行各类竞赛,扎实开展职工"五小"创新成果展示活动,积极为职工搭建学习交流、业务比拼、技能提升的平台,不断丰富竞赛内涵、创新竞赛形式,不断扩大竞赛覆盖面和职工参与度,全面、有效提升了广大职工的职业技能。

劳模工作。高标准选树全国和市级五一劳动奖、工人先锋号等先进典型,2023年推荐评选市级"工人先锋号"1个,市级"五一"劳动奖章1个,选树市级"最美家庭"4个。建立完善劳模、工匠、技能人才人员队伍库,截至2023年年底,有全国劳模2人,市级劳模34人。大力宣传弘扬劳模精神、劳动精神、工匠精神,组织劳模宣讲团开展宣讲11次,参与人数达530余人。做好劳模服务工作,组织开展了春节慰问、劳模体检、劳模先进疗休养等活动。

劳模工作室。命名"安静利劳模创新工作室"为市水务局示范性劳模和工匠人才创新工作室。发挥劳模、工匠人才在水务事业发展中的示范、引领和带头作用,为加快培养和造就一支具备创新精神、创新能力的高素质水务干部队伍提供平台。加强培养高技能专业人才、高素质创新人才,凝聚广大水务职工的创新智慧和力量,夯实水务技术进步和创新发展的群众基础。

【文化体育】 坚持以活动为抓手,积极搭建群众性文体活动平台,不断丰富职工业余文化生活。2023年度,结合水务工作特点实际,组织开展了职工书画摄影比赛、动漫微视频征集以及拔河、乒乓球、羽毛球、篮球比赛等多种文体活动。组织开展"中国梦 劳动美——凝心聚魂跟党走——团结奋斗新征程"学习中国工会十八大精神竞赛、学习习近平新时代中国特色社会主义思想和党的二十大精神知识竞赛、"强化新时代理

武装 凝聚干事创业新动能"线上学习竞赛以及"学习党的二十大精神"网上答题活动，有效提升了广大职工群众的政治理论素养。

【帮扶解困】 局特困职工帮扶中心工作。局工会严格按照市总工会困难职工认定标准，全面摸排，做到不落一人、不落一户，困难职工动态管理，精准掌握困难职工基本情况，精准做好困难职工帮扶工作。2023年为全局建档困难职工及时发放了困难职工季度帮扶救助，共计帮扶职工17人次。

"送温暖"工作。推进"四季帮扶"（即春送岗位、夏送清凉、金秋助学、冬送温暖）工作常态化。2023年累计帮扶困难职工5.23万元。在做好困难职工慰问的同时，对大病职工、一线职工、劳动模范、派驻干部及复工复产干部进行慰问。

（局工会）

共青团工作

【概述】 共青团天津市水务局委员会由王帅、张进、王冰、苏洞美、韩钏、刘芳池6名同志组成，王帅同志任书记，下设基层团委1个，团总支2个，团支部35个，现有35岁以下青年624人，团员205人。2023年共青团工作按照局党组和团市委的部署要求，紧密结合水务高质量发展和青年特点，聚焦落实引领凝聚青年、组织动员青年、联系服务青年的主责主业，团结引领广大水务青年坚定不移听党话、跟党走，在水务各领域工作中发挥生力军和突击队作用。

【思想教育】 3—4月，举办传承雷锋精神分享会。由局督察专员、干部处、机关党办、政服处、巡察办、工会、团委等部门负责同志和局属单位处级干部代表共同组成评委团，来自局机关和局属单位的19支分享队伍、28名青年代表参加分享。排管中心、局机关、于桥中心获得一等奖；灌排中心、海河中心、黎河中心、水务综合执法总队、大清河中心获得二等奖；永定河中心等10个参加分享队伍获得三等奖。

4—6月，举办"传承五四星火汇聚青春动能""别样舞台——Young青春"主题活动，在局办公内网刊载展示文章19篇。

6月，面向全局青年发布《立足本职 答好青年考卷——致全局青年的防汛倡议书》，倡议全局青年听从指挥，在防汛攻坚战中发挥好生力军和突击队作用。

3—12月，对全局54支青年理论学习小组进行了更新调整，依托青年理论学习小组举办专题学习会62场次、主题团日活动33场次。

7—12月，深入开展"青年讲师团"计划，局团委书记带头以"学习贯彻6·26重要讲话精神 建功水务高质量发展"为题开展宣讲。

10—12月，印发《关于面向全局广大团员和青年开展学习贯彻习近平新时代中国特色社会主义思想主题教育的实施方案》，深入开展团员和青年领域主题教育，完成思想旗帜、坚强核心、强国复兴、挺膺担当4个专题学习，达到团支部覆盖率100%目标。

【组织建设】 2023年4月13日，《市水务局团委关于闫妍同志届中职务调整和李军禄同志任职意见的复函》（津水团发〔2023〕1号）：同意免去闫妍天津市灌溉排水中心（天津市水土保持工作站）团支部书记职务；同意李军禄任天津市灌溉排水中心（天津市水土保持工作站）团支部书记。

2023年4月13日，《市水务局团委关于共青团天津市北三河管理中心支部委员会选举结果的批复》（津水团发〔2023〕2号）：同意共青团天津市北三河管理中心支部委员会人员组成及分工。书记：贾建舒，组织委员：南静，宣传委员：李著然。

2023年11月22日，《市水务局团委关于共青团天津市于桥水库管理中心总支部委员会选举结果的批复》（津水团发〔2023〕5号）：同意王晔、杜建海、张进、张航、徐瑞阳等5名同志组成共青团天津市于桥水库管理中心第二届总支部委员会；

同意张进任共青团天津市于桥水库管理中心第二届总支部委员会书记,张航任共青团天津市于桥水库管理中心第二届总支部委员会副书记。

【青年文体活动】 3月,举办"春'锋'徒步"参观活动,学习贯彻党的二十大精神,传承引滦精神,提振干事创业热情。局机关和综合服务中心干部职工50余人参加。

4月,举办义务植树活动,局机关、综合服务中心、大清河中心(北大港中心)干部职工80余人,到北大港水库西侧植树点进行义务植树,用实际行动践行习近平生态文明思想,倡导人人爱绿植绿护绿的文明风尚。

4月,举办"善水清廉"歌咏大会,深入学习贯彻党的二十大精神和习近平总书记关于廉洁文化建设的系列重要讲话精神,奏清廉之歌,颂廉洁文化,倡廉政家风。局党组成员、一级巡视员王峰出席活动,驻局纪检监察组副组长赵曙光应邀出席,局机关和局属单位150余名干部职工参加。

11月,举办"传承红色基因,凝聚奋进力量"主题参观活动,深入推进团员青年主题教育,引导团员青年坚定理想信念、发扬斗争精神、勇于挺膺担当。局属单位团员青年代表50余人参加。

11月,举办"感受千年大计 重温抗洪历程"主题参观活动,实地感受习近平总书记亲自擘画的"千年大计",重温抗击海河"23·7"流域性特大洪水历程。局机关和局属单位团员青年代表共50余人参加,局机关和综合服务中心部分党员干部一同参观。

【先进典型培树宣传】 4月,局团委委员、排管中心团委书记刘芳池,荣获2022年天津市团干部岗位技能大比武二等奖,被评为2023年天津市优秀共青团干部。

4月,排管中心城市排水监测站团支部,被评为2023年天津市五四红旗团支部。

4月,于桥中心工管科被认定为2021—2022年度天津市青年文明号集体。

4月,排管中心排水八所青年志愿服务队被认定为2021—2022年度天津市青年文明号集体。

9月,于桥中心张进、赵阳、郭钊、吴迪的《慨然前行 接续胜利》演讲作品,在水利部海委联合北京市水务局、天津市水务局、河北省水利厅共同举办的京津冀水利青年干部演讲比赛中获一等奖;水务综合执法总队黄平、任鹏飞的《问渠哪得清如许——根治海河探寻人与自然和谐发展之路》演讲作品获三等奖。

12月,水务综合执法总队王新宇被市委市级机关工委授予"青年理论学习标兵"称号。

12月,于桥中心吴迪被聘为天津市青年讲师团讲师。

(王 帅)

老干部工作

【概述】 2023年,市水务局老干部工作坚持以习近平新时代中国特色社会主义思想为指导,深入学习贯彻党的二十大精神,认真贯彻落实全国、全市老干部局长会议精神,围绕中心、服务大局,用心用情、精准服务,一体推进离退休干部党的建设、发挥作用、服务管理和老干部工作部门自身建设,持续深化信息化、精准化、规范化建设,不断提升老干部工作质量,积极助力天津水务高质量发展。

2023年,全局共有离退休人员3860人,其中离休干部7人,退休人员3853人(天津市排水管理事务中心退休人员2644人)。60岁以下157人,61~69岁1901人,70~79岁1419人,80~89岁342人,90岁以上41人。党员822人。全局共建立16个离退休干部党支部,其中退休干部党支部14个,离退休干部联合党支部2个;离退休党员纳入在职党支部数为17个;有144名退休党员党组织关系转入社区党组织。

【离退休干部党建】 2023年,组织离退休党员收听收看党的二十大开幕式和闭幕式，组织开展"两学一做""不忘初心，牢记使命"主题教育、"党史学习教育""迎盛会 铸忠诚 强担当 创业绩"主题学习宣传教育实践活动和党的二十大精神学习宣传，组织开展学习贯彻习近平新时代中国特色社会主义思想主题教育，加强党章学习和纪律教育，教育引导离退休党员牢固树立党员意识和纪律规矩意识，严格用党章党规党纪规范言行，始终严守党的政治纪律和政治规矩，在大是大非面前旗帜鲜明、立场坚定，在思想上政治上行动上始终同党中央保持高度一致。

创建"六好"党支部，选好配强党支部书记，结合实际组织开展重温入党誓词、主题党日和过"政治生日"等活动，增强各级离退休干部党组织的政治功能和组织功能。做好"光荣在党50年"纪念章颁发工作，切实增强新退休干部的政治荣誉感、组织归属感。

2023年，局31名退休干部主动应战，奔赴天津市海河"23·7"流域性特大洪水抗洪抢险第一线，积极为防汛抢险出谋划策，精准提出关键建议，为夺取抗洪胜利发挥了积极作用。

举办"市水务局老干部纪念引滦入津工程通水40周年"主题征文、书画摄影展、演唱会等活动，收集主题征文5篇，展出书画、摄影作品18幅。

重阳节，组织局机关退休老同志集体参观引滦入津工程通水40周年成就展和曙光水镇。

【落实政治生活待遇】 落实离休干部政治待遇和生活待遇，确保离休费和各项补贴补助按时足额发放、医药费按规定及时报销。对7名离休干部建立"一人一策"基本信息、服务工作台账，印发离休干部服务联系卡，"一对一"联系服务离休老同志，在就医住院、垫付医疗费、定期报销医药费等方面给予帮助。

6月，组织召开市水务局老干部庆"七一"座谈会暨半年工作情况通报会，局党组成员、一级巡视员王峰同志代表局党组从重点水务工程加快推进、城乡供水安全可靠保障、防汛准备工作落实到位、水生态环境质量持续改善、水资源管理持续深化、坚定不移推进全面从严治党6个方面向老同志们通报上半年水务工作情况和取得的成效。老同志结合自己多年工作经验，围绕党的建设、防汛排涝、水环境治理和保护等方面提出了宝贵意见。

加强党内关怀，帮助独居、生活能力差、生活困难的老同志解决生活中遇到的问题。在元旦春节期间开展走访慰问生活困难党员、老党员、老干部活动，为局机关146名离退休人员、10名离退休局级干部遗孀和10名长期患病或罹患大病、家庭出现重大变故的离退休人员发放节日慰问金27.86万元。

2023年看望慰问住院、患病老同志18人次。为7名年届80岁、90岁的老同志送去蛋糕券、送上生日祝福和党组织的关怀。协助家属处理3位离世老同志的后事。

【老干部活动中心】 按照"乙类乙管"要求，每周组织退休老同志书画兴趣小组、合唱团、京剧小组开展活动。7月，举办市水务局老干部合唱团庆"七一"演唱会，认真做好服务保障工作。为新近退休的7位同志办理市老干部活动中心活动证。切实做好安全生产工作，落实好局老干部活动中心的度汛措施，确保防汛安全。落实好用电用气的防护措施，确保用电用气安全。

（干部处）

统战工作

【概述】 2023年，市水务局党组坚持以习近平新时代中国特色社会主义思想为统领，深入学习贯彻党的二十大精神，聚焦服务市委、市政府"十项行动"，全面落实全国统战部长会议精神和全市统战部长会议精神，持续强化统战理论武装，不断加强思想政治引领，积极发挥统战工作"法宝"作用，取得明显成效。

【民主党派】 市水务局党组高度重视统一战线工作，持续深入学习贯彻习近平总书记关于加强和改进统一战线工作的重要思想，做好党外人士培养管理工作。截至2023年年底，全局共有统一战线成员1027人，按党派类别划分：民主党派成员74人（其中：民革党员14名、民盟盟员14名、民建会员7名、民进会员2名、农工党党员4名、致公党党员20名、九三学社社员12名、台盟盟员1名），无党派人士3名。

3月，市水务局党组传达学习全国统战部长会议精神和全市统战部长会议精神，并结合局工作实际提出贯彻落实意见。

7月，在全局党员干部中开展统战知识答题活动，累计1300余人参与。

7月，选派台胞职工积极参加天津市第九次台湾同胞代表会议和"走进北京通州河北雄安 感悟京津冀协同发展成就"研习社，并做好相关服务工作。

9月，以"发挥'三项优势'做到'三个坚持'推进水务援派事业取得新成效"为题，向市委统战部报送2023年市水务局统一战线实践创新成果；组织部分局属单位开展统一战线理论政策研究工作，选送天津市于桥水库管理中心《"互联网+"背景下民族地区旅游业发展促进各民族交往交流交融的价值与路径方法的研究》、天津市排水管理事务中心《在基层单位内如何有效促进民族工作开展》研究成果报送至市委统战部。

10月，习近平总书记在中央政治局第九次集体学习时就铸牢中华民族共同体意识发表重要讲话，市水务局党组及时传达学习，专题研究下一步工作，局党组主要负责同志对做好新时代统战工作提出具体要求；召开民主党派青年干部代表座谈会，局党组成员、一级巡视员杨玉刚出席会议并讲话，局九三学社、民革、致公党等民主党派青年干部代表、相关部门负责同志积极参与讨论，为水务事业发展建言献策。

11月，市水务局举办2023年党外干部培训班，局属各单位、机关各处室科级及以上党外干部、局民主党派全体成员以及各单位负责统一战线工作的分管领导、工作人员约120人参训。邀请天津市社会主义学院吴星辰、贾亭教授围绕学习贯彻党的二十大精神和中央统战工作会议精神、老一辈革命家的高超统战艺术，分别做了"深入学习贯彻落实习近平总书记关于做好新时代党的统一战线工作的重要思想""周恩来的统战智慧"专题讲座；组织局机关、局属单位党员干部、统一战线成员、统战干部观看反"独"促统爱国主义题材纪录电影《单声》，累计观影500余人次。

11月，编制印发《团结奋斗新征程 同心筑梦新时代》2023年度统战工作学习宣传手册500册，在全局各级党组织、干部职工中广泛开展统战工作学习宣传；致公党党员、天津市水文水资源管理中心高级工程师王勇，荣获天津市抗洪抢险救灾先进个人；向市委统战部报送《市水务局党组2023年统战工作报告》。

【民族工作】 3月，在全国两会召开期间，制作"同心筑梦 民族团结一家亲——水务局援派干部风采"宣传视频，在局电子显示屏等平台滚动播放，取得良好效果。

7月，组织开展民族宗教理论政策网上专题班，局机关处级及以下公务员、局属单位处级领导干部共180人参与学习。

（干部处）

各 区 水 务

滨海新区水务局

【概述】 2023年，滨海新区水务局以习近平新时代中国特色社会主义思想为指引，深入贯彻落实市委、市政府"十项行动"，以助力"津城""滨城"双城建设为总目标，以加快高质量发展为总主线，以全面从严治党为总保障，扎实有效推进"水资源、水安全、水生态、水民生、水创新"各项工作，持续为滨海新区发展夯基作劲、增光加力。

【水资源开发利用】 2023年，滨海新区总用水量5.6786亿立方米，其中生活用水1.4883亿立方米（包括城镇居民生活用水0.8799亿立方米，城镇公共用水0.5482亿立方米，农村居民生活用水0.0602亿立方米），工业用水2.0652亿立方米，农业用水0.2885亿立方米（包括农田灌溉用水0.1459亿立方米，林果灌溉用水0.0224亿立方米，鱼塘补水0.1052亿立方米，牲畜用水0.015亿立方米），生态环境用水1.8365亿立方米。

2023年，滨海新区总供水量5.6786亿立方米，其中地表水供水量3.0736亿立方米；地下水供水量0.2637亿立方米；非常规水源供水量2.3413亿立方米，其中深度处理再生水供水量0.3729亿立方米，粗制再生水供水量1.6925亿立方米，淡化海水供水量0.2759亿立方米。

（水资源管理室）

【水资源节约与保护】 滨海新区通过组织开展节水型企业、节水型小区、节水型公共机构创建活动，充分发挥节水网络作用，加强节水型载体创建宣传引导，扩大节水型单位范围，激发和调动社会各界参与节水的积极性。2023年新增创建市级节水型企业32家，市级节水型单位6家，市级节水型高校2家，市级节水型居民小区52个，区级公共机构节水型单位28家。

重点加强对512家用水大户的监控。全年共开展200余项用水计划指标审批工作，联合区市场局对12家用水器具销售市场开展抽查工作。

加大节水宣传力度，普及水效标识知识，深入推进节水"光瓶"行动，开展"节水大使"评选，推荐两个学校10名在校学生为市节水大使，在全社会形成爱水、护水、惜水的浓厚氛围。

（水资源管理室）

【水生态环境建设】 2023年，滨海新区完善河道水环境保护制度，执行河道取排水管理规定和非汛期禁排规定。全年区管河道巡查出动3012人次，1091车次，实现入河排口实时视频监控。是年，农村国有泵站从市管河道2条取水11次，取水量1434.7万立方米；向市管河道排水41次，排水量2240.7万立方米，均向区河长办进行备案登记。区管河道取水7次，取水量80.3万立方米；排水39次，排水量1187.8万立方米。开展生态补水，全年配合市水务局向北大港湿地补水0.14亿立方米，向独流减河补水1.72亿立方米，向蓟运河补水1.397亿；加强区管水利工程联合调度，向新区二级河道补水0.2亿立方米，并向海滨街、小王庄镇调度农业生产用水150万立方米。

（河湖保护室）

【水旱灾害防御】 2023年汛期整体气候形势总体偏差，全年成功处置防汛、防潮、防洪Ⅳ级以上应急响应16次，积极应对汛期20次强降雨过程和21次强对流天气，科学防御海河"23·7"流域性特大洪水及台风"杜苏芮"侵袭，确保新区平稳度汛，确保防御洪涝潮灾害"不发生人员伤亡、不发生较大损失、不发生次生灾害事故、不发生安全责任事故"，守牢海河流域行洪入海"最后一关"。

汛期降雨呈现极端性和局地性强的特点，平均降水量393毫米，接近常年同期（372.5毫米）。其中：塘沽观测站403.5毫米（常年同期375.1毫米）；汉沽观测站353.1毫米（常年同期360.9毫米）；大港观测站422.5毫米，较常年同期（381.4毫米）偏多41.1毫米，偏多近1成。

7月21日白天至夜间，新区普降大到暴雨，局部大暴雨，全区平均降雨量45.4毫米，自动雨量观测站中最大雨量204.3毫米（出现在太平镇），小时降雨量达100.3毫米。

7月底8月初，受台风"杜苏芮"影响，海河流域上游普降大暴雨到特大暴雨，产生特大洪水，滨海新区承载着整个流域75%的洪水下泄任务，入海水量53亿立方米。

全年共处置风暴潮预警18次、海浪预警3次，8月5日17时25分，塘沽海洋站最高潮位4.9米，未发生海水上溯险情；未发生长时间大面积沥涝积水，农村没有发生饮水困难和明显旱情。

全面提高水务系统应急指挥处置能力，调整完善滨海新区水务局应急抢险救援指挥部，组建了104人的水务局应急抢险救援队和31人的防汛抢险专家组，逐一落实各项防汛责任制，明确7条一级河道、10条二级河道责任人，5座大、中、小型水库安全度汛三个责任人，3座蓄滞洪区运用"三级四类"责任人，细化落实4座水库的水库大坝安全责任人。持续维系强化"南五河调度信息共享联络小组"保证信息通畅，确保了"23·7"洪水防御责任制到人、到岗，紧急任务顺利稳步开展。

按照"抓早抓实抓牢"的原则，开展2023年度防汛安全大检查，水务系统组建18支检查组，开展3轮防汛安全大检查，排查点位736处，整改问题隐患22处。充分发挥河（湖）长办防汛职能，加快推进妨碍行洪问题整改，排查清理水面堤岸垃圾223.48吨、非法捕捞渔网具93个，取缔非法垃圾堆放点11个，整治非法侵占水域滩地种植11个、违规私搭乱建2个，恢复河流行洪能力。

结合防控风险点、薄弱环节等变化情况，进一步修订完善4座中、小型水库的调度、防抢、安全度汛方案。按照市局统一部署，精心组织开展滨海新区3处蓄滞洪区9.4088万人的居民财产登记，修订细化运用预案，构建蓄滞洪区运用转移"三级四类"责任体系，将蓄滞洪区运用中群众转移安置到人、到车、到安置点、到包保责任人，确保蓄滞洪区一旦启用，人员迅速转移、妥善安置。组织属地街镇、危化企业，结合生产工艺实际制定3处危化企业涉水安全预案，专家评审通过后在滨省新区应急局完成备案，并依据预案开展专项演练，确保蓄滞洪区一旦启用，不发生次生灾害。结合防控风险点、薄弱环节等变化情况提前制定子牙新河等10处河道风险点位抢险应急方案，在堤防薄弱段预置人员队伍、应急物资，保证了此次子牙新河防洪抢险有序开展，妥善应对。

加强城市排水措施。全面开展排水设施养护大会战，对172座市政排水泵站、26座农村除涝泵站及配套管网进行维护保养，疏通管道近117千米，维修清掏检查井、收水井21000余座。针对排水泵站、管道、应急设备等进行全面检查，确保设施设备正常迎汛。落实23处积水点"一处一预案"，提前采取"一低两腾空"措施，尽最大努力减少城市积水现象、减少降雨对水环境的影响。

加强区级防汛抗旱物资维护管理，及时盘点冻结三大类80余项价值2200余万元区级防汛抗旱抢险物资，完成158台（套）抢险机械设备及应急物资的维护保养，保证物资随调随用。为满足"23·7"特大洪水一线单位抗洪抢险需要，累计发放17.1万条编织袋、12.17万平方米覆膜土工布、1600根桩木等各类物资，紧急补充10万平方米土工布、20万条编织袋、5000件救生衣、200立方米桩木，为洪水顺利过境提供坚实保障。加强防汛应急指挥系统运行维护，确保新区防汛应急指挥系统249处潮位、水位、雨量、泵站等水文监测设备及控制系统全时运行，2023年防汛防洪期间以2小时为单位24时滚动发布1000余条水情信息，实时为沿河功能区、街镇防汛防洪抢险科学决策提供精确水文数据支持。

在海河流域"23·7"特大洪水期间，充分利用京津冀联络机制，以"南五河信息共享联络小组"为平台持续研判水情变化，联合开展各级沿海水利枢纽调度，尽最大努力降低新区境内各级河道水位，保持最低水位运行，为上游行洪、当地排涝预留最大空间。洪水抵达滨海新区后进一步压实水务调度职责，强化跨境河道防汛调度横向、纵向沟通联动机制，实时掌握上游洪水控泄流量、各河尾闸泄洪情况，组织泵站工作人员支援沿海闸站，优化调度措施，抢抓高低潮位变化有利时机，尽全力保证洪水排海下泄。密切跟踪上游蓄滞洪区启用、水利工程调度情况，结合新区防洪实际，利用大数据、无人机等先进手段，综合分析上游泄量、潮汐变化、河道设计参数等数据，建立水利模型，提前预判河道水位、水量，指导堤防加固、口门封堵等抢险措施。千方百计缓解子牙新河防洪压力，经多方协调河北省各级防洪调度管理单位，上游顶着巨大压力向子牙河、南运河分泄子牙新河洪水达100立方米每秒，最大限度减轻新区南部防洪压力。充分发挥水利系统技术指导职责，组织8支水务专家组并协调市水务局派出3名水利部认证防洪抢险专家派驻各街镇，指导封堵处置，累计指导加固堤防26.6千米，封堵口门219处，处理险情55余处。

（河湖保护室）

【农田水利】 滨海新区加强农田水利设施运行维护管理，成立滨海新区农田水利设施运行维护工作考核监督小组，健全"一镇一册""一村一表"农田水利设施台账，明确农田水利设施产权人、使用人及管护责任人，组织各街镇制定农田水利设施年度维修养护计划，巡查检查辖区内农田水利设施。对各街镇农田水利设施运行维护工作开展情况进行半年和年度考核。

加强农业用水管理，制订年度农业水权分配方案。完善农业水权制度，明确各街镇及村级用水主体水权水量，全年发放水权证131本。

开展农田灌溉水利用系数测算工作，在前沽村灌区和后沽村灌区样点进行灌溉水有效利用系数测算，维修、安装25套田间观测设备，开展田间试验，专人观测记录灌水试验数据。经测算，前沽村灌区和后沽村灌区灌溉水有效利用系数分别为0.7407和0.7239。

（水资源管理室）

【水土保持】 2023年，滨海新区全额征收生产建设项目水土保持补偿费。开展生产建设项目水土保持全过程监管，制定印发《滨海新区2023年生产建设项目水土保持监督检查工作计划》，明确将已批复水土保持方案的现存未建、在建、完建未验收生产建设项目全部纳入监管，并采取现场检查、书面检查、"互联网+监管"及电话跟踪等形式实现全覆盖。区级批复项目71个，全部纳入监管，现场检查24个区级项目，对于发现的问题，下发整改意见并督促整改。开展水土保持设施验收监督管理工作，建立水土保持设施备案台账，全年完成备案项目91个，完成自主验收核查15个。开展区域水土保持定期遥感监管，对于涉嫌"未批先建""未验先投"等违法违规行为依法予以查处。开展3批次遥感图斑解译，发现疑似违规土地扰动点位238个，涉及5个功能区和16个街镇，经现场调查核实，确定生产建设项目152个，其中合规项目106个、不合规项目46个。落实水土保持责任追究，跟进查处巡查中发现存在水土流失隐患问题点位涉及的企业，全年约谈企业9家，通报企业1家。

（河湖保护室）

【工程建设】 滨海新区农业水源置换工程。批复概算总投资52715.02万元，其中政府专项债券40000万元，中央专项资金2200万元。主要建设内容包括：清淤渠道约265.199千米，新建、重建及维修改造涵闸134座，新建、重建及维修改造泵站81座，安装计量设施81个，封填机井894眼等。项目于2022年8月开工建设，截至2023年年底，河道清淤已完成约222.789千米；封填机井完成391眼；新建、重建及维修改造涵闸已完成55座，正进行施工涵闸30座。

黄港湿地生态区水环境综合治理与修复工程。批复概算总投资248401.12万元，其中政府专项债券200000万元。中央专项资金7400万元。主要建设内容包括：生态蓄水湖工程、黄港湿地水系连通治理工程、黄港湿地生态区水环境提升工程、黄港二库泵站重建工程、东兴隆泵站新建工程、黄港水库堤岸修复工程、黄港一库生态修复工程等。2022年内全部子项目已全部开工，截至2023年年底，7个子项目已完工6个，东兴隆泵站主体段子项目完成了水下部分施工。

滨海新区2022年度北大港水库库区及移民安置区基础设施项目。项目概算总投资2026.77万元，涉及5个街镇14个行政村。建设内容：道路硬化11处，总长度9719米；地面硬化（路面砖铺设）21998.06平方米；穿路管涵16座；泵站维修1座；楼道墙面粉刷15069.6平方米；健身广场1处；新建排水沟670米；路灯安装30盏；新建雨水排水管道1286.5米；新建污水排水管道247.5米；砌筑检查井47座；维修破损检查井194座；雨水口59个；过道涵11处等。工程于2022年12月5日开工建设，2023年7月19日完工。

滨海新区2023年度北大港水库库区及移民安置区基础设施项目。项目概算总投资1920.93万元，涉及4个街镇15个行政村。建设内容：道路硬化12处，总长度约11379米；涵管1座；楼道墙面粉刷48059平方米；防盗门更换193个；新建输水管道及防渗渠工程1项；路灯更换40盏；新建排水管网1处；大棚低压线架设1处。工程于2023年12月8日开工建设，预计2024年3月完工。

（排水监督室　河湖保护室）

【供水工程建设与管理】 滨海新区现有自来水厂11座，设计生产规模为123.5万立方米每日；再生水厂11座，设计生产规模为41.18万立方米每日；雨洪水中水厂1座，设计生产规模为5万吨每日；海水淡化厂4座，设计生产规模为31.6万立方米每日。形成了以外调滦河水、长江水为主，开发利用再生水、海水淡化水和雨洪利用水等非常规水源为辅，并逐步减少开采深层地下水的多水源优化配置的供水用水体系。

组织开展各项供水安全检查。适时对各功能区、各供水单位开展安全检查，推动落实属地管理责任和企业主体责任；在重要时期和重大节日期间加强对水源地、水厂运行、二次供水、安全防火、电气设备等重点部位的安全检查。强化供水应急演练。修编完善滨海新区供水应急预案，完成供水单位供水应急预案及备案管理；组织推动供水单位开展应急预案演练和研练，进一步提高应急处置能力。

开展2023年度供水企业信用评价，天津水务集团滨海水务公司、泰达水业、龙达水务公司和南港水务公司被评为优秀；安达供水公司被评为良好；组织各供水企业、各自来水厂加强供水管网巡查，实施水厂深度处理，全面提高出水水质、水压和服务质量。

（水资源管理室）

【排水工程建设与管理】

1. 排水工程建设

津塘路泵站新建工程。批复概算总投资17943.39万元，其中政府专项债券11000万元。主要建设内容包括：新建规模20立方米每秒雨水泵站 1 座，新建规模 4.64 立方米每秒污水泵站 1 座及 2 座泵站的配套附属设施。项目于 2021 年 12 月开工建设，2022 年年底完成了泵站底板施工，2023 年年底项目已完成所有水下部分施工，正进行地上部分建设，本年度完成投资 5000 万元。

2. 排水行业基本情况

2023 年，滨海新区水务局养管的市政排水泵站共 172 座，其中污水泵站 87 座，雨水泵站 85 座；排水主干管网 1320 千米，污水管道 592 千米，雨水管道 728 千米；实有检查井 22354 座，收水井 19887 座。2024 年全年累计疏通管道近 117 千米，维修清掏检查井、收水井 21000 座次，排水设施完好率 95% 以上。

3. 污水处理行业管理

2023 年，滨海新区污水处理厂共 27 座，其中区本级城镇污水处理厂 9 座，开发区污水处理厂 10 座，街镇污水处理站 5 座，天津港配套污水厂 3 座，总处理规模 80.35 万吨每日。2023 年污水处理量约为 2.5 亿立方米，城镇污水处理率为 96.94%。滨海新区水务局按照《天津市污水处理厂管理办法》，建立滨海新区污水处理厂管理台账，配合天津市水务局推进城镇污水处理厂在线监测设施建设，加强污水处理厂出水水质行业监管、执法监督，实现稳定达标排放。协调财政按时拨付污水和污泥处理费，确保污水处理厂正常运行。

4. 污泥处理行业管理

2023 年滨海新区建成污泥厂处理能力为 610 吨每日，污水厂每日污泥产生量约 500 吨。严格执行"五联单"制度，实现污泥处置全过程的无缝监管。全区城镇污水处理厂产生污泥全部无害化处理。健全污水处理付费价格机制，提升污泥处置行业市场化发展水平。

5. 市政排水管理

持续推进排水许可制度，加大对排水许可的事中、事后监管力度，2023 年配合区政务服务办办理排水许可 99 件，妥善解决排水领域信访件 1120 件。

（排水监督室）

【水政监察执法】 2023 年，滨海新区水务局坚持以习近平新时代中国特色社会主义思想为指导，深入贯彻党的二十大精神和习近平法治思想，认真落实滨海新区区委、区政府法治政府建设部署要求，坚持法治政府建设与推动水务高质量发展同部署、同推动、同落实，不断提高水务工作人员法治思维和依法行政能力，持续推进法治政府建设各项工作取得新成效。

滨海新区水务局按照滨海新区区委、区政府各项要求，在水务领域配合开展审批制度改革、清单调整、行政规范性文件管理、执法工作与街镇协调联动、完善行政执法三项制度等各项工作。2023 年，完成行政规范性文件清理工作 2 件，行政规范性文件后评估工作 1 件，印发《滨海新区水务局重大行政执法决定法制审核事项清单》，部署开展"滨海新区河道阻水障碍物清理整治专项执法行动"和"滨海新区河湖安全专项执法行动"。开展《天津市滨海新区供水突发事件应急预案》的修订工作，指导辖区供排水单位不断完善应急预案的制定、修订并围绕密闭空间作业、硫化氢中毒、火灾等重点防范事项开展演练。完善取用水管理领域的"双随机、一公开"监管机制，开展"单位/个人取用水行为的检查"和对"用水单位或个人节约用水行为的抽查检查"工作，出动执法人员 106 人次，执法车辆 48 车次，抽取 30 户进行"双随机、一公开"抽查工作。办结 12345 热线平台水事违法诉求件 45 件，其中现场协调妥善解决居民用水纠纷 15 起。

滨海新区水务局制定下发《关于组织开展 2023 年"世界水日""中国水周"宣传活动的通知》，要求各功能区、各单位认真筹划安排，突出宣传重点，大力开展丰富多彩、形式多样的集中宣传活动。围绕"强化依法治水 携手共护母亲河"宣传主题，采用"线上+线下"结合模式，开展水法治宣传工作。3 月 22 日，联合组织开展"世界水日""中国水周"宣传启动仪式，发起节水倡议，集体参观生态城再生水厂；3 月 23 日开展节水进广场宣传活动，联合大清河管理中心、大港街道办事处在大港世纪广场发放资料、节水宣传品，向群众宣传怎样珍惜水、保护水、节约水等方面知识。

2023年，查处各类水事违法活动107件，其中一般程序案件立案查处17件，简易程序当场警告30件，责令限期改正60件，涉及隐患和违法企业均已全部完成整改。严格落实行政执法公示制度，及时对作出处理决定的案件在政府网上进行公示。严格落实执法全过程记录制度，配备执法设备及制作执法制服，实现执法全过程记录留痕、可回溯管理，保证案件的客观真实性，严格落实重大执法决定法制审核制度。

成立天津市滨海新区水务综合行政执法支队。在编人员27人，文化水平均达到大专及以上文化程度。全局持证在岗执法人员共24名。

(水资源管理室)

【工程管理】 加强全区水务工程建设程序管理，严格落实各工程项目法人备案、质量监督备案、安全生产监督备案、开工备案等制度。严格落实在建水务工程质量监督管理，落实工程质量终身责任制，加强质量专项检查与日常巡查相结合严控质量关，委托专业机构进行工程原材料及工程实体质量飞检，严格落实在建水务工程安全生产监督管理，日常巡查中严查施工现场各参建单位安全管理人员到岗履职情况、安全设备措施到位运行情况、安全培训开展落实情况以及安全管理档案等，同时按相关部门要求扎实开展安全度汛、消防、燃气、施工用电等专项安全大检查消除安全隐患，组织各参建单位开展了长输管道安全等相关安全知识培训，2023年全年新区水务工程施工零安全事故。

(排水监督室)

【河湖长制】
1. 河湖长制组织体系

滨海新区现有总河湖长2名，区级河湖长18名，街镇级总河湖长43人、街镇级河湖长84人、村级河湖长209人。全区1501条（座）水体（市管河道9条、市管水库2座、区管河道44条、区管水库3座、街镇管沟渠690条、坑塘719座、水库1座、景观湖33座）纳入河湖长制管理。

2. 考核、问责、监督举报情况

一是进一步调整考核工作制度，细化实化河长湖长及部门职责，推动河湖长制工作有名有实。印发季度工作情况通报3份，下发整改通知单27份。同时加强闭环管理，督促整改问题1859项。持续压实各级河湖长责任，不断提升各级河湖长履职能力，推动长效管控机制落地见效。二是全年共约谈通报履职不到位河湖长6人次，进一步强化河湖长责任担当，狠抓问题整改落实。三是鼓励社会群众参与共同爱河护河，全面畅通社会监督举报途径，充分运用12345、津沽河长微信公众号、社会监督员、河长制日常监督举报电话等，建立与群众沟通的平台，做到有举报必核查，有问题必整改，有整改必到位，建立社会监督举报台账，一问题一销号，一问题一回复。解决各级社会监督举报问题共27项，反馈满意率为100%。

3. 2024年滨海新区河湖长制主要任务

新区2024年河湖长制工作任务共分为高效利用水资源、综合治理水环境、保护修复水生态、切实保障水安全等四大类，包括40项实施内容，各牵头单位按照责任分工，对照考核目标，详细梳理工作内容，与各配合单位加强沟通合作，主动对接市级考核部门，对标市级要求。

4. "清河湖"专项行动

持续开展"清河湖"专项行动，以改善水质、清零垃圾、补齐长效管理为重点，强化联防联控机制作用，着力解决河湖水环境重点难点问题，在全区范围内开展大清理大排查大整治，共排查清理水面堤岸垃圾约420.23吨。

5. "清四乱"常态化规范化工作情况

按照区级河湖长的批示精神及纵深推进"清四乱"常态化规范化工作要求，滨海新区河（湖）长办开展纵深推进"清四乱"常态化规范化。滨海新区河（湖）长办召开了区级河湖长会议，区级河湖长部署了纵深推进"清四乱"常态化规范化工作并印发了《滨海新区纵深推进河湖库"清四乱"常态化规范化工作方案》，进一步压实各级河湖长责任，确保各项任务顺利推进。滨海新区河（湖）长办综合运用"回头看"、日常考核、现场督导检查等方式方法推进河湖"清四乱"常态化规范化工作，2024年滨海新区河（湖）长办现场督导检查2次，印发督办单4次。2024年各开发区、街镇通过集中排查及日常巡查，发现清理处置各类"四乱"点位共21处。

6. 河湖遥感图斑核查整治工作情况

根据2024年河湖遥感图斑问题线索，区河（湖）长办组织对河湖遥感图斑开展核查整治工作。区河（湖）长办组织召开滨海新区河湖遥感图斑部署会议和问题研判会议，全面部署滨海新区图斑核查整治工作和研判图斑点位，经各开发区、街镇及区级河道管理部门研判，197项图斑点位其中195处不是问题，2处确认是问题。开展集中整治，在核查过程中对发现的问题随核查随整改，提高整治效率。

7. 幸福河湖建设情况

为贯彻落实总河湖长令《关于全面建设新时代幸福河湖的动员令》要求，新区制定了建设实施方案，区级总河湖长高位部署推动，进一步统一思想、提高认识，明确目标任务、工作计划、实施内容、责任分工及保障措施，以河湖主要功能为依托，遵循分类实施原则，率先以海河、静湖作为幸福河湖建设首批样板，分类打造幸福河湖，全面总结挖掘先进经验和取得成效，为全区幸福河湖建设打下良好基础，力争到2035年，全区总体建成幸福河湖。

8. 河湖长制宣传工作情况

新区以提升人民群众对河湖的满足感和幸福感为目标，以补齐宣传手段单一短板为抓手，持续开展河湖长制宣传活动，适时开展河湖长制进社区、进学校、进企业各类宣传活动，抓住重点时段、重点节日开展河湖安全管理宣传和劝导，全年累计出动3700余人次，发放宣传材料4万余份，增设警示标语、横幅、警示牌130余个，宣传劝导群众1万余人，既增强了人民群众涉水安全意识，又提升了河湖长制社会知晓率，全面提升河湖长制宣传覆盖率，让河湖长制走进百姓生活。

9. 各级河湖长履职情况

区级总河湖长、区级河湖长高度重视河湖长制工作，主持召开区级河湖长会议，分析研判当前水环境治理工作面临的形势，统筹推进河湖长制工作，协调推动河湖长制各项任务。各级基层河湖长履职尽责，切实做到真巡河，坚决落实属地管理责任，完善河湖保护长效管理机制，充分运用河长制信息平台，发现问题并及时整改，持续提升基层河湖长履职尽责意识，改善河湖管理秩序进一步向好。区级河湖长巡河（湖）146人次，街镇级河长巡河（湖）6565人次，村级河长巡河（湖）36688人次。

10. 黑臭水体治理工作情况

开展黑臭水体排查治理工作，持续组织各开发区、街镇全区范围开展黑臭水体排查工作，发现问题立即上报。对全区69个黑臭水体点位每月进行检查，对检查发现的相关问题，督促相关责任单位进行整改，保持长效管控。针对已治理完成的建成区黑臭水体（城排明渠、下坞泵站干渠）督促属地街镇加强日常巡查养管。每季度区河（湖）长办组织各开发区、街镇对全区建成区水体开展排查，未发现新增建成区黑臭水体。

（河长办）

【精神文明建设】 召开2次精神文明建设工作会议，专题研究文明城区常态化工作。组织党员干部参观跨越时空的井冈山主题展、大沽口炮台遗址博物馆、中新生态城开发建设十五周年展，观看红色电影3部，各党支部通过组织生活会、主题党日、参观红色教育场所等时机重温入党誓词58次。组织机关及基层党组织385名党员到社区报到，完成街镇吹哨任务26件，为群众办实事39件。运用好"支部建在防汛一线"工作法，在海河"23·7"流域性特大洪水过境期间成立3个临时党支部，切实保障新区防汛排沥安全。开展全国文明城区创建集中攻坚行动7次，先后组织3000余人次参与"世界水日""中国水周"、护航高考、文明交通劝导、环境大清整等活动。开展"认领一片绿地、共创一方文明"活动，累计认领绿地345平方米。组织党员、干部积极参与"滨城好人""五好家庭""美好家庭"系列创建活动，2名党员被评为"滨海好人"，1人被评为"美好家庭"，1人孝老爱亲事迹被新华网天津宣传报道。

（党建工作室）

【队伍建设】

1. 局领导班子成员

党委书记：刘振江

党委委员：王红卫　于麟海

局　　长：刘振江

副 局 长：王红卫　于麟海

2. 机构设置

局设5个室和4个基层事业单位。

机关室：办公室、党建工作室（网络安全和信息化办公室）、水资源管理室（区节约用水办公室、营商环境建设室）、河湖保护室、排水监督室（防灾减灾室）。

基层事业单位：天津市滨海新区排灌事务中心、天津市滨海新区河长制事务中心（天津市滨海新区水资源事务中心、天津市滨海新区控制地面沉降事务中心）、天津市滨海新区水政监察事务中心（天津市滨海新区水利工程建设质量与安全监督中心）、天津市滨海新区汉沽自来水管理所。

3. 人员结构

2024年，滨海新区水务局在职人员541人，离退休1189人。其中：

局机关编制31人，在职30人（公务员29人，工勤1人）。人员按学历分：研究生及以上学11人，本科16人，大专学历2人，中专、高中及以下学历1人。按年龄结构分：35岁以下10人，36~45岁5人，46~54岁11人，55岁以上4人。局机关退休职工98人。

事业单位编制649人，在职511人。人员按学历分：本科及以上学历369人，大专学历84人，中专学历21人，高中及以下学历37人。按职称分：正高级工程师2人、高级工程师27人，工程师72人，助理工程师109人。按年龄结构分：35岁以下99人，36~45岁169人，46~54岁167人，55岁以上76人。事业单位离退休职工1091人。

（党建工作室）

东丽区水务局

【概述】　2023年，东丽区水务局坚持以习近平新时代中国特色社会主义思想为指导，全面贯彻党的二十大精神，践行新时期治水思路，围绕十项三年行动计划和四项年度攻坚行动，纵深推进全面从严治党，持续推进保障水安全、保护水资源、修复水生态、改善水环境等各项工作，持续强化水务行业监督管理，持续提升内部管理水平，水务事业高质量发展取得新成效。防汛防洪工作取得全面胜利，成功迎战台风"杜苏芮"带来的持续性强降雨，有力保障海河"23·7"流域性特大洪水行洪泄洪安全，圆满完成支援东淀蓄滞洪区退水排涝任务。河湖生态环境持续改善，河湖长制治水管水平台作用有效发挥，一系列河湖治理管护专项行动圆满收官，东丽区2023年度水土保持目标责任考核结果为优秀，水土保持率99.87%。水资源管理和节水工作持续加力，东丽区2023年度实行最严格水资源管理制度考核结果为优秀。供排水安全得到有力保障，强化日常监管的同时，有效破解一系列群众和企业"急难愁盼"的用水排水难题，全区供排水运行平稳高效，为经济社会发展和民生改善提供支撑。水利工程建设和运行管理扎实有力，抢抓国家增发1万亿国债机遇，牵头谋划申报水务项目，加快推进水务基础设施补短板，务本河泵站扩建工程成功入围，河道、泵站等水利工程效益持续发挥。水行政执法坚持刚柔相济，与公安、检察部门协作机制有效落实，执法质量和效能不断提升。党建、财务、干部队伍、精神文明等各项基础工作规范有力开展，为水务发展提供坚实保障。

【水资源开发利用】 实行最严格水资源管理制度，执行地下水禁采区和限采区规定，严格执行取水许可和水资源论证制度，实行地下水取水项目地面沉降"一票否决"制，禁止工农业生产及服务业新增取用地下水，全年无新增取水许可。完成取水许可电子证照校验和签发工作。强化取用水事中事后监管，对14个基坑疏干抽排水建设项目进行动态监管，对地下水用户计量设施安装与运行进行检查，按季度核定非居民地下水用户用水量并及时反馈至税务部门，按时间节点对完成基坑疏干抽排水的建设项目核定水量，开展建设项目节水"三同时"验收1家。严格执行水资源论证制度，完成《天津市东丽经济技术开发区规划水资源论证报告书》和《天津华明高新技术产业区区域水资源论证报告书》批复工作，开展建设项目节水评价审查24家。牵头推进地下水超采综合治理，持续推动地下水水源转换，全年回填停用机井6眼，地下水实际开采量44.15万立方米，比上年减少10.59万立方米。推动再生水利用，全年全区再生水利用量1133万立方米，超额完成市水务局下达的400万立方米年度指标任务。牵头推进控制地面沉降工作，结合2022年度东丽区沉降趋势，开展沉降极值区域专项治理，同时协调成员单位完成年度重点任务，全区地面沉降量与2022年基本持平，完成市绩效考核指标任务。东丽区2023年度实行最严格水资源管理制度考核结果为优秀。

【水资源节约与保护】 严格计划用水管理，按照总量控制和定额管理相关规定，核定区内非居民自来水用水户392户，分配指标1163万立方米，对用水户加强监督管理，严格落实节水统计填报制度，重点用水户以月为周期、非重点用水户以季度为周期进行考核，下发《水量预警通知》60家次，指导开展水平衡测试5家，督促用水户完善节水措施、加强用水管理。推进节水载体创建，新创建节水型企业（单位）3个（中国能源建设集团天津电力建设有限公司鼎泰装备工程分公司、天津市东丽区李明庄学校、中国工商银行股份有限公司天津东丽支行），节水型居民生活小区4个（天津市东丽区金桥街道仁雅家园社区仁欣家园小区、天津市东丽区金桥街道枫愉园社区枫愉园小区、天津市东丽区金桥街道枫愉园社区枫舒园小区、天津市东丽区新立街道融创社区融章园小区）。持续开展节水宣传，借助"世界水日""中国水周""全国城市节约用水宣传周"等契机，深入广场、社区、企业、学校等开展节水宣传20余场次，发放宣传材料1000余份，同时宣讲《天津市节约用水条例》《地下水管理条例》《水土保持法》等法律法规和日常节水知识，倡导市民积极践行公民节约用水行为规范，营造取水用水法治环境。组织水务系统干部职工参加全国节约用水知识网络答题活动。携手丽贤小学评选"节水大使"10名。联合区市场监管局及市级节水部门聚焦居然之家家居建材市场内商户开展节水器具专项检查，市场抽查合格率100%，同步科普《水效标识管理办法》及节能、节水基础知识等。协调推动工业、农业、城镇生活等各领域节水控水，天津天钢集团有限公司获评2022年度国家级水效领跑者企业，是东丽区首家、天津市第三家获批该称号的企业。

【水生态环境建设】 配合区生态环境局持续打好污染防治攻坚战、黑臭水体治理攻坚战，完成城市黑臭水体整治环境保护行动，制定《东丽区城市建成区黑臭水体长效养管方案》，定期对一二级河道开展水质检测，建成区6条已治理黑臭水体全部保持国家"长制久清"标准，未出现返黑返臭现象，无新增黑臭水体。借助全市生态补水契机，争取市级补水流量，利用河网水系连通条件，做好闸涵泵站运行管理和水循环调度，改善二级河道水环境质量。持续做好东减河生态水量保障工作，维护河道健康生命。

【水旱灾害防御】

1. 雨情汛情

2023年1—12月，东丽区降雨天数52天，降雨量576.2毫米，与2022年同期降雨量566.9毫米基本持平，较多年平均降雨量550毫米上涨4.76%。汛期降雨量468.4毫米，与2022年同期降雨量455毫米基本持平，较多年平均降雨量438.7毫米上涨6.77%。

2023年汛期，东丽区先后启动防洪Ⅳ级预警3次、防洪Ⅲ级预警1次。最强降雨出现在7月29日至8月2日，全区平均过程降雨量102.3毫米，最大降雨量出现在华明街地区，降雨量157.8毫米。

2. 防汛

落实落细防汛备汛举措。修订完善防汛规程和预案，落实10座国有泵站、17条河道以及重点涵闸等水利工程防汛责任制，明确相应工作程序，确保翔实可行。加强防汛物资储备管理，全面清仓盘库，组织设备检修，落实防汛物资保障资金46万余元，增储移动泵车、电缆等设备物资入库，确保防汛抢险关键时刻调得出、用得上。落实技术支撑队伍，组建6人防汛专家组和20人防汛抢险技术指导队，组织开展城区排水实战演练、防汛应急抢险业务知识培训等专项培训演练5场次，提高防汛应急处置能力。提高排水保障力，组织完成河道塌坡修复和河口泵站、区管水闸等水利工程设施汛前维修养护，以市政排水设施春季养管会战为抓手，组织各街道（功能区）对雨污水管网和检查井、市政泵站等设施进行维修养护，开展汛前雨污水管网积存水调水，确保各类排水除涝设施汛期良好运行。开展隐患排查整治，按照"汛期不过、排查不停、整改不止"的要求，成立6个检查小组，紧盯河道堤防、闸涵泵站、市政排水设施等重点部位和重要领域，持续开展风险隐患排查，督促整改隐患问题10处，完成一级行洪河道区管穿堤建筑物汛前检查，坚决杜绝"带病入汛"。结合春季清河湖专项行动、河道防汛保安暨河道阻水障碍物清理整治专项执法行动等，组织各街道（功能区）对全区河道进行全覆盖排查，及时清理整治阻水障碍物等，确保河道行洪畅通。联合金钟街道协调天津市排水管理处第三排水管理所，为303宿舍区域寻找积水排放出路，对新路径的污水排放出路进行管网联通，彻底解决该区域排水堵点问题。

防范应对汛期强降雨。汛期及时响应全区3次防洪Ⅳ级预警和1次防洪Ⅲ级预警，提前落实"一低两腾空"等防御措施，第一时间启动排水应急预案，针对丰年区域、党校地区、福山里、天水丽园、昆仑里等排水重点区域，提前将应急排水泵车、排水泵等设施预置到位，安排应急防汛人员24小时盯守，持续对贵环污水泵站、增兴窑雨污水泵站等进行检查，积极协调市级排水单位降低管网水位，河道闸站联合调度，成功迎战台风"杜苏芮"带来的持续性强降雨，全区河道水势平稳，未出现大面积积水，个别点位积水及时排除。通过建立会商机制、加强河道巡查等方式，重点保障滨海国际机场、空港经济区排水安全。

保障行洪泄洪安全。面对60年不遇的海河"23·7"流域性特大洪水，第一时间专题部署，深入永定新河大堤实地查勘，第一时间成立由水务、应急、公安、消防、武装部、属地华明街道和东丽湖街道构成的永定新河现场战时指挥部，牵头组织各成员单位累计派出人员1578人次，连续坚守永定新河东丽段大堤16天开展24小时联合巡防，组织属地街道落实抢险救灾机械16台、黏土5000立方米、编织袋、砂石料等抢险物资并预置在近堤区域，协调民兵、公安、消防等抢险队伍保持热备状态，保障永定新河洪水安全过境。永定新河行洪和海河、新开河、金钟河调水期间，发挥河湖长制平台作用，印发《东丽区关于加强海河、新开河、金钟河沿线巡查检查工作方案》，协调应急、城管、农业农村、公安、属地等部门联合开展河道巡查管理和执法监管，拉网式巡查检查一级、二级河道的病害隐患，全区出动4580

余人次，劝离近岸活动群众700余人次，守护河道安澜和群众安全。响应市水务局关于支援东淀蓄滞洪区退水排涝号召，出动由20名排水骨干、2辆工程车辆、2台500立方米每小时中型排水泵车组成的抢险突击队，第一时间奔赴西青区辛口镇当城村点位，连续15天昼夜强排，顺利完成退水排水任务，为东淀蓄滞洪区灾后重建、农业生产恢复及经济社会健康发展做出贡献。

3. 抗旱

扎实开展抗旱工作，做好各种抗旱设施的维修养护，及时合理调度水源，为农田春耕生产创造良好墒情条件。根据《天津市土壤污染防治工作方案》（津政发〔2016〕27号）要求，保护灌溉水水质安全、预防土壤污染，加强水质监测，做好东丽区2个地下水点位和15个地表水断面的水质检测工作。经检测，东丽区灌溉水水质处于较高水平，符合农业灌溉用水标准。

【农田水利】 强化日常监督管理。区水务局、区农业农村委、区财政局按照《东丽区农田水利设施运行维护工作方案》，全年共派出检查人员30余人次，对部分街道农田水利设施运行维护工作进行现场检查指导，依照检查情况对发现的问题及时反馈各街道，做到立查立改；各街道、集体经济组织根据权属情况对农田水利设施进行常态化、动态化管理，持续做好维护、巡查工作。统筹安排设施维护资金，全年全区合计投入资金89.51万元（其中区级10万元、街级58.9万元、村级20.61万元），用于农业水利设施的运行维护支出，保障农田水利设施运行维护工作正常运行，设施充分发挥效益。扎实开展考核，制定《东丽区农田水利设施运行维护考核工作方案》并印发至各街道，相关街道开展自查梳理，区考核组采取现场检查、查看资料的形式对各街道农田水利设施运行维护管护机制、管护主体和责任落实情况，农田水利设施"一镇一册""一村一表"台账等相关工作进行检查指导，依据《农田水利设施运行维护考核评分表》对各街道2023年运行维护情况进行考核评价，其中华明街道、军粮城街道考核成绩优秀，金钟街道、新立街道、金桥街道、东丽湖街道考核成绩合格。

【水土保持】 贯彻落实《关于加强新时代水土保持工作的意见》，建立东丽区水土保持工作联席会议制度。强化水土流失预防监督，配合区政务服务办审核建设项目水土保持方案35个。落实优化营商环境要求，组织完成"用地清单制"水土保持方案技术评估3个，促进项目快投快建。强化生产建设项目常态化监管，接受生产建设项目水土保持设施自主验收报备19个，开展验收核查5个；通过遥感监管、书面检查、现场检查、动态监测等方式，开展水土保持监督检查100余次，下达书面整改意见30个，约谈、通报违法违规单位5家，被检查单位均完成整改；完成水利部及天津市下发疑似违法扰动图斑现场复核35个，认定并查处违规生产建设项目2个，认定违规生产建设活动1个，全部完成整改；核定水土保持补偿费30家共246万元。开展水土保持宣传6次、业务培训2次，广泛普及水土保持法律法规和相关制度，增强全民水土保持意识。突出示范效应，推动东郊污水处理厂及再生水厂迁建工程项目申报国家水土保持示范工程，新建北京至天津滨海新区铁路宝坻至滨海新区段五标生产建设项目弃渣综合利用，被征集为水利部生产建设项目弃渣综合利用典型案例。完成2条生态清洁小流域建设任务。2023年度东丽区水土保持目标责任考核结果为优秀，水土保持率99.87%。

【供水管理和行业监管】 组织实施民心工程项目。协调推动完成天津市20项民心工程项目涉及东丽区张贵庄街福阳小区和万新街赢通公寓、万润公寓3个小区供水旧管网改造任务，改善提升1200余户居民用水质量。

解决群众"急难愁盼"用水问题。持续推动缓解居民住宅小区二次供水频繁跑水问题，结合试点工程经验，制定《东丽区居民住宅二次供水支管闸改造工作方案》并推动落实，2022—2023年度共计完成5个小区支管闸改造，组织实施4个重点小区部分二次供水管网更新改造，建立健全应急抢修联动机制，有效改善提升2万多户居民用水质量，群众反映二次供水问题同比减少50%，大力推动解决二次供水难题经验做法入选全区学习贯彻习近平新时代中国特色社会主义思想主题教育34个典型案例。协调解决中国人民武装警察部队特色医学中心重点军事项目二次供水设施验收通水、华明高新区4家企业用水报装等难题，保障重点项目和企业用水需求，收到感谢信1封、锦旗2面。

持续优化供水营商环境。组织召开用水报装征求意见座谈会，组织供水、用水企业面对面座谈，提升报装过程服务力度。针对常态化监测季度调研分析报告中获得用水指标存在问题，督促供水企业完善用水报装、缴费、发票、更名过户、故障报修、服务投诉等供水服务常用业务的线上办理功能，制定整改措施，提升服务水平。与区政务服务办、区工信局、区城管委联合印发《东丽区"水电气暖"协同联办报装服务机制》（津丽政务〔2023〕10号），创新优化对接、服务、审批、施工、验收等环节的协同联办机制。落实用水报装"供水企业+行业监管部门"双重回访机制，全年回访用水报装企业115家，及时搜集用水企业意见建议，督促供水企业不断优化提升用水报装服务。

强化供水运行日常监管。联合供水企业开展应急演练3次，排查整治供水设施安全隐患54处，开展供水水质抽检公示150处，合格率100%，办理二次供水设施清洗消毒证明560份，发布区域内降压停水公告32次，协调解决12345等平台反映用水问题176件，督促供水企业落实防寒潮保供水各项预防应对措施，全区供水运行整体平稳。

【排水系统监督与管理】 做好排水规划落实落地。结合区域地块开发和建设时序，做好规划落实的指导和审核，完成氢能产业园、祁连北路等57条管线规划审查意见，完成雅郡馨园等10个排水出路规划手续办理，配合完成东丽区"保交楼"相关任务，完成筑湖花园等12个住宅小区排水备案验收，确保城镇污水处理设施全覆盖，保障排水有出路。

保障排水设施养管到位。落实城市排水设施养护责任，按照市政排水设施养护管理工作标准，组织开展东丽区城市排水设施春季和秋冬季养管会战，全区累计检查清掏疏通雨污水管网980余千米、雨污水检查井3.6万余座次，巡查窨井盖5.6万余座次，维护市政雨污水泵站23座，完成初期雨水调水总量约9.7万方，基本实现了管网全疏通、淤泥全清理、设施全养护。持续做好东丽区排水体系管理调度，建立"厂网一体""片区化+网格化""多区域排水统一调度"等多种排水管理体系，构建"行业指导+属地管理+共同监督+联合执法"雨污水管网养护多部门协商合作机制，协同加强重点行业源头控制，累计联合市级排水部门、属地街道等开展专项排查整治26次，联合东丽区网格管理中心及多方排水单位召开专题会议10余次，研究解决区域排水难题，进一步理清排水管理责任，打造排水责任共同体，形成排水管理工作闭环。

解决困扰群众污水外溢。研究制定"抽吸-疏通-冲洗-抽吸"基本工作方法，对住宅小区内雨污水管网、检查井及雨水收水设施、化粪池进行全面清掏疏通，累计对万新街蓝天花园、华明街慧谷园、张贵庄街景欣苑等15个小区污水排放难题进行专业指导，督促完成全区住宅小区雨污水管道清掏疏通280余千米，解决群众反映污水外溢问题300余件。建立"网格员发现上报—产权单位及时处理—区水务局指导监督"工作闭环管理模式，成立专项巡查队伍，加强重点区域保障巡查检查，组织属地街道开展宣传引导，持续维护巩固来之不易的整治成果，守好群众排水"最后一公里"。

破解重点区域排水难题。对东丽区区域排水整体情况进行分析，打通东丽经济技术开发区排水系统与新立主干管排水系统阻梗，实现每日调水3000余方，并设立沟通联络组，结合天气情况及每日实际水量进行系统化调度，保障丰年区域排水系统、新立主干管排水系统有序平稳安全运行，破解了丰年区域污水外溢难题。组织实施旌智道与航双路污水管线连接工程，为民和巷小区、党校区域、东平路等增设新的排水出路，进一步提升了区域污水排放保障能力，解决了困扰多年的东平路污水外溢问题。

推动雨污串流和乱泼乱倒动态清零。结合建成区河道入河污染溯源排查专项行动等，建立市、区多部门合作推进机制，先后印发《东丽区建成区汛期入河污染溯源排查整治工作方案》《东丽区入河排污口排查整治工作方案》，协同加强排水源头管控，将雨污串流和乱泼乱倒纳入排水设施日常养护管理范围和河湖长制专项整治任务，按照《天津市城市建成区河道入河污染溯源排查技术指南》工作要求，本着"污染源头（居民小区、辖区企事业单位、沿街商铺等）—区管管道—临界点位"顺序，先后启动丰年区域、张贵庄区域、万新区域、华明高新区区域等雨污串流和乱泼乱倒精细化全面排查，联合开展雨污串流和乱泼乱倒专项排查整26次，累计出动排查人员500余人次，排查雨水收水井3200余座次、雨水检查井2400余座次、雨水管网100余千米，实现区域内雨水排水设施全面"体检"，指导华明街、丰年街、张贵庄等6个属地街道完成8处管道改造项目，解决雨污水串流点位37处，实现雨污串流问题的动态清零。同时聚焦住宅小区居民、商业街道商户、流动商贩集中地等重点区域，通过前期智慧水务设施搭建，不间断监督餐饮、洗车、理发等生产经营单位排水行为，每月定期对全区市政雨水泵站、主要雨水检查井进行取水检测，以水质数值倒推问题情况，对于乱泼乱倒频发、复发的点位，建立多部门常态化联动执法体系，开展排水事项普法宣传，组织人员清洗被污染的雨水收水井60余处，确保"入管"水质达标。

完成市政排水设施普查。编制《东丽区水务局市政排水设施普查工作方案》，成立普查工作领导小组，组建普查工作专家班组，形成完善的项目管理和技术支持体系，实行"日汇报、周总结"研究会商机制，组织开展协调会、汇报会5次。对区管排水设施进行全覆盖普查，形成区管排水设施"一张图"，同时强化与各街道（功能区）的沟通协调，保障普查工作左右协调、上下协同，充分发挥水务行业专业优势和技术力量，形成各个排水设施"区域图"，确定前期普查基本"路线图"。普查过程中，针对部分道路名称更换和不明确点位，联合属地街道进行现场核实，进一步摸清了600余千米市政排水管网的管径、流向、埋深、管线材质等数据，形成了3万余个窨井盖的高程、位置坐标、井盖尺寸等普查成果。

加强污水处理厂运行管理。抓牢制度落实，进一步完善《东丽区城镇污水处理厂管理办法》等制度办法，督促3座区管城镇污水处理厂严格按照管理办法开展日常生产工作，同时督促各运行管理单位完善自身管理制度，强化责任落实。严格日常管理，聘请第三方水质检测机构每月对三个污水处理厂进出水开展水质检测，并随时通过污水处理在线监测系统监督出水水质，全年污水处理排放达标率100%，督促各污水处理厂做好每日信息上报，按要求签订污泥转运合同，填写污泥转运联单，保证污泥按要求转运处理。加大监督检查力度，对3座区管城镇污水处理厂开展行业、安全检查18场次，排查整改隐患问题17处。组织开展北塘污水处理厂参观学习交流活动。提升污水收集效能，成立专项排查小组，加强居民出户井、小区化粪池、小区出水、市政主要排水管线、管网交汇点、处理厂进水管线等全过程排水管控，根据上下游关系进行排水研究分析，委托专业水质检测单位进行取样化验，以检测数据倒推东丽湖区域、华明高新区排查管网情况，并研究改进污水处理厂处理工艺，经综合施策，区管城镇污水处理厂收集效能显著提升，在全市污水处理行业考核排名明显提升。

提高排水许可办理水平。对接区政务服务办，共同做好排水许可前期承诺办理工作，联合发布《东丽区城市排水许可证核发告知承诺制改革实施办法（试行）》。深入全区重点企业开展政策服务宣传，发放排水许可明白纸，为企业解读排水许可承诺制实施办法和排水许可办理流程，讲解有关注意事项，共计宣传企业30余家，并安排专人专线，提供全过程指导及相关问题解答，帮助企业快捷办理排水许可证并合规排水。聘请具备专业资质的第三方水质监测单位针对全区排水户定期进行水质检测，保障企业合理合规排水，针对排水超标企业，做好技术指导，帮助企业解决排水问题，确保污水达标排放。全年共办理排水许可70家，同时针对整改不到位的企业重拳出击，第一时间立案执法，倒逼企业合理合规排水。

扎实做好行业安全管理。落实《安全生产宣传教育和培训制度》《安全生产投入制度》等14项安全制度，进一步细化完善应急预案，督促各街道（功能区）与排水设施养护单位严格落实安全责任制，按要求签订规范合同及安全责任书，明确安全责任人和安全管理员，细化更新安全制度及预案，做好危险源辨识工作。组织开展排水、污水处理行业专项培训演练，重点针对日常作业安全要求及有限空间作业要点、防汛应急启动流程等方面，督促各街道（功能区）及管护单位严格按照管理制度和安全操作规程开展日常生产和有限空间作业，并做好防汛安全准备。加强安全检查，重点针对市政雨污水泵站及污水处理厂设备日常管理维护、电气线路、消防器材等内容开展定期巡查和不定期抽查，针对发现的问题列入专项整改台账，全年累计出动巡查人员230人次，排查窨井盖4万座次，检查市政雨污水泵站15座次，发现并整改隐患10处。做好行业安全专业指导，聘请安全专家对3座区管城镇污水处理厂、区属泵站等排水、污水处理设施开展安全专项检查，提出专业指导意见。

配合做好违法案件办理。针对部分在建工程、餐饮商户、夜市摆摊集中地、生产经营性单位及住宅小区等进行综合整治，发现雨污串流点位第一时间联合属地街道跟进，引导居民、商户及企业合法合规进行排水作业，指导其做好自行整改，累计发放宣传材料6000余份并进行相关政策性解读。同时第一时间跟进执法手段，累计立案调查30余起，结合排水现状协助排水户研究制定解决方案，帮助8户有排水需求的排水户寻找排水路径，以经济性和可靠性为原则，指导其对排水管网连接处进行改造，确保从根本上解决私接问题。

【工程建设】 组织实施华明污水泵站出口管道改造项目。为有效解决华明地区污水排放困难问题，彻底解决华明污水泵站出水管道长期跑冒污染河道、影响城市环境问题，按照区政府针对华明地区污水排水问题工作要求，区水务局有序推进华明污水泵站出口管道改造项目实施，设立工作专班，专人专项推进工程进度，做好前期手续的办理和后续工程施工的全过程管理，严格做好建设过程质量把控，每周定期召开工程质量和进度调度会议，顺利完成建设任务，于8月15日实现第一次试通水。

推进务本河泵站扩建工程项目。抢抓国家增发1万亿国债契机，牵头组织谋划申报12个城市排水防涝能力提升项目，其中务本河泵站扩建工程成功入围，获得国债补助资金1400万元，结合实际进一步优化务本河泵站扩建工程设计方案，为项目早日启动创造条件。

配合推动有关水务项目建设。配合区农业农村委，完成金钟河北部地区引水工程，新建新地河与北塘排水河连通闸、新地河过金钟河倒虹吸；积极推进林水涵养区水系连通工程建设。履行行业主管部门监督检查责任，主动做好统筹协调服务，推动张贵庄污水处理厂二期扩建和东丽湖南部污水处理厂一期扩建完成主体工程。

【工程管理】 投入财政资金579.98万元，完成东减河金钟欢坨段350米河道塌坡修复和10座国有泵站、17座区管水闸等水利工程设施汛前维修养护。完成一级行洪河道区管穿堤建筑物汛前检查。

推进水利工程标准化工作，制定印发《东丽区关于推进水利工程标准化管理的实施方案》，组建工作专班。完成新立泵站旁通闸改造，增加新立泵站引调水功能，进一步改善四号桥小河水环境质量。完成北京督察局历年反馈问题涉及水务局的146号图斑整改。协调市地铁集团，推动地铁4号线穿西河防护工程建设。协调保税区管委会，落实新地河排水工程分摊资金。支持配合京津塘高速拓宽改造、张贵庄污水处理厂二期扩建、津滨水厂二期扩建、京滨高铁、滨丽农业园、天钢海河码头等工程建设，回应建设单位诉求，提供水务专业咨询服务，指导津滨水厂二期扩建工程、滨丽农业园实施汛期临时排水设施建设，保障项目顺利推进。发挥大项目拉动作用，密切跟踪津滨水厂二期、张贵庄污水处理厂二期、东郊污水处理厂迁建等大项目投资完成情况，配合区发展改革委做好固定资产投资调度，全年完成水务固定资产投资11.69亿元。做好惠民惠农财政补贴"一卡通"管理系统使用管理工作，完成2023年水库移民身份核定和补助资金发放工作。

【科技教育】 推进水务科普工作。利用"东丽水务"微信公众号，围绕水利工程、节约用水、排水监督、河湖长制、水土保持、安全生产等重点工作内容开展科普宣传近80条，阅读量5000余人次。发动水务干部职工使用并推广"科普中国App"。"世界水日""中国水周""全国城市节约用水宣传周"期间，分别深入汇城广场、东丽一幼、格兰苑社区、丰和家园社区、天津原子高科同位素医药有限公司、丽贤小学、怡盛里社区等点位开展节水科普系列活动，累计开设讲座3次、现场宣讲4次、发放宣传材料1000余份、受众600人次。以河湖长制为平台，联合相关街道（功能区）深入社区、企业、公园等区域，开展河湖长制、保护河湖环境及防溺水等科普宣传活动70余次，累计发放各类宣传单5000余份。科技周期间，围绕节水、水土保持、河湖长制、防汛应急、防灾减灾等内容，开展科普宣讲进社区、进企业、进校园及实操演练等活动9场次，累计发放宣传资料400余份，受众人群300余人。全国科普日活动期间，深入天津泽强金属表面处理有限公司，开展"节水惜水爱水，小水滴在行动"节水科普宣传，通过现场调研宣讲、召开座谈会等方式，考察企业生产生活用水情况，围绕提高企业员工惜水节水意识、提升企业节水工作水平进行了友好交流和节水政策知识普及，企业员工受众50名，发放节水宣传手册100余份。

提升干部职工法治素养。党政主要负责同志履行推进法治建设第一责任人职责，带头学习贯彻习近平法治思想，为党员、干部专题讲授法治课，推动习近平法治思想贯彻落实到水务高质量发展各方面全过程。开展学法用法培训，坚持把《习近平法治思想学习纲要》等权威辅助读物纳入党委理论学习中心组、党支部"三会一课"学习内容，深入学习宪法、民法典、国家安全法等基本法律和水法律法规，国家工作人员网上学法用法参考率、合格率均100%。

强化干部职工教育培训。持续推行年轻干部成长导师制，通过落实每月谈心谈话、月志、季报、年度总结等工作机制，处级导师跟踪培养指导年轻干部成长成才。进一步加强党外干部队伍建设，建立党外干部理论学习、谈心谈话、年度考核等工作机制，激发党外干部干事创业热情。强化干部职工业务培训，组织干部职工参与防汛、消防、有限空间、安全急救等各类培训演练以及网络继续教育、党校培训班等专题培训，提升干部职工综合素质。

【水政监察】 持续加强水务执法队伍建设。健全完善《天津市东丽区水务综合行政执法支队内部控制手册》，加强对风险评估与控制、预算、收支、政府采购、资产、合同等方面管理，进一步明确职责分工，落实主体责任，对单位内部管理各个层面作出具体要求。坚持将执法人员专业素质培训贯穿工作始终，更新《水行政法规汇编》，采取自学、集中学习、案件交流等形式，持续开展专业法和公共法系统学习培训，邀请公安东丽分局刑侦八大队开展行政执法座谈交流，拓宽执法人员工作视野思路。开展水行政执法案卷评查85件，达到以评促学、以查促改效果。

持续加大涉水案件执法力度。结合"排水执法""河道防汛保安2023""河湖安全保护"等专项执法行动，聚焦水资源（地下水）、排水、水土保持、河道管理等主责主业，落实跨区域联动、跨部门联合、与刑事司法衔接、与检察公益诉讼协作水行政执法四项机制，严厉打击各类水事违法行为，全年累计查处水事违法案件84起，处罚金额10.02万元，启动生态损害赔偿1件。聚焦优化法治化营商环境，探索推行包容审慎执法监管模式，针对个别轻微违法案件，运用"疏、引、帮"等柔性措施，耐心做好法规解释和政策宣传，让水政执法既有"力度"，又有"温度"。

常态化开展水行政执法巡查检查。制定2023年度"双随机、一公开"抽查工作计划并及时公示，合理确定随机抽查比例和频次，更新"检查对象名录库"和"执法检查人员库"，坚持"四不两直"（不发通知、不打招呼、不听汇报、不用陪同接待、直奔基层、直插现场）和"双随机、一公开"（在监管过程中随机抽取检查对象，随机选派执法检查人员，抽查情况及查处结果及时向社会公开）抽查检查机制，累计开展各类执法检查327次，出动执法人员1030人次，持续保持高压态势，倒逼各责任主体自觉守法。同时坚持执法检查"多项合一"，对同一检查对象的多个检查事项，原则上一次性完成，切实提高执法效能，降低检查对象成本。

强化水法律法规普法宣传教育。落实"谁执法谁普法""谁主管谁普法""谁服务谁普法"普法责任制，制定"谁执法谁普法"普法责任清单，开展"世界水日""中国水周""民法典宣传月""宪法宣传周"等主题宣传活动，利用执法检查、违法案件查处等时机开展针对性普法，全年开展普法宣传活动57次，发放各类宣传材料750余份。

【河湖长制】 加强组织推动，压实工作责任。坚持高位推动，将河湖长制工作纳入全面从严治党"两个清单"，健全完善党政主导、分级管理、部门联动的河湖长制责任体系。邀请专家开展河湖长制业务培训，指导河湖长和相关部门负责同志进一步拓宽工作思路、提升履职能力。编制《东丽区2023年河湖长制主要任务》，明确29项具体任务、49项年度目标，督促各牵头部门及相关责任单位将任务逐项分解形成计划清单，严格按照具体时间节点落实任务。区、街两级河湖长定期巡查责任河段，全年累计巡河湖1600余次，对河湖管护突出难点问题亲自安排部署、现场推动督导、跟进解决情况，促进水环境长治久清。

坚持问题导向，强化监督考核。用好考核问责机制，每月从河湖水质、河湖管护、河湖长履职、社会监督评价4个方面对各街道（功能区）开展考核并全区通报。同时按照《东丽区河湖长制工作责任追究办法（试行）》规定，对河湖长制考核排名靠后、河湖水环境问题突出被群众举报的街道进行约谈3人次，倒逼责任落实、工作到位。坚持明察暗访不间断，紧盯水环境卫生提升、河湖"四乱"清整、市政排水设施养护等重点领域，每月对各街道（功能区）河湖管护情况进行检查并全区通报，共通报暗访发现问题89处，均已整改完毕。

运用协作机制，开展综合整治。运用"河湖长+"及跨界河流"联席联巡联防联控"等工作机制，加强"上下游、左右岸"跨区联动，开展一系列河湖治理管护专项行动。深入开展水利部卫星遥感图斑点位排查整治工作，市、区、街联合对反馈问题进行逐一排查，完成全部349处点位销号工作，整治"四乱"（乱占、乱采、乱堆、乱建）问题3项；组织开展春季清河湖、汛期水环境整治、海河网箱网障清整等专项行动，对全区水面堤岸开展排查整治，累计清理水面堤岸垃圾850余吨、各类阻水障碍物160余个。

加强宣传引导，注重典型示范。完成2022年度河湖长制"向群众汇报"工作，通过"天津东丽"客户端发布《东丽区2022年河湖长制"向群众汇报"工作报告》，重点汇报上一年度全区贯彻落实河湖长制重要决策部署、河湖水环境管护、重点工作任务落实情况等，群众阅读点击量共计4万余次；同时，各街道（功能区）通过官方微信公众号针对本辖区河湖长履职尽责情况、河湖总体情况、河湖日常管护情况、河湖长制任务落实情况等进行了汇报。区、街两级河（湖）长办多次联合深入社区、企业、学校、公园等区域，开展"扫街式"河湖长制宣传活动20余场次，通过悬挂横幅标语、发放宣传材料、设置警示牌等方式，向群众宣传普及河湖长制、水资源保护、防溺水等相关知识。"榜样河长　示范河湖"三年行动收官，累计培树"榜样河长"12名，建设"示范河湖"60余条（个）。启动幸福河湖创建，东丽湖幸福河湖项目试点通过初步核验。

【水务财务】　财政拨款收支决算。区水务局深入贯彻中央和天津市、东丽区决策部署，牢固树立真过苦日子思想，严把财政支出关口，精打细算，讲求绩效，充分发挥财政资金使用效率。2023年度财政拨款收入、支出决算总计8062.09万元，与2022年度相比，财政拨款收、支总计各增加1738.80万元，增长27.50%。根据预算绩效管理要求，对38个项目开展绩效自评，涉及金额4920.29万元，整体支出绩效目标完成情况良好。

非税收入征缴。2023年行政事业性收费项目2个，分别为超计划累进加价水费和污水处理费，年内收费项目收费标准无变化，共计征缴非税收入372.09万元。

供排水基础设施政府会计核算。依据《天津市水务局　天津市财政局关于印发〈天津市供排水基础设施政府会计核算工作方案〉的通知》等文件要求，对区属供排水基础设施进行盘点清查。截至2023年12月31日，区属供排水公共基础设施盘点入账2263.98万元，其中：水务局管辖供排水公共基础设施1869.12万元，包括：一体化污水处理设施22套，账面原值1794.94万元；党校地区雨水临时泵点1处，账面原值74.18万元。水务综合服务中心管辖供排水公共基础设施394.86万元，为驯海路污水处理站。

国有企业产权变更。依照区深化国企改革领导小组办公室2023年第19次会议精神，区财政局将汇方水利公司股权注入水务综合服务中心。股权整合后，水务综合服务中心持有汇方水利公司100%股权。

【精神文明建设】　营造良好政治生态。完成2022年度民主生活会和组织生活会、巡察整改专题民主生活会，强化党员干部党性教育、忠诚教育，分析研判全局政治生态状况并抓好问题整改。严格落实意识形态（网络意识形态）工作责任制，每季度召开会议，分析研判意识形态领域基本形势、动向和风险点，紧盯重要敏感时间节点，利用"东丽水务"微信公众号和"三会一课"等载体平台，加强正面宣传引导，关注网络舆情动态，开展意识形态安全风险隐患排查，全局意识形态领域安全稳定。

强化理论武装。以学习宣传贯彻党的二十大精神和开展学习贯彻习近平新时代中国特色社会主义思想主题教育为主题主线，落实"第一议题""第一主题""第一主课"制度，跟进学习习近平总书记一系列重要讲话和重要指示批示精神，组织学习习近平新时代中国特色社会主义思想系列辅助读本和党章等重点读物，累计开展党委理论学习中心组集体学习12次、读书班2期、交流研讨5次，各支部开展集中学习、交流讨论130余次，4名党员处级干部定期深入各自党支部联系点进行交流指导，开展讲党课、专题宣讲活动10场次，全系统举办培训班4期，组织参加区委组织部举办的专题培训8场次，督促党员干部利用"学习强国"等平台做好个人自学，达到以学铸魂、以学增智、以学正风、以学促干的目标。

开展文明创建和志愿服务活动。走进新立街道丰和社区，开展以"践行雷锋精神　助力创文服务"为主题的环境卫生清整学雷锋志愿服务活动。积极响应区委、区政府号召，常态化开展文明实践志愿服务活动，组织干部职工下沉新立街道丰和社区，配合社区工作人员共同开展环境卫生清整工作，示范引导居民群众支持文明城区创建工作。局团总支联合东丽团区委、万新街道，走进临月里社区，开展河湖长制和水土保持主题宣传活动。组织党员干部深入包联社区新立街道格兰苑社区和蓝庭社区开展清雪除冰志愿服务活动。机关干部下沉新立街道蓝庭社区和格兰苑社区参与入列轮值，了解社情民意，倾听群众诉求，解答群众咨询，主动向基层学习，主动融入社区治理，与网格员共同开展巡查处置，以入列轮值为契机，面向基层群众开展河湖长制、节水等相关法律法规和知识宣传普及，局领导带队对格兰苑社区二次供水泵房环境卫生、人员管理、供水设施运行情况、消防设施等方面进行了实地检查，并帮助社区进行了二次供水水箱水质检测工作，将数据及时反馈给居民，让百姓用水放心、饮水安心。组织开展党员承诺践诺、参观成功应对海河"23·7"流域性特大洪水工作纪实展等主题党日活动20余场次，组织开展党代表短视频宣讲、青年党员讲微党课、河道清洁志愿活动等系列特色党群活动，激发干部队伍战斗力、凝聚力和向心力。聚力解决群众"急难愁盼"涉水问题，引导党员干部践行服务理念，累计协调解决12345平台转办涉水问题530件，扎实做好极寒天气供排水保障，全年获赠锦旗5面、感谢信2封。

【队伍建设】

1. 局领导班子

党委书记：张志兰（8月免）

　　　　　韩宝星（8月任）

党委委员：张　玮（12月免）　严志强

局　长：张志兰（8月免）

　　　　　韩宝星（8月任）

副 局 长：张　玮（12月免）

　　　　　魏　鹏　严志强

二级调研员：于从显（5月退休）

2. 机构设置

（1）机关科室。

局机关设置5个科室：办公室（网络安全和信息化办公室）、河湖管理科、规建管理科（水利工程建设质量与安全监督科）、排水监督科（水土保持科）、水资源管理科（节约用水办公室）。

（2）下属事业单位。

局下属3个事业单位：天津市东丽区水务综合服务中心、天津市东丽区河长制事务中心、天津市东丽区水务综合行政执法支队。

（3）人员结构。

截至2023年年底，东丽区水务局在职人员123人，其中局机关21人（公务员20人，工人1人），基层单位102人。人员变动：机关退休1人，调出1人，录用1人，调入1人；下属事业单位退休4人，调出1人，解除人事关系1人（考入区外参公单位）。

按学历划分：本科及以上学历109人，大专学历9人，中专学历3人，高中及以下学历2人。按年龄结构划分：35岁以下17人，36~45岁70人，46~54岁32人，55岁及以上4人。

全系统离退休职工166人。

3. 先进个人

2023年2月，李卓家庭在寻找"最美家庭"活动中，被区妇联命名为2023年度东丽区"最美家庭"，同时被市妇联推选为2023年度天津市"最美家庭"。

2023年2月，张鸿翠家庭在寻找"最美家庭"活动中，被区妇联命名为2023年度东丽区"最美家庭"。

2023年6月，邱晨被中共天津市东丽区委员会授予"东丽区优秀共产党员"称号。

（王书侠）

西青区水务局

【概述】 2023年，区水务局全面贯彻落实党的二十大精神，认真践行习近平总书记治水思路和关于治水重要论述精神，优化水资源管理，深化水环境治理，强化水安全保障。织牢防汛抗洪安全网，提高防灾减灾能力，全力应对海河"23·7"流域性特大洪水。压紧压实河湖长制责任，改善水生态环境，加强水域岸线管控，提升行政执法效能，推动河湖安全保护走深走实。提升水资源管控水平，坚持节水优先，严格水资源论证和取水许可管理，持续推动地下水超采综合治理，强化供水行业监管，全力保障供水安全。强化工程建设运行安全管理，增强监管能力，保障工作质量与安全，区域水质量显著提升、水环境明显改善、水生态持续向好，不断满足了人民群众对美好生活的水生态环境需求。

【水资源开发利用】 2023年，区水务局在水资源管理、地面沉降防治、供水行业监管等方面，多措并举，各项工作有序推进。西青区供用水量为1.35亿立方米，其中地下水用水量为0.03亿立方米，地表水用水量为0.75亿立方米，其他水源用水量为0.57亿立方米，2023年天津市最严格水资源管理制度考核，西青区考核结果为"优秀"。节水型社会创建成果稳步提升，完成2023年度节水型载体创建任务。牵头推进全区地面沉降防治工作，西青区2023年平均沉降量为10毫米，大于50毫米沉降区清"零"，完成地面沉降防治绩效考核任务。开展水质化验、二次供水设施安全检查，强化供水保障。

1. 水资源管理

2023年，区水务局按照《天津市实行最严格水资源管理制度考核办法》，围绕用水总量、效率、水功能区限制纳污"三条红线"全面提高水资源利用效率和效益，提升管理能力和水平。2023年区水务局配合区政务服务办严格取水许可管理，全年新发取水许可证16个，延期取水许可证7个；联合区税务局共同建立《西青区水资源税协作征收机制》，完善了西青区水资源税监督管理体系；持续推进地下水超采综合治理工作，联合各街镇对全区现有机井（含封存机井）开展自查，更新登记造册台账，对现有164眼深层地下水机井（含封存机井）和1697眼浅层地下水机井情况进行复核，确保台账内信息真实、有效；加强取水情况巡查工作，对区管取水户每季度开展1次现场检查，严厉打击非法取用水资源行为。

2. 地面沉降防治工作

2023年，区水务局推进全区地面沉降防治工作，联合王稳庄镇对镇内地面沉降严重区域开展重点巡查工作，组织召开地面沉降防治工作专题会议；邀请市地质调查研究院专家协助开展地面沉降成因分析，对王稳庄镇常年沉降量较为严重的JC1834点位及周边进行实地调查；与河北省霸州市水务局共同组织召开联席会议，在已建立地面沉降联防联控的基础上，讨论研究西青区与河北省霸州市交界处地面沉降防治的工作思路和方向；充分利用王稳庄镇分层标、区级自建二等控沉水准点、国家级地下水自动监测平台和区级地下水自动监测平台对全区地面沉降形势、地下水水位情况进行监测，截至2023年第四季度，全区浅层地下水水位同比回升0.26米，深层地下水水位同比回升2.07米。

3. 供水行业监管

2023年，区水务局协调供水企业开展供水管网改造工程，完成3个市级民心工程老旧小区改造，改造管网长度15.77千米；组织开展供水水质检测，全年进行117次水质化验，整改完成6处问题点位；组织开展139处二次供水设施安全检查；在应对海河"23·7"流域性特大洪水期间，全力保障供水，对蓄滞洪区内供水设施进行安全检查，组织供水企业及时恢复供水工作；组织开展防寒防冻供水保障工作，多措并举应对极寒天气，未发生负面舆情；杨柳青水厂于2023年11月10日正式投产运行，设计产量10万立方米每日，现产量4.5万立方米每日。

【水资源节约与保护】 2023年，深入贯彻落实"节水优先"治水思路，提高用水效率，3月底前完成了1398家自来水用户用水计划指标核定工作并按季度进行考核。对超计划用水实施累进加价制度，收取率达100%以上。完成214家企业、单位的计划用水指标调整及临时用水指标的审批工作。

1. 节水载体创建工作

10月，完成对天津二商迎宾肉类食品有限公司、光大环保能源（天津）有限公司、蓝月亮（天津）有限公司等3个企业、3个社区的节水型系列创建申报工作，并于11月通过市专家组考核验收。截至12月底，西青节水型企业（单位）覆盖率达到77.8%以上，节水型社区覆盖率达到62%以上。

2. 推动普及节水型器具

10月联合区市场监管局对销售生活用水器具的市场（商户）开展专项检查行动，保障节水器具普及率始终保持100%。

【水生态环境建设】 持续开展第一次全国水利普查名录外河湖管理范围划界工作，细化工作任务，明确责任分工，完成年度任务。组织开展"健康大运河""春季清河湖""汛期河湖水环境专项整治行动"等，以改善水质、消灭垃圾、补齐长效机制为重点，累计发现存在水环境问题的河湖坑塘沟渠273条，清理水面堤岸垃圾238.16吨，非法捕鱼网具110个。深入推进"清四乱"常态化规范化，积极开展水域岸线管理保护工作，核销水利部河湖岸线疑似"四乱"问题图斑533个，清理新增"四乱"问题4处，妥善处理6处历史遗留问题。

开展建成区黑臭水体常态化监测，组织区城管委、各街镇、经开集团对城市建成区及直接影响城市黑臭水体治理成效的城乡结合部等区域开展全面排查，未发现新增黑臭水体。同时，联合区生态环境局对已经治理完成的3条黑臭水体（东场引河、程村排水河、南丰产河）开展二、三季度常态化水质监测，结果显示透明度、溶解氧、氨氮等指标均达到水质目标要求，未发现返黑返臭现象。

【水务规划】

1. 西青区排水专项规划

按照《天津市排水专项规划（2020—2035年）》指导，牵头组织编制《西青区排水专项规划（2020—2035年）》，2023年3月已编制完成，并得到西青区人民政府批复，为西青区排水设施建设提供依据和支撑。

2. 西青区水土保持规划

按照《天津市水土保持规划（2016—2030年）》，结合西青区水土保持工作实际，牵头组织编制《西青区水土保持规划（2023—2035年）》，2023年10月已编制完成。

3. 西青区水网建设规划

按照《天津市水网建设规划》和《关于抓紧编制区级水网建设规划的通知》，牵头组织编制《天津市西青区水网建设规划》。该规划以提升水资源配置与供水保障、水旱灾害防御、水生态修复、水网智慧化水平为核心，依据天津市水网总体布局以及西青区水网特点，统筹解决水资源、水灾害、水生态等问题，构建了"三河三脉担纲、五横五纵结目、一湖多点固结"的水网总体布局。实施该规划后，将使西青供水更有保障，防洪排涝更为顺畅，河湖生态更加健康。

【水旱灾害防御】 2023年，具有降雨频繁、短时雨强较大、雨量不均的特点。汛期，西青区平均降雨量536.8毫米，最大降雨量出现在张家窝镇，为680.1毫米，西青区防汛工作紧张有序，总体运行平稳，共计排除沥涝1.38亿立方米。

1. 组织机构

成立了防汛抗旱指挥部及办公室，下设水情、调度、城镇排水、农村除涝、抢险等9个工作组，成立了防汛专家组和专业技术抢险队。严格落实了河道堤防、水闸、泵站"三个责任人"，鸭淀水库"三级责任人"和"三个责任人"制度。针对东淀蓄滞洪区管理工作，落实了"三级四类责任人"名单，确保各级各类责任人履职到位。

自7月27日晚市水务局防汛调度视频会商起，

区水务局立即组织防御台风、洪水、强降雨的各项准备工作。7月31日，针对东淀蓄滞洪区运用工作，区水务局党委班子进行重新分组，每日召开防汛防洪调度会商会，密切关注预警预报、雨情、水情、工情等信息并进行分析研判，加强领导部署。主要负责同志挂帅统筹、班子成员分工有序、各司其职，各自带队开展巡查排险、隐患处置、工程调度、后勤保障、信息宣传等各项工作。全局干部职工发扬连续作战优良作风，预警预报、技术指导、物资调拨等9个专项工作小组立即到岗、履职尽责、联合作战。

2. 预案编制

组织修订了《西青区2023年东淀蓄滞洪区运用分预案》等八项预案，为汛期的应急处置提供了科学有效的技术支撑，针对强降雨应急处置工作要求，2023年完善了强降雨城镇排水和供水保障应急机制，进一步强化了强降雨期间涉水应急处置工作能力。

3. 隐患排查

2月底下发了防汛隐患排查通知，组织各街镇、部门开展河道、堤防、水库、闸站、管道、蓄滞洪区等汛前隐患排查。局班子成员分5组，从6个方面14个重点部位，进行了督导检查，对排查出的8个问题实行台账管理，做到整改一个销号一个，汛前消除了全部隐患。

4. 物资保障

汛前完成了36.94万元的区级防汛物资采购入库，其中包括10万条防汛编织袋、500件救生衣、1.1万平方米土工布等9种。局机关配备了2部防汛抗旱抢险车辆，中心配备2部应急抢险车辆，以满足汛期应急调配。

5. 防汛措施

针对区内11处易积水点位，组织各街镇、部门提前预置排水设施50台套左右，安排人员24小时值守，遇降雨及时排水，保障居民正常出行。对在建涉河工程项目进行了专项检查，汛前拆除坝埝2处，跨汛期施工工程1处，组织施工单位编制了应急度汛预案，保障了全区河道行洪排沥畅通。

6. 防汛任务

（1）防洪任务。

西青区境内有独流减河、子牙河、中亭河3条行洪河道（总长75.5千米），承担着大清河系洪水下泄任务，其中：独流减河左堤、子牙河右堤、中亭堤是天津市城市防洪堤重要组成部分，担负着天津市西南部防线的防御任务；西青区有东淀蓄滞洪区一处，占地3330公顷，为确保雄安新区及天津市城市防洪安全，承担着1.17亿立方米洪水蓄滞任务。

（2）内涝排除任务。

西青区境内有19条二级河道（总长217千米）、17座区管泵站（总排水能力301立方米每秒），承担着西青区内涝排除任务；有中型水库一座，汛期承担1000万立方米沥涝的以蓄代排任务。

（3）中心城区沥涝代排任务。

西青区境内的陈台子排水河、大沽排水河、津港运河等多条二级河道还承担着中心城区海河右岸（红桥、南开、和平、河西）70%的沥水排放任务。

7. 防汛工程

全力推动大寺镇完成北三村易积水片区改造工程。在水利工程设施检查维修工作的基础上，2023年安排资金450万元，开展区属水利设施岁修工程，对区属国有扬水站及水闸维修改造，保障设备以最佳状态待命。

8. 汛前排查

在上汛之前积极组织区城管委、各街镇以及开发区等相关部门开展对重点路段、积水路段重点疏掏，聘请专业清掏队伍下井作业，管网淤塞状况全部疏通，管网过水能力得到很大提高，累计共清掏管网139.782千米，检查井1780座，收水井2938座。

9. 蓄滞洪区管理

修订完善了《西青区2023年东淀蓄滞洪区运用分预案》，落实了蓄滞洪区人员转移、财产登记、坝埝和口门拆除准备措施，为东淀启用做好准备。对东淀内涉及35家企业、常住人口81人的基本情况等信息完成采集，做好了东淀启用准备工作。

10. 应对台风杜苏芮

受台风杜苏芮影响，2023年7月大清河系发生60年一遇流域性大洪水，国家防总于8月1日凌晨2时启用东淀蓄滞洪区，西青区紧急拆除4处阻水坝埝扒除，同时转移淀内人员796人。为保证城市防洪圈安全，8月3日，西青区组织对子牙河、独流减河、中亭河7个穿堤口门进行封堵。8月6日晚10时，洪水水头到达西青区第六埠，8月7日第六埠水位最高5.52米，当天拆除4处分洪口门进行退水。8月7日至8月10日，区水务局组织对小口子闸管涌险情进行成功处置，截至8月21日晚17时，区水务局和相关街镇巡查组人员，共出动巡堤查险人员16117人次，巡查累计45690.6千米，累计发现并解决问题627个（问题主要为：劝离闲散、垂钓人员，填平夯实雨淋坑、树洞等）。洪水期间，水务局共调拨防汛物资79种、27.4万余件。为尽快恢复淀内农业生产，西青区历时19天排净沥水，累计强排4200万立方米淀内尾水。9月初西青区启动东淀蓄滞洪区运用补偿工作，西青区成立了西青区蓄滞洪区运用补偿工作领导小组，制定了《天津市西青区2023年东淀蓄滞洪区运用补偿工作方案》。截至2023年12月31日，按照市、区级工作方案要求，已完成了入户核损、两次公示、区级核查、各项损失的核算。形成了区级补偿方案并上报了市领导小组，按照区级补偿方案，本次西青区东淀蓄滞洪区运用补偿总金额为18987.29万元，已拨付资金8600万元，并已全部发放到受灾户手中。

【农业供水与节水】 农业水价综合改革工作是统筹建立用水管理、工程建设和管护、农业水价形成精准补贴和节水奖励等机制。按照《西青区农业水价综合改革"回头看"工作方案》等文件的要求，依据职责分工，西青区水务局开展了如下工作。

1. 落实农业水权，完善农业用水定额管理

2023年，按照农业水价综合改革工作要求，区水务局指导全区各相关街镇，对农业取水项目进行重新梳理，针对部分农业取水项目尚未办理取水许可证这一情况，积极指导各村、企业对所管理的农业项目办理取水许可证，在取得取水许可证后向各取水权人发放农业水权证，并纳入农业水价综合改革台账中。同时，对已取得取水许可证项目的灌溉面积、取水权人和种植类型等内容进行重新检查和调整，并重新发放农业水权证。

2. 完善基础用水台账

组织7个涉农街镇填报《西青区农业水价综合改革灌溉计量以电折水工作台账表》，统计汇总各街镇上报信息。通过统计汇总，2023年度，全区涉农灌溉村72个，纳入农业水价综合改革的灌溉面积为11.22万亩，通过安装计量设施、采用以电折水方式计量，11.22万亩有效灌溉面积全部完成水量计量工作。其中采用水表计量的有0.73万亩，采用以电折水方式计量的有10.49亩。全区共有有水量计量的灌溉设施1705个，其中取地表水的灌溉设施79个（水表计量设施18个，以电折水计量设施61个），取地下水的灌溉设施1626个（水表计量设施11个，以电折水计量设施1615个）。

3. 落实精准补贴和节水奖励政策

依据《区发改委区财政局区水务局区农业农村委关于进一步完善西青区农业水价管理及补贴奖励工作的通知》要求，西青区农业水价改革工作小组成员单位对西青区7个涉农街镇2022年度工作情况进行了研究，根据7个涉农街镇2022年度农业灌溉规模，确定西青区2022年度农业水价综合改革精准补贴分配额度。对辛口镇发放1.2万元的精准补贴资金，对杨柳青镇、王稳庄镇分别发放1万元精准补贴资金，对大寺镇、精武镇、张家窝镇分别发放0.6万元的精准补贴资金，共计5万元。

【水土保持】 2023年，西青区持续做好水土保持

相关工作，加大生产建设项目事前事中事后监管力度，加强审管联动，开展全流程监管，2023年度西青区水土保持率为99.74%。2023年西青区开展水土保持宣传3次、水土保持培训3次，进一步普及了水土保持法律法规，增强了公众水土流失防治的法律意识。10月23日印发《西青区水土保持规划（2023—2035年）》。开展水土流失监测工作，编制完成了西青区水土保持监测报告。完成48个生产建设项目水土保持方案的审批工作，组织开展用地清单制评审22项。

【工程建设】 2023年，西青区大力推动新阶段水利工程建设与管理高质量发展。为提升津门湖区域水环境质量和明确鸭淀水库管理范围，西青区水务局持续实施津门湖水系生态修复工程（一期）和鸭淀水库围堤改造工程。工程建设期间，项目法人持续履行好工程质量和安全的监管责任，对施工全过程进行跟踪动态管理，督促项目参建单位抓好责任落实。

1. 建设项目信息

为改善津门湖水系现状的水体污染问题，提升区域水环境质量，改善周边人居环境，西青区水务局实施津门湖水系生态修复工程（一期），工程总投资4809.10万元。工程于2022年7月开工建设，2023年6月完工。主要建设内容包括：对北湖、西湖实施清淤及原位生态底质改良；新建北湖排水泵站；新建出水闸井及排水管道；对部分现状补水管道、闸井改造。

为完善鸭淀水库管理，减少水土流失，保障库区安全，西青区水务局实施鸭淀水库围堤改造工程，工程总投资17972.92万元。工程于2022年8月开工建设，于2023年11月完工。工程主要建设内容包括：新筑北部围堤4.733千米；新建连通涵闸一座，设计流量14立方米每秒；现状围堤加高，全长1.5千米；同时对围堤浆砌石护坡局部破损处进行维修加固；东南部林台边坡加固，维修加固长约4.598千米；拆除鱼池围埝长约5.2千米。

2. 项目建设管理

（1）强化项目前期工作。

为确保西青区水利工程项目高效、顺利实施，通过招投标等方式选择技术实力雄厚的设计单位，严格按照相关规范和文件规定编制各阶段方案；同时加强与区财政、审批局等部门的协调沟通，按要求上报各类前期手续，并及时掌握项目申报进度、审查结果，组织设计单位修改完善设计文件中存在的问题和不足，确保前期工作顺利推进。

（2）强化工程质量管理。

注重完善管理机制，强化落实主体责任，与各参建单位签订《质量终身责任承诺书》，对施工过程进行全方面动态管理。要求设计单位建立设计服务体系，负责工程技术交底，并派驻工地代表在施工过程中根据实际情况随时进行技术指导；要求监理单位质量控制体系，成立项目监理部，对工程施工进行动态监理，严格控制工程质量、进度等，对重要工序、重要部位实行旁站监理，对于不合格的工序责令其进行整改，合格后方可进行下一道工序施工，严把质量关；要求施工单位建立施工质量管理体系，现场成立项目经理部，按照技术交底、施工图纸组织施工，对施工放线、基础处理等重要部位施工严格把关。

（3）强化工程安全生产管理。

按照"安全第一，预防为主，综合治理"的指导思想，不断完善安全生产管理制度，与各参建单位签订《建设工程四方主体单位安全生产责任书》；结合项目建设内容，开展安全生产教育培训，增强预防安全事故的意识与能力；定期组织危险源辨识及安全生产检查工作，有效防范各类事故的发生；按要求编制应急预案，组织开展应急演练，不断提高参建单位人员应急处置能力。

【科技教育】 2023年，充分利用第三十一届"世界水日"、第三十六届"中国水周"等重要节点，持续做好"法律六进"宣传教育活动，通过在电视台滚动播放世界水日、中国水周的宣传口号，深入社区、公园、学校、企业商铺进行现场宣传，微信公众号推送宣传知识等多种形式，持续开展普法宣传活动，全年深入企业商铺110余家，在社区、公园等场所开展集中法治宣传5次，发放宣传资料3000余份，累计宣传受众超5000人次，积极引导居民知法守法，增强法律意识和防范意识。本次宣传活动紧扣活动主题，贯彻落实习近平法治思想、生态文明建设思想，并同水污染防治和落实"河长制"工作相结合，坚决打赢碧水攻坚战，动员全社会力量积极参与。通过这次水法宣传活动，使居民充分认识到水的重要性，认识到水资源的战略地位，认识到节约用水、河湖保护的重要意义，进一步营造了全体居民节水护水爱水、建设幸福河湖的良好氛围。

【水政监察】 2023年，区水务局紧紧围绕《法治西青建设规划（2021—2025年）》要求部署，推动普法宣传和行政执法工作顺利进行。坚持普法走在执法前面，组织多次执法培训、旁听庭审等活动，不断提高执法人员的能力水平，促进执法更加规范化；积极贯彻"谁执法谁普法"要求，在"世界水日""中国水周"等时间节点持续做好普法宣传工作。较好地完成了全年执法任务，共开展9项专项执法行动，办结案件78件，公示率达100%。大力加强联动，主动配合市总队，接转水资源、排水等领域案件6个，并多次对市管工程项目联合执法。

1. 严格执法活动

2023年，西青区水务综合行政执法支队共完成案件80件，其中一般程序案件73件，简易程序案件7件。全年开展了《2023年水资源专项执法行动》《天津市河道阻水障碍物清理整治专项执法行动》《2023年天津市违法排水专项执法行动》《天津市重大事故隐患排查整治2023专项行动》《天津市开展河湖安全保护专项执法行动》等9项专项执法行动，共出动人员780余人次，出动车辆260余车次。全年开展执法线索调查331个，下达行政处罚决定13次、罚款12.005万元，追缴水土保持补偿费16.296万元，在市安委会《关于全市安全生产行政执法情况通报》中，共16家单位，西青在水务系统中排名第三。

2. 加强普法宣传

2023年，区水务局制定年度"八五"普法计划及中心组学法计划，在全局持续开展普法活动，组织开展行政执法人员执法培训及领导干部学法用法培训，全年共开展教育培训90学时，深入学习《中华人民共和国民法典》《中华人民共和国水法》《中华人民共和国水土保持法》等法律法规，组织200余人次开展习近平法治思想网络答题。开展旁听庭审活动，邀请局主要负责同志和局法律顾问专题宣讲法治课，经多措并举，水务局法治体系进一步健全，全体干部学法守法懂法用法的法律意识进一步增强。

3. 优化涉河项目审查备案手续

制定涉河项目手续一次告知书，推行承诺制审查，对工程量小、对河体影响小的项目实行业务科室联签手续，减少前置时间，提高备案效率，2023年累计审查涉河工程37项。

【工程管理】

1. 河道巡查

强化责任意识，做好所辖一、二级河道及坑塘沟渠巡查工作，兼顾水环境治理、排污口门统计、涉河工程监督、群众反映问题处理等业务工作，全年累计巡查河道长度34126千米，共计出动人员1832人次、车辆660车次，发现并整改问题569项，为保障二级河道水循环，累计完成调度63次，为应对大清河、中亭河上游泄洪流量持续加大和台风"烟花"带来的强降雨影响，自7月27日起至8月10日，水务事务中心河道管理所实施24小时不间断巡河，累计派遣车辆265台次，人员1532人次，巡查里程3557千米，发现并排除隐患8处。

2. 泵站管理

（1）全面完成各项检修维修任务。

完成2023年区属泵站岁修工程，对各泵站进行维修，重点是对小孙庄泵站机房钢爬梯加装防护栏、小孙庄泵站工程监控系统主要设备PLC进行检测维修、南引河泵站机房前门坡道维修、南引河泵站10千伏3号电机进线综合保护装置检测维修、南引河泵站进水闸设置工作桥等，为汛期各泵站安全运行提供了可靠保障。

（2）消防安全管理。

严格落实24小时值班制度，建立健全监测、预测、预报、预警体系。定期对灭火器、消防栓等消防设备和器材进行检查，每月不少于一次，并认真记录。于3月份和9月份开展灭火器集中检查工作，对所辖泵站干粉灭火器进行更换、充装。

（3）泵站工程标准化管理。

2023年南引河泵站、小孙庄泵站开展了天津市大中型泵站工程标准化管理达标工作。逐步健全标准化管理，对泵站工程状况、安全管理、运行管护、管理保障等多个方面进行完善，改善泵站管理现状，提高工作效能，实现了泵站工程标准化的全覆盖。

3. 水库管理

为满足水库泄洪、排涝、防汛等功能需要，满足水库管理工作需求，保障管理工作有序开展。2023年，鸭淀水库完成泵站绿化养管、水库日常养护，做好对已有林地1692388平方米及小孙庄、南引河、宽河、大杜庄、黄家房子等5座泵站46683平方米的林地及泵站树木除草、打药等绿化养管工作，加强过程管理，监督考核，确保养管树木正常生长，保障良好的卫生及水生态环境，绿化美化水库环境。

【河湖长制】 召开西青区总河湖长会议，开展总河湖长巡河暨专题调研河湖长制工作，统筹推进河湖长制工作。实行河湖长制月度考核及"四不两直"暗查暗访，通报解决各类水环境问题。开展河湖长向群众汇报工作，接收群众意见建议32条，处理解决各类举报问题384个。开展"榜样河长、示范河湖"三年行动，培树3名街镇级"榜样河长"，7名村级"榜样河长"，打造9条（段）河道为"示范河段"，23条（个）沟渠、坑塘为"农村示范河湖"。运用"河湖长+检察长+警长"工作机制，开展河湖四乱问题整治"回头看"行动、涉河湖领域联合执法行动，依法发出检察建议书18份，清理新增"四乱"问题4个，历史遗留问题6处，破获涉河湖违法犯罪刑事案件5起，抓获犯罪嫌疑人6人。开展"春季清河湖""汛期河湖水环境"等专项整治行动，累计清理整治水面堤岸垃圾530余吨、非法捕鱼网具214个。区河（湖）长办、教育局、水务局三方签署了"强化河湖长制，建设幸福河湖"共建协议书，联合开展各类宣传活动20余次，发放宣传单、宣传册、宣传品等3000余份，拍摄优秀宣传短视频50余个，组织建立"河小青"志愿服务队，招募全区29名"小小河湖长"，建立12所中小学为"河湖长制宣传教育阵地"，进一步构建科学有效的水生态社会公众参与机制。

【水务经济】 根据《市发展改革委 市财政局 市水务局关于调整污水处理收费标准的通知》《市财政局 市发展改革委 市建委 市水务局关于印发天津市污水处理费征收使用管理办法的通知》（津财综〔2015〕135号）2023年度，西青区水务局共计征缴污水处理费34161213.1元。区水务局水文水资源所累计征缴污水处理费4109952元；天津市赛达水务有限公司累计征缴污水处理费30051261.1元。根据《中华人民共和国水土保持法》《水土保持补偿费征收使用管理办法》《市财政局市发改委关于征收水土保持补偿费有关问题的通知》（津财综〔2021〕59号）等有关规定2023年共征收水土保持补偿费525万元。

【精神文明建设】 深入学习贯彻习近平总书记关于宣传思想工作与精神文明建设的重要思想，认真落实中央、中央文明委、市委和区委关于精神文明建设的决策部署，坚持以党的政治建设为统领，发挥好党建引领作用。把精神文明建设纳入工作全局，与业务工作一体部署、一体推进、一体落实，制定《2023年区水务局常态化创建全国文明城区工作方案》，压实创文工作责任，推动精神文明建设提档升级。持续推动习近平新时代中国特色社会主义思想理论武装，充分发挥党委理论学习中心组引领示范带动作用，推动全局提升政治理论学习质效。抓实党员经常性教育，抓好党章学习教育，坚持和完善重温入党誓词、过"政治生日"等政治仪式，抓好青年干部理论武装，做好对各级党员干部的教育培训工作，不断强化党员党性修养。

立足主责主业，深入调查研究，将河湖治理与精神文明建设紧密结合，积极与各街镇、生态环境局、市场监管部门等建立联系，共同推进河湖问题治理，提高群众满意度，确保工作有序推进。通过细致深入的调研，全面了解河湖周边环境、各街镇河湖治理工作现状、"四乱"问题现状等情况，为下一步的河湖管护政策提供有力支撑。

持续推动开展"争做文明有礼天津人"主题活动，广泛开展文明餐桌、文明交通、文明祭扫等活动，组织开展"弘扬清廉家风，创建最美家庭""我们的节日　端午诵经典"等主题党日活动，进一步推动中华优秀传统文化和文明理念在水务系统传承发展。切实发挥典型示范带动作用，进一步激发各级党组织和广大干部职工新时代担当新作为，积极争创"模范机关·季度之星""感动西青""文明西青"、十佳"书记项目"等各类荣誉。注重挖掘水务系统身边先进典型，紧紧围绕在水环境治理、水利工程建设、防汛排水等工作中表现突出的个人，组织道德模范、身边好人等先进模范讲述先进事迹，树立鲜明时代价值取向。

【队伍建设】

1. 局领导班子成员

党委书记、局长：靳丕玉

党委副书记、副局长：高　凤

党委委员、副局长：张同龙

党委委员、副局长：赵洪平

党委委员：夏　明

二级调研员：张连启

2. 机构设置

2023年，西青区水务局机关内设7个职能科室：党政办公室（网络安全和信息化办公室）、人事科、财务审计科、水资源管理科、排水管理科、水政监察科、工程建设管理科（西青区水务工程建设质量与安全监督办公室）。

下设3个基层单位：西青区水务事务中心、西青区河长制事务中心、西青区水务综合行政执法支队。

3. 人员结构

2023年，区水务局行政、事业编制281名，机关行政编制25名、事业编制256名，编制数较去年无变动。至2023年年底，区水务局在岗干部职工242人，其中：局机关24人（其中：处级6人，科级及以下18人）；事业编制218人（其中：管理岗和专技岗173人，工人45人）。2023年退休14人，调出2人，调入3人，新招录6人。

截至12月31日，全局在册职工242人，其中研究生25人，大学本科学历147人，大学专科学历33人，中专学历21人，高中及以下学历16人。全局有高级职称13人，中级职称32人，初级职称79人。35岁及以下70人，36~45岁89人，46~54岁65人，55岁及以上18人。共有退休职工283人，其中干部102人，工人181人。

4. 荣誉

天津市西青区水务局荣获"天津市抗洪抢险救灾先进集体"称号。

水务事务中心刘振亮荣获"天津市抗洪抢险救灾先进个人"称号。

水务事务中心刘明洋荣获"西青区优秀共青团干部"称号。

（王继凯）

津南区水务局

【概述】　2023年，津南区水务局以习近平新时代中国特色社会主义思想为指导，全面贯彻党的二十大精神，贯彻落实习近平总书记对天津工作"三个着力"重要要求和一系列重要指示批示精神，践行习近平生态文明思想，坚持稳中求进工作总基调，立足新发展阶段，贯彻新发展理念，服务和融入新发展格局，笃定高质量发展不动摇，统筹发展和安全，为津南绿色高质量发展提供了坚实水务保障。

全年完成双洋渠泵站迁建工程，进一步完善河湖治理保护协调联动体系，同上级部门及周边相邻4区多次开展跨区河流联合巡护，持续开展海河综合整治专项行动。严格计划用水管理，核定计划用水户1072家，强化机井管理力度，全年回填机井27眼。完成生产建设项目水土保持方案审核38件，完成水土保持自主验收备案42件。累计开展执法检查185次，依法查处水事违法行为立案78起。汛前、汛中，共派出检查组19组次，累计检查点位200余个。

【水资源开发利用】 2023年，津南区坚持以水定城、以水定地、以水定人、以水定产，合理优化配置水资源，落实最严格水资源管理制度，严格控制水资源开发利用红线，强化水资源刚性约束，提升水资源开发利用效率，实现水资源可持续发展。

1. 城镇供水

2023年全年，津南区供水企业供水总量合计为6803.3024万立方米，其中，农业用水6.4558万立方米，工业用水1770.0576万立方米，生活用水4698.4017万立方米，生态用水328.3873万立方米。

2. 地下水开发利用

津南区全年地下水开采量21.6683万立方米，同比下降4.13%，完成市局下达的地下水用水总量控制年度目标。加强地下水动态监测，根据地下水位监测结果，地下水位上升明显，2023年，Ⅱ组地下水位平均上升0.67米，Ⅲ组水位平均上升2.73米，Ⅳ组水位平均上升2.62米，Ⅴ组水位平均上升2.67米。

3. 再生水利用

2023年，津南区不断提高再生水利用量，再生水利用总量3166.69万吨。其中高品质利用量806.7万吨，低品质利用量2359.99万吨，用于河湖生态补水。启动津南区再生水利用规划修编工作，召开调研会议。

【水资源节约与保护】 2023年，津南区坚持综合施策、突出重点、系统推进、措施可行的工作思路，推动节水制度、政策、技术、管理创新，动员全社会参与节水建设，推进用水方式由粗放低效向节约集约转变，致力于不断深化津南区"十四五"节水工作。

1. 节水管理

严格计划用水管理。2023年继续扩大计划用水考核覆盖率，核定计划用水户1072家，分配指标量1398.3620万立方米，实际用水量1166.6119万立方米。年度对全区5家节水器具销售市场进行节水器具抽查，均为节水器具并具备水效标识。在全区范围内开展节水技术与产品推广9次。深化节水载体建设。深入推进全区节水载体建设，开展企事业单位水平衡测试10家，创建节水型企业（单位）、小区23家。

推广合同节水管理模式。推动合同节水管理政策措施落实落地，构建平台促进用水户与第三方服务企业进行有效沟通，全年完成1家合同节水项目签订。

落实节水评价制度。加强对节水评价工作的监督管理和检查评估，建立节水评价登记台账。全年完成7个建设项目节水评价审查工作。

加强节水"三同时"管理。针对津南区建设项目，开展新建、扩建工程的节水工程实行同时设计、同时施工、同时验收管理工作，全年完成节水"三同时"项目验收13个，开展现场检查38次。

加大节水宣传力度。以"世界水日、中国水周""城市节水宣传周"为契机，在全区范围内开展宣传活动50余次，普及《公民节约用水行为规范》、"节水光瓶"行动、水效标识知识等。共发放节水知识手册、折页等2400余份，发放环保布袋等宣传品6000余份，深化水效标识宣传，大力倡导科学用水，在全区营造浓厚节水宣传氛围。开展"节水大使"评选，津南区共评选出6名"节水大使"。

2. 地下水保护

落实最严格水资源管理制度，严格规范取水许可证的管理，严禁审批新增取用地下水项目，严禁新增地下水取水许可总量。突出重点区域加强监管，确保地下水超采区实现深层地下水零开采的治理目标。强化机井管理力度，持续推进机井封填工作，2023年回填机井27眼。

3. 控沉管理

坚持科学防治、精准施策，继续开展区级地面沉降调查监测，完成2021—2022年度津南区地面沉降调查监测项目验收，项目共完成水准点埋设20个，津南区地面沉降调查387.8平方千米，地下水位观测2704点次，2021—2022年水准测量共470.3千米，2021—2022年津南区InSAR监测4期，编制4期地面沉降速率图和2期地面沉降速率等值线图，以及相关季报、半年报、年报等图件文档。完成2023年津南区地面沉降调查监测项目前期工作。全年各含水组水位全部回升，全区平均沉降速率稳步降低。

加强基坑降水项目取水许可事中事后监管，全年共进行事中现场巡查142次，进行事后现场核查30家。全区共新增基坑取水许可证34件，办理延续12件，出具水量核定书151份。

【水生态环境建设】 大力推进"春季清河湖"专项行动，印发《2023年津南区春季清河湖专项行动工作的通知》对专项行动进行部署，并召开专题会议，进一步明确工作要求，规定时间点、责任人、路线图，建立工作台账，实施动态化管理，利用"河湖长+警长+检察长"机制，压实各部门管理责任，推动各镇（街）有序开展排查清理整治工作。津南区2023年度"春季清河湖"专项行动共清理水面堤岸垃圾712.387吨，清理非法捕鱼网具354具、取缔非正规垃圾堆放点488个，整治非法侵占水域滩地11个，大大改善了区域河湖水环境面貌。

【水旱灾害防御】

1. 雨情

2023年，津南区全年累计降水量439.0毫米，比2022年偏少281.7毫米。其中，汛期内（6月15日至9月15日）降水达344.3毫米，比2022年同期减少38.5%。

2. 防汛

为扎实做好2023年津南区防汛抗旱工作，进一步落实各项防汛职责，确保全区安全度汛，经局领导研究同意，对津南区水务局2023年防汛抗旱指挥部成员进行调整，明确各部门防汛抗旱责任人。

局防汛抗旱指挥部成员：

指　　挥：赵国庆　局党委书记、局长

副指挥：王学玲　党委委员、副局长

　　　　刘志刚　党委委员、副局长

　　　　张起昕　党委委员、水务事务中心主任

　　　　唐　凯　党委委员、副局长

成　　员：党委办公室、行政办公室、河湖保护科（排水监督科）、水资源管理科、水旱灾害防御科、建设管理科、水务综合行政执法支队、河长制事务中心、水务工程建设事务中心、市政排水所、污水处理事务中心、水土保持事务中心、排灌管理站、河道管理所、水资源事务中心、天嘉湖水务事务中心、水利工程质量与安全事务中心、水务事务中心综合办公室、水务事务中心党建办公室。

津南区水务局防汛抗旱指挥部办公室设在水旱灾害防御科，办公室主任由张起昕兼任，副主任由任新权、袁振广兼任。指挥部下设堤防巡查抢险组、排涝调度组、机电抢险组、抢险物资组、城镇排水抢险组、信息宣传组、信访接待组、后勤保障组8个工作组。

防汛预案。立足防范超标洪水、局部强降雨，编制修订《津南区水务局2023年防汛预案》、三个部门专项预案及5处易积水片区"一处一预案"，明确责任主体、职责分工、完成时限，确保职责任务全覆盖、无盲区。

防汛队伍和物资。汛前，组建40人的防汛抢险队和114人的防汛抢险预备队，多次组织河道管理所、排灌管理站、市政排水所开展突发防汛抢险应急处置演练。着眼全区防汛需求，不断增加防汛物资数量和种类，完善物资储备结构。为确保满足紧急情况下区域内防汛物资需要，汛前又购置10万元防汛物资。截至2023年年底已储备发电机7台、移动泵车5台、冲锋舟5艘、编织袋和麻袋11万条、潜水泵31台、铁锹1000把、抢险帐篷5顶、真空吸污车1辆、垃圾清运车1辆等必要防汛物资，各项抢险救灾必备物资基本到位。修订防汛物资储备及调运预案，落实责任、严密巡查，精心维护，防止防汛物资资产损失。

防汛演练。为进一步提高津南区水务局防汛抢险救灾实战水平和应急处置能力，按照"安全第一，常备不懈，以防为主，全力抢险"的防汛方针，汛前津南区水务局先后组织市政排水所、排灌管理站、河道管理所相关工作人员开展2023年防汛应急演练。演练中队员们响应迅速、分工明确、密切配合，圆满完成了演练任务。此次防汛应急演练达到了以演促练、以练促战的目的，有效检验了应对险情时的快速处置能力和防汛抢险预案的科学性、合理性和可操作性，为应对防汛突发事件、保障人民群众生命财产安全积累了实战经验。

防汛检查。坚持"汛期不过、检查不止"，紧盯防洪防汛重点部位，强化对泵站、闸涵、河道堤防、城镇易积水片区等重点点位的防汛安全检查，发现问题及时整改，对于薄弱点位，超前部署，落实落细各项预案措施，让各项防汛举措跑在汛情前面，以各项举措的确定性来应对汛情的不确定性。汛前、汛中，共派出检查组19组次，累计检查点位200余个，发现问题18个。对于已发现隐患，均已整改完毕。

在西河闸提闸泄水入海河期间，津南区水务局组织各相关镇加大对海河津南段的巡查值守力度，密切关注海河水位变化，及时劝阻野钓野泳等行为，统筹专业人员力量加强对险工险段排查，确保了津南区海河调水置换期间防汛安全。

为保障城区排水管网畅通，提高防汛能力，对津南区水务局市政排水所负责的双港、咸水沽等镇的5处易积水片区进行全面排查，制定专项排水预案，并指导相关镇街对各自辖区内的易积水片区也制定专项预案，成立专业抢险队伍、备足防汛抢险物资。在全区范围内完成413.4千米的管线疏通和38600座次检查井、收水井的清掏。

防汛设施维护。汛前对河道堤防、排水闸门、泵站等提前进行检查维护。总结前期防御工作经验，分析存在的问题和不足，坚持问题导向，在补齐短板上下功夫。加强排水管网、河道、闸涵、泵站等重点部位、薄弱环节的巡视检查力度，发现问题及时解决。

强化农村基层防汛预报预警体系。整合视频监控监测预警系统和市区、区镇视频会商系统，共享水文、气象自动监测站点数据，优化自动监测预警站网布局，补短板补空缺，实现津南区雨水情监测全覆盖。对视频系统软件及硬件进行保养维护，确保汛期安全运行。进一步完善防汛视频监控系统布局，强化对泵站、闸涵的科学运行调度与管理。

加大防汛执法力度。组织相关科室及河道管理所和排灌管理站对区内二级河道违法违章情况进行摸底调查。详细了解河道内施工坝、坝根、垃圾及拦河网箱等阻水障碍物的分布情况。汛前津南区水务局将组织相关部门对河道内障碍物进行集中清整，确保汛期河道排水畅通。

7月30日，受台风"杜苏芮"影响，津南区出现持续强降雨过程。为全力保障人民群众生命财产安全，区水务局迅速有力落实好各项防范应对措施，全力保障全区防汛安全。一是加强河道、堤防巡查。加强区管河道、闸涵巡查检查，重点检查河道安全、水利设施运行、入河排水口、涉河工程建设等情况，针对重点点位安排专人巡查，确保人民生命财产安全。截至7月31日8时，共出动巡查车辆13辆次，堤防闸涵巡查人员81人次，累计巡查河道485余千米，启闭闸涵2座，准备防汛沙袋1100袋、挖掘机1台。二是确保河道排水泵站稳定运行。加大泵站巡查力度，安排专人对泵站进行巡视检查，确保泵站设备安全稳定运行。密切关注雨情和各河道水位变化，及时收集水位信息，随时掌握趋势预测和灾害预报信息，保证在出现险情时可第一时间科学处理。截至7月31日8时，共出动应急抢险车19辆次，泵站巡查41人次，先后调度东沽泵站、西关泵站、双月泵站、柴庄子泵站、跃进河泵站、巨葛庄泵站、北中塘泵站、花园泵站、双洋渠泵站、小站泵站10座泵站，累计开泵1342.5台时，累计排水1775万立方米，降低河道水位，确保各河道在低水位运行。三是进一步加强城市排水。对易积水片区进行提前部署，根据"一处一预案"安排人员及排水设备，降雨后第一时间到达指定位置，清理雨水口杂物、垃圾，巡查井盖等安全隐患，保证收水系统正常运行。截至7月31日8时，共开启19座雨水泵站，出动350人次，出动各类防汛车辆75辆次，准备防汛沙袋5000袋，累计排水160万立方米。

汛期值班。严格遵守防汛工作纪律，坚持汛期24小时值班和领导在岗带班制度，一旦遭遇汛情、险情，及时上岗到位，提前部署应对，及时启动应急预案，确保第一时间报送、第一时间研判、第一时间处置，力争防患于未然，最大限度地减少损失和影响。津南区水务局行政办公室、纪检组定期或不定期对各基层单位防汛工作情况进行督查，对督查发现的问题，要责成相关单位及时整改。

3. 抗旱

入春以来，津南区水务局提早动手，超前部署，及时修订完成《2023年度河道水系循环方案》。积极与市水务局、河系处协调，争取充足的用水指标，充分利用海河弃水及大沽排水河粗制再生水，合理调配水量，增加区域内二级河道引调水量，为绿色生态屏障、小站稻种植、国家会展中心及河长制考核提供良好的水环境支持。

【农业供水与节水】 按照《天津市津南区土壤污染防治—加强灌溉水水质管理实施方案》相关要求在春灌、汛期、冬灌3个时间段对灌溉水水质进行检测，其中包括地表水点位9个，地下水点位5个。

【村镇供水】 积极对接津南水务有限公司，完善农村供水的日常管理，保障农村供水安全稳定运行。对承担农村供水的四处加压泵站（天嘉湖泵站、小站泵站、北闸口泵站、海河教育园泵站）每日取水样进行水质检测，并协助市局相关部门随机抽取五个点位进行水质检测。对村内管网及设施定期进行巡检，发现设施存在漏水或设施故障的，第一时间进行修复。通过年度暗漏检测，排查村内管网设施，及时修复管网暗漏，保障供水。

【农田水利】 为全面做好津南区农田水利设施运行维护工作，保证农田水利设施良性运行，按照《津南区农田水利设施运行维护工作方案》和《津南区农田水利设施运行维护考核工作方案》，联合区农业农村委、区财政局指导各相关镇完成农田水利设施运行维护半年自评工作，并完成全区农田水利设施运行维护年度考核工作，对镇街全年农田水利设施运行维护工作作出总体评价。

【水土保持】 2023年，区水务局对接区政务服务办、发展改革委等相关部门，完成生产建设项目水土保持方案审核38件，用地清单制水土保持方案审核11件。强化生产建设项目事中事后的监督管理，对已批复生产建设项目水土保持现场监督检查31次；完成水土保持自主验收备案42件，验收备案核查9件，出动无人机检查31次。按照水利部及市水务局遥感图斑核查要求，开展3批次核查，共核查生产建设项目46个，发现11个生产建设项目存在未批先建及超责任范围违法违规问题并下达责改通知书。对生产建设项目未按时报送监测报告的生产建设单位下达整改通知，对水保方案未通过专家评审的编制单位、现场措施落实不到位的建设单位进行约谈，全年约谈12次，水土保持违法立案4件，全年完成水土保持补偿费征收290余万元。市水务局公布的2023年度天津市水土保持目标责任制考核结果，津南区获得优秀等级，完成了既定目标，并且为今后水土保持工作的开展打下坚实基础。

【工程建设】 完成双洋渠泵站迁建工程，该工程建设内容主要包括新建一座灌排两用泵站，设计排涝流量为16立方米每秒，设计取水流量为3立方米每秒，总装机容量1.25兆瓦。主要建筑物包括引水渠、站前闸、前池、泵房、出水池、出口闸及出水箱涵、尾水渠。工程于2022年2月23日开工，于2023年8月14日完工，该泵站已建设完成投入使用，工程总投资为11037万元。

【供水工程建设与管理】 供水行业管理。完善供水监管机制，充分发挥行业主管指导职能，深入贯彻落实以人民为中心的发展思想，切实保障供水安全，确保人民健康，促进社会稳定和谐。加强供水水质监管，联合卫健委不定期对出厂水和管网水、二次供水、农村供水进行抽检，抽检水质全部合格。加强供水设施监管，全年共开展供水泵站安全检查11次；督促供水公司开展供水窨井盖及消火栓排查，全年累计排查窨井盖52742座次，发现隐患75个均已整改，全年共维修更换消火栓26个。加强供水服务监管，全年办理获得用水审批42件，回访满意度达到100%。做好管网漏损控制监管工作，全年城镇供水管网漏损率降至8.51%。

保障极寒天气供水服务，制订应急保障方案，加大宣传力度，提前防范，高效有序开展2023年度低温冰冻灾害供水保障工作，成立专项检查组，对全区8个镇3个街供水设施进行检查，共检查33个小区108栋楼、3个农村供水设施、18处二次供水设施。

【排水工程建设与管理】 加强排水行业监督管理。强降雨期间协调各镇街、市政排水所和污水处理厂做好雨污水调度工作；推动排水许可证办理，2023年下达排水许可证办理告知书30余份，新办排水许可证21件。联合市政排水所、水政综合行政执法支队对纳入排水许可管理的74家排水户开展排水水质检测工作。5座城镇污水处理厂共处理污水3545.22万立方米，城镇建成区污水集中处理率达98.99%，水污染物主要指标达标率为98%。已纳管的35座农村污水处理站实际处理污水总量24.7万立方米，年度设施利用率达到100%，设施负荷率达66.9%，会同专业三方单位共检测140座次农村生活污水处理站，出水水质超标2座次，出水水质达标率为98.6%。全年区管城镇污水处理厂污泥处置量达1.98万吨，纳管农村生活污水处理站污泥处置量达3.66吨，污泥无害化处置率达到100%。

【水政监察】
1. 认真落实专项执法行动

按照年度专项行动工作要求，全面对照行动目标和重点任务，积极部署开展专项执法行动。强化内部协同管理，推进部门巡查检查常态化、执法抽查检查科学化，聚焦执法热点、难点问题，审慎研究、依法推动问题解决，着力提升专项行动成效。专项行动期间，依法查处涉及排水违法行为立案30起、涉及防汛保安违法行为立案2起、涉及河湖安全保护违法行为立案9起。

2. 深入推进跨部门执法协作

强化跨部门执法协作，做好同生态环境、规划和自然资源、城市管理和公安等部门信息共享和案件线索移交，强化联合查办依规处置，推进区属执法部门深度合作。全年，依法查处相关部门移交线索立案2起、部门联合执法办案1起。

3. 强化执法队伍能力建设

扎实推进学习贯彻习近平新时代中国特色社会主义思想走深走实，重点强化习近平法治思想学习培训，聚焦"四型"队伍建设，组织开展形式多样、贴近实际的执法教育培训工作。认真落实行政执法年度线上法律培训考核任务。全年，组织开展执法教育培训13次，全员完成规定学时培训并通过考核。

4. 全面落实普法宣传责任

全面落实普法宣传责任，在"世界水日""中国水周"、国家安全日、民法典宣传月、城市节水宣传周、诚信建设宣传周、宪法宣传周等固定宣传时间节点，广泛开展丰富多样的主题法治宣传活动。充分利用日常巡查和执法检查契机，加大水法律法规宣传。切实做好违法当事人的精准普法宣传。全年，组织开展集中普法宣传6次、日常普法宣传29次、精准普法宣传70次。

5. 强化执法监督考核作用

抓实行政执法监督考核工作，充分发挥法制审核和法律顾问审查作用，严格履行案件集体讨论及重大执法决定法制审核制度。在行政处罚信息公示、处罚裁量标准适用、行政执法职权及人员履职、双随机抽查进度、行政处罚案件评查等方面充分发挥执法监督考核作用。全年，10起行政处罚案件全部在规定时限内完成公示，执法人员和职权事项履职实现双达标，按要求完成双随机抽查工作，行政处罚案件评查结果总体良好。年度行政执法案件未发生行政复议和行政诉讼情况。

6. 主要工作成效

按照"双随机、一公开"监管联席会议办公室统一安排，积极配合牵头部门做好污水处理行业联合抽查工作，及时完成检查结果公示。科学制订"双随机、一公开"抽查工作计划，及时部署开展水务行业市场主体检查工作。持续加大对水资源、城市排水、水务工程、河湖生态环境领域的执法检查。全年，共计开展执法检查185次，依法查处水事违法行为立案78起。定期组织开展生态环境损害线索排查工作，依法启动生态环境损害赔偿案件1起。

【工程管理】

1. 水利工程日常运行管理

落实泵站运行管理各项制度，加强对泵站日常巡查管理，定期进行安全生产、泵站运行、维修养护运行调水等记录按时填写、统一着装、站容站貌等方面的日间和夜间巡视检查，发现问题及时解决。全年共排查各类安全隐患200余项，现已全部完成整改。结合泵站运行实际情况，不断制定和完善各项管理制度，重新修订了《天津市津南区水务事务中心排灌管理站安全生产标准化管理制度汇编》。全年共完成各泵站、闸涵检查700余次。同时采取不定期对泵站进行巡视，随时检查，随时现场考核。进一步落实防汛责任制，坚持24小时防汛值班制度。

2. 安全生产管理

2023年，局安委会周密部署重点工作，层层压实安全生产责任。制定了《安全生产年度任务清单》《安全生产年度责任清单》，印发了《2023年区水务局安全生产工作要点》等11个文件。扎实推进重大事故隐患排查整2023专项行动，围绕重点单位重点部位重点风险点共检查424次，累计帮扶指导企业11次，自查排查出问题隐患114项，其中重大隐患1项，所有问题隐患全部建立问题清单，并已立行立改或者采取有效管控措施，整体上保持了水务系统安全稳定。

【河湖长制】

1. 市级河湖长制奖补资金使用及分配

根据《天津市财政局关于下达2023年市财政水务改革发展和水库移民扶持资金预算的通知》（津财农指〔2023〕4号），2023年市财政局安排津南区市级河湖长制奖补资金500万元。按照《天津市河湖长制考核奖补办法》奖补资金的使用范围，对各街镇进行项目征集，依据各镇街提交项目申请并经研究，确定五项工程项目列入奖补资金预算安排，分别为：双新街秃尾巴河水环境治理工程，项目投资金额333万元，安排奖补资金143万元；葛沽镇十五米河清淤工程，项目投资金额332.83万元，安排奖补资金143万元；北闸口镇月桥村河道水环境治理工程，项目投资金额350万元，安排奖补资金143万元；辛庄镇继泰泵站闸涵修复和双白引河石桥修缮工程，奖补资金全额安排61万元；咸水沽镇采购提升河湖巡查监管设备项目，安排奖补资金10万元。五项工程项目均于2023年年底前完工，按照市级奖补资金使用要求对各项目进行审核，各项目均符合奖补资金使用范围。

2. 进一步完善协调联动体系

深入贯彻《关于加强河湖治理保护联防联控的决定》第1号总河湖长令要求，组织跨区域、跨部门联防联控，与海河管理中心、大清河管理中心、排水管理中心及西青区、滨海新区、河西区、东丽区等区协调联动，共同解决海河、先锋排水河、十米河、八米河等跨区河流问题，组织跨区河流联合巡护，协调推动重难点问题解决。深化部门协调联动，全年召开多部门联席会议6次，妥善解决各类河湖问题。进一步强化多部门联合执法，联合公安、水务、生态环境、农业农村、交通运输等部门，持续开展海河综合整治专项行动，累计清理网箱地笼32个、插杆11个、浮台9个、渔船6艘。

3. 水利部遥感图斑核查

2023年市河（湖）长办共反馈水利遥感图斑459个，津南区河（湖）长办经组织相关部门和11个镇街对所有图斑进行现场核实，汇总梳理形成问题清单和非问题清单，问题清单一共5个图斑点位，经过区河（湖）长办会同镇街现场推动整改，于年底前全部整改销号完毕，非问题清单共454个图斑，于年底前已在水利部系统全部上传佐证销号完毕。

【精神文明建设】 始终把党的政治建设摆在首位。坚持不懈把加强党的政治建设摆在首要位置，坚决贯彻落实党中央关于党的建设部署要求，把党的领导全面系统整体落实到各项工作的全过程各方面，教育引导党员干部深刻理解把握"两个确立"的决定性意义和实践要求，自觉信赖核心、维护核心、紧跟核心、捍卫核心，自觉增强"四个意识"、坚定"四个自信"、做到"两个维护"，切实把"两个维护"这个根本政治要求贯彻落实到水务工作的各个方面。

坚持不懈强化理论武装。水务局党委聚焦学习贯彻习近平新时代中国特色社会主义思想，学习贯彻习近平总书记重要讲话和指示批示精神，坚持用党的最新理论成果武装头脑、指导实践、推动工作，不断统一思想，凝聚共识。每月开展理论中心组学习，主要学习《中国共产党党章》、习近平法治思想等。

强化舆论宣传力度。围绕学习宣传贯彻党的创新理论，认真开展党员教育培训工作，通过组织党支部书记观看纪录片《红旗渠》、组织党员干部观看《浏阳河上》、组织党员干部到津南区档案馆进行参观学习等，不断强化党员干部理想信念教育。结合"双报到""世界水日""中国水周"等活动，组织党员干部到镇街、社区开展主题宣传活动，不断强化党员干部职工为民服务意识。加强津南区水务局微信公众号管理，按要求落实三审制度，积极发布党务政务信息，让主旋律更加响亮、正能量更加充沛。

加强廉洁文化建设。形成浓厚的廉洁文化建设的氛围，在全局工作部署会议及各种专项工作会议中，不断强调清廉执政，严守清洁底线，使干部思想中时刻绷紧廉政的弦。不断扩展廉政文化建设主阵地，利用水务局微信公众号进行廉洁文化宣传。坚持警钟长鸣，按照年初纪检工作要点的要求，坚持干部廉洁自律教育不松劲，局党委、局属各党组织定期开展廉政教育活动，不断强化党员干部廉政教育，着力提高党员干部廉洁意识。

【队伍建设】
1. 领导班子

党委书记：赵国庆

党委委员：王学玲　刘志刚　张起昕　唐　凯

局　　长：赵国庆

副 局 长：王学玲　刘志刚　唐　凯

二级调研员：张红军

2. 机构设置

经区委编办审批，津南区水务局设6个内设机构：党委办公室（网络安全和信息化办公室）、行政办公室、河湖保护科（排水监督科）、水资源管理科、水旱灾害防御科、建设管理科。

津南区水务局下设4个基层事业单位：津南区水务事务中心（副处级、财政补助、公益一类），津南区河长制事务中心（正科级、财政补助、公益一类），津南区水务工程建设事务中心（正科级、财政补助、公益一类）、津南区水务综合行政执法支队（正科级行政执法机构）。

3. 人员结构

2023年，经津南区委编办批准，核定津南区水务局机关行政编制23名，机关工勤编制3名，其中设局长1名，副局长3名，正科级领导职数6名，副科级领导职数1名；核定所属事业单位编制217名（其中水务事务中心149名，水务工程建设事务中心18名、河长制事务中心15名、水务综合行政执法支队35名），设副处级领导职数1名，正副科级领导职数36名（其中水务事务中心27名，水务工程建设事务中心3名、河长制事务中心2名、水务综合行政执法支队4名）。截至2023年12月31日，全局有公务员20人，其中局长1人，副局长3人，二级调研员1人，四级调研员1人，正副科长4人，科级以下10人；机关工勤3人；所属事业单位干部职工173人（其中水务事务中心133名，水务工程建设事务中心18名、河长制事务中心12名、水务综合行政执法支队10名），副处级干部1人，正副科长25人。

学历情况：研究生9人、大学本科130人、大学专科22人、中专7人、高中及以下28人。

年龄情况：35岁及以下58人、36~40岁40人、41~45岁23人、46~50岁33人、51~54岁26人、55~59岁16人。

职称情况：工程系列高级工程师22人（含正高1人）、工程师29人、助理工程师10人；政工系列高级政工师2人，政工师4人，助理政工师6人；会计系列会计师3人，助理会计师7人。

2023年办理退休手续11人，调出1人，辞职1人，调入2人，系统内部调动3人。招募"三支一扶"人员2人，政策性安置"三支一扶"服务期满人员1人，政策性安置退役士兵4人。

（张欣）

北辰区水务局

【概述】　2023年，北辰区水务局以水安全保障为总体目标，统筹推进"五水共治"，积极践行"八面见线"，深入落实"十项提升"，以专题调度、集中调度、现场调度等方式，压实重点工作任务。聚焦供水安全，推动二供频繁爆管停水的普东街淮兴园、淮盛园、淮祥园、淮和园等社区完成二次供水管网改造，推动完成王庄村自来水老旧管网改造工程，城乡供水保障能力进一步提升。聚焦防汛安全，做好全域排水管网疏通养护，完成津围公路雨水管道切改和淀南泵站维修工程，科学应对海河"23·7"流域性特大洪水，汛期应对21次降雨，牵头制定《北辰区2023年蓄滞洪区运用补偿方案》，2023年分别发放蓄滞洪区运用补偿预拨款400万元和1000万元。聚焦水生态安全，完成中泓故道蓄水闸工程启动建设，做好春冬两季农田灌溉二级河道调水保水，统筹利用外调水、污水处理厂出水等多种水源10316万立方米；完成2023年区级民心工程——引滦暗渠（北辰段）生态保护绿化工程（第1标段）建设任务；全面深化河湖长制管理，扎实开展春季清河湖、河道入河污染溯源排查等专项行动，河湖岸线环境质量持续改善。

【水资源开发利用】　2023年，北辰区水务局加强河道补水水量调度，年初对各镇农业用水需求情况进行统计，结合2023年河道生态换水需求，编制完成《北辰区 2023 年水循环调度方案》。在春灌用水高峰期,协调市水务局及上游地区筹措水源,统筹利用外调水、污水处理厂出水等多种水源 10316 万立方米。

【水资源节约与保护】

1. 计划用水管理

2023 年,北辰区水务局严格落实以计划用水为主体的用水总量控制制度和总量控制下的定额管理制度。实行用水总量和用水强度双控,按照各单位实际用水情况,参照行业用水定额,为区管户用水单位核定计划用水指标,核定自来水用户 368 家,分配指标量 2312 万立方米。完成用水计划行政许可审批,全年累计审批 41 件(其中用水计划指标变更许可 6 件,临时用水计划指标许可 13 件,新增用水计划指标 22 件),回访获得用水企业 36 家,回访满意度达到 100%。每季度开展 3 类节水用水统计监控,涉及工业系统、非居民城市生活公共用水、重点监控单位等类别。天津市重点监控用水单位名录涉及北辰区 8 家单位,其中,市级重点监控用水单位 4 家,区级重点监控用水单位 4 家,针对这 8 家单位每月开展水量监控,定期对用水量做出合理分析并适时调整。

北辰区水务局制定节约用水督查检查方案,开展节约用水管理集中整治。对纳入计划用水管理的自来水和地下水用户开展集中摸查,梳理用水计划下达、超计划取用水、分级计量设施安装、基础用水台账建立、用水定额等情况。持续开展特种行业用水监督检查,要求辖区内 4 家供水企业对特种行业用水户安装和使用计量设施情况进行自查,推进一户一表计量。同时对特种行业用水户特业水价执行情况进行排查,对未执行的用水户立整立改。

2. 节水宣传活动

2023 年"世界水日""中国水周"期间,北辰区水务局集中开展节水护水宣传活动。开展普法宣传进网络活动,组织干部职工参加网上专项答题,"北辰水务"微信公众号推送节水宣传信息。开展节水宣传进社区活动,联合公安北辰分局、北仓镇等 8 家单位在北辰御龙湾广场向群众宣传节约用水、河湖保护等法律法规,组织群众清理北运河堤卫生。到瑞景街熙景园社区、普东街强宜里社区和集贤公园等开展 5 次节水宣传,发放宣传册及宣传品 150 余份,受宣群众达 200 余人次。开展节水宣传进学校活动,联合秋怡中学和双街幼儿园开展专题知识讲座和主题班会,联合区教育局开展"节水大使"评选活动,评选出 10 名"节水大使"并授予证书。开展普法宣传进企业活动,到建设项目现场和排水企业进行节水宣传,要求做好的水土保持、节约用水等工作。同时,组织各镇街开展多元的节水宣传活动,营造"知水、节水、护水、亲水"的浓厚氛围。

3. 地下水资源管理

2023 年,北辰区水务局严控地下水超采综合治理,牢牢把握"水"在地面沉降防治中的关键作用,坚持"节""调""控""管"多措并举,通过水系连通、向西部调水、水源转换等工程实施,有效控制地下水开采,深层地下水水位逐年回升。研究制定下发《2023 年北辰区地面沉降防治及地下水超采综合治理任务清单》,督促各成员单位按照时间节点完成了既定任务。结合市控沉领导小组办公室每季度下发的《地面沉降防治工作通报》,分析研判北辰区地面沉降形势,全年共召开区级工作推动会 5 次。严格落实《市水务局关于加强关停取水井管理的通知》要求,修订完善《北辰区地下水超采机井封填治理实施方案》,做好对常规封存、应急备用、暂时保留等机井的维护和管理,共封填普通机井 5 眼,压采深层地下水 3 万立方米,同时严厉打击非法开采地下水行为,查处后立即回填并作出处罚。坚持源头把控,取水监管严密有效。全年共完成取水许可证延续评估 14 户,完成取水许可证注销 18 户。

4. 节水型小区、企业、单位创建

2023 年,北辰区水务局开展节水型系列创建工作,共创建企业 2 家、单位 3 家和小区 4 个,分别为优博络客新型建材(天津)有限公司、天津长荣控股有限公司、天津市北辰区人民检察院、天津市民族中等职业技术学校、天津市北辰区实验中学、青源街荣乐园社区、双环邨街新佳园东里社区、双街镇聚龙园社区和宜兴埠镇翠金园社区。经自评、申报、初审和专家评审，各单位（小区）全部达到市节水型单位（小区）标准，由市下发命名文件并授予节水型单位企业（小区）奖牌。

【水生态环境建设】 2023年，北辰区水务局加强对区管污水处理厂、农村污水处理站的运行监管，每月对污水处理厂进行现场检查，核查各水厂的运行管理、制度执行、设备运行、维护记录，检查在线监测的历史数据记录、进出水水质和水量台账，核实当月污水处理量和污泥联单台账等资料。组织开展现场督导检查6次，发现并整改各类问题共计24项。对污水处理厂开展水质监测30次，检测结果全部达标。科学调配生态用水，积极协调市水务局争取外调水量，累计完成调水10316万立方米。

【水务规划】 2023年，北辰区水务局组织开展并完成《天津市北辰区水安全保障"十四五"规划》中期评估，聚焦规划主要目标指标完成情况、重点任务和改革举措、工程项目推进情况等方面，总结成绩、查找短板、分析原因、提出对策，注重挖掘深层次矛盾和风险隐患，及时发现新情况新问题，研究提出进一步推动水安全保障"十四五"规划实施的对策建议。

【水旱灾害防御】

1. 雨情雨量

2023年夏季降水量473.4毫米，比历年平均351.5毫米偏多121.9毫米，全年北辰区共出现暴雨2次，其中，6月1次，8月1次。

6月28日10时至18时北辰区普降暴雨，个别站点大暴雨。28日7时至29日7时全区降水站点平均降雨量73.3毫米，最大降雨量为106.7毫米，最大小时雨强为79.0毫米（10时至11时30分）、71.6毫米（11时至12时），均出现在大张庄镇南王平站。

7月末，受台风"杜苏芮"影响，7月29日7时至8月1日8时全区平均降雨量127.7毫米，最大降雨量为156.6毫米，出现在科技园北区站，最大小时雨强为22.7毫米，出现在辛侯庄站。

2. 科学有效应对海河"23·7"流域性特大洪水

北辰区水务局7月31日启动防洪Ⅱ级应急响应，全体人员上岗做好防洪准备；8月1日启动防洪Ⅰ级应急响应，有序开展洪水应对工作。

组织做好水利设施防洪准备。7月31日安排防汛抢险队42人分成6组，调集运输车14辆、施工人员159人，连夜封堵北运河左堤预留开口；8月2日至8月4日组织封堵加固右小埝庞嘴合作社门前预留的35米长交通口，协调市水务局建设中心加高加固津霸铁路桥下25米长高程不足处，提供物料并指导双街镇完成右小埝沿线1处10米长交通口及8处穿堤涵闸封堵工作。

落实河道巡堤查险任务。每日对永定河系、子牙河及新开—金钟河等河道开展全覆盖技术巡查，会同区城市管理委员会清理永定新河郊野公园西漫水桥前大量水面漂浮物，及时发现并劝离堤防附近垂钓者、围观者等逗留人员，确保主河槽行洪安全。组织实施引河桥两侧安装防护网项目，消除引河桥两侧辅路人员聚集、撒网捕鱼的安全隐患。协调推动永定河、永定新河及北京排水河防浪墙维修养护。

强化水文情况测报分析。选定区内永定河庞嘴桥及增产河武清闸2处典型断面，在庞嘴桥处加设水尺，每日手工测量4次。加强与市水务局水文专家的沟通对接及会商研讨，对永定河庞嘴村沿线水情进行实地查勘，及时分析研判上游来水情况。对8月1日以来邵七堤、东洲大桥、永定河庞嘴桥等断面的水文数据进行统计分析，综合研判北辰区境内洪峰过境情况，为回迁等工作提供水情信息。

保障泛区供水安全。第一时间组织供水单位对泛区内地下水和自来水供水工程进行关闸断水，对泛区内所有机井采取防水封闭措施，避免洪水淹井，污染地下水。群众回迁前，制定灾后机井恢复供水和自来水恢复供水保障方案，组织设备厂家对庞嘴村除氟供水站设备和发电机进行检修维修，对除氟供水站进行反复冲洗直至水质合格。在村内设置2辆应急供水车，保证居民桶装水的供应。在群众回迁后广泛告知居民回迁后各项用水注意事项，两周内进行7次水质检测均达到合格标准。

帮助上游兄弟市（区）排水。在行洪期间，利用北辰区内卫河及中泓故道，分别帮助西青区解决子牙河周边排水问题、帮助河北廊坊及武清区解决中泓故道周边排水问题，切实缓解了上游防洪排涝压力。洪水退水阶段，在北辰区设备紧缺、城区排水压力不减的情况下，支援西青区排水移动泵车，帮助东淀蓄滞洪区加快退水。

开展蓄滞洪区运用补偿。北辰区水务局牵头成立了北辰区蓄滞洪区运用补偿工作领导小组，制订《北辰区2023年蓄滞洪区运用补偿工作方案》，召开专题会议、专题培训和现场调研，督促、指导北仓镇、双口镇、双街镇积极有序开展补偿核查和公示工作。完成区级核查和二次公示后，编制《北辰区2023年蓄滞洪区运用补偿方案》，明确北辰区2023年蓄滞洪区运用补偿款共计1891.1万元，报市蓄滞洪区运用补偿工作领导小组、水利部审核通过。2023年北辰区水务局分两次发放蓄滞洪区运用补偿预拨款分别为400万、1000万，剩余款项于2024年发放。

组织谋划灾后重建项目。组织北辰区住建委及各镇、开发区从应急抢险、恢复重建、功能提升等方面梳理紧急的、短期补短板的、长远要解决的水利项目、内涝治理项目以及水利和农业领域灾后重建项目，经与市水务局规计处研讨确定共谋划项目48个，涉及排水、除涝、河道堤防提升治理、村庄防汛能力提升、污水治理等多领域，匡算资金52.7亿元，进一步补齐防汛短板，提升城市灾害防御能力。

3. 汛期防汛工作

预案人员方面，北辰区水务局印发《北辰区水务局2023年水旱灾害防御工作要点》和《北辰区水务局洪涝灾害防御应急响应工作规程》，制作《应急响应人员上岗要求简要说明》和《北辰区水务局防汛架构图》。修订完善《北辰区水务局汛期除涝预案》《北辰区中心城区防汛应急排水预案》等11个专项预案及城区11处易积水片区"一处一预案"。组建北辰区水务局防汛抢险技术专家组及抢险队伍（共计71人）。

汛前准备方面，组织开展防汛安全隐患排查整治，汛前出动检查组8组115人次，对河道、堤防、蓄滞洪区、闸涵、泵站、管道及在建工程等进行全面排查，发现并督促整改隐患4处。在引河里小区开展易积水片区防汛应急排水演练，现场进行应急架泵、排水现场防护措施架设等相关内容演练；组织召开水旱灾害防御工作培训，邀请市水务局赵天佑讲解永定河系水旱灾害防御要点。

物资准备方面，北辰区水务局汛期租用1000千瓦移动发电机组2套、200千瓦发电机组2台、自有720千瓦发电机组2台，作为单电源泵站应急备用电源和移动排水应急电源。落实储备重型挖掘机18台、推土机18台、自卸货车40辆，应急抢险人员400名。

降雨应对方面，雨前落实"一低两腾空"措施，全力开启雨水泵站，降低二级河道水位，腾空排水管网和泵站前池，针对城区11处易积水点位，提前预置人员、设备，专人盯守直至积水全部排除。雨时巡查二级河道，及时调度泵站适时降低水位，汛期共应对降雨21次，泵站累计开泵11358.88台时，排水量1.02388亿立方米；移动泵车累计开泵8126台时，排水量428万立方米。

4. 抗旱调水补水工作

加强河道补水水量调度，年初对各镇农业用水需求情况进行统计，结合2023年北辰区河道生态换水需求，编制完成了《北辰区2023年水循环调度方案》。在春灌用水高峰期，协调市水务局及上游地区筹措水源，统筹利用外调水、污水处理厂出水等多种水源10316万立方米。

5. 排水设施管理维修改造

2023年，北辰区域内市管污水处理厂1座，为北辰污水处理厂（日处理能力15万吨），区管污水处理厂4座，分别为大双污水处理厂（日处理能力8万吨）、双青污水处理厂（日处理能力8万吨）、科技园区污水处理厂（日处理能力5万吨）、新区污水处理厂（日处理能力12万吨），出水均执行天津市《城镇污水处理厂污染物排放标准》（DB 12/599—2015）A类标准，污水处理量48万吨每日，污泥无害化处理率达到100%。区管农村污水处理站共计19座，处理规模合计3660吨每日，出水执行《农村生活污水处理设施水污染物排放标准》（DB 12/889—2019），村污水处理站处理水量约为90.47万吨，出水水质主要指标达标率100%。北辰区区水务局管理泵站共56座，总流量每秒194.992立方米，其中管理雨水泵站22座、污水泵站34座，环外排（灌）水泵站14座，雨水、污水管道共计1288千米，各类收水井、检查井、化粪井9.6万座。

2023年，北辰区水务局养护排水管道1288千米，检查井71228座，化粪池1520个，收水井23868个。完成掏挖小区污水检查井5遍、小区雨水及道路雨污水检查井4遍、收水井3遍，清掏化粪池3遍，疏通收水支管3遍、小型管渠2遍、中型管渠1遍。完成汛前水泵设施设备大检查，重点对机泵、闸门和启闭机等设备和防雷、监控系统维护检修，对变压器进行预防性试验，设施设备运行正常。

【农业供水与节水】 2023年度，北辰区耕地、林地、园地实际灌溉面积12.5993万亩，农业灌溉用水量为1315.3591万立方米。年初制定了2023年北辰区农业灌溉用水分配计划，严格控制各涉农镇村农业灌溉用水量，在节约用水的同时保障用水效率。

【村镇供水】 北辰区现有4家企业提供供水服务，分别为天津市自来水集团有限公司、天津津滨威立雅水业有限公司、天津宜达水务有限公司、天津市津北水务有限公司。全区剩余在用普通机井96眼，其中，居民用水井74眼，工业企业井22眼。现存农村生活井中，涉及17个计划拆迁村52眼机井需暂时保留，居民饮用水源仍为地下水（经除氟设备处理后桶装水），未经处理地下水仅供生活杂用。2023年全区总用水量约11484.0271万立方米，完成用水总量1.53亿立方米以内的控制指标。全年地下水总开采量250万立方米，其中，居民生活用水量241.5万立方米，工业企业用水量8.5万立方米。

组织开展240次点位水质抽检，城市供水、村镇供水、二次供水水质所检项目均符合国家饮用水标准。组织开展水厂、除氟供水站、二供设施安全检查42次处，全年管网漏损率控制在7.02%以下。组织供水突发事件应急演练，组织开展"双随机、一公开"供（换）热站检查6次，开展供水行业市政消火栓、管线井维护保养和窨井安全隐患排查，处置隐患问题98处。积极协调供水企业解决住宅项目供水配套问题，做好管道防寒防冻宣传，妥善处理供水管线爆管、二次供水水箱溢水等突发事件。

【农田水利】 2023年，所辖农业泵站完成调水168.86万立方米，保证农田的用水需求。

【水土保持】 2023年，北辰区水务局完成2022年水土保持目标责任考核，做好2023年水土保持监管。2023年，全区在建生产建设项目102个，其中2023年新增的25个在建项目和10个区域评估项目，均已纳入日常监管。北辰区水务局对17个项目进行现场检查，发现问题并督促整改，建立备案台账，新增报备项目38个，并对4个自主验收项目进行现场验收核查。继续做好天津市生产建设项目水土保持遥感监管工作，水利部下发的28个图斑中，16个为生产建设项目，经现场复核，认定合规12个；另有4个项目涉及"未批先建"违法违规行为，已查处并整改销号。市级加密图斑中，7个生产建设项目，经复核，认定合规5个，1个超防治责任区范围，已联系市水务局执法总队查处并督促完成整改销号，1个涉及"未批先建"已整改销号。市级二次加密图斑的生产建设项目3个，均认定合规。根据市水务局要求，制定完成天津市加强新时代水土保持工作责任分工和落实措施表。

【工程建设】 引滦暗渠（北辰段）生态保护绿化工程（第1标段）：工程实施范围约3.6千米，丰产河两侧实施绿化工程面积71833平方米，铺装工程铺设砖石21434平方米，砌筑挡土墙5771米。工程于2022年9月22日开工，2023年6月初完成全部建设内容。

"红色河头，绿色双口"乡村振兴建设项目——中泓故道蓄水闸工程：新建中泓故道蓄水闸，建筑物级别为3级，设计使用年限50年。工程于2023年10月9日开工，2023年底已完成临时工程施工。

北辰双街镇庞咀片区乡村振兴提升改造工程——基础设施工程：本工程建设内容主要包括农村人居环境提升，以及农村供水泵站等设施、建设污水管道及处理等设施。工程于2023年11月15日开工，2023年底完成部分路段路基施工。

北辰双街镇庞咀片区乡村振兴提升改造工程——天津市北辰区泛区与永定河水系连通工程（庞咀片区）：工程主要内容建设包括疏清整治渠道4条共1.67千米，新建水系循环泵站1座，新建过路涵管7座，新建生态护岸1.42千米，改造小微湿地1处，建设古运湿地公园。工程于2023年12月4日开工。

"红色河头，绿色双口"乡村振兴建设项目——天津市北辰区泛区与永定河水系连通工程（双口镇片区）：本工程两个片区内实现水系连通总长度16.4千米，小微湿地建设面积31.93公顷，新建生态护岸长度13.13千米。工程于2023年12月4日开工，2023年底已完成部分渠道清淤、两座节制闸主体施工。

【供水工程建设与管理】 二次供水设施改造工程。2023年，针对二次供水频繁爆管停水的小区，北辰区水务局多次现场实地调查研究，召开协调会议深挖解困招法，畅通对接渠道，明确各方分工，顺利推动普东街淮兴园、淮盛园、淮祥园、淮和园4个社区完成二供供水管网改造工程，推动王庄村完成自来水老旧管网改造工程。截至2023年底，普东街淮兴园、淮盛园、淮祥园、淮和园4个小区二供频繁爆管停水问题已彻底解决，王庄村实现全天24小时供水。

供水企业检查和水质监测。2023年，督促供水企业对辖区供水管道和供水系统沿线管网进行拉网式巡检，对水表箱、阀门井等老化、缺失、破损的供水设施进行检修维护。组织开展供水行业窨井安全隐患排查2次，41973处窨井全覆盖，处置井盖破损、井室塌陷等隐患53处；落实市政消火栓、管线井维护保养，处置盖帽遗失、设施损坏等问题45处。审核发放清洗消毒证明218份。完成城市供水、二次供水、村镇供水（自来水管网覆盖村和除氟供水站）水质抽检240个点位，各点位水质指标均正常。

【排水工程建设与管理】 北辰区双环邨街连环道、消防支路切改工程。工程位于天津市北辰区双环邨街，主要作业内容为双环街连环道、消防支路雨水管线切改，通过连通两条道路雨水管道的方式将消防支路及周边小区雨水排入连环道雨水管网，用最小的代价解决现状积水问题，经汛期检验，该片区积水情况基本消除，达到预期目标。

【科技教育】 2023年，北辰区水务局组织开展学法用法线上培训、"天津干部在线"学习"加强新时代廉洁文化建设""新知识新技能""推进应急管理体系和能力现代化""发扬斗争精神，增强斗争本领"专题培训、党政机关事业单位线上专题保密学习等线上培训，完成率100%。组织开展10期"水务干部大讲堂"，在党务管理、信息撰写、新闻宣传、工程档案管理、水旱灾害防御、工程建设监管、心肺复苏、12345热线办理、安全生产培训、消防应急培训等方面为水务干部提供教育培训。

【水政监察】 2023年，北辰区水务局组织召开法治政府建设工作专题会议，将法治政府建设纳入全年工作计划。落实"谁执法，谁普法"普法责任制，深入执法一线开展法治宣传，积极推进执法全过程记录，规范执法程序，开展行政执法案卷评查工作，全面落实"三项制度"，做到应公开、尽公开。全年公示"双随机、一公开"抽查检查结果180项，公示用水计划指标许可事项结果400项。实行行政执法人员持证上岗和资格管理制度，完成2023年度行政执法人员证件管理和66人年度执法考评。立案查处案件84起，累计罚款约67万元，其中环境损害赔偿约6.6万元，实现零突破，本年度办结案件无行政复议与行政诉讼。

2023年，北辰区水务局积极开展矛盾纠纷调处工作，全年共计接收12345平台群众举报投诉3627件、政民零距离投诉20件、人民网投诉4件、智慧天津平台投诉9件，全部按时处理。发挥法律顾问参谋作用，邀请法律顾问参与起草、修改、审核重要的法律文书、合同、协议60件，参与信访接待、矛盾调处、政府信息公开等工作17件，参与行政处罚审核工作13件，参与讨论决定重大事项提供法律意见2件，参与普法宣传教育8件。

【工程管理】 加强监督管理。结合实施进度，针对性拟定新建水务工程质量与安全监督计划，开展工程质量普遍性问题排查。加强工程质量把控，确保工程严进严出、质量达标。开展"质量月"活动，扎实推进《质量强国建设纲要》《水利工程质量管理规定》《水利工程建设质量检测管理规范》贯彻落实。

推进标准化管理，编制《北辰区推进水利工程标准化管理工作实施方案》《推进标准化管理工程名录》及北辰区水利工程标准年度计划，并对各工程管理责任主体单位进行了标准化管理及评价细则的培训，积极推进水利工程标准化创建及管理工作。对北辰区大张庄泵站的工程状况、安全管理、运行管护、管理保障和信息化建设等方面进行全面提升，完成大张庄泵站工程的标准化工程创建工作。2023年12月，北辰区大张庄泵站完成并通过水利工程管理标准化的区级验收工作，被评定为"天津市水利工程标准化管理三级标准化工程"。

落实安全生产。持续推动双重预防工作机制建设和水务监督工作，压实各方安全生产责任。以系统内建筑施工、城乡供排水、水利工程运行等为重点，深入开展重大事故隐患排查整治2023专项行动，强化水务领域安全生产监管执法和事故隐患整治，2023年共督导检查单位1338家次，出动3711人次，排查并整改隐患339处，整改完成率100%，水务安全生产形势持续稳定向好。

【河湖长制】 充分发挥考核指挥棒作用，落实做细月度考核，将年度考核成绩纳入区级绩效指标，完成市级区级2022年度河湖长制考核工作。河湖长制监管模式推陈出新，探索实施"考、听、访、谈、督、问"监督模式，落实"60分钟处置"工作要求。深入开展中心城区河道汛期入河污染溯源排查，推动"河里问题，岸上整治"。深入开展水利部遥感图斑核查，现场核查342处点位，全面完成点位销号任务。协助区级河湖长巡河78次，积极组织开展春季清河湖等专项行动，排查并整改问题1800多个，清理整治水面堤岸垃圾2400多吨，全面提升河湖环境面貌。完善河湖管理联合机制，深化检察机关、公安机关、区委督查室、纪检监委与水行政部门的职能互补作用，设立"跨界河湖长"，与市区各部门开展联合巡河9次。开展2023年"示范河湖"创建工作，培树"榜样河长"11名、示范河湖8条、"农村示范河湖"15

条。落实"向群众汇报"工作机制,在"北辰河湖"公众号推送《河湖长制从"有名有实"到"有能有效"——北辰区区级总河湖长向群众汇报》文章,开展河湖长制满意度问卷调查,不断提高河湖长制满意度和知晓度。截至2023年底,区级河湖长17个,镇街河湖长59个,村级河湖长218个,民间河湖长10个,社会义务监督员25个。

【水务改革】 2023年,北辰区水务局完善权责清单制度,坚持开展权责清单月度自查工作,根据法律法规更新情况动态调整,2023年取消职权1项、修改法定依据44项,进一步提高履职水平和行政效能。政务服务水平不断提升,持续做好多规合一、审管联动、社会治理、信用中国、互联网+监管等平台工作,处理分发政务服务审批事项(含公共服务事项)173项,项目审查146项(其中用地清单制10项),妥善处理"街镇吹哨,部门报到"案件68件。

【水务经济】 2023年全年实际收到的财政拨款收入为65652.52万元,其中一般公共预算财政拨款收入21559.41万元,政府性基金预算财政拨款收入44093.11万元,主要包括:国家蓄滞洪区运用财政补偿、北辰区农村给排水及水环境综合改善工程PPP项目政府付费和运营费、2022年污水处理厂污水处理费、北辰区引滦暗渠占压建(构)筑物拆除补偿费用项目、北辰区污水处理工程及运行项目、引滦暗渠(北辰段)生态保护绿化工程、排水设施养护维修管理、泵站运行及技术人员外包服务费等,经济效益和社会效益显著提升。

【精神文明建设】 2023年,北辰区水务局持续开展精神文明系列创建。以中华传统节日为载体,深入挖掘节日内涵,开展"我们的节日"主题活动7次。组织机关及各基层单位开展志愿活动42次。重点开展区级模范机关、优秀书记项目和五星党支部的创建工作,北辰区水务局被评为2023年度区级模范机关先进单位,北辰区区水务局机关党支部被评为2023年度区级五星党支部。抓实抓细习近平新时代中国特色社会主义思想主题教育学习宣传贯彻落实,开展主要领导讲党课3次,理论学习中心组学习20次,邀请专家授课1次,各支部开展集中学习123次、主题党日84次、红色观影21次,外出参观23次。强化先进典型教育,组织开展第四届"水务人讲水务故事"暨"踔厉奋发新征程'十干'兴水争先锋"心向党主题演讲活动,选报尹伊凡的演讲作品《凝心聚力心向党,实干担当惠民生》荣获区级评比一等奖,利用中央、市、区级媒体平台推送北辰区水务局信息129条,不断提升干部精神文明面貌,营造干事创业良好氛围。加强防汛抗洪先进典型宣传,优秀典型孙宝起、吴佳坤、郑堃被国家、市、区级媒体报道。吴佳坤被评选为"天津市抗洪抢险救灾先进个人""辰兴十干·防洪防汛"先锋。

【队伍建设】

1. 领导班子成员

党委书记、局长:王志勇

党委委员:左维红(女) 魏贺忠 肖 刚
　　　　　郑玉山 孙宝起

副 局 长:左维红(女) 魏贺忠 肖 刚

一级调研员:王志勇

三级调研员:左维红(女)

四级调研员:郑玉山

2. 机构设置及主要负责人

北辰区水务局机关内设6个职能科室:办公室(网络安全和信息化办公室)、水政安监科、水资源管理科(区节约用水办公室)、工程规划建设管理科(水务工程建设质量与安全监督科)、排水调水管理科(水土保持科)、财务科。下属有4个基层单位:北辰区水务综合服务中心(副处级单位)、北辰区水务工程建设服务中心(科级单位)、北辰区河长制事务中心(科级单位)、北辰区水务综合行政执法支队(科级单位)。

3. 人员队伍

截至2023年12月底，全局总人数146人，其中机关工作人员26人，包括机关公务员23人、工人编制3人。公务员中男16人、女7人，工人编制男3人。全年招录公务员1名，调出2名，调入0名，退休公务员1名。学历情况：公务员中研究生5人，大学本科16人，大学专科学历2人；工人中大学本科1人，高中及以下2人。年龄情况：公务员35岁以下6人，36~40岁6人，41~45岁1人，46~50岁2人，51~54岁7人，55岁以上1人；工人51~54岁0人，55岁以上3人。

截至2023年12月底，事业单位工作人员120人（其中男性78名，女性42名）。当年新招录事业编10名，政策性安置0名，退休4人，调出0人，解除合同3人。学历情况：研究生17人，大学本科学历77人，大学专科学历14人，中专学历0人，高中学历12人。年龄情况：35岁及以下48人，36~40岁30人，41~45岁6人，46~50岁14人，51~55岁11人，56岁以上11人。专业技术人员（43人）情况：水务专业高级职称4人，中级职称11人，初级职称7人；电气专业中级职称4人，初级职称3人；会计专业中级职称2人，初级职称2人；市政专业高级职称2人，中级职称1人，初级职称3人；环境工程专业中级职称1人，专技未聘任3人。政工高级职称3人，中级职称7人，初级8人。

4. 先进集体及个人

北辰区水务综合服务中心副主任吴佳坤（女）被授予"天津市抗洪抢险救灾先进个人"，授予单位为天津市防汛救灾指挥部、天津市应急管理局、天津市人力资源和社会保障局；被授予"天津好人——敬业奉献好人"，授予单位为天津市精神文明建设委员会办公室。

北辰区水务局排水调水科副科长侯聪（女），被授予"天津市委会2022年度宣传思想工作先进个人"，被授予单位为民建天津市委会。

（尹伊凡）

武清区水务局

【概述】 2023年，武清区水务局深入贯彻执行习近平总书记关于防汛抗洪救灾重要指示精神，根据天津市、武清区防汛抗旱指挥部决策部署，在海河"23·7"流域性特大洪水的抢险工作中，发挥了武清水务系统抗洪救灾重要作用。区水务局全年共完成水务工程总投资3489.35万元，实施了上马台水库建设工程3项，排水泵站维修养护工程3项，抢修、改造排水管线工程3项，小型农田水利设施采购及维修改造工程2项，武清城区铺设供水管道工程7项，建制镇水厂投入使用1座。2023年，武清区总供水量约3.04万立方米，比上年减少供水量约664立方米。为确保武清大黄堡湿地及各湿地节点发挥生态功能，全年引调北运河、青龙湾减河和龙凤河的水源共向大黄堡湿地补充水源8000万立方米。10月27日，经区政府常务会审议通过《武清区北运河适宜河段旅游通航实施方案》，将进一步促进武清社会经济繁荣和发展。

【水资源开发利用】 2023年，武清区水资源总量约3.17亿立方米，其中地表水资源量约1.61亿立方米、地下水资源量约1.72亿立方米、地下水与地表水资源不重复量约1.59亿立方米。截至2023年年底，武清区有机井7689眼，其中，农业用井6778眼，生活用井631眼，企事业用井280眼，无其他用途用井。城区全年再生水利用量为4452.85万立方米，其中城区污水处理厂（第二、第三、第四、第五、第七污水处理厂及下朱庄国中润源、天河城污水处理厂等7座）出厂再生水3296.65万立方米，主要作为河道生态补水排入北运河、龙凤河故道、机排河、运东干渠；开发区三期西区污水处理厂及再生水厂（华电再生水厂）出厂再生水1156.2万立方米，用作城区工业用水、绿化浇灌、道路喷洒及龙凤河生态补水。全区总用水量约3.04亿立方米，其中农业用水量约1.67

亿立方米、工业用水量约0.34亿立方米、生活用水量约0.67亿立方米、人工生态环境补水用水量约0.36亿立方米。2023年春季永定河生态补水3150万立方米，秋季生态补水约4亿立方米。

【水资源节约与保护】

1. 节水管理

2023年，武清区实施《武清区2023年计划用水管理方案》，执行非居民用水户超计划用水累进加价管理及用水定额管理，全区计划用水考核户898户，其中9户产生超计划累进加价水费。推进自来水超定额累进加价工作，选取308户非居民用水户作为超定额用水考核户，其中2户产生超定额累进加价水费。选取2家非生活用水户开展水平衡测试，对照结果督促企业整改到位，以利于优化并节约用水，提高用水效率。推动非常规水资源利用，年内全区再生水利用量为0.3668万立方米。创建节水型企业2家、节水型单位23个、节水型居民小区8个、节水型高校（天狮学院）1所。开展节水宣传活动54场，发放宣传资料1.40万份。武清区在天津市2023年度最严格水资源考核结果中为优秀。区水务局水资源管理科被中国共产主义青年团天津市委员会评为2023—2024年度天津市青年文明号创建集体。

2. 控沉管理

2023年全区平均深层地下水位38.01米，较2022年平均深层地下水位上升了2.58米。全区平均沉降量-1毫米，地面沉降速率持续减缓；年沉降量50毫米以上沉降严重区持续清零。全年完成全区镇域73眼观测井每月水位监测上报。严格水资源监督管理，完成新一轮全区机井排查，进一步完善机井本底数据库并实行动态化管理。强化农业节水增效，建成高标准农田4.9万亩；实施土地休耕轮作2.9万亩，农机深松整地作业12万亩；完成稻渔综合种养示范推广0.1万亩。继续推进工业节水减排，组织了45家重点企业开展节水宣传培训，天津华赛尔传热设备有限公司申报"煤化工气化黑水余热回收技术"，并已列入工业和信息化部《国家工业和信息化领域节能技术装备推荐目录（2022年）》；在审批钢铁、纺织、造纸等行业新建、改建、扩建项目取水许可申请时，属于《高耗水工艺、技术和装备淘汰目录（第一批）》范畴的一律不予批准。加强城镇节水降损，做好日常节水宣传，在"世界水日""中国水周"和"全国城市节水宣传周"期间开展重点宣传，普及节水知识，提升节水意识，做好水效标识推广和先进节水知识推广，鼓励广大用水户选用高效节水器具；完成2个企业、23个单位、9个小区的节水载体创建。大力打击非法取水，持续开展非法取水有奖举报，发放宣传海报和有奖举报明白纸10.8万份，累计接收非法取水举报线索110件，并及时处罚非法取水活动当事人，同时奖励举报33件线索的相关热心群众。

【水生态环境建设】 认真履行法治政府职能，持续推动权责清单动态管理任务落实。按照《武清区水务局权责清单动态调整制度（试行）》，结合相关法律法规开展调整工作。按照《武清区水务局公平竞争审查工作制度（试行）》要求，定期组织局属各单位开展评估清理，严格开展法制审核，防止出台排除、限制竞争的政策措施，着力营造法治化的营商环境。认真落实河湖保护任务。开展河道生态流量保障，落实《龙凤河故道104国道至北运河段生态水量保障实施方案》要求，科学调度补充水量，1—12月该河段生态水位均达到考核要求。做好生态损害赔偿。根据《关于做好2023年度生态环境损害赔偿工作的通知》和《武清区2023年生态环境损害赔偿工作计划》要求，启动生态损害赔偿案件1起，即天津市武清区悦居（天津）有限公司雨水管网排污案，赔偿费4.5万元，赔偿人已完成生态环境修复。为规范水生态损害赔偿工作，水务局制定并印发了《武清区水务局水生态损害赔偿工作制度（试行）》。扎实推动"母亲河"复苏。组织相关单位认真落实《大黄堡洼母亲河复苏行动"一湖一策"方案》工作要求，组织完成了湿地生态补水8000万立方米的任务，并启动了高坑泵站更新改造工程；配合武清区推动湿地管委会和大黄堡镇政府推动实施了大黄堡洼核心区东部片区修复工程、移民还迁楼建设、生态环境监测平台一期工程等工作。认真开展水库移民管理工作。组织启动了2024年王庆坨水库后期扶持项目。完成了2023年大中型水库农村移民后期扶持人口核定及直补资金的发放工作，总计发放直补资金16.32万元，涉及人口270人；同时对涉及2022年直补资金1200元的2人给予补发。着力推动惠民惠农"一卡通"改革。2月2日水务局通过政府网站公开了《天津市市级惠民惠农财政补贴"一卡通"管理改革政策清单（2023年）》，首次通过一卡通平台完成了水库移民直补资金发放。

不断开展河道生态环境建设，为人民群众创造优美的大自然环境。2023年对北运河郊野公园、龙凤河故道、龙凤河、一支渠（东洲桥至龙凤河故道）、北运河郑楼、城区景观河道、开发区、西苑河、北运河郊野公园休闲驿站、二支渠（南东路至翠亨路段）、北运河郊野公园二期继续实施全面绿化养管工作。在城区河道节点部位共栽植应季花卉700平方米，补植地被植物（二月兰、鸢尾、板蓝根、油菜花）约19.1万平方米。安排绿化养管队伍对花草树木、绿地植被开展定期浇水、施肥、病虫害防治等，涉及草坪面积约260万平方米，灌木、草花及水生植物194.6万平方米，地被植物及中草药约221.6万平方米。确保全年生长茂盛，绿意盎然。为确保河岸景观设施常新，对城区河道沿线的硬化铺装（石材广场、林荫路、临水路等）进行了维修，共约2100平方米，对临河木栈道2.7万平方米完成维护，对北运河武清城区段河岸上的御碑亭、益寿亭等景观亭进行保养。同时为提升城区河道夜景亮化美化效果，更换各类景观灯和数码灯管490个。全年做到每日必安排河道巡查人员对管理范围内的河道、堤岸保洁情况及木栈道设施进行巡视检查，对堤岸草坪的生长情况和苗木成活率进行监督管理，并加强秋冬季树木枯枝落叶及木栈道周围杂草清理工作，谨防火灾发生。全年持续开展河道及岸边保洁工作，涉及水面面积800余万平方米、绿地面积700余万平方米、木栈道保洁及维修养护面积3.34万平方米、滨水绿道保洁面积1.47万平方米。其中北运河郊野公园二期养管工程项目中涉及湿地养护面积约16.8万平方米（包括1号三里浅湿地养护面积2.7万平方米，2号七百户湿地养护面积14.1万平方米）。针对河道水面清洁工作日常加强河道巡查，发现水面漂浮垃圾，及时打捞清理；采取河道水面设置固定拦截网、便携式围网，再由船载、机械提拉、人工打捞的方式开展水面保洁作业。全年共计出动保洁人员2.5万人次，车辆2400车次，清理河道、堤岸垃圾3700立方米、生活垃圾3400立方米。在世界水日、中国水周、世界环境日、世界地球日等宣传日，悬挂宣传条幅20余条、发放宣传资料1000余份、发放宣传纪念品1000余份、并开展现场宣讲，宣传《中华人民共和国水法》《地下水管理条例》《天津市河道管理条例》等。

【水旱灾害防御】 2023年按照区防汛抗旱指挥部分工，区水务局党委书记、局长王立冬任武清区防汛抗旱指挥部副指挥，二级调研员李军任区防汛抗旱指挥部办公室副主任。

为做好区防汛抗旱水务局分管职能工作，区水务局3月22日成立局防汛抗旱指挥部，其成员为：

指　挥：王立冬　党委书记、局长
副指挥：李　江　党委委员、副局长、二级
　　　　　　　　调研员
　　　　李军防　党委委员、副局长
　　　　刘　方　党委委员、副局长
　　　　刘金香　三级调研员
　　　　刘文利　四级调研员
　　　　李　军　二级调研员，主持日常工作
　　　　范继红　四级调研员
成　员：党委办公室、财务审计科、水旱灾害防御科、排水监督科、规划与建设管理科、河湖保护科、水资源管理科、水务运行调度中心、水务工程建设事务中心、执法支队、天津雍盛源水务有限公司、天津泉兴水务有限公司、天津创源水务有限公司、天津雍阳水务集团有限公司、水利技术服务中心等局属科室、单位主要负责同志。

水务局防汛抗旱指挥部办公室设在水旱灾害防御科，主任由李军担任。并设置8个工作组：水情及调度组、城区排水组、农村除涝组、抢险组、物资组、信息宣传组、后勤保障组、财务组。

1. 防汛

（1）雨情。

2023年汛期武清区共发生41次降雨，全区平均累计降雨量533.2毫米，较去年偏多42%；全区降雨最大的镇街是梅厂镇，降雨量为634.3毫米；降雨最小的街镇是崔黄口镇，降雨量为400.10毫米。

（2）水情。

汛期，受上游降雨影响，青龙湾减河土门楼闸最大入境流量在8月1日10时达到784立方米每秒，狼尔窝分洪闸最高水位7.06米。永定河洪水水头于8月1日22时到达武清区黄花店镇邵七堤村，入境流量66.6立方米每秒，水位9.32米。邵七堤桥最大流量201立方米每秒，最高水位10.53米。截至8月27日，通过永定河泛区进入武清区境内水量3.33亿立方米，通过北辰区屈家店水利枢纽下泄水量3.47亿立方米。

（3）防汛部署。

1）明确全局防汛职责任务。3月底，水务局党委召开专题会议提前研究安排防汛工作，调整确定了2023年区水务局防汛抗旱组织机构和9个工作组，同时部署科室及下属单位的防汛职责任务。完善了《武清区水务局2023年防汛准备工作方案》，制定了31项重点任务清单，明确责任部门、完成时间和任务要求。细化落实上马台、于庄2座水库的行政、技术、巡查值守"三个责任人"和水库大坝安全责任人，并开展新任责任人线上培训；完善落实水库预测预报、调度运用、应急预案"三个重点环节"。汛前，上马台水库将水位降至汛限水位5.5米，为汛期以蓄代排预留出充足库容，发挥水库调蓄防洪功能。细化蓄滞洪区抢险措施。一是督促镇街完善预警设施准备，细化预警发布机制，充分利用有线通信、无线通信、视频通信以及手机、固话，甚至铜锣等传统预警手段，确保蓄滞洪区涉及的每个村有两套以上的通信预警方式。二是群众转移组织方式实行街镇包村、村干部包户的包保责任制，逐一完善和落实镇街及村级的行政、预警、转移、巡查防守等4类责任人和联系方式，逐村逐户落实转移交通工具、转移线路、安置地点及安置地点责任人、联系人等。做好分洪口门扒除准备工作，明确了分洪口门位置、口门宽度、口门底高程、扒除深度、口门土方量、机械设施、实施队伍、联络方式、责任人等，并按照分洪口门一处一方案的要求，编制了分洪口门扒除预案，如遇洪水确保分洪口门能够及时扒除，做到蓄滞洪区"分得进、蓄得住、退得出"。重点部署汛期加强雨情、汛情监控，增强值守力量。

2）加强防汛检查。区水务局自2月底就组织了6个检查组开始对武清区的11条行洪排沥河道、21条堤防、21个区管涵闸、9座橡胶坝、62座泵站及在建涉水工程、防汛通信设备等开展全面自查，共计检查41次，检查点位64个，共发现风险隐患18处，对其实行建档销号管理并逐个落实责任人、限期整改，汛前已全部完成销号工作。同时对城区的465千米排水管网、21835座检查井、收水井；开发区347千米排水管网、12435座检查井、收水井；下朱庄街道215千米排水管网进行了全面的疏通及养护，保证汛期排水管网畅通。

3）完善防汛预案。汛前修订完善了《洪水调度预案》《农村除涝调度预案》《易积水点位"一处一预案"》《河道防汛抢险预案》《物资保障预案》《蓄滞洪区运用预案》《应急供电保障预案》《应急供水保障预案》等13项预案，提高了防汛工作的针对性和可操作性。同时，针对可能发生的超标准洪水防御工作，区水务局会同有关镇街，完善细化了大旺村分洪口门等8个分洪口门的扒除预案及群众转移预案，安排确定扒除机械、机械驾驶员、抢险人员等具体工作。

4）防汛物资储备。汛前，全面清点整理库存防汛物资，着重物资年限管理，对过期失效防汛物资及时报废。2023年重新采购50万元防汛物资：发电机10台、钢制手提罐10个、彩条布30卷、编织袋5万条、手电筒30个等7种物资，并在汛前已全部安置入库。

5）组建防汛抢险队伍。水务局组建了265人的专业抢险队伍，负责河道堤防、闸涵、泵站、水库、供水设施等重要部位的专业抢险，并立足于防大汛、抗大灾，开展了专业技术培训及实战演练工作。6月13日，区水务局组织开展武清区2023年度防汛抢险技术培训，区应急局、区人武部、区消防支队、驻区部队及各镇街防汛工作具体负责同志参加本次培训，全面提升防汛抢险实战能力。

2. 抗洪

2023年7月28日至8月1日，因受台风"杜苏芮"北上与冷空气共同影响，海河全流域出现强降雨过程，累计面降雨量155.3毫米，北京地区全市平均降雨量260.0毫米，城区平均235.3毫米，房山区平均415.4毫米，门头沟区平均471.1毫米。受其影响，永定河发生特大洪水，海河流域发生了流域性特大洪水，是1963年以来海河流域最大的一次洪水。根据泄洪需要启用永定河泛区天津市武清区蓄滞洪区。永定河泛区在天津市境内面积113平方千米，其中武清区面积为96.61平方千米，其范围为西起黄花店邵七堤，东至北运河东堤，北为护路堤，南为北遥堤、增产堤。设计蓄洪量2.27亿立方米，作用是上保北京、下保天津，中间保京山铁路、京津公路、京塘高速公路等区域。共涉及黄花店、豆张庄、黄庄3个镇街。为保证蓄滞洪区人民生命财产安全，按照习近平总书记关于防汛抗洪救灾重要指示精神，根据天津市、武清区防汛抗旱指挥部决策部署，武清区水务局坚持人民至上、生命至上，始终把保障人民群众生命财产安全放在第一位，全局上下众志成城、顽强奋战，全力迎战海河"23·7"流域性特大洪水。

（1）全力应对蓄滞洪区行洪工作。

1）及时安排部署防洪抢险工作。7月27日，市水务局召开迎战强降雨工作部署会，面对防洪严峻局势作出了应对措施。会后，武清水务局第一时间将会议精神传达贯彻至水务部门每一位工作人员。同时，按照区防汛抗旱指挥部要求，区水务局协同区政府各职责部门按照责任分工及相关预案开展提前部署，以"防大汛、抢大险、救大灾"的要求，组织力量昼夜坚守防洪第一线，锚定"四不"（人员不伤亡、水库不垮坝、重要堤防不决口、重要基础设施不受冲击）目标，全力做好抗洪抢险工作。

2）积极开展水情监测预报。自台风"杜苏芮"生成起，区水务局就结合气象部门信息时刻关注台风动向，提前调度全区闸涵降低河道水位，同时，向区委提出必要时可以启用永定河泛区武清蓄滞洪区，并建议提前做好蓄滞洪区群众转移工作。为保证抗洪工作万无一失，积极与永定河上游北京、河北廊坊兄弟单位保持信息推送与对接会商，特别是卢沟桥枢纽突发洪峰调度、上游分洪口门运用及发生溃堤等特殊情况期间，为天津防洪抢险提供第一手信息，自7月31日至抗洪结束，累计报送水情简报信息320余条。为掌握最新水情，水务局水情调度组利用无人机等设备赶赴上游追踪洪水走势。洪水入境时导致部分水文监测站点失效，区水务局通过采集周边水文站点信息补充参考数据，保证了水文信息及时报送工作，为领导提供真实的决策依据。

3）抗洪抢险。当武清区水务局突然获悉上游廊坊市龙河上的丈方河口门被扒开，即将到来的洪水危及天津市时，区水务局即刻派出抗洪先锋队赶赴现场，了解实时水情变化情况，通过勘测，临时加设新龙河水文站点，并收集该点位水文信息，确保第一时间向指挥部反馈水情信息，为指挥部在最短时间内做出防洪抢险决策提供依据。

4) 着重开展巡堤查险。为加强巡堤检查，防止溃堤险情发生，区水务局以最短时间完成安排部署工作。一是，及时建立堤防巡查工作体系。市防指启动市防洪一级应急响应后，武清水务局立即响应，制定印发了《武清区巡堤查险工作方案》，牵头建立了一支700人的巡堤查险队伍，其中，武清区水务局副处级领导5人，区水利技术人员20人，5个镇街合计工作人员675人。另有天津市专家团队15人做指导，对堤防进行不间断地毯式昼夜巡查。二是，强化巡查力度。水务局实行领导督导巡查制度，分派7名分管领导分时段24小时对巡查情况进行督导巡查，实时掌握巡堤查险现场情况，并对发现的堤防薄弱环节重点检查，确保巡查队伍不松懈，巡查力度只增不减。三是，全力消除防洪隐患。为让巡堤一线工作人员辨识堤防是否安全、牢固，及时发放明白纸、推送指导小视频，确保工作人员在最短时间内掌握检查要领，提高配合处置险情能力。同时，将巡堤查险队伍按镇域划分为5组，分别对35处口门和全线河道、堤防进行"体检"，7月28日至8月18日，共出动1200余人次，排查隐患46处；对发现的隐患，及时进行了科学有效处置，并对已整改的点位加强驻守。

5) 保证防洪物资及时调运到位。本次行洪期间向黄花店、黄庄、豆张庄3个镇街调运编织袋共8.5万条，水闸封堵使用彩条布600平方米，防汛抢险使用砂石料332吨，调运防汛片石400立方米。调运防汛物资设备、防汛物资编织袋及彩条布、防汛砂石料使用6.8米运输车、翻斗运输车、8吨吊车、240型装车挖掘机及多种大型机械。

(2) 洪水造成武清区域设施设备损失情况。永定河洪水水头于8月1日22时到达武清区邵七堤，入境流量66.6立方米每秒，水位9.32米。邵七堤桥最大流量201立方米每秒，最高水位10.53米。截至8月17日，通过永定河泛区入境水量约3.02亿立方米，通过屈家店累计下泄约2.89亿立方米。其间，造成4段堤防受损，长度共计10千米，水闸受损143个，泵站受损34个，市政排水管网受损50千米，污水处理站受损5座，损失达到4400万元。

(3) 积极开展洪水退去后工作。

1) 蓄滞洪区排水除涝工作。一是科学制定了《武清区永定河泛区排涝退水工作方案》，按照"先上游后下游、先村庄后农田"的原则，明确具体分工。二是牵头组织区应急局、区农业农村委及相关镇街召开专题会议进行安排部署，水务部门牵头抓总，镇村落实主体责任，相关职能部门通力合作，确保永定河泛区排涝退水工作有效开展。三是多措并举，加大排水速度。积极对接镇街，研究排水出路，经现场探勘，确定具体点位，会同镇街开启7处固定泵点，72处临时泵点（向市水务局申请调拨了2台1600移动泵车），并利用已扒开的10个退水口门，全力开展排水工作，同时提起沿线水闸向龙凤河故道等支流分泄洪水；派出专业技术力量帮助镇街维修泵站，保证泵站正常排涝。截至8月19日，区水务局将蓄滞洪区内村庄、农田积水排净，恢复了百姓生产生活秩序。2023年8月10日起至14日8时，武清区水务局出动人员620人次，黄花店泵站开车145台时，架设移动泵站60台（套）、拖拉机8辆、"龙吸水"排水抢险车1辆，派出挖掘机20台，打开排水通道10处，排水2000万立方米。

2) 切实做好蓄滞洪区运用补偿工作。为保障蓄滞洪区受灾群众的生活，区水务局开展受灾赔偿工作。针对武清区永定河泛区及大黄堡分洪区启用情况，对接当地镇政府及区应急局、农委、住建委等单位充分掌握实际受灾情况，作为开展补偿工作第一手资料。同时，多次组织应急局、农委、住建委、商务局、财政局等有关部门对《天津市2023年蓄滞洪区运用补偿工作方案》进行反复研究，并结合武清区实际提出修改意见。再结合市级相关文件，制定了区级方案，并于9月25日印发了《武清区2023年蓄滞洪区运用补偿工作方案》和《关于印发天津市武清区蓄滞洪区运用补偿工作领导小组办公室、各工作组职责及人员组成的通知》，进一步明确受灾赔偿工作相关单位职责分工，并请各单位按照文件要求落实主体责任，细化任务清单，形成工作合力，确保补偿工作顺利、有序、高效开展。截至2023年年底，武清区完成了三轮公示，进行了三次资金发放工作，均通过天津市惠民惠农"一卡通"服务平台直接拨付给受灾群众，前后共计2.14多亿元。其中，第一次按照补偿50%比例（除住房外），预发放资金7916.70多万元；第二次按照补偿比例为30%，对具有开工以上进度的房屋受损居民进行补偿，预发放资金1502.20多万元；第三次按照各镇街核实上报的补偿清册，发放补偿资金1.20多亿元（除豆张庄镇7户村民外，其余各镇街蓄滞洪区运用补偿资金全部发放完毕。）

3. 应急度汛工程

7月28日至8月18日，区水务局处置青龙湾减河右堤、北运河左堤、永定河堤防雨淋沟96处，清理倒树20余棵，封堵过堤闸5个，协助镇街封堵过堤管池37个，排除青龙湾右堤桩号k9+900处背水坡坡脚管涌险情2处，指导处置豆张庄双河村护村埝背水坡散浸险情除险1处，修复龙北新河左堤武落路桥北30米背水坡堤肩塌陷1处。

4. 抗旱

为确保武清全年不发生旱情，区水务局积极开展抗旱工作。2023年武清区未发生旱灾险情。

（1）积极开展引调水源工作。

密切关注天气趋势和天气变化，积极引调水源。因武清区地处京冀主要河流下游，灌溉水源主要是上游的地表水，受其影响较大。为确保枯水期农田灌溉用水，区水务局积极加强与上游地区协调联系，争取水源。坚持防汛抗旱两手抓，2023年共调蓄水源3.71亿立方米（其中北运河2.51亿立方米、龙凤河1.2亿立方米）。

（2）坚持春旱冬抗。

为做好2023年春季抗旱工作，自2022年汛末至2022年12月底，由上游调水0.78亿立方米，确保麦田、白地冬灌水源。

（3）提前做好水工建筑物和设施设备维护、检修工作。

对现有蓄水闸涵泵站进行检修维修，做到合闸出水。加强对防渗明渠、低压输水塑料管道、大口径管道、喷滴灌等节水设施的检查维护，使其充分发挥节水功能。对地势高、水源较少的地块，采取利用拖拉机等运输机具拉水点浇、耙轧保墒等方式抗旱。同时，提前做好各河流、水库、渠道的闸涵泵站检修、维护工作，保证抗旱时正常运行，不延误农时用水。

（4）重点抓好蓄水和水源开发利用。

一是充分利用武清水系连通工程优势，强化调度，维修农水建筑物，提高抗旱供应能力。二是增加抗旱水源，利用水库蓄水，以及河、渠使用橡胶坝采取梯级蓄水，增加抗旱水源。2023年，上马台水库汛前累计放水约540万立方米，汛后累计蓄水约1100万立方米，全年累计开车1281台时，为来年抗旱工作打下基础。

（5）加强水资源的统一管理，实现水资源的优化配置。

妥善处理好上游和下游、地表水和地下水、农业用水和城市用水、经济用水和生态用水的矛盾，处理好供水与需水、短缺与浪费、开源与节流之间的水资源管理方面的辩证关系，加强城乡水资源的统一管理和统一调度。

【农业供水与节水】 武清区农田灌溉水源有地表水、地下水及地表水与地下水混合。全区农田灌溉面积6.56万公顷，有效灌溉面积6.03万公顷，节水灌溉面积5.77万公顷，占有效灌溉面积的95.7%。根据《市水务局关于规范农业灌溉用水计量台账建立工作的通知》要求，规范填报镇、村级农业用水台账、村级农业灌溉设施运行记录表。2023年10月，根据《市发展改革委市财政局市水务局市农业农村委关于建立农业水价综合改革回头看机制的通知》和《武清区农业水价综合改革"回头看"工作方案》，完成全区农业水价综合改革"回头看"工作。实施农田灌溉水利用系数的测量工作，在武清区选择60个典型地块，2023年完成全生育期测量。经测算，2023年天津市农田灌溉水有效利用系数为0.723。2023年，上马台水库累计放水约540万立方米，保证了周边农田的灌溉。

【村镇供水】 截至2023年底，武清区城乡集中式供水工程52处，其中城镇自来水厂5处，农村集中式供水工程47处。全区供水管网长度为1513.36千米，全年供水管网漏损率8.44%。武清区总供水量约3.04万立方米，其中地表水源供水量约2.19万立方米、地下水源供水量约0.49万立方米、其他水源供水量约0.37万立方米。按照《武清区村镇供水管理办法》，落实农村供水"三个责任"（地方人民政府主体责任、水行政主管部门行业监管责任、供水管理单位运行管理责任）和"三个制度"（指农村饮水工程运行管理机构、农村饮水工程运行管理办法、农村饮水工程运行管理经费）。为提高村镇供水管理水平，巩固农村饮水提质增效工程的建设成果，3月29日邀请市水务局水资源中心领导及专家马晓庆、刘会文就供水保障工作及供水服务提升开展培训。为推动农村用水计量收费工作，按照"有偿用水、以水养水"的良性发展要求，走访乡镇，加大节水宣传力度，在提升水费收缴率同时降低用水浪费现象。8月，为保障汛期群众用水安全，印发了《关于确保防汛抗洪期间供水安全的通知》《武清区蓄滞洪区供水恢复工作方案》。同时，为确保永定河泛区武清蓄滞洪区转移群众回迁后有合格饮用水，区水务局提前部署在该片区摸排检测受到洪水影响的供水设施和管线，对管道进行冲洗，在相关水厂调整氯药投放量以保证水质达标，保障群众回迁后用上安全饮用水。针对豆张庄、黄花店泛区供水，增加出厂水、管网水取样检测频次，加强制水厂至用户水龙头之间管线巡视检查，共派出工作人员400人次，同时对泛区周边制、配水厂巡检150次，主供水管线巡检7000余千米；累计进行水质检测2300余次。通过发放明白纸、利用广播以及在居民网格群内发布居民回迁后用水注意事项，从而保证了群众用上达标饮用水。10月31日，东马圈镇第一配水厂因建厂时间久且无法满足用水需求而停用，与此同时，东马圈镇新建第二配水厂工程竣工投入使用，解决了全镇13个村约2万人在高峰时段用水量及水压不足问题。

【农田水利】 2023年，武清区河北屯中型灌区参加全国节水型灌区创建，入选全国182处节水型灌区名单。南蔡村中型灌区续建配套与节水改造项目于2023年8月25日开工，批复总投资7604.63万元，规划工程量：骨干输配水渠道清淤2.36千米、防护2.54千米。新建灌溉泵站74座，维修灌溉泵站5座、水闸11座、农桥5座，提升改造排水泵站1座、水闸7座、农桥27座。提升改造渠道巡检道路5.78千米。新建灌溉、排水管道31.18千米。更新供电线路18.78千米。购置安装灌溉水泵配套设施2套、供电设备12台、电磁流量计94套、墒情仪2处，截至2023年年底该工程仍在施工中。2023年，武清国有区管扬水站共计19座，其中有17座泵站在汛期为农田排涝开车共计12468.4台时，累计排水量共计11338.7万立方米。

【水土保持】 区水务局制定并向生产建设单位下达了《2023年区批生产建设项目水土保持监督检查工作方案》，实现监督检查全覆盖。全年在建项目数量64个，实行现场检查数量10个，下发整改意见书10件，其余44项在建项目通过书面检查及电话抽查落实监督工作。2023年新接收水土保持验收备案件37个，并开展严格监督检查，无报备回执超时情况。实行验收报备材料"双公开"，定期在武清区人民政府网站上进行公示。区水务局对津武（挂）2018-047号宗地住宅项目、津武（挂）2016-037号宗地住宅项目及靓车汇广场项目进行水土保持验收核查工作，在核查中发现的问题，立即向建设单位下达核查意见函，截至2023年12月底均已完成整改。2023年区水务局共对6个生产建设单位未及时报送监测数据等问题进行约谈，建设单位均在2023年12月前整改完成。同时，武清区水务综合行政执法支队对京滨工业园某公司的1号、2号、3号厂房、办公楼及消防泵房、辰易供应链中央厨房项目、京津科技谷产业园康园道（杨王路至京沪高速段）道桥及给排水工程等三个项目未批先建和对稻香村年产1.8万吨糕点项目、津武（挂）2014-157号地块住宅项目、津武（挂）2014-158号地块住宅项目及津武（挂）2015-63号宗地商业项目等三个项目未验先投进行立案查处。2023年继续开展水土保持遥感监管图斑复核工作。委托天津市海梦涵工程项目管理有限公司开展水利部下发图斑，市水务局加密一期、二期图斑复核查处工作，全年共对8个违法违规生产建设项目下达了限时整改通知，各建设单位均已向区水务局报送了承诺整改回复。为进一步提高武清区水土保持率，区水务局组织水利部海河水利委员会海河流域水土保持监测中心站开展武清区人为扰动水土流失遥感监测，通过卫星遥感、无人机、现场信息采集等方式，建立生产建设项目管理台账，从而能够准确掌握人为扰动用地水土流失及其防治情况，进一步提高区水务局水土保持监管效率。为加强社会公众自觉参与武清水土保持工作，区水务局制定了《武清区2023年水土保持宣传活动方案》，并在组织的节水宣传周、防灾减灾日、党员进社区等活动中开展宣传，对保护水资源、预防水土流失做了实际推动工作，全年共组织参与宣传活动3次，接待学习群众千余人次。

【工程建设】 小型农田水利设施采购及维修改造跨年工程：武清区2022年计量设施采购及小型农田水利设施维修改造项目：总投资约253.01万元，工程建设包括为上马台镇、曹子里镇共计144座灌溉泵站安装计量设施及远传设备；对上马台镇上马台村7号、8号灌溉泵站进行维修改造；对曹子里镇2座涵桥（六大庄1座涵桥、西柳店1座涵桥）和崔黄口镇2座涵桥（辛庄寺1座涵桥、东赵庄1座涵桥）进行维修改造。工程于2022年10月10日开工，2023年6月11日完工（未竣工验收）。

城区供水连通工程：为保证城区河西片区用水需求，投资约92.09万元，实施卧龙潭水厂清水池与城北水厂输水管线连接工程，铺设直径800毫米球墨铸铁管42米。工程于2023年2月8日开工，2023年3月15日竣工。

小型农田水利设施采购及维修改造工程：该工程是2022年的补充工程，总投资约54.77万元。工程建设包括新建西安子村北四队涵桥、黄辛庄八支渠机架桥。对王老庄3号泵站、北五村1号泵站、上马台镇王老庄村泵点新增流量计、数据传输系统和太阳能供电系统，对后苏庄前后闸进行维修改造。2023年2月15日开工，2023年6月6日完工（未竣工验收）。

金海岸广场给水管网改造工程：总投资137万元，共计4276米，改造供水管道直径20~200毫米的聚乙烯管材1926米，新建供水管道直径20~200毫米的聚乙烯管材2350米。工程于2023年4月1日开工，2023年5月1日竣工。

城区积水路段排水改造工程：总投资928.14万元，完成泉保路440米积水路段改造任务，新建泉保路与振华西道雨水管道747米，更新改造泉达路雨水泵站设备设施，主要内容包括水机设备、电气设备、除污机、进水闸及启闭机更换安装，有效提高了区域排涝能力，完成泉保路积水点"销号"任务。工程于2023年4月11日开工，2023年6月14日竣工。

康盛广场供水管线改造工程：总投资约5.09万元，为康盛广场改造供水管道直径20~200毫米聚乙烯管材共计967.84米。工程于2023年4月25日开工，2023年5月5日竣工。

上马台水库运东干渠蓄水闸挡土墙修复工程：总投资约14.85万元，建设工程为单面砌石约146.9立方米，累计修复4面共计587.6立方米，该工程有效杜绝了安全生产事故发生，保障了水库全年正常运行和安全度汛。工程于2023年4月28日开工，2023年6月15日竣工。

堤防闸站维修养护工程：总投资约42.86万元。在汛前开展堤防维修养护和水闸、橡胶坝维修养护工程，工程于2023年5月7日开工，2023年6月15日竣工。

防汛机械设备维护保养工程：总投资约38.39万元。对防汛机械设备即水闸发电机、挖掘机、推土机、装载机、打桩机、发电机、雅马哈操舟机、汽油机、投光升降灯、叉车、大型打药机进行维护保养。工程于2023年5月9日开工，2023年6月15日竣工。

上马台水库泵站闸涵养护项目：总投资约44.71万元，对泵站、进水闸、泄水闸、橡胶坝、运东干渠节制闸、安全管理护栏、信息安全监控设施、泵站主副厂房彩钢房顶等进行维修养护，有效保障了上马台水库泵站、闸、涵的正常运行，确保汛期水库平安度汛。服务项目单位：天津市国生建筑工程有限公司。项目于2023年5月10日开工，2023年6月10日竣工。

河东片区新建供水管线工程：总投资约700万元，完成五一阳光澜园、悦雅花园、东升里、金海岸三期新铺设供水管道直径20~200毫米聚乙烯管材合计19387米。其中五一阳光澜园铺设供水管道8052米；悦雅花园铺设供水管道6205米；东升里铺设供水管道1210米；金海岸三期铺设供水管道3920米。工程于2023年6月3日开工，2023年11月30日竣工。

上马台水库大堤护坡项目：总投资142.89万元。为保护大堤除草面积50.67多万平方米，有效降低水库堤坝发生火灾隐患的概率，有效保障水库正常运行。服务项目单位：天津晟鑫建设工程有限公司。项目于2023年6月6日开工，2023年11月30日竣工。

国有区管泵站土建维护及应急维修项目：该项目涉及6个泵站，总投资87.90万元，其中包括陈赵庄泵站隔离网安装；拾梅泵站出水箱涵预制盖板拆除、修复，副厂房内外墙墙面修复；大谋屯泵站厨房、厕所更新改造；东汪庄泵站西侧进水口拆除重建、院区外浇筑混凝土路面；黄花店泵站地坪漆施工；五支泵站透视墙改造；部分泵站砌石护坡维修加固等事项。工程于2023年6月8日开工，2023年6月30日竣工。

国有区管泵站机电保养及应急维修项目：总投资约196.68万元，泵站实施工程包括17座泵站机电设备、辅助设备维修养护、安全工器具检测；9个泵站加装智能开关；东肖庄配电室变压器及高压电缆更换项目；东肖庄泵站、洪庄子泵站更换电机柜软启设备；黄花店泵站、大宫城泵站电动机大修。工程于2023年6月8日开工，2023年6月30日竣工。

武清区第四污水处理厂供水工程：投资约0.83万元，在水厂西侧围栏外武宁路北侧新铺设直径80毫米的聚乙烯管材10米，安装直径80毫米水表1块，工程于2023年6月26日开工，2023年6月28日竣工。

武清下朱庄片区学校供水工程：工程总投资约31.54万元。其中投资约5.96万元，为天和路幼儿园安装直径50毫米远传供水水表1块，新铺设供水管道直径50毫米的聚乙烯管材共计10米。工程于2023年6月29日开工，2023年7月5日竣工。投资25.58万元，为南湖第二小学教学楼外给水、中水管网工程安装直径200毫米远传供水表1块，新铺设供水管道直径32~200毫米的聚乙烯管材共计495米。工程于2023年6月26日开工，2023年7月15日竣工。

城区排水整治工程：总投资196.98万元，对西苑河和一支渠共计清淤580米；修复完成富民道北侧人行道下80米雨水管道，泉福路南侧人行道下120米污水管道工程并同步修复所涉及人行道、沥青路面、路缘石、检查井、雨水井等。工程于2023年7月10日开工，2023年12月31日竣工。

城区泉兴水厂维修工程：投资约90.40万元，对泉兴水厂两座清水池的池顶进行了维修。工程于2023年9月19日开工，2023年11月22日竣工。

城区排水管道抢修工程：总投资312.40万元，实施新安路与三支渠交口处污水主管道抢修工程，由天津中泰市政工程有限公司实施清理管井、安装管堵、搭设围堰、倒运等应急工程。由中达（天津）环保科技有限公司负责部分水域投放净水药剂。工程竣工后有效控制河道污染。工程于2023年10月23日开工，2023年12月31日竣工。

龙北新河闸涵维护及湿地养护工程：总投资约118.82万元。对龙北新河上的常庄节制闸进行养护，并对其闸涵上下游的水面漂浮物打捞；对龙北新河两侧湿地植物及河中挺水植物养护。该工程由天津彤浩建筑工程有限公司实施，为期1年，即2023年4月20日至2024年4月19日。

【供水工程建设与管理】 2023年，武清区有城镇自来水厂52个，供水管道总长度1513.36千米。完成11个新建小区供水管网配套施工78.1千米。新增城乡高层小区23个，二次供水泵房共计268处，核发二次供水设施清洗消毒证明640张次。组织供水企业检查城区供水窨井盖、地下基础设施，共排查整改窨井盖4800个、管线282.11千米。实施供水管网在线水质检测点监控工作，加强水质变化分析，全年检测供水水质3600余次，保障居民饮用水水质安全。

为优化武清营商环境，通过精简用水报装程序、缩短办理时间、推行承诺制等措施，使用户满意度逐渐提升。积极推进用水全网通办，提升供水办事服务能力，最大限度为用户提供方便。制定并印发了《武清区用水服务指南》，编写了用水报装流程图，让用户知晓办理供用水流程及相关用水政策。为做好供水服务工作，各供水公司均设立了24小时服务热线电话，确保用户诉求得到及时反馈解决。

天津创源水务有限公司下辖潞河供水有限公司、雍北供水有限公司、雍南供水有限公司。截至2023年年底，雍南水厂供水1321万吨，最高日供水量4.2万吨，漏损率1.42%；雍北水厂供水3087万吨，最高日供水量10.9万吨，漏损率3.05%；潞河水厂供水573万吨，最高日供水量1.98万吨，漏损率5.2%；出厂水合格率均为100%。强化供水保障工作，采取精细化管理，注重队伍建设，提高供水应急处置能力，对供水应急抢险组开展演练、培训，包括对专业技术人员培训学习1次，基础技能考试2次，应急培训4次，开展防汛、消防、反恐等应急演练9次，促使供水人员能力得到提升，做到有供水抢险任务即刻出发排除危险，保障用户用水安全。强化供水责任制，保证2023年夏季安全供水。召开多次专题会议，解决夏季供水水压问题，通过错峰提压、供水设施修缮等措施，确保辖区居民用水安全。汛期，严格执行岗位职责制，加强全天应急值守，保障供水安全。同时，为武清水务系统防洪抢险工作积极组织人员力量补充到一线开展防洪工作。在永定河行洪时，针对泛区豆张庄镇茨州、中双庙水厂特制定应急方案，包括加密水质检测频率、及时调整产水工艺、冲洗消毒管网等，其间共派出400余人加强供水保障工作。科学调配产水工艺，积极应对极端天气和水源切换。针对水源切换，高温高浊、低温低浊等水质变化情况，积极调整生产、供水工艺，稳定供水水质，保障供水安全。同时为应对极寒天气，制定应急预案，双班次值守，公司累计值班值守200余人次，并增加供水管网巡检25次。为与用户及时签订供水协议，积极开展走访用户活动；为此成立专项工作队伍，全年完成19个镇街、3个园区用户的供水协议签订及缴费工作，共计缴纳水费3550万余元，同比2022年增幅282%。截至2023年年底，完成京津科技谷水厂接收工作，白古屯镇街水厂接收工作也进入收尾阶段。

天津雍盛源水务有限公司有运河水厂1座，为保障辖区供水量，建有5座清水池，配有两个泵房，每日供水量8万立方米，市政供水管网74千米，负责武清城区运河以东片区供水任务。水厂有补压点2个，即：龙湾城补压点（供水范围：越秀园小区，涉及2760户），嘉河道补压点（供水范围：静湖片区、碧溪片区、万城聚豪小区部分用水户，共涉及9733户）。供水管网末梢进楼压力达到0.18兆帕，保证了高层小区居民用水需求。全年高质量完成供水任务，水厂 2023 年供水量约 1231 万立方米（含威立雅供水 433 万立方米），最高日供水 4.1 万立方米。在夏季用水高峰期积极协调源水厂，保障高峰供水平稳运行，水压合格率达到 100%。加强供水水质检测，每日对出厂水及管网水水质检测，尤其在夏日用水高峰期不仅完成每日必检任务，还执行定期抽检制度，保证全年供水水质达标。不断提高服务质量。定期组织供水营业大厅工作人员开展业务技能和服务礼仪培训，规范服务行为，提升员工供水服务水平，全年共组织业务培训 6 次。努力提升营商服务品质。进行云服务器升级，完成营销系统内用户信息、数据转移工作。为方便新建小区业主用水需求，采取一站式服务，在恒大、碧水湖苑小区项目交付期间，组织工作人员到现场为用户办理接水手续。配合武清区住建委老旧小区改造项目即育英巷、德安巷等 10 个小区的自来水管网改造和二次供水工程，积极进行数据对接、表底结账等，同时开展现场用水咨询。为方便用户用水需求，利用微信公众号、报装软件等网络公共平台提供用水缴费及报修服务，不断提升便民服务满意度。加大供水维修力度，做到维修人员、抢险车辆及物资能够随时出发，保证管网应急抢修，确保居民正常用水。全年供水管网维修 2268 次，做到维修、抢修及时率 100%。2023 年完成辖区供水管网、井盖及消防栓的隐患排查工作，确保安全供水，全年管网漏失率为 9.65%。积极为用户做好上门维修水表工作，做到来电报修必出发，为用户及时解决用水问题。加强对区域内自动售水设备监管工作，定期开展检查、维护和保养，保证为居民提供方便快捷的用水服务。加强供水工程管理工作，完成 2023 年小区管线改造明细统计工作和地埋管网信息普查工作。依法依规完成各项工程招标、采购工作。按时完成供水管网建设工程，全年完成管网改造 5758.84 米，投资约 174.46 万元；新建管线 19387 米，投资约 700 万元。按时完成水表安装、升级工作。完成五一阳光澜园部分楼栋和悦雅花园的自来水表、中水表安装工程，共计安装智能远传水表 896 块；会同区水务局对辖区内蓝天公寓、第六城、静湖花园等 11 个小区的超期水表进行更换，安装智能远传水表，工程自 2023 年 8 月 2 日至 12 月 31 日，共计换表 1 万余块；对运泽小区、徐官屯片区、华北城等片区水表进行升级改造，统一完成远传水表更换工作，满足了用户用水充值需求，为群众供水服务落到实处。

天津市泉兴水务有限公司下辖河西水厂、泉兴水厂、泗村店镇东水厂、泗村店镇西水厂，总供水能力 3.6 万立方米每日，负责武清城区运河以西片区、泗村店镇 12 个自然村和 8 个小区的供水任务，全年总供水量 1932.61 万立方米。为保证水厂供水安全生产，4 月与水厂科室签订安全生产综合目标管理责任书，并层层分解落实安全责任。加大各水厂重点部位检查力度，发现隐患及时整改，全年共进行安全自查 66 次，查出安全生产隐患 22 处，下发整改通知单 8 份，截至 2023 年年底均已整改落实到位。全年共组织供水安全生产学习 14 次，提高了水厂员工的安全供水能力，确保水厂全年安全生产零事故，保证了出厂水水质、水压合格率 100%。制订《供水应急预案》，组建供水应急抢修队。按照"水润千家　情融万户"的供水服务宗旨，提高管网应急抢修工作人员能力、做好抢险车辆保养、提前储备抢修物资，做到"小修不过夜大修连续干"，为用户提供 24 小时供水抢修服务。全年共计完成主管道抢修、改造楼门进楼管、修消火栓、修截门井、水表井等 1600 余处，其中连夜抢修管道 29 处，连夜抢修水表 1749 具。加强供水设施巡查力度，全年对供水管网和市政消火栓巡检发现损坏案件 14 件并及时解决，确保为居民安全供水。提升供水服务水平。2023 年共计接待服务热线电话 56779 次，管线维修电话 12574 单，卡表报修更换 10249 单。全年为用户因卡表超期没电停水而更换智能水表共计 6800 块，做到及时更换为用户恢复供水。同时近百次进行供水延伸服务，帮助用户检查水表转不停且用水量大问题，以及户内供水管道出现异响等，及时解决用户用水的烦恼。提升水费回收率，智能远传水表全年欠费用户将近4300户，通过贴催费通知单以及通过电话、短信、微信等发送信息提醒告知用户欠费情况，截至2023年年底已完成60%用水户收缴任务。当发现174块水表有透支情况时，及时与用水户沟通并追缴欠费9万余元。为提高水表查抄准确率，完成商铺共计786块托收水表的定位及3D附图工作，并更换非居民托收水表36块。为保证冬天供水管网安全，按照水务局的部署，迅速成立应急组，完善《极寒天气供水应急预案》，安排抢修队对辖区地表井采取铺棉被的方式保温，对老旧小区阀门外露的水管用红砖围砌保温墩。同时通过微信公众号向用户推送供水设施防冻知识，确保了在极寒天气下为居民正常供水。

天津雍阳水务集团有限公司隶属于武清区水务局，主业为水务工程建设。2023年不断完善工程管理工作，建立健全项目工程招投标、施工进度、建设安全等管理制度，从而规范项目工程管理内容，提升工程建设质量。公司各部门相互配合，从工程投标、施工前期准备、施工管理以及完备施工资料、竣工资料存档等，形成工程建设闭环管理，保证工程建设项目顺利完工。同时通过组织人员培训，引进工程建设人才等，不断提升公司工程建设能力与水平，确保工程按期完工，并达到竣工验收合格标准。组织落实安全生产管理工作，全年对安全目标、安全事故、三违现象加大了考核力度，对工程实行全程化管理"一票否决"（即安检人员不同意，不施工；安全人员不签字，不给钱）。2023年公司与每位员工签订安全生产目标责任书，同时与每个科室签订安全生产责任书。全年加强安全生产监督，对办公场所、物资仓库、施工现场进行了全面安全检查，对消防设施、电气火灾、特种设备、临边防护、高空坠落、物体打击、坍塌、触电等涉及工程建设安全事故隐患部位开展排查和整治工作。

【排水工程建设与管理】 排水管网。汛前，对城区465千米雨、污水管网和2.1万余座检查井、收水井进行全面疏通养护，完成清淤疏通和拉锚工作，保证雨季排水畅通。汛后，及时对污水管网完成第2次全面清淤拉锚工作。

排水泵站。全年完成所辖58座雨、污水泵站（城区26座、开发区20座、下朱庄12座）水泵、启闭机、格栅机、天车等设备设施维修保养，确保泵站正常运转。汛前，组织完成返厂维修故障水泵51台，保证了汛期正常使用，同时完成103台雨水泵的汛前检修保养。

市政排水管理。做好日常排水设施巡视巡查，提高夜巡频次，确保排水设施损坏被及时发现维修，全年巡查处理污水跑冒现象20处，维修损坏井盖959处，做到及时发现及时解决，小修不过夜，大修连续干，全力服务群众安全出行。10月23日，新安路与三支渠交口处污水主管道突发跑冒情况，区水务局高度重视，按照武清区区长许颖悟批示，10月26日，区水务局召开专题研究会议安排抢修工作，成立工作专班，由薄国军同志负责组织实施抢修工作。实施清理管井、安装管堵、搭设围堰、倒运等应急处理工程，同时在部分水域投放净水药剂，制止了河道污染情况发生。开展在建工地及时标注和监管工作，向施工单位及排水用户发放宣传材料，保证临排水达标。共协助办理临时排水手续6件、排水接入手续12件、办理排水验收配套证明手续14件，办理排水规划出路手续12件。全年共现场治理擅自移动排水设施违法行为50余次，并对其进行教育。发现违法排水行为10余起并向其发放整改通知书，对拒不整改的排水用户进行立案，并由区水务局水务综合执法支队移交案件4起。全年受理580余起排水便民服务热线，对群众反映的问题，做到及时反馈和解决。2023年组织开展2次普法宣传活动，累计发放宣传材料500余份。

为保证2023年防汛工作顺利开展，成立排水科防汛领导小组，划分城区、开发区、下朱庄等三个防汛片区并落实责任人。修订完善防汛应急预案，根据历年险情和防汛重点区域特征等防汛经验，修订完善了2023年《城区排水应急预案》

和"一积水点一预案",压实责任,明确流程,确保应急处置高效顺畅。为有效抢险救灾,成立汛期提闸小组,落实提闸人员值班制度,确保24小时值守,保证按调度指令及时启闭闸涵。组织人员对城区低洼易涝地段进行摸底排查,做好书面统计并制定了"一处一预案"防汛方案。汛前对抢险设备(即大型管道自吸泵车、移动电源车、移动泵车、发电机等)开展汛前检修保养工作。为迎汛储备防汛物资有水泵40台、雨衣200套、消防带230盘、警示墩70个、编织袋2000个。同时与兄弟单位及土产公司联系做好汛期应急物资保障工作。组建应急抢险队伍,并进行防汛安全演练。汛前,组织养护作业施工人员开展安全培训,组织了298人的防汛抢险队伍开展技术培训、安全培训及防汛演练。同时开展司泵人员培训,要求司泵人员熟悉并掌握所在泵站的水泵配置情况及其参数,会操作使用水泵控制柜,在失电情况下能配合电工迅速对应急电源进行转换,确保应急情况下水泵正常运行。汛前每逢降雨,安排专人巡视路段,做到早发现积水及时排除。每次降雨后,养护队及时对排水管、排水井中的杂物进行清掏、疏通,确保排水管网汛期通畅。

海河"23·7"流域性特大洪水发生期间,应防汛部署积极支援抗洪前线,前往黄花店镇、豆张庄镇以及西青区辛口镇受灾地区协助排除积水,重建家园工作。由于在抗洪工作中的出色表现,区水务局市政排水科获得豆张庄镇双河村赠送锦旗;高飞、贾杰、张瑞等3名同志因防汛工作突出,被区防汛抗旱指挥部评为防汛抗洪救灾先进典型。2023年防汛期间共计组织防汛26次,其间城区22座雨水泵站、下朱庄12座雨水泵站、开发区8座雨水泵站全面开启,总排水量达到1348万立方米,出动人员5818人次、车辆667台次、防汛抢险设备502台班。

加强武清污水处理行业监管,扎实推进规范化管理工作。全区城镇污水处理厂38座(含3座建制镇污水处理站),设计日处理能力约28.83万立方米,本年实际总处理污水220.72万立方米,月均处理18.39万立方米,比上年增加4.95万立方米。平均运行负荷率为63.32%,比上年增加1.28%。2023年全区各污水处理厂运行情况良好。全年建成纳管的农村污水处理站282座,设计日处理能力3.13万立方米,实际处理29.14万立方米,月均处理2.43万立方米,综合运行负荷率78.28%,设施利用率100%;保证了纳管的农村污水处理站运行情况良好。2023年实施第五污水处理厂整合提升工程,设计日处理能力由1.5万吨提升至3.5万吨,截至2023年年底完成初步设计工作。2023年,在天津市水务局排水及污水处理工作年度考核中,武清区农村污水处理站评比为第一名,武清城区污水处理厂在全市评比为第三名。

2023年,编制完成《武清区排水专项规划》,11月22日,经区政府常务会议审议通过并印发实施。截至2023年年底,完成排水专项规划中城区泉保路低洼片区改造,徐官屯街武宁路曹园低洼片区改造可研工作。推动王庆坨镇、汊沽港镇、陈咀镇污水收集处理设施指导建设工作,包括:王庆坨镇落实建设资金,完成立项、可研工作;汊沽港镇中泓故道污水管道建设项目进场施工;陈咀镇重新调整了改造方案。武清区水务局通过整合系统资源开展污水处理行业监管,在河湖长制月度考核平台,将污水收处能效纳入考核,2023年调整考核指标为镇区管网分流、排水设施管护、污水处理费拨付、污水处理厂规范运行和污水处理费征缴等5项;调整了城区各街道的考核指标;重新设置了居民区雨污混排、排水养护、粪污转运、信访处理、商户治理等5项指标。通过强化指标考核,进一步促进了武清污水处理行业规范化发展。全年完成武清城区排水管网普查工作,按照天津市普查办下达的任务,武清区共勘察排水管线970千米(污水管342千米、雨水管628千米)、污水井6376个、雨水井8721个、雨水篦13834个,并同步完成了管井位置、高程、管径等41项地理信息的填报工作。开展城区污染源溯源排查，排查出问题点位247个，制定了整改方案。组织开展城区污水排放整治专项行动，排查出问题点位484个，截至2023年年底，完成整改469个，整改率97%。持续推动排水许可专项整治，针对地表水质较差且工业企业集中的区域办理排水许可证，确保"应办尽办、纳入监管"，全年新增办证排水户116户，累计纳管排水户253个。强化地表水质监管，健全完善长效机制，保证陆军支渠、空军支渠及重点渠道水质达标。加强污水处理厂（站）运行、安全生产及对排水户规范化管理，完善第三方履职考核，明确了扣减服务费的情形和数额。

2023年，全区城镇污水处理厂污泥产生量6.08万吨，平均月产生量5070.3吨。污泥处置厂接收污泥量6.1万吨，月均处理量5085.8吨。污泥无害化处置率100%，污泥处置工艺主要为干化焚烧。

【科技教育】 为深入学习宣传贯彻习近平总书记关于网络强国的重要思想，2023年7月5日下午，区水务局举办"网络安全与个人信息保护大讲堂"培训，邀请武清区委网信办、区大数据管理中心及水务系统有关负责同志共计50余人参加。天津市大数据协会专家讲师张凯，就个人身边的信息安全、工作中的信息安全、国家信息安全等典型事件进行分析，并解读《中华人民共和国网络安全法》，普及信息安全防范常识，通过讲解国内外网络和个人信息安全危机案件，详细阐述了提高网络安全意识、做好网络和数据安全工作的重要性。通过此次培训学习，进一步增强了工作人员保护数据和个人信息安全意识，提高风险防护和应急处置能力，为下一步做好区水务局网络安全工作打下了坚实基础，有效推动区水务系统法治机关建设。2023年加强水务工程质量及安全培训。为贯彻落实市委、市政府安全生产会议和全市水务领域安全生产攻坚会议精神，武清水务局于3月2日、5月26日、8月25日、10月26日开展了4次培训，内容涉及水务工程建设管理培训、标准化管理及安全培训，同时，宣贯了水利部新修订的《水利工程质量管理规定》，并对水利工程建设分包管理规定和建设安全生产管理规定进行了培训，通过深入学习，提高了水务局工程质量建设水平，明确了安全生产责任，促进各项安全生产措施落实。

【水政监察】 严格落实行政执法"三项制度"，按照立案、调查取证、审查决定、送达执行的步骤办理水事违法案件。每次在调查取证时都安排两名以上执法人员进行。在作出处罚决定前，向当事人履行告知义务，并听取其陈述和申辩，对符合听证条件的，告知当事人听证权。每件行政处罚都由行政机关负责人批准，重大行政处罚案件履行集体讨论程序，严格依照法定程序和法定时间送达法律文书，并有送达回证。认真落实水行政执法日常巡查工作。全年完成日常巡查1000次，出动执法人员860人次。对"乱泼乱倒"、非法转供公共供水、"清四乱"等专项检查出动执法人员100人次。积极开展2023年天津市河道阻水障碍物清理整治专项执法行动暨"河道防汛保安2023"、2023年天津市违法排水专项执法行动及天津市河湖安全专项执法行动等3个市级专项执法行动。全年立案行政案件84起，收缴罚金4200元，涉及非法取用水，非法取土，擅自连接公共排水设施，擅自移动井盖，未按照技术规范封填水井，尾水未回收利用，未缴纳相关费用及未办理相关手续等8个违法情况查处。处理生态损害赔偿案件1起，磋商产生生态损害赔偿金额4.5万元。全年完成执法平台"天津市行政执法监督平台"及水利部"水行政执法统计直报系统"上报工作，并在"武清区政务网"及"政务一网通"实现共享平台信息，全年上传行政检查182件，行政案件84件。加强行政执法人员队伍建设。进一步扩大行政执法监督队伍，截至2023年年底执证人数达到169人。制定《武清区水务局重大行政执法决定法制审核目录清单》，规范重大执法决定法制审核程序，不断充实重大执法决定法制审核队伍，现有法制审核人员12名，在行政执法人员占比7%。稳步推进包容审慎监管，修订完善《武清区水务建设市场主体轻微违法行为免罚清单》。推进聘用法律顾问和公职律师工作。制定《武清水务局法律顾问管理制度》，明确决策事项清单、参与程序和结果运用等内容，并公开招聘第三方专业机构为区水务局提供各类法律服务，本年度法律顾问累计参与处理各类涉法事务175次。制定《武清区公职律师管理实施办法》，明确任职条件与程序、权利与职责、作用与保障、监督与管理等有关规定，本年度公职律师累计参与处理各类事项13次。严格落实"谁执法谁普法"普法责任制，结合水务职能制定并公布《武清区水务局普法责任清单》，并在"中国水周""民法典宣传周""节水宣传周""宪法宣传周"期间集中组织开展法治宣传活动。

【工程管理】

1. 水务工程规划建设

加强武清水务工程项目规划建设管理，2023年完成"一张蓝图，多规合一"项目审查共686件；回复区各部门规划、方案等审核意见713件。严格工程建设管理。加强招投标监管，落实区级监督责任，2023年完成建设项目招投标监管9项（施工3项、勘察4项、监理1项、施工总承包1项）。为保证工程质量，对每项工程实施全程监督，2023年备案16项工程中完工11项，其中有5项工程正在施工中，监督率达到100%。完成水务工程开工备案3件、建设项目验收9项（竣工验收2项、档案验收2项、单位工程验收5项）。全年累计开展水务建设行业工程质量专项检查14次（其中质量与安全管理体系建立、运行检查7次，质量与安全履职行为检查2次，现场质量与安全专项监督检查5次），下达检查意见单14次且已按期全部整改完成。对2项工程开展监督飞检。通过以上措施及时消除施工隐患，确保每项工程质量合格。加强工程服务企业监管。对工程检测、设计单位实施检查，成立检查工作组和专家组，对3家检测单位和3家设计单位的资质、人员配备及设计现场服务等进行"双随机、一公开"抽查，共检查出设计变更程序不规范、自查缺乏针对性、水利管理平台信息填写不完整等18个问题，截至2023年年底相关单位均已整改完成。积极开展水务工程质量及安全培训。全年对参建单位开展4次培训，其中包括：水务工程建设管理培训、标准化管理及安全培训，对水利部新修订的《水利工程质量管理规定》进行了宣贯和培训，对水利工程建设分包管理规定和建设安全生产管理规定进行了培训。全年审查批复工程方案4个，即武清区泵站设备设施更换项目实施方案、永定河与增产河连接段涵闸修复实施方案、永定河泛区水毁工程修复实施方案、武清区国有泵站水量计量标准化建设项目实施方案。通过对建设方案评估审查，确保项目的顺利实施。为准确掌握项目建设及资金落实情况，对建设工程实行定期统计，做到周报、半月报、月报。及时解决农民工欠薪问题。2023年组织召开2次专题会议，对涉及欠薪的施工单位约谈，同时成立区水务局根治拖欠农民工工资工作领导小组，以推动解决农民工欠薪问题。持续开展水务工程大气污染防治，对水务在建工程现场进行逐一检查，严格落实扬尘控制"六个百分之百"（施工工地周边100%围挡、物料堆放100%覆盖、出入车辆100%冲洗、施工现场地面100%硬化、拆迁工地100%湿法作业、渣土车辆100%密闭运输）要求。全年累计对在建水务工程进行扬尘治理日常及专项检查15次，出动检查人员46人次，检查在建工程16处次，确保管控到位、措施到位。加强安全生产检查，为防止和减少安全生产事故，全年开展安全专项检查11次，出动检查人员35人次，出动专家5人次，检查企业7家，发现隐患问题20项，截至2023年年底，所查出的隐患问题均已完成整改，有效提高了在建工程安全管理及文明施工。优化水务工程运行管理。制定《天津市武清区水务运行标准化管理工作实施方案》，确定了2023—2025年工作目标，加强水闸、水库、堤防、泵站、橡胶坝的标准化管理，组织开展7次安全检查，按照专家现场提出意见进行整改。2023年共完成水务局3个泵站（泗村店、东肖庄、二支渠泵站）的标准化建设，并通过了验收实现了3级标准化，同时报送市建管处进行了备案。

扎实落实重点工程项目。洪灾重建项目。海河"23·7"流域性特大洪水后，做好水务局牵头的灾后恢复重建工作，积极对接市水务局、区发展改革委，谋划上报了11个特别国债项目，总投资14.67亿元，申报41个超长期国债项目，总投资31.38亿元。11个特别国债项目中，2个已开工建设，9个项目已完成可研批复，处于初设编制阶段。第二批谋划的超长期国债项目，正在进行方案编制。武清区北运河适宜河段旅游通航工程。依据《天津市北运河适宜河段旅游通航实施方案》，区水务局牵头编制了《武清区北运河适宜河段旅游通航实施方案》。为完善该方案，先后征求了市区两级有关部门意见，并多次组织专题会议研究商讨深化方案内容，该方案于2023年10月27日经武清区政府常务会议审议通过。北运河—木厂闸至筐儿港枢纽综合治理工程和北运河适宜河段旅游通航码头及配套工程已列入《武清区政府投资项目2024年度投资计划（国债项目）》。项目建议书均在2023年11月24日取得批复，可行性研究报告均在2023年12月15日取得批复。其中两项工程生态保护红线范围内论证报告已编制完成，并以区人民政府名义报送市规划资源局初审。武清区中泓故道全长综合治理工程，在2023年已完成工程立项和可研批复。北京排污河防潮闸除险加固工程。按市水务局灾后重建项目推进安排，组织完成了北京排污河防潮闸除险加固工程项目的项目建议书、可行性研究报告及初步设计方案的编制及报审工作。大黄堡蓄滞洪区分区建设工程按市水务局灾后重建项目推进安排，完成了大黄堡蓄滞洪区分区建设工程项目的项目建议书、可行性研究报告及初步设计方案的编制及报审工作。截至2023年年底，该项目已完成可研批复工作。武清区永定河综合治理与生态修复工程（水务部分），是市级重点工程项目，积极协调沿线黄花店镇、豆张庄镇、黄庄街道完成工程临时用地征迁；配合流域公司完成了黄花店镇和黄庄街道永久占地款项的拨付工作，截至2023年年底已拨付资金1.09多亿元。天津市南水北调中线工程静海引江供水工程（市级项目配合征迁），协调王庆坨镇政府完成了工程涉及永久占地的征迁工作，配合市建设中心完成了工程中期专项审计工作，工程建设完工后，可实现天津市地下水水源转换和城乡供水一体化。北运河木厂闸船闸工程（市级项目配合征迁），完成河西务镇、河北省香河县木厂闸管理所及地上物产权人协调工作，已完成工程永久占地部分征迁工作，配合市水务工程建设事务中心完成了河西务镇和部分产权人的永久占地款项的拨付。天津市北运河筐儿港枢纽至屈家店枢纽综合治理工程（配合征迁），协调沿线杨村、黄庄及下朱庄街道完成了工程用地征迁工作，配合建设杨村街道和天津武清区水务工程建设事务中心完成了五街回民坟墓的迁移补偿工作。

2. 水务工程建设管理

依法依规开展招投标工作。水务建设事务中心严格按照招标法和政府采购法相关要求及武清区水务局工程项目供应商采购管理规定，组织进行招投标工作。2023年完成128项合同初稿审定、合同文本签订工作，完成部分合同支付工作。协助相关科室完成局内74项限额以下小额项目招标工作，做到公开、公正、透明，符合相关法律法规要求，相关资料整理归档。加强水利项目建设管理。一是严格实行项目法人制、招标投标制、建设监理制和合同管理制的"四制"管理；二是严格执行财经纪律和资金拨付程序，落实廉政责任制，资金设立专项账户，确保资金使用规范安全；三是建立了技术交底、工程例会、质量抽检、现场巡查和整改检验检测5个质量管理制度，每项工程抽调专业技术骨干进驻水利施工工地，委托第三方检测机构全程跟踪质量检测，层层质量监督，严格施工安全管理，确保工程优质、资金安全、干部安全。开展工程隐患排查整治。按照

《武清区水务工程建设事务中心重大事故隐患排查整治2023专项行动方案》，对辖区水务生产经营单位开展了全覆盖的自查自改行动。严格落实区水务局2023年完善的安全生产工作制度，明确工作责任，认真做好月汇报和定期上报检查日志工作，依据工作职能和重点工作进行细化安排并组织实施，开展多次安全教育宣讲及安全演练。利用安全生产月开展教育活动。6月按照水务局党委要求，积极开展安全生产月活动，组织全体职工进行安全教育、消防演练、知识答题等活动，促进全员工作安全意识提升。加强在建工程现场安全检查，加大检查频次和检查力度，做到立查立改，本年度共进行安全检查56次，出动123人次，检查点位56个，发现安全隐患5处，截至2023年年底全部完成整改，未发生安全事故，保证2023年安全生产目标落实到位。通过安全生产常态化排查督查，确保了全区水利工程项目建设安全。通过定期和不定期的项目法人检查，不断推进文明标准化工地建设，提高工程管理水平。协调促进水务工程建设进度。牢固树立"以人民为中心"的理念，积极推进农村饮水提质增效工程——2020年村内管网更新改造工程打通"最后一公里"工作，通过协调，推进打压试验、水质检测和切改工作，截至2023年12月底完成水源切换，并确保新铺设供水管道运行良好，受到当地群众的普遍好评。完成了武清区机场排水河控制单元水生态保护与修复工程，进行了合同完工验收、主要设备的调试和试运行工作，2023年5月项目全部投入使用。完成了2021年、2022年王庆坨水库移民后期扶持项目工程竣工验收和固定资产移交工作。主要完成建设内容包括：修复王庆坨镇1~5街村内里巷道路11969.48平方米；修复井圈井盖10套、现状砖砌检查井3座；购置并安装高清红外枪机22台，太阳能路灯178盏；修复直径800毫米污水管道840米，直径1200毫米污水管道375米。工程竣工后提高了移民区居民的生活质量，村庄出行交通问题得到解决，为居民创造了安居乐业的环境。精心组织推进北运河筐儿港枢纽至屈家店枢纽综合治理工程进度，截至2023年年底，振华桥—京山铁路桥段清淤已完成；东侧堤防路修建完成；老米店新闸—梅石路段清淤完成。该工程是大运河文化保护传承利用项目的一部分，是保证区域排涝安全，促进环境友好、人水和谐的生态河道工程。

3. 水务工程运行调度

2023年水务运行调度中心坚持贯彻执行区水务局党委的安排部署。汛期，本着"防大汛、抗大灾、抢大险"的宗旨，按照"安全第一、常备不懈、以防为主、全力抢险"的工作方针，提前准备，周密安排，统筹推进人员管理、预案编制、物资储备、设备养护、防汛演练、水毁修复、排水防涝等工作。城区全年共计防汛20余次，出动抢险人员4653人次，临时电工325人次，司泵人员840人次，抢险车辆667台次及水泵机具502台次。城区汛期累计排水量约3835.77万立方米，处置低洼点及临时收水点10余次。国有区管17座泵站共计开车12468.40台时，累计排水量共计11338.70万立方米。积极开展防汛应急抢险工作。在7月28日—8月18日期间，发现并处置青龙湾减河右堤、北运河左堤、永定河堤防雨淋沟共96处，清理倒树20余棵，封堵过堤闸5个；协助镇街封堵过堤管池37个；排除青龙湾右堤桩号9+900处背水坡坡脚管涌险情2处；指导处置豆张庄双河村护村埝背水坡散浸险情除险1处；修复龙北新河左堤武落路桥北30米背水坡堤肩塌陷1处。支援抗洪协助开展永定河泛区退水工作。支援黄花店、豆张庄2个镇8个村庄14个点位开展排水，共组织出动176人、107辆车，进行连续抽排，累计排水量188.78万立方米。特别是洪水退后，经过120小时全力奋战，黄花店及周边村庄农田积水全部排出。经过96小时全力排水，双河村周围农田积水全部排出。9月12日，支援东淀蓄滞洪区泄洪，安排人员及抢险车辆（拖车、"龙吸水"排水车）快速到位开展抢险排涝工作，截至9月17日，该片区完成排水16万立方米。2023年，区水务局对2座泵站完成标准化评估并验收合格。全年认真开展管辖河道及堤防日常管理，完成城区景观河道绿化工作，持续开展河道水面及绿地保洁工作。加强水库管理，充分发挥水库调蓄水功能。区水务局通过水务运行调度工作，保证了城乡排水除涝迅速响应，保障了人民群众的生命和财产安全。

（1）水库管理。

上马台水库自1994年10月竣工蓄水投入使用以来，一直承担着该片区域防汛抗旱任务，为粮食增产增收提供了重要保障。2023年，按照水利部要求，修订完善了上马台水库《防汛抢险应急预案》《预测预报预警方案》《大坝安全应急管理预案》《调度运用预案》《闸涵泵站运行保障预案》《供电保障预案》《防汛责任制》，同时，进一步明确了水库行政责任人、技术责任人、巡查责任人和其各自职责。3月，对水库泵站7台轴流泵机组、各水工建筑物多次开展检查，做好维修、养护工作，保证汛期正常运行。加强全员培训学习，提高应急抢险能力。4月，组织干部职工进行闸门启闭机安全操作、泵站安全运行的集中培训。5月，组织干部职工开展橡胶坝安全操作集中培训和防汛抢险演练，通过培训演练提升了干部职工应急实际操作能力。坚持水库日常巡查制度，每日8时和16时对水库的水位进行观测、登记并及时填写调度运行记录；水库实行24小时实时监控，每天由班组值班人员负责查看当天的监控设备，掌握堤坝、泵站等实时状况，如发现异常情况及时向领导汇报并第一时间解决问题。严禁外来人员违规进入水库重要区域，已采取监控报警措施。上马台水库已实现监控库区重点部位视频与防汛应急指挥平台信息相连，在水务局视频监控指挥中心可以实时查看水库整体情况，这套视频监控系统为水务局加强水库管理及开展防汛抗旱工作提升了工作效率。2023年，水库汛前根据上级下发调度指令将水库水位降至汛线水位5.5米，累计放水约540万立方米，为汛期以蓄代排预留出充足库容，发挥水库抗旱防汛功能的同时也保证了周边农田的灌溉。在汛期，及时做好水库泵站开车情况上报工作。汛后，根据区水务局调度指令及时蓄水，累计开车1281台时，累计蓄水约1100万立方米，为2024年抗旱工作打下基础。

（2）排灌站管理。

水务局管辖国有区管泵站19座，肩负着834.87平方千米耕地的防汛排涝和抗旱工作。全年认真落实泵站安全生产责任制，做好安全生产日常检查工作，并加强对泵站设施、设备的巡视检查，发现隐患问题及时整改，确保泵站在汛期发挥正常防洪排涝功能。积极开展职工教育培训工作，组织学习习近平总书记关于安全生产重要论述，提高了广大职工的安全生产意识。为保证生产安全，组织全员参加泵站电气安全知识培训、安全生产培训演练，消防应急知识培训、消防应急演练和防汛抢险应急演练等，所辖泵站全年未发生安全生产事故。2023年，茨洲和高坑泵站拆除重建。17个泵站完成保养及应急维修项目，保障了每一个泵站安全可靠运行，为汛期防洪排涝打下了坚实基础。为保障农田抗旱用水和武清河湖水生态环境，积极组织开展调蓄水。泵站全年开车排水累计19615.10台时，排水量17814.60万立方米。2023年11月，顺利完成东肖庄泵站与泗村店泵站运行标准化三级评定工作。

（3）河道堤防管理。

堤防日常巡查，河道巡查人员每天对所管辖河道及堤防开展巡视检查，包括对雨淋沟、堤坡树木等的日常巡查，汛期清理倒树20余棵，填垫雨淋沟96处。巡查实行闭环对点位签到，不漏查一处。堤防树木管理。加强堤防树木采伐更新监督管理，严格履行林木采伐审批程序，全年一、二级河道树木采伐更新共计1.7万余棵，工程伐树43棵（其中北京排污河右堤曹子里镇北掘河村段，桩号46+100堤防外侧采伐20棵；龙北新河东马圈镇段，因高压线下树木影响线路供电安全，采伐23棵）。为消除堤防树木病虫害，在4月和5月两次组织人员对北运河、北京排污河、青龙湾减河、永定河堤防树木进行打药治理。涉河工程监管。积极配合涉河工程施工，天津武清孟和（济和）110千伏线路改造工程（跨越港北连接渠）、天津武清马城35千伏线路改造工程（跨越四干渠）、天津武清济源路220千伏变电站110千伏出线破口武南二线工程（跨越港北连接渠）、天津武清孟和（济和）110千伏线路改造工程（跨越机场排污河）、中石化LNG分输站至北辰区界高压天然气管道工程穿越武清区（龙凤河故道　运东干渠　拾梅引渠　南引渠）、国网天津武清公司逸仙园站10千伏新出3号线工程（穿越西界渠　黄沙河　二支渠　筐儿港堤）、天津市武清区崔黄口镇风电项目配套35千瓦电源线工程（穿越柳河）、大柳子110千瓦输变电工程（跨越中泓故道）等8个工程，为施工单位提供施工服务的同时，做到河道无污染事故发生。开展汛前检查。5月对管理范围内河道堤防、闸涵、汛库进行全面检查，并对30座水闸（含14座市管水闸）进行试运行检测，保证了汛期做到提闭闸功能正常使用，同时检查电气、通信设备、防汛机械的运转是否正常，以确保汛期正常使用。防汛演练。为应对汛期河道突发洪水，于5月22日特邀水利部海委防汛专家王建刚为河道科全体人员开展防汛抢险技术培训，讲解重要河道现状和防汛抢险技术要领，进一步提高了全员防汛意识及抢险实战能力。并于5月23日在上马台水库组织了2023年度防汛抢险演练，参加人员39人，培训内容为防汛物资调运演练、堤防险情排查演练、漏洞险情抢险演练、管涌险情抢险演练、堤防滑坡抢险演练、堤防漫溢抢险演练、帐篷搭建演练，通过演练，增强防洪抗洪能力，为安全度汛、保证人民群众生命财产安全打下坚实基础。防汛物资储备。按照防汛专家建议，对原有防汛物资进行更新更换。2023年更新雅马哈发电机10台、钢制手提油罐10个、彩条布30卷、迷彩服20套、砂石料苫盖网140卷、编织袋50000条、手电筒30个，总价44.495万元，为河道防汛抗洪提供物资保障。

【河湖长制】　2023年，武清区水务局履行常态化巡河制度，区、镇（街道）、村（社区）三级巡河22.7万次，发现1065个问题并完成整改。对全区35个镇街园区的河道、坑塘水环境开展不定期暗查暗访223次，发现问题263个并整改完成。按时开展河湖长制月度考核工作，并将各镇街、园区落实河湖长制工作情况的考核结果在全区通报，成绩在武清政务网上进行公示，对典型问题点名道姓通报，对履职不力、敷衍塞责的河湖长、部门负责人等进行追责问责，对成绩排名靠后、水环境问题严重的镇级总河湖长约谈4人次。按照《天津市"榜样河长　示范河湖"三年行动方案（2021—2023年）》，持续开展"榜样河长　示范河湖"创建工作，2023年培养并树立镇级榜样河长3人、村级榜样河长23人，创建区级示范河段4条、示范湖泊2个，创建农村示范河湖129个。强化跨界河流管理保护。3月，武清区河（湖）长办联合河北省廊坊市开发区、大王古庄镇人民政府在凤河西支渠开展联合巡河检查，并于大王古庄镇政府召开联席会议，10月，武清区河（湖）长办联合廊坊市安次区河（湖）长办开展联合巡河，赴安次区龙河人工湿地、武清区龙北新河开展现场巡查，共同签署《建立跨界河流"联席联巡联防联控"机制合作协议》。坚持落实河湖长"向群众汇报"工作机制，将群众对河湖水生态环境满意度作为履职见效的重要标准，区级河湖长通过"武清水务"微信公众号、政府政务公开专栏，公开2023年度区级河湖长履职工作报告。协调解决市、区两级社会监督举报，结合"接诉即办""吹哨报到"等方式推进责任落实，2023全年接收市、区两级监督举报27件，涉及堤岸垃圾、污水直排、阻水障碍物等，均已办结，群众回访满意率100%。完成水利部2023年河湖遥感图斑销号工作，武清区涉及疑似问题1160项，其中非河湖管护问题1110项，河湖管护问题50项，截至年底前完成销号工作。2023年全年召开区级河湖长制工作会议4次，包括春季清河湖专项行动、河湖长制领导小组工作推动会以及加强联防联控、解决其他重点突出问题等会议。面向全区招聘2023年区级河湖长制社会义务监督员35名、民间河湖长7名，借助社会力量监督全区水环境问题。坚持常态化培训。印发《新上任河湖长应知应会明白纸》和《河湖长制问答明白纸》，让新任河湖长知道干什么、怎么干；要求新聘任的社会监督员和民间河湖长学习河湖长制工作内容，提高水环境监督参与程度；组织全区35个镇街园区对《河湖长制工作规范》进行学习培训。5月，结合大运河文化生态发展带专项工作指挥部、区委组织部、区农业农村委、区委党校联合开展的"服务大运河文化生态发展建设　推进乡村振兴系列专题"培训班，特邀水利部专家为各镇街分管河湖长制的副职领导及河湖长制领导小组成员单位分管负责人做了专题培训。开展河湖长制宣传工作，加强与津云新媒体集团、区融媒体中心紧密联系，制作冰上活动安全管理等宣传短片，已在津云网站和《武清新闻》播放。武清区河湖长制工作动态新闻在市级网站发布5条信息，河湖长制公众知晓率全面提升。结合"世界水日""中国水周""世界环境日""世界地球日"等主题日，通过悬挂宣传条幅，发放宣传资料、宣传纪念品，现场讲解等方式，宣传《中华人民共和国水法》《地下水管理条例》《天津市河道管理条例》等，现场向群众讲解武清区河湖长制相关工作开展情况及取得的成效。结合"榜样河长　示范河湖"创建行动，通过微信公众号、村内大喇叭广播、宣传栏等，持续宣传榜样河长先进事迹，交流巡河护水经验，发挥榜样力量。结合春季清河湖、清网、城区污水排放专项排查、汛期水环境专项整治等专项行动，要求全区35个镇街园区充分利用村内大集、广播等，落实"向群众汇报"工作机制，通过广泛宣传，增强大众共同管理河湖主人翁意识。为了让老百姓切实感受到身边水环境的变化，区河（湖）长办充分利用新媒体，开展美丽河湖系列宣传，谋划制作了"美丽河湖"系列短片，2023年已制作北运河武清段、南湖、中央湖、大黄堡湿地、公园系列等短片，通过"武清水务"公众号，向全区群众展示武清区河湖建设成果，打造全民共建共享"河畅、水清、岸绿、景美"的水环境。

【水务改革】　机构编制调整。根据事业单位改革工作要求和2020年区委编委第三次会议精神，中共天津市武清区委机构编制委员会办公室印发关于调整事业编制的通知。2023年2月23日印发《关于调整天津市武清区水务运行调度中心事业编制的通知》（津武党编办发〔2023〕3号），核减区水务运行调度中心（区河长制事务中心）事业编制8名，由区委编委收回。其暂用事业编制由285名减至277名。其中，市政排水科暂用事业编制由126名减至118名。2023年6月29日印发《关于调整天津市武清区水务运行调度中心事业编制的通知》（津武党编办发〔2023〕9号），核减区水务运行调度中心（区河长制事务中心）事业编制3名，由区委编委收回。其暂用事业编制由277名减至274名，其中，市政排水科暂用事业编制由118名减至115名。2023年12月28日印发《关于调整天津市武清区水务运行调度中心事业编制的通知》（津武党编办发〔2023〕14号），核减区水务运行调度中心（区河长制事务中心）事业编制2名，由区委编委收回。其暂用事业编制由274名减至272名，其中市政排水科暂用事业编制由115名减至113名。

【精神文明建设】　加强理论学习。武清区水务局坚决贯彻执行党中央决策部署和市委、区委工作要求，加强全局精神文明建设。全年认真开展理论学习，传达贯彻落实习近平总书记重要指示批示精神、党中央决策和市委、区委部署，以及做好2023年专题研究全面从严治党工作等学习活动共计81次。建立工作台账。围绕推动市委、市政府"十项行动"和区委"3+1+1"工作思路，以及区委、区政府年度重点工程工作要求，区水务局成立5个专项工作专班，建立2023年区级民生工程、重点工程项目台账以及高质量发展亮点项目台账。坚持廉政建设。加强对"一把手"和领导班子监督，坚持用好纪律一把尺，实行逐级签订党风廉政建设责任书共计25份，开展廉政谈话57人次、履职谈话57人次，推动管党治党责任一贯到底。持续推进廉洁文化体系建设，组织召开警示教育大会2次，学习本地区本部门本系统警示教育案例和各类违法违纪典型案例通报13份。完善制度机制。着力健全制度机制，紧盯容易发生违纪违法问题的具体事项、重要环节和关键节点，梳理排查廉政风险事项77条，制定防范措施134条；全面梳理完善现有工作制度，新建立制度8项，真正做到用制度管人、管事。落实民主集中制。坚持和完善民主集中制，规范和改进11个基层党组织议事规则，严格执行"三重一大"集体决策制度，全年集体决策"三重一大"事项共计48次，涉及540个议题。严格执行廉政责任制。结合水务局年度重点工作，高标准制定局党委"两个清单"以及班子成员和基层党组织"两个清单"共计19份，并逐级签订从严治党责任书16份。局党委主要负责同志落实"第一责任人"责任，其他班子成员认真履行"一岗双责"，采取带队调研督导、检查全局基层党组织落实全面从严治党主体责任情况21次。做好基层党建工作。认真落实《党支部工作条例》要求，加强对12个基层党组织2023年度组织生活会和民主评议党员工作的监督把关，增强党内政治生活的政治性、时代性、原则性、战斗性。加强基层党组织建设，完成8个基层党组织换届选举工作，调整基层党组织书记5人，为基层工作选好配强党支部书记。抓好党员队伍建设。全局按期转正党员3名，接收中共预备党员3名，强化党员队伍建设；持续推进党员教育工作体系化，组织5名入党积极分子、3名发展对象参加区委培训，开展党务工作者培训1次，着力提高党内活动和党的组织生活质量。增强干部队伍素质。强化正确选人用人导向，狠抓政治素质考察关，选优配强科级干部队伍，提拔科级干部2名、试用期满转正科级干部10名、晋升职级5人、确定职级1人、退休调出免去职务职级3人。充分发挥考核"指挥棒"作用，给予71名事业单位工作人员（机关工勤）嘉奖奖励，进一步激励广大干部职工担当作为、干事创业。突出干部人事档案在建设高素质专业化干部队伍中的重要作用，推动形成人事档案专项审核工作长效机制，坚持"凡提必审""凡进必审"，对拟选拔任用干部、拟评聘职称人员及时开展干部人事档案任前审核。用人选人用考核。用好班子考核手段，对24个单位（科室、部门）班子、78名班子成员（干部）进行组织考核，突出考核政治素质、工作实绩、作风状态，逐名干部进行分析研判，为局党委推动工作、选人用人提供依据。深入开展治理形式主义官僚主义不担当不作为问题专项行动，重点整治落实决策"中梗阻"、执行政策"一刀切"、失职失责不作为等问题，建立负面清单，排查问题27个，已全部完成整改。实现党建引领。打造全方位、多层次新媒体传播矩阵，围绕水务中心工作，提高对外宣传工作质量，积极配合区内外媒体完成报道88篇。牢牢把握意识形态工作主动权，大力宣传弘扬新时代水利精神，强化网络舆情引导，坚持每月对全局意识形态风险隐患进行梳理排查，做好水务系统各项工作社会面舆论引导工作，消除不良信息。精准适用"四种形态"，着力在"第一种形态"上下功夫，先后对1名干部进行谈话提醒、7名干部进行批评教育，给予1名干部书面检查、1名干部诫勉、1名干部党内警告，切实推动了党内监督执纪动真格、见实效。扎实开展受到处理或者处分党员帮扶教育工作，对4名受处分（处理）人员进行帮扶教育，组织开展谈心谈话，听取1名受处分人员期满前思想汇报，切实传递组织的严管厚爱，激励干部干事创业、奋发有为。关爱职工送温暖。扎实开展职工慰问工作，为10名职工发放重病关爱慰问资金1万余元，1名职工发放大病救助慰问金5万元，对一线职工、抗洪救灾人员、劳模、和相对困难职工进行慰问，慰问人次1130余人，慰问金额18万元，切实把党的关怀和工会组织的温暖送到职工群众和老同志的心坎上。结合"主题党日""我们的节日"举办2023年职工运动会、妇女节创意插花活动、女职工普法活动、端午包粽子体验活动、"水润武清"摄影展活动等，以时代精神激活中华优秀传统文化的生命力，同时也激发干部职工投身水务事业的信心和决心。精神文明见成效。做好水务局志愿服务队伍建设工作，结合新时代文明实践志愿服务活动、社区共建工作，组织志愿服务活动9次，大力弘扬"忠诚、干净、担当、科学、求实、创新"的新时代水利精神。畅通群众表达诉求渠道，用好12345政务热线、政民零距离、党群心连心、"人民网"留言等，及时办理和回复群众反映事项2916件，尽心竭力为群众解难、为企业纾困。弘扬党的光荣传统和优良作风，结合主题教育活动，领导班子成员带头深入调查研究119次，体察实情、"解剖麻雀"，全面掌握情况，做到心中有数，撰写调研报告8篇，组织召开调研成果交流会，切实把调研成果转化为发展实效。持续开展党员承诺践诺、"结对子、认亲戚、长相助"等活动，为147户困难群众送去价值4万余元的慰问物品，不断助推困难群众关心关注问题有效解决，真切传递亲戚温情和党组织的温暖。

【队伍建设】

1. 局领导班子

党委书记：王立冬

党委委员：李 江 李军防 刘 方

局　　长：王立冬

副 局 长：李 江 李军防 刘 方

二级调研员：刘延强 李 军 李 江

三级调研员：刘金香

四级调研员：陈国忠 刘文利 范继红

2. 人员结构

截至2023年12月31日，全局在职干部职工365人，其中机关28人（公务员26人，工勤2人），所属执法机构、事业单位337人。按照年龄划分：30岁（含）以下18人，31~40岁51人，41~50岁171人，51~60岁125人。按照文化程度划分：研究生15人，大学本科170人，大学专科92人，中专12人，高中及以下76人。全局具有专业技术资格人员166人，已聘148人，其中正高级工程师1人、高级工程师24人、工程师59人、助理工程师47人；高级会计师1人、会计师7人、助理会计师5人；经济师4人。全局具有政工专业职务资格20人，已聘17人，其中高级政工师1人，政工师13人，助理政工师3人。

其中，新聘任高级工程师1人，工程师2人；新聘任助理政工师1人；解聘助理工程师1人。

3. 人员变动

2023年，在职新增1人，其中机关公务员新增1人，为军转干部安置；在职减少25人，其中机关调出2人，退休2人；事业单位退休21人；水务局系统内调动1人；全局离退休（职）24人去世。

4. 领导干部（职级）调整

全局科级干部调整4人，其中提拔科级正职1人、科级副职1人，因调出免去职务1人、退休免去职务1人。全局职级调整9人，其中职级晋升5人，安置军转干部确定职级1人，退休免去职级1人，调出免去职级2人。

（吴晓莉）

宝坻区水务局

【概述】 2023年，按照宝坻区委、区政府的总体工作部署，宝坻区水务局持续完善水务基础设施建设，推进"河湖长制"实施，改善河道水生态环境；大力推进水资源管理、水污染防治及水土保持治理工作；以提升水安全保障能力为主线，着力提升供水安全、防汛安全、水环境安全保障能力，进一步提升水务行业监管能力；坚定不移推进全面从严治党向纵深发展，有效提高全区水务管理水平，不断推动水务事业高质量发展，提升服务质量，为全区社会经济的稳定发展提供良好的水务保障。

【水资源开发利用】

1. 地表水

宝坻区共有6条一级河道，2023年汛期（6—9月）上游来水总量12.25亿立方米，其中潮白新河吴村闸3.00亿立方米，沟河、蓟运河九王庄站1.37亿立方米，引沟入潮三河站0.19亿立方米，青龙湾减河土门楼泄洪闸4.39亿立方米，北京排污河防潮闸3.3亿立方米。潮白新河里自沽蓄水闸汛期下泄总量7.32亿立方米。

2. 地下水

2023年全区地下水开采总量为4837.68万立方米，其中农业用水4278.97立方米（包含耕地灌溉用水4049.61立方米，畜禽用水229.36立方米）、生活用水355.64万立方米（包含服务业用水117.44万立方米，建筑业用水1.13万立方米，城镇居民用水98.61万立方米，农村居民用水138.46万立方米）、工业用水203.07万立方米。

对全区取用地下水用水户进行2023年度的季度水量核定工作；加大用水户计量设施的巡查力度，更新更换水表318块，督促用水户按照要求对计量设施进行校验，全年共计校验水表345块，确保计量设施的准确性。

加强对《中华人民共和国水法》《取水许可和水资源费征收管理》等相关法律法规的宣传工作，同时加大新建建设项目的巡查力度，督促办理基坑降水项目的取水许可证2个。

按照市审计整改要求对5家违规取水机井予以填埋。对已经水源转换的用水户机井进行填埋，截至2023年年底共填埋机井29眼，关停机井18眼。同时完成了限采区规模化畜牧养殖业地下水对取水口进行注册。

【水资源节约与保护】

1. 节水管理工作

计划用水管理。完成了全区1086个非居民用水户的计划指标下达任务并进行用水考核管理。对年用水量5000立方米以上用水户全部纳入考核。对潮阳园区内用水户进行了水源转换的新增纳管工作，提高了用水考核率。

节水"三同时"管理。宝坻区节约用水办公室结合区政务服务中心，对全区新、改、扩项目严格落实节水"三同时"管理。办理6个建设项目临时用水指标，调整变更19家用水户年度计划用水指标，对节水型设施及器具进行了事中事后监管。

开展日常节水检查工作。按照年度"双随机一公开"和巡检安排，深入城区用水大户、园区新纳管用水户开展用水、节水日常巡检工作，共巡查25次，出动检查人员50人次，指导用水户提高节水管理水平，杜绝跑冒滴漏现象发生。

2. 节水宣传工作

营造浓厚全民节水氛围，提高全民节水意识。宝坻区节约用水办公室于5月14—20日在全区范围内开展了以"推进城市节水 建设宜居城市"为主题的宣传活动。启动仪式在宝坻区节水主题公园"善水园"举行。①水务局15个科室、供水单位及节水志愿者共计80余人参加启动仪式，局领导介绍了全区水资源现状和节水、供水管理情况，将节水宣传内容带到工作、家庭中，扩大节水宣传影响力，节水志愿者通过宣读"节水倡议书"和签名活动也更加深入地参与到节水行动中；②节水宣传进社区，节水志愿者深入海滨街道博瑞社区和龙天社区，为居民讲解节水知识、日常节水方法和节水措施，发放节水宣传单1000份，节水宣传品800余份，提高了居民主动节水、参与节水、乐于节水的意识；③节水宣传进企业，节水志愿者走进宝坻经济开发区牛道口分园，向企业领导、员工讲解节水知识，介绍最新节水技术，组织部分员工集中学习《天津市节约用水条例》，提高企业员工的节水意识；④节水宣传进校园，5月17日下午节水宣传活动在天津财经大学珠江学院艺术广场开展，200余名在校大学生参与了本次活动，学院领导和水务局领导分别介绍了校园节水和区水资源现状相关内容，号召大学生主动参与到节水行动中来，从方方面面高效用水、节约用水；⑤节水长效宣传系列活动，创新宣传形式，在城区繁华地段和主干道路旁6处公交站牌粘贴节水宣传标语，让市民在外出乘车或购物过程中随时随地观看学习节水知识，提高市民参与节水的主动性和积极性，宣传周期间宝坻电视台对节水宣传做专题报道，不断提高节水影响力，保证节水宣传达到预期的效果。

节水宣传周系列活动在全社会营造了浓厚的节约用水氛围，让更多市民掌握了节水知识，提高了主动节水的意识。

【水生态环境建设】 加强水资源保护，严格水功能区监管。宝坻区生态环境局对全区10个水功能区水质考核断面进行巡查监测，全年共巡查监测39次；建立一级、二级河道入河排污口清单，编制完成入河排污口分类整治方案；定期对尔王庄水库进行月监测，对尔王庄水库自动站监测比对11次，监测结果均达标。

加强河湖水域岸线管理保护及湖泊水域空间管控。宝坻区河湖长制办公室组织24个镇街、4个园区完成全部河湖管理范围划界技术性工作和721个图斑核查整改任务。

加强水环境治理，全力开展河湖保护。区生态环境局完成了4条农村黑臭水体治理任务；区城市管理委全年城区范围垃圾无害化处理量约5.5万吨，降低了雨季污染物冲刷入河量；区住房建设委加强海绵城市建设，8个排水分区达到海绵城市建设目标要求，完成了95个海绵城市建设项目；完成了48个项目的海绵城市验收工作，完成了23.5万平方米的下凹式绿地和19.23万平方米透水铺装地面的建设。

加强水生态修复，保护水生态环境。区农业农村委完成了3484.9亩池塘标准化改造和尾水治理任务，制定了《2023年宝坻区禁渔期工作方案》，开展了非法捕捞专项执法行动，同时在潮白河放流苗种29万尾；区河（湖）长办组织各镇街、园区完成了培树"榜样河长"共32名，建设"示范河湖"135处，完成了区"示范河湖"建设三年总体目标。

加强执法监管，严厉打击涉河湖违法行为。水务行政综合执法支队行政执法检查146次，共查处违法案件14件，共计罚款11万元；区生态环境局开展涉水排放企业执法检查，检查涉水企业213家次，发现问题70个，均整改完成。区农业农村委制定了《宝坻区"中国渔政亮剑2023"系列专项执法行动方案》，区农业综合行政执法支队共立案129起，其中禁渔期期间立案15起，已办结27起，共计罚款5.2万元；市公安局宝坻分局依据《公安宝坻分局"昆仑2023"专项行动工作方案》，严厉打击非法捕捞违法犯罪行为，共破案件5起，打处9人。

【水务规划】 《宝坻区水土保持规划（2022—2035）》已列入2023年宝坻区人民政府重大决策事项目录，按照程序规定，完成了决策启动、公众参与、专家论证、风险评估等程序，完成送审稿，并通过政府常务会、区委常委会审议。《天津市宝坻区水网建设规划》编制资金已纳入2024年预算，正在准备招标手续。

【水旱灾害防御】 2023年宝坻区降雨较历年偏多，汛期（6—9月）降水总量448.1毫米，较历年（1991—2020年）降水量425.8毫米偏多22.3毫米。全年汛期共26次降雨过程，其中7月29日8时至8月1日10时，全区出现明显降水天气，平均降水量153毫米，最大降雨量出现在牛道口镇，为201.4毫米。

宝坻区一级河道1—12月上游来水量16.66亿立方米（其中潮白新河吴村闸4.57亿立方米；青龙湾减河土门楼泄洪闸7.74亿立方米；引沟入潮河三河站0.21亿立方米；蓟运河九王庄站4.14亿立方米），青龙湾减河土门楼泄洪闸最大流量784立方米每秒、潮白新河吴村闸最大流量415立方米每秒、引沟入潮河三河站最大流量47.2立方米每秒、蓟运河九王庄站最大流量53.8立方米每秒。

1. 防汛工作

严格落实两级巡查机制，完善《宝坻区河长制事务中心一级河道巡视督查运行方案》。进一步明确职责任务，对辖区一级河道堤防完成日常巡视（每周巡视一遍）和专项巡视工作，督促各管理段加强堤防巡视检查。

科学研判，做好应急抢险处置。3月15—21日完成辖区6条一级行洪河道及闸站运行汛前安全检查，发现险工险段、砌石护坡破损、堤防渗透、两水夹一堤和闸室洞身等问题，有针对性地制定一险工一方案的防汛预案，并形成检查报告。

为切实做好2023年宝坻区蓟运河防汛工作，确保安全度汛。针对蓟运河宝坻区险工险段较多运行现状，根据预防为主、抢险为辅的抗大洪、抢大险防汛工作需要，修订《蓟运河堤防险工险段防汛应急抢险预处置项目实施方案》《蓟运河堤防险工险段防汛应急抢险预处置项目实施方案概算》和《蓟运河堤防险工险段防汛应急抢险预处置项目实施方案图册》，并在入汛前实施了蓟运河堤防险工险段防汛应急抢险预处置项目，对蓟运河10处重点险段进行了抢险预处置，有效提升了蓟运河堤防工程运行能力，全面保障了人民群众生命财产安全。

受"杜苏芮"台风影响，7月29日—8月1日宝坻区迎来持续强降雨，此次降雨是华北地区1963年以来的第二次强降雨，严重影响一级行洪河道堤防工程防汛安全，为有效应对台风天气，区河长制事务中心认真组织开展一级行洪河道巡堤查险工作，每日派出专业骨干采取车辆巡查、徒步巡查、拉网式不间断巡查和对重点险段进行全天候值守形式对辖区一级行洪河道堤防进行全方位无死角巡查。截至8月28日，派出车辆巡堤查险累计50辆次，巡查人员累计971人次，巡查堤防累计8169.77千米，徒步巡查人员累计175人次，徒步巡查堤防累计910千米，拉网式不间断巡查累计86人次，蓟运河重点险段长期值守累计10人次，累计处理隐患问题10处。

人员及物资保障措施。汛前，区水利工程服务中心对防汛抗旱库房所有设备进行维修保养，并根据防汛实际需求，采购了土工布、排体、吸水膨胀袋、水泵、小型移动泵车等防汛排水设备；区水务局抽调精干力量进行防汛抢险器具使用培训实操演练，着重进行抛投器、升降灯、装配式围井、钢丝网兜抛石、堵漏膨胀袋、城区排水泵和移动排水泵等7个科目的实战操作。同时多次派出骨干力量配合区武装部指导民兵抢险队伍完成抢搭子堤、机械植桩、围井反滤、抛投器和无人机侦察救护等项目，有效地提升了军地抢险队伍实战能力。确保全区安全度汛。

日常运行维护工作。开展区管水利工程设施安全度汛全面排查工作，及时根据汛前运行设备的检维修工作，建立问题清单，实行台账管理，发现一处、整改一处，坚持"汛期不过，检查不止"，确保防洪除涝工程、设施的正常运行；强化闸站负责人员汛期责任制落实，定期组织对汛期值班值守情况检查，及时跟进扬水站运行管理人员相关业务培训，加强扬水站、区管一二级河道、涵闸等水利工程设施检查，按规定程序时间节点报送毁损信息。提前组织"天津市农村国有扬水站运行信息收集处理应用程序"的培训及运行调试，确保汛期扬水站开车排沥水位信息报送准确及时；加强城区排水管网日常维护维修，排水管网、泵站维修维护，有效地解决了城区管网的淤积、跑冒漏现象，为城区顺利排水提供可靠保障。

度汛工程建设。对全区33座扬水站、8个管理段、7座城区泵站进行预防性试验，对检查检测出机电设备不合格项目全部进行了处理，确保33座扬水站及7座城区泵站电气设备的安全可靠；对土建和机电设备进行针对性维修维护工作，按时完成前期招标、工程施工等工作，为汛期开车做好准备，确保汛期开全车排涝。

2. 抗旱工作

2023年，宝坻区1—5月平均降水量52.7毫米，较常年同期（71.6毫米）偏少，5月降雨量仅6.3毫米，较历年偏少7~8成，抗旱调水形势不容乐观。面对旱情，区水务局在区委、区政府的领导下对抗旱工作进行周密部署，制定调水方案，及时推动抗旱各项工作。

积极协调上游各相关地区和部门，尽最大可能争取调水；加大与市水务局沟通协调力度，争取引调于桥水库水源向潮白河补水；采取闸涵泵站联合调度的方式，积极向缺水地区引调水源，水务局200余名工作人员24小时值守，随时科学开启相关闸涵泵站联合调度，向区内干支渠补水；下发《关于提前做好春耕生产水源储备工作的通知》，积极组织推动水产养殖户、水稻种植户提前上水，错峰取水，避免用水高峰期到来时用水紧张的现象发生；加强区内水源统一调度和管理，根据全区作物布局和需水要求，实行定向、定量、分区供水。

各有关部门、各街镇采取各种行之有效的抗旱措施，为抗旱工作提供了可靠的保障，组织群众积极开展抗旱工作，保证了抗旱工作的全面胜利。

【农业供水与节水】 新安镇灌区续建配套与节水改造工程。新安镇灌区是宝坻区第一个续建配套与节水改造工程同全域高标准农田建设同步推进的灌区，也是天津市第一个数字化灌区。建设内容包括：清淤渠道23条，共19千米，其中衬砌6千米，拆建渠系建筑物31座，新建渠系建筑物16座和相关数字灌区建设配套设施。工程总投资5414.67万元。截至2023年12月31日所有建设内容已完成。

【村镇供水】 为保障全区村镇饮水安全，宝坻区水务局委托第三方检测机构按计划抽检水样，截至12月底共抽检200个村队的农村饮水提质增效工程自来水，出具检测报告200份，抽检泉州水厂和东山水厂水源水和出厂水9项检测任务48次，出具检测报告48份，抽检两个水厂出厂水106项4次，出具全项检测报告4份，水质全部达标。

加大对水厂的监督检查力度，截至2023年12月底，组织供水企业进行反恐演练3次，对供水企业进行反恐检查8次，安全检查22次，发现隐患38处，均已督促整改完成，保障了全区饮水安全。

认真做好农村供水信访工作，接听群众来电，解决群众诉求，截至2023年12月底共接转供水报修电话270余次，就群众所反映的问题，振津供水公司及时上门服务及维修解决，用户满意率大幅提升。

【农田水利】 天津市宝坻区水系连通及水美乡村建设项目。建设内容包括整治河渠29条，环村渠2条及其附属建筑物26座，修建岸顶路2条，池塘护岸1处，总投资为18545.45万元。工程于2023年11月13日开工，截至2023年年底完成渠道清淤3.95千米，修建东凤窝村南连接路1090米，完成欢喜庄南桥、五道沽北桥、白毛庄北桥、白毛庄西桥、西李桥1、2灌注桩工序。

【水土保持】 主动对接，全面排查，确保生产建设项目水土保持工作落实到位。加强与区人民政府政务服务办公室对接，通过立项文件筛查方式，对2023年区级批准立项的全部项目进行跟踪调查，确保生产建设项目水土保持方案应编尽编。2023年宝坻区批准立项项目共计148项，其中应编制水土保持方案的49项，已完成编报水土保持方案的项目49项。

加强水土保持补偿费催缴工作。按照职责分工，区水务局主要负责催缴，收费工作由税务局负责。通过共同努力，圆满完成了各生产建设项目的水土保持补偿费征收工作。2023年累计收缴水土补偿费121.83万元。

强化监督检查，确保水土保持工作落实到位。2023年通过现场检查、书面检查等方式，对全区已经批复水土保持方案在建的289个项目开展全面检查，其中现场检查32项，书面检查257项。通过检查发现个别项目水土保持体系建设、措施不到位等问题，共计下发督查意见32份。

【工程建设】

1. 新建后围路至潮新污水处理厂污水管网工程

工程主要建设内容包括新建污水DN800压力管道3.15千米，新建污水泵站1座，规模428升每秒，新建道路296米，道路恢复长度2858米。工程投资3994.83万元。工程于2021年12月31日开工，截至2023年12月底完成排水管道铺设3.15千米，新建道路296米，道路恢复2858米。已完成总工程量的92%。

2. 宝坻新城第二水厂建设工程

新建宝坻新城第二水厂建设工程是区重点工程，项目采取特许经营模式实施，特许经营方为天津市滨海水业有限公司。工程主要建设内容包括取水口、取水管道、取水格栅、原水储池（面积49360立方米，最大蓄水容积22.77万立方米）、进水前池、进水泵房及变配电间、前臭氧接触池、净水间、清水池、送水泵房及10千伏变配电间、排泥水处理车间、排泥排水调节池、综合加药间、臭氧发生器间、综合管理用房、机修间、仓库及水厂办公楼、传达室及大门、餐厅及附属用房、营业大厅等建筑物及构筑物。项目总投资78521万元。工程于2023年12月6日开工，截至2023年年底完成施工道路平整等工作。

【供水工程建设与管理】

1. 供水工程建设

宝坻区新建潮白新河两岸市政给水连通工程。工程主要建设内容包括修建DN1600给水主管线7830米。工程计划投资16411.8万元，于2021年12月18日开工，截至2023年年底完成DN1600给水主管线3605米，涡轮转动法兰蝶阀5个，钢板桩及钢结构2672吨。

2022年宝坻新城市政给水工程主要工程建设内容包括支路一（南城东路至支路三）、支路二（林海路至支路三）、务本道（双站路至宁海路）、精天道（双站路至站北路）、吴苏路（北城东路至南城东路）道路沿线5处给水管网工程，工程概算投资828.11万元。项目于2023年1月16日审核通过用地预审与选址意见书。截至2023年年底规划许可证已审批通过。新增吴苏路涉及用地预审与选址意见书、规划许可证变更工作已完成，初步设计审批完成。

天津市宝坻区高铁新区基础设施配套项目二期给水工程。工程主要建设内容包括西环路（市民道至支路三十二）、钰华街（市民道至次干路一）、次干路一（次干路五至钰华街）等14条路及临时给水工程。修建DN200～DN600给水主干管线及其附属构筑物。工程一类费投资2800万元，计划开工日期2021年12月10日，计划完工日期2022年12月31日，截至2023年年底已全部完工。

宝坻区2018年城区西部还迁房市政配套给水工程。工程建设主要内容包括宝坻新城望都路、望月路等10条道路配套给水管网11.8千米和闸阀井砌筑等附属工程。工程一类费1983.61万元。工程于2021年6月7日正式开工，截至2023年年底，完成体育馆东路（银练西路至潮阳大道）、政通南路（潮阳大道至云水街）、银练西路（望月路至西环南路）等10条路配套给水工程施工，总长度9263米。已完成总工程量的90%。

2. 供水保障工作

水质抽检工作。为保障水质安全，区水文资源服务站制定了水质抽检计划共计100个点位。每月对老旧二次供水设施进行重点水质检测。截至12月底共计抽检100处，水质均符合《生活饮用水卫生标准》（GB 5749—2022）。

二次供水水质保障工作。采取制作设置提醒台账，对二次供水单位进行温馨提示的做法，在水箱清洗即将到期的前10天，通过电话、微信等手段进行通知，保证水箱清洗的及时性。同时要求二次供水清洗消毒单位在清洗水箱时必须进行报备，并采取随机、不打招呼的方式进行抽查，到达现场后查看清洗水箱的过程。截至12月底，共办理《天津市二次供水设施清洗消毒证明》335份。

安全督查工作。为切实保障居民饮水安全，区水文资源服务站加强二次供水监督，结合宝坻区二次供水设施现状，采用"四不两直"的方式对水厂及二次供水单位进行督查，截至12月底共检查水厂27次、二次供水管理单位132次，在督查中发现共发现问题17处，已全部现场整改完成。

【排水工程建设与管理】

1. 城区汛期排水

宝坻新城城区现有雨水管道229.89千米，污水管道119.06千米，雨污合流管道16.75千米，现有排水泵站7座，总排水能力10.442立方米每秒。

根据度汛工程安排，宝坻新城城区利用度汛工程对管理范围内的7920座雨污检查井、8617座雨水收水井进行了集中清掏；机械疏通了淤积严重的排水管网10.6千米，对各类管道进行维修总计0.85千米；

切改环城南路（开元路至开泰路之间）接φ500雨水管网连通（破主路面施工）；切改开元路（环城南路至窝头河河边）雨水管网改造、接φ500雨水管网（破主路面施工），确保了管网的日常安全运行和汛期强降雨后的积水迅速排出。

2. 管网日常维护管理

区河长制事务中心针对宝坻新城城区62条主要道路，14537座各类型窨井安排专职人员进行日常巡查，各主干道每天巡查、次干道两天一次、支路每周一次；汛前对城区泵站管网设施进行了全面清查，对存在问题的管网进行了清掏和疏通；针对市民来电、信访件等涉及城区排水、排污管网维修维护的处理，设立24小时维修电话，并安排应急人员加强值班，对来电反映的问题及时进行安排处置。

【科技教育】

1. 科技

灌溉水利用系数测算工作。此项工作涉及宝坻区里自沽灌区、潮南灌区和井灌区，分布在郝各庄、大唐庄、尔王庄、大白庄、潮阳街道、牛家牌和方家庄7个镇街12个村59个典型田块，其中36个田块进行小麦玉米田间净水量试验，12个田块内利用水尺开展水稻田间净水量试验，4个田块内开展蔬菜田间净水量试验。截至2023年年底观测任务已经全部完成。

2. 教育

安全生产教育宣传培训。2023年，水务局安委会结合年度宣传计划，组织消防安全知识进社区、进农村、进工地、进企业宣传活动4次，局机关组织防震演练1次，组织全局观看《生命重于泰山》宣传片1次，局安委会组织开展防硫化氢中毒培训演练2次，发放宣传单页80余份，提高了广大职工的安全意识，强化了企业单位的主体责任，营造了基层"时时有人想，事事有人抓"的安全氛围，推动了安全工作持续稳定发展。

普法宣传工作。组织民法典、国家安全教育日普法宣传2次，设置宣传展牌12块，张贴宣传画6张，发放主题宣传资料200余份，利用微信公众号宣传8次，通过微信公众号对《国家安全法》《反恐怖主义法》等进行推送宣传，采取线上线下相结合的宣传方式，进一步扩大了宣传效果，营造了良好的法治氛围。

【水政监察】

1. 水政执法

2023年区水务局共处理水事违法案件14起，所有案件均已结案，并录入天津市行政执法监督平台，罚款金额总计110000元。天津市执法监督平台共录入执法检查信息321条，履职率达到100%，执法人员参与率达到100%。

2. 依法行政

为强化水行政执法，维护正常的水事秩序，宝坻区水务综合行政执法支队制定了《宝坻区违法排水专项执法行动工作方案》《宝坻区河道阻水障碍物清理整治专项执法行动暨"河道防汛保安2023"工作方案》《宝坻区水务局开展河湖安全保护专项执法行动实施方案》。对全区范围内水事违法行为进行执法巡查，截至2023年年底共出动执法人员286人次，出动执法车辆134车次，执法巡查153次，普法宣传128次，系列专项执法共立案6起，所有案件均已结案。

3. 水政执法队伍建设

区水务局坚持以习近平法治思想为抓手，不断提升执法队伍业务能力。通过视频学习和专家授课等方式组织执法人员开展《中华人民共和国行政处罚法》《中华人民共和国民法典》"生态损害赔偿制度改革培训""学习贯彻习近平法治思想暨强化行政执法能力建设专题培训"

等系统学习活动；选派执法业务骨干，参加市执法总队组织的全市水行政执法业务培训会；组织全区24个街镇基层执法队伍，开展"宝坻区基层执法队伍水行政执法业务培训"。通过各项培训，使行政执法队伍对"专业法"法条解读、执法过程、执法程序和行政诉讼程序有了更高的认识，也对基层执法队伍水行政执法综合素质与实操能力，规范执法行为，给予了坚实的保障。

【工程管理】

1. 河道、堤防、水闸运行管理

严格落实两级巡查机制，完善《宝坻区河长制事务中心一级河道巡视督查运行方案》，进一步明确职责任务，对辖区一级河道堤防完成日常巡视（每周巡视一遍）和专项巡视工作，督促各管理段加强堤防巡视检查。

完成辖区6条一级行洪河道及闸站运行汛前安全检查，发现险工险段、砌石护坡破损、堤防渗透、两水夹一堤和闸室洞身等问题，有针对性地制定了一险工一方案的防汛预案，并形成检查报告；分别在汛前、汛中、汛后对黄庄洼分洪闸、里自沽蓄水闸开展水闸和机电设备试运行工作。按照《水闸技术管理操作规程》（SL 75—2014）及水闸启闭操作流程的规定，对闸门启闭机和发电机等设备进行试运行。

积极对全区二级河道和城区干渠及城区外重点干渠水环境的巡查管护，发现解决大小问题10余件，及时解决群众信访问题6件，汛前对8条二级河道和87条干渠进行巡查摸底，对各点位的闸门启闭进行检查。

2. 设施维护

度汛工程维护。2023年度投资95.95万元，对全区33座扬水站、8个管理段、7座城区泵站进行了预防性试验，检查检测出机电设备不合格项目全部进行了处理，确保33座扬水站及7座城区泵站电气设备的安全可靠，保证了汛期扬水站全部能够正常开车，为全区抗旱排涝提供了有效的保障。

城区排水设施日常维修维护。加强城区排水管网日常维护维修、排水管网、泵站维修维护，有效地解决了城区管网的淤积、"跑冒漏"现象，为城区顺利排水提供可靠保障。

【河湖长制】

1. 强化组织领导，不断推深做实落细河湖长制

区级总河湖长高度重视河湖长制工作，带头履行总河湖长责任，带队现场调研，全力推动河湖长制重点工作落实。深刻理解掌握2023年市级总河湖长1号令精神实质，对幸福河湖建设、春季及汛期清河湖专项行动、河湖长制主要任务落实、京津冀河湖长制协调联动、河湖遥感图斑核查整治、河湖长制考核等工作做重要批示，追问进展情况，对存在的问题细致研究，科学决策。汛期深入重点河段督导检查防汛准备工作，连续主持召开防汛工作调度会，多次现场查看防汛物资准备、险工险段维护；督促严查入河排污口、河道"四乱"、畜禽养殖等影响水环境质量因素，确保水质达标。各级河湖长主持召开各类河湖长制专题会议、组织专项行动、部署河湖长制各项工作，开展巡堤、巡河及监督检查；总河湖长通过微信公众号、政务网站、年度工作会议、召开专题会议等方式开展"向群众汇报"工作，广泛接受群众监督，协调解决河湖水环境难点问题，切实推动河湖长制工作纵深发展。

2. 强化机制举措，促进河湖长制取得实效

严格督查考核，保持常抓常管。区河（湖）长办定期对河湖长制落实情况进行督导检查，每月对镇街进行考核，发现存在水环境问题，对相关镇街下达问题提示函和交办单；对整改不力的镇街河湖长，下达履职提示函和督办单，提高各级河长履职效能。

完善组织体系，拓宽监督渠道。继续选聘义务监督员52名，招聘"民间河湖长"89名，参与区河湖长制管理工作，有效推动区河湖长制公众参与和监督机制深入开展。

积极宣传引导，提高公众保护意识。结合"世界水日""中国水周"宣传日，区河（湖）长办与北三河管理中心、市水行政执法第二支队、王卜庄镇政府联合开展了河湖长制宣传活动，设立宣传展牌20块，悬挂横幅2条，发放宣传册230余份、宣传物品350个，有效提高了公众水环境保护意识。

开展业务培训，提高各级河湖长履职能力。7月组织开展了宝坻区河湖长制工作培训会议，聘请市级专家进行授课辅导，共240人参加培训。11月组织各镇街、园区开展了2023年河湖长制网络培训工作，共培训各级河湖长1056人。同时，各镇街召开镇村级河长培训会103次，培训3789人次，极大地丰富了参训人员的工作实践，提升了业务水平。组织协调联动，形成治理合力。积极开展区域间联防联控工作，组织召开跨界河湖长联席会议6次，加强了在生态水量调度、水情信息共享、河道水质改善、幸福河湖建设等方面的沟通配合；开展联合跨界河流巡查、执法行动9次，解决涉河问题22个，查扣非法捕捞渔船28条。区河（湖）长办与河北省廊坊市河长制办公室共同签订了《建立跨界河流"联席联巡联防联控"机制合作协议》，与唐山市河长制办公室共同签订《河北省唐山市、天津市宝坻区跨界河流联防联控合作协议》，与天津市蓟州区河（湖）长制办公室、河北省三河市河渠长制办公室组织沟河沿线镇、村级河长开展了跨界河长巡河"多走一千米"活动。

3. 强化专项整治，补齐河湖长制弱项短板

为着力解决水环境突出问题，提升河湖水生态环境质量，组织开展了春季清河湖、重点河道违法捕捞问题排查整治、汛期河湖水环境整治、河湖遥感图斑核查整治等专项行动，对全区河道、沟渠、坑塘进行集中排查，建立问题台账，全面开展清理整治。截至2023年年底，全区各镇街、园区累计治理各类水环境问题共2519处，其中河道垃圾问题2468处，整治河道"四乱"问题9处，清理捕鱼网具1078具，查处三无船只39条，垂钓平台75个，处理违法捕捞船只13条。

【水务改革】 农业水价综合改革工作。按照市水务局总体要求，根据宝坻区实际情况，区水务局水利工程服务中心配合区发展改革委对农业水价综合改革地表水和地下水指导价进行了再次核算，2023年年底工作已经完成。

【水务经济】 宝坻区水务局积极做好"防汛补短板和灾后重建项目申报"和"天津市特大洪涝灾害灾后重建水务专项规划项目清单"等项目的国债申报，规划排水、防洪、水利、供水、污水管网等项目共30项，计划总投资44.27亿元，申请国债资金24.76亿元。

【精神文明建设】
1. 党建工作

坚持党委理论学习中心组学习制度，认真学习习近平新时代中国特色社会主义思想和党的二十大精神，及时传达习近平总书记重要讲话和对水务工作的重要指示批示精神，开展集中学习43次，其中举办读书班1期，开展专题学习12次、交流研讨10次。领导班子成员和各基层党支部书记讲专题党课16场次，受众400余人次；组织开展内容丰富的宣讲活动10余次，直接受众八百余人，切实增强了基层宣讲工作的吸引力和感染力，让理论宣讲工作"声入人心"。严格落实意识形态工作责任制，定期对意识形态工作进行分析研判，不断做好涉水领域网络舆情监测研判和快速响应。积极开展新时代文明实践月活动，"我们的节日·中秋""文明健康 绿色环保"等主题文明实践活动，积极践行社会主义核心价值观，推动形成我为人人、人人为我的良好社会风气。

严格执行《关于新形势下党内政治生活的若干准则》，认真落实党员领导干部双重组织生活、"三会一课"、主题党日、谈心谈话、民主评议党员等制度，不断强化党员意识，践行党员担当；开展政治功能强、支部班子强、党员队伍强、作

用发挥强的"四强"党支部创建活动；组织开展党组织书记抓基层党建述职评议会；开展基层党建监督检查4次；举办区水务局党务干部培训班1期、入党积极分子和预备党员培训班1期；举办党的二十大知识竞赛1期；依托红色教育资源，组织部分党员代表、入党积极分子及退休老干部代表赴蓟州区红色教育基地开展"传承红色基因，筑牢初心使命"红色打卡活动；组织人员赴水务局扶持经济薄弱村林亭口镇东凤窝村开展"党心暖民心 党群心连心"志愿活动；完成局属8个党组织换届选举工作。

2. 宣传工作

开展"讲政治、促团结、促作风、优作风、勇担当"警示教育月活动，认真组织党员干部，通过集中学习、交流讨论等形式，深入学习领会习近平总书记关于党风廉政建设和反腐败斗争重要讲话的深刻内涵、习近平在二十届中央纪委二次全会、中共天津市纪委十二届二次全会决议、宝坻区第六届纪律检查委员会第三次全体会议决议及区内严重违纪违法和涉嫌职务犯罪案件相关通报（津宝纪通〔2023〕1、2、3、4号）的内容，并进行专题研讨交流，切实把好理想信念这个"总开关"，坚守纪律规矩"底线"。

为进一步加强支部全面从严治党，严明纪律规矩，强化警示教育，切实增强党员干部职工法纪观念及守法意识，遏制酒驾醉驾违纪违法行为的发生，区水务局组织机关全体干部职工集中观看了《酒驾醉驾交通事故警示教育片》，学习了《中华人民共和国道路交通安全法》《中华人民共和国刑法》酒驾醉驾的定义、定罪处罚规定，《中华人民共和国公职人员政务处分法》相关处罚规定，加深干部职工对酒驾醉驾危害的认识。从警示教育片和身边的典型案例中汲取深刻教训，引以为戒；筑牢"喝酒不开车、开车不喝酒"的思想底线，时刻保持清醒的头脑，坚持以身作则，做好表率，加强法律法规学习，严守生活纪律，着力营造风清气正的良好政治生态。

【队伍建设】

1. 局领导班子

党委书记：张洪印（10月调出）
王晓东（10月调入）

党委委员：王志英 孙树山
孟令静（12月调入）
王瑞文 胡 宇

局　　长：张洪印（10月调出）
王晓东（10月调入）

副 局 长：王志英 孟令静（12月调入）
孙树山

工会主席：王瑞文

一级调研员：王志英 田绍兴（6月退休）

二级调研员：李存宝

三级调研员：褚学江（8月退休）

四级调研员：胡 宇 刘福军

2. 科室及基层单位

局机关设7个科室：办公室（加挂网络安全和信息化办公室）、政工科、财审科、政策法规科、建设与管理科、水资源管理科（加挂河湖保护科）、水土保持科（加挂区移民工作办公室）。

基层单位共4个：天津市宝坻区河长制事务中心、天津市宝坻区水文资源服务站、天津市宝坻区水利工程服务中心、天津市宝坻区水务综合行政执法支队。

3. 人员结构

2023年，宝坻区水务系统在职干部职工446人（退休46人，调入28人，调出3人），机关职工32人，基层单位414人。其中机关正处级干部3人，副处级干部5人，科级干部14人，科员6人，工勤4人；基层单位正科级干部4人，副科级干部13人，科员186人，工人211人。全局共有党员328人。

按学历分：研究生7人、本科167人、专科145人、中专13人、高中及以下114人。按职称分：高级职称人员6人、中级职称人员42人，初级职称人员94人。按年龄分：35岁及以下72人、36~45岁139人、46~54岁154人，55岁及以上

81人。离休干部2人,退休干部189人。

4. 人事工作

坚持事业为上,把忠诚干净担当的好干部选出来、用出来、管出来、带出来,进一步优化干部队伍结构、增强整体功能、提升专业素养,不断提高干部队伍的定力、活力、能力。选拔任用科级干部2名,完成9名公务员职级晋升工作,新招录1名公务员,比选2名公务员和10名事业人员;平职交流处级干部2名;完成26名助理工程师职称、2名政工师、16名工勤技能人员聘任工作,解聘双肩挑人员11名;安置退役士兵13名。进一步完善考核机制,在全局范围内开展正副科级干部、一般干部职工的考核测评及正反向测评工作,并将考核结果与职务职级晋升、职称评定等直接挂钩,不断激励干部职工创新竞进、积极作为。

5. 先进集体、先进个人

宝坻区水务局河长制事务中心闸站调度部被天津市应急管理局授予"天津市应急管理先进集体"荣誉称号。

宝坻区水务局河长制事务中心城区排水部被中共天津市宝坻区委员会授予"2023年宝坻区工人先锋号"荣誉称号。

张洪印被天津市防汛抗旱指挥部授予"天津市抗洪抢险救灾先进个人"荣誉称号。

王志英被中共宝坻区委组织部授予嘉奖。

刘玉涛被中共宝坻区委组织部授予嘉奖。

李霞被中共宝坻区委组织部授予嘉奖。

刘彬被中共宝坻区委组织部授予嘉奖。

刘宁宁被中共宝坻区委组织部授予嘉奖。

(于兰凤)

宁河区水务局

【概述】 2023年,在宁河区委、区政府的坚强领导下,宁河区水务局坚持绿色发展理念,注重生态文明建设,以加快水利改革发展为总目标,以严格落实水务管理制度为工作重心,以强化作风建设为抓手,切实完善水务基础设施建设,加强管理体制机制创新,抓重点、破难点、创亮点,各项工作取得一定进展,为全区经济社会发展提供良好的水务保障。

【水资源开发利用】

1. 地表水

2023年,宁河境内河道共蓄水1.37亿立方米,其中一级河道9000万立方米、二级河道1600万立方米、深渠2300万立方米、坑塘800万立方米全年降雨量534.3毫米,入境水量为1.9亿立方米,汛前外调水量1.3亿立方米。

2. 地下水

2023年,宁河区地下水开采量2468.5945万立方米,其中工业生产99.9948万立方米,农业生产907.5675万立方米,城乡生活1461.0322万立方米。全区现有机井2697眼,其中企事业单位机井427眼,农村生活机井409眼,农业生产机井1861眼。2023年全区无新增机井。

【水资源节约与保护】

1. 地下水资源管理

严格地下水资源管理,强化地下水禁、限采区管理规定,禁止已核定的地下水超采区内工农业生产、服务业新增取用地下水。已批准开采的单位,除特殊情况外,严禁新增许可水量,严格执行区内深层地下水开采总量控制红线管控。在公共供水管网覆盖范围内的地下水用户一律禁采地下水。

2023年完成区地下水禁、限采区划分。全年共办结取水许可手续498件,核定水资源税水量核定单900户次,入户巡查计量设施490余次。2023年区水务局组织开展地下水非农用水户计量设施检定及校准工作,共完成215家用水户进行计量设施检定及校准,检定及校准水表250余台。

2. 控沉管理

持续实施地下水超采综合治理工作,在已发生地面沉降的区域,通过采取强化节水、水源置换、禁采、限采等措施，持续压减超采区深层地下水开采量，从而减缓地面沉降。2023年宁河区共关停机井362眼，置换深层地下水约617万立方米。2023年各街、镇地面平均沉降量逐年减小，地面沉降形势趋于好转，地面沉降得到初步有效控制。

3. 节水管理

2023年区水务局持续推进节水"五进"宣传教育，大力开展节水"光瓶"行动，利用"世界水日""中国水周""科技宣传周"等，全年开展节水主题宣传活动60余次，累计发放各类宣传材料10000余份。对全区416家计划用水户实施了计划用水管理，按时下达用水指标并根据核定的用水指标对用水户进行月、季、年的核准工作。对30家重点用水单位实施了节水监控。积极组织推广节水新技术，对机关、宾馆、饭店、洗浴、园林绿化等重点公共用水单位进行了节水器具的推广应用，不定期进行检查，杜绝了非节水器具的使用。2023年宁河区内节水型生活服务业单位累计72个、工业企业累计18家、28个居民小区获得节水型小区荣誉称号。

4. 落实最严格的水资源管理制度

根据《天津市实行最严格水资源管理制度考核办法》，2023年宁河区围绕用水总量控制、用水效率控制、水功能区限制纳污控制指标任务，全面落实水资源管理工作。全年用水总量2.37亿立方米，万元GDP用水量为74.68立方米，地表水环境质量9个考核断面水质均达到天津市要求，较好地完成了年度工作任务。

【水生态环境建设】 严格落实七里海生态水量保障中各项任务，强化各项措施保障。2023年收到七里海管委会补水函共6次，根据湿地用水需求，并视一、二级河道水位情况通过启动水闸、泵站等设施及时向七里海西海、东海进行补水，并深入各河段，加强对补水线路的巡视巡查，确保水源利用最大化。2023年通过潮白新河、永定新河开启七里海南站、七里海北站、淮淀站、造甲站为七里海湿地补水2300万立方米。全年考核期内生态水位均优于国家考核目标要求，七里海湿地的生态环境和生物多样性均得到显著改善，有效提升了七里海湿地的"绿肺"功能。

开展"春季清河湖"专项整治行动，共摸排1244项问题，已全部完成整改。针对8月浮萍高发，在曹庄段架设300米围网拦截浮萍，24小时不间断打捞，清理浮萍1.15万吨，确保城区段无浮萍。针对前三季度河长制考核中暴露出的问题短板，制定印发了《冲刺四季度 打好翻身仗河湖长制失分问题整治攻坚战行动方案》，行动开展以来，清整垃圾610余立方米，排查畜禽养殖小区20余家，清理拦河网具180米，清理卫星遥感图斑17处。

【水务规划】 为全面贯彻党的二十大精神，落实《关于加强新时代水土保持工作的意见》的具体要求，配合《全国水土保持规划（2015—2030年）》和《天津市水土保持规划（2016—2030年）》的开展和实施，宁河区立足城市水土保持的新理念，积极开展《天津市宁河区水土保持规划（2022—2035年）》的编制工作。规划以习近平新时代中国特色社会主义思想为指导，全面贯彻党的二十大精神，贯彻落实《中华人民共和国水土保持法》和《天津市水土保持规划（2016—2030年）》，坚持预防为主、保护优先、因地制宜、综合治理的原则，制定与宁河区自然条件相适应、与经济社会可持续发展相协调的规划思路。在国家级和天津市水土保持区划的基础上对宁河区进行水土保持区划，分析各分区的水土保持需求，制定规划的近期和远期目标、具体任务和总体布局，并结合各相关行业的专业规划进行规划项目的统筹安排等。2023年11月，编制印发完成《天津市宁河区水土保持规划（2022—2035年）》。

【水旱灾害防御】

1. 防汛

雨情。2023年汛期为6月15日—9月15日，区气象站观测雨量为361.4毫米。汛期主要出现7月4日、7月6日、8月18日三次强降雨过程，雨量较大，均因应对及时，取得阶段性成效，农田没有发生沥涝。

城区内涝点位管理。2023年，印发《天津市宁河区城市内涝系统化治理工作方案》，修订《城区易积水一处一预案》《城市内涝群众转移安置方案》，汛期安排专人紧盯低洼易涝区等重点部位，人员队伍、移动泵车、措施提前预置到位，随时抢排积水，如遇突发情况，责任部门采取"关、停、限、避"等各项应急管控措施。降雨前，区水务局采取"一低两腾空"措施，及时疏通城区排水管网。

河道险工险段排查。2023年，修订《宁河区蓟运河险工险段一处一预案》《宁河区蓟运河险工险段群众转移预案》等13个方案预案，修订完善9个城区易积水路段"一处一预案"、4处蓄滞洪区运用预案和《区水务局行洪河道防汛抢险预案》。年内，发现险工险段7处，长度14.78千米。蓟运河险工险段7处，存在村基代堤、堤防高程不足等情况，汛期可能发生滑坡、管涌或漫溢等险情。针对风险点，区防办会同相关部门和属地镇提前做好加高加固等工作，保证汛期阶段性安全。

蓄滞洪区管理。2023年，全区涉及4个蓄滞洪区，分别为黄庄洼蓄滞洪区、大黄堡蓄滞洪区、盛庄洼蓄滞洪区、西七里海临时滞洪区，面积共计160.7平方千米，涉及人口约40019人。风险隐患排查全区4处蓄滞洪区，组织属地政府修编蓄滞洪区运用预案，细化蓄滞洪区运用条件、口门分洪、坝埝拆除、隔堤围堤抢险、群众转移等关键环节。制定实施蓄滞洪区运用、群众转移安置、阻水坝埝拆除等相关预案。开展4处蓄滞洪区内居民财产登记核查，共涉及76441人，耕地面积27076公顷。维修保养与调试运行18座区管闸坝、14座区管泵站，确保汛期正常运行。年内，增储木桩、防水布、编织袋、铅丝等物资。对涉及的视频会议系统、防汛信息传输系统安排专人调试、接收信息，确保汛期正常运行。

汛后蓄水工作。2023年，结合全区用水主要依靠上游来水和以蓄代排存蓄水源的实际，根据雨情、水情变化，做好以蓄代排、排蓄结合工作。向各镇街下发《关于做好今年汛后蓄水有关工作的通知》，关注主河道水情变化，与市水务局、上游水主管部门保持联系，引蓄主河道水源入二级河道、深渠，最大限度增加自储水源，为下一年度农业用水做好准备。

防汛情况督查。2023年，组织各街镇、各单位开展防汛工作抽查、自查和专项督查6轮次，检查问题隐患5个，责令各单位第一时间落实整改。针对检查出的隐患，督促属地、属事单位及时进行整改提升，确保防汛隐患排查不留死角。截至2023年12月，全区未出现重大险情，未因汛情发生人员伤亡事故。

防汛实战演练。2023年4月，区防办组织水务等部门开展区级2023年度"上防洪水"防汛演练和桌面推演，以隐患问题为导向，以"上防洪水"群众转移和险情处置为专题，按照灾情上报、会商研判、启动预案、调度指挥、紧急避险、应急救援、灾民转移、截渗封堵、加固堤防等步骤进行，真实模拟了突发强降雨和上游洪水下泄河道堤防发生管涌及水位超高不足等险情进行应急处置、抢险救援过程。演练投入应急抢险人员400余人次，动员转移群众340人次，调用挖掘机4台、军地现场指挥车1辆、运输车8辆、570大客车2辆、私家汽车20余辆、消防抢险车6辆、120救护车2辆、船只3艘、木桩350根、防汛沙袋23000余个、防水布2000余平方米、动用土方70立方米、砂石料3吨，抢搭和巩固子埝筑堤1500米，经过5小时连续奋战，险情得到有效控制。

宁河区水务局防汛抗旱指挥部成员名单

总　指　挥：刘　卫

副总指挥：韩长金、崔洪乐、绳贺元、丁克滨

成员：办公室、水旱灾害防御科、水资源管理科、河湖保护科、规划与建设管理科、宁河区水利设施事务中心（区河长制事务中心）、宁河区水资源事务中心、宁河区水务工程建设事务中心、

宁河区水务综合行政执法支队、区河（湖）长制办公室、天津康达环保水务有限公司、天津市宁河区首创供水有限公司、天津市宁河区首创污水处理有限公司主要负责同志。

2. 抗旱

2023年3月开始连续发出通知，督促指导各街镇提前储备灌溉用水；持续巡查境内一、二级河道，密切关注河道水情和土壤墒情，因地制宜保障水源。合理调控河道水位，协调市水务局、上游各区和全区相关单位部门，通过永定新河、北京排水河、潮白新河、蓟运河等一级河道，向西关引河、卫星引河等二级河道调水，为东棘坨、廉庄、宁河等镇提供有力水源保障；利用潮白新河、永定新河，通过津唐运河，开淮淀闸、淮淀泵站和乐善闸、七里海南站、七里海北站，分别向七里海湿地西海和东海补水，全年补水量约2300万立方米，保障七里海湿地生态用水，助力湿地生态环境保护。截至12月，全区境内有地表蓄水约1.37亿立方米，基本可以满足冬春农业生产需求。针对宁河区蓄水空间有限，农业生产用水需求量较大的实际，督促指导各镇街做好以蓄代排、排蓄结合工作。密切关注主河道水情变化，与市水务局、上游水行政主管部门保持联系，合理引蓄主河道水源入二级河道、深渠，最大限度增加自储水源，为农业用水做好准备。

【农业供水与节水】 2023年，宁河区农业灌溉面积3.6819万公顷，农业灌溉用水量12429.1739万立方米，其中地表水灌溉用水量12227.4576万立方米，地下水灌溉用水量201.7163万立方米。

【村镇供水】 为进一步提高宁河区农村供水保障水平，在农村饮水提质增效工程引水到村的基础上，切实解决现状村内供水管网超寿命运行引发的"跑冒滴漏"严重，造成饮水安全隐患等问题，保证供水设施正常运转，切实发挥工程效益，补齐农村供水"最后一千米"短板，宁河区启动实施宁河区村内供水管网更新改造工程。对宁河区2街13镇252个村的村内供水管网进行更新改造，管道总长约1558.25千米，涉及9.5万户的水表井安装迁移。工程总投资12.85亿元。

【农田水利】 2023年持续督促指导各街镇开展农田水利设施运行维护，进一步摸清设施底数，细化设施台账，加强运行管护，完成各街镇农田水利设施运行维护半年和年度自评考核以及区级年度考核，各街镇考核结果均为合格。完成市水务局下达的农田灌溉水利用系数测算分析工作，对水稻、小麦、玉米进行净灌溉水量观测。共测算大北、廉庄、板桥和岳龙4个镇的5个典型灌区。3—11月开展测管安装、田间净灌溉用水量试验（采取移动式土壤水分检测仪获取数据）、毛灌溉用水量统计、室内数据收集整理上报、系统平台填报等工作，累计出动人员60余人次。

【水土保持】 2023年宁河区水务局认真落实《中华人民共和国水土保持法》《天津市实施〈中华人民共和国水土保持法〉办法》及相关法律法规要求，积极开展宁河区生产建设项目事中、事后监管工作，对预防生产建设项目水土流失起到积极作用。宁河区水土保持率达到99.91%。

2023年全区生产建设项目水土保持方案审批共计37项，完成水土保持设施验收备案27个，开展水土保持监督检查约50余次。9月迎接水利部海委和市水务局督导检查，现场检查生产建设项目现场、查阅水土保持材料，提出指导意见。开展水土保持相关法律、水土流失防治等知识的宣传活动3次。2023年11月印发《天津市宁河区水土保持规划（2020—2030年）》。

开展遥感监管。通过遥感监管培训，运用系统对宁河区进行监管工作，2023年8月，按照水利部及市水务局遥感监管工作国家级任务组解译数据要求，开展了三次全区范围内疑似违法违规生产建设项目图斑和查处工作，共下发扰动图斑17个，现场复核图斑17个，实现生产建设活动水土保持遥感监管全覆盖。

【工程建设】

1. 防洪工程

蓟运河应急抢险工程。工程于2023年8月1日开工，8月5日完工。其间完成险工险段子埝搭设加固工程、抢险道路临时硬化工程和巡堤查险临时亮化工程等一系列应急工程，工程总投资383.9093万元，工程的实施有力地提升了河道堤防安全系数和防汛抗洪保障能力，为沿线村民筑牢"安全堤"，确保宁河区安全平稳度过了海河"23·7"流域性特大洪水。

2. 农村基础设施建设工程

宁河区（苗庄、板桥等相关街镇）地下水压采水源转换工程是为苗庄镇、板桥镇、廉庄镇、岳龙镇、东棘坨镇、丰台镇、俵口镇、宁河镇、造甲城镇、潘庄镇、芦台街道、桥北街道12个街镇范围内145家企事业单位及畜牧养殖户（有取水许可证的）采取新建PE输水管线，将自来水引入用水户，实现水源转换。工程于11月20日开工，总投资10677.82万元。截至2023年12月31日主体工程已完工，辐射给水管道总长约64.86千米。

宁河区2021年合流制片区雨污分流改造工程为小区雨污分流改造工程，改造范围分别为老家乐片（合流制片区16）、国家园片（合流制片区10）、红星里（合流制片区11）、世纪花园（合流制片区9），改造面积约0.44平方千米。工程总投资8992.71万元，资金来源为区财政自筹，拟通过申请政府专项债解决。项目实施后，加快了城市基础设施建设，防止积水和内涝，改善了居住环境，增加了群众生活幸福感。

3. 水源及供排水工程

宁河区村内供水管网更新改造工程主要建设内容包括：对村内管网进行更新改造，从村口给水预留接管点新建给水管线，连通至村民各户水表井，采用给水用聚乙烯（PE）管道，管道总长约1558.25千米。对水表井至户内段入户管线进行更新改造，铺设DN20的PE管道，龙头、部分水表井位置更换等，共涉及91802户。建造给水管网附属构筑物，其中阀门井6173座、排气井750座、排泥井721座。现状水泥路面破除及恢复面积约1441826平方米，花砖路面破除及恢复面积605361平方米。工程总投资128469.76万元，资金来源为申请政府专项债和建设单位自筹。建设工期为24个月。该工程的实施有利于改善和提高农村地区的整体供水水平；给当地带来较多的就业机会，促进地方经济，特别是环保绿色产业的发展；使周边居民的生活环境和工商业的生产环境得到大幅度改观，有利于提高当地的投资环境，有助于发展新农村经济。

【供水工程设施建设与管理】 2023年，城区主要供水设施包括地表水厂、宁河区第一水厂、第二水厂、第三水厂、第四水厂、第五水厂、桥北泵站，2020年9月16日，宁河城区由地下水供水模式转换为地表水后，六座地下水厂均处于暂时封停状态。正在运营的宁河区地表水厂的供水范围为宁河新城（包括中心区、桥北新区、产业拓展区和经济开发区，西起蓟运河，东至京山铁路，北至蓟运河和津榆公路，南至宁河和汉沽交会处），新建DN400~DN1200输水管道约19千米，将地表水厂产水输送至第一至第五水厂泵房出厂干管，通过五个水厂原有供水管网，供给宁河城区居民生活用水及商业企业用水。供水总面积为城区18.21平方千米及潮白河以东11个村镇，供水总人口38.5万余人，市政供水主管网总长度161千米。

2023年共铺设小区供水管网22.6千米，提高了供水管网覆盖率，切实解决用户用水需求；完成宁河经济开发区及宁河城区老旧道路供水管网提升改造项目，其中宁河经济开发区项目供水管网改造共投资260万元，改造供水管网共计6.6千米，里巷改造工程共投资110万元，改造供水管网共计2.9千米，不仅提升了宁河区城市用水设施的整体水平，也为居民提供了更加安全、舒适、便捷的生活环境。全年共完成供水1724.34万吨，巡查阀门井、水表井5378座，整改隐患井60余座，抢险维修1980次，其中包括：管道及附属设施维修538次，更换消火栓60次，更换井盖88次、开关阀567次，路面恢复70次，更换水表220次，现场勘察437次，抢修及时率98%以上。全年完成慧谷风华、金鼎华府、新城翰文苑二次供水泵房建设工程，实现统一标准建设。2023年初启用新的营销系统，方便用户在支付宝和微信公众号上自助缴费，同时增加了"津心办"App、微信公众号"宁河首创供水服务号"网上营业厅一站式报装。完成新接水业务49份、受理过户、销户、用水性质变更业务共1417户；热线接听5504个，12345政务服务热线投诉718单，回复率100%。工单处理及时率98.5%，出厂水质综合合格率100%，综合回访满意度97.9%。

【排水设施建设与管理】 2023年为全面做好城区雨污水排放防范工作，汛前，对城区内所管辖窨井盖、收水井开展了全面系统的巡查排查工作，重点针对井盖存在的塌陷、破损等安全隐患问题进行了逐一排查，并做相关统计及整改维修。3月中旬开始对城区主要路段进行雨污水管网情况摸排，制定清掏方案计划，4月中旬，由专业潜水队对城区内的雨水主管网进行全面检查清掏，由专业清掏队对城区及背街里巷雨污水分支管网进行清掏，对淤堵严重路段进行重点清掏，着力完成了清淤、清障、疏通工作，使管网畅通，全力保障汛期能够短时排除强降雨积水，交通不中断。雨水主管网清掏任务完成管道疏通68千米，掏挖各型井3200余座，维修各型井240余座。

【科技教育】 认真做好水利学会工作，在市水利学会的指导下，严格执行市水利学会的各项章程，积极组织会员们参加市水利学会组织的各项活动。

2023年6月宁河区水务局以全国第22个"安全生产月"活动为契机，组织12家运维单位、2家监管单位分别开展城镇、农村污水行业应急演练及安全生产培训活动。进一步强化安全管理工作，增强员工的安全防范意识，提高企业应急水平和应急救援能力。

宁河区首创供水有限公司2023年共计召开及参加相关安全生产会议26次，组织参与安全教育培训20余次，实现安全教育从上至下全员覆盖，培训率100%。以"人人讲安全，个个会应急"为主题成功举办了2023年"安全生产月"活动，组织开展了"一把手"讲安全课、安全生产大家谈、安全承诺践诺、安全生产知识竞赛、安全教育培训、安全生产宣传咨询日、人人都是安全员、安全隐患大排查、应急救援演练9项活动。

【水政监察】
1. 严格规范公正文明执法

2023年区水务局共开展82次行政执法检查，处理举报案件5起，组织开展水行政执法宣传活动5次，累计出动执法人员324人次、执法车辆94次、执法船只16次，巡查河道总长度830千米；与区河长办、各属地政府联合开展了"2023年天津市违法排水专项执法行动""天津市河道阻水障碍物清理整治专项执法行动暨'河道防汛保安2023'""天津市开展河湖安全保护专项执法行动"等多项专项行动；共立案查处水事违法案件70余件，截至2023年12月，结案62件，申请行政强制1件，收缴罚款2.44万余元，追缴水资源税10万余元，并顺利完成年底水利部海委、市水务局对宁河区河湖安全保护专项执法行动的监督考核。

2. 水法制宣传

稳步实施"八五"普法规划，全年大力弘扬宪法精神，开展民法典学习，并深入开展如公共机构节水宣传周、"节水大使"评选等水务特色宣传活动。3月24日"世界水日""中国水周"活动期间，在宁河区贸易开发区集市、恒大社区、西堤柳岸公园、方舟公园开展集中宣传，向过往群众重点宣传了水法、防洪法、水土保持法、地下水管理条例、节约用水条例、安全生产法等水法律法规和河长制知识，共计发放宣传手提袋

3000个，相关水法规读本500余本，节约用水、河长制知识折页800余张，河长制挂历700余张，受众3000余人。

【工程管理】

1. 闸坝、泵站管理

2023年，以安全生产为根本，针对性开展水利基础设施检修任务，汛前按照维修方案对城区、农业闸站开展了全面系统的巡查、维修、维护任务，采取设备更新或设施维护等方法，做到点对点维修、不遗漏、全覆盖，使所有运行设施、设备能够在汛前以最佳状态"迎战"，保证运行设施、机电设备等得以安全有序运行，最大限度地提高设施排水能力，在汛期能够正常发挥功能性作用。4月，对所属的16座泵站、20个闸坝及区域内一二级河道、堤防、闸涵、取排水口门等进行了全方位汛前检查，对存在的隐患及时制定措施做了系统整改。同时，完成了36个闸坝、泵站的绝缘工具检验、更新任务，确保汛期管理人员工具使用安全。

2. 河道堤防管理

以强化保护为目标，保障水系生态。3月，河内冰面融化，芦苇杂草及河底垃圾逐渐浮于水面，安排专人负责对蓟运河城区段（蓟运河曹庄桥至小薄桥）全面展开垃圾清理整治行动，恢复水清岸洁河道水环境。8月开始，河内出现大量浮萍，水生态环境再次受到影响，根据浮萍总体生成情况，不断调整打捞方案，多措并举，动态进行，使河道水生态环境得到有效治理改善。为保证汛期河道行洪畅通，对区内二级河道全面深入开展了水事"清障"专项任务，对在河道内设置的拦河网、地笼等阻水障碍物进行了彻底清除，严厉制止水事违法行为发生。

【河长制】

1. 河湖长履职

2023年宁河区区级、镇级河湖长深入蓟运河、还乡新河、永定新河、潮白新河、北京排水河等一、二级河道实地，累计巡河5096次，其中区级河长巡河122次、镇级河长巡河4974次，解决突出水环境问题782处，解决历史遗留"四乱"问题3处，堤防安全加固5处，高标准提升河段环境5处。2023年，区、镇、村河长共排查1974项问题均已全部整改完成，打捞水面垃圾，清理整治堤岸垃圾共计497吨，清理阻水网具143套，取缔非正规垃圾堆放点12处，整治非法侵占滩地1处，修复河道安全防护栏200米。

2. 完善工作机制

2023年，进一步完善了《宁河区河湖长制考核办法》《宁河区河湖长制工作责任追究办法》《宁河区河湖长制考核实施细则》。建立了河湖长制月考核、年度考核、暗查暗访通报制度和追责问责机制。签订了联防联控机制，建立"属地吹哨　部门报到"协调联动机制和京津冀"跨界河湖长"联防联控机制，跨区域河湖长制工作合力不断提升。

3. 提升河湖水环境

2023年，积极利用河湖长制平台，充分发挥河湖长水环境管护第一责任人作用，统筹力量推进水资源保护、水污染防治、水环境治理和水生态修复，河湖面貌焕然一新。污水处理能力提升到12.2万吨/日，城镇污水集中处理率达95.5%以上，出水水质主要指标达标率达99%，规模化养殖场全部建成粪污治理配套设施，生活污水处理设施实现全覆盖。消除农村黑臭水体58条，并建立落实长效养管机制，实现动态清零，达到"长制久清"。深入推动河湖"清四乱"常态化规范化，依法依规解决"四乱"问题371处。开展"春季清河湖""汛期清河湖""冲刺四季度"水环境治理等专项行动，攻克难点问题，打击涉水违法行为。实施七里海湿地生态保护修复，开展生态补水、苇海修复、鸟类保护、生物链恢复等工程；开挖疏浚支渠、干渠、外环渠80余千米，堆建改造鸟岛20余处，恢复浅滩1.5万亩，修复湿地植被超1.6万亩，为七里海生态保护与发展提供充足的自然基础。开展中小河流重点线综合治理工程，清淤、筑堤89千米，整体防洪能力得到进一步提高。

4. 创新媒体监督，广泛宣传

创新建立了"河湖长+媒体"模式。通过央视《新闻直播间》、人民日报、新华社客户端等媒体正面报道了宁河河湖面貌根本性改观8期，天津日报、天津广播、津云客户端等市级媒体连续报道了河长制变化成效10余期。联合宁河融媒开设了《直击焦点》《问政宁河》《红黑榜》等栏目，实现了区级总河湖长面对面问责各属事部门、属地街镇水环境重点难点问题，有效推动成员单位履职尽责。直面曝光群众关切的水环境问题，对河湖环境进行正反两方面对比宣传，激发河湖长履职动力，提升河湖管护整体水平，群众对河湖水生态环境满意度逐年提升。

【水务改革】 2023年区发展改革委、财政局、水务局、农业农村委联合印发了《关于进一步完善宁河区农业水价管理及补贴奖励实施方案的通知》（宁发改字〔2023〕16号），新方案进一步明确了责任，细化了各项制度，为更好落实农业水价综合改革各项工作提供了有力保障。

【水务经济】

1. 坚持统筹规划，及时完成预决算工作

深入贯彻落实预算法及其实施条例等相关规定，扎实做好水务局部门决算编制工作。本着"以收定支、量入为出、保证重点、兼顾一般"的原则，严格落实"过紧日子"要求，坚持厉行节俭、尽力而为、量力而行，严格控制"三公"经费预算规模，从严从紧编制2024年预算。

2. 坚持提质增效，提高会计核算工作质量

为保证财务工作的合规性，坚持以强化财务报销内控流程，提升财务服务水平为主线，本着"客观、严谨、细致"的原则，按照财务报销制度和会计基础工作规范化要求进行报账。强化核算监督工作，积极进行内部核算和分析，加强对各项业务的财务监督管理，加强可控费用的控制、执行力度，加强经济活动分析，为领导决策提供参考依据。

3. 坚持建章立制，不断强化资产管理

全力做好国有资产财务管理工作，坚持以资产管理精细化、数字化为导向，从财务方面加强国有资产管理，强化资产配置与资产使用、处置的统筹管理，切实提升资产使用效益。

4. 坚持协调联动，发挥内审监督作用

充分发挥内审监督和服务功能，坚持"问题导向、风险导向"原则，防范化解财务风险。对发现的问题立行立改，切实将内审结果落到实处。

【党建和精神文明建设】 区水务局党委深入学习贯彻党的二十大精神，扎实开展主题教育，以队伍建设为抓手，以作风建设为重点，以"三个争先"为载体，全局上下呈现出担当作为、干事创业的浓厚氛围。强班子、带队伍，用"一线工作法"解难题展作为。领导班子带头用好"一线工作法"，及时全面了解群众诉求，把项目实施好的同时，最大限度地争取群众的认可和支持。2023年领导班子带领全局干部，深入街镇、企业、工地，全力推动各项工作落实。村内供水管网实施包保督导制，现场解决问题，提升施工进度。芦台春酒厂，新建供水线路，解决企业生产难题。通过"一线工作法"，运用一线思维、落实一线举措、锻造一线队伍，以实干笃行汇聚发展强大合力，以一线作风展现一线担当作为。抓教育、转作风，以"能力作风建设年"提能力干实事。深入学习贯彻党的二十大精神，开展"能力作风建设年"活动，将"12345"便民服务平台、主责办信访问题、绩效办"中差评"清单中反馈的突出问题，纳入主题教育问题清单，见面服务、专人服务。帮助泛马装饰城解决了企业内涝排水问题。在雨污分流改造施工中，结合群众诉求，优化施工方案，减少施工对居民出行带来的影响。通过解决群众难题，提升干部队伍的服务能力，改善干部队伍工作作风。解思想、促实干，以"三个争先"鼓干劲争一流。区水务局扎

实开展"三个争先"主题实践活动,全局干部职工在解放思想中燃烧斗志,在拓宽思路中谋划发展。班子成员多次带队分别赴湖北、辽宁、河北、上海等水利事业发展更加成熟的地区考察学习,打开眼界,主动求变,"寻标对标创标",为宁河发展"添称""加码"。通过所看所学,制定了《水务局2023年重点项目、重点工程、重点工作清单》,党委定期听取中层干部汇报,重点听取争先举措、争先成果,鼓励干部跳出"常规动作",提高工作效能。

【队伍建设】

1. 局领导班子成员

党委书记:刘 卫

党委委员:韩长金 绳贺元 么姝影
　　　　　崔洪乐(副处)领导班子成员

局　　长:刘 卫

副 局 长:韩长金 么姝影 崔洪乐

调 研 员:韩长金 绳贺元

2. 机构设置

2023年,局机关设5个职能科室,即:办公室、规划与建设管理科(水利工程建设质量与安全监督科)、水资源管理科、河湖保护科、水旱灾害防御科;下设3个直属单位,分别是:天津市宁河区水务工程事务中心、天津市宁河区水利设施事务中心(天津市宁河区河长制事务中心、天津市宁河区防汛机动抢险队)、天津市宁河区水资源事务中心、水务综合执法行政支队(单位性质未明确,待中央统一明确政策后,逐步加以规范)。

3. 人员结构

全系统共1245人,其中在职职工441人。局机关25人,其中行政编22人,机关工勤编3人;局直属基层事业单位在职职工416人。全系统共有8个基层党支部,1个党总支部,共有党员210人。

全系统在职职工队伍中,研究生5人,本科学历184人,大专学历123人,中专学历41人,高中及以下学历88人。各类专业技术人员160人,其中高级工程师20人,中级职称52人(包括工程师41人,会计师4人,经济师1人,政工师6人),初级职称88(包括助理工程师73人,助理会计师4人,助理政工师2人,技术员6人)。各种技术工人总数为182人,其中高级工146人,中级工31人,初级工5人。

4. 先进集体和先进个人

区水务局水旱灾害防御科被天津市防汛抗旱指挥部、天津市应急管理局、天津市人力资源和社会保障局授予天津市抗洪抢险救灾先进集体。

张得宝同志被天津市应急管理局评为天津市应急管理先进个人。

(冯霞)

静海区水务局

【概述】 2023年,静海区水务局在区委、区政府的正确领导下,深入贯彻党的二十大精神,全面落实习近平总书记治水重要论述精神,围绕区委区政府"十项行动"决策部署,扎实开展学习贯彻习近平新时代中国特色社会主义思想主题教育,各项工作取得明显进展,为静海高质量发展提供坚实水务保障。

【水资源开发利用】 2023年用水总量为31238.1221万立方米,其中工业生产用水924.388万立方米,城乡生活用水4809.34万立方米,农业用水10451.3267万立方米,生态环境补水15053.0674万立方米。

积极推进非常规水资源利用。全年利用再生水11975.4756万立方米,其中高品质再生水11.15万立方米,用于园林绿化、道路冲洗和企业用水;低品质再生水11964.3256万立方米,用于青年渠、运东排干、争光渠等河道的生态补水和农业灌溉。

2023年全区平均降水量499.5毫米,最大的625.5毫米(良王庄乡),最小的404.4毫米(中旺镇),本年度平均降水量与往年总平均值相比基本持平,见下表。

2023 年静海区降水量统计表　　　　　　　　　　　　　　　　　　　　　　　　　　单位：毫米

月份\雨量站	1	2	3	4	5	6	7	8	9	10	11	12	年累计降水量
静海			0.5	36.0	12.5	29.0	244.9	113.5	16.0	5.0	14.5		471.9
子牙			0.0	46.3	16.1	28.0	250.1	151.5	33.5	4.5	15.5		545.5
沿庄			0.0	38.4	17.8	18.0	240.9	184.5	15.5	4.0	11.5		530.6
陈官屯			0.0	36.6	16.1	16.5	231.6	140.0	16.0	4.0	15.0		475.8
双塘				38.0	16.1	19.0	280.7	140.0	13.5	6.0	15.0		528.3
台头			0.0	40.0	20.7	40.5	260.7	127.5	34.0	3.5	16.0		542.9
王口			0.5	43.4	14.0	23.0	262.8	114.5	27.0	3.0	14.0		502.2
梁头			0.5	42.2	11.3	30.0	216.6	111.5	28.0	2.5	12.5		455.1
中旺				40.6	20.1	12.0	186.7	123.5	2.5	1.5	17.5		404.4
蔡公庄			0.0	25.0	16.9	14.0	229.2	113.7		3.5	7.0		414.8
西翟庄			0.5	30.6	16.3	23.0	268.3	135.0	10.0	3.0	19.0		505.7
大丰堆			0.0	39.3	8.8	24.5	244.6	70.0	14.5	6.0	11.5		418.8
杨成庄			0.5	34.0	7.3	23.5	376.7	84.0	11.5	6.0	17.0		560.5
团泊			0.0	31.3	6.5	24.0	258.6	143.9	7.5	5.0	20.5		497.3
独流			0.0	37.6	13.5	55.0	228.6	119.0	31.0	1.0	14.5		500.2
良王庄			0.0	41.9	12.6	62.5	327.0	132.0	27.5	5.5	16.5		625.5
唐官屯			0.0	42.7	25.0	29.5	241.1	158.0	17.5	4.0	21.0		538.8
水库			0.0	30.9	8.2	17.0	293.5	92.5	8.0	4.0	19.0		473.1
合计			2.5	674.8	259.8	489.0	4642.2	2254.6	319.0	72.0	277.5		8991.4
平均			0.1	37.5	14.4	27.2	257.9	125.3	17.7	4.0	15.4		499.5

【水资源节约和保护】

1. 水资源管理

组织开展供水水质检测。对城市供水、二次供水、村镇供水进行水质抽测，按照《生活饮用水卫生标准》（GB 5749—2022），对城市供水管网末梢水进行 13 项指标检测，共抽检 5 处。按照《天津市二次供水工程技术规范》，对二次供水进行 11 项指标检测，共抽检二次供水 5 处。按照《生活饮用水卫生标准》，对农村集中供水厂的出厂水和管网末梢水进行 13 项指标检测，共抽检 60 处，抽测结果全部合格，检测水质合格率为 100%。

加强城区二次供水管理工作。办理二次供水清洗消毒证 360 个，验收新建二次供水泵房 4 处，抽查 150 个住宅小区二次供水情况，发现安全隐患 21 处并全部完成整改，同时督促物业公司落实二次供水水箱定期清洗消毒并将清洗后水质检测报告张贴在宣传栏进行公示。

2. 地下水压采

2023 年，静海区水务局积极推动地下水压采，封停农业机井 35 眼，减少地下水开采量约 16.05 万立方米。

3. 水资源节约

开展节水型载体建设。2023 年创建节水型企业（单位）7 个、节水型高校 1 所、节水型居民小区 5 个，进一步巩固、提高节水型载体创建成果，具体名单见下表。

2023年创建节水型企业（单位）、节水型小区名单

序号	节水型企业（单位、高校）	节水型小区
1	天津朗诺宠物食品股份有限公司	静海区朝阳街道东方家园小区
2	天津利和盛鑫仓储有限公司	静海区团泊镇鸿坤理想城澜境西苑小区
3	天津市静海区蔡公庄镇人民政府	静海区华康街道天湖北苑小区
4	天津市静海区台头镇人民政府	静海区华康街道团泊墅小区
5	天津市静海区王口镇人民政府	静海区朝阳街道东方仕嘉小区
6	天津市静海区文化馆	
7	天津市静海区文化和旅游局	
8	天津市石油职业技术学院	

【水生态环境建设】 加强对已运行污水处理厂、建制镇污水处理设施的监管，定期召开工作例会，严格落实污水处理厂减停运申报制度、污泥转运制度及专项巡查制度。完善应急处置预案，组织全区污水处理厂开展硫化氢中毒及消防应急演练。委托有资质的第三方定期对污水处理厂出水水质及污泥进行检测，同时督促污水处理厂按时完成市、区两级各类检查整改工作，监督审核天津市及住房城乡建设部污水处理信息系统数据。新增强军砖瓦厂污泥处置单位，强化恒基污泥处置厂日常监督管理。

累计召开污水处理厂（站）、污泥处置厂安全生产工作例会4次，减停运申报审批8次，组织安全培训2次，安全生产应急演练1次，完成污水处理厂危化品使用管理登记备案12座次，应急处置预案备案12座次，完成2023年度城镇污水处理厂考核检查，检查污水处理厂48座次，发现问题119项，已全部督促整改完成；完成2023年度安全检查，检查污水处理厂48座次，共查出一般安全隐患68项，已全部督促整改完成。完成2023年度纳管的农村生活污水处理站检查工作，共检查1100余座次，发现问题550余项，检查结果已通报运维单位并转发区农业农村委，全部问题已整改完成。多措并举使污水处理厂出水水质达标，有效改善全区水环境质量，污水集中处理率逐年提高。累计接收审核污水处理厂污泥台账及污泥转运联单144份，严格落实污水处理厂污泥去向。2023年，城镇污水集中处理率95.4%，城镇污水处理厂市政污泥无害化处置率100%。

继续实施主要河道生态修复，持续改善河道水质，安排专业队伍对曝气设备及浮岛进行日常维护。2023年静海区全年地表水断面考核达标率100%，其中优良水体比例达到33%。

【水务规划】 静海区给水排水专项规划（2021—2035年）。以加强全区给水排水建设管理水平，满足人民生产生活需要为目标，按照天津市和静海区的国土空间专项规划的编制要求，开展静海区给水排水专项规划的编制工作。其中，给水工程专项规划通过测算规划期内的用水量，优化水源类型，合理配置水资源，按照实际需求，合理规划布局给水厂、加压泵站及输配水管网；排水工程专项规划结合静海区城镇体系，确定排水体制、排水方式、预测污水量，规划雨污水处理设施和管网布局。2023年11月2日由区政府以津静海政发〔2023〕23号文件正式印发。

静海区农业灌溉发展规划。根据《水利部办公厅农业农村部办公厅关于开展全国农田灌溉发展规划编制工作的通知》（办农水〔2022〕304号）等文件要求："科学规划、加强农田灌溉设施建设，减少水资源浪费，提高水资源利用效率是促进农业可持续发展的必要手段。通过编制农田

灌溉发展规划，进一步摸清家底，找准问题，加强农田灌溉设施建设，补上农田水利建设短板，对于从整体上提高天津市农田水利基础设施保障能力、确保粮食安全和重要农产品供给具有重要的现实意义"。在市水务局的指导下，区水务局会同区农业农村委、市规划资源局静海分局等单位开展规划编制工作，主要内容包括总则、现状评价与形势分析、灌溉面积发展潜力评估、发展目标及总体布局、灌溉水源保障方案、主要建设任务、灌溉管理任务及环评投资实施效果与保障措施共计8部分。已按照市水务局要求完成规划编制和上报。

【水旱灾害防御】

1. 区防汛抗旱指挥部

指　挥：曲海富　区委副书记、区长

副指挥：王宇娜　区委常委、常务副区长

　　　　刘洪庆　副区长、公安静海分局局长

　　　　杨　阳　副区长

　　　　张永涛　副区长

　　　　张德远　区人民武装部部长

　　　　刘洪臣　区人民政府办公室主任

　　　　刘存本　区应急管理局局长

　　　　任永江　区农业农村委主任

　　　　杨金水　区水务局局长

　　　　张殿江　区气象局局长

　　　　宁云龙　天津市大清河管理中心主任

成员单位：区人民政府办公室、区人民政府国防动员办公室、天津市大清河管理中心、区人民武装部、区发展和改革委员会、区住房和建设委员会、区农业农村委员会、区卫生和健康委员会、区城市管理委员会、区财政局、公安静海分局、区应急管理局、区水务局、区教育局、区人力资源和社会保障局、区工业和信息化局、区交通局、区商务局、区民政局、区文化和旅游局、区生态环境局、市规划和自然资源局静海分局、区气象局、团泊鸟类自然保护区管委会、团泊水库管理处、区消防救援支队、区供销社、区融媒体中心、区农业发展服务中心、区农村事业发展服务中心、静海火车站、国网天津静海供电有限公司、天津静泓投资发展集团有限公司、中国联通静海分公司、天津子牙经济技术开发区、天津子牙经济技术开发区高新产业园区、健康产业国际合作示范区、林海循环经济示范区。

防汛抗旱指挥部办公室设在区应急管理局，办公室主任由区应急管理局党委书记、局长兼任。

2. 区水务局水旱灾害防御指挥领导小组

组　长：杨金水　党委书记、局长

副组长：殷忠刚　党委委员、副局长

　　　　尹桂强　党委委员、副局长

成　员：薄庆顺、赵应明、王增雨、唐卫艳、张嘉伟、赵文亮、滕述利、刘强、杨志霞、张崇明、刘宝强、郑齐欣

3. 防汛

（1）汛前准备工作。

6—10月，平均降水量432毫米，比上年同期（366毫米）多18%。6月平均降水量27.2毫米，7月平均降水量257.9毫米，8月平均降水量125.3毫米，9月平均降水量17.7毫米，10月平均降水量4.0毫米。最大日降水量为7月29日杨成庄乡，降水量达108毫米。

开展防汛安全检查。汛期前分别对防洪工程、河道堤防、泵站闸涵、险工险段进行了全面技术检查和设备检修保养，对防汛检查中发现的8处隐患，采取整改措施进行整改。对285千米一级河道堤防进行全面巡查；对38条区管河道进行清理整治，确保引排水的畅通；对24座国有扬水站运行检查及维护保养，保证扬水站运行能力基本满足全区排涝需求。

完善防汛预案。按照市防办防汛预案大纲的总体要求，结合静海区实际情况，修订完善《2023年天津市静海区东淀蓄滞洪区运用预案》等多项防汛抢险预案。

落实防汛物资。代储防汛抢险物资，采取企业和商户代储，支付给企业或商户代储费的办法，代储编织袋10万条、钢板桩500根、钢管40吨、

砂石料2000立方米、铅丝网片2000片、机械设备7台套等防汛抢险物资，并定期对代储物资情况进行检查，确保有险情物资能及时到位。增储编织袋50000条、吨袋1000条、救生衣500件、帐篷桌椅10套、巡堤查险灯具40个。在易发生险情的大清河、子牙河、南运河沿线的台头镇、独流镇、子牙镇、陈官屯镇设置了区级防汛物资转存点，在大清河及子牙河周边争光扬水站、八堡扬水站、五堡扬水站、苗头扬水站、王口扬水站设置了防汛物资前置点，在转存点及前置点储备了编织袋、冲锋舟、救生衣、救生圈、铁锹等防汛物资，保证发生险情物资快速到位。

组建防汛抢险队伍。组织成立33人的防汛抢险技术队，明确任务和措施、要求。

做好雨水情测报及预警设施完善工作。对全区18个雨量测报点、21处水位监控点、10处城区水尺的设备进行检修和维护，确保雨水情测得准、报得出、传得快。与上游廊坊水文局签订水情信息服务协议，实现信息共享，为防汛决策提供准确、快速的信息保障。完善运行农村基层防汛预报预警体系，切实提升防汛应急处置能力。

加强针对性演练，增强实战能力。4月21日上午，联合独流镇人民政府开展分洪口门扒除演练；5月22—29日组织开展冲锋舟驾驶培训及执行紧急任务演练；6月14日组织开展阻水坝埝拆除演练；7月25日组织开展穿堤建筑物封堵演习，在演习中检验抢险队员对突发险情的反应速度和能力及分洪口门扒除预案的可操作性，增强防汛指挥系统的应变能力，使人员、技术和装备在实战中都能充分发挥作用，确保在发生险情时分洪能够顺利实施。

开展多角度防汛宣传，增强民众防汛意识。结合第三十一世界水日、第三十六中国水周、第十五个"防灾减灾日"宣传活动，采取防汛知识讲解、发放宣传资料的方式，走乡镇、进社区、上学校、到广场，开展防汛知识宣传，增强群众防汛意识。共发放防汛法律法规300余册、宣传彩页20000余张。

开展多样式防汛知识培训。采取集中培训学习与观看防汛抢险技术教学片，发放学习资料自学与学习效果监测的方式组织防汛培训，为区级巡堤抢险队发放巡堤抢险技术手册300本。并要求重点地段、重点点位的技术责任人上堤认段，熟悉各自负责段内的水利设施性能、分洪运用时机与方法、薄弱地段抢护技术，有效促进了全体防汛责任人及抢险队员的责任感、使命感，为后期防汛抢险培育出一支合格的技术队伍。

区水务局加强监测预警联防联控，提前布控，及时开通雨水情自动采集系统及农村基层防汛预报预警系统，对全区18处测报点数据进行实时统计，安排专人值守，随时检查通信设备、网络等各个环节。加强与上游地区水文报汛和洪水预报联动机制，先后与周边河北五县市召开两次防汛联席会议，统筹推进跨界报汛工作。同时积极与上游廊坊水文局联系，了解上游水情雨情，畅通信息渠道，确保信息传输通畅。

（2）海河"23·7"流域性特大洪水期间防汛抗洪救灾工作。

2023年7月下旬受台风"杜苏芮"影响，海河流域出现强降雨天气，造成大清河、子牙河水位极速上涨，8月1日国家防总启用东淀蓄滞洪区分泄洪水。8月4日新盖房枢纽分泄洪水水头到达静海区台头镇，8月10日大清河上游河北省文安县滩里镇滩里干渠东侧堤防发生漫溢溃口，洪水急速分泄静海区王口镇、台头镇。8月9日11时东淀蓄滞洪区清北淹没区域达到本次行洪最高水位5.93米，8月9日12时大清河台头段水位达到本次行洪最高水位6.01米，8月12日4时，苗头排干西淹没区域达到本次行洪最高水位5.93米，8月12日10时子牙河八堡节制闸上达到本次行洪最高水位5.43米，此后洪水逐渐消退，在退水期间静海区水务局积极推进蓄滞洪区淹没区域退水工作，历时42天，累计协调架设排水泵202台、排水泵车7辆，退水1.08亿立方米。据不完全统计，为应对此次洪水，全区投入防汛抗洪抢险救灾的解放军和武警官兵、机关党员干部、国有企事业单位干部职工、各界群众和志愿者等最多时达40000余人，累计使用土石方约100万立方米，完成堤防加高加固约52千米，累计处置渗漏、管涌等险情300余处，转移群众37685人。本次洪水全区受灾群众37685人、受灾村庄88个、淹泡农田8.4万亩、受灾林地3.5万亩，部分房屋、企业、畜牧业、渔业和道路桥梁等不同程度受损，直接经济损失达13.6亿元。

4. 抗旱

坚持防蓄结合，通过实地调查，制定全区中南部地区等四个片区的水系循环路线，打通全区常态化引调水和水系联通循环堵点和瓶颈，2023年通过上游雄安新区泄水、南水北调东线北延供水工程、独流减河橡胶坝拦蓄汛期雨洪水等水源为全区河道生态补水约6410万立方米，为团泊水库补水约4310万立方米。

【农业供水与节水】 维持水资源可持续利用，推进农业节水。一是推动地下水超采综合治理，2023年推进超采区农业机井封填，封停农用机井35眼，压采水量约16.05万立方米；二是持续推进农业水价综合改革，落实农业水价精准补贴和节水奖励政策，维修泵站13座，维修闸28座，安装计量设施76处，加强农田水利设施运行维护，定期巡查，按时检查，保障农田水利设施安全有效运行；三是加强农业取用水监管，监督全区18个乡镇的农业用水，乡镇定期填报农业用水台账，严格按照农业水权分配标准用水，用水量不超过水权证要求的水量。

【村镇供水】 为提升静海区农村供水工作管理水平，静海区水务局积极发挥职能部门作用。一是做好供水水质检测及公示工作，在委托第三方检测的基础上，督促负责农村供水管理的供水企业每月对末梢水和出厂水水质进行自检，并对水质监测的结果在收费窗口进行公示；二是开展供水厂安全生产检查工作，以水务系统重大隐患排查整治专项行动暨安全生产月为契机，加强对供水企业安全生产的日常监督管理，组织供水企业开展安全生产培训并进行应急演练，有效提高了应急抢险处置能力。

【农田水利】 为做好农田水利设施运行维护工作，静海区农田水利设施运行维护工作考核组对18个乡镇的农田水利设施管护情况进行年度考核，考核全部合格。

【水土保持】 强力推进平原区水土保持监督执法工作，以重点项目为突破口，以贯彻"三同时"制度为重点，以遏制人为水土流失、改善生态环境为目标，以水土保持方案的落实为重要抓手，加强对开发建设项目的监督、检查、管理，督促开发建设单位和个人履行防治水土流失的责任和义务，做到执法检查经常化、制度化、规范化。针对涉及静海区新建开发建设项目，深入各建设工地，采取监督检查、发放宣传手册、以案说法等方式，宣传水土保持法律法规，增强建设单位落实水土保持措施的自觉性。2023年全年共申报并取得批复水土保持方案43个，申报率100%，审批率100%，人为水土流失治理面积563.162公顷，有效控制人为水土流失的发生。

2023年，对静海区7个水土保持在建项目进行现场检查，并根据检查情况印发检查通知，建设单位已全部完成整改；2023年共接收水土保持设施自主验收报备45件（包括分部验收），全部出具报备回执并进行公开，结合各建设项目自主验收情况，完成6个项目的验收核查，全部通过验收核查并印发核查意见。

根据水利部和市水务局对2023年水土保持遥感监管工作要求，依托遥感和信息技术，分三批次对全区49个水土保持风险图斑进行现场复核及违规行为调查处理。核查共发现违法违规项目3个，全部为水土保持未批先建项目，截至年底，已对上述违法违规项目全部下发《关于限期编报水土保持方案的通知》，并已全部整改完成。

【工程建设】 2021—2022年静海区地下水压采工程（二期）。工程概算总投资6392.59万元，由天津市静海区水利技术服务中心负责实施建设，由天津富凯建设集团有限公司、天津市水利工程有限公司承建。工程主要建设内容包括：58家压采企业和8处集中畜牧养殖场的水源转换（敷设给水管线及构筑物）、封填井69眼。2022年9月22日开工建设，2023年9月20日完工。

天津市静海区水务局第一批洪涝救灾资金项目。受海河"23·7"流域性特大洪水影响，东淀水位不断上涨，台头安全区北围埝、大邀铺泵站等水利设施在发挥抵御洪水重要作用的同时，也遭受了一定程度的损毁。按照市水务局《关于切实做好2023年水利工程设施水毁修复工作的通知》要求，组织开展天津市静海区水务局第一批洪涝救灾资金项目，估算总投资5132万元，其中中央资金4568万元，剩余资金由区财政匹配。主要内容包括台头安全区围埝灌浆修复、大邀铺泵站重建、其他水利设施修复等内容。2023年组织开展前期核灾定损和实施方案编制等工作。

灾后恢复重建工程。结合海河"23·7"流域性特大洪水工作成果，在市发展改革委、市水务局的大力支持下，认真谋划申报19项灾后恢复重建水利工程，估算总投资23.85亿元。主要内容包括五堡、迎丰、良王庄扬水站更新改造，五堡渠、小河引渠、流庄排干等8条河道治理，子牙河滩地内围村埝建设、雨水情监控系统建设、防汛仓库提升改造、防汛物资采购，东淀文安洼蓄滞洪区防灾减灾能力综合提升、灌区改造等内容。2023年12月21日，中央下达第一批特别国债项目2个：五堡泵站改扩建工程、良王庄泵站改扩建工程。2023年抓紧开展前期立项、可研、初设、环评、水保等工作，提升项目成熟度，为静海区灾后恢复重建打好基础。

市水务局项目有关情况：东淀文安洼蓄滞洪区工程与安全建设项目、独流减河低水闸改扩建工程。按照市水务局要求，由静海区配合开展征地拆迁等工作，按照市政府要求，静海区政府以津静海政人〔2023〕14号、津静海政人〔2023〕25号文件成立了工程征地拆迁工作领导小组，组长由区领导担任，领导小组下设办公室，办公室主任由区水务局局长兼任。

【供水工程建设与管理】 全面落实农村饮水安全管理行业监管责任，严格要求供水企业做好定期水质检测，落实人员机构、应急管理、窗口服务等村镇供水安全保障工作。

【排水工程建设与管理】 严格落实天津市城镇排水管网周期性排查和检测技术导则，加强城区管网巡视检查维护，开展违规排水和乱泼乱倒专项整治，加大执法监管力度，发现一处整治一处销号一处。2023年累计维修检查井、收水井324座，砌筑检查井、收水井89座，更换井盖、井箅103片（套），疏通管道9153米，清掏收水井、检查井59座。2023年春冬两季清掏项目采取人工掏挖检查井和机械抓车、绞罐车等大型专业设备吸抽主管网相结合方式，对排水管网和各类检查井清掏疏通。累计清掏各类检查井、收水井11529座次，疏通管道219.27千米，清掏污泥量685立方米并全部进行无害化处理，清掏完成率100%。

【科技教育】 2023年，静海区水务局大力开展社会普法宣传，全面落实"谁执法谁普法"普法责任制，组织参与"世界水日 中国水周""全民国家安全教育日""全国城市节水宣传周""12.4"宪法宣传日等普法宣传活动，重点宣传习近平法治思想、《中华人民共和国宪法》《中华人民共和国民法典》《中华人民共和国行政处罚法》《中华人民共和国水法》《天津市河道管理条例》《天津市节约用水条例》等内容；组织开展"节水中国 你我同行""全国城市节水宣传周""全国科普日"等节水宣传活动，深入社区、村街、学校、图书馆等地，积极开展"法律六进"，实施差异化、分众化普法释法。鼓励社会公众积极参加节约用水知识大赛活动，在全区形成良好的共建氛围。通过执法检查、案件查处向行政管理相对人开展普法宣传教育235人次，累计发放宣传品1万余份、宣传册2万余册，接受咨询涉水问题群众1500余人次，在全区范围内营造遵法、学法、用法、守法的良好氛围。2023年被水利部评选为《公民节约用水行为规范》主题宣传活动优秀组织单位。

建立完善学法、考法制度，推进经常性学法工作。开展天津市国家工作人员网上学法用法考试，学习考试内容包括习近平法治思想、宪法、党内法规、法治建设、民法典等，区水务局参考率和通过率均达100%；结合静海区"共性学法清单"和"共性题库"，及时制定本部门"个性学法清单"和"个性题库"，组织开展2023年国家工作人员法律知识考试，参考人员成绩全部合格，达到以考促学、以学促用的作用；开展集中旁听庭审活动1次，有效提高水务工作人员依法行政能力，形成常态化学法成效；加强水政执法队伍建设，全年组织乡镇、街道及水政执法骨干共开展2次执法业务培训，着力提升执法人员的执法水平和综合能力。

【水政监察】 专项执法行动。2023年静海区水务局认真贯彻实施国家和天津市有关水务行政执法的方针政策、水法律法规，严格依法行政、积极践行依法治水，切实增强执法程序意识，严格按照法定程序行使职权、履行职责，扎实有效地开展水务行政执法工作。制定《静海区水资源专项执法行动暨2023地下水治理专项执法行动工作方案》《2023年静海区城市排水专项执法行动工作方案》《静海区水资源专项执法行动暨2023特种行业用水专项执法行动工作方案》《静海区水资源专项执法暨2023高耗水行业用水专项执法行动工作方案》《静海区水资源专项执法行动暨2023供水专项执法行动工作方案》《静海区开展河湖安全保护专项执法行动实施方案》《静海区开展水土保持专项执法行动实施方案》共7个专项执法行动方案。严格按照专项行动方案要求，严厉查处涉水违法案件。一是重点查处水资源违法行为，主要为未经批准擅自取水，未安装取水计量设施，擅自建设取水设施，未依照批准的取水许可规定条件取水的违法行为；二是加大对污水处理行业、城市排水户执法检查力度，对污水处理厂、城镇污水处理站运行和城区商铺门脸及餐饮业污水排放进行重点执法检查；三是以打击对防汛防洪危害大、社会反映强烈的设置阻水障碍物、损害涉水生态环境违法行为重点；四是严厉查处水务工程、供排水行业水务安全管理违法行为。

案件查处情况。静海区水务局对全区范围内水资源、河道、水工程、水旱灾害防御、水土保持、水利工程建设、水文、供水、节水、排水、污水处理及其污泥处置、再生水利用等开展水务行政执法检查工作。2023年共开展执法检查390次，检查涉水企业106家次，开发建设项目15个，洗车、洗浴业93家，餐饮商户36家，污水处理厂站309个，城区及农村供水厂站36个。受理并查处举报、投诉问题12件，经查实涉水事违法9件，均已立案查处。全年累计立案查处水事违法行为33起，行政处罚5.8万元。其中水资源违法案件22起，拆除取水设施，封停、封填取水井26眼；污水、污泥处理运行案件3起；安全生产案件6起；河道案件1起；水土保持案件1起。

安全生产领域执法情况。静海区水务局聚焦水务重点行业领域、薄弱环节，加大攻坚力度，持续深入开展全系统全覆盖监督检查。组织安全生产检查工作，共出动520组1390人次，检查点位1090处，发现安全隐患134个，立案查处6起，罚款3万元，约谈1次。以上6起案件中5起依据新修订的《中华人民共和国安全生产法》查处，1起依据《天津市安全生产条例》查处。

【工程管理】 闸涵管理。汛前完成重点大洼闸涵的维护保养，并进行启闭试动作，保证闸涵的正常运行。2023年度共出动642人次、222车次，对428个闸涵点位进行启闭，启闭工作完成及时，无误工情况。

泵站管理。汛前通过逐站检查、各站自查的方式对所辖 24 座国营泵站进行了一次全面的排查，并对所辖各重点泵站进行了预防性试验，进行了开车试运行，通过对四党口站、钓台站、迎丰站、良王庄站、八堡站、争光站等重点维修，确保了今年汛期安全度汛。配合静海区水环境综合治理、改善水生态环境、生态补水等工作，共计有 20 座泵站先后开车运行，排调蓄水量共计 11.6 亿立方米，累计开车时间 112713 小时，其中开车向团泊水库蓄水时间 3817 小时，累计蓄水 3931 万立方米。

海河"23·7"流域性特大洪水期间，19 座泵站全天候满负荷运行，共计开车时间 29430 小时，累计排水 3 亿立方米。启闭闸涵点位 101 个，出动 37 车次、117 人次。河道巡查人员 24 小时不间断对大清河、子牙河、独流减河开展拉网式巡查，对沿河重点堤段、重点部位加密巡查频次，做到严防死守，及时发现险情并进行处理。

【河湖长制】 严格落实 2023 年市总河湖长 1 号令。2023 年 7 月 28 日召开河湖长制工作会议，传达市级总河湖长会议和市总河湖长 1 号令精神，对区河湖长制、防汛抢险等工作进行安排部署。按照区级总河湖长、区委书记刘春雷批示意见，有序推进区幸福河湖建设规划相关工作，全力营造人民满意的幸福河湖。

落实河湖长制主要任务。印发《静海区 2023 年全面推行河湖长制主要任务》，任务共 8 大项 34 个子项，涉及 11 个牵头部门，2023 年 12 月底，各项任务已按期完成。2023 年在全市地表水水环境质量月平均成绩排名中，位列全市 16 个区第 1 名。

强化河湖长履职尽责，积极落实巡河责任。以"压实责任，推进各级河湖长履职尽责"为主题，在静海区委党校开展河湖长制视频培训讲座；区级河湖长全年巡河（湖）93 次，乡镇级河湖长巡河（湖）2025 次，村级河湖长巡河（湖）99936 次；全年召开河湖长制工作例会和专题研究会议 10 次，通报重点工作进度，研究解决水环境治理突出问题。

定期开展河湖长制监督考核。对全区纳入"河湖长制"管理的一级河道、区管干渠、镇管沟渠、坑塘、团泊水库的环境卫生等情况进行综合考核。开展乡镇河湖长制管理督导检查，通过检查考核和暗查暗访推动问题解决，使属地政府做好河湖长制常态化管护。全年共印发月度考核通报 11 期，整改、督办通知 82 份，已全部整改完毕。

开展河湖水环境清整行动。开展春季"清河湖"专项行动，累计清理水面漂浮垃圾、堤岸垃圾共计 1478 吨；开展"关爱大运河"专项行动，累计清理垃圾、水面漂浮物 1350 余吨，改善大运河整体面貌；开展汛期"清河湖"专项行动，排查发现水环境问题 972 处，已全部完成整改；开展重点河道联合清整 1 次，集中清理独流减河静海区段内的野炊、乱扔垃圾、违章停车、非法捕捞、垂钓等违法行为。

开展水利部遥感疑似问题核查。对水利部下发涉及静海区的 1039 项河湖遥感图斑进行现场一一核查，对于涉河湖违法、违规问题的纳入河湖"清四乱"自查自纠台账，结合"清四乱"常态化工作，加大对河湖问题的排查力度，已全部完成核查整改。

积极发挥跨界河湖长作用。组织召开"1+5"跨省跨界河长、防汛及控沉压采联席视频会议 2 次，就防汛抗旱、跨界巡河、控沉压采等工作与河北省霸州市、黄骅市、青县、文安县、大城县河长办、水务局交流相关经验；开展联合巡河 2 次，提高静海区河湖治理保护联防联控水平。

开展"榜样河长 示范河湖"创建工作。贯彻落实市委、市政府关于深化河湖长制的工作部署，积极推进"榜样河长 示范河湖"创建工作。2023 年，创建示范河湖 22 条段、农村示范河湖 69 条段、榜样河长 24 名，打造了一批可复制、能推广的典型案例。

强化宣传，提高群众知晓率。会同静海区委

宣传部利用网站、微信、微博、大喇叭等多种形式积极开展河湖长制宣传工作，利用"世界水日""中国水周"进社区、进校园、进企业、进沿河乡村开展宣传活动，累计发放宣传册、宣传品4500余份，张贴横幅900余幅；组织开展全区范围内河湖长制民意调查7次，通过调查数据反映民声民意，为进一步提升静海区河湖长制工作水平提供科学的决策参考。

开展沟渠坑塘划界工作。印发《静海区沟渠坑塘管理范围划界工作方案》，完成全区551条沟渠、1971个坑塘的管理范围划定并已向社会公告。

落实协调联动机制。积极发挥"河长+检察长"作用，会同区检察院印发检查建议书9份，组织开展"静海区关爱大运河"专项行动，集中清除河道内垃圾漂浮物，加强河道岸线保护，提升南运河河道水质和统筹运河文化传承开发利用，为助力静海区"美丽河湖"建设提供了法治支撑和保障。

【水务改革】 2023年静海区农业水价综合改革项目。工程概算投资649.43万元，由天津市静海区水利技术服务中心负责实施建设，天津市管道工程集团有限公司承建，良王庄乡、沿庄镇、双塘镇、子牙镇、梁头镇、唐官屯镇、陈官屯镇、独流镇及团泊镇共9个乡镇28座水闸及13处扬水站进行维修改造。其中水闸部分主要为金属结构设备设施的维修及更换，配套土建维修改造；扬水站部分主要为水泵、机电设备的维修及更换，配套土建维修改造并增加计量设施等。工程于2023年3月31日开工建设，年内完工。

【水务经济】 按照区财政局的部署，按时申报2024年新增政府债券资金需求，经区财政局审定，债券需求资金1.69亿元。

清欠账款。2023年10月，清欠账款195笔，清欠支出30634.586684万元。

政府采购工作。按照政府采购工作要求，对符合政府采购要求的静海区五堡泵站改扩建工程设计，2023年静海区国有泵站维修养护工程，2023年静海区运东排干城区段初期雨水设备运行维护项目，静海区2023年农业水价综合改革项目，2023年度静海区污水处理厂、排水户监督性检测项目，静海2023年度市政污水处理厂污泥处置项目、购置打印复印纸、购买办公设备等项目进行了政府采购，全年完成政府采购预算金额1542.42万元，实际采购金额1419.39万元，节约资金123.03万元，资金节约率为7.98%。

行政事业性收费。按照区发展改革委、财政局的工作安排，完成2023年行政事业性收费473.94万元，其中生产建设项目水土保持补偿费征收463.53万元，超计划用水累进加价水费征收1.42万元，征收企业污水处理费8.99万元。

【精神文明建设】 组织开展水务系统庆"三八"妇女节活动，促进水务女职工的交流互动，展现女性风采，增强女职工向心力和凝聚力。组织优秀妇女代表围绕党的二十大精神、家风家教开展宣讲活动，切实把党的创新理论转化为坚定理想、锤炼党性和指导实践、推动工作的强大力量，弘扬"献身、负责、求实"的行业精神，教育职工团结奋进，爱岗敬业。为维护广大干部职工的健康权益，增强抵御特殊疾病风险能力，鼓励职工参加"男女职工安康公益保险"，为健康保障加码的同时也为妇女儿童公益做一份贡献。

开展工会会员住院慰问工作，2023年度共慰问8人，慰问金额5500元。开展春节慰问活动，慰问援派及驻村帮扶干部3人，走访慰问市级及以上劳模3人，为1名80岁以上劳模送去生日慰问。开展夏送凉爽慰问活动，慰问一线站所、在建工地职工120余人。开展抗洪救灾慰问，慰问抗洪救灾一线职工200余人。

【队伍建设】

1. 领导班子

党委书记、局长、一级调研员：

杨金水（10月退休）　　王刚（10月任）
党委委员、副局长、二级调研员：
殷忠刚（6月免）
党委委员、副局长：刘建东（6月任）
　　　　　　　　　　薛刚（6月任）
党委委员、副局长、三级调研员：
刘建东（9月任）　　薛刚（9月任）
党委委员、副局长：尹桂强
二级调研员：朱均甲（10月退休）
　　　　　　　殷忠刚（6月任）
四级调研员：常子贺　岳继东

2. 机构设置

2023年，局机关设6个科室，即综合办公室（网络安全和信息化办公室）、水旱灾害防御科、水政科（水土保持科）、排水监督科、规划计划科（水利工程建设质量与安全监督科）、水资源管理科。基层单位5个，即水利设施运维中心（河长制事务中心）、水利技术服务中心、水资源事务中心、水务综合行政执法支队、津海木制品有限公司。

3. 人员情况

2023年机关调入3人，招录公务员2人，聘用三支一扶人员1人，事业单位内部调动3人，开除1人，退休8人。截至2023年年底，全局在职职工总数191人，其中局机关27人，基层单位164人。在册人员学历情况：研究生5人，大学本科74人，大学专科59人，中专、高中及以下53人。在册人员专业技术职称情况：高级工程师5名，工程师21人，政工师1人，助理工程师22人，助理会计师2人，会计员1人，助理政工师2人。在册工勤人员中：高级工59人，中级工5人，初级工1人，无等级4人。

（1）局机关：共计27人。正处级2人，副处级5人，正科级4人，副科级10人，科员2人，试用期2人，工人2人。

（2）水利设施运维中心：共计105人。其中工程师12人，政工师1人，副高级工程师2人。

（3）水利技术服务中心：共计28人。其中工程师6人，副高级工程师2人。

（4）水务综合行政执法支队：共计13人。

（5）水资源事务中心：共计14人。其中工程师3人，副高级工程师1人。

（6）津海木制品有限公司：共计4人，全部为工人。

4. 退休人员

2023年静海区水务局办理退休人员共8人，见下表。

2023年静海区水务局办理退休人员

姓名	性别	民族	出生年月	参加工作时间	退休时间	工作单位
杨金水	男	汉	1963年10月	1982年9月	2023年10月	局机关
朱均甲	男	汉	1963年10月	1983年7月	2023年10月	局机关
闫尔鹏	男	汉	1963年4月	1988年12月	2023年4月	水利设施运维中心
韩波	男	汉	1963年1月	1981年2月	2023年1月	水利设施运维中心
张启祥	男	汉	1963年7月	1982年6月	2023年7月	水利设施运维中心
刘存勇	男	汉	1963年10月	1981年10月	2023年10月	水利设施运维中心
崔玉敏	女	汉	1973年3月	1994年12月	2023年3月	水利设施运维中心
张朝松	男	汉	1963年4月	1982年11月	2023年4月	水务综合行政执法支队

5. 先进个人和先进单位

静海区水务局被市防汛抗旱指挥部、市应急管理局、市人力资源和社会保障局评为天津市抗洪抢险救灾先进集体。

静海区水务局被区委、区政府评为2023年度静海区防汛抗洪救灾先进集体。

静海区水务局党委被区委组织部、区级机关工委评为静海区区级机关党务干部"三学三强"比武练兵活动优秀组织奖。

殷忠刚、韩立强、张崇明、李银山、王朝阳被区委、区政府评为2023年度静海区防汛抗洪救灾先进个人。

彭烨被市文明办评为第一季度孝老爱亲天津好人。

彭烨家庭被区文明办评为静海区文明家庭。

(胡冉)

蓟州区水务局

【概述】 2023年，在区委、区政府的坚强领导下，在市水务局的精心指导下，区水务局坚持以习近平新时代中国特色社会主义思想为指导，全面贯彻落实党的二十大精神，深入学习贯彻习近平总书记对天津工作"三个着力"重要要求和一系列重要指示批示精神，统筹推进重点项目建设、水旱灾害防御、河湖管理保护、行业管理、安全生产及党的建设等各项工作，全力推动"水利工程补短板、水利行业强监管"总基调向纵深发展，确保水务各项工作再上新水平。

【水资源开发利用】 全区有机井9519眼，其中农用井8133眼，非农业用井1386眼。2023年地下水开采总量为10151.002万立方米，其中农业用水7063.598万立方米、工业用水240.5176万立方米、生活用水2832.9996万立方米、生态环境用水13.8868万立方米。

【水资源节约与保护】
1. 水资源管理

一是配合区政务服务办严把水资源论证报告书（表）审核关，2023年累计完成15个地下水取水项目水资源论证报告书（表）技术审核；二是组织各相关单位完成2022年度蓟州区实行最严格水资源管理制度考核自评工作；三是有序开展水利部用水统计调查直报管理系统填报工作，2022年全区用水总量1.7667亿立方米，完成市级下达的2.01亿立方米用水总量控制指标；四是加强地下监测，编制完成《蓟州区2022年度地下水动态监测年鉴》；五是强化控沉管理，2022年蓟州区平原区年平均沉降量3毫米（市级下达指标为7毫米），无50毫米以上沉降严重区（市级下达指标为0平方千米），圆满完成市级下达蓟州区绩效考核指标。

2. 节水工作

一是推进节水系列创建工作，完成3家单位、3个居民小区、4家高耗水企业进行节水型创建，并通过专家组现场验收；二是充分利用"世界水日""中国水周""全国节水宣传周"和"科技宣传周"等重要时间节点，在府君山广场、电厂家属院、州河公园开展阵地宣传，累计发放节约用水宣传手册800册、环保购物袋600份、节约用水行为规范宣传单700份；三是制订年度用水计划，共下达计划用水通知792份，计划用水下达总量808万吨；四是加强非生活计划用水户用水情况监控，下发预警通知90份。

【水生态环境建设】 2023年2月2日，结合第27个"世界湿地日"，在下营环秀湖国家湿地公园举行了"2023年'世界湿地日'宣传活动暨下营环秀湖国家湿地公园授牌仪式"，蓟州区副区长王桂山、市规划资源局二级巡视员许朝出席活动并致辞，州河、环秀湖两个国家湿地公园正式挂牌。

2023年5月，市规划和自然资源局传达了国务院领导同志关于加强国家湿地公园保护的会议精神、国家部委关于湿地公园和自然保护地加强保护管理工作文件精神，布置开展天津市违规侵占国家湿地公园等自然保护地问题排查整治专项行动。按照市、区两级工作部署要求，区水务局对州河和环秀湖国家湿地公园范围内破坏湿地生态环境问题进行了自查自纠，经排查共发现问题点位11处，其中违规倾倒垃圾、排放污染物问题5处，违规进入湿地公园开展旅游活动4处，湿地公园内存在渔船2处，已全部完成整改。

【水务规划】 2023年编制完成《蓟州区农田灌溉发展规划（2021—2035）》，正在编制《天津市蓟州区水土保持规划（2021—2035）》《天津市蓟州区再生水利用规划（2023—2035）》《蓟州区农田灌溉发展规划（2021—2035）》《蓟州区农村污水治理专项规划（2021—2035）》《蓟州区水网建设规划》5项规划。

【水旱灾害防御】

1. 防汛

（1）雨情。

2023年汛期自6月15日入汛以来至9月15日，全区累计平均降雨量511.1毫米，比去年同期（344.5毫米）多166.6毫米，比历年同期（472毫米）多39.1毫米。其中降雨量较多的3个区域分别是下营镇石头营村805毫米，孙各庄乡孙各庄村762毫米，马伸桥镇东赵各庄村750毫米；降水量较少的3个区域分别是杨津庄镇杨津庄村313毫米，杨津庄镇白庄子村326毫米，桑梓镇红旗庄村258毫米。

（2）水情及调度。

1）中小水库。

按照水利部关于汛期水库汛限水位的有关规定，汛前所有水库全部处于汛限水位之下。

杨庄水库：为应对7月下旬强降雨，杨庄水库将水位降至179.25米，低于汛限水位0.25米，腾出库容。受7月21日开始的连续降雨作用，水位持续上涨。经与北京市平谷区会商，为减小北京市和潮白河防洪压力，杨庄水库下泄流量控制在5立方米每秒。7月31日13时，入库流量66立方米每秒，超过汛限水位179.50米。31日19时30分将下泄流量增加至20立方米每秒。8月4日12时50分，杨庄水库达到最高水位181.87米，最大入库流量66立方米每秒，最大下泄流量40立方米每秒。至8月5日5时55分调至汛限水位以下。杨庄水库在海河"23·7"流域性特大洪水期间调蓄适当。

小水库：强降雨期间，刘庄子、赤霞峪等小二型水库溢流，水量较小，短时超汛限，未对下游造成洪涝灾害。

2）平原洼区。

7月31日，洼区排水站站前水位普遍开始上涨，南河、大仇排水站率先开车排水，随后永安庄、三岔口、三道港、咀头等4座排水站各排水干渠相继达到开车水位，6座排水站开车排水，截至9月15日，累计开车868.76台时，排水721.63万立方米，干渠水位均在开车水位以下。主要排水集中在8月上旬。

降雨期间，提升东赵闸、瓦房闸、沙河闸、宾昌河闸、六里屯闸向州河泄洪，降低洼区除涝压力。通过对泄洪闸和排水站的调度，农田未发生沥涝情况，泵站排水总量比往年少很多。

3）河道。

沟河、州河、蓟运河未发生较大洪水。

4）山洪沟、塘坝。

常州沟、黄乜子沟、关东河、沟河支流沟、太平沟等较大山洪沟道水量较多，部分漫水桥过水，道古峪塘坝、下营塘坝等溢流。因多年来水土保持建设、水库塘坝除险加固等工程建设发挥效益，山洪沟、塘坝未造成较大威胁。

（3）预警响应。

海河"23·7"流域性特大洪水期间，区防指启动四级预警响应1次，启动三级预警响应1次，及时转移危险区域群众，关闭景区、农家院。

（4）防汛物资储备。

区水务局储备编织袋23.2万条、救生衣2100件、铅丝和网片6.45吨、抢险排体290件、抽水泵118台、抽水泵车12台、发电机组29台、土工布（膜）20000平方米等防汛物资，并将土工布、编织袋、钢管、彩条布等防汛物资，及时前置到下仓镇、下窝头镇等8个乡镇。

（5）做好防汛各项工作。

1）汛前及汛期，累计出动检查人员96人次，对15条一二级河道、9座中小型水库、12座区管排水站、108座水闸进行了两轮全面检查，查出隐患75处，全部整改完成。

2）修订完善了农村除涝（区级）、于桥水库（区级）、杨庄水库防洪抢险预案等各类防汛方案、预案，细化保障机制等，全面提升预案的实用性，增强预案的科学性、针对性和可操作性。

3）完成山区水库"预测预报预警、防汛抢险、大坝安全管理、调度规程"四个方案、预案、规程编制工作，明确组织体系、抢险措施、群众转移安置等内容，确保山区水库安全运行。

4）对水库、塘坝、山洪沟的渗压计、雨量计、水位计、传输系统等山洪监测设施进行全面维护，完善山洪灾害预警平台，与应急、气象等部门建立联动机制，畅通信息渠道，通过短信预警平台、村村通大喇叭等多种形式发布预警信息。

5）联合出头领镇人民政府、于桥水库管理中心在于桥水库库区出头岭镇五一渠大堤开展2023年于桥水库防汛和农村除涝应急演练，共出动人员50余人。

6）调运大型排水泵车2台、选派技术人员6人，赴西青区辛口镇当城村，全力支援西青区东淀蓄滞洪区涝水排沥工作。

2. 抗旱

深入下窝头、东施古、侯家营、杨津庄、下仓等镇调研，了解各镇农业用水情况，不同种植作物用水高峰期、用水量、浇灌周期，结合灌溉井分布情况，制定"一镇一策"的调水路径，并积极协调市水务局，利用于桥水库蓄水，持续增加州河放水量，从州河、漳河、引漳入州、辽运河等向平原区补水约2500万立方米，有效缓解南部平原乡镇旱情，为粮食生产保驾护航。

2023年7月23日，区水务局组织开展于桥水库防汛、农村除涝应急演练

【农业供水与节水】 2023年，蓟州区农业灌溉面积57.2385万亩，农业水权总量10540.37万立方米，其中地表水787.00万立方米、地下水9753.37万立方米。农业灌溉用水量6834.27万立方米，其中地表水灌溉用水量179.97万立方米、地下水灌溉用水量6654.30万立方米。总节约用水量3691.37万立方米，节约用水率35%。

【村镇供水】 2023年，天津市蓟州区自来水供水有限公司累计完成供水1049万吨，水厂各项供水设施、设备运行良好。

【农田水利】 实施蓟州区2023年农业水价综合改革项目，主要建设内容为对蓟州区下仓镇、侯家营镇共26个村的灌溉设施进行维修更换，包括更换水泵及配套设施85套，安装灌溉计量智能控制箱198套，更换UPVC管道34600米，更换架空低压线5800米，工程于2023年6月完工，完成投资600万元。项目的实施有效解决了项目区长期存在用水计量不准及人为浪费严重的问题，提高了水资源利用率。

【水土保持】 区水务局以治理水土流失、改善生态环境为主线，以生产建设项目监督管理为重点，开展水土保持日常巡查和监督管理工作。2023年对生产建设项目开展水土保持现场检查共计45次，对6个项目下发限期整改通知，将1个生产建设项目监测单位列入重点关注，对存在问题严重的2个项目进行约谈，对16个生产建设项目接受水土保持设施自主验收报备，开展验收核查项目2个，对8个生产建设项目进行水土保持补偿费核定，核定金额共计82.13万元。

完成2023年度遥感监管任务。水利部下发涉及蓟州区的扰动图斑共9个，经现场核查，其中有

3个非生产建设项目，涉及扰动图斑3个，有6个生产建设项目，涉及扰动图斑6个。经取证认定，6个生产建设项目扰动图斑中未见明显违规项目图斑5个，未批先建项目1个，已完成整改。天津市第一期下发的遥感监管数据，涉及蓟州区的扰动图斑共21个，经现场核查，其中有9个非生产建设持续做好黄土梁子水土保持综合观测站的日常监测工作定，12个生产建设项目扰动图斑中未见明显违规项目图斑12个。

持续做好黄土梁子水土保持综合观测站的日常监测工作，每月1日和15日对观测小区内土壤进行含水量测量，2023年相对2022年降水明显增多，共监测到流域卡口站产流3次，观测小区产生径流共6次，同时对数据进行记录、核对、分析等，并组织编制2023年监测报告。

【工程建设】 2023年，区水务局力克服各种不利因素影响，在保证施工安全和工程质量的前提下，加快推进水务工程项目建设，严格落实项目安全、质量等制度管控，加强检查监督，共组织实施12项重点水务工程，其中已完工程4项、在建工程3项、拟建工程5项，全年完成投资33572万元。

1. 已完工程4项

其中新建工程2项：蓟州区2022年农业水价综合改革项目、蓟州区小型水库维修养护项目；续建工程2项：天津市蓟州区于桥和杨庄水库库区及移民安置区2022年度基础设施项目（二期）、天津市蓟州区燕山山地生态综合治理工程（2022年度）。

2. 在建工程3项

其中续建工程2项：一是蓟州区2017年农村饮水提质增效工程——东后子峪地表水厂水源输水线路工程，项目总投资8067万元；二是2020年蓟州区污水治理工程（二期），项目总投资175324万元。新建工程1项：天津市蓟州区于桥和杨庄水库库区及移民安置区2023年度基础设施项目，项目总投资5609万元。

3. 拟建工程5项

一是翠屏山水厂扩建及供水工程的村内供水管网（一期），总投资29828.23万元；二是蓟州区2023年农田水利设施维修养护项目，总投资50万元；三是蓟州区2023年农业水价综合改革灌溉计量设施建设项目，总投资50万元；四是蓟州区常州村山洪沟治理工程，总投资830万元；五是天津市蓟州区燕山山地生态综合治理工程（2023年度），总投资2180.27万元。

【供水工程建设与管理】 2023年累计维修1992处（包括恢复路面、换加密阀、关阀门、换单流阀、清井等），水表维修11976次，换表9518块，水质综合合格率达100%。

新铺设天一酒店、九山顶路供水管道6379.7米，砌筑阀门井121座；对"跑、冒、滴、漏"现象严重的文苑里小区、中昌北路门市、裕兴里小区、康复里小区、迎宾路、渔阳宾馆、东风路、光明路等多处供水管道进行更新改造，共计更新老旧管道19991.8米。

严格把关二次供水，确保供水安全。对鸿园给中水泵房、观澜文苑给中水泵房、天郡北苑给中水泵房、天一酒店给水泵房、格调提升泵房、金祺南园给中水泵房等共计10座给中水泵房的竣工验收进行了技术指导，并对城区居民住宅二次供水设施基本情况进行摸排，做到全面覆盖，保证生活饮用水质量。

【排水工程建设与管理】 2023年，区水务局不断增强城区排水设施管护力度，实现在24小时内对设施丢失、破损、污水外溢情况进行及时抢修完毕，累计更换及维修井箅子159套、维修井盖8套、更换井盖32套，设施丢失、破损率控制在3%，有效保证城区排水设施的正常运转。

完成林业局家属院、气象局家属院等4个老旧居民小区的污水管道更新改造工作，新铺设污水管道1252米，砌筑污水检查井173座。对迎宾路（蓟县一中门口）雨水进行改造，增加雨水管道

85.4米，增设雨水井3座、雨水收水井2座。完成中交天郡北苑、天郡东苑、理想湾、金琪南园室外排水工程的施工。

做好汛前、汛中设施排查清掏工作。3月中旬至5月底，对城区65条主干路、城中支路及背街里巷的6745座检查井、6062座收水井进行大清掏，清掏杂物、垃圾共1150立方米；维修破损、局部塌陷检查井、收水井115座，疏通城区淤堵主管道1500米；对城区28个雨水出水口进行大排查，清理出口杂物、垃圾，保障汛期排水顺畅。

开展城区排水设施"乱泼乱倒"专项治理，向全区范围内4400余家沿街店铺发放《禁止向排水设施倾倒垃圾油污明白书》，有效整治沿街店铺乱泼乱倒行为，并为41家个体商户办理了"污水排水许可证"。

【水政监察】 2023年，日常执法巡查909次，立案65起，结案62起，行政处罚12起，收缴罚没款1万元。

（1）开展2023年天津市违法排水专项执法行动，出动执法人员275人次，执法车辆78车次，宣传巡查87次，立案限期整改31起，做出行政处罚1起，结案30起。专项执法行动规范了城区小型医疗机构排污行为，提升了污水排放标准。

（2）开展2023年河道阻水障碍物清理整治专项执法行动和河湖安全专项执法行动，出动执法人员316人次、执法车辆106车次，对淋河、沙河、漳河等河道和杨庄、郭家沟、刘吉素等水库专项执法巡查106次，确保河道、水库安全度汛。

（3）开展重点在建水务工程安全专项执法检查，先后出动291人次、97车次，强化工地施工人员安全意识。

（4）开展全区二次供水专项执法检查，先后立案10起，做出处罚11起，责令存在问题的二次供水企业限期整改，保障居民舌尖上的安全。

（5）开展于桥水库库区非法捕捞和水源地保护专项执法行动，出动27人次、7车次，强化于桥水库封闭管理，净化水库水质。

区水务局始终坚持"谁执法，谁普法"普法责任制，先后深入蓟州一中、青岛啤酒、优家（天津）天然矿泉水有限公司、德升圣光酒店、盘谷蜜蜂园等多家企事业单位重点开展《中华人民共和国行政处罚法》《地下水管理条例》《天津市节约用水条例》宣传，受众500余人，进一步增强全区依法取水、节水意识，巩固蓟州区节水型社会建设成果。

【工程管理】 坚持依法依规原则，实现"政府采购应采尽采，工程项目应招尽招"，结合《蓟州区水务局工程建设管理办法（试行）》要求，2023年区水务局组织工程勘察、设计、监理、施工等各类招标73项次。

组织完成竣工验收工程14项，分别为2018年蓟州区老旧小区给水管网改造工程、天津蓟州区州河国家湿地公园（2019年）湿地保护与恢复工程、天津下营环秀湖国家湿地公园（2019年）湿地保护与恢复工程、天津市蓟州区于桥和杨庄水库库区及移民安置区2020年度基础设施项目、天津市蓟州区于桥和杨庄水库库区及移民安置区2020年度科技培训及生产开发项目、天津市蓟州区于桥和杨庄水库库区及移民安置区2021年度基础设施项目、蓟州区出头岭镇小汪庄镇沟道治理工程、蓟州区2022年小型水库维修养护项目、蓟县于桥水库北岸马伸桥镇至城区污水主管道工程、于桥水库北岸马伸桥镇污水主管道工程、于桥水库渔阳镇污水管网工程、于桥水库北岸穿芳峪镇污水管网工程、漳泗河泵站迁建工程和南河泵站迁建工程。

按照《市水务局关于印发天津市水利工程标准化管理评价实施细则及其评价标准的通知》要求，积极推进标准化建设进程，从组织机构、管理制度、操作规程方面落实标准化管理要求。按照年度计划，组织运行管理单位完成了水库、泵站标准化工作手册的编制，完成了杨庄水库及大仇排水站、庞家场排水站、永安庄排水站的运行管理标准化达标建设。

【河湖长制】 蓟州区管辖26个乡镇、文昌街道办、开发区管委会，域内有州河、沟河、蓟运河3条一级河道，漳河、兰泉河等12条二级河道，沟渠404条（包括3条城区河道），大型水库1座即于桥水库，中型水库1座即杨庄水库，山区小水库8座，塘坝95座，坑塘3297个，全部纳入河湖长制管理。蓟州区区级总河湖长2人，区级河湖长1人，镇级总河湖长55人，镇级河湖长333人，村级河湖长832人。

1. 开展2023"清河湖"专项整治行动

按照《市河（湖）长办关于开展2023年度春季清河湖专项行动的通知》要求，蓟州区在春季冰面开化河湖生机复苏时期开展了为期三个月的清河湖专项行动，针对水面堤岸垃圾、"四乱"等河湖管护问题，共排查发现河湖水质问题3处，河湖水面堤岸问题455.28吨，打捞非法捕鱼网具9个，整治非法侵占水域滩地1处。截至4月底，问题已全部整治完毕。

2. 开展"榜样河长　示范河湖"创建工作

按照市河（湖）长办《天津市"榜样河长　示范河湖"三年行动方案》《天津市"榜样河长　示范河湖"管理办法》和《蓟州区"榜样河长　示范河湖"三年行动方案》深入开展"榜样河长　示范河湖"三年行动，全面挖掘"榜样河长"先进事迹、总结"示范河湖"典型案例，营造齐抓共管的浓厚氛围。2023年度培树镇级"榜样河长"14人、村级"榜样河长"38人，建设"示范河湖"5条（段）、"农村示范河湖"87条（个）。

3. 河湖长制宣传及培训情况

2023年3月22日、5月23日、5月30日、7月11日区河（湖）长办分别在府君广场、上仓镇、州河湾广场、下营镇开展河湖长制宣传活动，活动现场通过悬挂宣传标语、发放宣传单和宣传品、摆放宣传展板等形式，向群众详细宣传了河湖管护、水生态、水资源保护知识，倡导大家树立爱护环境、保护自然的新风尚。累计发放《河湖长制明白纸》1000余份、《全民参与共同保护水环境》宣传单100余份、宣传袋1000余份。

2023年6月19日、7月10日、7月19日，区河（湖）长办同志分别对罗庄子镇、东施古镇、侯家营镇村级河湖长进行培训，培训人数约188人。培训题目为"践行习近平生态文明思想　强化河湖长制　建设幸福河湖"。

4. 河湖长制联防联动工作开展情况

（1）2023年3月1日，蓟州区、宝坻区、宁河区、玉田县四地河（湖）长办、检院及蓟运河沿线镇乡、村级河长，在蓟运河开展跨界河流河长+检察长联席联巡联防联控执法行动。4月24日，蓟州区河（湖）长办组织兴隆县河长办、北三河管理中心及两单位属地镇、村级政府，对沟河（上游）开展跨界河湖联席联巡联防联控行动，随后于7月分别与河北省承德市兴隆县、北京市平谷区就跨界河道联防、联控、联治工作开展会商交流，明确各自责任，签订跨界河流"联席联巡联防联控"机制合作协议。7月25日，天津市蓟州区、北京市平谷区、河北省三河市和兴隆县四地河（湖）长办在平谷区海子水库管理处召开"平蓟三兴"跨界河流协同治理保护工作座谈会，四地就沟河治理保护、水污染防治、水资源利用与保障、河岸线执法等河道联防联控联治等工作开展会商交流，并签订《建立跨界河流"联席联巡联防联控"机制合作协议》。10月16日，天津市蓟州区、北京市平谷区、河北省三河市和兴隆县四地河（湖）长办主要负责同志在北京市平谷区水务局召开"平蓟三兴"跨界河流协同治理保护座谈会。会上，平谷区主要介绍沟洳河水环境改善提升相关工作，四地就水环境治理进行交流讨论，商讨水资源联合调度方案，共同推进沟河治理保护，提升沟河水环境质量。

（2）2023年5月11日，区水务局与区检察院召开建立健全水行政执法与检察公益诉讼协作机制工作会议，共同签署了《关于建立健全水行政执法与检察公益诉讼协作机制的实施方案（合作协议）》，以"河湖长+检察长"协作机制为依托，推动河湖长制工作落实，充分发挥检察机关法律监督职能和河（湖）长办组织协调、考核督办职能，共办理河湖水生态环境和水资源保护案件7件。

5. 开展河湖管理范围划定工作

按照《市河（湖）长办关于加快推动第一次全国水利普查名录以外河湖管理范围划界工作的通知》要求，蓟州区积极开展2023年河湖划界工作，2023年完成河流（河段）划界391条，坑塘划界3208个。

6. 开展河湖遥感图斑核查工作

按照《市河（湖）长办关于印发〈天津市河湖遥感图斑核查整治工作方案〉的通知》要求，积极组织开展图斑核查工作。此次核查范围为水利部2022年以来解译的河湖遥感图斑，涉及蓟州区河湖遥感图斑共537个，经现场核查，确定是问题有17个，不是问题有520个。对"不是问题"的具体点位进行实地复查并将佐证资料录入水利部河湖遥感系统，申请审核销号。对"是问题"的河湖违法违规问题督促乡镇进行清理整治，完成治理后上报系统申请销号，对不是问题118个、是问题8个已完成系统录入工作。

【队伍建设】

1. 局领导班子

党委书记：杨宝清

党委委员：王宏雁　姜艳国　齐宏伟
　　　　　潘继军　王海峰　张连会

局　　长：杨宝清

副 局 长：王宏雁　潘继军
　　　　　张素玲（12月退休）　王海峰

水务管理服务中心书记：张连会

派驻纪检组组长：齐宏伟

二级调研员：姜艳国　赵德忠

三级调研员：潘继军　袁学明

四级调研员：史中建　周欣荣　郑海英

2. 机构设置

2023年年底，局机关设置9个科室，分别是党建办公室、办公室、人事科、财务科、河湖保护科、水库移民科、建设管理科、水旱灾害防御科、政策法规科。局属单位4个，分别是天津市蓟州区水务管理服务中心、天津市蓟州区水利项目服务中心、天津市蓟州区水利水保试验示范基地、天津市蓟州区水务综合行政执法支队。

3. 人员结构

2023年年底，全局共有在职干部职工558人。其中机关公务员32人，机关工勤人员3人，事业单位管理人员204人，专技人员210人，工勤编制109人。按照职称划分：具有高级职称人员43人，其中高级工程师30人、高级会计师2人、高级经济师7人、高级政工师4人。中级职称人员146人，其中工程师80人、会计师6人、经济师24人、审计师1人、政工师34人、馆员1人。初级职称128人，其中助理工程师81人、助理会计师5人、助理经济师9人、助理政工师32人、员级职称1人。按学历划分：研究生学历4人，本科387人，专科106人，中专19人，高中及以下学历42人。按年龄分：35岁以下24人，36~40岁58人，41~45岁206人，46~50岁139人，51~54岁69人，55~59岁62人。

4. 先进集体与先进个人

区水务局获得"天津市抗洪抢险救灾先进集体"荣誉称号。

曹洪杰获得天津市思想政治工作优秀案例征集评选二等奖。

【精神文明建设】

1. 加强班子建设，强化组织保障

一是制定了《蓟州区水务局2023年党建工作要点》《2023年党委理论中心组学习计划》，进一步加强和改进基层党的建设，推进党建工作围绕中心、服务大局、确保实效；二是加强政治理论学习，开展6次局党委理论中心组学习和专题研讨；三是严格规范党员培养和发展程序，按照"成熟一个，发展一个"的原则，严把党员队伍建设入口关，2023年新确定入党积极分子3人，发展新党员2人，为水务党员队伍输入新鲜血液，不断增长生机和活力。

2. 深入开展学习贯彻习近平新时代中国特色社会主义思想主题教育活动

区水务局把贯彻落实好习近平新时代中国特色社会主义思想作为重要政治任务，聚焦深学细悟习近平新时代中国特色社会主义思想这个主题，细化推进措施，将主题教育贯穿"三会一课"、党员政治学习日、党性锻炼周等全过程，扎实推进主题教育各项工作。同时，坚持把学习党的二十大精神作为局党委理论学习中心组的第一议题、组织生活的规定内容和支部学习的必修课程，教育引导党员干部深刻领悟"两个确立"的决定性意义，增强"四个意识"、坚定"四个自信"、做到"两个维护"，不断提高政治判断力、政治领悟力、政治执行力。

3. 注重党员队伍建设

以党建为引领，激发各基层党支部的战斗堡垒作用，通过走访调研、宣传教育、初心印蓟等活动的深入开展，营造党员干部职工干事创业的强大氛围，树牢党员干部的宗旨意识，以实际行动投身服务人民群众的各项工作中。组织基层支部到盘山烈士陵园开展"缅怀革命先烈 深化全民国防教育 强国复兴有我"主题祭扫活动，传承红色基因，深化新时代全民国防教育和爱国主义教育。主要领导带队，党员干部带头，分多组深入罗庄子镇防火包保点位进行值班值守，严禁外来人员擅自进山，严禁一切野外用火行为，落实进山扫码，做到防患于未"燃"。

4. 着力增强党组织政治功能和组织功能

严格落实"党员政治学习日""党性锻炼活动周"制度，抓实党员干部下沉入列轮值、选派干部到社区锻炼工作，强化党组织战斗堡垒作用。组织各支部党员干部到区新时代文明实践中心集中观看"深入学习贯彻党的二十大精神主题展""奋进新征程 建功新时代·非凡十年"蓟州区高质量发展成就展等系列展览，切实提高了广大党员干部的政治素质，为奋力建设生态优先绿色发展典范城市凝聚精神力量。坚持在"工作中找问题、党建上找原因"，将业务工作与党的建设有机结合，不断增强党组织政治功能和组织功能，真正做到以高质量党建推动水务管理服务事业高质量发展。

5. 持续开展党风廉政建设

组织全体党员干部认真学习《党章》《中国共产党廉洁自律准则》和《中国共产党纪律处分条例》，教育引导广大党员干部进一步增强纪律意识、廉洁意识，筑牢拒腐防变的思想防线。锲而不舍落实中央八项规定精神，深化运用监督执纪"第一种形态"，教育引导基层党组织书记自觉担负起"第一责任人"职责，坚决做到对党负责，履行"一岗双责"。坚持把纪律规矩挺在前面，通过开展主题党日、党员政治活动日、革命传统教育等活动，让党员干部知敬畏、存戒惧、守底线，习惯在受监督和约束的环境中工作生活，充分发挥党员的先锋模范作用。

（于洋）

大 事 记

2023年天津水务大事记

1月

1月6日 局党组书记、局长张志颇主持召开局党组会议和局长办公会议，传达学习市委常委会会议、市委市政府推进京津冀协同发展领导小组会议精神和陈敏尔书记在蓟州区调研时的讲话精神，审议局工作总结和要点、局领导班子述职报告和局党组选人用人报告、主题学习宣传教育实践活动总结报告等事项，研究2023年城乡供水和生态补水安排。

同日 市诚信建设领导小组办公室向市水务局发来感谢信，感谢市水务局认真贯彻落实《天津市社会信用条例》，大力开展信用信息归集共享，积极参与信用惠民便企应用场景建设，推进信用分级分类监管，弘扬向上向善和诚实守信的中华传统价值理念，为打响"诚信天津"品牌作出了积极贡献。

1月9日 市农村人居环境整治工作领导小组办公室向市水务局发来感谢信，感谢市水务局充分发挥本职职能，高标准完成坑塘、沟渠、河道沿岸垃圾及水面环境整治情况督导检查和农村厕所问题摸排整改"回头看"检查等工作，积极支持改厕专班工作。

1月11日上午 市水务局召开水务服务企业服务群众座谈会，局党组成员、副局长杨玉刚主持会议；局党组成员、一级巡视员王峰，局领导杨建图出席会议。天津水务集团、天津创业环保股份有限公司、葛洲坝水务（天津）有限公司、天津市水务规划勘测设计有限公司、大禹节水集团股份有限公司和梅江街道等应邀参加会议。局规计处、政服处、水资源处、排监处、水资源中心、排管中心负责同志参加座谈。

1月12日 中国交通建设集团有限公司向市水务局发来感谢信，感谢市水务局始终心怀"国之大者"服务国家大局，始终锚定高质量发展不动摇，感谢市水务局长期以来对其的大力支持和帮助！

同日 市水务局召开2022年度机关支部书记抓基层党建述职评议会，局党组成员、副局长、机关党委书记闫学军出席会议。会议听取了5名机关党支部书记抓基层党建现场述职，其他党支部书记进行了书面述职。局机关党委委员、机关各党支部书记和部分机关党员干部代表参加会议，并进行了现场评议。

1月14日 宁河区委区政府向市水务局发来感谢信，感谢市水务局主动伸出援手，强力推动政策资源、发展资源、项目资源等向宁河叠加倾斜。

1月16日 中国南水北调集团中线有限公司向市水务局发来感谢信，感谢市水务局在南水北调工程全面推行河（湖）长制，协助南水北调中线筑牢"三个安全"。加快推进工程验收，为南水北调中线持续安全运行和后续工程高质量发展创造了良好环境。

同日 局党组书记、局长张志颇主持召开局党组会议，传达学习中共中央政治局民主生活会精神和市委常委会扩大会议精神，研究局领导班子民主生活会对照检查材料。

同日 局党组理论学习中心组围绕年度民主生活会和调研报告开展学习研讨，局党组书记、局长张志颇主持会议，局领导班子全体成员出席并进行研讨发言，驻局纪检监察组副组长，办公室、干部处、政法处、政服处、机关党办主要负责同志参加。

1月17日 由市水务局主办、天津市水文水资源管理中心和天津市就业服务中心联合承办的第三届"海河工匠杯"技能大赛——天津市水务行业职业技能竞赛暨第七届全国水文勘测技能大赛天津选拔赛在天津市水文水资源管理中心九王庄分中心圆满落幕。

1月18日 水利部监督司向市水务局发来表扬信，感谢市水务局一年来积极践行习近平总书记"节水优先、空间均衡、系统治理、两手发力"治水思路，发挥监管"利剑"作用，加大供水、排水行业监管力度，建立智能水表用水监测预警系统、供水企业运行安全、污水处理厂分类等监管机制，充分发挥水利监督保障作用，为新阶段水利高质量发展注入了强劲动力。

同日下午 市水务局召开2023年全市水务工作视频会议，传达市领导批示精神，总结近五年和2022年水务工作，分析当前水务工作面临的新形势，明确今后五年水务发展目标方向，部署2023年重点工作任务。局党组书记、局长张志颇出席并讲话，局党组成员、副局长杨玉刚主持，局领导班子全体成员出席；二级巡视员，驻局纪检监察组负责同志，总规划师、总经济师、督察专员，局属各单位、机关各处室全体处级班子；涉农区水务局班子成员；水务集团、城投集团分管负责同志，创业环保主要负责同志参加。

1月19日 市水务局召开2022年度机关党员干部大会，局党组书记、局长张志颇对2022年度工作情况进行通报。局领导班子成员、机关全体公务员参加会议。

1月20日 局党组书记、局长张志颇主持召开局党组会议，传达学习习近平总书记在二十届中央纪委二次全会上的重要讲话精神和李克强总理对全国安全生产电视电话会议作出的重要批示精神，传达学习全国水利工作会议，市委常委会扩大会议、市纪委十二届二次全会、市"两会"等会议精神，审议局党组贯彻执行中央八项规定精神情况报告，通报有关工作情况，研究部署有关工作。

同日 市农业农村委、市乡村振兴局向市水务局发来感谢信，感谢市水务局2022年在全市"三农"工作中作出的贡献。

同日下午 局党组书记、局长张志颇到排水九所浯水道污水泵站检查指导工作，现场检查泵站设施运行、后勤储备等情况，询问泵站值守职工工作和生活状况，代表局党组向大家致以新春问候。排管中心主要负责同志参加。

1月29日 河东区副区长秦桂萍一行到市水务局交流座谈涉水工作。局党组成员、副局长闫学军出席，水资源处、河湖处、防御处、排监处、河长制中心主要负责同志，河东区河（湖）长办负责同志参加。

同日 局党组书记、局长张志颇主持召开专题会议，研究贯彻落实《关于加强新时代水土保持工作的意见》，听取有关情况汇报，并对下一步工作提出明确要求。局党组成员、副局长王洪府出席；农水处、灌排中心主要负责同志和分管负责同志参加。

同日 局党组书记、局长张志颇主持召开专题会议，听取水务工程建设领域质量安全检查百日行动工作汇报，并对下步工作提出明确要求。局党组成员、副局长王洪府出席，建设中心主要负责同志参加。

1月31日 局党组书记、局长张志颇主持召开局领导班子2022年度民主生活会，局领导班子成员紧扣生活会主题，围绕六个重点，对照党的二十大精神，紧密联系水务工作和个人思想实际，深入查摆不足，进行党性分析，开展严肃批评和自我批评。市委督导组负责同志、市纪委监委驻市生态环境局纪检监察组组长孙向君，市纪委监委、市委组织部、市委市级机关工委有关同志到会督导；驻局纪检监察组等有关部门列席会议。

1月 市水务局被水利部列为2022年水利投融资改革成效显著省份表扬名单。

同月 市水务局召开2022年度基层党组织书记抓基层党建述职评议暨处级干部述责述廉会议，局党组书记、局长张志颇主持会议并讲话；局领导班子成员，二级巡视员出席；驻局纪检监察组相关负责同志，总规划师、总经济师、督察专员，局属各单位、机关各处室主要负责同志，局系统部分政协委员、党外人士参加。

同月 水利部组织开展了第五批县域节水型社会达标建设复核工作，静海区、宁河区达到了节水型社会评价标准，顺利通过水利部复核。截至当前天津市16个区全部完成建设任务，建成率达100%，成为全国首个以水利部标准完成全域达标建设的省（自治区、直辖市）。

2月

2月1日 市地下市政基础设施普查和综合管理信息平台建设领导小组办公室副主任梁冀斌一行到市水务局调研推动水务行业普查工作。局领导梁宝双出席，排监处、水资源处主要负责同志参加。

2月3日 为深入学习贯彻习近平法治思想，弘扬宪法精神，落实宪法宣誓制度，市水务局举行2022年下半年以来新提拔晋升处级干部、职级公务员宪法宣誓仪式。

2月8日 市人大常委会农业与农村办在市水务局召开2023年立法项目协调会。市人大农业与农村委员会主任委员、市人大常委会农业与农村办主任李连元主持；市人大常委会农业与农村办副主任宋家明，市司法局二级巡视员赵春雪，市水务局党组成员、一级巡视员王峰，局领导梁宝双出席；市人大常委会法工委、农业与农村办，市司法局有关部门负责同志及市水务局政法处、水资源处、河湖处、排监处、排管中心、河长制中心负责同志参加；并邀请部分市人大代表共同参与。

2月9日 局党组书记、局长张志颇出席并指导水资源中心领导班子2022年度民主生活会。水资源中心领导班子成员佩戴党徽、面向党旗庄严宣誓，党委书记代表班子通报了党史学习教育暨巡视整改专题民主生活会整改措施落实情况并作对照检查，班子成员逐一做对照检查、开展批评与自我批评。驻局纪检监察组督导组、局督导组参加。

2月15日 水利部召开2023年水政工作会议，深入贯彻党的二十大精神，全面落实水利部党组关于推动新阶段水利高质量发展决策部署和2023年全国水利工作会议精神，总结2022年水利法治建设成效，分析当前面临的形势与任务，部署2023年重点工作。水利部副部长朱程清出席会议并讲话，水利部政法司司长于琪洋主持会议。局党组成员、一级巡视员王峰主持召开天津分会场会议，局机关有关处室、局属有关单位主要负责同志和相关人员参加。

2月18日 水利部水旱灾害防御司督察专员王翔率海河流域蓄滞洪区调研组，到天津市调研蓄滞洪区建设管理工作。局领导梁宝双、静海区副区长张永涛一同调研，局防御处、水调中心、大清河中心、海河中心以及静海区水务局负责同志参加。

2月19日 市水务局召开领导干部会议。市委组织部副部长、市公务员局局长张津生出席会议，宣布市委对市水务局领导班子主要负责同志的调整决定。张志颇同志主持会议并讲话，李文运同志讲话。市委组织部干部三处负责同志出席会议，局领导班子全体成员和局总规划师、总经济师、督察专员、机关各处室主要负责同志、局属各单位党政主要负责同志参加会议。

2月20日 屈家店涵闸提启，标志着2023年海河生态补水正式开始、全市生态补水正式启动。市水务局提早谋划，多措并举，确保河湖湿地生态补水工作顺利进行。

2月21日 局党组举办新任职处级干部专题辅导班。局2021年、2022年新提拔晋升处级干部、职级公务员共40余人参训。

2月21—23日 市水务局举办学习贯彻党的二十大精神处级干部专题培训班，全局处级干部及机关一至四级调研员共151人参加。

2月22日 市人大常委会副主任张庆恩一行调研城镇排水及污水处理工作，实地走访祁连路泵站、东郊污水处理厂及再生水水厂，现场查看进水泵房、高低压设备间、污水处理生化池等，与市水务局有关部门进行座谈。局领导梁宝双和局排监处、排管中心主要负责同志参加。

同日下午 局党组书记、局长李文运主持召开审计整改工作会议，听取2022年度审计整改总体情况，研究市审计局向市领导报送专报有关事项办理、全市水务资金使用情况专项审计调查问题整改落实情况，并对审计整改工作提出明确要求。局党组成员、副局长杨玉刚出席，局机关有关处室及局属有关单位主要负责同志参加。

2月23日 水利部召开2023年水土保持工作会议，全面部署当前和今后一个时期贯彻落实中办、国办《关于加强新时代水土保持工作的意见》的目标任务和工作举措，安排部署2023年水土保持重点工作。水利部党组书记、部长李国英出席会议并讲话，副部长朱程清主持会议。局党组成员、副局长王洪府主持召开天津分会场会议，市发展改革委、市财政局、市规划资源局、市生态环境局、市农业农村委负责同志，局属有关单位、机关有关处室主要负责同志，各区水务局主要负责同志、分管负责同志和有关工作人员参加。

2月24日 局党组书记、局长李文运主持召开专题会议，研究局党组和驻局纪检监察组贯通协同工作。局党组成员、副局长闫学军，局党组成员、驻局纪检监察组组长苏海鹏出席会议。驻局纪检监察组有关负责同志，办公室、机关党办、机关纪委主要负责同志参加。

2月27日 水利部召开农村水利水电工作会议，总结2022年农村水利水电工作，分析当前形势与任务，部署2023年重点工作。水利部副部长朱程清出席会议并讲话。局党组成员、副局长王洪府主持召开天津分会场会议，局机关有关处室、局属有关单位主要负责同志和相关人员参加。

2月 按照市人大常委会有关立法工作安排，市水务局申报的水务立法项目《天津市城市排水和再生水利用管理条例》（修订）列入市人大常委会2023年度立法计划审议项目。

同月 水利部公告2021—2022年度全国水利建设质量工作考核结果，天津市考核等级再次被评定为A级，全国排名第四位，位列北方各省（自治区、直辖市）第一。2017—2022年，天津市水利建设质量工作考核连续6年取得A级成绩，考核名次始终保持在全国前列。

同月 局党组书记、局长张志颇带队到城投集团中水公司调研服务，现场查看再生水管网连通香泽道项目施工情况，听取主城区再生水利用和管网连通工程、中心城区内涝实施方案计划安排、咸阳路污水处理厂二期工程、垃圾处理厂协同焚烧污泥及垃圾处理厂渗滤液协同处置需求等情况，与城投集团重大项目部及各相关公司进行深入交流。局水资源处、排监处，城投集团有关负责同志参加。

3月

3月1日 局党组书记、局长李文运主持召开专题会议，研究审计整改和水务工程建设领域质量安全检查百日行动有关工作，听取有关工作情况，并对下一步工作提出明确要求。局领导杨玉刚、王洪府、唐先奇出席；规计处、建管处、安监处、建设中心主要负责同志参加。

3月2日 局党组书记、局长李文运主持召开专题会议，研究2023年度水务重点建设项目和投资计划安排，听取有关工作情况汇报，并对下一步工作提出明确要求。局领导杨玉刚、王洪府、唐先奇、梁宝双出席；总规划师，规计处、建管处、防御处、排监处、建设中心、排管中心主要负责同志参加。

同日 市水务局召开天津市水利工程标准化管理暨运行管理工作部署会议，部署推动市管水利工程标准化管理和2023年度水利工程运行管理工作。局领导唐先奇出席会议并讲话；建管处、于桥中心、永定河中心、海河中心、大清河中心、北三河中心、隧洞中心、黎河中心主要负责同志和分管负责同志参加。

3月3日 局党组书记、局长李文运主持召开座谈会，与市审计局党组成员、副局长孙建国一行对接审计整改工作。市审计局二级总监王银柱，市水务局党组成员、副局长杨玉刚、王洪府出席；市审计局政策跟踪审计处，市水务局财审处、干部处、建管处、防御处、建设中心负责同志参加。

同日 局党组、驻局纪检监察组共同召开市水务局重点项目"开工先开廉政课"专题会议，深刻汲取北京排水河防渗墙工程质量问题教训，层层压实各方责任，不断强化"三个以案"，一体推进"三不腐"，务求整改工作取得实实在在的成效，把水务工程建设成为经得起历史检验的精品工程、让人民满意的廉洁工程。局党组书记、局长李文运出席会议并讲话，局党组成员、驻局纪检监察组组长苏海鹏主持会议，市纪委监委第二监督检查室负责同志全程参加。驻局纪检监察组负责同志，机关有关处室、局属各单位党政主要负责同志，在建项目参建单位负责同志，建设中心、排管中心有关职能科室主要负责同志参加会议。

3月4日 局党组书记、局长李文运主持召开局安委会（扩大）会议暨安全生产工作视频会，传达学习贯彻市领导关于水务安全生产批示精神，安排部署市水务局全国"两会"期间安全生产及督导检查有关工作。局党组成员、副局长王洪府出席，局安委会成员单位和局属各单位、各区水务局主要负责同志，水务集团、葛洲坝水务（天津）有限公司、永定河流域投资公司分管负责同志参加。

3月5日 局党组书记、局长李文运主持召开专题会议，研究水网建设规划编制和外调水源有关情况。局党组成员、副局长杨玉刚出席，总规划师，规计处、水资源处、水调中心、水务设计公司主要负责同志参加。

3月8日 局党组书记、局长李文运主持召开专题会议，研究农村供水工作，听取农村供水巩固提升方案和运行管理情况汇报，并对下一步工作提出明确要求。局领导王洪府、杨建图出席，水资源处、农水处、灌排中心、水资源中心主要负责同志参加。

3月10日 市水务局召开干部人事工作会议，传达全国和全市组织部长会议、统战部长会议精神，通报局党组对部分单位选人用人和机构编制工作专项检查情况，就2023年干部人事重点工作以及日常工作中的注意事项进行安排和讲解。局党组成员、副局长杨玉刚出席会议并讲话，局属各单位党组织主要负责同志、分管负责同志和干部人事部门负责人参加。

3月12日 局党组书记、局长李文运主持召开专题会议，研究审计整改有关工作，听取有关情况汇报，并对下一步工作提出明确要求。局领导王峰、唐先奇出席；办公室、财审处、干部处、建管处、机关党办、机关纪委、建设中心主要负责同志参加。

3月14日 水利部召开会议，推动水利系统全面学习、全面把握、全面落实习近平总书记2014年3月14日在中央财经领导小组第五次会议上关于水安全的重要讲话精神，水利部党组书记、部长李国英出席会议并讲话。局党组书记、局长李文运主持召开天津分会场会议，局领导班子成员出席；驻局纪检监察组，总规划师、总经济师、督察专员，机关有关处室负责同志参加。

3月15日 天津兴佰置业有限公司向市水务

局发来感谢信，感谢市水务局主动为企业服务，积极协调相关部门，在海绵城市绩效评价和行业管理等方面给予的大力支持。

同日 市水务局召开区管水利工程标准化管理工作会议，推动区管水利工程标准化管理工作。局领导唐先奇出席会议并讲话；局建管处主要负责同志和分管负责同志、各区水务局及水务集团分管负责同志参加。

3月16日 市水务局工会召开第六届六次全委（扩大）会议，局工会第六届委员会委员、经审委员会委员以及局属各单位工会主席参加会议。

3月19日上午 局党组书记、局长李文运主持召开专题会议，研究北京排水河项目有关处理意见，听取有关情况汇报，并对下一步工作提出明确要求。局领导王峰、王洪府、唐先奇出席；政法处、财审处、建管处、建设中心、水务综合执法总队主要负责同志参加。

同日18时 永定河生态补水水头抵达天津市武清区邵七堤，标志着天津市2023年永定河春季补水正式开始。2023年是水利部自2019年以来连续第四年组织实施永定河生态补水，持续生态补水为永定河河道沿线生态环境改善和修复、地下水位抬升、生物多样性丰富以及全线贯通入海奠定了坚实基础。根据水利部安排，计划春季集中补水于6月15日前后结束。

3月21日 水利部水旱灾害防御司召开国家蓄滞洪区建设管理台账建设工作调度视频会议，推动国家蓄滞洪区"逐一建档立卡"重点工作。局领导梁宝双主持召开天津分会场会议，局机关有关处室、局属有关单位和相关区水务局分管负责同志参加会议。

同日 重大工程指挥部召开工程建设例会，听取重点水务工程建设、验收工作进展和2023年拟开工工程前期工作情况汇报，部署2023年重水指工作任务。局领导唐先奇主持会议并讲话；局规计处、建管处、建设中心、排管中心、水投集团、永定河流域投资公司主要负责同志及相关人员参加。

3月22日 市水务局在天津节水科技馆举办2023年"世界水日""中国水周"普法宣传活动启动仪式，局党组成员、一级巡视员王峰，局领导杨建图出席；水务系统干部职工、公安、检察院、各区节水办以及学生代表200余人参加。

3月23日 市水务局举办财会监督工作会议。局总经济师，局属单位分管财务、审计工作负责同志，局各级财务、审计部门工作人员160余人参加。

3月28日上午 市水务局召开2023年重点水务工程建设投资计划执行推动会，深入落实市委、市政府"十项行动"涉水任务，部署2023年水务建设投资计划执行目标任务。局党组书记、局长李文运出席会议并讲话，局党组成员、副局长杨玉刚主持会议，局领导王洪府、杨建图出席；驻局纪检监察组副组长，局属有关单位、机关有关处室、各区水务局主要负责同志，水务集团、葛洲坝水务（天津）有限公司、永定河流域投资公司有关同志参加。

同日 局党组书记、局长李文运主持召开专题会议，研究智慧水务有关工作，听取有关情况汇报，并对下一步工作提出要求。局党组成员、副局长杨玉刚出席；规计处、水科院主要负责和相关负责同志参加。

同日 局党组书记、局长李文运主持召开专题会议，研究推动双城间绿色生态屏障涉水任务。局党组成员、副局长杨玉刚出席；总规划师，规计处、河湖处、排监处、灌排中心、水调中心，以及水务设计公司主要负责和相关负责同志参加。

同日 中海油天津化工研究设计院有限公司向市水务局发来感谢信，感谢市水务局为其积极落实取水证办理的各项工作，梳理各项审批流程，围绕政策辅导、合规指引，以慢不起、等不得的工作作风解决了所亟待解决的急难愁盼问题！

3月29—31日 举办了为期三天的学习贯彻党的二十大精神暨党组织书记专题培训班。局属单位、局机关处室党组织书记和党务干部248人参加培训。

3月31日 上海市水务局副局长、一级巡视员赵明一行7人来局调研水务执法工作。局党组成员、一级巡视员王峰一同调研，局政法处、水务综合执法总队主要负责同志参加。

3月 局党组书记、局长李文运到排水五所梅江泵站检查指导工作，重点对泵站消防、交通运输、下井作业、在建排水工程、排水设施运行、特种设备安全、燃气安全等七方面进行安全检查，并对有关工作提出明确要求。排管中心主要负责同志参加。

同月 以水利部监督司督查专员满春玲为组长的巡查组对天津市2023年度水行政主管部门质量监督履职情况开展巡查，并召开巡查反馈会通报检查情况。局党组书记、局长李文运，局领导唐先奇出席反馈会；建管处、安监处、建设中心、滨海新区水务局、西青区水务局主要负责同志参加。

4月

4月1日 市水务局组织召开2023年全市水务系统防汛工作动员部署会。局党组书记、局长李文运出席会议并讲话，局党组成员、副局长杨玉刚主持会议，局领导苏海鹏、王峰、王洪府、唐先奇、梁宝双出席；总规划师、督察专员，驻局纪检监察组和防汛相关处室、局属有关单位、各区水务局主要负责同志、分管负责同志、部门负责同志及防汛专家参加。

同日20时15分 2022—2023年度南水北调东线北延应急调水水头抵达天津市九宣闸。市水务局安排水头先期进入马厂减河，待水质稳定后适时提启南运河节制闸向南运河调水。

4月3日 市河（湖）长办召开城市建成区黑臭水体治理暨汛期入河污染溯源排查整治动员会，通报天津市中心城区河道汛期污染强度概况及存在问题，全面部署2023年中心城区汛期入河污染溯源排查整治工作，解读《天津市城市建成区河道入河污染溯源排查技术指南》。局党组书记、局长李文运出席会议并讲话，局党组成员、副局长王洪府主持，市水务局排监处、河湖处、排管中心、水科院、河长制中心主要负责同志，市生态环境局、市住房城乡建设委、市城市管理委及相关区政府、区河（湖）长办、区生态环境局分管负责同志参加。河西区、红桥区、北辰区河（湖）长办和市排管中心做表态发言。

同日 局党组书记、局长李文运到静海引江供水工程现场调研指导工作。静海区副区长张永涛、局领导杨建图一同调研；水资源处、建设中心，静海区水务局，独流镇、良王乡政府和工程参建单位主要负责同志参加。

4月7日 局党组书记、局长李文运到排水二所所部、三元村泵站，排水六所柳家胡同泵站，机修所明珠泵站、南运河橡胶坝开展"四不两直"检查，实地查看泵站运行情况，详细了解泵站资金保障、设备检修保养、应急物资储备等防汛备汛情况，就防汛排水工作开展调研座谈。

4月7日、4月11日、4月12日 市水务局分别召开专题会议，研究制定新一轮优化营商环境政策措施，市发展改革委、市财政局、市税务局、市规划资源局、市城市管理委、市政务服务办、市委网信办、市大数据管理中心、市公用事业局、市公安交管局、水务集团相关负责同志参加。

4月8日 局党组书记、局长李文运检查指导海河水草打捞工作，现场查看海河城区段水草打捞、水体水质、机械船只作业等情况，对近期工作给予肯定，并对下一步水草打捞提出要求。局领导梁宝双一同检查，局办公室、河湖处、海河中心主要负责同志参加。

4月13日 市水务局召开警示教育大会暨"强监管、优服务、转作风"专项治理工作动员部署会，贯彻落实党的二十大精神以及党风廉政建设和反腐败斗争要求，以北京排水河防渗墙工程质量问题以及市纪委监委通报的典型案例为镜鉴，做实做细做透各项整改工作。局党组书记、局长李文运出席会议并讲话，局党组成员、一级巡视员王峰主持会议，局领导班子成员出席会议；驻局纪检监察组负责同志，总规划师、总经济师、督察专员，机关各处室主要负责同志和有关负责同志、局属各单位班子成员和全体科级干部参加会议。

同日 市审计局党组书记、局长张健一行6人到市水务局就审计整改工作回访座谈，听取2022年审计项目整改情况和有关专报事项办理情况，就部分重点问题进行沟通交流。局党组书记、局长李文运主持，市审计局党组成员、副局长孙建国，市审计局二级总监王银柱，市水务局二级巡视员唐先奇出席。市审计局资环二处、整改处、政策跟踪一处，市水务局总经济师和财审处、水资源处、建管处、防御处主要负责同志参加。

4月15—21日 市水务局党组举办学习贯彻习近平新时代中国特色社会主义思想主题教育专题读书班，16个局属单位党组织同步跟进，全局132位处级以上干部带头先学深学，推动全局主题教育高位起步、走深走实。市委巡回指导组和市委组织部有关负责同志到会指导。

4月17日 水利部组织召开水库安全度汛视频会议，分析研判水库安全度汛形势，安排部署2023年水库安全度汛工作。国家防总副总指挥、水利部部长李国英出席会议并讲话，应急管理部副部长、水利部副部长王道席，水利部副部长刘伟平参加会议。局党组书记、局长李文运主持召开天津分会场会议，局党组成员、副局长王洪府，局领导唐先奇、梁宝双及市应急局副局长王勇出席会议；驻局纪检监察组负责同志，局机关有关处室、局属有关单位及蓟州区、静海区水务局，水务集团负责同志参加会议。

同日下午 局党组书记、局长李文运到静海引江供水工程现场调研指导工作，西青区副区长张建凤一同调研，建设中心、杨柳青镇政府、西青区水务局、工程参建单位主要负责同志参加。

4月19日 驻局纪检监察组会同局党组对局属单位党组织主题教育开展情况进行联合督导。督导组采取"四不两直"方式，直插基层、直奔一线，深入排管中心、建设中心、水资源中心、水科院、于桥中心、北三河中心、水务综合执法总队、灌排中心8家单位，现场检查了主题教育工作动员部署、传达学习、任务落实等情况，重点抽查了理论学习中心组专题读书班学习计划、学习进度、学习氛围、学习纪律以及主题教育相关知识掌握情况，对发现的问题和不足进行了现场反馈。同时，驻局纪检监察组还对纪检监察干部队伍教育整顿开展情况进行了督导。

4月21日 局党组书记、局长李文运主持召开全市水务安全生产工作视频会议，传达学习贯彻市委常委会扩大会议精神，安排部署全市水务系统安全生产工作。局党组成员、副局长王洪府出席，局机关有关处室、局属各单位、各区水务局主要负责同志，水务集团、葛洲坝水务（天津）有限公司、创业环保、永定河流域投资公司分管负责同志参加。

4月22日6时 天津市2023年第一次引滦调水水头到达于桥水库，引滦大黑汀分水闸按照日均30立方米每秒流量向于桥水库放水，后期将视天津市生态用水需求和于桥水库水位情况，适时调整调水流量。截至4月23日8时，潘家口水库蓄水18.05亿立方米，大黑汀水库蓄水2.74亿立方米，于桥水库蓄水2.69亿立方米。此次调水将增加于桥水库水源储备，为城市供水、生态用水提供保障。

4月23日 市水务局召开优秀年轻干部多岗位锻炼工作会议，回顾总结2021年多岗位锻炼工作开展情况，对参加2023年多岗位锻炼的7名干部进行动员培训。市水务局党组成员、一级巡视员王峰出席会议并讲话，参加多岗位锻炼干部及接收单位、部门负责同志参加会议。

4月24日 "善水清廉"歌咏大会在局机关隆重举办。大会深入学习贯彻党的二十大和习近平总书记关于廉洁文化建设的系列重要讲话精神，奏清廉之歌，颂廉洁文化，倡廉政家风。局党组成员、一级巡视员王峰出席活动，驻局纪检监察组副组长赵曙光应邀出席，机关有关处室、部分局属单位分管负责同志到现场观看演出。

同日 局党组书记、局长李文运主持召开局党组会议和局长办公会议，传达学习习近平总书记在广东考察时的重要讲话精神和4月22日谢元副市长有关会议要求，听取一季度经济运行和重点工作进展情况汇报，审议安全生产工作要点、智慧水务建设实施方案等事项，研究部署有关工作。此次局党组会议与局安全生产委员会会议合并召开，局长办公会议与局网络和信息化工作委员会会议合并召开。

4月26日 海河防总2023年工作会议在天津召开，回顾总结2022年海河流域防汛抗旱工作，分析研判2023年汛情旱情形势，安排部署重点工作。海河防总总指挥、河北省省长王正谱，水利部副部长刘伟平出席会议并讲话。海河防总常务副总指挥、水利部海河水利委员会主任乔建华主持会议。北京、天津、河北、山西、山东、河南等6省（直辖市）人民政府和水利部海河水利委员会负责同志发言。水利部水旱灾害防御司，各省（直辖市）水利（务）（厅）局、海河流域气象业务服务协调委员会等单位负责同志，海委有关人员参加会议。局党组书记、局长李文运，局领导梁宝双代表天津市水务局参加。

同日 市政法委组织召开2023年全市海防工作会议，通报天津市海防基础设施普查情况，安排海防基础设施建设问题整改，并部署全市海防工作。局领导唐先奇参会。

4月28日 市水务局召开"五一"、端午期间廉政风险提示会，深入贯彻全面从严治党的要求，进一步压实党风廉政建设主体责任，持续巩固中央八项规定堤坝，确保廉洁文明过节。会议传达了市纪委监委《关于严格落实中央八项规定精神做好"五一"、端午期间正风肃纪工作的通知》和《关于5起违反中央八项规定精神典型问题的通报》，局党组成员、一级巡视员王峰出席会议并讲话，就近期监督检查中发现的问题开展廉政风险提醒。局属各单位、机关各处室相关负责同志参加。

同日 局党组书记、局长李文运主持召开局党组会议和局长办公会议，传达学习水利部水利工程建设工作会议精神，审议"党建进工地"工作方案、《排水和再生水利用管理条例》（修订送审稿）、派驻监督与审计监督贯通协同工作机制实施办法等事项，通报有关情况，研究部署有关工作。本次局党组会议与局党的建设工作领导小组会议合并召开。

4月30日 局党组书记、局长李文运检查指导"五一"期间水环境保障及安全生产工作。局办公室、水调中心、海河中心主要负责同志一同检查。

4月 市河（湖）长办组织市有关部门、水务集团及各区人民政府，修编完成新一阶段市级河湖"一河（湖）一策"方案并印发实施。

同月 局党组书记、局长李文运以"四不两直"方式到排水一所、排水二所、排水五所检查调研，现场查看春季养管会战情况，详细了解泵站、机组、设备运行情况，充分肯定基层排水单位为民服务取得的成果，并对有关工作提出要求。局相关处室负责同志参加。

同月 天津市九宣闸枢纽南运河节制闸和新开河耳闸同时提启，京杭大运河再次实现全线贯通。全线贯通以来，累计向天津市大运河补水1000万立方米。

同月 为深入贯彻落实市委、市政府"十项行动"，助力乡村振兴全面推进行动，市水务局聚焦7个方面制定24项具体工作举措，全面推进乡村振兴重点水务工作。

5月

5月4日 海河防总秘书长、海委副主任韩瑞光率海河防总检查组赴大清河下游及海河防潮闸除险加固工程现场检查防汛准备工作。局领导梁宝双一同检查，局水调中心、大清河中心主要负责同志，静海区水务局分管负责同志参加。

同日下午 局党组书记、局长李文运深入排管中心排水二所密云一支路地道和排水十所宾西地道，实地检查防汛准备工作。排监处、排管中心主要负责同志参加。

5月5日下午 副市长谢元带队检查防汛工作，深入南开区密云一支路地道、密云路泵站施工现场、耳闸、永定新河北辰郊野公园段，实地检查指导防汛准备，进行市级河长巡河。局领导王洪府、梁宝双一同检查，排监处、永定河中心、排管中心、河长制中心负责同志参加。

同日下午 市级河湖长、副市长谢元带队实地巡查调研永定新河，现场听取全市河湖长制基本情况及北辰区永定新河管理保护情况汇报，详细查看水质达标及岸线管理保护现状，对取得的成绩给予充分肯定，并对有关工作提出要求。

5月8—9日 应急管理部防汛抗旱司副司长万群志带队到天津市调研防汛抗旱工作，实地察看了于桥水库大坝、东淀蓄滞洪区清南分洪口门和大清河右堤老龙湾段堤防等水利设施，听取了天津市防汛工程体系及防汛备汛情况等工作汇报，并进行交流讨论。市政府副秘书长兼市应急管理局局长张军武、市应急管理局副局长王勇、市水务局领导梁宝双及静海区、蓟州区有关负责同志陪同调研。

5月9日 水利部调水管理司王平副司长一行到于桥水库调研于桥水库运行、水量调度情况。局领导杨建图陪同，水调中心、于桥中心相关负责同志参加。

同日下午 局党组书记、局长李文运到中心城区防汛排涝补短板工程积水片改造二期工程（井冈山地区）现场检查防汛工作。排监处、建设中心、排管中心负责同志参加。

5月10日上午 市水务局防指召开防汛工作动员部署会议，传达5月9日市防汛抗旱指挥部工作会议精神，部署落实水旱灾害防御措施。局党组书记、局长李文运主持会议并讲话，局党组成员、副局长王洪府，局领导梁宝双、杨建图出席会议；局防指部分工作组组长单位负责同志参加会议。

同日 南水北调集团水网水务投资有限公司一行到市水务局调研，双方就城乡供水一体化、农村污水处理等方面工作进行座谈交流。局党组成员、副局长王洪府出席，水资源处、农水处、排监处、灌排中心、水资源中心负责同志参加。

5月14—20日 主题为"推进城市节水，建设宜居城市"的宣传周期间，天津市通过线上线下相结合的方式，大力做好节水宣传工作，为深入推动节水型社会建设营造良好氛围。

5月16日上午 局党组书记、局长李文运到排管中心调研指导工作，听取相关工作汇报，并对有关工作提出要求。局领导梁宝双，办公室、安监处、财审处、排管中心相关负责同志参加。

同日 局党组理论学习中心组围绕专题五"深刻领悟新时期治水思路科学内涵，坚定不移沿着总书记指引方向勇毅前行"进行交流研讨。驻局纪检监察组副组长，总规划师、总经济师、督察专员，机关各处室主要负责同志参加。市委巡回指导组有关负责同志到会指导。

同日 市水务局于津南区组织召开农村供水保障典型工作经验现交流现场推动会。局领导杨建图出席；水资源处、水资源中心主要负责同志，各涉农区水务局分管负责同志，各供水企业、农村供水运管单位相关负责同志及工作人员共50余人参加。

5月17日上午 市防指副指挥、市水务局局长李文运带队检查大清河系防汛准备工作，实地查勘了东淀蓄滞洪区台头分洪口门、台头安全区围堤工程、大清河主槽左埝应急加高工程、二十五孔桥分洪口门等防汛重点部位，听取了有关部门关于防汛准备工作、大清河系蓄滞洪区建设管理、团泊洼规划行洪通道等情况汇报，并对全面做好2023年大清河系防汛工作提出明确要求。局领导梁宝双，静海区副区长张永涛一同检查，局防御处、水调中心、大清河中心，静海区水务局、应急局主要负责同志参加。

同日 市水务局举办《中华人民共和国民法典》专题讲座。局领导班子全体成员出席；局属各单位、机关各处室、各区水务局主要负责同志、分管负责同志和有关工作人员参加。

5月18日 局党组书记、局长李文运出席并指导建设中心深刻汲取北京排水河防渗墙工程质量问题教训专题民主生活会。针对北京排水河防渗墙工程质量问题，建设中心党委书记代表班子作对照检查，并带头进行深刻检讨，其他班子成员逐一对照检查、开展批评与自我批评，研究制定具体整改措施，举一反三、汲取教训。驻局纪检监察组，办公室、干部处相关负责同志参加。

5月19日 水利部召开山洪灾害防御工作视频会议，水利部副部长刘伟平出席，总结2022年山洪灾害防御工作，分析当前形势与任务，专题部署2023年重点工作。局领导梁宝双主持召开天津分会场会议，对天津市山洪灾害防御工作进行安排部署，防御处、建管处、安监处、水调中心、灌排中心、水资源中心、北三河中心及蓟州区水务局负责同志参加。

5月20日 局党组书记、局长李文运主持召开局党组会议和局长办公会议，传达学习习近平总书记在河北雄安新区考察和在高标准高质量推进雄安新区建设座谈会上的重要讲话精神，在河北考察和在深入推进京津冀协同发展座谈会上的重要讲话精神，中央纪委国家监委有关通报、全市领导干部会议等会议文件精神，审议加强河湖安全保护、加强新时代水土保持、全面推进乡村振兴、落实"城市更新行动"等文件和事项，研究部署有关工作。

5月22日 局党组书记、局长李文运，局党组成员、一级巡视员王峰带队深入排管中心第五排水所调研指导工作，参观天津排水60周年成就展和排水职工书画展，并召开调研座谈会，听取排管中心、水资源中心、水科院、水务综合执法总队和排管中心第五排水所学习贯彻习近平新时代中国特色社会主义思想主题教育情况汇报，对全局主题教育工作提出要求。市委第五巡回指导组组长王润生出席并讲话。

同日 南开区委向市水务局发来感谢信，感谢市水务局在天开园规划建设过程中，始终坚持高度的政治责任感，积极对接天开园核心区地下管网施工工作，全力推动第二排水管理所班组站点拆除工作，加大排水管网养护力度和水环境治理力度，确保了天开园核心区及周边区域安全稳定供水。

5月24日 市水务局召开全市水务重大事故隐患排查整治2023专项行动部署会议。局党组书记、局长李文运出席会议并讲话，副局长王洪府主持会议并作部署，局安委会成员单位和各局属单位、各区水务局主要负责同志，水务集团、葛洲坝水务（天津）公司、创业环保、永定河流域投资公司、水投集团分管负责同志参加会议。

同日 市水务局举办2023年意识形态工作专题培训班，局党组成员、副局长王洪府主持会议，驻局纪检监察组组长苏海鹏及全体组员，局意识形态工作领导小组成员，局属各单位党组织书记和专责干部，局机关各党支部书记，共计60余人参加培训。

同日 市水务局紧紧围绕市第37届科技活动周"热爱科学 崇尚科学"和"全域科普强基础 科技创新赢未来"主题，联合天津市水利学会举办了"智慧水务建设探索思考"技术交流研讨会。机关各处室、局属各单位、各区水务局、水利学会会员单位有关人员90余人参加会议。

5月25日 市水务局召开天津夏季达沃斯水务保障筹备工作推动会议，传达市委、市政府关于做好2023年天津夏季达沃斯筹备工作及城市运行安全保障工作部署要求，安排部署水务保障筹备工作。局党组书记、局长李文运主持会议并讲话；局党组成员、副局长王洪府，局领导杨建图，水务集团副总经理李嘉铭出席；局办公室、水资源处、河湖处、防御处、排监处、水调中心、水资源中心、排管中心主要负责同志，水务集团有关部门负责同志参加。

5月27日 局党组书记、局长李文运主持召开局党组会议和局长办公会议，传达学习习近平总书记听取陕西省委和省政府工作汇报时及在山西运城考察时的重要讲话精神，审议引滦通水四十周年活动方案、加强年轻干部教育管理监督具体措施、重大事故隐患排查整治方案、水资源集约节约利用要点等事项，研究部署有关工作。本次局长办公会议与局安全生产委员会会议合并召开。

5月29日 市水务局组织开展2023年全市水务系统防汛管理和抢险技术培训。局领导梁宝双出席并做动员讲话，防汛相关处室、局属有关单位、各区水务局负责同志及水旱灾害防御业务骨干共计120余人参加培训。

同日 市防指副指挥、市水务局局长李文运带队检查海河干流、永定河系防汛准备情况，实地查勘了海河口泵站、海河闸、新港船闸、永定新河防潮闸、蓟运河闸、中心渔港北段海堤、东兴隆泵站、黄港一库等防汛排涝重点部位，现场听取了有关部门防汛准备工作汇报，深入了解了海河闸除险加固工程、海洋生态修复项目、黄港湿地生态区水环境综合治理与修复工程、黄港一库除险加固工程建设及备汛情况，并对全面做好2023年海河干流、永定河系防汛工作提出明确要求。滨海新区副区长杨玉建一同检查，驻局纪检监察组、水调中心、海河中心、永定河中心、滨海新区水务局负责同志参加。

同日 市级河湖长、副市长谢元主持召开会议，对2022年河湖长制年度考核成绩全市排名末位的红桥区总河湖长、区长陈宇进行约谈。会上，市河（湖）长办通报了红桥区存在的主要问题，陈宇做了表态发言，谢元副市长指导红桥区深入剖析了河湖长制及河湖治理保护工作中的问题原因，并对下一步工作提出了要求。

5月29—31日 住房和城乡建设部、国家发展改革委率国家节水型城市复查现场考评组来津开展节水型城市复查工作。市政府副秘书长王智毅出席复查现场考评汇报会及总结反馈会并讲话；局党组成员、副局长王洪府主持，局领导杨建图汇报天津市节水型城市建设工作完成情况。市发展改革委、市工业和信息化局、市住房和城乡建设委等单位参加考评汇报会及总结反馈会。

5月30日 市水务局召开预防硫化氢中毒事故紧急会议，局党组书记、局长李文运出席并讲话，局党组成员、副局长王洪府主持会议，局领导梁宝双，局属有关单位、机关有关处室、各区水务局、市内六区排水管理部门、重点水务企业和水务工程施工参建单位负责同志参加。

同日 市水务局组织市港航局、天津海事局、海河海事局、天津港（集团）有限公司、天津港设施管理服务公司，开展"2023·守卫津城"新港船闸应急泄洪防汛演练。

同日 市水务局举办习近平新时代中国特色社会主义思想和党的二十大精神暨廉洁文化知识竞赛，局党组成员、一级巡视员、机关党委书记王峰出席并致辞，市委第五巡回指导组现场指导，局干部处、机关纪委、办公室、机关党办、团委和水务综合执法总队负责同志组建评判监审团，来自局机关和局属各单位的17支队伍、51名选手参加比赛。

5月31日 市水务局工会主办、海河中心承办的"中国梦·劳动美 凝心铸魂跟党走 团结奋斗新征程""海河杯"乒乓球比赛顺利举行并圆满收官，市水务局17个单位87名运动员参加比赛。局党组成员、驻局纪检监察组组长苏海鹏，局党组成员、一级巡视员王峰出席比赛活动。

5月 局党组书记、局长李文运到卫津河调研检查水环境管护工作，重点了解卫津河河道打捞及保洁人员安全作业情况，排监处、排管中心主要负责同志参加。

同月 市河（湖）长办组织市机关事务管理局、市水务局、河西区河（湖）长办及马场街河（湖）长开展联合巡湖，现场就迎宾湖管理保护工作达成共识，建立市、区、乡镇（街道）三级协调联动机制，有效保障迎宾湖水质、水量双达标。

同月 市河（湖）长办组织全市各区河湖长圆满完成为期三个月的2023年度春季清河湖专项行动。此次专项行动共查处非法排污行为12处，治理生活污染源107处、农业污染源7处、工业污染源1处；取缔非正规垃圾堆放点760处，治理非法侵占水域滩地83处、违法违规涉河湖建设39

项，打捞清理水面堤岸垃圾0.88万吨，收缴非法捕鱼网具1509个；执行"乱泼乱倒"行政处罚95起，累计罚款金额1.5万元，助力"十项行动"实施，为天津市高质量发展和节假日文化旅游提供了优良的河湖生态环境保障。

同月 自京杭大运河2023年全线贯通补水行动启动以来，天津境内各项工作进展顺利，截至5月累计向大运河补水7671万立方米，提前超额完成水利部补水计划要求，境内大运河沿线水环境持续保持良好，稳定实现全线有水流动目标。

同月 为进一步夯实防汛基础，确保度汛安全，市水务局超前谋划，对防汛责任落实、水利工程运行、蓄滞洪区管理、山洪灾害防御、预案修订、应急处置措施落实、防汛信息系统运行维护等情况进行全面检查，共发现隐患问题84项，均已明确责任主体、整改时限和整改措施，已整改完成24项，其余汛前全部整改完成。

同月 市水务局在市级政府部门系列中2022年度绩效考核名列第15位，被评定为优秀等次。

同月 市水务局举办了2023年发展对象、新党员培训班，局机关、局属单位共计145名发展对象、预备期和转正1年内的新党员参加。

同月 市水务局超前安排，强化联动，精准调度，及时掌握春播进度和灌溉用水需求，千方百计筹措农业春灌水源，加强全市水源调配，保障农业用水。

6月

6月1日 为深入落实好局党组《关于开展北京排水河防渗墙工程质量问题以案为鉴、以案促改、以案促治的工作方案》要求，抓实整改工作，局党组书记、局长李文运对建设中心党委书记、纪委书记进行约谈。

同日 局党组书记、局长李文运主持召开北京排水河防渗墙工程质量问题集体廉政谈话会，开展局党组和驻局纪检监察组对建设中心党委主要负责人和问题涉及相关责任人员集体廉政谈话，局党组成员、驻局纪检监察组组长苏海鹏出席会议。

6月2日 市委主题教育第五巡回指导组组长王润生带队到于桥中心调研指导主题教育工作。局党组成员、一级巡视员王峰陪同，机关党办、于桥中心相关负责同志参加。

同日 天津国能盘山发电有限责任公司向市水务局发来感谢信，感谢市水务局水务综合行政执法总队执法一支队执法人员时刻秉承高效规范、依法行政的态度，积极对其宣贯取水、节水等方面法律法规，并耐心讲解，在整改过程中，市水务局水务执法人员又主动帮其进行现场指导整改。

6月5日 局党组书记、局长李文运主持召开局党组扩大会议，深刻汲取北京排水河防渗墙工程质量问题教训，深入查摆在落实全面从严治党主体责任、加强日常管理、完善制度机制等方面存在的问题，不断强化"三个以案"，一体推进"三不腐"。局领导班子成员出席会议，局属有关单位、机关有关处室主要负责同志参加。

同日 局党组书记、局长李文运主持召开局党组会议和局长办公会议，传达学习二十届中央国家安全委员会第一次会议精神，市委十二届三次全会精神，审议国家安全协调机制、落实中央八项规定实施细则精神实施办法、巡察工作要点和工作计划、水安全保障"十四五"规划实施中期评估报告等事项，研究部署有关工作。此次局党组会议与局国家安全人民防线建设小组会议合并召开。

6月6日 受气温持续攀升影响，城市供水量节节攀升，全市日供应量再创今年及历史新高，达328.5万立方米，较2022年最高日供水量319万立方米增长3%。市水务局提前谋划，多措并举，全力保障夏季高峰用水安全，特别是高考期间城市供水安全。

同日 市河（湖）长办主任、市水务局党组书记、局长李文运到河西区、西青区调研指导河湖长制工作，先后徒步检查海河春意桥至吉兆桥段、运荳河、复兴河紫金山路至友谊路段、南运河元宝岛段，详细了解两区河湖长制及河道管理保护情况，并对下一步工作提出要求。西青区区级河湖长、区河（湖）长办主任、副区长张建凤，河西区河（湖）长办相关负责同志，局办公室、河长制中心主要负责同志参加。

同日下午　市委主题教育第五巡回指导组组长王润生带队到海河中心调研指导主题教育工作。局党组成员、一级巡视员王峰陪同。

6月7日　市规划资源局副局长张志强一行到于桥水库调研库区土地确权登记颁证工作，实地查看水库封闭管理情况，详细听取库区管理、土地证办理进程等情况汇报。局领导杨建图陪同，建管处、于桥中心，市规划资源局蓟州分局相关负责同志参加。

同日　市水务局召开持续净化政治生态推进会暨警示教育大会。局党组书记、局长李文运出席会议并讲话，局党组成员、副局长杨玉刚主持会议，局党组成员、驻局纪检监察组组长苏海鹏就全局近年来查处的典型案例作警示教育报告，局党组成员、一级巡视员王峰部署局党组持续净化政治生态重点任务。局领导班子成员，驻局纪检监察组负责同志，机关各处室正副处长，局属各单位党政主要负责同志和分管党建、纪检工作负责同志参加会议。会上集中观看了警示教育专题片《激浊扬清启新程》。

同日下午　市水务局召开2023年重点水务工程建设投资计划执行调度会，总结分析投资计划执行情况，对做好下一步工作进行再动员、再部署。局党组书记、局长李文运出席会议并讲话，局党组成员、副局长杨玉刚主持会议，局领导唐先奇出席；驻局纪检监察组副组长，局属有关单位、机关有关处室、各区水务局主要负责同志，水务集团、葛洲坝水务（天津）有限公司、永定河流域投资公司有关同志参加。

6月7—13日　市水务局联合市港航局、市农业农村委以及沿河属地河（湖）长办、街（镇）、公安等部门，开展汛前阻水渔具联合清障行动，重点对海河、子牙河、新开河、北运河等一级河道中的地笼、网障、网箱、插杆、简易浮台等阻水障碍物进行集中清理，为河道行洪畅通、安全度汛打下坚实基础。

6月12日　局党组理论学习中心组围绕"深刻领悟'六个必须坚持'，全面掌握思想体系精髓要义"和提升"政治能力、思维能力、实践能力"进行交流研讨。局党组书记、局长李文运主持会议并讲话，理论学习中心组成员结合分管工作交流学习体会。驻局纪检监察组副组长，总规划师、总经济师、督察专员，机关各处室主要负责同志参加。市委第五巡回指导组有关负责同志到会指导。

6月13日　市水务局举办预算绩效管理专题培训，邀请市财政局相关负责同志授课。培训采用视频方式，在市水务局设主会场，局属相关单位设分会场，局机关相关处室具体负责同志、局属各单位财务部门负责人与工管等项目部门负责人及具体工作人员180余人参加了培训。

6月14日　市水务局组织召开全市供水管理工作会议，听取全市供水工作完成情况汇报，分析存在的问题，安排部署下一步工作。局领导杨建图主持会议并讲话；水资源处、政服处、水资源中心，各区水务局，各供水企业主要负责同志参加。

6月15日上午　市水务局召开安全生产和社会稳定工作会议，传达6月14日全市安全生产和社会稳定工作会议精神，部署防汛和安全生产工作。局党组书记、局长李文运主持会议并讲话，局领导班子全体成员出席；总规划师、总经济师、督察专员，驻局纪检监察组，机关各处室、局属各单位有关负责同志参加。

同日　水利部信息中心副主任许明家一行来津专题调研地下水监测工作。局党组成员、副局长王洪府一同调研，水资源中心负责同志参加。

同日　天津市进入汛期，市水务局锚定"人员不伤亡、水库不垮坝、重要堤防不决口、重要基础设施不受冲击"和确保城乡供水安全目标，在充分做好防汛准备的基础上，进一步深化各项措施，全面进入防汛备战状态，确保全市安全度汛。

6月16日 市水务局举办"乡村振兴全面推进行动"专题讲座，局党组成员、副局长王洪府主持会议，局领导唐先奇、杨建图，全局处级领导干部、部分涉及乡村振兴业务工作人员，共计130余人参加。

6月17日 水利部河湖保护中心主任蒋牧宸到永定新河河口调研指导工作，实地查看永定新河河口、永定新河防潮闸，并听取永定新河河口管理相关工作汇报。市水务局党组成员、副局长王洪府陪同，建管处、河湖处、永定河中心相关负责同志参加。

同日 局党组理论学习中心组围绕学习"千万工程"经验案例进行交流研讨。局党组书记、局长李文运主持研讨会，理论学习中心组成员结合实际交流学习体会。驻局纪检监察组副组长，总规划师、总经济师、督察专员，机关各处室主要负责同志参加。

6月20日 市政务服务办党组成员、副主任刘新佳带队到市水务局调研12345热线工作，并就涉水重点热线事项办理情况进行交流。局党组成员、一级巡视员王峰陪同调研，政服处、水资源处、排管中心相关负责同志参加。

同日 市政府副秘书长王智毅检查中心城区防汛排水"一处一预案"点位准备情况，现场了解了易涝点位积水处置预案及排水设备预置情况，并对相关工作进行指导。局领导杨建图陪同。

6月21日上午 局党组邀请天津财经大学马克思主义学院院长丛屹教授作专题辅导讲座，局党组成员、一级巡视员王峰主持。局领导班子成员，全局处级干部和党支部书记参加。

同日 天津市南水北调中线工程宝坻引江供水工程正式通过通水验收，具备向宝坻区输送引江水的条件，今后宝坻区将实现引江引滦双水源保障，为服务区域经济社会发展发挥重要作用。

6月25日 市水务局召开学习贯彻习近平新时代中国特色社会主义思想专题党课报告会暨"两优一先"表彰大会，局党组书记、局长李文运出席会议并讲授专题党课，局领导班子成员，驻局纪检监察组有关负责同志，局机关处级干部，局属各单位党政主要负责同志，局"两优一先"获奖人员、荣获"光荣在党50年"纪念章老党员代表参加。市委主题教育第五巡回指导组相关负责同志参加会议给予指导。

同日 局党组理论学习中心组围绕"深刻领悟中国式现代化理论，实干担当推动高质量发展"进行专题交流研讨。局党组书记、局长李文运主持会议并讲话，理论学习中心组成员结合分管工作交流学习体会。驻局纪检监察组副组长，总规划师、总经济师、督察专员，机关各处室主要负责同志参加。市委第五巡回指导组有关负责同志到会指导。

6月28日 天津市印发2023年第1号总河湖长令《关于全面建设新时代幸福河湖的动员令》，部署在全市范围内开展幸福河湖建设，到2025年力争各区建成不少于1条（段、座）幸福河湖；到2027年建成区重点河湖、重要水库基本建成幸福河湖；到2035年全市河湖总体建成"河安湖晏、岸绿景美、鱼翔莺语、人水和谐"的幸福河湖。

6月29日 市水务局组织开展《质量强国建设纲要》《水利工程质量管理规定》宣贯工作，建管处、建设中心，各区水务局，水利工程项目法人、设计、监理、施工、检测及监测等单位有关负责同志和相关工作人员共计180余人，分别通过"线上+线下"方式参加。

6月29—30日 局党组书记、局长李文运到隧洞中心、黎河中心、于桥中心调研指导工作，深入了解各单位主题教育及重点工作开展情况，慰问基层一线职工和帮扶干部，并就下一步工作提出明确要求。局办公室主要负责同志参加。

6月 市防指市区分部在津湾广场举办2023年中心城区防汛应急抢险演练，针对气象预警及响应、预警和信息发布、河道漫堤抢险及水上救援、危陋房屋巡查及人员转移安置、易积水小区排水抢险、易积水地道及下沉路应急抢险、移动抢险设备现场实操、地下空间受困群众救援、供电排故抢险作业等9个科目进行了实战演练，进一步提高了中心城区防汛抢险实战能力和应急救援能力。市水务局、市应急管理局、市住房和城乡建设委、市城市管理委、市交警总队、国网电力、市气象局、市排管中心、市内六区防办参加。

同月 市水务局成立检查组对全市范围内在建涉河建设项目开展汛前检查。先后检查了西中环快速路跨海河桥工程、天津中心城区至静海市域（郊）铁路首开段（团泊西—团泊北—京华路）新建桥梁跨越独流减河工程等12个涉河建设项目，现场听取了建设单位对项目施工进度、度汛准备等情况汇报，对建设项目是否符合批复方案要求、度汛预案是否落实到位、防汛通道是否畅通、施工栈桥是否按时拆除等工作进行了重点检查。

同月 天津市圆满完成南水北调东线一期北延应急供水工程2022—2023年度调水任务。此次调水天津市境内河道输水历时62天，南运河九宣闸累计收水3635万立方米，其中南运河收水1566万立方米、马厂减河收水2069万立方米，完成计划的109%，超额完成水利部下达的调水任务。调水期间，天津市境内工程运行安全平稳，调水秩序良好，水质稳定达标，为京杭大运河2023年全线贯通补水、天津市南部地区地下水超采综合治理、河湖复苏行动、生态环境改善、粮食安全生产提供了充足的水资源保障。

同月 市水务局组织各区水行政主管部门、各级水库主管部门和水库管理单位全面完成天津市水库新增注册登记和复查变更登记工作，对全市1座新建水库王庆坨水库新增注册登记，对于桥水库等20座大中小型水库复查变更换证，对水库基础信息、建设及除险加固信息、水文特征、水库特征、工程管理等294项基础信息进行全面复核，率先在全国各省（自治区、直辖市）全面完成水库新增注册登记和复查变更登记工作，为全面精准动态掌握水库信息、提升"四预"能力、强化信息共享、全面构建水库运行管理矩阵提供了基础支撑。

同月 市水务局会同市公安局制定印发《关于进一步加强我市河湖安全保护工作的实施意见》，通过联席会议、信息共享、保障执法、成效共宣，形成优势互补、通力协作的良好局面，力争打造河湖安全保护新标杆，全力维护河湖管理秩序。

同月 为全面贯彻落实党的二十大精神，深入学习宣传贯彻习近平法治思想，让民法典走到群众身边、走进群众心里，在第三个"民法典宣传月"来临之际，市水务局组织开展了形式多样的宣传教育活动，取得了良好效果。

同月 天津市正式发布《2022年天津市水资源公报》，从水资源量、蓄水动态分析、水资源开发利用等方面全面反映2022年全市水资源状况。

同月 天津市2023年京杭大运河全线贯通补水任务圆满完成。此次贯通补水天津市境内河道输水历时59天，累计补水1.14亿立方米。其中引滦水源累计补水7707万立方米，完成计划补水量的192.7%；东线北延水源累计补水3635万立方米，完成计划补水量的109%。两种水源均超额完成贯通水量调度计划，置换沿线128平方千米耕地地下水灌溉用水，为静海区、滨海新区10个乡镇补充灌溉水源。

7月

7月3日 局党组书记、局长李文运主持召开局党组会议和局长办公会议，传达学习习近平总书记对宁夏银川市兴庆区富阳烧烤店燃气爆炸事故重要指示精神、全国安全防范工作视频会议、水利部数字孪生水利建设现场会等会议精神，市领导调研和有关批示精神，审议局专项整治方案、河湖安全保护专项执法行动实施方案、供水企业信用评分结果等事项，研究局领导班子成员工作分工。此次局党组会议与局推进依法治市工作领导小组会议、局东西部协作与支援合作工作领导小组会议合并召开。

同日 局党组理论学习中心组围绕学习习近平总书记在文化传承发展座谈会上重要讲话精神进行

交流研讨。局党组书记、局长李文运主持研讨会，理论学习中心组成员结合实际交流学习体会。驻局纪检监察组副组长，总规划师、总经济师、督察专员，机关各处室主要负责同志参加。

7月4日 市河（湖）长办召开2023年市区汛期入河污染溯源排查整治暨主题教育专项整治方案部署落实会，通报中心城区上半年河道考核断面、中心城区雨水管网临界点检查井水质情况，听取各责任单位关于汛期入河污染溯源排查工作各自进展情况汇报，并对下一步工作进行部署。市河（湖）长办常务副主任王洪府出席会议并讲话。市水务局河湖处、排监处主要负责同志，河长制中心、排管中心、水科院分管负责同志，市内六区及环城四区河（湖）长办主要负责同志，市生态环境局水处、监测中心有关负责同志参加。

同日 市水务局召开2023年第一轮巡察工作动员部署会，传达学习习近平总书记关于巡视工作的重要讲话精神和全国巡视工作会议精神以及局党组巡察工作领导小组会议的要求，宣布该轮跟进巡察组组长、副组长授权任职决定。局党组成员、局党组巡察工作领导小组副组长王峰作动员讲话。

同日 第十四届新领军者年会天津筹备协调委员会向市水务局发来致敬信，感谢市水务局作为第十四届新领军者年会天津筹备协调委员会成员，秉承办会是为了办事的理念，坚持"全市一盘棋"意识，主要领导挂帅出征、心中有数、主动补台补位、紧密协同协作，为2023天津夏季达沃斯论坛圆满成功付出努力。

7月5日 于桥水库工程顺利通过市水务局标准化管理验收，成为天津市首个一级标准化管理工程。

7月6日上午 市级河湖长、副市长范少军先后赴海河、七里海湿地巡查调研，现场了解河湖长制及防汛准备情况，详细查看海河水质、岸线保护利用现状及七里海湿地生态修复情况，对取得的治理成效给予充分肯定，并对下一步工作提出相关要求。市河（湖）长办常务副主任、市水务局副局长王洪府，市规划资源局副局长张宏晖，市生态环境局二级巡视员祁磊，河西区区长胡学明，副区长李青春，宁河区区长惠冰、副区长沈洁一同参加。

同日 局党组书记、局长李文运主持召开局党组会议，传达学习习近平总书记关于防汛救灾工作重要指示精神、水利部防汛会商会议精神，市领导调研检查防汛工作和有关防汛专题会议精神，研究部署有关工作。

7月7日 中国南水北调集团有限公司环保移民部副主任王瑞增一行到于桥水库调研水质保护、藻类防控等工作，实地查看于桥水库入库河口湿地运行管理情况，听取水质改善、水源保护等情况汇报，并进行座谈交流。局领导杨建图陪同，水资源处、于桥中心、水科院主要负责同志参加。

同日 局党组书记、局长李文运主持召开贯彻落实习近平总书记重要指示精神暨局防汛抗旱指挥部扩大会议，传达贯彻习近平总书记关于防汛救灾的重要指示精神和国务院领导同志批示要求，落实全国防汛救灾工作调度会、水利部防汛会商会以及陈敏尔书记调研检查防汛工作讲话精神和市领导相关要求，进一步部署防汛抗旱工作。局领导王洪府、王立义出席；水务集团、创业环保股份有限公司、葛洲坝水务（天津）有限公司分管负责同志，总规划师、督察专员，驻局纪检组，机关有关处室、局属有关单位、各区水务局负责同志及市内六区防汛相关部门负责同志参加。

7月10日 局党组2023年第一轮巡察完成进驻建设中心工作。局党组成员、一级巡视员、局党组巡察工作领导小组副组长王峰出席进驻动员会并讲话。局党组巡察工作办公室、该轮巡察组全体成员，建设中心科级以上干部和职工代表参加会议。

7月11日16时 大黑汀分水闸关闭，天津市2023年度第一次引滦调水圆满结束。此次调水自2023年4月21日开始至7月11日结束，累计调水量2.95亿立方米，有效增加了天津市的引滦水源储备，为城市供水安全提供了保障。截至7月11

日8时，潘家口水库蓄水量13.35亿立方米；大黑汀水库蓄水量1.19亿立方米；于桥水库蓄水量2.61亿立方米，相应水位19.41米。

7月12日 局党组书记、局长李文运到基层一线调研推动防汛工作，深入卫津河、纪庄子河、四化河、津港运河等排水河道，独流减河左堤部分堤段，津港运河泵站、东台子泵站、万家码头泵站、马厂减河腰闸、洪泥河南闸、生产圈泵站等闸涵泵站，实地检查防汛措施落实情况，现场部署推动下一步工作。局办公室、水调中心、大清河中心主要负责同志参加。

7月13日 局党组理论学习中心组围绕"深刻领悟以自我革命精神加强自身建设的重要意义，永葆清廉本色"进行交流研讨。局党组书记、局长李文运主持会议并讲话，理论学习中心组成员结合分管工作交流学习体会、查摆问题不足、明确努力方向。督察专员，机关各处室主要负责同志参加。市委第五巡回指导组组长王润生、市委宣传部和市委市级机关工委有关负责同志到会指导。

同日 市水务局举办2023年度优化营商环境专题讲座，局党组成员、一级巡视员王峰主持，机关各处室、局属各单位，各区水务局、各供水企业负责同志参加。

7月14日 《天津市城市排水和再生水利用管理条例（修订草案）》经第18次市政府常务会议审议通过。

同日 汉江集团公司董事长、党委副书记何晓东一行到永定新河防潮闸调研生态补水工作，听取了永定新河生态补水工作整体进展和地下水水位回升情况汇报。局党组成员、副局长王立义陪同，永定河中心相关负责同志参加。

7月15日 局党组书记、局长李文运主持召开局党组会议和局长办公会议，传达学习习近平总书记在江苏考察和在中共中央政治局第六次集体学习时的重要讲话精神、对党的建设和组织工作重要指示精神、全国组织工作会议，陈敏尔为全市党员领导干部讲主题教育专题党课报告会及市委常委会扩大会议精神，听取水资源中心、水科院党委巡察整改工作落实情况，审议有关事项。

7月18日 市防指市区分部组织召开2023年防汛工作推动会议，市水务局副局长王立义，市防指市区分部副指挥、市住房和城乡建设委一级巡视员宋国，市防指市区分部副指挥、市公安局交警总队副总队长冯国胜出席；市区分部、市住房和城乡建设委、市城市管理委、市气象台、市内六区和相关企业负责同志参加。

同日下午 市水务局召开学习贯彻习近平新时代中国特色社会主义思想主题教育调研成果交流研讨会。局领导班子成员围绕提高水资源利用效率和效益、蓄滞洪区建设管理、优化各区涉水政务服务、农业灌区改造与高标准农田有效融合、强化排水与再生水管理、加强水利工程质量监督和提升二次供水设施管理水平等课题进行了调研成果交流，围绕正反典型案例进行剖析，对发现的问题进行深入讨论分析，研究提出改进提高的新办法、新举措，进一步促进了调研成果转化，推动水务高质量发展。局党组书记、局长、局党组主题教育领导小组组长李文运主持会议并讲话。市委主题教育第五巡回指导组副组长沈志勇和指导组成员到会指导。驻局纪检监察组副组长，总规划师、总经济师、督察专员，机关各处室主要负责同志参加会议。

7月18—19日 海河防总秘书长、海委副主任韩瑞光率队检查北三河系防汛工作，实地查看蓟州区辛撞闸、于桥水库、蓟运河、盛庄洼，详细了解工程设施运行、水量调度、抢险物资储备、蓄滞洪区工程及应急处置等情况，并对有关工作提出要求。局党组成员、副局长王立义一同检查，防御处、于桥中心、水调中心、北三河中心，蓟州区水务局主要负责同志参加。

7月18—21日 甘肃省水利厅二级巡视员张世华一行26人赴津开展东西部协作农村供水保障调研交流活动，局领导杨建图一同参加，规计处、水资源中心主要负责同志，水资源处、灌排中心、水务集团相关负责同志参加。

7月20日 局党组书记、局长李文运主持召开局党的建设工作领导小组会议，听取领导小组成员单位上半年工作情况汇报，研究部署下一步重点工作。局党组成员、一级巡视员王峰出席。

7月21日上午 水利部召开水利基础设施建设调度会商会，总结2023年上半年水利基础设施建设进展，分析面临形势和存在问题，部署下半年水利基础设施建设工作。水利部副部长王道席主持会议并讲话。局党组成员、副局长杨玉刚主持召开天津分会场会议，局属有关单位、机关有关处室，水务集团、永定河流域投资公司有关负责同志参加。

同日 水利部海委二级巡视员罗建军带领防汛工作组到天津市检查并协助开展强降雨防范工作，现场查看了大清河左堤应急加高加固工程、独流减河南腰闸等点位情况，听取相关工程治理和洪水防御工作情况汇报，并对做好强降雨防范工作提出要求。局领导唐先奇陪同，防御处、大清河中心，静海区水务局等单位负责同志参加。

同日 市政府党组成员李树起冒雨深入防汛一线，"四不两直"督查防汛工作，实地查看中心城区金阜桥、密云一支路地道"一处一预案"点位和密云路泵站运行情况，详细了解点位临时架泵现状、风险隐患点、防汛物资筹备及防灾措施落实等情况，并对有关工作提出要求。局党组书记、局长李文运和排管中心主要负责同志一同检查。

同日 天津市残疾人联合会向市水务局发来感谢信，在全市奋发有为全面建设社会主义现代化大都市新局面，在天津市残疾人事业开启新征程之际，感谢市水务局一如既往关心支持残疾人事业。

7月22日 局党组书记、局长李文运主持召开局党组会议和局长办公会议，传达学习习近平总书记在全国生态环境保护大会上的重要讲话以及对网络安全和信息化工作重要指示精神，专题研究全面从严治党、党风廉政建设和反腐败工作，研究审议有关事项。此次局党组会议与局党的建设工作领导小组会议、局全面推进乡村振兴涉水任务工作领导小组会议合并召开。

同日 水利部海委二级巡视员罗建军带队检查天津市防汛排水工作，实地检查东风地道"一处一预案"点位、月牙河口泵站、复兴门大闸，听取防汛排水工作汇报，并对有关工作提出要求。局党组成员、副局长王立义，海河下游管理局负责同志陪同。

7月23日上午 市政府副秘书长王智毅检查北三河系防汛工作，实地查看木厂闸、土门楼闸、狼儿窝闸、里自沽闸及青龙湾减河、潮白新河水情，详细了解该轮降雨情况、洪水过程、历史洪水情况以及大黄堡蓄滞洪区基本情况，并对有关工作提出要求。市水务局、宝坻区政府主要负责同志一同检查，河北省廊坊市水务局，水调中心、宝坻区水务局负责同志参加。

同日下午 市防汛抗旱指挥部副指挥、市水务局党组书记、局长李文运带队检查蓟运河险工险段，实地查看宝坻区王善庄险段、宁河区二至三村险段、五至六村险段、四村段、刘庄段堤防，听取宝坻区、宁河区险段防御措施落实情况，并对下一步工作提出要求。宝坻区区长郭康伟、宁河区副区长王智东一同检查，市水务局有关部门和宝坻区、宁河区水务局负责同志参加。

7月24日 局党组理论学习中心组围绕学习习近平总书记关于党的建设的重要思想进行交流研讨。局党组书记、局长李文运主持研讨会，理论学习中心组成员结合实际交流学习体会。驻局纪检监察组副组长，总规划师、总经济师、督察专员，机关各处室主要负责同志参加。

同日 天津市津南区八里台镇局部地面沉降工作专班居民生活服务保障组向市水务局发来感谢信，感谢市水务局作为居民生活服务保障组成员单位，坚决落实市委、市政府部署要求，迅速调集精干力量，全力支持居民生活服务保障组工作，为平稳有序做好此次应急处置工作付出了艰辛努力、作出了积极贡献。

7月25日 市水务局组织召开"优化供水服

务　推动营商环境建设"动员部署会，传达天津市营商环境建设相关会议精神，介绍市政公用基础设施服务供水指标优化服务实施方案编制情况，并对下一步工作提出要求。局党组成员、一级巡视员王峰，水务集团副总经理李嘉铭出席；市发展改革委、市财政局、市税务局、市规划资源局、市住房和城乡建设委、市水务局、市城市管理委、市政务服务办、市委网信办、市公安交管局，各区人民政府，水务集团及其他供水企业相关负责同志参加。

同日　新疆兵团水利水电工程集团有限公司向市水务局发来感谢信，感谢执法总队执法七支队在天津市南水北调中线市内配套工程西河泵站至凌庄水厂红旗路线DN2200原水管道重建工程实施过程中给予的大力支持和帮助。

同日　市水务局联合市高级人民法院、市人民检察院、市公安局、市司法局召开全市河湖安全保护专项执法行动工作推动视频会议，市水务局党组书记、局长李文运出席会议并讲话。会议传达了水利部、最高人民法院、最高人民检察院、公安部、司法部等国家五部门关于河湖安全保护专项执法行动动员部署会议精神，介绍了天津市河湖安全保护专项行动实施方案。市水务局、市高级人民法院、市人民检察院、市公安局、市司法局、水利部海委负责同志在主会场参加会议，各涉农区水务局、区人民法院、区人民检察院、区公安分局、区司法局负责同志在分会场参加会议。

7月27日　市水务局、市卫生健康委联合开展"水卫同行　共享法治"普法共建活动，进一步促进天津市水务系统与卫健系统工作交流，并就构建"资源共享、优势互补、注重实效"的普法服务工作新格局签订联合共建意向书。局党组成员、一级巡视员王峰，市卫生健康委党委委员、副主任邓全军出席，局政法处、政服处、水务综合执法总队，市卫健委规划发展与后勤管理处，相关医院等部门和单位共计30余人参加。

同日　市水务局召开2023年水务统计工作培训会，传达学习《水利部办公厅关于进一步加强水利防范统计造假工作的意见》，宣讲统计法律法规，讲解培训统计报表填报注意事项并答疑。局党组成员、副局长杨玉刚出席会议并讲话。局属各单位、机关有关处室、各区水务局以及水务集团、葛洲坝水务（天津）有限公司、永定河流域投资公司分管统计工作负责同志和统计工作人员共90余人参加了培训会。

7月29日下午　市政府副秘书长于鹏洲深入一线指挥海堤防潮工作，实地查看红星码头段、力高阳光海岸段海堤工程，详细了解海堤整体情况、隐患薄弱点位具体情况、防潮准备工作落实情况和台风"杜苏芮"可能对海堤的影响，并对有关工作提出要求。局领导唐先奇陪同检查，滨海新区政府相关部门、永定河中心、中新生态城应急管理局负责同志参加。

7月　天津市河西区人民法院经诉前调解，化解了市水务局申请的一起行政处罚强制执行案件，被申请强制人依法全额缴纳了罚款，标志着天津市首例水土保持设施"未验先投"违法案件成功办结。

同月　青排渠北丰产河连通工程施工（第1标段）、武清区2017年农村饮水提质增效工程—京津科技谷引江水厂建设工程、陈塘泵站工程、天津市南水北调中线市内配套工程武清供水工程管线工程（A0+000~A32+880段）施工（第二标段）、天津市宁河区曾口河综合治理工程施工（第2标段）、天津市大黄堡洼蓄滞洪区工程与安全建设施工（第2标段）等6项工程荣获市水利工程优质奖。

8月

8月1日凌晨　面对洪涝灾害防御应急响应已提升至Ⅰ级，子牙河、永定河、大清河相继发生编号洪水的严峻复杂的抗洪救灾形势，局党组连夜组建了一支抗洪抢险退休专家组，31名专业技术过硬、实战经验丰富的"老水利"、老专家闻"汛"而动，主动请缨，与全市广大水务职工一起，共同铸就抗洪抢险的坚强屏障。

8月6日 局党组委派干部处、离退处主要负责同志前往静海区、武清区和局防汛调度室，看望慰问奋战在抗洪抢险一线的老党员、老专家，传达局党组的感谢和问候。

8月11日 南开区委、区政府向市水务局发来感谢信，感谢市水务局及局属市排水管理事务中心周密部署，冲锋在前，调配人员、物资和排水设备，全力驰援该区防汛工作。

8月15日 河北省住房和城乡建设厅向市水务局发来感谢信，感谢市水务局调度天津市排水管理事务中心应急抢险队日夜兼程、第一批次赶赴抢险救灾前线，在抗击洪灾的战场上，不畏险阻、听从指挥，发扬连续作战精神，完成4个积水区域抢险抽排任务，抽排总量达16万立方米。

同日 中央广播电视总台天津总站向市水务局发来感谢信，感谢市水务局与该站通力合作，实现重要消息全网及时发布，并针对公众关心的防洪问题进行解读，高质量完成了本次防洪报道任务，及时回应了公众关切，形成了良好舆论氛围。

8月19日 局党组书记、局长李文运主持召开局党组会议和局长办公会议，传达学习习近平总书记在四川考察时和返京途中在陕西汉中考察时的重要讲话精神，习近平总书记对防汛救灾工作的重要指示精神、李强总理批示精神、张国清副总理在天津指导防汛抗洪救灾时的讲话精神和防汛有关会议精神，研究审议有关事项。

同日 局党组理论学习中心组开展主题教育专题民主生活会前集中学习，局党组书记、局长李文运主持会议，理论学习中心组成员结合实际交流学习体会。驻局纪检监察组副组长，机关各处室主要负责同志参加。

8月23日上午 市水务局召开水务安全生产紧急会议，传达8月22日全市安全生产和消防安全工作会议精神，部署下一步水务安全生产重点工作。局党组书记、局长李文运出席会议并讲话，局党组成员、副局长王洪府主持，局安委会成员单位和局属各单位、各区水务局主要负责同志，水务集团、葛洲坝水务（天津）有限公司、永定河流域投资公司分管负责同志参加。

8月25日 静海区委、区政府向市水务局发来感谢信，感谢市水务局在静海区抗洪抢险救灾工作的最紧要最关键时刻，心系抢险救灾一线，第一时间伸出援手，及时给予鼎力相助，为抗洪抢险救灾这场硬仗取得决定性胜利作出了重要贡献。

8月28日 北辰区政务服务办公室向市水务局发来感谢信，感谢市水务局详细讲解了审查要点及注意事项，帮助该办顺利办结凿井许可事项下放以来第一个项目。

同日 市水务局党组召开学习贯彻习近平新时代中国特色社会主义思想主题教育专题民主生活会。局领导班子成员聚焦学习贯彻习近平新时代中国特色社会主义思想，紧密联系水务工作和个人实际，深入查摆问题，进行党性分析，开展批评和自我批评，提出整改措施。局党组书记、局长、局党组主题教育领导小组组长李文运主持会议并讲话，市委主题教育第五巡回指导组组长王润生作点评讲话，副组长沈志勇和指导组成员出席，驻局纪检监察组副组长，局主题办、干部处、办公室、机关党办、机关纪委主要负责同志参加会议。

8月30日 市水务局召开水务安全生产地下管线施工保护专项会议，传达8月29日市政府常务会议精神，对水务地下管线施工提出明确要求。局党组书记、局长李文运出席会议并讲话，局党组成员、副局长王洪府主持，局安委会成员单位主要负责同志，局属各单位和各区水务局分管负责同志，水务集团、葛洲坝水务（天津）有限公司、创业环保分管负责同志参加。

同日 市水务局召开水务重大事故隐患排查整治2023专项行动中期推动会暨局安委办会议，传达市安委办安全生产视频调度会精神，通报全市水务重大事故隐患排查整治2023专项行动工作开展情况，部署下一阶段工作任务。局党组成员、副局长王洪府出席会议并讲话，局安委会成员单位主要负责同志，局属各单位、各区水务局分管负责同志，水务集团、葛洲坝水务（天津）有限公司、创业环保分管负责同志参加。

8月 为贯彻落实习近平总书记关于防汛救灾工作的重要指示精神，市水务局工会立即响应，制订开展抗洪抢险慰问工作方案，向市总工会申请专项慰问工作资金10万元，同时局工会匹配相应专项慰问工作资金，切实将局党组的关心关爱送达每一名前线抗洪救灾抢险干部职工的心坎上。

同月 为全面反映市水务局应对海河"23·7"流域性特大洪水工作情景，综合信息组特编辑刊发《战洪！我们的战役 我们的城——天津市水务局成功应对海河"23·7"流域性特大洪水工作纪实》。

同月 市政务服务办发布了《天津市营商环境常态化监测调研分析报告（2023年二季度）》，二季度用水用气营商环境指标综合成绩创新高，由一季度的94.1分攀升到97.8分，在18个常态化监测营商环境指标中排名第一。

同月 市水务局各级党组织积极开展"携手并肩战洪灾 同心合力复家园"防汛抗洪救灾专项捐款活动，以实际行动支持防汛抗洪救灾和灾后恢复重建工作。

同月 天津市蓟州区燕山山地生态综合治理工程（2022年度水保部分）圆满完工。工程项目在下营镇片区北车道峪小流域和西龙虎峪镇片区龙前小流域建设节水灌溉工程、水源工程、谷坊工程共438处，治理水土流失面积5.68平方千米，预计每年可蓄水19.81万立方米、保土8.8万吨，能够有效减少河道泥沙淤积，改善河流水质，降低水旱灾害发生频率，增强河道调蓄洪水能力，完善农田灌溉排水体系，提升土壤蓄水保土能力。

9月

9月1日 市人大常委会副主任殷向杰带队到排管中心排水八所万山道雨水泵站，对城镇排水管理情况进行现场调研，详细了解排管中心日常工作、设施运行、汛期防汛等工作情况。局党组成员、副局长王立义陪同。

9月6日 中国旅游产业博览会组委会向市水务局发来感谢信，感谢市水务局以高度的政治站位、强烈的责任担当，周到热情接待，全力做好第十三届中国旅游产业博览会保障。

9月7日11时 天津市2023年第二次引滦调水水头到达于桥水库，引滦大黑汀分水闸按照日均30立方米每秒流量向于桥水库放水，后期将视天津市生态用水需求和于桥水库水位情况，适时调整调水时间和调水流量。截至9月8日8时，潘家口水库蓄水13.64亿立方米，大黑汀水库蓄水2.36亿立方米，于桥水库蓄水3.19亿立方米。此次调水将有效增加天津市引滦水源储备，为城市供水、生态用水提供保障。

同日 在引滦入津工程通水四十周年到来之际，由市水务局主办、水科院承办的天津市引滦入津工程通水四十周年学术研讨会顺利召开。市水务局党组成员、副局长杨玉刚出席会议并致辞，水利部海委二级巡视员苏艳林出席会议，市水务局、水利部海委、水务集团、市水利学会相关领导，以及从事引滦入津工程管理、施工、科研、教育等具体工作的技术人员100余人参会。

9月8—13日 市水务局组织中央驻津及天津市重点媒体记者14人组成专题采访团，深入滦河上游、引滦入津工程沿线及下游供水企业，采访报道引滦沿线新发展新变化以及为经济社会发展作出的贡献，宣传天津市供水行业在服务保障民生、改善营商环境等方面取得的成就。自专题采访活动启动以来，累计在新华社、《中国水利报》、《天津日报》、天津电视台、天津电台、《今晚报》、津云、天津支部生活等媒体刊发引滦相关报道50余篇，通过"天津发布"等政务新媒体转发200多次，在社会各界引起广泛关注。

9月11日 市水务局召开引滦入津工程通水四十周年座谈会，局党组书记、局长李文运出席会议并讲话，局党组成员、副局长王洪府主持会议；水利部海委、海委引滦局、市发展改革委、市财政局、市生态环境局负责同志，水务集团总经理，蓟州区、宝坻区、北辰区副区长分别作交流发言；中铁十八局有限公司、中建六局有限公司、中水北方勘测设计研究有限责任公司、中国市政工程华北设计研究总院有限公司、水务规划勘测设计有限公司等参建单位相关领导和参与引滦工程设计、建设的老同志代表，《天津日报》、市档案馆有关负责同志及原引滦管理单位、自来水集团原参与引滦工程和供水管理工作的老同志参加会议。

同日 局党组主办的"战洪！我们的战役我们的城——成功应对海河'23·7'流域性特大洪水纪实展"在排管中心排水五所隆重开展。市主题教育巡视指导组组长王润生、副组长沈志勇和指导组成员，局领导班子全体成员，机关各处室、局属各单位负责同志一同参观展览。

9月12日 市水务局举办"推动京津冀协同发展走深走实"暨公务员职业能力专题讲座，深入学习贯彻习近平总书记在深入推进京津冀协同发展座谈会上的重要讲话精神，进一步提升全局领导干部对京津冀协同发展重大战略的认识，在京津冀协同发展走深走实行动中履职尽责。局党组成员、副局长杨玉刚主持，局领导班子成员、局机关全体公务员及局属单位正副处长参加。

9月13日 市水务局召开2023年重点水务工程建设投资计划执行调度会暨灾后恢复重建项目动员会，推动重点水务工程建设投资计划执行，对灾后恢复重建项目进行动员部署。局党组书记、局长李文运出席会议并讲话，局党组成员、副局长杨玉刚主持会议，局领导王立义、唐先奇出席；驻局纪检监察组副组长，局属有关单位、机关有关处室、各区水务局主要负责同志，水务集团、葛洲坝水务（天津）有限公司、永定河流域投资公司、水务设计公司负责同志参加。

9月14日 市政协提案委员会主任王宝强一行以"弘扬引滦精神，助推水利工程设施建设"为主题到于桥水库、隧洞中心开展监督性调研，实地查看隧洞中心进口水文站、于桥水库大坝、前置库等工程运行情况，就防洪度汛、水生态保护等方面进行了深入交流。局领导唐先奇陪同，水调中心相关负责同志参加。

同日 市水务局召开机关党员代表大会，圆满完成了各项议程，选举产生了新一届中共天津市水务局机关委员会和机关纪律检查委员会。市委市级机关工委有关同志莅临指导，局党组书记、局长李文运出席并讲话。

同日 市水务局召开2023年度全市水利工程建设质量安全工作会议，部署天津市水利工程建设质量安全管理工作和年度水利部质量考核工作，并对工程建设领域安全生产工作提出要求。局党组书记、局长李文运出席会议并讲话，局党组成员、副局长王洪府主持会议；规计处、建管处、排监处、安监处、建设中心、排管中心，各区水务局主要负责同志和分管负责同志，天津市水利工程建设主要项目法人、设计、施工、监理单位分管负责同志参加。

9月15日 局党组书记、局长李文运主持召开局党组会议，审议对建设中心党委巡察情况报告、选人用人和机构编制工作、意识形态工作专项检查情况报告。

同日 局党组书记、局长李文运主持召开局党组会议和局长办公会议，传达学习习近平总书记在黑龙江考察和在新时代推动东北全面振兴座谈会上的重要讲话精神，落实市委常委会会议要求，听取和审议有关事项。

9月17日 为扎实推进新阶段河湖管理高质量发展，提高河湖长在水资源保护、水环境治理、河湖功能修复及防御水旱灾害等方面的履职能力，加强河湖治理保护相关政策研究和技术推广，市水务局、天津理工大学、天津农学院联合成立的天津河湖长学院正式揭牌。

截至9月20日 天津市东淀蓄滞洪区已累计排除积水8828万立方米，59.8平方千米过水面积已完成排水40.2平方千米，占67.22%，其中清南区域2.8平方千米已全部完成排水，清北区域西青区已完成排水面积92.25%，静海区已完成排水面积14.6%，预计大部分区域9月25日排完。

9月21日 水利部南水北调司二级巡视员朱涛带队赴天津市调研南水北调东线北延应急供水工程水量调度工作，实地查看九宣闸和南运河节制闸等水利设施，听取九宣闸基本情况及天津市南水北调东线北延应急供水工程相关情况的汇报。局领导杨建图陪同调研，水调中心、大清河中心相关负责同志参加。

9月22日 市十八届人大常委会第五次会议全票表决通过《天津市城镇排水和再生水利用管理条例》（以下简称《条例》），《条例》将于2024年4月1日起正式施行。

9月25日 为弘扬宪法精神，彰显宪法权威，落实宪法宣誓制度，进一步增强新任职处级干部责任感、使命感，市水务局举行2023年以来新任职处级干部宪法宣誓仪式，局党组成员、副局长杨玉刚出席并监誓。

同日 国家海洋信息中心向市水务局发来感谢信，感谢市水务局在地下水资源取水证办理、现场取水设施规范使用和相关法律法规普及等方面给予了大力的指导与支持。

9月26日 中华人民共和国第二届职业技能大赛执行委员会向市水务局发来感谢信，感谢市水务局做好了大赛应急保障工作任务，有效保障了大赛开闭幕式和各项比赛活动的期间的应急安全，保障了大赛圆满落下帷幕。

同日 为纪念引滦入津工程通水四十周年和迎接中国第35个老年节，丰富老同志们的精神文化生活，离退处组织局机关退休老同志参观了引滦入津工程通水四十周年成就展和曙光水镇。

9月27日 市水务局召开中秋、国庆期间城市运行保障和值班值守等有关工作视频会议。局党组书记、局长李文运出席并讲话，局党组成员、驻局纪检监察组组长苏海鹏就节日期间正风肃纪有关工作提出要求。机关各处室、局属各单位主要负责同志参加。

9月28日上午 市水务局党组书记、局长李文运开展"联点访户"工作，走进联系点排水五所党支部，调研了解基层单位节日期间工作部署，听取排水五所两节期间排水设施运行、巡视巡查及应急处置措施等情况汇报，对结对走访户开展节日帮扶，并向广大排水职工表示双节问候与祝福。

9月30日 为确保天津市中秋、国庆节日期间供水持续安全稳定，局党组书记、局长李文运带队到凌庄水厂、自来水集团第四营销分公司开展供水安全督导检查，推动扎实做好供水保障工作。

9月 天津市水利科学研究院与北京市水科学技术研究院、河北省水利科学研究院共同签署《京津冀水务协同创新高质量发展战略合作框架协议》。

10月

10月10日 局党组成员、一级巡视员王峰主持召开市水务局意识形态工作部署会，传达2023年以来局党组意识形态领域分析研判情况通报，并对有关工作提出要求。局意识形态工作领导小组成员，局属各单位党组织、机关各党支部意识形态工作负责同志参加。

同日 局党组成员、一级巡视员王峰主持召开市水务局配合市委巡视工作部署会。局属各单位、机关各处室负责同志参加会议。

10月11日 市河（湖）长办召开河湖长制月度考核约谈会议，市河（湖）长办主任、市水务局局长李文运对河湖长制月度考核连续排名后三位的北辰区、武清区、宁河区区级河湖长进行集体约谈。

10月12日 市委巡视五组巡视天津市水务局党组工作动员会议在市水务局召开。市委巡视组组长、正局级巡视专员邓庆红，副组长张云鹏及市委巡视五组其他成员，市水务局党政领导班子成员出席会议。驻市水务局纪检监察组负责同志，市水务局二级巡视员、总规划师、总经济师、督察专员，机关各处室处级领导干部、局属各单位主要负责同志参加会议。市委巡视组组长邓庆红在动员会上发表讲话，市水务局党组书记、局长李文运作表态发言。

10月16日 局党组书记、局长李文运主持召开局党组会议和局长办公会议，传达学习习近平总书记对宣传思想文化工作的重要指示精神和全国宣传思想文化工作会议精神，听取推动落实"十项行动"进展情况，审议有关事项。此次局党组会议与局推动落实"十项行动"领导小组会议合并召开，局长办公会议与局权责清单领导小组会议合并召开。

10月18日上午 局党组书记、局长李文运主持召开局大运河文化保护传承利用工作协调机制会议，听取大运河涉水工作进展情况汇报，并对下一步工作提出要求。局领导杨玉刚、唐先奇出席，规计处、建管处、河湖处、水调中心、海河中心、北三河中心主要负责同志参加。

同日上午 市政府副秘书长王智毅深入民心工程中心城区体院北道等四条道路排水管网改建工程现场进行调研，听取工程项目概况、主要建设内容、施工工艺及进展情况汇报，并对相关工作提出要求。市水务局副局长王立义陪同，排管中心负责同志参加。

10月19日 局党组理论学习中心组围绕"树牢正确政绩观"交流研讨。局党组书记、局长李文运主持会议并讲话，理论学习中心组成员结合分管工作交流学习体会。驻局纪检监察组副组长，机关各处室主要负责同志参加。

10月26日 局党组书记、局长李文运到中心城区体院北道等四条道路排水管网改建工程项目部、山岭子泵站、津滨雨污水合建泵站，查看泵站运行现状，听取灾后重建项目进展情况，并对下一步工作提出明确要求。局办公室、重建办负责同志陪同，排管中心负责同志参加。

10月27日 局党组书记、局长李文运主持召开局党组会议和局长办公会议，传达学习习近平总书记关于推进新型工业化的重要指示精神，国家和天津市有关会议精神，审议局领导班子主题教育专题民主生活会整改方案等，通报第三季度信访举报及问题线索处置情况、灾后重建项目谋划争取情况，研究调整局领导班子成员工作分工。此次局党组会议与局网络安全和信息化工作委员会会议、局党组学习贯彻习近平新时代中国特色社会主义思想主题教育领导小组会议合并召开。

同日 市水务局召开海河"23·7"流域性特大洪水防御工作总结大会，全面总结洪水防御工作成功经验，分析新形势下防汛思路目标，安排部署下阶段防汛工作。局党组书记、局长李文运出席并讲话，局党组成员、副局长杨玉刚主持会议，局领导班子全体成员出席，驻局纪检监察组负责同志，总规划师、总经济师，机关各处室、局属各单位主要负责同志，参加抗洪抢险的老同志及相关企业代表参加会议。

10月28日上午 副市长李文海到月牙河、北塘排水河巡查调研，现场听取市水务局和河东区、河北区、东丽区跨区河流治理保护联防联控情况汇报，主持召开座谈会并对下步工作进行安排部署。市河（湖）长办常务副主任、市水务局副局长王洪府，河北区委书记徐刚，区委常委、常务副区长李强，河东区委常委、常务副区长刘涛，东丽区副区长吴俊雅等一同参加。

10月31日 市水务局召开年轻干部多岗位锻炼中期推动会暨民主党派干部代表座谈会。局党组成员、一级巡视员杨玉刚出席会议并讲话，2023年参加多岗位锻炼的干部，多岗位锻炼干部的接收单位、部门有关负责同志，局民主党派干部代表等20余人参加。

同日 引滦大黑汀分水闸开启，天津市2023年第三次引滦调水开始，按照日均60立方米每秒流量向于桥水库放水，后期将视天津市生态用水需求和于桥水库水位情况，适时调整调水时间和调水流量。截至11月1日8时，潘家口水库蓄水13.66亿立方米，大黑汀水库蓄水2.64亿立方米，于桥水库蓄水3.13亿立方米。此次调水将有效增加天津市引滦水源储备，为城市供水、生态用水提供保障。

10月 天津市汛期河湖水环境专项整治行动

圆满完成，累计清理打捞水面及堤岸垃圾约1.44万吨、治理非法侵占水域滩地种植养殖私搭乱建问题229处、清理"三无"船只56条、收缴各类非法捕鱼网具1057个、治理乱泼乱倒问题302处，切实保障了汛期河道行洪通畅，为建设人民满意的幸福河湖奠定了良好基础。

同月 天津市2023年民心工程——杨柳青水厂改扩建工程主体完工。工程主要建设内容为，在现有杨柳青水厂的位置新建1座规模10万吨每日的现代化净水厂，水厂由常规处理系统、深度处理系统、污泥处理系统三部分组成，总投资2.78亿元。

11月

11月1日 中华人民共和国第二届职业技能大赛执行委员会向市水务局发来感谢信，感谢市水务局委派相关同志驻会参加筹办工作，保障中华人民共和国第二届职业技能大赛胜利收官。

11月2日 为深入学习贯彻习近平新时代中国特色社会主义思想和党的二十大精神，认真贯彻落实《中国共产党党员教育管理工作条例》等有关规定，提升基层党务干部的理论水平和业务能力，市水务局举办了党务干部培训班。局属各单位党组织、局机关各党支部党务干部参加培训。

11月4日 局党组书记、局长李文运主持召开局党组会议和局长办公会议，传达学习习近平总书记在中共中央政治局第九次集体学习时的重要讲话精神、李国英部长对天津水务工作的指示要求、市委常委会扩大会议精神，审议《关于协助开展市级河湖长履职活动的局内工作方案》、灾后恢复重建项目预下达投资计划有关意见，通报项目申报和衔接情况、灾后重建项目总体进展情况，研究部署有关工作。

11月8日 中心城区体院北道等四条道路排水管网改建工程顺利完工。是天津市2023年20项民心工程之一，工程对体院北道、西园道、环湖中路、中环线等四条道路共计9751米管道进行改建修复，消除了因管道腐蚀严重造成道路塌陷的安全隐患，提升了老旧管道的过流能力，有效改善区域排水条件，总投资4710万元。工程自2023年4月29日开工，于11月8日顺利完工。工程建成后，消除了因管道腐蚀严重造成道路塌陷的安全隐患，提升了老旧管道的过流能力，有效改善区域排水条件，不断提升人民群众获得感幸福感。

同日 市政协副主席张凤宝带领市政协、九三学社相关同志，深入排水二所新接收日朗路泵站实地调研，听取日朗路雨水、污水泵站建成时间、收水范围、坐落位置等基本情况，详细了解泵站机组设施运行、设计流量、雨水排放能力、人员配置等具体情况，并对下一步工作提出指导意见和建议。二级巡视员刘爽陪同，排管中心、排监处负责同志参加。

11月11日 局党组书记、局长李文运主持召开局党组会议，传达学习习近平总书记关于"四下基层"的重要批示精神和有关会议文件精神，审议水资源中心水环境监测中心搬迁有关意见等事项，听取2023年第二轮巡察安排。此次局党组会议与局党组学习贯彻习近平新时代中国特色社会主义思想主题教育领导小组会议、市水务局安全生产委员会会议合并召开。

同日 市水务局组织开展灾后恢复重建水务工程基础设施建设管理培训。局党组成员、副局长王立义出席并作开班动员讲话，局机关相关处室、12家项目法人单位、滨海新区等7个区水务局、永定河流域投资公司等3家企业相关负责同志、工程建设管理人员共计60余人参加。

11月14日 市水务局组织召开灾后重建项目"开工先开廉政课"专题会议，层层压实各职能部门和工程项目各方责任，督促严格履行基本建设程序，安全、规范、高效使用资金，加快推进天津市海河"23·7"流域性特大洪水灾后恢复重建工作。局领导李文运、杨玉刚、苏海鹏、王峰、王立义、唐先奇，市纪委监委第二监督检查室主任包丽丽、市审计局资环审计二处处长王文健及驻局纪检监察组，局规计处、财审处、水资源处、建管处、防御处、排监处、安监处、机关党办、机关纪委主要负责同志，灾后重建各项目法人单位党政主要负责同志，项目参建单位负责同志参加会议。

11月17日下午 市水务局召开全市水务安全生产视频会议，传达贯彻习近平总书记重要指示批示精神、住房和城乡建设部安全生产调度视频会和市委常委会会议精神，安排部署岁末年初安全生产工作。局党组成员、副局长赵天佑，局领导唐先奇出席会议，局安委会成员单位主要负责同志，局属单位主要负责同志、分管负责同志和各区水务局分管负责同志参加。

11月19日 局党组书记、局长李文运主持召开局党组会议，传达学习习近平总书记在北京河北考察灾后恢复重建工作时的重要讲话精神、对山西吕梁市永聚煤矿一办公楼火灾事故作出的重要指示精神，住房和城乡建设部和天津市有关会议活动精神，审议局党组开展主题教育整改落实情况"回头看"工作报告，听取灾后恢复重建项目总体进展情况。此次局党组会议与局党组学习贯彻习近平新时代中国特色社会主义思想主题教育领导小组会议合并召开。

11月21日上午 局党组书记、局长李文运到排管中心调研指导灾后恢复重建工作。办公室、规计处、排监处、重建办负责同志参加。

同日 市水务局举办水务行业监管培训工作会，邀请市市场监管委相关负责同志，以"信用监管机制的成效、挑战与完善"为主题，围绕信用监管机制的形成、成效、挑战和完善等方面进行了详细讲授。局机关有关处室、局属有关单位、各区水务局相关负责同志参加。

同日 局党组书记、局长李文运到天津市水务规划勘测设计有限公司详细了解独流减河低水闸泵站改扩建、潮白新河治理、一级河道防汛路提升治理等29项灾后恢复重建工程勘察设计工作进展，以及灾后恢复重建工程与乡村振兴、运行管理、数字孪生相结合的设计思路，并对相关工作提出明确要求。局办公室、规计处、重建办负责同志参加。

11月23日 局党组书记、局长李文运到建设中心检查推动灾后恢复重建工作，听取项目进展情况汇报，并对下一步工作提出明确要求。办公室、规计处、建管处、重建办、建设中心负责同志参加。

同日 为认真落实市委市级机关工委《关于做好战洪纪实展参观学习工作的通知》要求，用好防汛抗洪救灾实践这个主题教育"活教材"，市水务局领导班子成员参观"战洪——我们的战役 我们的城"天津市成功应对海河"23·7"流域性特大洪水纪实展，总规划师、总经济师，机关各处室、机关纪委、局工会主要负责同志一同参观展览。

同日 为深入学习宣传贯彻习近平法治思想，不断提高国家工作人员学法用法考法工作制度化、规范化、长效化水平，切实增强国家工作人员法治素养和依法办事能力，市水务局举办了2023年国家工作人员法律知识考试，机关全体公务员、局属单位处级领导干部参加。

同日 局党组书记、局长李文运到水资源中心调研指导灾后恢复重建工作，听取项目进展情况汇报，并对下一步工作提出具体要求。办公室、水资源处、水调中心、水资源中心负责同志参加。

同日 为持续深入学习贯彻党的二十大精神，进一步加强对党外干部的思想政治教育，推动新时代统战工作高质量发展，市水务局举办2023年党外干部培训班，局属各单位、机关各处室科级及以上党外干部、局民主党派全体成员以及各单位负责统一战线工作的分管领导、工作人员共120人参训。

11月24日 局党组书记、局长李文运主持召开局党组会议和局长办公会议，传达学习国务院全国冬春农田水利暨高标准农田建设电视电话会议、水利部有关会议和全市宣传思想文化工作会议精神，听取落实全面从严治党主体责任情况，审议2023年度落实全面从严治党主体责任考核评分细则、进一步强化河湖长制实施意见、农村供水保障巩固提升方案等事项。此次局党组会议与局党的建设工作领导小组会议合并召开。

11月25日 局党组书记、局长李文运主持召开专题会议，研究推动天津市水资源配置提升效益规划编制工作。局党组成员、副局长王洪府出席；水资源处、河湖处、排监处、灌排中心、水调中心、水资源中心负责同志参加。

11月26日 局党组书记、局长李文运到北三河中心调研指导灾后恢复重建工作，详细查看马营闸、杨津庄闸和三岔口闸工程运行情况，听取灾后恢复重建项目前期工作进展情况汇报，并对下一步工作提出明确要求。办公室、水调中心、北三河中心主要负责同志参加。

11月27日 全国节水办主任蒋牧宸率调研组来津调研节水产业发展工作。局党组书记、局长李文运，局党组成员、副局长王洪府陪同，水资源处、水资源中心、水科院等有关部门负责同志参加。

同日 天津市防汛抗旱指挥部办公室向市水务局发来感谢信，感谢市水务局主动担当，定期参加联合会商，在洪水测报、防汛调度、抢险救援等方面为防汛指挥决策提供了有力支撑。

同日上午 局党组书记、局长李文运主持召开水务工作座谈会，研究2024年水务工程建设、运行管理和智慧水务工作思路任务，听取有关工作情况汇报，并对下一步工作提出明确要求。局党组成员、副局长王立义，局领导唐先奇出席，规计处、建管处、安监处、建设中心、水科院主要负责同志参加。

同日下午 市蓄滞洪区运用补偿工作领导小组副组长、局党组书记、局长李文运主持召开蓄滞洪区运用补偿预拨资金发放工作推动会议，听取相关区工作进展情况汇报，并对下一步工作提出要求。局党组成员、副局长王立义，相关区分管负责同志，市财政局、市水务局相关部门，相关区财政局、区水务局主要负责同志参加。

截至11月29日 经过严格履行损失调查、张榜公示、实地抽查、上报审核等程序，有关区已向群众累计发放蓄滞洪区运用补偿国家预拨资金2.21亿元（其中北辰区0.04亿元、西青区0.68亿元、武清区0.79亿元、静海区0.70亿元），有力保障了受灾群众恢复正常生产生活。西青区、武清区尚有0.04亿元尾款随下批次一并拨付。天津市蓄滞洪区启用后，国家预拨运用补偿资金2.25亿元。经核查，本次运用补偿总金额约5.05亿元，除预拨资金外，其余1.29亿元按程序向国家申报，1.51亿元由市财政统筹安排。

11月29日 天津国际航运产业博览会组委会秘书处向市水务局发来感谢信，感谢市水务局长期以来支持天津商务工作和会展经济发展。展会期间，市水务局认真履行组委会工作职责，分工协作、密切配合，共同确保展会安全顺利举办，为首届航运展作出了积极贡献。

11月30日 为深入学习宣传贯彻《信访工作条例》，进一步加强和改进人民信访工作，推动新时代水务信访工作高质量发展，市水务局举办2023年信访业务培训班，机关各处室、局属各单位相关负责同志共100余人参训。

同日 为巩固深化学习贯彻习近平新时代中国特色社会主义思想主题教育成果，持续深入学习党的二十大精神，不断提高思想政治理论水平，局党组理论学习中心组举办中国式现代化专题讲座，局党组成员、一级巡视员王峰主持，理论学习中心组成员出席，二级巡视员、驻局纪检监察组副组长，机关各部门主要负责同志，各单位理论学习中心组成员共130余人参加。

11月 天津市引江配套工程首个数字孪生项目——宝坻引江供水数字孪生平台正式建成，该系统将有效提升宝坻引江供水工程数字化、网络化、智能化水平，为保障宝坻区宝坻新城、京津新城等区域居民供水安全提供技术支撑。

12月

12月1日 天津市突发事件应急委员会办公室、天津市抗震救灾指挥部办公室向市水务局发来感谢信，感谢市水务局高度重视、周密部署，积极参与演练场景搭建，协调水务集团供水抢修队全程参与，保障了"砺剑-2023"应急救援队伍远程拉动及抗震救灾综合应急演练成功举办。

同日 局党组书记、局长李文运主持召开局党组会议和局长办公会议，传达学习国务院常务会议和全国安全生产电视电话会议、水利部有关会议精神，审议《天津市水网建设规划》等事项。此次局党组会议与局安全生产委员会扩大会议合并召开。

12月4日 中国天津投资贸易洽谈会暨PECC博览会组委会向市水务局发来感谢信，感谢市水务局以高度的政治站位、强烈的责任担当，全力做好各项工作。单位领导亲自指挥，有关同志不辞辛苦，充分展现了天津热情友好、美丽和谐、开放包容的现代化大都市气质，为2023津洽会成功举办作出了积极贡献。

12月8日 局党组书记、局长李文运主持召开市水务局国有资产管理工作会议，听取有关工作情况汇报，并对下一步工作提出明确要求。局党组成员、一级巡视员杨玉刚，总经济师，财审处、建管处、排监处、综合服务中心、排管中心主要负责同志及相关人员参加。

12月9日 局党组书记、局长李文运到独流减河低水闸泵站改扩建、子牙河右堤堤防修复和永定河泛区主槽清淤工程施工现场，实地查看工程进度情况，并对加强工程建设和安全生产管理提出要求。重建办、建设中心、大清河中心主要负责同志参加。

12月16日 局党组书记、局长李文运带队赴河西区新城小区、河东区华馨公寓开展城市供水防寒防冻督导检查，重点检查居民小区水表箱、阀门井、裸露在外供水管线及保温材料状况等，推动扎实做好供水保障工作。水务集团负责同志一同检查。

12月17日 局党组书记、局长李文运主持召开局党组会议，传达学习习近平总书记对低温雨雪冰冻灾害防范应对工作作出的重要指示精神，市委常委会会议、市政府专题会议精神和市领导调研有关要求，研究部署贯彻落实工作。

12月18日 局党组书记、局长李文运带队到水务集团芥园水厂、西河泵站、尔王庄水库、引滦明渠，宝坻区辛务屯村、华苑东区小区、泉州净水厂开展供水防寒防冻督导检查，重点检查低温情况下原水供应、水厂运行情况，农村供水水表井、农村居民户内管道、城镇居民小区楼道管网防冻情况，推动扎实做好供水保障工作。宝坻区区长郭康伟、副区长于学生，水务集团总经理贾庆红、副总经理李嘉铭一同检查。

12月20日 局党组书记、局长李文运主持召开灾后恢复重建蓄滞洪区工作会议，听取西青区辛口镇和杨柳青镇涉河堤水闸、泵站设计工作进展、蓄滞洪区补偿资金发放情况汇报，研究蓄滞洪区管理意见和要求、生态六埠高标准农田和旅游相关配套设施建设意见，并对下一步工作提出要求。局党组成员、副局长王立义出席，规计处、建管处、防御处、重建办主要负责同志，西青区水务局、市水务设计有限公司负责同志参加。

12月23日 局党组书记、局长李文运主持召开局党组会议和局长办公会议，传达学习习近平总书记在深入推进长三角一体化发展座谈会上和在上海、广西考察时的重要讲话精神，中央经济工作会议、中共中央政治局会议精神，市委常委会会议和市政府党组会议精神，审议国家安全工作总结、干部职工思想状况分析报告、地下水管控指标、水毁修复项目安排等意见，听取基层党支部建设、党员教育培训管理工作等情况。此次局党组会议与局国家安全人民防线建设小组会议、局东西部协作和支援合作工作领导小组会议、局党的建设工作领导小组会议合并召开。

12月26日 为巩固深化学习贯彻习近平新时代中国特色社会主义思想主题教育成果，充分发挥先进典型示范引领作用，市水务局召开2023年度先进典型事迹报告会，通过身边人讲身边事，提振精神士气、鼓足信心干劲，激励全体干部职工勠力同心、真抓实干，推动水务事业高质量发展再上新水平。局党组成员、一级巡视员杨玉刚出席并讲话，局党组成员、一级巡视员王峰主持，局领导班子成员出席。二级巡视员，驻局纪检监察组副组长、机关各处室主要负责同志，局属各单位领导班子成员以及相关党务干部参加。

同日 市水务局组织召开大运河通航工作推进会，听取各有关单位关于2023年大运河通航工作进展情况的汇报，对存在的问题进行交流沟通。局领导唐先奇主持，市发展改革委、市交通运输委、市住房和城乡建设委、市城市管理委、市文化和旅游局，武清区、红桥区、西青区人民政府有关负责同志，局规计处、建管处、海河中心、北三河中心主要负责同志参加。

12月28日 市政府副秘书长王智毅主持召开全市水务灾后恢复重建和水毁修复项目调度会，对已下达国债资金、复核待下达国债资金项目和水毁修复项目，逐项明确开工、完工时间，协调解决项目存在问题，对推进下步工作提出要求。局党组成员、副局长王立义出席，市发展改革委、市水务局有关部门负责同志和10个区水务局负责同志参加。

12月29日 局党组书记、局长李文运主持召开局党组会议和局长办公会议，传达学习习近平总书记对"三农"工作作出的重要指示精神，中央农村工作会议、市委十二届四次全会等会议精神，传达学习国家和天津市关于做好元旦春节期间有关工作的部署要求，通报审议灾后恢复重建组织机构、清河湖专项行动安排、再生水利用规划等事项，研究部署有关工作。

12月 为应对近期降雪及大风降温天气对城市供水安全的影响，市水务部门会同南水北调集团中线有限公司、水务集团等多部门紧急采取多项保障措施，加强外调水源、各供水水厂、社区供水安全防护，全力应对寒潮天气。

同月 灌排中心被市委农村工作领导小组授予天津市乡村振兴先进集体称号。

同月 市水务局举办局属单位2023年公开招聘人员入职培训班，69名新职工参加了培训。

同月 天津市圆满完成"榜样河长 示范河湖"三年行动，为进一步激励基层河湖长主动履职尽责，持续改善天津市河湖水生态环境质量，2021—2023年，天津市开展"榜样河长 示范河湖"三年行动，累计培树乡镇（街道）级"榜样河长"225名、村级"榜样河长"424名，创建示范河湖323条（段、座）、农村示范河湖1330条（个），初步形成了"百名河长当榜样，千处河湖作示范"的河湖长制管理新格局，为天津市全面建设幸福河湖提供有力保障。

市 领 导 批 示

1月25日 谢元对水务工作的批示。2022年，天津市水务系统认真贯彻落实市委、市政府决策部署，统筹水资源、水环境、水生态治理，发扬斗争精神，团结一心、真抓实干、拼搏奉献，全力以赴保障了全市供水、防汛安全，在持续改善水生态环境质量、提升水资源管理水平、夯实自身基础建设等方面取得新的成效，为全市高质量发展提供了有力支撑，谨向同志们致以诚挚问候！

2023年 要坚持以习近平新时代中国特色社会主义思想为指导，全面贯彻落实党的二十大精神和市第十二次党代会、市委十二届二次全会安排部署，围绕水务高质量发展，聚焦民生期盼，在新征程上勇挑重担、奋勇前进，大力推进供水安全保障能力建设，抓实抓细水旱灾害防御，持续提升治水管水兴水能力，为全面贯彻落实党的二十大精神、全面建设社会主义现代化大都市开好局起好步，贡献水务之为。

7月13日 谢元在《市水务局关于近期重点工作进展情况的报告》上批示：今年上半年，市水务局围绕中心大局，紧盯重点工作，抓得紧，抓得实，各项工作取得积极进展。望持续抓好重点工作推进，更加强化目标、问题、效果导向，为全市高质量发展、高水平民生建设作更大贡献。

10月25日 谢元在《市水务局关于明年水务工作有关情况的报告》上批示：很好。要深入系统调研谋划，动真碰硬狠抓落实，确保见行见效。

10月30日 张工在《市防办关于全市防汛工

作情况的报告》上批示：今年汛期，市应急管理局、市水务局组织市防指成员单位和静海、武清、西青等受灾区，在应急管理部、水利部等部委和部队、央企、京冀两省（直辖市）的大力支持下，成功应对海河流域特大洪水，对取得的成绩和同志们的辛勤付出给予充分肯定，并致以诚挚慰问！望认真总结经验，持续做好灾后重建和防汛减灾能力提升工作。

水 务 统 计 资 料

2023 年水务综合指标（按区分）

2023 年水务建设投资计划执行情况简表

单位：万元

项目类型	投资计划										完成投资
	投资合计	资 金 来 源									
		中央			地方						
		中央小计	中央预算内投资	中央财政专项资金	地方小计	市财政专项资金	一般债券	专项债券	社会资本	区自筹及其他	
总　计	819430	109731	24420	85311	709699	426414	39320	18200	194801	30964	340658
其中：结转投资	3588	3195		3195	393					393	3588
新安排投资	815842	106536	24420	82116	709306	426414	39320	18200	194801	30571	337070
一、建设项目投资	342649	80057	20335	59722	262592	4188	16074	18200	194801	29329	340658
1. 供水项目	43972	11509	7830	3679	32463			15000	14320	3143	49420
2. 排水项目	167751	5070	5070		162681		4000		158681		173138
3. 防洪项目	39042	24805	6781	18024	14237	4077	8500			1661	23831
4. 水环境项目	54099	7024	654	6370	47075			3200	21800	22075	67755
5. 农村水利项目	16691	10666		10666	6025		3574			2451	16242
6. 库区移民项目	20300	20300		20300							9578
7. 其他项目	794	683		683	111	111					694
二、支付资金	476781	29674		29674	447107	422337	23135			1635	

全市人口数、户数、乡镇数

地区	常住人口/万人	户籍人口/万人	城镇	村	总户数/万户	乡镇数/个
天津市	1364.00	1176.26	859.61	316.65	442.84	128
市内六区	390.90	432.60	432.60		168.47	
滨海新区	202.22	160.00	143.08	16.92	61.17	5
东丽区	83.58	45.91	37.81	8.10	18.66	
西青区	119.47	49.16	42.10	7.06	18.70	7
津南区	93.68	59.17	50.46	8.71	22.57	8
北辰区	93.95	48.70	20.12	28.58	19.77	9
武清区	113.82	112.50	53.85	58.65	37.90	24
宝坻区	71.01	76.00	26.05	49.95	26.02	18
宁河区	38.52	41.09	15.34	25.75	15.39	13
静海区	77.64	64.38	11.36	53.02	25.46	18
蓟州区	79.21	86.75	26.84	59.91	28.73	26

农村产值、耕地及农作物播种情况

地区	农林牧渔业总产值/亿元	年末实有常用耕地面积/万亩	农作物播种面积/万亩	粮食作物播种面积	棉花播种面积	油料播种面积	蔬菜播种面积	其他
天津市	511.26	474.62	671.54	585.00	1.72	2.32	82.50	

农作物产量

单位：万吨

地区	粮食产量	棉花产量	油料产量	蔬菜产量
天津市	255.73	0.15	0.42	253.75

水库、水电站

地区	已建成水库 座数/座	已建成水库 总库容/万立方米	大型水库 座数/座	大型水库 总库容/万立方米	中型水库 座数/座	中型水库 总库容/万立方米	小型水库 座数/座	小型水库 总库容/万立方米	水电站 座数/座	水电站 装机容量/千瓦
天津市	21	251223	3	220600	8	28174	10	2449	1	5800
滨海新区	5	63291	1	50000	3	12854	1	437		
东丽区										

续表

地区	已建成水库		大型水库		中型水库		小型水库		水电站	
	座数/座	总库容/万立方米	座数/座	总库容/万立方米	座数/座	总库容/万立方米	座数/座	总库容/万立方米	座数/座	装机容量/千瓦
西青区	1	3360			1	3360				
津南区										
北辰区										
武清区	3	5321			2	4730	1	591		
宝坻区	1	4530			1	4530				
宁河区										
静海区	1	14700	1	14700						
蓟州区	10	160021	1	155900	1	2700	8	1421	1	5800

水闸、泵站

地区	水闸/座	大型	中型	小型	泵站/处	大型	中型	小型
天津市	2762	13	52	2697	3843	13	273	3557
市内六区	56		1	55	150	1	37	112
滨海新区	522	6	10	506	295	3	33	259
东丽区	48		2	46	101	3	26	72
西青区	82	3	1	78	131		22	109
津南区	54	1		53	192		22	170
北辰区	75	1	5	69	134	2	22	110
武清区	305		8	297	526		27	499
宝坻区	369	2	5	362	1076	4	34	1038
宁河区	777		3	774	970		17	953
静海区	314		8	306	228		20	208
蓟州区	160		9	151	40		13	27

注 1. 大型水闸为过闸流量≥1000立方米/秒的水闸，中型水闸为100立方米/秒≤过闸流量<1000立方米/秒的水闸，小型水闸为5立方米/秒≤过闸流量<100立方米/秒的水闸。

2. 大型泵站为装机流量≥50立方米/秒或装机功率≥1万千瓦的泵站，中型泵站为10立方米/秒≤装机流量<50立方米/秒或0.1万千瓦≤装机功率<1万千瓦的泵站，小型泵站为装机流量<10立方米/秒或装机功率<0.1万千瓦的泵站。

主 要 河 道 堤 防

单位：千米

地 区	堤防总长度	一级	二级	三级	四级	达标堤防长度	一级	二级	三级	四级
天津市	2165.46	388.65	865.35	160.54	750.92	1023.7	245.74	520.97	47.49	209.5
市内六区	59.95		59.95			59.95		59.95		
滨海新区	431.72	172.41	194.06		65.25	202.73	56.37	81.11		65.25
东丽区	74.06	2.20	71.86			74.06	2.20	71.86		
西青区	74.83	57.36	17.47			74.83	57.36	17.47		
津南区	31.7		31.70			31.7		31.70		
北辰区	143.25	72.91	62.74	7.60		139.25	72.91	58.74	7.60	
武清区	319.5	45.87	137.58	136.05		143.14	19.00	85.74	38.40	
宝坻区	246.99		150.19	5.40	91.40	80.68		70.20		10.48
宁河区	280.15	37.90	55.46	11.49	175.30	103.22	37.90	2.75	1.49	61.08
静海区	285.86		84.34		201.52	41.45		41.45		
蓟州区	217.45				217.45	72.69				72.69

注 主要河道堤防为全部一级河道堤防、海堤及黎河、淋河、沙河、新引河4条有防洪任务的二级河道堤防。

万 亩 以 上 灌 区

地区	灌区数量/处					耕地灌溉面积/万亩				
	合计	30万~50万亩	10万~30万亩	5万~10万亩	1万~5万亩	合计	30万~50万亩	10万~30万亩	5万~10万亩	1万~5万亩
天津市	30	1	2	5	22	160.85	31	28.08	31.80	69.97
滨海新区										
东丽区										
西青区										
津南区										
北辰区										
武清区	20			5	15	85.34			31.80	53.54
宝坻区	6	1	2		3	67.39	31	28.08		8.31
宁河区										
静海区	1				1	4.46				4.46
蓟州区	3				3	3.66				3.66

水 土 保 持

单位：平方千米

地区	水土流失综合治理面积	小流域综合治理面积	新增水土流失综合治理面积	按措施划分							新增小流域综合治理面积	封禁治理保有面积
				梯田	坝地	水土保持林	经济林	种草	封禁治理	其他措施		
天津市	1050.26	512.63	5.3							5.3		178.45
滨海新区	91.3											
东丽区	14.4											
西青区	2											
津南区	4.2											
北辰区	9.8											
武清区	41.11											
宝坻区	28.5											
宁河区	13.7											
静海区	59.3											
蓟州区	785.95	512.63	5.3							5.3		178.45

农村集中式供水工程、机电井

地区	农村集中式供水工程/处	城镇管网延伸工程	万人工程	千人工程	千人以下工程	规模以上机电井/眼	浅层地下水机电井	深层承压水机电井
天津市	654	387	1	21	245	31199	20930	10269
市内六区						173		173
滨海新区	10	10				1536		1536
东丽区						151		151
西青区	3	3				1858	1697	161
津南区	11	11				431		431
北辰区	17		1	16		274		274
武清区	47	47				7673	5026	2647
宝坻区	16	16				4637	3660	977
宁河区	259	254		5		2697	871	1826
静海区	38	38				2230	137	2093
蓟州区	253	8			245	9539	9539	

注 1. 农村集中式供水工程按照规模划分，万人工程为日供水规模≥1000立方米或供水人口≥10000人的农村供水工程；千人工程为10000人>供水人口≥1000人的农村供水工程；千人以下工程为1000人>供水人口≥100人的农村供水工程。城镇管网延伸工程为依靠城市供水管网向周边农村地区延伸供水的工程。
2. 机电井为井口井壁管内径≥200毫米的灌溉机电井和日取水量≥20立方米的供水机电井。

降水量、供水量

地区	降水量/毫米	供水量/亿立方米	地表水源供水量			地下水源供水量			其他水源供水量			
			合计	外调水	当地地表水及入境水	合计	浅层水	深层水	合计	再生水回用	污水处理回用	海水淡化
全市	607.5	32.7193	23.9020	13.8018	10.1002	2.6119	2.1724	0.4395	6.2054	1.0595	4.8332	0.3127
市内六区	668.1	7.5795	7.5131	6.2712	1.2419	0.0006		0.0006	0.0658	0.0658		
滨海新区	590.9	5.6786	3.0736	2.8231	0.2505	0.2637	0.2039	0.0598	2.3413	0.3707	1.6948	0.2758
东丽区	662.0	1.0341	0.7916	0.5632	0.2284	0.0044		0.0044	0.2381	0.2243	0.0138	
西青区	599.9	1.3499	0.7501	0.6306	0.1195	0.0333	0.0326	0.0007	0.5665	0.1796	0.3869	
津南区	591.2	1.2255	0.9066	0.6803	0.2263	0.0022		0.0022	0.3167	0.0807	0.2360	
北辰区	671.3	1.1484	0.7313	0.5818	0.1495	0.0249		0.0249	0.3922	0.0056	0.3866	
武清区	641.4	3.0435	2.1890	0.8828	1.3062	0.4876	0.4154	0.0722	0.3669	0.0095	0.3574	
宝坻区	630.1	4.3730	3.6889	0.3127	3.3762	0.4838	0.4686	0.0152	0.2003		0.2003	
宁河区	607.3	2.3743	1.8101	0.2935	1.5166	0.2468	0.0220	0.2248	0.3174	0.1222	0.1583	0.0369
静海区	526.4	3.1238	1.8767	0.6038	1.2729	0.0495	0.0148	0.0347	0.1976	0.0011	0.1965	
蓟州区	617.6	1.7887	0.5710	0.1588	0.4122	1.0151	1.0151		0.2026		0.2026	

水资源量、用水量

单位:亿立方米

地区	水资源总量	地表水资源量	地下水资源量	地表水与地下水资源重复量	用水量	农田灌溉用水量	林牧渔畜用水量	工业用水量	城镇公共用水量	居民生活用水量	生态环境用水量
合计	17.8388	12.1626	6.9842	5.6762	32.7193	8.4147	0.9875	4.5978	2.3341	5.2225	11.1627
市内六区	0.448	0.448			7.5795			0.2846	0.8598	1.5674	4.8677
滨海新区	1.8369	1.8369			5.6786	0.1459	0.1427	2.0652	0.5482	0.9401	1.8365
东丽区	0.426	0.426			1.0341	0.1222	0.0504	0.4577	0.0837	0.2197	0.1004
西青区	0.7473	0.4543	0.3048	0.293	1.3499	0.2826	0.0532	0.3137	0.2137	0.2588	0.2279
津南区	0.3091	0.3091			1.2255	0.1979	0.031	0.2577	0.1869	0.2832	0.2688
北辰区	0.7367	0.472	0.2784	0.2647	1.1484	0.1093	0.0454	0.2184	0.0983	0.2675	0.4095
武清区	3.1691	1.6111	1.7203	1.558	3.0435	1.5693	0.0982	0.3386	0.0421	0.6298	0.3655
宝坻区	3.2091	1.5185	2.1266	1.6906	4.373	3.135	0.2677	0.0386	0.0792	0.2534	0.5991
宁河区	1.76	1.3884	0.4334	0.3716	2.3743	1.2429	0.1345	0.348	0.0247	0.2359	0.3883
静海区	1.7867	1.5084	0.3167	0.2783	3.1238	0.9217	0.1235	0.0924	0.1584	0.3225	1.5053
蓟州区	3.4099	2.1899	1.804	1.22	1.7887	0.6879	0.0409	0.1829	0.0391	0.2442	0.5937

城市供水行业基本情况

指标名称	计量单位	指标值	指标名称	计量单位	指标值
供水管道长度	千米	23027	水厂个数	个	32
供水管道长度按管径分:			其中:地下水	个	7
1. $\phi<DN75mm$	千米	5492	取水量		109110
2. $DN75mm\leq\phi<DN300mm$	千米	10867	地表水	万立方米	105361
3. $DN300mm\leq\phi<DN600mm$	千米	4929	地下水	万立方米	3264
4. $DN600mm\leq\phi<DN1000mm$	千米	1218	海水淡化	万立方米	485
5. $\phi\geq DN1000mm$ 以上	千米	521	生产		
供水管道长度按建设年限分:			综合生产能力	万立方米/日	489
1. 1949 年以前			供水总量	万立方米	103660
2. 1949—1978 年	千米	139	用表户数	万户	538
3. 1978—2000 年	千米	1809	居民家庭	万户	516
4. 2000 年以后	千米	21079	用水人口	万人	1166
供水管道长度按材质分:			行业服务		
1. 球墨铸铁管	千米	6712	群众诉求办结及时率	%	100.0
2. 灰口铸铁管	千米	1681	群众诉求办结满意率	%	99.5
3. 钢管	千米	593	社会评价		
4. 镀锌管	千米	214	人均日综合用水量	升	243
5. 塑料管	千米	12733	人均日生活用水量	升	128
6. 其他材质	千米	1094	人均日居民用水量	升	93

城市(县城)排水基本情况

指标名称	计量单位	指标值	指标名称	计量单位	指标值
排水管道长度	千米	25253	座数	座	46
排水管道长度按用途分:			处理能力	万立方米/日	351.9
1. 污水管道	千米	11605	处理量	万立方米	113182
2. 雨水管道	千米	12449	干污泥处置能力	吨/日	60
3. 雨污合流管道	千米	1199	干污泥年产生量	吨	158956
已办理排水许可证的单位个数	个	1223	干污泥处置量	吨	146716
污水排放总量	万立方米	116522	其他污水处理装置情况		
污水处理总量	万立方米	114357	处理能力	万立方米/日	4
污水处理厂情况			处理量	万立方米	1175

附　录

批　示

李树起、王智毅在《水利部关于印发〈大中型水利水电工程移民安置验收管理办法〉的通知》上的批示（市政府办公厅　2023年1月3日）

李树起在《市水务局关于报送我市市级排水防涝责任人的请示》上的批示（市政府办公厅　2023年1月9日）

刘桂平、李树起、杨兵、朱玉兵在《市审计局关于对我市水务资金管理使用及水资源开发利用保护等情况开展专项审计调查情况的报告》上的批示（市政府办公厅　2023年1月11日）

连茂君在《河湖长制工作简报（第1期）-深入落实河湖长制　让河湖"长治久清"——2022年我市河湖长制工作取得显著成效》上的批示（市政府办公厅　2023年1月17日）

谢元对水务工作的批示（市政府办公厅　2023年1月18日）

谢元、王智毅在《市水务局关于北大港火情处置情况的报告》上的批示（市政府办公厅　2023年2月3日）

刘桂平、谢元、王智毅、朱玉兵在《天津市财政局天津市水务局关于做好供水水费交纳工作的请示》上的批示（市政府办公厅　2023年2月6日）

刘桂平、谢元、王智毅、朱玉兵在《水利部国家能源局关于印发〈南水北调中线干线与石油天然气长输管道交汇工程保护管理办法〉的通知》上的批示（市政府办公厅　2023年2月20日）

谢元在《市水务局关于报送我市市级排水防涝责任人的请示》上的批示（市政府办公厅　2023年3月1日）

谢元、王智毅在《市水务局关于水利部水旱灾害防御工作视频会议精神和我市贯彻落实措施的报告》上的批示（市政府办公厅　2023年3月2日）

刘桂平、谢元、范少军、蔡云鹏在《市规划资源局关于张贵庄雨水泵站建设工作有关情况的报告》上的批示（市政府办公厅　2023年3月3日）

刘桂平、连茂君、谢元、王智毅、梁军在《市水务局关于南港工业区东围堤段海挡工程审计整改落实情况的报告》上的批示（市政府办公厅　2023年3月8日）

谢元在《市水务局关于报送天津市大型水库大坝2023年度安全责任人名单的请示》上的批示（市政府办公厅　2023年3月8日）

谢元、王智毅在《市水务局关于请授权我局发布用水定额的请示》上的批示（市政府办公厅　2023年3月8日）

谢元、范少军在《市河（湖）长办关于2022年度河湖长制考核情况的报告》上的批示（市政府办公厅　2023年3月15日）

谢元、范少军、王智毅在《市河（湖）长办关于市级河湖"一河（湖）一策"方案修编情况的报告》上的批示（市政府办公厅　2023年3月

16日）

刘桂平、谢元、王智毅、梁军在《市水务局关于审计报告提出我市蓄滞洪区建设管理问题整改情况的报告》上的批示（市政府办公厅　2023年3月23日）

刘桂平、谢元、范少军、王智毅在《市水务局关于张贵庄雨水泵站建设工作有关情况的报告》上的批示（市政府办公厅　2023年3月23日）

谢元、王智毅在《市水务局关于全力做好春季抗旱用水保障有关情况的报告》上的批示（市政府办公厅　2023年3月24日）

谢元、王智毅在《关于2023年全国城市排水防涝安全责任人名单的通告》上的批示（市政府办公厅　2023年3月30日）

刘桂平、谢元、王智毅、梁军在《关于天津市水资源税改革试点五周年运行情况的报告》上的批示（市政府办公厅　2023年3月31日）

谢元、王智毅在《市水务局　市农业农村委关于唐山市芦台经济开发区超标排放影响我市河道水质问题情况的报告》上的批示（市政府办公厅　2023年4月5日）

谢元、范少军、蔡云鹏、王智毅在《关于2022年城市黑臭水体整治环境保护行动有关情况的报告》上的批示（市政府办公厅　2023年4月16日）

谢元、王智毅在市水务局"关于我市蓄滞洪区调整初步方案有关情况的报告"上的批示（市政府办公厅　2023年4月18日）

谢元、王智毅在《市水务局关于2023年备汛工作情况的报告》上的批示（市政府办公厅　2023年4月18日）

谢元、王智毅在《市水务局关于南水北调中线工程水费属地纳税情况的报告》上的批示（市政府办公厅　2023年4月19日）

谢元、王智毅在《市水务局关于京杭大运河2023年全线通水有关情况的报告》上的批示（市政府办公厅　2023年4月19日）

张工、谢元、孟庆松、徐军、王智毅在《市水务局关于2023年海河防总工作会议有关工作的请示》上的批示（市政府办公厅　2023年4月21日）

谢元、王智毅在《市河（湖）长办关于召开2022年河湖长制年度考核约谈会议的请示》上的批示（市政府办公厅　2023年5月4日）

谢元、王智毅在《关于我市黑臭水体治理责任人的情况报告》上的批示（市政府办公厅　2023年5月22日）

谢元、王智毅在《关于北辰区李家房子用水问题有关情况的报告》上的批示（市政府办公厅　2023年5月25日）

张工、刘桂平、李树起、谢元、孟庆松、徐军、王智毅、于鹏洲在《关于举办第三届中国节水论坛有关情况的请示》上的批示（市政府办公厅　2023年6月3日）

谢元、王智毅在《关于提升中心城区防汛排水能力有关情况的报告》上的批示（市政府办公厅　2023年6月4日）

谢元、王智毅在《关于近期重点工作进展情况的报告》上的批示（市政府办公厅　2023年6月4日）

刘桂平、谢元、王智毅、梁军在《市水务局关于京津冀水资源管理政策落实协同审计问题有关情况的报告》上的批示（市政府办公厅　2023年6月6日）

谢元、王智毅在《市水务局　市城市管理委关于开展中心城区道路排水管道塌陷隐患重点排查工作的报告》上的批示（市政府办公厅　2023年6月14日）

谢元、王智毅在《市水务局关于开展引滦入津工程通水四十周年宣传活动的报告》上的批示（市政府办公厅　2023年6月16日）

谢元、范少军、蔡云鹏、王智毅在《关于印发重点流域水生态环境保护规划重点任务措施清单的通知》上的批示（市政府办公厅　2023年6月16日）

谢元、范少军在《关于全市地表水环境质量有关情况的报告》上的批示（市政府办公厅

2023年6月20日）

谢元在《关于提高水资源利用效率和效益支撑保障天津高质量发展研究进展情况的报告》上的批示（市政府办公厅　2023年6月22日）

沈蕾、谢元、王智毅等在《市水务局关于开展引滦入津工程通水四十周年宣传活动的报告》上的批示（市政府办公厅　2023年6月27日）

谢元、王智毅在《市水务局关于端午节假期重点工作运行保障和安全生产工作情况的报告》上的批示（市政府办公厅　2023年6月28日）

谢元、王智毅在《市水务局关于当前防汛抗旱和水环境保障有关情况的报告》上的批示（市政府办公厅　2023年6月30日）

谢元、王智毅在《市城管委、交委、水务局、农委报送的市级专家和应急队伍有关情况的报告》上的批示（市政府办公厅　2023年7月3日）

谢元、王智毅在《市水务局上报的关于中国南水北调集团中线有限公司商请签订供水合同的情况报告》上的批示（市政府办公厅　2023年7月4日）

谢元、王智毅在《市水务局关于〈天津市城市排水和再生水利用管理条例（修订草案）〉有关修改情况的报告》上的批示（市政府办公厅　2023年7月5日）

谢元、范少军在《市住建、市水务局"关于解放南路地区海绵城市建设PPP项目部分子项转入运营的报告》上的批示（市政府办公厅　2023年7月11日）

谢元、王智毅在《市水务局关于便民服务专线涉河湖舆情处理情况的报告》上的批示（市政府办公厅　2023年7月12日）

谢元、王智毅在《市水务局关于近期重点工作进展情况的报告》上的批示（市政府办公厅　2023年7月13日）

谢元、王智毅在《市水务局关于专项债券项目储备谋划情况的报告》上的批示（市政府办公厅　2023年7月24日）

谢元、王智毅在《关于第三届中国节水论坛相关嘉宾邀约有关工作的请示》上的批示（市政府办公厅　2023年7月25日）

谢元、王智毅、梁军在《市水务局关于北京排水河防渗墙工程质量问题整改情况的报告》上的批示（市政府办公厅　2023年7月26日）

刘桂平在《北运河系、大清河系、子牙河系持续涨水，尚未产生洪峰，各河系总体防汛形势安全》上的批示（市政府办公厅　2023年7月31日）

局防办在《水利部水旱灾害防御司关于做好近期海河流域暴雨洪水宣传素材搜集的函》上的批示（水利部办公厅　2023年8月2日）

刘桂平在《子牙河南坝台拦河坝抢险工程顺利完成》上的批示（市政府办公厅　2023年8月4日）

张工在《防汛抗旱简报（第46期）——我市防汛防洪工作情况》上的批示（市政府办公厅　2023年8月7日）

张工在《防汛抗旱简报（第49期）——大清河北支分泄洪水已经抵达第六埠永定河泛区、东淀蓄滞洪区处于行洪过程中》上的批示（市政府办公厅　2023年8月7日）

张工、谢元在《防汛抗旱简报（第55期）——大清河北支分泄洪水进入独流减河 永定河防区、东淀蓄滞洪区处于行洪过程中》上的批示（市政府办公厅　2023年8月8日）

刘桂平在《东淀洪水演进分析》上的批示（市政府办公厅　2023年8月8日）

谢元在《大清河防汛抗洪工作前方指挥部第四次会议纪要》上的批示（市政府办公厅　2023年8月9日）

谢元、王智毅在市河（湖）长办"关于成立天津河湖长学院有关情况的报告"上的批示（市政府办公厅　2023年8月11日）

张工、谢元在《市发展改革委关于谋划灾后重建项目争取支持有关情况的专报》上的批示（市政府办公厅　2023年8月15日）

谢元在《天津市公安局关于全面加强海河水域安全管理工作的情况报告》上的批示（市政府

办公厅　2023年8月18日）

谢元、王智毅在《关于成立天津市蓄滞洪区运用补偿工作领导小组有关情况的报告》上的批示（市政府办公厅　2023年8月19日）

刘桂平、李文海、杨坡在《关于开展天津市防汛抗洪救灾工作及时性表彰有关情况的报告》上的批示（市政府办公厅　2023年8月19日）

张工、谢元、王智毅在《市水务局关于成立天津市蓄滞洪区运用补偿工作领导小组的请示》上的批示（市政府办公厅　2023年8月20日）

王智毅在《关于印发〈天津市2023年蓄滞洪区运用补偿工作方案〉的报告》上的批示（市政府办公厅　2023年8月21日）

谢元在《财政部关于再次预拨天津市、河北省国家蓄滞洪区运用财政补偿资金的通知》上的批示（市政府办公厅　2023年8月24日）

谢元、王智毅在《关于第三届中国节水论坛重要嘉宾邀约有关工作的请示》上的批示（市政府办公厅　2023年8月25日）

谢元、王智毅在《市水务局关于近期重点工作进展情况的报告》上的批示（市政府办公厅2023年8月25日）

谢元、王智毅在《关于印发〈天津市2023年蓄滞洪区运用补偿工作方案〉的请示》上的批示（市蓄滞洪区运用补偿工作领导小组办公室　2023年8月31日）

谢元、王智毅在《市蓄滞洪区运用补偿工作领导小组第一次会议纪要》上的批示（市蓄滞洪区运用补偿工作领导小组办公室　2023年8月31日）

谢元、王智毅在《市水务局关于天津市特大洪涝灾害后重建水务专项规划阶段性成果的报告》上的批示（市政府办公厅　2023年9月1日）

谢元、王智毅在《关于引滦入津工程通水四十周年宣传活动有关情况的报告》上的批示（市政府办公厅　2023年9月5日）

谢元、王智毅在《市河（湖）长办关于对北辰区、武清区、宁河区河湖长进行约谈的请示》上的批示（市政府办公厅　2023年9月6日）

刘桂平、谢元、王智毅在《关于加快我市蓄滞洪区财政补偿资金预发工作的请示》上的批示（市蓄滞洪区运用补偿工作领导小组办公室　2023年9月7日）

谢元、范少军在《市规划资源局 市水务局关于开展潮白新河自然资源确权登记工作的报告》上的批示（市政府办公厅　2023年9月10日）

张工、刘桂平、谢元、王智毅在《市水务局关于印发我市2023年蓄滞洪区运用补偿标准的请示》上的批示（市政府办公厅　2023年9月10日）

谢元、王智毅在《市水务局关于天津市特大洪涝灾害灾后重建水务专项规划初步成果的报告》上的批示（市政府办公厅　2023年9月22日）

谢元、王智毅在《市水务局关于〈天津市水安全保障"十四五"规划〉中期评估情况的报告》上的批示（市政府办公厅　2023年9月22日）

刘桂平、孟庆松、徐军、王智毅在《中共天津市水务局党组 天津市水务局关于东淀蓄滞洪区洪水全面退水的报告》上的批示（市政府办公厅2023年9月30日）

谢元、王智毅在《市水务局关于报送我市2023—2024年度引江引滦等外调水计划指标的请示》上的批示（市政府办公厅　2023年10月12日）

谢元、王智毅在《市水务局关于近期重点工作进展情况的报告》上的批示（市政府办公厅2023年10月12日）

谢元、王智毅在《市水务局关于〈天津市加强新时代水土保持工作实施意见〉有关情况的报告》上的批示（市政府办公厅　2023年10月14日）

张工、刘桂平、谢元在《市发展改革委关于争取灾后恢复重建新增中央投资支持北大港水库扩容工程建设的报告》上的批示（市政府办公厅2023年10月16日）

李树起、王智毅在《关于提请李树起同志担任南运河（市区段）、北大港水库市级河湖长的函》上的批示（市政府办公厅　2023年10月24日）

张玲在《关于提请张玲同志担任先锋河、复

兴河、长泰河市级河长的函》上的批示（市政府办公厅　2023年10月24日）

谢元、王智毅在《市水务局关于明年水务工作有关情况的报告》上的批示（市政府办公厅　2023年10月25日）

衡晓帆在《关于提请衡晓帆同志担任子牙河、团泊水库（湿地）市级河湖长的函》上的批示（市政府办公厅　2023年10月25日）

范少军同志对市河（湖）长办关于提请范少军同志担任北运河、永定河、还乡新河、张贵庄河、小王庄河、七里海湿地市级河湖长的函的批示（市政府办公厅　2023年10月26日）

谢元、王智毅在《市河（湖）长办关于提请谢元同志担任大清河、南运河（静海段）、蓟运河市级河长的请示》上的批示（市政府办公厅　2023年10月26日）

李文海在《关于提请李文海同志担任月牙河、北塘排水河市级河长的函》上的批示（市政府办公厅　2023年10月26日）

王常松、张志颇在《关于提请王常松同志担任独流减河市级河长的函》上的批示（市政府办公厅　2023年10月26日）

连茂君在《市河（湖）长办关于提请连茂君同志担任子牙新河、马厂减河、北塘水库市级河湖长的函》上的批示（市政府办公厅　2023年10月27日）

谢元在《关于呈报〈关于加快推进我市智慧水利建设的建议〉的报告》上的批示（市政府办公厅　2023年11月1日）

刘桂平、谢元在《关于呈报〈关于提升我市供水安全的建议〉的报告》上的批示（市政府办公厅　2023年11月1日）

朱鹏、杨坡在《关于提请朱鹏同志担任北京排污河、引滦明渠、尔王庄水库市级河湖长的函》上的批示（市政府办公厅　2023年11月2日）

孟庆松、徐军、王智毅在《市河（湖）长办关于再次征求〈天津市进一步强化河湖长制工作的实施意见〉及领导小组成员单位职责修改意见的函》上的批示（市政府办公厅　2023年11月2日）

谢元、王智毅在《关于印发南水北调中线一期工程2023—2024年度水量调度计划的通知》上的批示（市政府办公厅　2023年11月2日）

刘桂平、谢元在《关于武清区灾后恢复重建工作情况的报告》上的批示（市政府办公厅　2023年11月4日）

刘桂平在《市河（湖）长办关于提请刘桂平同志担任州河、果河、黎河、于桥水库市级河湖长的函》上的批示（市政府办公厅　2023年11月4日）

孟庆松、王智毅在《关于拜访水利部李国英部长相关情况的报告》上的批示（市政府办公厅　2023年11月6日）

谢元、王智毅在《市水务局关于近期重点工作进展情况的报告》上的批示（市政府办公厅　2023年11月13日）

谢元、王智毅在《市水务局关于2024年20项民心工程申报情况的报告》上的批示（市政府办公厅　2023年11月15日）

张工、刘桂平、谢元、李树起、王智毅在《市水务局关于落实北大港水库扩容工程前期工作的报告》上的批示（市政府办公厅　2023年11月18日）

谢元、王智毅在《市水务局关于海河游泳、跳水相关问题研究情况的报告》上的批示（市政府办公厅　2023年11月24日）

刘桂平、李树起、胡学明、徐军、王智毅、梁军在《中共天津市水务局党组　天津市水务局关于高质量推进天津节水产业发展有关工作进展情况的报告》上的批示（市政府办公厅　2023年11月28日）

刘桂平、李树起、胡学明、徐军、王智毅、梁军在《中共天津市水务局党组　天津市水务局关于水利部加快省级水网建设现场推进会精神

和我市贯彻落实措施的报告》上的批示（市政府办公厅　2023年11月28日）

张工、刘桂平、李树起、谢元、王智毅在《市水务局关于于桥水库扩容工程有关情况的报告》上的批示（市政府办公厅　2023年12月1日）

张工、刘桂平、谢元在《天津市人民政府关于报审天津市2023年蓄滞洪区运用补偿方案的请示》上的批示（市政府办公厅　2023年12月2日）

张工、刘桂平、衡晓帆、谢元、张玲、于鹏洲在《狮子林桥跳水事件处置情况报告》上的批示（市政府办公厅　2023年12月4日）

谢元、王智毅在《市水务局关于近期重点工作进展情况的报告》上的批示（市政府办公厅　2023年12月15日）

谢元、王智毅在《市水务局关于2024年中央资金重点争取方向情况的报告》上的批示（市政府办公厅　2023年12月17日）

谢元、王智毅在《市水务局关于水务灾后恢复重建项目与乡村振兴相结合工作情况的报告》上的批示（市政府办公厅　2023年12月17日）

刘桂平、谢元、王智毅、梁军在《关于海河"23·7"流域性特大洪水防汛抗洪救灾财政资金审核及安排意见的请示》上的批示（市政府办公厅　2023年12月19日）

张工在《天津市人民政府办公厅关于加强新时代水土保持工作的实施意见》上的批示（市政府办公厅　2023年12月20日）

张工、刘桂平、谢元、王智毅在《天津市财政局天津市水务局关于调整中央水利救灾资金使用情况的报告》上的批示（市政府办公厅　2023年12月21日）

谢元在《关于加强海河沿线安全管理的情况报告》上的批示（市政府办公厅　2023年12月24日）

谢元、王智毅在《市水务局关于报送2023年海河流域省级河湖长联席会议精神落实情况报告》上的批示（市政府办公厅　2023年12月31日）

批　复

市发展改革委关于天津市北运河筐儿港枢纽至屈家店枢纽综合治理工程可行性研究报告的批复（市发展改革委　2023年2月23日）

市发展改革委关于张贵庄污水处理厂二期尾水排放项目管道和节制闸工程可行性研究报告的批复（市发展改革委　2023年3月7日）

天津市人民政府关于天津渤海湾生态廊道关键带山水林田湖草沙一体化保护和修复工程项目实施方案的批复（市政府　2023年3月27日）

市发展改革委关于侯台地区配套基础设施一期工程外部给水管道工程可行性研究报告的批复（市发展改革委　2023年4月13日）

关于批复《天津市蓟州区燕山山地生态综合治理工程（2022年度水保部分）设计变更报告（报批稿）》的请示（蓟州区水务局　2023年4月18日）

市发展改革委关于子牙河北路下穿勤俭道地道雨水泵站可行性研究报告的批复（市发展改革委　2023年4月28日）

市发展改革委关于环湖中路、体院北道雨水管线工程项目建议书的批复（市发展改革委　2023年5月25日）

市发展改革委关于红星桥泵站工程项目建议书的批复（市发展改革委　2023年6月5日）

市发展改革委关于引滦原水预处理厂工程可行性研究报告的批复（市发展改革委　2023年6月21日）

关于2023年市水务局信息化运行维护项目的批复（市委网信办　2023年6月21日）

海委关于引滦工程2022—2023年度水资源调度计划调整的批复（水利部海委　2023年6月25日）

关于中国洪水预报系统购置项目初步设计方案的批复（市委网信办　2023年7月12日）

市委网信办关于天津市水务局办公网升级改造项目初步设计方案的批复（市委网信办　2023

年7月12日）

市发展改革委关于宁江道（解放南路—友谊路）雨水管道工程可行性研究报告的批复（市发展改革委　2023年8月17日）

市财政局关于市水务局所属永定河中心部分固定资产及公共基础设施资产报废的批复（市财政局　2023年9月6日）

市发展改革委关于北大港水库扩容工程项目建议书的批复（市发展改革委　2023年10月17日）

市发展改革委关于滨海新区防潮海堤工程项目建议书的批复（市发展改革委　2023年10月17日）

市发展改革委关于大沽排水河东沽泵站自流闸改扩建工程项目建议书的批复（市发展改革委　2023年10月17日）

市发展改革委关于天津市防洪调度应急指挥平台建设项目建议书的批复（市发展改革委　2023年10月17日）

市发展改革委关于红旗庄闸除险加固工程项目建议书的批复（市发展改革委　2023年10月17日）

市发展改革委关于黄庄洼蓄滞洪区工程与安全建设项目建议书的批复（市发展改革委　2023年10月17日）

市发展改革委关于蓟运河提标改造工程项目建议书的批复（市发展改革委　2023年10月17日）

市发展改革委关于杨津庄节制闸除险加固工程项目建议书的批复（市发展改革委　2023年10月17日）

市发展改革委关于蓟运河险工段治理工程项目建议书的批复（市发展改革委　2023年10月17日）

市发展改革委关于永定河泛区主槽清淤工程项目建议书的批复（市发展改革委　2023年10月17日）

市发展改革委关于蓟运河治理工程项目建议书的批复（市发展改革委　2023年10月17日）

市发展改革委关于大沽排水河巨葛庄泵站更新改造工程项目建议书的批复（市发展改革委　2023年10月17日）

市发展改革委关于报批天津市原水供水应急监管系统项目建议书的批复（市发展改革委　2023年10月17日）

市发展改革委关于马营闸除险加固工程项目建议书的批复（市发展改革委　2023年10月17日）

市发展改革委关于北京排污河防潮闸除险加固工程项目建议书的批复（市发展改革委　2023年10月17日）

市发展改革委关于青甸洼蓄滞洪区工程与安全建设工程项目建议书的批复（市发展改革委　2023年10月17日）

市发展改革委关于天津市一级河道防汛路提升治理工程项目建议书的批复（市发展改革委　2023年10月17日）

市发展改革委关于天津市雨水情监测预报"三道防线"建设项目建议书的批复（市发展改革委　2023年10月17日）

市发展改革委关于中小河流治理工程（二期）项目建议书的批复（市发展改革委　2023年10月17日）

关于天津市水土保持综合管理平台建设项目初步设计方案的批复（市委网信办　2023年10月17日）

天津市人民政府关于天津市湿地保护规划（2022—2030年）的批复（市政府　2023年11月5日）

市财政局关于市水务局所属大清河中心低水闸水利设施资产报废的批复（市财政局　2023年11月23日）

市发展改革委关于天津市重点防洪工程数字孪生建设项目建议书的批复（市发展改革委　2023年11月23日）

市发展改革委关于引滦引江新引河联络线工程项目建议书的批复（市发展改革委　2023年11月23日）

市发展改革委关于天津市智慧河湖管理平台

项目建议书的批复（市发展改革委　2023年11月23日）

市发展改革委关于尔王庄水库增容工程可行性研究报告的批复（市发展改革委　2023年11月24日）

市发展改革委关于八马路雨水泵站及进水管道工程项目建议书的批复（市发展改革委　2023年11月24日）

市发展改革委关于北运河泵站重建工程项目建议书的批复（市发展改革委　2023年11月24日）

市发展改革委关于天津市城市防洪圈西部防线完善工程项目建议书的批复（市发展改革委　2023年11月24日）

市发展改革委关于大黄堡蓄滞洪区分区建设工程项目建议书的批复（市发展改革委　2023年11月24日）

市发展改革委关于堵口堤泵站改扩建工程项目建议书的批复（市发展改革委　2023年11月24日）

市发展改革委关于天津市山洪灾害防治"四预"体系建设项目建议书的批复（市发展改革委　2023年11月24日）

市发展改革委关于洪泥河联络线及加压泵站工程项目建议书的批复（市发展改革委　2023年11月24日）

市发展改革委关于红旗地道泵站及出水管道工程项目建议书的批复（市发展改革委　2023年11月24日）

市发展改革委关于蓟运河河口泵站工程项目建议书的批复（市发展改革委　2023年11月24日）

市发展改革委关于三岔口闸、黄庄洼退水闸除险加固工程项目建议书的批复（市发展改革委　2023年11月24日）

市发展改革委关于天津市数字海河水量调度系统项目建议书的批复（市发展改革委　2023年11月24日）

市发展改革委关于天津市水文监测站网补充完善工程项目建议书的批复（市发展改革委　2023年11月24日）

市发展改革委关于四化河近期能力提升工程项目建议书的批复（市发展改革委　2023年11月24日）

市发展改革委关于太湖路雨水泵站进水管道工程项目建议书的批复（市发展改革委　2023年11月24日）

市发展改革委关于卫津河近期能力提升工程项目建议书的批复（市发展改革委　2023年11月24日）

市发展改革委关于小王庄排水河近期能力提升工程项目建议书的批复（市发展改革委　2023年11月24日）

市发展改革委关于新开河左堤泵站扩建工程项目建议书的批复（市发展改革委　2023年11月24日）

市发展改革委关于2024年引滦入津黎河河道除险加固工程项目建议书的批复（市发展改革委　2023年11月24日）

市发展改革委关于永定河泛区行洪能力提升工程项目建议书的批复（市发展改革委　2023年11月24日）

市发展改革委关于于桥水库清淤试点工程项目建议书的批复（市发展改革委　2023年11月24日）

市发展改革委关于张兴庄2号雨水泵站及进水管道工程项目建议书的批复（市发展改革委　2023年11月24日）

市发展改革委关于中车地块地道泵站及配套管线工程项目建议书的批复（市发展改革委　2023年11月24日）

市发展改革委关于天津市中心城区老旧排水管道设施运行隐患内窥检测及清淤工程项目建议书的批复（市发展改革委　2023年11月24日）

市发展改革委关于子牙河左堤泵站重建工程项目建议书的批复（市发展改革委　2023年11月24日）

市发展改革委关于泵站老旧设备更新改造工程项目建议书的批复（市发展改革委　2023年11月24日）

市发展改革委关于昌凌路泵站等16个雨水系统雨水管道能力完善项目项目建议书的批复（市发展改革委　2023年11月24日）

市发展改革委关于东郊雨水泵站工程项目建议书的批复（市发展改革委　2023年11月24日）

市发展改革委关于防汛设施安全监测智能系统改造工程项目建议书的批复（市发展改革委　2023年11月24日）

市发展改革委关于柳林2号雨水泵站工程项目建议书的批复（市发展改革委　2023年11月24日）

市发展改革委关于雨水管道疏通及雨水泵站整修工程项目建议书的批复（市发展改革委　2023年11月24日）

市发展改革委关于北京排污河防潮闸除险加固工程可行性研究报告的批复（市发展改革委　2023年12月1日）

市发展改革委关于马营闸除险加固工程可行性研究报告的批复（市发展改革委　2023年12月1日）

市发展改革委关于天津市一级河道防汛路提升治理工程可行性研究报告的批复（市发展改革委　2023年12月1日）

关于天津市重点防洪工程数字孪生建设项目可行性研究报告的批复（市委网信办　2023年12月4日）

关于天津市防洪调度应急指挥平台建设项目可行性研究报告的批复（市委网信办　2023年12月4日）

关于天津市山洪灾害防治"四预"体系建设项目可行性研究报告的批复（市委网信办　2023年12月4日）

关于天津市数字海河水量调度系统可行性研究报告的批复（市委网信办　2023年12月4日）

关于天津市原水供水应急监管系统可行性研究报告的批复（市委网信办　2023年12月4日）

关于天津市智慧河湖管理平台可行性研究报告的批复（市委网信办　2023年12月4日）

市发展改革委关于红旗庄闸除险加固工程可行性研究报告的批复（市发展改革委　2023年12月4日）

市发展改革委关于天津市雨水情监测预报"三道防线"建设项目可行性研究报告的批复（市发展改革委　2023年12月6日）

市发展改革委关于天津市水文监测站网补充完善工程可行性研究报告的批复（市发展改革委　2023年12月6日）

市发展改革委关于2024年引滦入津黎河河道除险加固工程可行性研究报告的批复（市发展改革委　2023年12月7日）

市发展改革委关于杨津庄节制闸除险加固工程可行性研究报告的批复（市发展改革委　2023年12月7日）

市发展改革委关于三岔口闸、黄庄洼退水闸除险加固工程可行性研究报告的批复（市发展改革委　2023年12月14日）

天津市人民政府关于天津市水网建设规划的批复（市政府　2023年12月26日）

市发展改革委关于东淀和文安洼蓄滞洪区工程与安全建设可行性研究报告的批复（市发展改革委　2023年12月27日）

市发展改革委关于天津市贾口洼蓄滞洪区工程与安全建设可行性研究报告的批复（市发展改革委　2023年12月27日）

市发展改革委关于天津永定河泛区行洪能力提升工程可行性研究报告的批复（市发展改革委　2023年12月29日）

通　　知

关于印发《天津市重点机构新型冠状病毒感染"乙类乙管"防控指引》等四个文件的通知（市防控指挥部　2023年1月6日）

水利部办公厅关于加强水资源配置工程水资源刚性约束论证和审查的通知（水利部办公厅　2023年1月6日）

关于孙宝华同志退休的通知（中共天津市委　2023年1月9日）

住房和城乡建设部办公厅关于印发《全国城市供水文明行业标准》等7个文明行业标准的通知（住房和城乡建设部办公厅　2023年1月10日）

水利部关于公布"人民治水·百年功绩"治水工程项目名单的通知（水利部　2023年1月11日）

水利部办公厅　国家发展改革委办公厅关于公布2022年度用水产品水效领跑者名单的通知（水利部办公厅　国家发展改革委办公厅　2023年1月11日）

关于转发《第一次全国自然灾害综合风险普查成果发布管理暂行办法》《国家自然灾害综合风险基础数据库管理暂行办法》及技术规范的通知（市第一次全国自然灾害综合风险普查领导小组办公室　2023年1月13日）

水利部办公厅关于印发冰情监测预报技术指南的通知（水利部办公厅　2023年1月13日）

关于印发天津市新型冠状病毒感染防控实施方案（2023年版）的通知（市防控指挥部　2023年1月14日）

关于印发《天津市土壤、地下水和农业农村"十四五"生态环境保护规划》的通知（市生态环境局　2023年1月18日）

关于印发天津市城市污水新冠病毒监测工作方案的通知（市防控指挥部　2023年1月19日）

市委审计办　市审计局关于建立健全市级各单位内审机构定期向单位党组织汇报审计发现典型问题工作机制的通知（市委审计办　市审计局　2023年1月19日）

天津市财政局关于下达2023年市财政水务改革发展和水库移民扶持资金预算的通知（市财政局　2023年1月19日）

住房和城乡建设部关于印发城镇污水排入排水管网许可证格式文本和城镇污水排入排水管网许可申请表、排水户书面承诺书推荐格式的通知（住房和城乡建设部　2023年1月28日）

水利部关于印发贯彻落实《关于加强新时代水土保持工作的意见》实施方案的通知（水利部　2023年1月31日）

水利部办公厅关于印发《水库溢洪道等水利设施汛前检查工作方案》的通知（水利部办公厅　2023年2月13日）

海委关于印发2023年度永定河全年全线有水实施方案的通知（水利部海委　2023年2月14日）

水利部办公厅关于印发河湖水生态监测技术指南（试行）的通知（水利部办公厅　2023年2月14日）

关于印发《关于加强市级机关单位机关党委建设的意见》的通知（市委市级机关工委　2023年2月16日）

中共住房和城乡建设部党组　中央纪委国家监委驻住房和城乡建设部纪检监察组关于印发力戒形式主义、官僚主义"十不准"规定的通知（中共住房和城乡建设部党组　中央纪委国家监委驻住房和城乡建设部纪检监察组　2023年2月18日）

中共天津市委　天津市人民政府关于印发《天津市乡村振兴全面推进行动方案》的通知（中共天津市委　天津市人民政府　2023年2月19日）

关于印发《天津市纪检监察机关服务保障十项行动的工作意见》的通知（市纪委　2023年2月20日）

水利部办公厅关于印发水库移民工作监督检查办法（试行）问题清单（2023年版）的通知（水利部办公厅　2023年2月20日）

国家能源局关于印发《水电站大坝安全提升专项行动方案》的通知（国家能源局　2023年2月21日）

关于反馈2023年第十四届新领军者年会筹备工作方案和预算的通知（天津夏季达沃斯论坛筹备办公室　2023年2月21日）

水利部办公厅关于印发《水库漫坝险情和垮

坝事件调查技术大纲》的通知（水利部办公厅　2023年2月25日）

关于闫学军同志退休的通知（市委组织部　2023年3月3日）

市减灾委关于印发天津市贯彻落实"十四五"国家综合防灾减灾规划实施方案的通知（市减灾委办公室　2023年3月7日）

市发展改革委关于下达2023年第一批市级政府投资年度计划的通知（市发展改革委　2023年3月8日）

天津市人民政府办公厅关于印发天津市"十四五"规划实施中期评估工作方案的通知（市政府办公厅　2023年3月10日）

交通运输部　国家发展改革委　自然资源部　生态环境部　水利部关于加快沿海和内河港口码头改建扩建工作的通知（交通运输部　国家发展改革委　自然资源部　生态环境部　水利部　2023年3月13日）

水利部关于修订印发《水利青年科技英才选拔培养和管理办法》的通知（水利部　2023年3月15日）

水利部办公厅关于印发《地下水动态分析评价技术指南（试行）》的通知（水利部办公厅　2023年3月16日）

水利部监督司关于印发《水利建设项目稽察工作指导手册（2023年版）》的通知（水利部　2023年3月16日）

水利部关于印发母亲河复苏行动河湖名单（2022—2025年）的通知（水利部　2023年3月17日）

水利部办公厅关于印发2023年度水利工程建设质量提升工作方案的通知（水利部办公厅　2023年3月27日）

天津市财政局关于拨付2023年水务工程项目市级政府投资资金（第一批）的通知（市财政局　2023年3月29日）

市防指关于印发《天津市2023年防汛抗旱工作安排意见》的通知（市防汛抗旱指挥部办公室　2023年4月4日）

水利部办公厅关于印发全国中型灌区续建配套与现代化改造实施方案（2023—2025年）的通知（水利部办公厅　2023年4月4日）

水利部办公厅关于全面推进水利工程标准化管理工作的通知（水利部办公厅　2023年4月7日）

天津市财政局关于拨付市水务局污水处理服务费的通知（市财政局　2023年4月7日）

财政部　农业农村部　水利部关于印发《农业防灾减灾和水利救灾资金管理办法》的通知（财政部　农业农村部　水利部　2023年4月7日）

关于印发《关于进一步加强农村人居环境整治长效管护机制建设巩固提升整治成效的指导意见》的通知（市农村人居环境整治工作领导小组办公室　2023年4月8日）

水利部办公厅关于印发已建水利水电工程生态流量核定与保障先行先试河湖名单和工程名录的通知（水利部办公厅　2023年4月9日）

水利部办公厅关于印发2023年汛期全国洪旱趋势预测意见的通知（水利部办公厅　2023年4月12日）

水利部　国家档案局关于印发《水利工程建设项目档案验收办法》的通知（水利部　国家档案局　2023年4月17日）

市人社局市委组织部市财政局市退役军人局市税务局关于印发《天津市公务员工伤保险管理实施办法》的通知（市人社局　市委组织部　市财政局　市退役军人局　市税务局　2023年4月17日）

天津市安委会关于印发《安全生产举报处办工作制度（试行）》的通知（市安全生产委员会　2023年4月18日）

水利部关于印发《堤防运行管理办法》《水闸运行管理办法》的通知（水利部　2023年4月20日）

水利部监督司关于印发《节约用水管理监督检查指导手册（2023版）》的通知（水利部　2023年4月25日）

水利部办公厅关于印发《国家防汛抗旱指挥系统二期工程整体工程竣工验收鉴定书》的通知（水利部办公厅 2023年4月28日）

水利部办公厅关于印发高洪水文测验新技术新设备应用指南的通知（水利部办公厅 2023年5月1日）

水利部办公厅关于印发《地下水水位降落漏斗评价技术指南（试行）》的通知（水利部办公厅 2023年5月1日）

水利部科学技术委员会关于修订印发《水利部科学技术委员会章程》的通知（水利部科学技术委员会 2023年5月2日）

水利部水土保持监测中心关于全国水土流失动态监测协同解译和模型计算平台V1.0上线使用的通知（水利部水土保持监测中心 2023年5月15日）

关于印发《中心城区防汛应急响应"叫应"机制》的通知（市防汛抗旱指挥部市区分部 2023年5月16日）

关于印发《天津市中心城区防汛排水方案》的通知（市防汛抗旱指挥部市区分部 2023年5月16日）

水利部关于印发《加快推进永定河流域治理管理现代化工作方案》的通知（水利部 2023年5月17日）

水利部关于印发《水利工程造价管理规定》的通知（水利部 2023年5月19日）

市防汛抗旱指挥部办公室关于印发《天津市2023年汛情应对工作方案》的通知（市防汛抗旱指挥部办公室 2023年5月19日）

关于印发《入海河流总氮"一河一策"治理与管控方案》的通知（市污染防治攻坚战指挥部办公室 2023年5月23日）

天津市财政局关于下达2023年度市级部门整体支出绩效目标的通知（市财政局 2023年5月23日）

关于梁宝双同志退休的通知（市委组织部 2023年6月1日）

水利部办公厅 最高人民法院办公厅 最高人民检察院办公厅 公安部办公厅 司法部办公厅关于印发《河湖安全保护专项执法行动工作方案》的通知（水利部办公厅 最高人民法院办公厅 最高人民检察院办公厅 公安部办公厅 司法部办公厅 2023年6月2日）

市发展改革委关于转发下达污染治理和节能减碳专项（污染治理方向）2023年中央预算内投资计划的通知（市发展改革委 2023年6月5日）

水利部办公厅关于下达2023年省界和重要控制断面水文监测任务书的通知（水利部办公厅 2023年6月6日）

市防汛抗旱指挥部办公室关于印发《天津市设计洪水、中小洪水调度方案》的通知（市防汛抗旱指挥部办公室 2023年6月8日）

市发展改革委关于下达2023年第四批市级政府投资年度计划的通知（市发展改革委 2023年6月8日）

市防汛抗旱指挥部办公室关于2023年上汛的通知（市防汛抗旱指挥部办公室 2023年6月12日）

水利部关于印发《水利工程白蚁防治工作指导意见》的通知（水利部 2023年6月13日）

天津市发展改革委 天津市财政局关于印发《天津市重点项目前期工作经费管理办法》的通知（市发展改革委 市财政局 2023年6月15日）

国家发展改革委 水利部关于下达水安全保障工程专项（大中型病险水库除险加固方向等）2023年第二批中央预算内投资计划的通知（国家发展改革委 水利部 2023年6月15日）

住房和城乡建设部办公厅 应急管理部办公厅关于加强城市排水防涝应急管理工作的通知（住房和城乡建设部办公厅 应急管理部办公厅 2023年6月16日）

关于王立义同志任职的通知（中共天津市委 2023年6月20日）

水利部 自然资源部关于印发《地下水保护利用管理办法》的通知（水利部 自然资源部 2023年6月28日）

市发展改革委关于转发下达水安全保障工程专项（大中型病险水库除险加固方向等）2023年中央预算内投资计划的通知（市发展改革委 2023年6月29日）

关于印发《天津市大运河沿线绿化和滨河绿道建设实施指导意见》的通知（天津市大运河文化保护传承利用领导小组各成员单位 2023年6月30日）

水利部关于印发《中小河流治理建设管理办法》的通知（水利部 2023年7月1日）

市发展改革委关于分解下达重点区域生态保护和修复专项2023年中央预算内投资计划的通知（市发展改革委 2023年7月3日）

市发展改革委关于分解下达城市燃气管道等老化更新改造2023年中央预算内投资计划的通知（市发展改革委 2023年7月6日）

天津市财政局关于拨付市水务局城市燃气管道等老化更新改造和保障性安居工程专项（城市燃气管网等老化更新改造方向）中央基建投资资金的通知（市财政局 2023年7月7日）

中共天津市委审计委员会关于印发天津市领导干部自然资源资产离任审计评价指标体系（试行）的通知（市审计局 2023年7月10日）

天津市财政局关于拨付市水务局2023年中央水库移民扶持基金的通知（市财政局 2023年7月12日）

市委网信办关于下达市水务局"中国洪水预报系统购置项目"等2个项目投资计划的通知（市委网信办 2023年7月12日）

天津市财政局关于拨付市水务局污染治理和节能减碳专项（污染治理方向）中央基建投资资金的通知（市财政局 2023年7月13日）

关于下达2023年转业军官及随调家属安置计划的通知（市退役军人事务局 2023年7月19日）

关于下达2023年安排工作退役士兵和退出消防员安置计划的通知（市退役军人事务局 2023年7月19日）

天津市财政局关于拨付灾后重建和防灾减灾能力建设专项（排水设施方向）中央基建投资资金的通知（市财政局 2023年7月25日）

天津市财政局关于拨付中央财政国家蓄滞洪区运用补偿资金的通知（市财政局 2023年8月11日）

天津市财政局关于批复2022年度部门决算有关事项的通知（市财政局 2023年8月11日）

天津市财政局关于下达2023年中央财政农业防灾减灾和水利救灾资金预算（水利救灾第一批）的通知（市财政局 2023年8月14日）

天津市财政局关于下达2023年重点区域生态保护和修复专项（水保部分）中央基建投资预算的通知（市财政局 2023年8月14日）

天津市财政局关于拨付水安全保障工程专项（大中型病险水库除险加固方向等）2023年中央基建投资资金的通知（市财政局 2023年8月14日）

天津市财政局关于下达2023年中央财政农业防灾减灾和水利救灾资金预算（水利救灾第二批）的通知（市财政局 2023年8月17日）

天津市财政局关于拨付2023年水务工程项目市级政府投资资金（第二批）的通知（市财政局 2023年8月17日）

天津市财政局关于印发项目支出绩效评价案例和工作提示的通知（市财政局 2023年8月17日）

天津市财政局关于拨付2023年重点水务工程资金的通知（市财政局 2023年8月17日）

市发展改革委关于分解下达暴雨洪涝灾害灾后应急恢复重建2023年中央预算内投资计划的通知（市发展改革委 2023年8月23日）

天津市财政局关于再次预拨国家蓄滞洪区运用中央财政补偿资金（直达资金）的通知（市财政局 2023年8月23日）

水利部办公厅关于印发《中小河流治理技术指南（试行）》的通知（水利部办公厅 2023年8月28日）

天津市财政局关于拨付2023年重点水务工程资金的通知（市财政局 2023年8月28日）

市发展改革委关于下达2023年第十批市级政

府投资年度计划的通知（市发展改革委　2023年9月5日）

天津市财政局关于拨付2023年暴雨洪涝灾害灾后应急恢复重建中央基建投资资金的通知（市财政局　2023年9月8日）

关于印发天津市2023年蓄滞洪区运用农作物、经济林、专业养殖、居民住房、家庭农业生产机械及家庭主要耐用消费品等补偿标准的通知（市蓄滞洪区运用补偿工作领导小组办公室　2023年9月11日）

市防汛抗旱指挥部办公室关于2023年下汛的通知（市防汛抗旱指挥部办公室　2023年9月13日）

关于巡视市水务局党组的通知（市委巡视工作领导小组　2023年9月18日）

天津市财政局关于拨付2023年重点水务工程资金的通知（市财政局　2023年9月18日）

关于印发《天津市城镇排水和再生水利用管理条例》的通知（市人大常务委员会　2023年9月22日）

关于于健丽、刘爽同志晋升职级的通知（市委组织部　2023年9月27日）

市发展改革委关于下达2023年第十二批市级政府投资年度计划的通知（市发展改革委　2023年10月10日）

关于印发《海河流域天津市水生态环境保护规划》的通知（市生态环境保护局等5部门　2023年10月16日）

关于杨建图同志退休的通知（市委组织部　2023年10月16日）

关于杨玉刚同志晋升职级的通知（中共天津市委　2023年10月16日）

关于赵天佑等同志任免职的通知（中共天津市委　2023年10月16日）

关于赵天佑同志任职的通知（中共天津市委　2023年10月16日）

天津市财政局关于拨付市水务局市级政务信息化项目资金的通知（市财政局　2023年10月23日）

财政部关于提前下达2024年水利发展资金预算的通知（财政部　2023年10月31日）

天津市人民政府关于赵天佑等任免职务的通知（赵天佑、杨玉刚）（市政府　2023年11月3日）

水利部办公厅关于印发水利工程配套水文设施建设技术指南的通知（水利部办公厅　2023年11月13日）

市发展改革委关于下达2023年度第二批重点项目前期工作经费的通知（市发展改革委　2023年11月27日）

天津市财政局关于提前下达2024年中央财政水利发展资金预算的通知（市财政局　2023年11月29日）

天津市财政局关于提前下达2024年中央财政大中型水库移民后期扶持资金（基金）预算的通知（市财政局　2023年11月29日）

天津市财政局关于拨付市水务局养老保险制度改革前获得劳模称号等人员一次性退休补贴资金的通知（市财政局　2023年11月29日）

水利部办公厅关于印发河湖生态补水水文监测与分析评价技术指南（试行）的通知（市政府办公厅　2023年12月8日）

水利部办公厅关于印发水资源量预测预报技术指南的通知（水利部办公厅　2023年12月8日）

水利部办公厅关于印发《水利工程管理单位恐怖袭击突发事件应急处置预案编制指南（试行）》的通知（水利部办公厅　2023年12月8日）

市发展改革委关于下达2023年第十五批市级政府投资年度计划的通知（市发展改革委　2023年12月13日）

天津市财政局关于拨付2023年水务工程项目市级政府投资资金（第五批）的通知（市财政局　2023年12月15日）

市财政局关于拨付市水务局外调水财政补助资金的通知（市财政局　2023年12月19日）

天津市财政局关于拨付市财政水利救灾资金的通知（市财政局　2023年12月20日）

关于王洪府等同志任免职的通知（中共天津市委　2023年12月25日）

关于王洪府同志免职的通知（中共天津市委 2023年12月25日）

关于印发《农村黑臭水体治理工作指南》的通知（生态环境部办公厅等3部门 2023年12月26日）

天津市人民政府关于王洪府免职的通知（市政府 2023年12月27日）

海委关于印发《海河流域现代化水文测站技术指南（试行）》的通知（水利部海委 2023年12月28日）

水利部关于批准下达2024年度永定河水量调度计划的通知（水利部 2023年12月29日）

水利部办公厅关于加强重大水利工程设计变更管理工作的通知（水利部办公厅 2023年12月29日）

水利部办公厅关于印发《水利工程建设项目法人工作手册（2023版）》的通知（水利部办公厅 2023年12月29日）

索　引

说明：
1. 本索引采用主题分析索引方法，主题词词首按汉语拼音音序排列。
2. 主题词后的数字表示该题材所在的页码，a、b 分别表示在左栏、右栏。
3. 本年鉴的"综述""重要文献""地方性法规""行政规范性文件""各区水务""大事记""水务统计"和"附录"等栏目、分栏目未作索引。

A

安全监督	203a
安全生产	132a，148a，150a，157b，159b，160b
安全生产宣传教育培训	204a
安全生产隐患排查	204a
安全生产责任制落实	203b
暗渠管理	142b

B

办公用房管理	205b
帮扶解困	218a
保密工作	215a
北三河管理	123b
北塘水库管理	157b
北运河木厂船闸工程	114a
泵站防御管理	159a，160a，160b
泵站管理	136a
泵站运行管理	159a，160a
碧水保卫工作	75b
滨海新区供水泵站管理	137a
部市级科研项目	168a

C

财会监督	179b
财务	179a
曹庄泵站管理	158b
柴油货车污染治理	75b
超采综合治理	69a
潮白新河泵站管理	136a
成效	134a
诚信体系建设	59b，115a
城市供水量	80a

D

大清河管理	126a
大运河文化保护	119b
大张庄泵站管理	137a
大中型灌区规范化建设	102b
党员队伍管理	207a
档案管理	200a
堤防水闸泵站管理	118a
第三届中国节水论坛	10a

375

电子政务系统运维与管理	175a	公务员管理	191a
调水安全管理	152b	供水管道管理	143b
东西部扶贫协作	210b	供水管理	82b
督促检查	200b，215b	供水管线管理	153a
独流减河低水闸泵站改扩建工程	113b	供水设施监管	83b
队伍现状	182b	供水水质监管	83a
		供水信息系统运维与管理	177b
		共青团工作	218a
		管理制度建设	152a
		规划设计	105a
		规划设计管理工作及成果	105a
		国家安全	202b

E

尔王庄泵站管理	136b
尔王庄水库管理	148b
尔王庄水库向津滨水厂输水线路	155b

F

法规标准制定	82b
反恐	205a
防汛抗旱信息化建设	174b
防汛抗旱信息系统运维与管理	176b
防御队伍建设	87a
防御风暴潮	95a
防御检查	88a
防御物资	87a
防御预案	86b
防御组织	85b
风险管控"六项机制"建设	203b

H

海堤管理	130b
海河"23·7"流域性特大洪水	8a
海河管理	122b
旱灾防御	99b
河道闸站管理	118a
河湖健康评价	73b
河湖水生态保护与修复	72a
河湖水资源保护	72a
河湖长制管理	74a
河湖长制主要任务	74a
河库闸站防汛责任落实	99a
洪涝灾情	91b
后勤管理	205b
环境管理	158a
行业服务管理	84a
行业节能降耗	84b

G

干部党性教育	198a
干部队伍建设	184b
干部监督管理	189b
干部培养锻炼	187b
工程管理信息系统运维与管理	176a
工程建设项目	113a
工程维修维护	119a
工会工作	215b
工资福利	191b
公开招聘	190a
公文管理	200a
公务用车管理	206a

J

机构编制	182a，210a
机构人员	182a
机构职责	75a
机关党建	208a
基本建设工程管理审计	181b
基层党建	208a

基层党组织建设	207b
基建财务管理	180b
稽察工作	133b
计划管理工作	109b
计划统计	109b
计划用水	70a
纪检队伍建设	214b
纪念宣传	135a
技能比武	198b
绩效考评	203a
监督及绩效评估	133b
检查考核	74a
建设管理	114b
建设监理制	115a
建设项目稽察	116b
建设项目检查	116b
建设项目投资完成情况	111a
建议提案办理	201a
交通安全	206a
教育培训	198a
节能减排	205b
节水文化宣传	71a
节水系列创建	70b
节水型社会建设	69b
经济责任审计	181a
精神文明创建	212b
警示教育	213b
纠治"四风"	214a
局办公楼设施改造	206b
局机关处室及局属单位负责人变化情况	185a

K

考核工作	153a
科技管理工作	162a
科技节水	70a
科学调度	149a
科研项目	162b

科研项目及获奖成果	168a
库区封闭管理	147b
库区管控	147b

L

蓝天保卫工作	75a
老干部工作	219b
老干部活动中心	220b
离退休干部党建	219b
黎河管理	140a
绿色生态屏障项目	101b
落实财政资金	179a
落实政治生活待遇	220a

M

民主党派	221a
民族工作	221b
明暗渠道管理	138a
明渠管理	141b

N

南干线供水管线管理	153a
南水北调水供水	82a
南水北调天津市内配套工程	114a
内部安全保卫	205a
内控管理	180b
年度考核	191b
宁汉供水管线管理	155a
农村除涝	99a
农村生活污水处理站运维监管	103a
农村生活污水治理	79b
农村水利安全生产	102b
农村水利改革	102a
农村水利管理	102a
农村水利基础设施建设	211b
农村水利建设	101b
农村水利前期工作	101a
农村水利投入	101a

农村水利新闻宣传 …………… 103a
农田灌溉水有效利用系数测算 ………… 102b
农田水利设施运行维护监管 ………… 102a
农业旱情 …………………… 100a
农业抗旱 …………………… 100a

P

排水服务保障 …………………… 78a
排水工程建设 …………………… 76b
排水管理 …………………… 76a
排水规划 …………………… 76a
排水设施养护管理 …………………… 77a
排水条例 …………………… 76a
排水信息系统运维与管理 …………… 177b
配合政府审计部门审计 …………… 181b
配套工程运行管理 …………… 151a
平安天津 …………………… 204b

Q

其他财务管理 …………… 180b
前置库运行管理 …………… 148a
青年文体活动 …………… 219a
区域供水 …………… 80a
取用水管理 …………… 68b
权责清单 …………… 59a
全面从严治党 …………… 212b

R

热线工作 …………… 58b
人才管理 …………… 188b
人口扶持 …………… 133a
人力资源管理 …………… 190a
人事档案管理 …………… 192a
人物 …………… 192a
人员调配 …………… 191a
日常管理 …………… 131a
日常维护 …………… 146a，149b
日常维护维修 …………… 160b

日常维修养护 …………… 131b，152b

S

三产遗留问题清理 …………… 206b
扫黑除恶 …………… 204b
山洪灾害防御 …………… 92a
社会监督 …………… 74b
涉河项目审查 …………… 119a
涉水价费 …………… 180a
深化农业水价综合改革 …………… 102b
审计 …………… 180b
生态补水 …………… 131b
生态环境补水 …………… 80b
示范创建 …………… 74a
市内原水管线管理 …………… 154b
市水利学会活动 …………… 173b
市水务局负责人 …………… 184b
市委巡视 …………… 209b
输水管道维修 …………… 144a
"双万双服促发展"工作 …………… 209a
水法制建设 …………… 55a
水法治宣传 …………… 56b
水环境治理 …………… 147a，149b
水毁工程建设 …………… 97a
水库防汛 …………… 132a
水库管理 …………… 118b
水库运行管理 …………… 157a
水库灾害防御 …… 147b，149b，157b，158a
水利科技成果推广 …………… 168b
水利科学研究与科技推广 …………… 162a
水利设施标准化管理 …………… 118b
水土保持 …………… 103b
水土保持监测 …………… 103b
水土保持监督管理 …………… 104a
水土保持宣传 …………… 104b
水土流失治理 …………… 103b
水文 …………… 61a
水文测验与水文情报预报 …………… 62a

水文行业管理	66a
水文站网建设	65b
水文重点工程项目建设	67a
水污染事件应急管理	73b
水务改革	55a
水务工程建设行业管理	114b
水务人才援派	211b
水务统计	112b
水务信息	201b
水务行业节水型单位建设	70b
水务行业强监管	59b
水务政务服务行业指导	59b
水行政立法	55b
水行政执法	56b
水行政执法监督	56b
水源调度管理	152a
水灾防御	85a
水政队伍规范化建设	57a
水质管理	149a，157b，159a，160a
水质监测	64b，145b
水资源管理	67b
水资源开发利用	68a
水资源量	67b
水资源配置利用	68a
水资源统计与分析	69a
水资源信息化建设	174b
水资源信息系统运维与管理	176b
思想教育	218a
思想政治工作	212a
素质工程	217a
隧洞管理	138b

T

提质增效	160a
天津节水科技馆更新改造	71b
天津市南水北调中线工程静海引江供水工程	113a
统战工作	220b

W

王庆坨水库管理	157a
网络安全	178b
维修工程	146b
维修养护	157a，159a
文化体育	217b
污泥处置	79b
污染防治攻坚战	74b
污水处理	79a

X

西干线供水管线管理	154a
西河泵站管理	159b
先进典型培树宣传	219a
县域节水型社会达标建设	71a
乡村振兴涉水工作	210b
项目法人制	114b
项目扶持	133a
消防安全管理	205b
小型水库维修养护项目	101b
新任局领导	192a
新闻宣传和舆论监督	202a
信访工作	201a
信息化管理	175a
信息化项目建设	174a
行政管理	200a
幸福河湖建设	74a
蓄水供水	145b，149a
蓄滞洪区管理	96a
蓄滞洪区运用补偿	96b
蓄滞洪区运用准备	96b
宣传教育	215a
选人用人	209b
学习贯彻习近平新时代中国特色社会主义思想主题教育	208b
巡察工作	215a
巡视巡查监管	153a

汛期调度 …………………………… 90a
汛期水情 …………………………… 89b
汛期雨情 …………………………… 89b

Y

验收组织管理 ……………………… 116b
依法节水 …………………………… 70a
依法行政 …………………………… 55a
移民后期扶持与安置 ……………… 133a
意识形态 ………………… 210a，213a
引江向尔王庄水库联通管线管理 …… 154a
引滦调水供水 ……………………… 81b
引滦尔王庄入武清供水管线管理 …… 155a
引滦供水管道管理 ………………… 143b
引滦入津工程通水四十周年 ……… 134a
饮用水水源保护 …………………… 69b
应急处置 …………………………… 92b
应急管理 …………………………… 204b
永定河管理 ………………………… 119b
永清渠泵站管理 …………………… 160b
用水监控 …………………………… 71b
优化水利建设市场营商环境 ……… 115a
于桥水库管理 ……………………… 145b
雨洪水资源利用 …………………… 100b
雨情、水情 ………………………… 61b
预决算管理 ………………………… 179a
预算执行审计 ……………………… 181a
原水供水 …………………………… 80a
原水稽查 …………………………… 149a

Z

招标投标制 ………………………… 115a
政策研究 …………………………… 54b
政工队伍建设 ……………………… 212a
政务服务 …………………………… 57b
政务服务大厅窗口服务 …………… 58b
政务服务改革与优化营商环境 …… 57b
政务服务事项审批 ………………… 58b
政务信息公开 ……………………… 202b
政研成果 …………………………… 54b
政治监督 …………………………… 214b
政治生态 …………………………… 212b
政治文化 …………………………… 213a
知识产权 …………………………… 168b
执纪问责 …………………………… 214a
职称评聘 …………………………… 190b
职工培训和继续教育 ……………… 198b
职工维权 …………………………… 216a
质量与安全监督 …………………… 115a
中心城区防汛排涝 ………………… 97a
中型灌区续建配套与节水改造工程 … 101a
重点工程项目设计审批 …………… 108b
重点规划主要内容 ………………… 106a
重点河湖生态水位（水量）保障
　工作 ……………………………… 72a
主要前期工作 ……………………… 106a
专家学者 …………………………… 193a
专利项目 …………………………… 170a
专项工程 …………………………… 160a
资产管理 …………………………… 180a
综合管理 …………………………… 151a
组织工作 …………………………… 207a
组织建设 ………………… 215b，218b
组织推动 ………………… 54b，215a
最严格水资源管理制度考核 ……… 68b
作风建设 …………………………… 213b